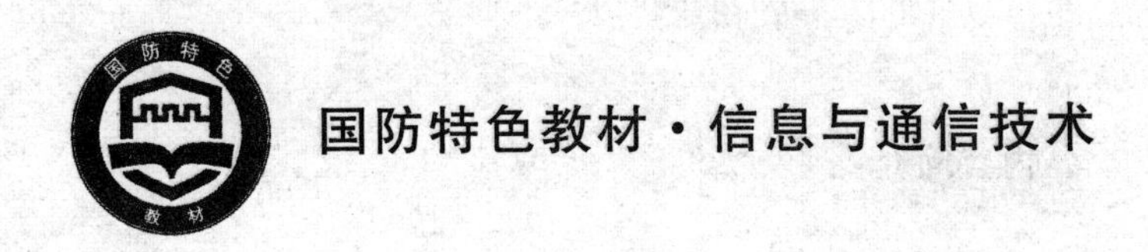

国防特色教材·信息与通信技术

信号检测与估计

羊 彦 景占荣 高 田 著

西北工業大學出版社

北京航空航天大学出版社 北京理工大学出版社
哈尔滨工业大学出版社 哈尔滨工程大学出版社

内容简介

本书系统、深入地介绍了信号检测与估计的基本理论和技术，重点研究了信号检测与估计共同涉及的基础理论，讨论了检测和估计的基本原理，以及随机信号处理技术在通信、雷达领域的应用方法。

本书每章后面都备有充足的习题。在部分章节后面增加了必要的附加内容，作为本章节内容的完善。附加内容包括公式推导、缺省内容的补充和延伸等。另外，还以附录的形式给出了"符号对照表"和"常用解题公式"。

本书适合于信号与信息处理、通信与电子系统、电路与系统、自动控制等学科高年级本科生和研究生使用，也适合于类似专业工程硕士研究生、工程技术人员进修班作为教材使用。

图书在版编目(CIP)数据

信号检测与估计/羊彦，景占荣，高田著. —西安：西北工业大学出版社，2014.1
国防特色教材·信息与通信技术
ISBN 978-7-5612-3898-1

Ⅰ.①信… Ⅱ.①羊… ②景… ③高… Ⅲ.①信号检测—高等学校—教材 ②参数估计—高等学校—教材 Ⅳ.①TN911.23

中国版本图书馆CIP数据核字(2014)第008304号

信号检测与估计

羊 彦 景占荣 高 田 著
责任编辑 孙 倩

*

西北工业大学出版社出版发行
西安市友谊西路127号(710072) 发行部电话：029-88493844 传真：029-88491147
http://www.nwpup.com
陕西向阳印务有限公司 各地书店经销

*

开本：787×960 1/16 印张：21.25 字数：453千字
2014年1月第1版 2014年1月第1次印刷 印数：2000册
ISBN 978-7-5612-3898-1 定价：45.00元

前　言

信号与信息处理学科是信息科学的重要组成部分，该学科水平的高低反映了一个国家的科技发展水平。检测估计理论是该学科的核心部分，广泛地应用于通信、导航、雷达、声呐等国防科学技术的各个支柱领域。

近年来随着微电子技术和计算技术的飞速发展，为该领域的进一步研究提供了物质条件。一些新的实现方法与算法层出不穷，优化、自适应能力大大提高，使人们有能力展开对非平稳、非高斯以及时变、非因果、非线性问题进行研究和处理，亦有能力超越理想模型、定性描述的束缚，进行鲁棒性、综合统计性的研究和评价。目前该领域研究的一个显著特色是理论与实际应用研究同步进行，理论成果可以在高速数字处理平台上得以实现，直接服务于工程应用。可以预期，检测估计理论与技术将越来越得到广泛的应用，届时信息科学将产生新的飞跃。

为了适应电子信息处理技术的同步发展，加强电子信息工程学科检测估计理论的本科教学势在必行。鉴于目前使用的《信号检测与估计》大都源于20世纪80年代的素材，存在着内容陈旧，未反映该学科领域最新进展，其列举的工程背景和习题已缺乏指导意义等缺陷，亟须编写一本能体现信息时代特色的新教材。鉴于此目的，西北工业大学电子信息学院雷达信号处理教研室信号检测与估计教学组于2003年编写了《信号检测与估计》教材，发行5 000册，经过三年多的教学实践及反馈意见，认为该教材在突出国防特色、工程背景选材以及数字化手段等诸方面尚存在不足之处，有必要进行修订。

根据原国防科工委下达的《信号检测与估计》教材编写指南，本课程是信息与通信工程领域的一门本科专业课，目的在于使学生掌握从噪声中检测与估计信号的基本概念、基本原理和基本方法。这就要求修订教材在内容上必须立足于基础理论，同时还应该能充分反映近年来随机理论的新发展和新成果，体现“教育超前”的思想。本着这个指导思想，修订后的教材内容将更系统、全面和新颖，课程知识体系更加科学，内容和其他教材衔接更加合理，在内容组织和编排上具有更适合于作为教材的特点。

本书修订的指导思想有两点：

1. 修订教材将紧密围绕指南要求，对基础理论部分进行认真编排，突出主干内容,提高基础理论的起点。由于教材是针对信息与通信领域本科生和研究生编写的,其内容更应具有针对性,尽量避免大纲规定内不同教材间的重复,提高该课授课信息量;同时,将理论推导和实例阐述相结合,使抽象理论具体化,以便于学生理解和接受。

2. 把本学科领域的最新学术成果、最新技术引入教学内容,使课程的内容具有前沿性,充分反映科技的发展水平。信号检测与估计课程承接的专业面较广,涉及通信、导航、雷达、声呐、地震探测、生物医学和射电天文等多个专业,必须留有一定的弹性空间,适应较宽专业口径需要。修订教材吸收了国内外知名大学同类教材的新内容,特别是能反映以现代军事电子为背景的大批量、低信噪比、高精度的随机信号分析与处理的新理论与技术,还增加了一些选学、自学内容,使得教材更加完整,更便于教学,既突出基础培养,又符合科技现代化和国防现代化的需要。

全书共分为6章,第1章为本书的概论,介绍了随机信号的特点,在工程应用中可能的信号形式以及基于统计学意义的处理方法等。第2章、第3章重点论述了信号的统计检测理论和技术,包括信号模型的建立、最佳检测准则、检测系统的结构、检测性能分析以及最佳波形设计等内容。第4章、第5章主要讨论了信号的最佳估计理论和算法,如估计量的构造、估计的性质、最佳估计准则,信号波型估计的概念及准则,维纳滤波和卡尔曼滤波算法等内容。第6章介绍了功率谱估计的相关内容。各章节具有一定的独立性,可以根据需要选学其中部分章节。每章后面都备有充足的习题。在部分章节后面增加了必要的附加内容,作为本章节内容的完善。附加内容包括公式推导、缺省内容的补充和延伸等。另外,还以附录的形式给出了“符号对照表”和“常用解题公式”。为了便于教学,还将编写《信号检测与估计习题集》,并单独出版。

信号检测与估计主要研究统计信号处理的基础理论和方法,因此在学习本书前,需要具备概率论、随机信号分析、信号与系统、矩阵论等基础知识。

在本书编写过程中,参考了大量相关的参考文献,为此,我们向所有参考文献的作者表示感谢!另外,李晓玲、孙文婷、燕希等参加了本书的文稿整理和制图工作,特此表示感谢!最后,也对所有支持、关心本书编写工作的各位老师和同学表示感谢!

由于水平有限,书中缺点和错误在所难免,敬请读者批评指正。

编　者

2013年5月

目　录

第 1 章　概论 …… 1

1.1　概述 …… 1

1.2　检测与估计涉及的信号形式 …… 7

本章习题 …… 20

第 2 章　检测基本理论 …… 22

2.1　引言 …… 22

2.2　假设检测的基本概念 …… 23

2.3　判决准则 …… 29

2.4　假设检验的性能——接收机的工作特性 …… 44

2.5　M 择一假设检验 …… 49

2.6　序列检测——瓦尔德检验 …… 54

2.7　匹配滤波器 …… 59

2.8　高斯白噪声中信号的检测 …… 70

2.9　高斯有色噪声中确知信号的检测 …… 98

2.10　利用蒙特卡洛方法对检测性能评估 …… 102

附 2.1　随机信号的正交展开 …… 104

附 2.2　蒙特卡洛实验实例 …… 108

本章习题 …… 110

第 3 章　噪声中的信号检测技术 …… 118

3.1　概述 …… 118

3.2　随机参量信号检测 …… 118

3.3　脉冲串信号的检测 …… 142

3.4　恒虚警处理 …… 151

3.5　非参量检测 …… 164

3.6　鲁棒检测简介 …… 172

3.7　信号检测技术小结 …… 188

附 3.1　关于似然函数 $p_0(z)$，$p_1(z)$的推导 …… 188

附 3.2　随机变量及其分布 …… 190

本章习题 …… 193
第 4 章 估计的基本理论 …… 201
4.1 引言 …… 201
4.2 随机参数的贝叶斯估计 …… 203
4.3 最大似然估计 …… 210
4.4 估计量的性质 …… 211
4.5 伪贝叶斯估计 …… 217
4.6 线性均方估计 …… 220
4.7 最小二乘估计 …… 230
4.8 利用蒙特卡洛方法对随机变量数字特征的估计 …… 235
附 4.1 最佳估计量的不变性 …… 237
本章习题 …… 241
第 5 章 信号波形估计 …… 247
5.1 引言 …… 247
5.2 平稳过程的估计——维纳滤波 …… 249
5.3 离散时间系统的维纳滤波 …… 258
5.4 离散线性系统的数学模型 …… 263
5.5 正交投影 …… 265
5.6 卡尔曼滤波方程 …… 269
5.7 卡尔曼滤波的推广 …… 279
5.8 卡尔曼滤波的发散现象分析 …… 282
本章习题 …… 285
第 6 章 功率谱估计 …… 289
6.1 引言 …… 289
6.2 功率谱估计的一般方法 …… 289
6.3 随机信号的双谱估计 …… 309
6.4 自适应滤波 …… 323
本章习题 …… 325
附录 …… 326
附录 1 符号对照表 …… 326
附录 2 常用解题公式 …… 329
参考文献 …… 333

第1章 概　论

1.1 概　述

信号可以分为确定信号和随机信号。若信号的数学表达式为一确定的时间函数,称为确定信号,而赋予统计结构的信号称为随机信号。随着科学技术的发展,信号理论得到了长足的发展,不但确定信号处理的研究日趋完善,而且随机信号处理的研究也有了很大的进展。随机信号的处理采用统计的方法,其数学基础是统计学的判决理论和统计估计理论。

信号处理的目的就是从各种实际信号中提取有用信号,随机信号处理的过程是从受干扰和噪声污染的信号中提取有用信号的过程。这些信号包括电信号、光信号、声信号以及振动信号等,表现为一个或多个物理量,它们随着另外一些物理量(诸如时间、空间或频率等)的变化而变化。因此,随机信号处理在各个领域有着广泛的应用,诸如探测、通信、控制、水声与地震信号处理、地球物理、生物医学、模式识别、系统识别、语音处理及图像处理等方面。

本书系统地介绍了随机信号处理所共同需要的基础理论,以及随机信号处理在通信、雷达领域的应用方法;重点讨论了检测和估计理论的基本原理,为电子系统工程、信号与信息处理等专业本科生及研究生学习后续专业课程奠定基础。

1.1.1 信息科学的概念

1. 消息、信号与信息

在通信理论中,消息(message)、信号(signal)与信息(information)各有不同的意义,不能互相取代。

消息是指通信系统传送的对象,如语言、文字、图像、数据等。在雷达、通信与自动控制系统中,关键的问题是消息的传输和处理。

信号是指由消息变换而来的反映消息的电的信号、光的信号等,信号是消息的载荷者,如声音转换而成的电的音频信号,反映图像的电的视频信号,以及各种编码信号(如"1""0"脉冲码)等。为使消息能远距离传输,将其变换、编码并调制成相应的无线电信号,再借助于发射天线辐射到空间,经电磁波传播抵达接收天线。接收系统将接收到的信号进行处理(放大、解调等)后还原为所需要的消息,送入接收系统终端或使用者,从而完成信息传输任务。

从通信理论的角度,信息则是消息的量度,是以某消息出现的概率的大小来度量其信息量的，它是信息论中要讨论的主要问题之一。从广义来讲，信息并非事物与过程的本身，而是表征事物并由事物发出的消息（情报、指令和数据等）所包含的内容，这就是人类感官所能直接或间接感知的一切有意义的东西。换句话说，信息是自然界、人类社会和人类思维活动中普遍存在的一切物质和事物的属性。而人们所谈论的信息是人类特有的信息，即知识。这种特定的人类信息，是整个信息的一部分。在一定条件下，人类通过有区别、有选择的信息，对自然界、人类社会、思维方法和运动规律进行认识与掌握，并通过大脑的思维，使信息系统化而形成所说的知识。因此，知识是存在于一个个体中的有用信息。人类社会的进步，就是人们根据获取的信息认识世界、改造世界，也就是创造知识、利用知识、积累知识和发展知识的过程。信息已作为现代科学技术的支柱被应用到各个领域。除通信以外，遗传密码是一种生物信息，计算机程序是一种技术信息，市场是一种社会信息，等等。既然信息在现代科学技术中起着愈来愈重要的作用，它的特征也就愈加明显地被揭示出来。信息依物质、能量而存在，是客观事物互相联系的一种普遍的形式。这里主要从通信理论的角度，提出信息的含义。本书所讨论的不是信息的社会含义与哲学含义，而是信息的科学含义，也就是从信息科学的角度来讨论信息。

2. 信息科学与信息工程

信息科学研究信息的性质、获取、传输、检测、存储、处理和控制的基本原理和方法。它是一门涉及面极广的新兴科学。信息工程则是指有关信息变换、传输、处理、识别与利用的工程实践与技术。

信息的性质，指的应是消息的性质。消息的随机性是消息本身具有信息价值的根本原因。如果随机性很差，例如一个智力有缺陷的儿童的语言所含内容贫乏，就只能表达有限的信息。人类语言是一个十分复杂的随机事件，它包含有很大的信息量，除了声音这一形式外，还有书面语言——文字。每一个文字以及由文字组成的语句，出现的概率各不相同，而且存在着很强的相关性。因此，当进行语音处理、识别或理解时，面对着的是一个复杂的随机事件。要进行语音处理，就需要研究语音的特征、统计特性与描述。这是信息（信源）本身的随机性。由于信号在传输过程中不可避免地要受到外来干扰与设备内部噪声的影响，因而使接收端收到的信号具有随机性。

干扰与噪声可分为系统内部干扰、内部噪声与外部干扰、外部噪声。一般来说，干扰主要来自外部，噪声主要来自内部。来自外部的干扰主要有天电干扰、工业干扰和人为干扰等。来自内部的干扰主要有信道之间的交叉调制和设备的某些不完善所引起的干扰。外部噪声主要是指自然界其他物体的辐射噪声，例如各种天体都在向外辐射电磁波。内部噪声主要指热噪声。热噪声是由电子或其他带电粒子不规则的热运动引起的。

从噪声与信号之间的关系来分，又可将噪声分为加性噪声与乘性噪声。加性噪声与信号相互独立。热噪声是一种加性噪声，可以用加法运算来说明它对信号的影响，如

$$x(t)=s(t)+n(t)$$

式中，$s(t)$ 表示信源信号；$n(t)$ 表示噪声；$x(t)$ 则表示混入了噪声之后的信号。显然，$x(t)$ 为一个随机信号。

乘性噪声又称相关噪声，信号存在时它存在，信号消失后它也消失。例如，电磁波通过大气折射，产生多路径效应，由多路径效应引起信号的衰落，这种衰落对信号传输造成的影响，就可看成是乘性噪声。本书主要讨论加性噪声的影响。

1.1.2 随机理论的发展历程

统计判决理论起源是很古老的。在统计理论的发展中，基本的数学抽象原理和计算由亚里士多德(Aristotle)于公元前384—前322年提出。它与现代统计决策理论更具体的联系，可在高斯(C. F. Gauss)1777—1855年和普安卡雷(H. Poincare)1854—1912年的著作中找到。普安卡雷递推定理是由维特纳(Wintner)于1941年提出的，它提供了研究遍历理论的开端，并扩展用到了判决规则的推导。

20世纪可以认为是统计判决理论的黄金时代。这个世纪的早些时候，提出和分析了一些最优判决理论形式化，并且研究了数据分析方法。1920年菲希尔(Fisher)研究了在观测中确定可信度的方法；奈曼(Neyman)在1935年、1952年以及奈曼与皮尔逊(Pearson)在1933年、1936年、1938年研究了关于假设检验的充分统计量、统计效率和统计偏；1946年克拉默(Cramer)提出了几个统计问题精确的最优的形式化；1947年沃尔德(Wald)以及1948年沃尔德与沃尔福奥威茨(Wolfowitz)提出和分析了序列假设检验的最优形式化；1947年布莱维尔(Blackwell)和索瓦热(Savage)研究了序列和无偏参量估计；1939年皮特曼(Pitman)和1945年拉奥(Rao)研究了局部参量估计的方法并分析了导出的性能；1948年哈尔莫斯(Halmos)和萨维奇(Savage)研究了关于朗东-尼柯季于梅(Randon-Nikodym)定理的充分统计量；1949年阿罗(Arrow)等研究了贝叶斯和最大最小形式化序列假设检验，1949年菲克思(Fix)提出了非中心 χ^2 分布表；1947年冯·米塞斯(Von Mises)研究了某些统计函数的对称分布；1949年赫尔(Hoel)等研究了最优分类问题。

统计判决理论早期的工作，需要用高级概率论的原理和方法，并且判决理论、对策理论和函数识别之间有密切联系。高级概率论的基本原理是由柯尔莫哥罗夫(Kolmogorov)于1956年和列维(Loeve)于1963年提出的。除了基本原理之外，格里默(Gramer)于1955年、费勒(Feller)于1966年、帕曾(Parzen)于1960年、塔克(Tucker)于1962年，还涉及概率论的应用及其与数理统计之间的关系。1965年施特拉森(Strassen)研究了给定边界概率测度的存在。函数和对策理论在几个重要问题上所起的基础作用，在20世纪初就被认可。1906年詹森(Jensem)研究了在不等式约束出现时凸函数的重要性；1944年冯·诺伊曼(Von Neumann)等研究了对策论在分析经济行为中的应用；1957年卢斯(Luce)等研究了从某些对策中演变的判决；1959年卡尔林(Kalin)研究了对策、规划和经济之间的关系。统计学、函数理论和对策之间的关系首先由沃尔德(Wald)于1950年研究,他还首先研究了某些判决函数的性能,并且在1951年从对策理论的观点提出了随机统计学(Randomized Statistics)。1951年德沃列茨基(Dvoretzky)等研究了两人对策零和与消除假设检验中的随机性之间的关系;1954年布莱克维尔(Blackwell)等提出并研究了统计判决和对策理论;1954年丹尼尔斯(Daniels)研究了鞍点对策和统计近似的某些应用。

1950—1960年间得到了富有成果的统计判决理论。这里,我们仅涉及十年间的一些进展,不可能涉及所有的文献。1950—1960年,许多早期的形式化被进一步研究和发展。1951年皮尔逊(Pearson)等提出检验分析幂函数图;1959年谢夫(Scheffe)分析了方差;1959年谢努费(Chernoff)等和莱曼(Lehman)提出统计理论的综合表示;1956年克努耶(Quenouille)研究了参量估量中偏的出现;阿加瓦尔(Agarwell)于1935年、布莱斯(Blyth)于1951年、基费(Kiefer)于1957年和沃尔福奥维茨(Wolfowitz)于1950年详尽地阐述了最大最小方法;1956年卡尔林(Karlin)等和1953年勒卡姆(Le Cam)研究了贝叶斯判决规则;巴哈杜尔(Bahadur)于1954年和1958年、布莱克韦尔(Blackwell)于1951年、德·格罗特(De. Groot)于1959年、勒卡姆于1955年和菲克斯(Fix)等于1959年研究了各种判决规则的重要性质;1954年、1955年佩奇(Page)介绍了质量控制序列检验。但是,1950—1960年十年间最重要的进步是提出并研究了非参量检验。第一个研究文献是由赫夫定(Hoeffding)于1951年提供的。除此之外,切尔诺夫(Chernoff)等于1958年、费雷泽(Fraser)于1957年、霍奇斯(Hodges)等于1956年、西格尔(Siegel)于1956年和斯坦(Stein)于1956年继续进行研究。

1960年统计判决理论开始了新的方向。鲁棒(Robust)统计由休伯(Huber)在1964年、1965年、1968年、1969年正式提出。休伯的鲁棒最大最小形式化是不完全的。直到20世纪70年代,才由另外的研究者继续。1971年汉佩尔(Hampel)提出了记忆和平稳过程鲁棒定性研究。拉泰尔(Later)、帕潘托尼-卡扎科斯(Papantoni - Kazakos)和格雷(Gray)于1979年扩展了汉佩尔定性鲁棒到包含带记忆的平稳过程。鲁棒统计方法某些局部的评述由安德鲁斯(Andrews)和休伯于1972年给出。统计鲁棒更完整的视野由休伯于1981年提供。此外,贝兰(Beran)1977年研究了局部参量的鲁棒估计。汉佩尔于1976年分析了这些估计的崩溃点,登普斯特(Dempster)于1975年提出了鲁棒的主观主义者(Subjectivist)的观点。类似地,从1960年以来建立的好的统计方法的研究在继续,这里仅举几例:1965年罗曼诺维斯基(Romanowski)等研究了正态分布的模型的某些应用;1967年费雷克森(Ferguson)提出数学统计学理论;1976年谢费(Shafer)提供了数学理论证据;1971年洛登(Lorden)研究和分析了佩奇的质量控制检验理论;1971年丹尼尔(Daniel)等提供了数据拟合方程的方法;1977年莫斯特勒(Mosteller)等和图基(Tukey)提出数据分析的经验方法;1975年斯通(Stone)研究了局部参量的参量自适应估计;1961年詹姆斯(James)等研究了局部参量的贝叶斯参量估计;1967年切尔诺夫(Chernoff)等和1974年贝兰(Beran)研究了秩非参量统计检验渐近的性质;1967年哈耶克(Hajek)等提出秩非参量检验的理论。在序列检验中,贝克霍尔(Burkholder)等于

1963年、切尔诺夫(Chernoff)于1972年和马琴斯(Mattens)于1963年研究了最优性和准许方式;由乔(Chow)等1965年下半年研究了停止准则。由希夫定(Hoeffding)于1960年、雷(Ray)于1965年提供了采样区间的范围(为了进行判决)。哈丁(Harding)和肯得尔(Kendall)于1974年提出了随机几何理论。

由于通信技术发展的激励,统计学也有了类似惊人的进步。由亨利(J. Henry)在1832年和莫尔斯(S. F. B. Morse)在1838年电报的演示,由贝尔(A. G. Bell)在1876年取得电话的专利权和由康佩尔(G. A. Campell)在1977年发明了波形滤波器,这些初期的主要发现引起了通信技术的革命和统计通信理论形式化。理论根基可以追踪到20世纪初,由哈特雷(Hartley)在1928年首先提出信息传输原理时起,继先驱者哈特雷的文章,有赖斯(Rice)1945年噪声分析的研究。香农(Shannon)与韦费(Weaver)在1949年对信息传输理论有发展,维纳(N. Wiener)于1949年把滤波和平滑的数学形式化。1960年,统计通信理论的基本原理建立,读者可参阅科捷利尼科夫(Kotelnikov)于1959年、施瓦茨(Schwartz)于1959年、赫尔斯特朗(Helstrom)于1960年、米德尔顿(Middleton)于1960年和法诺(Fano)于1961年的著作。此后,理论进一步发展,包括信源改进、信道编码方案、信号处理的统计技术、扩谱和在计算机通信网中多用户的信息传输技术。

前面回顾了统计判决理论的历史。下面对随机信号处理的发展,沿着历史的进程作简要的概括。

归纳起来,随机信号处理的发展可分为两个阶段。

第一阶段为经典随机信号理论和技术生长、发展及成熟时期。

随机信号用统计的方法来研究是从20世纪40年代开始的。由于科学技术的发展和第二次世界大战军事技术等方面的需要,随机信号处理理论逐步形成和发展起来。整个40年代是随机信号处理理论的初创和奠基时期。由维纳和柯尔莫哥罗夫将随机过程和数理统计的观点引入通信、雷达和控制中,建立了维纳滤波理论。通过解维纳-霍夫(Wiener - Hopf)方程,在最小均方误差准则下,求得线性滤波器的最优传递函数。诺斯(D. O. North)于1946年提出匹配滤波器理论,科捷利尼柯夫(B. A. Kotelnikov)于1946年提出了理想接收机理论。1950年,在香农信息论问世不久后,伍德沃德(P. M. Woodward)提出了后验概率接收机的概念。后来,密德尔顿(D. Middleton)提出了风险理论。整个50年代,随机信号处理的主要理论基础、统计检测理论和统计估计理论发展和成熟。这个时期,随机信号处理使用的数学方法,基本上是统计学已经完成的工作。

第二阶段为现代随机信号处理理论与技术起步和大发展的时期。

现代随机信号处理的主要成就有下列8个方面。

①20世纪60年代初出现了卡尔曼(Kalman)滤波理论。这是随机信号处理中在20世纪五六十年代极为突出的成就。这一理论引进状态空间法,突破了噪声必须是平稳过程的限制。进入70年代,经过凯莱斯(T. Kailath)等的努力,在理论和算法上都向前推进了。其又与鞅过

程相结合，为非线性估计开拓了前景。

②以非参量统计推断为数学基础的非参量检测与估计。20世纪60年代和70年代发展了噪声特性基本未知情况下的随机信号处理问题。卡蓬(J. Gapon)于1959年提出了非参量检测与估计问题。汉森(V. G. Hansen)等人于70年代初提出了“广义符号检验法”。70—80年代又出了几部总结性的著作。

③鲁棒检测。鲁棒检测从20世纪60年代中期开始，到七八十年代发展起来。这是对噪声特性部分已知情况下的随机信号处理问题。在60年代中期，首先由休伯(P. J. Huber)提出。这就是所谓的鲁棒检测、鲁棒估计和鲁棒滤波。

④ 现代谱估计理论。经典谱估计理论实质是傅里叶分析法，是由布莱克曼-图基(Blackman - Tukey)于1958年提出的利用维纳相关法从采样数据序列的自相关函数来得到功率谱的方法，通常称为BT法。此外，由库利(Cooley)和图基于1965年提出快速傅里叶变换(Fast Fourier Tranform，FFT)，由FFT发展起来的信号谱估计法，直接对采样数据进行傅里叶变换来估计功率谱，通常称为周期图法。为了解决经典谱估计法频率分辨力低的问题，伯格(Burg)于1967年提出最大熵谱分析法，帕曾(E. Parzen)于1968年提出自回归模型谱估计方法，此后又出现了许多高分辨力的谱估计方法，诸如谐波分析法、最大似然法、自回归移动平均法等，随机信号谱估计进入了现代谱估计阶段。

⑤多维信号处理与分析。这涉及图像处理、多维变换、多维数字滤波、多维数字谱诂计。20世纪70年代以来，随着大规模集成电路(LSI)技术的发展，阵处理机、专用功能部件等为信号处理提供了有利的工具。到了80年代，随着超大规模集成电路(VLSI)技术的发展，并行算法结构和流水线信号处理机以及近来出现的人工神经网络器件及其算法与网络结构等，都为各种复杂的信号处理算法提供了前提条件。

⑥非线性检测与估计问题。大多数火箭制导和控制问题的动态模型都是非线性的。频率调制和相位调制等许多调制方法，相位检波和相参积累，实际上都是非线性检测与估计问题。二维图像信道提到日程上来之后，这一领域的研究就更为迫切。

⑦ 自适应理论。自威德罗(B. Widrow)等1967年提出自适应滤波以来，这20多年中，自适应滤波发展很快，已广泛应用于系统模型识别、通信信道的自适应均衡、雷达和声呐的波束形成、自适应干扰对消和自适应控制等方面，并且已经研究出在某种意义下类似生命系统和生物适应过程的自适应自动机。

⑧ 20世纪80年代以后，光纤通信、其他激光技术的发展，量子信道、量子检测、量子估计理论也在发展。赫尔斯特朗(C. W. Heistrom)首先于1976年出版了奠基性著作《量子检测与估计理论》(*Quantum Detection and Estimation Theory*)，这一领域目前正在发展的过程中。

1.1.3 随机信号处理

随机信号处理可以说是在概率论的基础上发展起来的。随着电子技术和通信技术的发展,在信息传输与处理领域中,概率论、数理统计和信号理论相结合,逐渐形成了一个理论分支,即随机信号的分析与处理,其包括随机过程理论、信号最优滤波、检测与估计、自适应理论以及计算技术与优化方法等。它与香农信息论、编码理论、信号理论、噪声理论、调制理论、保密学等,都是构成现代信息论的重要分支。

1.2 检测与估计涉及的信号形式

1.2.1 信号的分类

信号可分为连续信号和离散信号。连续信号可以用连续的时间函数来描述,离散信号是离散时间上的信号序列。离散信号可用连续信号的采样来得到,如果满足采样定理,连续信号可以用它的采样值来恢复。

信号也可以分成确知信号和未知参量信号两类。如果信号的所有参量都确知,则信号仅为时间的函数,这类信号称为确知信号。假如在接收端收到的是这种所有参量都事先确知的信号,那么,它除了告诉人们信号存在以外,不会带给人们其他任何信息。

一般来说,信号总是含有未知参量的。这类信号称为未知参量信号。携带着人们所关心的信息的参量总是未知的。在未知参量信号中,若未知参量在观测时间内是随机变量时,称其为随机参量信号;若信号的未知参量在观测时间内是随时间变化的随机过程时,则称其为起伏参量信号;也有的未知参量信号仅仅参量是未知的,但它本身不是随机变量。

一般地,根据信号所具有的时间函数特性,可以有如下四种分类方法:确定信号与随机信号、连续信号与离散信号、周期信号与非周期信号、能量型信号与功率型信号。下面分别予以介绍。

1. 确定信号与随机信号

按确定规律变化的信号称为确定信号。确定信号可以用数学解析式或确定性曲线准确地描述,在相同的条件下能够重现。因此,只要掌握了变化规律,就能准确地预测它的未来。例如正弦信号,它可以用正弦函数描述,对给定的任一时刻都对应有确定的函数值,包括未来时刻。

不遵循任何确定规律变化的信号称为随机信号。随机信号的未来值不能用精确的时间函数描述,无法准确地预测,在相同的条件下,它也不能准确地重现。电路里的噪声、电网电压的波动量、生物电、地震波等都是随机信号。

例 1.1 正弦(型)确知信号

$$s(t)=A\cos(\omega_0 t+\varphi_0)$$

式中,振幅 A、角频率 ω_0、相位 φ_0 都是已知的常量。

每次对高频振荡器作定相激励时,其稳态部分就是这种信号。每次激励相当于一次试验,由于每次试验时,信号 $s(t)$ 都相同地随时间 t 按上式所示的确知函数而变化,因而这种信号是确知过程。

例 1.2 正弦(型)随机初相信号

$$X(t)=A\cos(\omega_0 t+\varphi) \quad ①$$

式中,振幅 A、角频率 ω_0 都是常量,而相位 φ 是在区间$[0,2\pi]$上均匀分布的随机变量。

由于相位 φ 是连续随机变量,在区间$[0,2\pi]$上有无数个取值,即可取$[0,2\pi]$中的任一值 φ_i,$0\leqslant\varphi_i\leqslant 2\pi$。这时对应不同的 φ_i,$X(t)$ 相应有不同的函数式:

$$x_i(t)=A\cos(\omega_0 t+\varphi_i),\quad \varphi_i\in[0,2\pi]$$

可见式 ① 实际上表示一族不同的时间函数,如图 1.1 所示(图中只画出其中的三条函数曲线)。显然这种信号是随机过程。

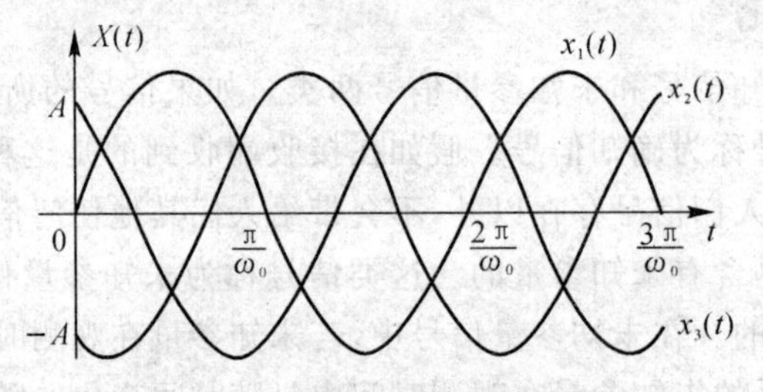

图 1.1 随机初相的正弦信号

对没有采用定相措施的一般高频振荡器作开机激励时,其稳态部分就是这种信号。每次开机作激励时,由于振荡器的起振相位受偶然因素影响而每次有所不同,因而高频振荡信号的相位作随机变化,这是最常遇到的一种随机信号。同理,信号

$$s(t)=A\cos(\omega t+\varphi) \quad ②$$

式中,若仅振幅 A 是随机变量,则为随机振幅信号;若仅角频率 ω 是随机变量,则为随机频率信号。

例 1.3 接收机噪声。设有多部相同的接收机,输出端各接一个记录器,记录输出的电压(或电流)波形,如图1.2 所示。

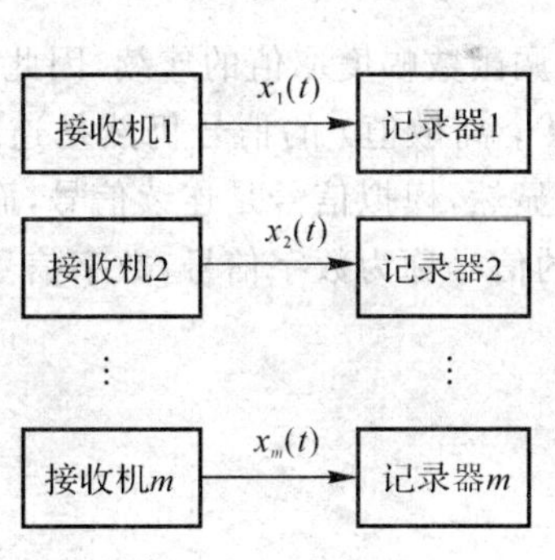

图 1.2 接收机噪声的记录

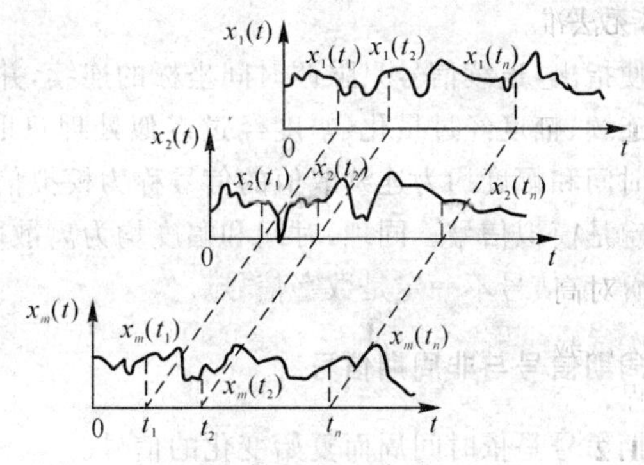

图 1.3 接收机的噪声波形

当各部接收机都不加入信号(例如将输入端短路)时,由于接收机中的元件(如电阻)和器件(如晶体管、电子管)会产生噪声,因而在放大输出端,各个记录器都会记录相应接收机的噪声波形,如图 1.3 所示。图中表明,各个噪声波形 $x_1(t), x_2(t), \cdots, x_m(t)$ 都是一个确定的时间函数。由于无法预知它,因而相互不同。可见接收机噪声也是随机过程。这种噪声会对有用信号的接收起干扰作用,是要着重研究的一种随机过程。

2. 连续信号与离散信号

按自变量的取值特点可以把信号分为连续信号和离散信号。连续信号如图 1.4(a) 所示,它的描述函数的定义域是连续的,即对于任意时间值,其描述函数都有定义,有时也称为连续时间信号,用 $s(t)$ 表示。离散信号如图 1.4(b) 所示,它的描述函数的定义域是某些离散点的集合,也即其描述函数仅在规定的离散时刻有定义,有时也称为离散时间信号,用 $s(t_n)$ 表示,其中 t_n 为某特定时刻。图 1.4(b) 表示的是离散点在时间轴上均匀分布的情况,但也可以不均匀分布。均匀分布的离散信号可以表示为 $s(nT)$ 或 $s(n)$,也可称为时间序列。

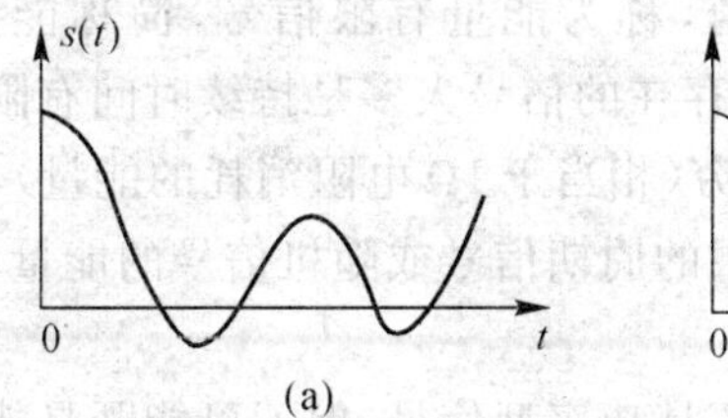

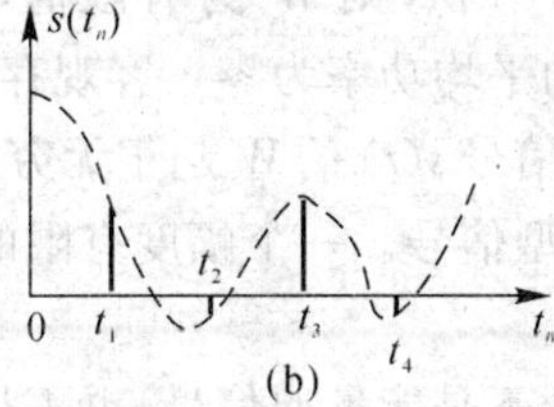

图 1.4 连续时间信号与离散时间信号

(a) 连续信号; (b) 离散信号

离散信号可以是连续信号的抽样信号,但不一定都是从连续信号采样得到的,有些信号确实只是在规定的离散时刻才有意义,例如人口的年平均出生率、纽约股票市场每天的 Dow -

Jones 指数等。

顺便指出，连续信号只强调时间坐标的连续，并不强调函数幅度取值的连续，因此，一个时间坐标连续、幅度经过量化（幅度经过近似处理只取有限个离散值）的信号仍然是连续信号，而那些时间和幅度均为连续取值的信号称为模拟信号。显然，模拟信号是连续信号，而连续信号不一定是模拟信号。同理，时间和幅度均为离散取值的信号称为数字信号，数字信号是离散信号，而离散信号不一定是数字信号。

3. 周期信号与非周期信号

周期信号是依时间周而复始变化的信号。

对于连续信号，若存在 $T>0$，使

$$s(t)=s(t+nT),\quad n\text{ 为整数} \tag{1.2.1}$$

对于离散信号，若存在大于零的整数 N，使

$$s(n)=s(n+kN),\quad k\text{ 为整数} \tag{1.2.2}$$

则称 $s(t)$，$s(n)$ 为周期信号；T 和 N 分别为 $s(t)$ 和 $s(n)$ 的周期。显然，知道了周期信号一个周期内的变化规律，就可以确定整个定义域的信号取值。

4. 能量型信号与功率型信号

可以从能量的观点来研究信号。把信号 $s(t)$ 看作加在 1Ω 电阻上的电流，在时间间隔 $-T\leqslant t\leqslant T$ 内所消耗的能量为

$$W=\lim_{T\to\infty}\int_{-T}^{T}s^2(t)\mathrm{d}t \tag{1.2.3}$$

其平均功率为

$$P=\lim_{T\to\infty}\frac{1}{2T}\int_{-T}^{T}s^2(t)\mathrm{d}t \tag{1.2.4}$$

若信号函数平方可积，则 W 为有限值，称为能量有限信号，简称能量型信号。根据式(1.2.4)，能量信号的平均功率为零。客观存在的信号大多是持续时间有限的能量型信号。

另一种情况，若信号 $s(t)$ 的 W 趋于无穷（相当于 1Ω 电阻消耗的能量），而 P 为不等于零的有限值，则称为功率型信号。一个幅度有限的周期信号或随机信号的能量均无限，但其功率有限，称为功率型信号。

一个信号可以既不是能量型信号，也不是功率型信号，但不可能既是能量型信号又是功率型信号。

对于离散信号，可以得出类似的定义和结论。

例 1.4 判断下列信号哪些属于能量型信号，哪些属于功率型信号。

$$s_1(t)=\begin{cases}A, & 0<t<1\\ 0, & \text{其他}\end{cases}$$

$$s_2(t)=A\cos(\omega_0 t+\theta) \quad -\infty<t<\infty$$

$$s_3(t)=\begin{cases} t^{-\frac{1}{4}}, & t\geqslant 1 \\ 0, & \text{其他} \end{cases}$$

解　根据式(1.2.3)和式(1.2.4),上述三个信号的 W,P 分别可计算为

$$W_1=\lim_{T\to\infty}\int_0^1 A^2\,\mathrm{d}t=A^2$$

$$P_1=0$$

$$W_2=\lim_{T\to\infty}\int_{-T}^{T} A^2\cos^2(\omega_0 t+\theta)\,\mathrm{d}t=\infty$$

$$P_2=\lim_{T\to\infty}\frac{A^2}{2T}\int_{-T}^{T}\cos^2(\omega_0 t+\theta)\,\mathrm{d}t=\frac{A^2}{2}$$

$$W_3=\lim_{T\to\infty}\int_1^T t^{-\frac{1}{2}}\,\mathrm{d}t=\infty$$

$$P_3=\lim_{T\to\infty}\frac{1}{2T}\int_1^T t^{-\frac{1}{2}}\,\mathrm{d}t=0$$

因此,$s_1(t)$ 为能量型信号,$s_2(t)$ 为功率型信号,$s_3(t)$ 既不是能量型信号又不是功率型信号。

1.2.2　高频限带信号与窄带信号

高频限带信号是指信号频谱主要局限于某一频率 $f\pm f_0$ 附近的信号,该信号可表示为

$$s(t)=a_s(t)\cos[\omega_0 t+\varphi_s(t)]=a_s(t)\cos[2\pi f_0 t+\varphi_s(t)] \tag{1.2.5}$$

其中 $f_0=\frac{\omega_0}{2\pi}$ 称为载波频率,简称载频;$a_s(t)$ 和 $\varphi_s(t)$ 分别称为限带信号的振幅调制波和相位调制波,在一般情况下,它们都是时间的函数。在信息传输中,就用这两部分来携带信息。

如果信号 $s(t)$ 频谱的主要成分局限于载频 f_0 附近一个很小的范围内,即信号的带宽 $\Delta f=\Delta W/2\pi$ 满足条件 $\Delta f\ll f_0$,则信号 $s(t)$ 称为窄带信号。通信系统、雷达系统等无线电设备中所遇到的信号大部分情况下都属于窄带信号。

将式(1.2.5)展开可得

$$s(t)=s_{\mathrm{I}}(t)\cos(\omega_0 t)-s_{\mathrm{Q}}(t)\sin(\omega_0 t) \tag{1.2.6}$$

其中

$$\left.\begin{aligned} s_{\mathrm{I}}(t)&=a_s(t)\cos\varphi_s(t) \\ s_{\mathrm{Q}}(t)&=a_s(t)\sin\varphi_s(t) \end{aligned}\right\} \tag{1.2.7}$$

式中,$s_{\mathrm{I}}(t)$ 和 $s_{\mathrm{Q}}(t)$ 是两个正交分量。由于 $a_s(t)$ 和 $\varphi_s(t)$ 相对于载波来说是低频慢变化信号,因此 $s_{\mathrm{I}}(t)$ 和 $s_{\mathrm{Q}}(t)$ 也是低频信号;由于在信息传输中 $a_s(t)$ 和 $\varphi_s(t)$ 是携带信息的,因此 $s_{\mathrm{I}}(t)$ 和 $s_{\mathrm{Q}}(t)$ 是携带信息的两个分量。

式(1.2.5)所表示的窄带信号可以用复数形式表示成

$$\tilde{s}(t)=\tilde{a}_s(t)\mathrm{e}^{\mathrm{j}\omega_0 t} \tag{1.2.8}$$

其中,$\mathrm{e}^{\mathrm{j}\omega_0 t}=\cos(\omega_0 t)+\mathrm{j}\sin(\omega_0 t)$ 称为复载波,而

$$\tilde{a}_s(t)=a_s(t)\mathrm{e}^{\mathrm{j}\varphi_s(t)}=s_{\mathrm{I}}(t)+\mathrm{j}s_{\mathrm{Q}}(t) \tag{1.2.9}$$

称为信号 $s(t)$ 的复包络或复调制波。各参数之间的关系为

$$s(t)=\mathrm{Re}\tilde{s}(t)=\mathrm{Re}\{\tilde{a}_s(t)\mathrm{e}^{\mathrm{j}\omega_0 t}\} \tag{1.2.10}$$

$$a_s(t)=|\tilde{a}_s(t)|=\sqrt{s_{\mathrm{I}}^2(t)+s_{\mathrm{Q}}^2(t)} \tag{1.2.11}$$

$$\varphi_s(t)=\arctan\frac{s_{\mathrm{Q}}(t)}{s_{\mathrm{I}}(t)} \tag{1.2.12}$$

1.2.3 实信号的复数表示

1. 信号复数表示的可能性与必要性

通常,可以把各种各样的信号表示成时间的函数,如 $s(t)$。为了分析和处理方便,经常对信号进行频谱分析,即进行傅里叶变换。针对能量型信号和功率型信号,其分析方法也有傅里叶积分和傅里叶级数展开之分,它们都属于傅里叶变换。

对于功率型信号,常采用傅里叶级数展开的方法,即

$$s(t)=\sum_{k=-\infty}^{\infty}S_k\mathrm{e}^{\mathrm{j}k\omega t},\quad \omega=\frac{2\pi}{T} \tag{1.2.13}$$

$$S_k=\frac{1}{T}\int_{-\frac{T}{2}}^{\frac{T}{2}}s(t)\mathrm{e}^{-\mathrm{j}k\omega t}\mathrm{d}t \tag{1.2.14}$$

其中 S_k 称为信号 $s(t)$ 的频谱,它表示信号 $s(t)$ 中包含的频率为 $k\omega$ 的信号分量的复幅度。虽然经常把 $S(\omega)$,S_k 都统称为频谱,但两者在概念上有区别。

在前面讨论的傅里叶变换中,$s(t)$ 可以是实信号,即 $s(t)=s^*(t)$,也可以是复信号,即 $s(t)\neq s^*(t)$,其中 $s^*(t)$ 表示复共轭。所关心的无线电信号如

$$s(t)=A(t)\cos[\omega_0 t+\varphi(t)] \tag{1.2.15}$$

式中,$A(t)$ 为信号的幅度函数;ω_0 为相应于载频的角频率;$\varphi(t)$ 为相位函数。虽然它用实信号模拟更为直接,更易于理解(直观),但无线电信号总是窄带的,所以用复数表示对理论分析和运算都比较方便。因此,首先讨论实信号的复数表示法。

(1) 用复函数表示实信号的可能性

一个实函数加上任意一个虚函数部分就可以构成复函数,对这种复函数只要取实部就可以恢复原来的实函数。为了得到实信号的唯一复数表示方法,下面研究实信号频谱的特点。

① 实信号的频谱是复共轭对称的。已知实信号的特性是 $s(t)=s^*(t)$,所以它的频谱为

$$S(\omega)=\int_{-\infty}^{\infty}s(t)\mathrm{e}^{-\mathrm{j}\omega t}\mathrm{d}t=\int_{-\infty}^{\infty}s^{*}(t)\mathrm{e}^{-\mathrm{j}\omega t}\mathrm{d}t=S^{*}(-\omega) \tag{1.2.16}$$

其中 $S^{*}(-\omega)$ 是 $s^{*}(t)$ 的傅里叶变换，故得

$$|S(\omega)|=|S^{*}(-\omega)|=|S(-\omega)| \tag{1.2.17}$$

$$\arg S(\omega)=\arg S^{*}(-\omega)=-\arg S(-\omega) \tag{1.2.18}$$

这就是说，实信号频谱的幅度谱是偶对称的，相位谱是奇对称的，即实信号的频谱是复共轭对称的，如图 1.5 所示。

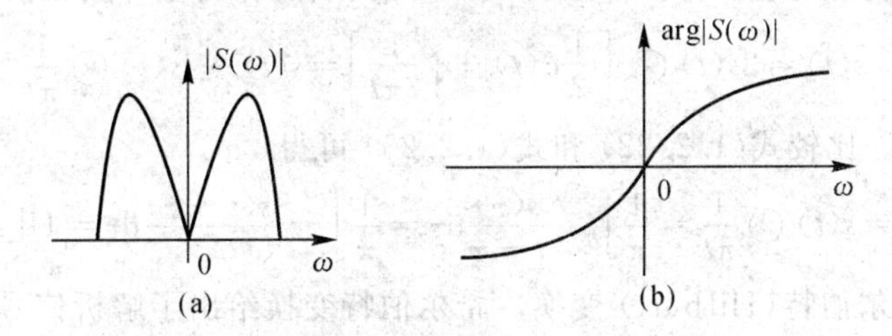

图 1.5　$S(\omega)$ 的复共轭对称性

(a) $|S(\omega)|$ 偶对称；(b) $\arg S(\omega)$ 奇对称

因为实信号的频谱具有复共轭对称的特点，所以其负半轴的频谱部分可以由正半轴的频谱部分唯一地决定（当然反之亦可），即只要知道实信号频谱的正半轴部分（或负半轴部分）即可，而并不损失信号的信息。因为

$$\begin{aligned}
s(t)=&\frac{1}{2\pi}\int_{-\infty}^{\infty}S(\omega)\mathrm{e}^{\mathrm{j}\omega t}\mathrm{d}\omega=\frac{1}{2\pi}\int_{-\infty}^{0}S(\omega)\mathrm{e}^{\mathrm{j}\omega t}\mathrm{d}\omega+\frac{1}{2\pi}\int_{0}^{\infty}S(\omega)\mathrm{e}^{\mathrm{j}\omega t}\mathrm{d}\omega=\\
&\frac{1}{2\pi}\int_{-\infty}^{0}S^{*}(-\omega)\mathrm{e}^{\mathrm{j}\omega t}\mathrm{d}\omega+\frac{1}{2\pi}\int_{0}^{\infty}S(\omega)\mathrm{e}^{\mathrm{j}\omega t}\mathrm{d}\omega=\\
&\frac{1}{2\pi}\int_{0}^{\infty}S^{*}(\omega)\mathrm{e}^{-\mathrm{j}\omega t}\mathrm{d}\omega+\frac{1}{2\pi}\int_{0}^{\infty}S(\omega)\mathrm{e}^{\mathrm{j}\omega t}\mathrm{d}\omega=\\
&\mathrm{Re}\left[\frac{1}{2\pi}\int_{0}^{\infty}2S(\omega)\mathrm{e}^{\mathrm{j}\omega t}\mathrm{d}\omega\right]=\mathrm{Re}[\tilde{s}(t)]
\end{aligned} \tag{1.2.19}$$

从式(1.2.19) 可以看出 $\tilde{s}(t)$ 是复函数，且 $\tilde{s}(t)$ 与 $2S(\omega)(\omega>0)$ 互为傅里叶变换，且 $\tilde{s}(t)$ 对于 $s(t)$ 是唯一的，它的实部就是 $s(t)$。

为了分析和 $s(t)$ 对应的虚部特性及其表达式，需研究解析信号和希尔伯特变换。

② 解析信号和希尔伯特(Hilbert) 变换。令 $\tilde{s}(t)=s(t)+\mathrm{j}\hat{s}(t)$，其中 $\hat{s}(t)$ 表示虚部，则 $\tilde{s}(t)\leftrightarrow\tilde{S}(\omega)$，由式(1.2.19) 知，当 $\omega>0$ 时，$2S(\omega)=\tilde{S}(\omega)$。把这种频谱只有正频率分量的复信号称之为解析信号。下面分析解析信号的虚部表达式。令

$$\tilde{s}(t)\xleftrightarrow{\mathscr{F}}\tilde{S}(\omega)=2S(\omega)U(\omega) \tag{1.2.20}$$

其中 $U(\omega)$ 为频域的阶跃函数，即

$$U(\omega)=\begin{cases}1, & \omega>0\\ 1/2, & \omega=0\\ 0, & \omega<0\end{cases} \tag{1.2.21}$$

又知

$$\tilde{s}(t)=\mathrm{Re}[\tilde{s}(t)]+\mathrm{jIm}[\tilde{s}(t)]=s(t)+\mathrm{j}\hat{s}(t) \tag{1.2.22}$$

这里 $\mathrm{Re}[\tilde{s}(t)]=s(t)$ 已由式(1.2.19)说明,其虚部 $\mathrm{Im}[\tilde{s}(t)]$ 是现在所关心的。

根据傅里叶变换中的卷积特性,对式(1.2.20)的右边作傅里叶反变换可得

$$\tilde{s}(t)=2s(t)\otimes\left[\frac{1}{2}\delta(t)+\mathrm{j}\,\frac{1}{2\pi t}\right]=s(t)+\mathrm{j}s(t)\otimes\frac{1}{\pi t} \tag{1.2.23}$$

式中,$\otimes$ 表示卷积。比较式(1.2.22)和式(1.2.23)可得

$$\hat{s}(t)=s(t)\otimes\frac{1}{\pi t}=\frac{1}{\pi}\int_{-\infty}^{\infty}\frac{s(\tau)}{t-\tau}\mathrm{d}\tau=\frac{1}{\pi}\int_{-\infty}^{\infty}\frac{s(t-\tau)}{\tau}\mathrm{d}\tau=\mathrm{H}[s(t)] \tag{1.2.24}$$

式中,$\mathrm{H}[\cdot]$ 表示希尔伯特(Hilbert)变换。希尔伯特变换给出了解析信号的虚部与实部之间的关系。据此,解析信号的虚部 $\hat{s}(t)$ 可由实部 $s(t)$ 唯一决定。

(2) 实信号复数表示的必要性

人们所关心的无线电信号通常是窄带信号,这种窄带信号的实数表示如式(1.2.15)所示。式中的幅度函数 $A(t)$ 和相位函数 $\varphi(t)$ 较之于 $\cos\omega_0 t$ 来说都是时间的慢变化函数。式(1.2.15)又可写成

$$s(t)=\frac{1}{2}\widetilde{A}(t)\mathrm{e}^{\mathrm{j}\omega_0 t}+\frac{1}{2}\widetilde{A}^*(t)\mathrm{e}^{-\mathrm{j}\omega_0 t} \tag{1.2.25}$$

式中,$\widetilde{A}(t)=A(t)\mathrm{e}^{\mathrm{j}\varphi(t)}$ 称为信号的复包络,$\widetilde{A}^*(t)$ 表示对 $\widetilde{A}(t)$ 取共轭。

若 $\widetilde{A}(t)$ 与 $\widetilde{A}(\omega)$ 互为傅里叶变换与反变换,即 $\widetilde{A}(t)\xleftrightarrow{\mathscr{F}}\widetilde{A}(\omega)$,则

$$S(\omega)=\frac{1}{2}[\widetilde{A}(\omega-\omega_0)+\widetilde{A}^*(-\omega-\omega_0)] \tag{1.2.26}$$

根据式(1.2.26)可得 $S(\omega)$ 和 $\widetilde{S}(\omega)$ 的关系图解,如图1.6所示(为了简单,图中只画出了振幅谱)。

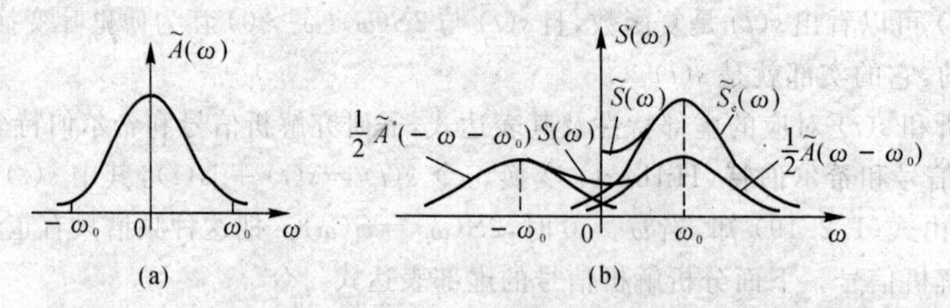

图1.6 $s(t)$ 和 $\tilde{s}(t)$ 等的频谱关系图解

(a) 复包络 $\widetilde{A}(t)$ 的频谱; (b) $S(\omega)$ 与 $\widetilde{S}(\omega)$,$S_e(\omega)$ 等的图解

从图1.6中看出，窄带信号$s(t)$的频谱$S(\omega)$是它的复包络$\widetilde{A}(t)$的频谱$\widetilde{A}(\omega)$之半移到ω_0处与$\widetilde{A}^*(-\omega)$之半移到$-\omega_0$处的和。$s(t)$的解析信号$\tilde{s}(t)$的频谱$\widetilde{S}(\omega)=2S(\omega)U(\omega)$与信号的复包络$\widetilde{A}(t)$的频谱$\widetilde{A}(\omega)$之间的关系较为复杂，它不仅与$\widetilde{A}(\omega-\omega_0)(\omega>0)$有关，而且与$\widetilde{A}^*(-\omega-\omega_0)(\omega>0)$有关。而指数形式的复信号

$$\tilde{s}_e(t)=\widetilde{A}(t)\,e^{j\omega_0 t} \tag{1.2.27}$$

的频谱为

$$\widetilde{S}_e(\omega)=\widetilde{A}(\omega-\omega_0) \tag{1.2.28}$$

并且$\tilde{s}_e(t)$取实部也就是信号$s(t)=A(t)\cos[\omega_0 t+\varphi(t)]$。

从图1.6中还可以看出，$\widetilde{S}(\omega)$与$\widetilde{S}_e(\omega)$的区别就是$\widetilde{A}(\omega-\omega_0)$中$\omega<0$和$\widetilde{A}^*(-\omega-\omega_0)$中$\omega>0$的部分。考虑到所关心的无线电信号是窄带信号，上面所说的两部分都很小，可以忽略不计，则此时$\widetilde{S}(\omega)\approx\widetilde{S}_e(\omega)$。因为$\widetilde{S}_e(\omega)=\widetilde{A}(\omega-\omega_0)$，所以用指数形式的复数信号表示窄带信号可以使信号的分析简化。在不关心载频时，可以只对复包络部分进行处理，即可用对$\widetilde{A}(t)$的研究代替对$\tilde{s}_e(t)$的研究。

虽然在窄带信号的条件下，指数信号与解析信号频谱基本上是一致的，但指数信号与解析信号毕竟不同，而且在$|\omega|>\omega_0$处$\widetilde{A}(\omega)$的幅值越大，它们的差别就越大；反之就越小。在理想情况下，当$|\omega|>\omega_0$时，$\widetilde{A}(\omega)=0$，则两者就完全相同。为了便于分析，本书后续各章将使用指数形式的复数表示形式。

从图1.6中看出

$$\widetilde{S}_e(\omega)-\widetilde{S}(\omega)=\begin{cases}\widetilde{S}_e(\omega)-2S(\omega)=-\widetilde{A}^*(-\omega-\omega_0), & \omega>0\\ \widetilde{S}_e(\omega)-0=\widetilde{A}(\omega-\omega_0), & \omega<0\end{cases} \tag{1.2.29}$$

于是，两种信号之差为

$$\begin{aligned}\varepsilon(t)=\tilde{s}_e(t)-\tilde{s}(t)&=\frac{1}{2\pi}\int_{-\infty}^{\infty}[\widetilde{S}_e(\omega)-\widetilde{S}(\omega)]\,e^{j\omega t}\,d\omega=\\ &-\frac{1}{2\pi}\int_0^{\infty}\widetilde{A}^*(-\omega-\omega_0)e^{j\omega t}\,d\omega+\frac{1}{2\pi}\int_{-\infty}^{0}\widetilde{A}(\omega-\omega_0)e^{j\omega t}\,d\omega=\\ &-\left[\frac{1}{2\pi}\int_{-\infty}^{0}\widetilde{A}(\omega-\omega_0)e^{j\omega t}\,d\omega\right]^*+\frac{1}{2\pi}\int_{-\infty}^{0}\widetilde{A}(\omega-\omega_0)e^{j\omega t}\,d\omega=\\ &\frac{1}{\pi}j\mathrm{Im}\left[\int_{-\infty}^{-f_0}\widetilde{A}(\omega)e^{j(\omega+\omega_0)t}\,d\omega\right]\end{aligned} \tag{1.2.30}$$

从式(1.2.30)看出，$\tilde{s}_e(t)$与$\tilde{s}(t)$的差别在于虚部，这是很明显的，因为$\tilde{s}_e(t)$与$\tilde{s}(t)$的实部都是$s(t)$，没有差别。

2. 正弦型信号的复数表示

下面介绍一下无线电中常用的正弦信号的复数表示及其频谱特性。为了分析方便，认为这些信号都是窄带信号，则其复数形式近似为解析函数。

设正弦实信号为

$$s(t)=A\cos(\omega_0 t+\varphi) \tag{1.2.31}$$

式中，振幅 A 值、角频率 ω_0 和相位 φ 均为常量。

该信号的复指数形式为

$$\tilde{s}(t)=Ae^{j(\omega_0 t+\varphi)}=\widetilde{A}e^{j\omega_0 t} \tag{1.2.32}$$

式中，$\widetilde{A}=Ae^{j\varphi}$ 为复包络；$e^{j\omega_0 t}=\cos\omega_0 t+j\sin\omega_0 t$，称为复载波。同样利用 Hilbert 变换亦可求得 $s(t)$ 的复数表示式(即解析函数)为

$$\tilde{s}(t)=s(t)+j\hat{s}(t) \tag{1.2.33}$$

式中，$s(t)=A\cos(\omega_0 t+\varphi)=\mathrm{Re}[\tilde{s}(t)]$，即原实信号；$\hat{s}(t)=A\sin(\omega_0 t+\varphi)=\mathrm{Im}[\tilde{s}(t)]$，是 $s(t)$ 经过希尔伯特变换求得的。

显然，当 $s(t)$ 为正弦信号时，其复指数形式和其解析函数表示式是一致的。

复信号 $\tilde{s}(t)$ 的包络和相角分别为

$$|\tilde{s}(t)|=\sqrt{s^2(t)+\hat{s}^2(t)} \tag{1.2.34}$$

$$\phi(t)=\omega_0(t)+\varphi=\arctan\frac{\hat{s}(t)}{s(t)} \tag{1.2.35}$$

将实信号表示成复信号时，相应的两个频谱之间有什么关系呢？下面仍以式(1.2.31)为例来做分析。

对 $s(t)$ 式作傅里叶正变换，当 $\varphi=0$ 时，得 $s(t)$ 的频谱为

$$S(\omega)=\pi A[\delta(\omega+\omega_0)+\delta(\omega-\omega_0)] \tag{1.2.36}$$

如图 1.7(a) 所示。

对 $\hat{s}(t)$ 式作傅里叶正变换，求得 $j\hat{s}(t)$ 的频谱为

$$j\hat{S}(\omega)=-\pi A[\delta(\omega+\omega_0)-\delta(\omega-\omega_0)] \tag{1.2.37}$$

如图 1.7(b) 所示。

故由式(1.2.33)可得 $\tilde{s}(t)$ 的频谱为

$$\widetilde{S}(\omega)=S(\omega)+j\hat{S}(\omega)=2\pi A\delta(\omega-\omega_0) \tag{1.2.38}$$

如图 1.7(c) 所示，为单边谱。

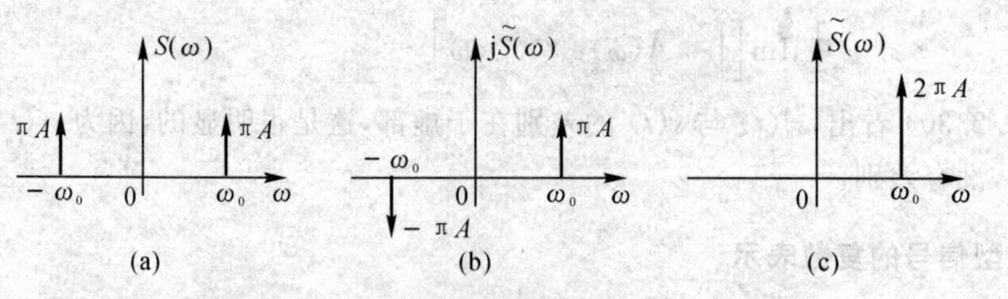

图 1.7　正弦信号的频谱

显然，对式(1.2.32)进行傅里叶分析，也可以得到同样的结论。

综上所述，由于 $S(\omega)$ 和 $\mathrm{j}\hat{S}(\omega)$ 在负频域中正负相消，而在正频域中同号叠加，结果 $\tilde{S}(\omega)$ 中只含有正频谱分量，且为原实信号频谱 $S(\omega)$ 中正频域分量的2倍，故有关系式：

$$\tilde{S}(\omega)=\begin{cases}2S(\omega), & \omega>0\\0, & \omega<0\end{cases}\tag{1.2.39}$$

3. 高频窄带信号的复数表示

设高频窄带实信号为

$$s(t)=A(t)\cos[\omega_0 t+\varphi(t)]\tag{1.2.40}$$

式中，相对于中心频率 ω_0 来说，振幅调制信号 $A(t)$ 和相位调制信号 $\varphi(t)$ 均为低频慢变化的时间函数。

仿前可得复信号为

$$\tilde{s}(t)=A(t)\mathrm{e}^{\mathrm{j}[\omega_0 t+\varphi(t)]}=\tilde{A}(t)\mathrm{e}^{\mathrm{j}\omega_0 t}\tag{1.2.41}$$

式中，复包络 $\tilde{A}(t)=A(t)\mathrm{e}^{\mathrm{j}\varphi(t)}$，它含有低频调制信号的全部信息。作信号处理时，通常采用包络检波器或相位检波器，对此高频窄带信号作解调，滤去不含信息的复载波部分，只保留含有信息的复包络部分。

将式(1.2.40)实信号表示为复信号时，对相应频谱之间的关系进行如下分析：

(1) 求复信号 $\tilde{s}(t)$ 的频谱 $\tilde{S}(\omega)$

由傅里叶变换 $\tilde{A}(t)\overset{\mathscr{F}}{\longleftrightarrow}\tilde{A}(\omega)$ 和频移特性，得

$$\mathrm{e}^{\mathrm{j}\omega_0 t}\overset{\mathscr{F}}{\longleftrightarrow}2\pi\delta(\omega-\omega_0)\tag{1.2.42}$$

并利用傅里叶变换的相乘特性，得

$$\tilde{A}(t)\mathrm{e}^{\mathrm{j}\omega_0 t}\overset{\mathscr{F}}{\longleftrightarrow}\frac{1}{2\pi}[\tilde{A}(\omega)\otimes 2\pi\delta(\omega-\omega_0)]\tag{1.2.43}$$

即 $\tilde{s}(t)\overset{\mathscr{F}}{\longleftrightarrow}\tilde{S}(\omega)$。

利用 δ 函数的卷积特性，可得

$$\tilde{S}(\omega)=\tilde{A}(\omega-\omega_0)\tag{1.2.44}$$

设低频调制复信号 $\tilde{A}(t)$ 的频谱 $\tilde{A}(\omega)$ 如图1.8(a)所示，图中仅示出振幅谱。将它沿 ω 轴向右移动 ω_0，即得 $\tilde{s}(t)$ 的频谱 $\tilde{S}(\omega)$，如图1.8(b)所示。

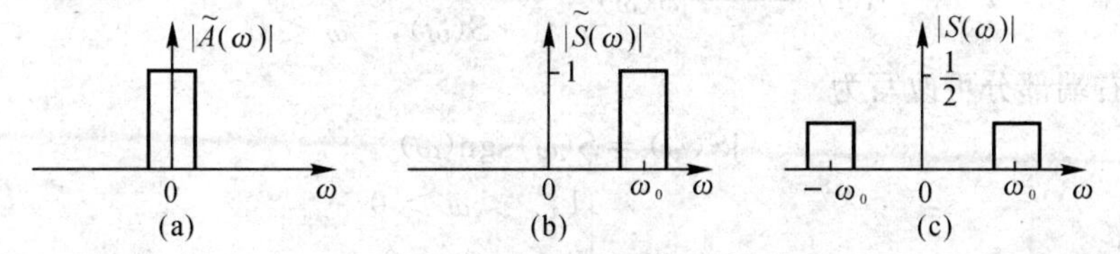

图1.8　高频窄带信号的振幅谱

(2) 求实信号 $s(t)$ 的频谱 $S(\omega)$

$$s(t)=\mathrm{Re}[\tilde{s}(t)]=\frac{1}{2}[\tilde{s}(t)+\tilde{s}^*(t)] \tag{1.2.45}$$

式中,$\tilde{s}^*(t)$ 为 $\tilde{s}(t)$ 的复共轭。

利用傅里叶变换的共轭特性:若 $\tilde{s}(t)\xleftrightarrow{\mathscr{F}}\widetilde{S}(\omega)$,则 $\tilde{s}^*(t)\xleftrightarrow{\mathscr{F}}\widetilde{S}^*(-\omega)$。对式(1.2.45)作傅里叶正变换,得

$$S(\omega)=\frac{1}{2}[\widetilde{S}(\omega)+\widetilde{S}^*(-\omega)]=\frac{1}{2}[\widetilde{A}(\omega-\omega_0)+\widetilde{A}^*(-\omega-\omega_0)] \tag{1.2.46}$$

频谱对称分布于正负两个频域内,如图 1.8(c) 所示。

比较式(1.2.44)、式(1.2.45) 可知,$\widetilde{S}(\omega)$ 与 $S(\omega)$ 之间的关系仍为式(1.2.39)。

将高频窄带实信号 $s(t)$ 表示为复信号 $\tilde{s}(t)$ 后,所关注的是其含有调制信息的低频部分 —— 复包络 $\widetilde{A}(t)$ 或其频谱 $\widetilde{A}(\omega)$。上述分析表明,已知频谱 $S(\omega)$ 之后,先将其正频域分量加倍而得 $\widetilde{S}(\omega)$,再将它沿 ω 轴向左移动 ω_0,即可求得 $\widetilde{A}(\omega)$。因此,原来需要对高频信号作运算,现在可以转化成对低频信号作运算,从而能使分析与处理得到简化。

4. 解析信号及希尔伯特变换

上述两种实信号 $s(t)$ 表示为复信号 $\tilde{s}(t)$ 后,得到 $\widetilde{S}(\omega)$ 与 $S(\omega)$ 之间的关系均为式(1.2.39),即

$$\widetilde{S}(\omega)=\begin{cases}2S(\omega), & \omega>0\\ 0, & \omega<0\end{cases}$$

如前所述,具有此式所示单边频谱特性的复信号 $\tilde{s}(t)=s(t)+\mathrm{j}\hat{s}(t)$,称为实信号 $s(t)$ 的解析信号。

根据此式单边频谱特性可知,与解析信号 $\tilde{s}(t)=s(t)+\mathrm{j}\hat{s}(t)$ 所对应的频谱 $\widetilde{S}(\omega)=S(\omega)+\mathrm{j}\hat{S}(\omega)$ 中,$S(\omega)$ 与 $\mathrm{j}\hat{S}(\omega)$ 具有如下的特性(参见图 1.7、图 1.8):

① 实信号 $s(t)$ 的频谱 $S(\omega)$ 是 ω 的偶函数,即有

$$s(t)\xleftrightarrow{\mathscr{F}}\begin{cases}S(\omega), & \omega>0\\ S(\omega), & \omega<0\end{cases} \tag{1.2.47}$$

② $\mathrm{j}\hat{s}(t)$ 频谱 $\mathrm{j}\hat{S}(\omega)$ 是 ω 的奇函数,即有

$$\mathrm{j}\hat{s}(t)\xleftrightarrow{\mathscr{F}}\mathrm{j}\hat{S}(\omega)=\begin{cases}S(\omega), & \omega>0\\ -S(\omega), & \omega<0\end{cases} \tag{1.2.48}$$

式(1.2.48) 右端部分可改写为

$$\mathrm{j}\hat{S}(\omega)=S(\omega)\mathrm{sgn}(\omega) \tag{1.2.49}$$

式中

$$\mathrm{sgn}(\omega)=\begin{cases}1, & \omega>0\\ 0, & \omega=0\\ -1, & \omega<0\end{cases}$$

为频域的符号函数,因而式(1.2.49)可改写为

$$\widetilde{S}(\omega)=S(\omega)+\mathrm{j}\hat{S}(\omega)=S(\omega)+S(\omega)\mathrm{sgn}(\omega)=S(\omega)[1+\mathrm{sgn}(\omega)]=2S(\omega)U(\omega) \tag{1.2.50}$$

式中

$$U(\omega)=\frac{1}{2}[1+\mathrm{sgn}(\omega)]=\begin{cases}1, & \omega>0\\ \frac{1}{2}, & \omega=0\\ 0, & \omega<0\end{cases}$$

下面再从频域经傅里叶反变换的方法求解析信号 $\tilde{s}(t)=s(t)+\mathrm{j}\hat{s}(t)$ 中实部 $s(t)$ 与虚部 $\hat{s}(t)$ 的关系。

对式(1.2.49)作傅里叶反变换。由于 $\mathrm{j}\hat{s}(t)\xleftrightarrow{\mathscr{F}}S(\omega)\mathrm{sgn}(\omega)$,而 $s(t)\xleftrightarrow{\mathscr{F}}S(\omega)$,$\mathrm{j}(1/(\pi t))\xleftrightarrow{\mathscr{F}}\mathrm{sgn}(\omega)$,因此 $S(\omega)\mathrm{sgn}(\omega)$ 的傅里叶反变换 $\hat{s}(t)$ 可表示为

$$\mathrm{j}\hat{s}(t)=s(t)\otimes\mathrm{j}\frac{1}{\pi t}=\mathrm{j}\frac{1}{\pi}\int_{-\infty}^{\infty}\frac{s(\tau)}{t-\tau}\mathrm{d}\tau$$

或

$$\hat{s}(t)=\frac{1}{\pi}\int_{-\infty}^{\infty}\frac{s(\tau)}{t-\tau}\mathrm{d}\tau \tag{1.2.51}$$

显然,该结论与式(1.2.24)相同。式(1.2.51)是从 $s(t)$ 求解 $\hat{s}(t)$ 的变换式,称为希尔伯特(Hilbert)正变换。反之,若已知 $\hat{s}(t)$ 而需求解 $s(t)$ 时,则可用希尔伯特反变换

$$s(t)=-\frac{1}{\pi}\int_{-\infty}^{\infty}\frac{\hat{s}(\tau)}{t-\tau}\mathrm{d}\tau \tag{1.2.52}$$

希尔伯特变换为实函数 $\hat{s}(t)$ 与 $s(t)$ 之间的一种线性变换,在信号分析中占有重要地位。已知任意实信号 $s(t)$ 后,利用希尔伯特变换求得 $\hat{s}(t)$,即可求得解析信号 $\tilde{s}(t)=s(t)+\mathrm{j}\hat{s}(t)$。因此,解析信号还可根据希尔伯特变换来作定义:

设复信号 $\tilde{s}(t)=s(t)+\mathrm{j}\hat{s}(t)$,若其实部 $s(t)$ 与虚部 $\hat{s}(t)$ 满足希尔伯特变换,则称此复信号 $\tilde{s}(t)$ 为实信号 $s(t)$ 的解析信号(又称预包络)。

希尔伯特变换具有一些独特的性质,下面仅介绍其主要性质,以便了解希尔伯特变换作用的实质。

式(1.2.51)表明,由 $s(t)$ 求解 $\hat{s}(t)$ 实际是求解 $s(t)$ 经过冲激响应 $h(t)=1/(\pi t)$ 的线性网络后的输出 $\hat{s}(t)$,如图 1.9(a) 所示。

由 $H(\omega)\xleftrightarrow{\mathscr{F}}h(t)$,得此线性网络的传输函数为

$$H(\omega)=\int_{-\infty}^{\infty}h(t)\mathrm{e}^{-\mathrm{j}\omega t}\mathrm{d}t=\int_{-\infty}^{\infty}\frac{1}{\pi t}(\cos\omega t-\mathrm{j}\sin\omega t)\mathrm{d}t=\begin{cases}-\mathrm{j}, & \omega>0\\ \mathrm{j}, & \omega<0\end{cases}$$

或

$$H(\omega)=-\mathrm{j}\mathrm{sgn}(\omega) \tag{1.2.53}$$

其幅频特性 $|H(\omega)|$ 和相频特性 $\varphi(\omega)$ 如图 1.9(b) 所示,可见希尔伯特正变换在整个正频域

内相当于一个滞后90°的移相器。

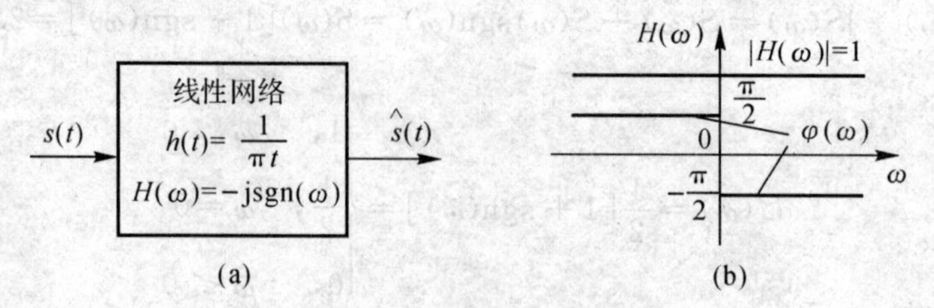

图 1.9　希尔伯特变换

例 1.5　已知实信号 $s(t)=\cos\omega_0 t$，求其解析信号 $\tilde{s}(t)$。

解　由式(1.2.51)得

$$\hat{s}(t)=\frac{1}{\pi}\int_{-\infty}^{\infty}\frac{\cos\omega_0\tau}{t-\tau}\mathrm{d}\tau=\frac{1}{\pi}\int_{-\infty}^{\infty}\frac{(t+\tau)\cos\omega_0\tau}{t^2-\tau^2}\mathrm{d}\tau$$

作变量代换 $\tau=tx$，则 $\mathrm{d}\tau=t\mathrm{d}x$，得

$$\hat{s}(t)=\frac{2}{\pi}\int_{0}^{\infty}\frac{\cos\omega_0 tx}{1-x^2}\mathrm{d}x=\sin\omega_0 t$$

因而解析信号为

$$\tilde{s}(t)=s(t)+\mathrm{j}\hat{s}(t)=\cos\omega_0 t+\mathrm{j}\sin\omega_0 t=\mathrm{e}^{\mathrm{j}\omega_0 t}$$

例 1.6　已知实信号 $s(t)=\cos\omega_0 t$，求经过两次希尔伯特正变换后的信号 $s_o(t)$。

解　根据希尔伯特变换的作用，可以得图 1.10 所示。

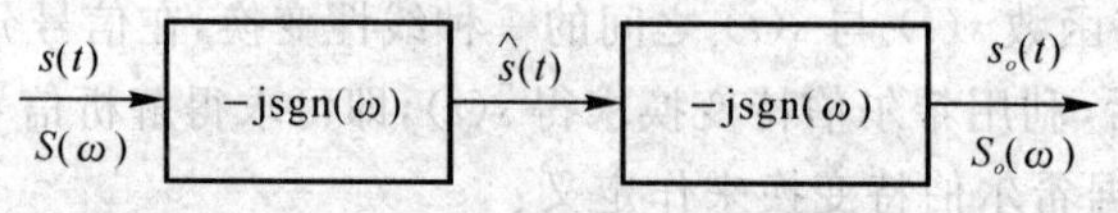

图 1.10　两次希尔伯特正变换

设 $s(t)$ 的频谱为 $S(\omega)$，$s_o(t)$ 的频谱为 $S_o(\omega)$，则

$$S_o(\omega)=S(\omega)\left[-\mathrm{j}\operatorname{sgn}(\omega)\right]^2=-S(\omega)$$

对上式作傅里叶反变换，即得

$$s_o(t)=-s(t)$$

可见两次希尔伯特正变换后，恰好为原实信号 $s(t)$ 的反相。令 $s(t)=\cos\omega_0 t$，故得

$$s_o(t)=-\cos\omega_0 t$$

本 章 习 题

1.1　指出图题 1.1 所示各信号是连续时间信号，还是离散时间信号。

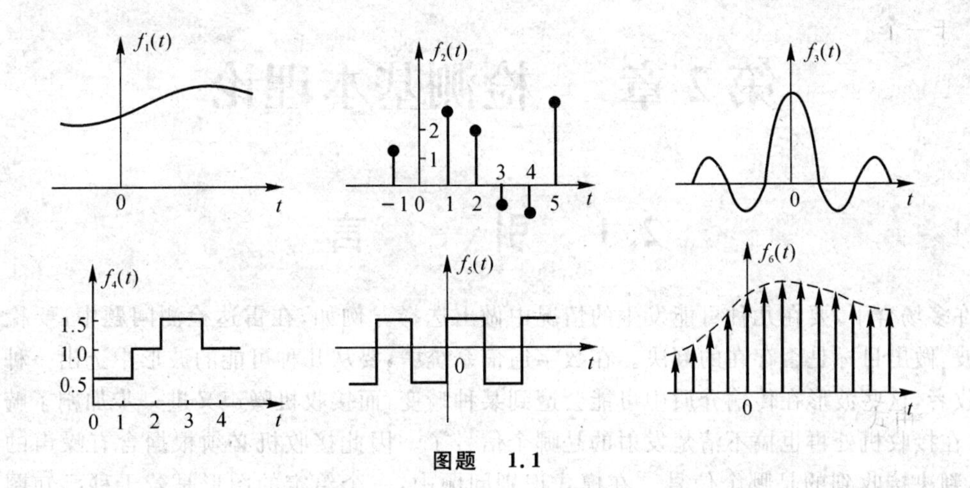

图题　1.1

1.2　判断下列各信号是否是周期信号，如果是周期信号，求出它的基波周期。

(1) $x(t)=2\cos(3t+\pi/4)$　　(2) $x(n)=\cos(8\pi n/7+2)$

(3) $x(t)=\mathrm{e}^{\mathrm{j}(\pi t-1)}$　　(4) $x(t)=\mathrm{e}^{\mathrm{j}(t/8-\pi)}$

(5) $x(n)=\sum\limits_{m=0}^{\infty}[\delta(n-3m)-\delta(n-1-3m)]$　　(6) $x(t)=\cos 2\pi t u(t)$

(7) $x(n)=\cos(n/4)\cos(n\pi/4)$

(8) $x(n)=2\cos(n\pi/4)+\cos(n\pi/8)-a\sin(n\pi/2+\pi/6)$

1.3　试判断下列信号是能量型信号还是功率型信号。

(1) $x_1(t)=A\mathrm{e}^{-t},t\geqslant 0$　　(2) $x_2(t)=A\cos(\omega_0 t+\theta)$

(3) $x_3(t)=\sin 2t+\sin 2\pi t$　　(4) $x_4(t)=\mathrm{e}^{-t}\sin 2t$

1.4　确定下列论点正确与否。

(1) 两个周期信号之和总是周期信号；

(2) 所有非周期信号都是能量信号；

(3) 所有能量信号都是非周期信号；

(4) 所有随机信号都是非周期信号；

(5) 两个功率信号之积总是一个功率信号；

(6) 两个功率信号之和总是一个功率信号；

(7) 一个功率信号和一个能量信号之积总是一个能量信号。

1.5　对下列每一个信号求 P_∞ 和 W_∞。

(1) $x_1(t)=\mathrm{e}^{-2t}u(t)$　　(2) $x_2(t)=\mathrm{e}^{\mathrm{j}(2t+\pi/4)}$　　(3) $x_3(t)=\cos t$

(4) $x_4(n)=\left(\frac{1}{2}\right)^n u(n)$　　(5) $x_5(n)=\mathrm{e}^{\mathrm{j}(\pi/2n+\pi/8)}$　　(6) $x_6(n)=\cos\frac{\pi}{4}n$

第2章　检测基本理论

2.1　引　　言

许多场合下，要在几种可能发生的情况中做出选择。例如，在雷达检测问题中，要检测雷达回波，做出目标是否存在的判决。在数字通信系统中，要从几种可能的波形中选出一种传输给接收者，这些波形在传输介质中可能会遭到某种畸变，而接收机噪声又进一步加剧了畸变。结果，在接收机处再也搞不清楚发射的是哪个信号了。因此接收机必须根据含有噪声的观测结果，判决接收到的是哪个信号。在模式识别问题中，一个给定的图形是若干种已知图形之一，例如一个给定的字符属于一组字母和 0 ～ 9 的数字，图形分类器必须判断给定的图形是哪一个字符。图形分类器是一种自动机，它根据含有噪声的测量结果和有关各类图形的统计信息做出这种判决。

上述每种情况下，解决问题的办法中都涉及在几种选择方案中做出判决。本章将介绍解决这种判决问题需要的基本工具，并且假设观测到的结果是一组随机变量。这样的问题统计学家们已经研究了多年，属于一般的统计推断的范畴。第 3 章将介绍把结果推广到波形判决问题方面。

噪声中信号波形的检测理论和方法，主要应用于通信系统、雷达系统等无线电系统。在二元数字通信系统中，系统模型可简化为如图 2.1 所示结构。

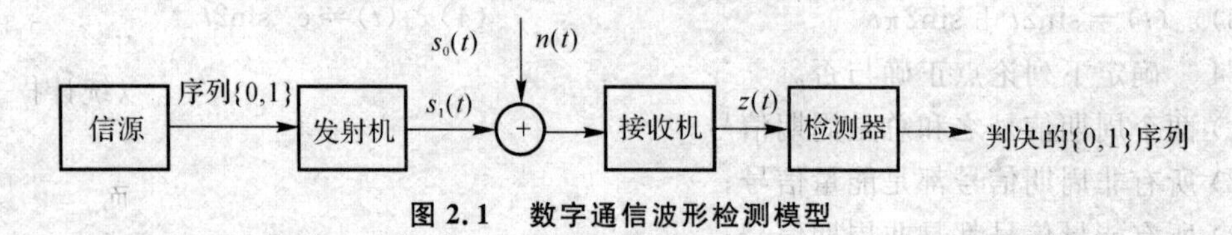

图 2.1　数字通信波形检测模型

信源每隔时间 T 输出一个二进制数字{0, 1}序列，经发射系统调制、放大等处理后，发射到信道中的信号可表示为

信源输出	发射信号	
0	$s_0(t)$	$(N-1)T \leqslant t \leqslant NT$
1	$s_1(t)$	$(N-1)T \leqslant t \leqslant NT$

式中，信号 $s_0(t)$ 和 $s_1(t)$ 的能量分别为 E_0 和 E_1。

信号发射到信道后，考虑只受到加性噪声 $n(t)$ 的污染。在许多无线电系统中，这种加性噪声多是功率谱密度为$G_n(\omega)=\frac{N_0}{2}$的白噪声或高斯白噪声，也有的是功率谱不平坦的有色噪声。因此，用假设检验来描述这一问题，可以表示为

$$H_0: z(t)=s_0(t)+n(t), \quad (N-1)T \leqslant t \leqslant NT$$
$$H_1: z(t)=s_1(t)+n(t), \quad (N-1)T \leqslant t \leqslant NT$$

式中，$z(t)$为接收信号；假设H_0表示发送信号$s_0(t)$，假设H_1表示发送信号$s_1(t)$。

以雷达系统为例，常规脉冲雷达以重复周期T_z发射等幅高频脉冲序列。如果在天线波束照射的区域内有目标存在，脉冲信号被反射回来，由接收机接收，同时叠加噪声$n(t)$；如果没有目标，则接收机只收到噪声$n(t)$。因此，雷达系统情况下，接收信号$z(t)$可以表示为

$$H_0: z(t)=n(t), \quad NT_z+t_0 \leqslant t \leqslant NT_z+t_0+T$$
$$H_1: z(t)=s(t)+n(t), \quad NT_z+t_0 \leqslant t \leqslant NT_z+t_0+T$$

式中，接收目标回波信号$s(t)$的能量为E_s。加性噪声$n(t)$一般是功率谱密度$G_n(\omega)=\frac{N_0}{2}$的白噪声。这种噪声可能是高斯的，也可能是有色的，因此接收信号$z(t)$也是一个随机过程。

为了不失一般性，假设接收信号$z(t)$的时间起点为$t=0$，时间间隔为$(0,T)$，并将$z(t)$统一表示为

$$H_0: z(t)=s_0(t)+n(t), \quad 0 \leqslant t \leqslant T$$
$$H_1: z(t)=s_1(t)+n(t), \quad 0 \leqslant t \leqslant T$$

或者

$$H_0: z(t)=n(t), \quad 0 \leqslant t \leqslant T$$
$$H_1: z(t)=s(t)+n(t), \quad 0 \leqslant t \leqslant T$$

信号$s_j(t)(j=0$或$1)$可以是确知信号，也可以是具有未知参量或随机参量的信号。

在统计检测理论中，处理的观测信号被假定为N维随机矢量$\boldsymbol{z}=[z_1, z_2, \cdots, z_N]^{\mathrm{T}}$，而一般的接收机信号是一个随机过程$z(t)$。如果把随机过程进行离散化处理，并予以统计描述，就可以应用信号的统计检测理论来处理信号波形的检测问题了。

所谓离散化处理，就是在信号存在的$(0,T)$时间间隔内获取N个离散值，从而使得时间连续的问题变为N维矢量问题。在进行离散化处理过程中，既要保障信息的不丢失问题（取决于香农定理），还要保证N维噪声间的不相关性。保证不相关性的方法是：对于具有均匀功率谱的白噪声（包括有限带宽噪声），可以采用抽样法完成离散化处理过程；特别是当噪声带宽无限时（理想情况），采样间隔是不受限制的。对于具有非均匀功率谱情况，则须使用卡享南-洛维变换离散化。

2.2 假设检测的基本概念

信号的统计检测理论适用于多种信号情况，本节从简单的检测理论问题入手讨论其基本

概念。

2.2.1 基本检测模型

简单的二元信号检测理论模型如图 2.2 所示，主要由四部分组成。

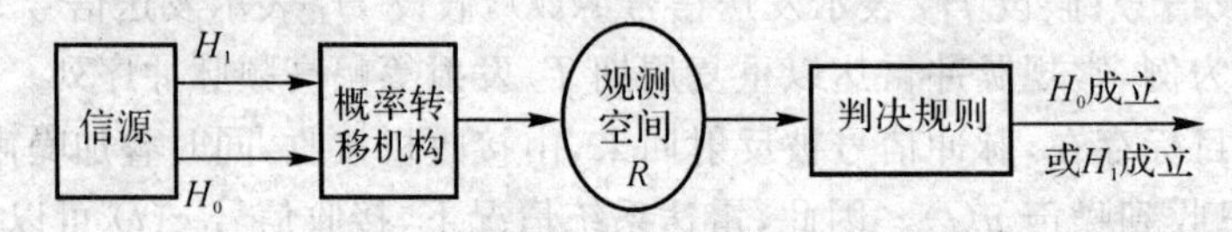

图 2.2 简单的二元信号检测理论模型

模型的第一部分是信源，它输出一种特定的信号。对于简单的二元信号检测，信源的输出是两种信号之一。把信源的输出称为假设，并记 H_0 和 H_1。对于更一般的情况，输出可能是 M 个假设 H_0, H_1, …, H_{M-1} 中的一个。前者称之为二元信号检测，后者称之为 M 元信号检测。一些典型的信源如下：

① 二元数字通信系统中，信源由符号“0”和“1”组成。当认为信源输出“1”时，用假设 H_1 表示；当认为信源输出“0”时，用假设 H_0 表示。该输出信号经发送、传输、接收和判决之后，其判决的可能结果只有“0”或“1”两种状态。

② 雷达系统中，对特定的区域进行观测并判定该区域是否存在目标，可能的结果是“有目标”或“无目标”。用 H_1 表示目标存在，用 H_0 表示目标不存在。

③ 天气预报中，可能的结果有“晴”“阴”“雨”，可以分别用假设 H_0，H_1 和 H_2 来表示。

④M 元数字通信系统中，信源的 M 个不同的输出分别用假设 H_0，H_1，…，H_{M-1} 来表示它们。

由此可见，信源就是全体假设的集合。

模型的第二部分是概率转移机构，它在信源输出 H_i 为真的基础上将其按一定的概率关系映射到观测空间。关于概率转移机构的概念可通过下面的例子来说明。

如图 2.3 所示的检测信号模型，当 H_1 为真时，信源输出为 $+A$；当 H_0 为真时，信源输出为 $-A$。信源的输出与服从 $N(0, \sigma^2)$ 的高斯噪声 n 相叠加，其和就是观测空间的变量 z，如图 2.3(a) 所示。在两种假设下有

$$H_0: z = -A + n$$
$$H_1: z = A + n$$

由于噪声 n 服从 $N(0, \sigma^2)$，信号 $+A$，$-A$ 为已知信号，因而在两种假设下，z 的概率密度函数如图 2.3(b) 所示。

在图 2.3 所示的检测信号模型中，观测空间由一维随机变量 z 组成，因此观测空间是一维的。如果对于信源的任何一个输出，让概率转移机构依次转移 N 次，构成一个序列 $\boldsymbol{z} = [z_1, z_2, \cdots, z_N]^{\mathrm{T}}$，由该序列构成的观测空间是 N 维的，N 为有限值。

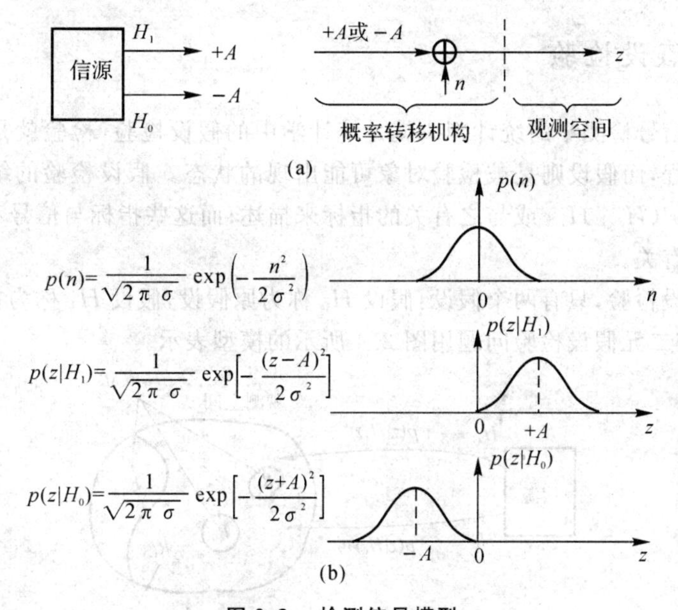

图 2.3　检测信号模型

(a) 信号产生模型；(b) 概率密度函数

模型的第三部分是观测空间 R，它是在信源不同输出下，由概率转移机构所形成的可能的观测量的集合。观测量可以是一维的，也可以是 N 维矢量。

模型的第四部分是判决规则，在观测空间得出观测结果后，用它来推断哪一个假设是真的，以便使观测空间中的每一个点对应着一个相应的假设。判决结果是选择 M 个假设中的一个假设成立。在图 2.2 所示的二元信号检测模型中，每次判决的结果是选择假设 H_0 或假设 H_1 中的一个成立。

统计判决，即统计假设检验，它的任务就是根据从观测空间中获得的观测量，按照某种检验规则判决信源的哪个输出为真，即判决哪个假设成立。因此，统计判决问题实际上是观测空间的划分问题。在二元信号检测中，是把整个观测空间 R 划分成两个互不相交的区域 R_0 域和 R_1 域，称之为判决域，并满足 $R=R_0\cup R_1$；$R_0\cap R_1=\phi$(空集)。如果观测空间 R 中的某个观测量 $\boldsymbol{z}=[z_1,\ z_2,\ \cdots,\ z_N]^{\mathrm{T}}$ 落在 R_0 域，就判假设 H_0 成立，否则判假设 H_1 成立。在 M 元信号检测中，是把整个观测空间 R 划分成 M 个互不相交的区域 R_0 域、R_1 域、……、R_{M-1} 域，并满足 $R=\bigcup\limits_{i=0}^{M-1}R_i$；$R_i\cap R_j=\phi$，$i\neq j$，$i,j=0,\ 1,\ \cdots,\ M-1$。

在信号的统计检测问题中，检测准则决定了判决域的划分，而判决域的划分体现了检测准则的性能。根据信号检测的不同应用环境和性能要求，将采用不同的信号检测准则，以达到“最佳”检测之目的。

2.2.2 假设检验

前面提到的信号检测中的统计判决就是统计学中的假设检验，检验就是信号检测系统所做的统计判决过程，而假设则是被检验对象可能出现的状态。假设检验的结果可以用各假设成立与否的概率 $P(H_i \mid H_j)$ 或与之有关的指标来描述；而这些指标与信号和噪声的统计特性及所采用的准则有关。

对于二元假设检验，只有两个假设：假设 H_0 称为原假设，假设 H_1 称为备择假设。根据检测理论模型，可将二元假设检验问题用图 2.4 所示的模型表示。

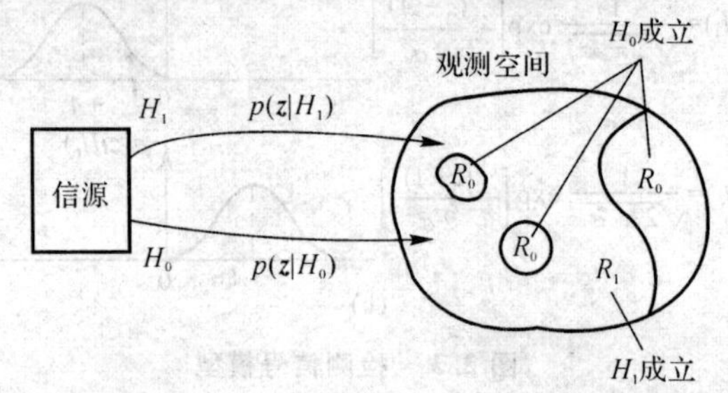

图 2.4 二元假设检验的判决域

对于信源的每一输出(假设)，由概率转移机构映射到 N 维观测空间，N 维观测矢量为

$$\boldsymbol{z}=[z_1,\ z_2,\ \cdots,\ z_N]^{\mathrm{T}}$$

这里的概率转移机构，就是两个已知条件下的 N 维条件概率密度函数 $p(\boldsymbol{z} \mid H_1)$ 和 $p(\boldsymbol{z} \mid H_0)$，观测空间分成 R_0 域和 R_1 域，当观测量 $\boldsymbol{z}$ 落入 R_0 域时，就判假设 H_0 成立；而当 $\boldsymbol{z}$ 落入 R_1 域时，则判决假设 H_1 成立。

在二元假设检验中，只有两个假设：假设 H_0 和假设 H_1，如果限于讨论硬判决的情况，即对观测空间 R 中的每一个观测量 $\boldsymbol{z}$ 都必须做出选择：或是判为 H_0，或是判为 H_1，二者必选其一成立。这样，对于二元假设检验，判决结果必是下列四种可能情况之一：

① 假设 H_0 为真，判决假设 H_0 成立，记为$(H_0 \mid H_0)$；

② 假设 H_0 为真，判决假设 H_1 成立，记为$(H_1 \mid H_0)$；

③ 假设 H_1 为真，判决假设 H_0 成立，记为$(H_0 \mid H_1)$；

④ 假设 H_1 为真，判决假设 H_1 成立，记为$(H_1 \mid H_1)$。

其中第 ①，④ 两种判决是正确的，而第 ②，③ 两种判决是错误的。各种判决结果的概率用 $P(H_i \mid H_j)$ 表示，它代表假设 H_j 为真而判决 H_i 成立的概率。

类似地有 M 元假设检验，如果假设 H_j 为真，而判决假设 H_i 成立，相应的判决概率为 $P(H_i \mid H_j)$，$i,j=0,1,\cdots,M-1$。希望正确判决的概率 $P(H_i \mid H_j)(i=j)$ 取值大，而错误判决的概率 $P(H_i \mid H_j)(i \neq j)$ 取值小。

综上所述,为了获得某种"最佳"意义上的检测结果,应正确划分观测空间中的各判决区域 R_i, $i=0, 1, \cdots, M-1$,而判决区域的划分与采用的检测准则密切相关。下面讨论几种应用于不同环境的最佳检测准则。

2.2.3　检测问题举例

作为入门介绍,考虑一个方差为 σ^2 的高斯白噪声 n 中,幅度 $A=1$ 的 DC 电平检测问题。假设观测量为 $z=n$(只有噪声)和 $z=1+n$,通过对 z 的观测做出有无信号的判决。由于假定噪声的均值为零,因此判决规律是,如果

$$z > \frac{1}{2} \tag{2.2.1}$$

可以判信号存在;而如果

$$z < \frac{1}{2} \tag{2.2.2}$$

则只存在噪声。如果只存在噪声,则 $E(z)=0$;如果噪声中存在信号,则 $E(z)=1$。很显然,当存在信号时且 $n<\frac{1}{2}$,或者当只有噪声且 $n>\frac{1}{2}$ 时,则会做出错误的判决。通过考虑大量重复的实验所发生的情况,就可以很好地理解这一点。例如,对 100 个 n 的观察,当信号存在与不存在时分别观测 z。那么,对于 $\sigma^2=0.05$,某些典型的结果如图 2.5(a) 所示,虚线表示只有噪声,实线表示噪声中含有信号。显然,根据式(2.2.1)、式(2.2.2),做出错误判决的次数是十分稀少的。但是,如果 $\sigma^2=0.5$,正如图 2.5(b) 所示的那样,那么做出错误判决的机会将显著增加。显然,这是由于随着 σ^2 的增加,n 现实的扩散增加而造成的。若噪声的概率密度函数 (PDF) 为

$$p(n)=\frac{1}{\sqrt{2\pi\sigma^2}}\exp\left(-\frac{1}{2\sigma^2}n^2\right) \tag{2.2.3}$$

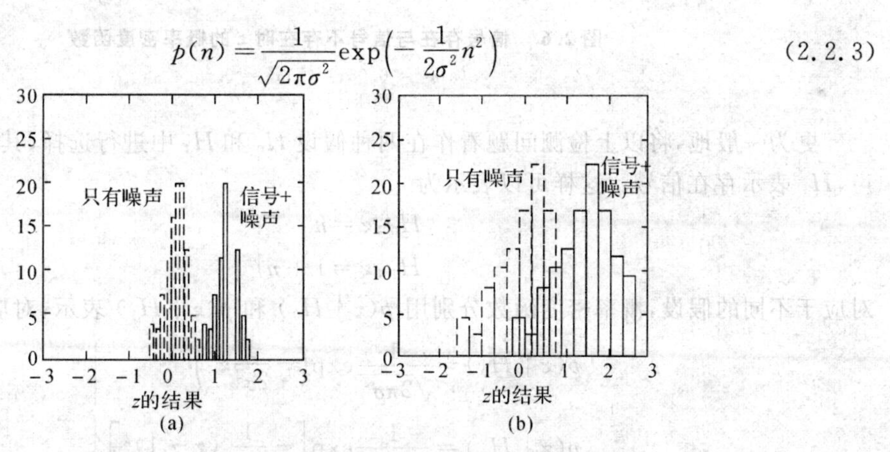

图 2.5　信号存在与信号不存在时 z 的直方图

(a)$\sigma^2=0.05$；　(b)$\sigma^2=0.5$

则任何检测器的性能将取决于在每种不同的假设下 z 的概率密度函数差异的大小。当观察次数增加时，对于同一个例子，图 2.6 所示画出了式(2.2.3) 给出的对应于 $\sigma^2=0.05$ 和 $\sigma^2=0.5$ 的概率密度函数。当只有噪声时，概率密度函数为

$$p(z)=\begin{cases}\dfrac{1}{\sqrt{0.1\pi}}\exp(-10z^2), & \sigma^2=0.05\\ \dfrac{1}{\sqrt{\pi}}\exp(-z^2), & \sigma^2=0.5\end{cases}$$

当噪声中含有信号时

$$p(z)=\begin{cases}\dfrac{1}{\sqrt{0.1\pi}}\exp[-10\,(z-1)^2], & \sigma^2=0.05\\ \dfrac{1}{\sqrt{\pi}}\exp[-\,(z-1)^2], & \sigma^2=0.5\end{cases}$$

通过此例看到，检测器的性能随着观测次数的增加或随 $\dfrac{A^2}{\sigma^2}$（信噪比，SNR）的增加而有所改善。

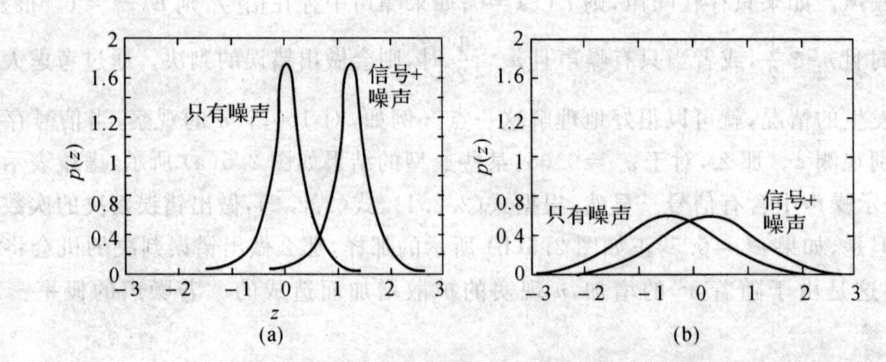

图 2.6 信号存在与信号不存在时 z 的概率密度函数

(a)$\sigma^2=0.05$； (b)$\sigma^2=0.5$

更为一般地，将以上检测问题看作在两种假设 H_0 和 H_1 中进行选择，其中 H_0 表示只有噪声，H_1 表示存在信号。这样可以表示为

$$\left.\begin{aligned}H_0&:z=n\\ H_1&:z=1+n\end{aligned}\right\}\tag{2.2.4}$$

对应于不同的假设，概率密度函数分别用 $p(z\mid H_0)$ 和 $p(z\mid H_1)$ 表示，对应于这个例子为

$$\left.\begin{aligned}p(z\mid H_0)&=\frac{1}{\sqrt{2\pi\sigma^2}}\exp\left(-\frac{1}{2\sigma^2}z^2\right)\\ p(z\mid H_1)&=\frac{1}{\sqrt{2\pi\sigma^2}}\exp\left[-\frac{1}{2\sigma^2}\,(z-1)^2\right]\end{aligned}\right\}\tag{2.2.5}$$

注意，在假设 H_0 和 H_1 之间进行判决时，必然要问到 z 是根据概率密度函数 $p(z \mid H_0)$ 产生的，还是根据概率密度函数 $p(z \mid H_1)$ 产生的。另外，如果考虑一族概率密度函数

$$p(z \mid A) = \frac{1}{\sqrt{2\pi\sigma^2}} \exp\left[-\frac{1}{2\sigma^2}(z-A)^2\right] \tag{2.2.6}$$

式中，A 为参量。那么当 $A=0$ 时，得到 $p(z \mid H_0)$；当 $A=1$ 时，得到 $p(z \mid H_1)$。因此，可以把检测问题看作参数检验问题。给定一个观测 z，它的概率密度函数由式(2.2.6)给出，希望检验 $A=0$ 还是 $A=1$，或者用符号表示为

$$\left.\begin{aligned} H_0: A=0 \\ H_1: A=1 \end{aligned}\right\} \tag{2.2.7}$$

这称为概率密度函数的参数检验，这一观点在以后将会使用。

2.3　判决准则

2.3.1　贝叶斯准则

本节将讨论简单二元假设检验下的贝叶斯准则。

当二元假设检验应用贝叶斯准则时，设信源两个输出(假设)发生的概率，即先验概率 $P(H_0)$ 和 $P(H_1)$ 已知。这里 $P(H_0)$ 是假设 H_0 发生时的概率，$P(H_1)$ 是假设 H_1 发生时的概率。由于两个假设 H_0 和 H_1 之一总是要发生的，因而有

$$P(H_0) + P(H_1) = 1 \tag{2.3.1}$$

在这两种假设中，一种判决的后果和另一种判决的后果一般是不同的，因此赋于每一可能的判决一个代价，用代价因子 C_{ij} 表示假设 H_j 为真时，判决 H_i 成立的代价。具体地说，对于二元假设检验的代价因子如表 2.1 所示。

表 2.1　二元假设检验的代价因子

判决＼假设	H_0	H_1
H_0	C_{00}	C_{01}
H_1	C_{10}	C_{11}

对于 H_j 为真而判 H_i 成立，$i,j=0,1$ 的情况，判决概率为 $P(H_i \mid H_j)$，代价因子为 C_{ij}，于是在 H_j 为真时判决所付出的代价为

$$C(H_j) = \sum_{i=0}^{1} C_{ij} P(H_i \mid H_j), \quad j=0,1 \tag{2.3.2}$$

考虑到假设 H_j 出现的先验概率 $P(H_j)$，则判决所付的总平均代价（又称平均风险）为

$$\bar{C}=\sum_{j=0}^{1}\sum_{i=0}^{1}C_{ij}P(H_j)P(H_i\mid H_j) \tag{2.3.3}$$

所谓贝叶斯准则，就是在假设 H_j 的先验概率 $P(H_j)$ 已知，各种判决代价因子 C_{ij} 赋定的情况下，可以使平均代价 $\bar{C}$ 为最小的准则。

从检测理论模型知，事件 (H_iH_j) 是当 H_j 为真时由概率转移机构映射到整个观测空间 R，经划分落入 H_i 成立的判决域 R_i 后而判决 H_i 成立的。因此，平均代价 $\bar{C}$ 也可以通过转移概率密度函数及判决域来表示，即

$$\begin{aligned}\bar{C}=&\sum_{j=0}^{1}\sum_{i=0}^{1}C_{ij}P(H_j)\int_{R_i}p(\boldsymbol{z}\mid H_j)\mathrm{d}\boldsymbol{z}=C_{00}P(H_0)\int_{R_0}p(\boldsymbol{z}\mid H_0)\mathrm{d}\boldsymbol{z}+\\&C_{10}P(H_0)\int_{R_1}p(\boldsymbol{z}\mid H_0)\mathrm{d}\boldsymbol{z}+C_{01}P(H_1)\int_{R_0}p(\boldsymbol{z}\mid H_1)\mathrm{d}\boldsymbol{z}+C_{11}P(H_1)\int_{R_1}p(\boldsymbol{z}\mid H_1)\mathrm{d}\boldsymbol{z}\end{aligned} \tag{2.3.4}$$

因为观测空间 R 划分为 R_0 域和 R_1 域，且满足 $R=R_0\cup R_1$，$R_0\cap R_1=\phi$；又因为对于整个观测空间 R 有

$$\int_R p(\boldsymbol{z}\mid H_0)\mathrm{d}\boldsymbol{z}=\int_R p(\boldsymbol{z}\mid H_1)\mathrm{d}\boldsymbol{z}=1 \tag{2.3.5}$$

所以，式(2.3.4)中的 R_1 域积分项可表示为

$$\int_{R_1}p(\boldsymbol{z}\mid H_j)\mathrm{d}\boldsymbol{z}=\int_R p(\boldsymbol{z}\mid H_j)\mathrm{d}\boldsymbol{z}-\int_{R_0}p(\boldsymbol{z}\mid H_j)\mathrm{d}\boldsymbol{z}=1-\int_{R_0}p(\boldsymbol{z}\mid H_j)\mathrm{d}\boldsymbol{z} \tag{2.3.6}$$

这样，平均代价 $\bar{C}$ 可表示为

$$\begin{aligned}\bar{C}=&C_{00}P(H_0)\int_{R_0}p(\boldsymbol{z}\mid H_0)\mathrm{d}\boldsymbol{z}+C_{10}P(H_0)-C_{10}P(H_0)\int_{R_0}p(\boldsymbol{z}\mid H_0)\,\mathrm{d}\boldsymbol{z}+\\&C_{01}P(H_1)\int_{R_0}p(\boldsymbol{z}\mid H_1)\mathrm{d}\boldsymbol{z}+C_{11}P(H_1)-C_{11}P(H_1)\int_{R_0}p(\boldsymbol{z}\mid H_1)\mathrm{d}\boldsymbol{z}=\\&C_{10}P(H_0)+C_{11}P(H_1)+\int_{R_0}\{[P(H_1)(C_{01}-C_{11})p(\boldsymbol{z}\mid H_1)]-\\&[P(H_0)(C_{10}-C_{00})p(\boldsymbol{z}\mid H_0)]\}\mathrm{d}\boldsymbol{z}\end{aligned} \tag{2.3.7}$$

现对式(2.3.7)进行分析，以获得使平均代价 $\bar{C}$ 最小的判决域划分和贝叶斯判决规则。式(2.3.7)中的第一、二两项是固定平均代价分量，与判决域划分无关。由于代价因子 $C_{ij|i\neq j}>C_{jj}$，概率密度函数 $p(\boldsymbol{z}\mid H_j)\geqslant 0$，因此式(2.3.7)中的被积函数是两个正项函数之差，在某些 $\boldsymbol{z}$ 值处被积函数可能取正值，而在另外一些 $\boldsymbol{z}$ 值处被积函数则有可能取负值，所以式中的积分项是平均代价可变部分，它的正负受积分区域 R_0 控制。根据贝叶斯准则，应使平均代价最小，为此，将凡是使被积函数取负值的那些 $\boldsymbol{z}$ 值划分给 R_0 域，而把其余的 $\boldsymbol{z}$ 值划分给 R_1 域，以保证平均代价最小。至于使被积函数为零的那些 $\boldsymbol{z}$ 值划分给 R_0 域，还是 R_1 域是一样的，因为不影响平均代价。但为了统一起见，这样的 $\boldsymbol{z}$ 值都划分给 R_1 域。这样 H_0 成立的判决域 R_0 可

这样来确定：所有满足

$$P(H_1)(C_{01}-C_{11})p(z \mid H_1)-P(H_0)(C_{10}-C_{00})p(z \mid H_0)<0 \tag{2.3.8}$$

的 z 值划分给 R_0，判决 H_0 成立；否则，把不满足式(2.3.8)的 z 值划归 R_1 域，判决 H_1 成立。于是，将式(2.3.8)改写，得到贝叶斯判决规则

$$\frac{p(z \mid H_1)}{p(z \mid H_0)} \underset{H_0}{\overset{H_1}{\gtrless}} \frac{P(H_0)(C_{10}-C_{00})}{P(H_1)(C_{01}-C_{11})} \tag{2.3.9}$$

式(2.3.9)不等号左边是两个转移概率密度函数（又称似然函数）之比，称为似然比(likelihood ratio)，用 $\Lambda(z)$ 表示，即

$$\Lambda(z)=\frac{p(z \mid H_1)}{p(z \mid H_0)} \tag{2.3.10}$$

而不等式的右边是由先验概率 $P(H_j)$ 和代价因子 C_{ij} 决定的常数，称为似然比检测门限，记为

$$\lambda_0=\frac{P(H_0)(C_{10}-C_{00})}{P(H_1)(C_{01}-C_{11})} \tag{2.3.11}$$

于是，由贝叶斯准则得到的似然比检验(likelihood ratio test)为

$$\Lambda(z) \underset{H_0}{\overset{H_1}{\gtrless}} \lambda_0 \tag{2.3.12}$$

$p(z \mid H_0)$ 和 $p(z \mid H_1)$ 是 N 维随机矢量 z 的函数，而 $\Lambda(z)$ 是 z 的两个条件概率密度函数之比，因此，不论 z 的正负如何和维数如何，$\Lambda(z)$ 都是非负的一维变量；由于 $\Lambda(z)$ 是观测量 z 的函数，而 z 是随机变量，因此 $\Lambda(z)$ 也是随机变量；因为 $\Lambda(z)$ 仅是观测量 z 的函数，不含任何未知参量，所以 $\Lambda(z)$ 为检验统计量。

由式(2.3.10)可知，似然比检验要对观测量 z 进行处理，即计算似然比 $\Lambda(z)$，然后跟某个似然比检测门限 λ_0 比较以做出判决。似然比 $\Lambda(z)$ 的计算不依赖于假设的先验概率 $P(H_j)$，也与代价因子 C_{ij} 无关。因此，不论假设的先验概率如何，也不管代价因子如何赋定，它们的数据处理器（似然比计算器）结构是一样的，这种不变性具有重要的实际意义。实际上，假设的先验概率 $P(H_j)$ 和代价因子 C_{ij} 的大小对检测准则的影响体现在似然比检测门限 λ_0 的改变上。由式(2.3.11)知，λ_0 与 $P(H_j)$ 和 C_{ij} 有关，为了在不同先验概率 $P(H_j)$ 和不同代价因子 C_{ij} 时，都能达到贝叶斯准则以下的最小平均代价，就应当按式(2.3.11)对似然比检测门限 λ_0 作相应的调整。

似然比 $\Lambda(z)$ 在很多情况下具有指数函数的形式。因为自然对数是单调的增函数，并且似然比 $\Lambda(z)$ 和似然比检测门限 λ_0 是非负的，所以式(2.3.12)的判决规则可等价为

$$\ln\Lambda(z) \underset{H_0}{\overset{H_1}{\gtrless}} \ln\lambda_0 \tag{2.3.13}$$

这种形式的判决规则有时会带来计算和分析上很大的方便。

实现似然比检验式(2.3.12)和式(2.3.13)的两种处理器形式，分别示于图2.7(a)和(b)。

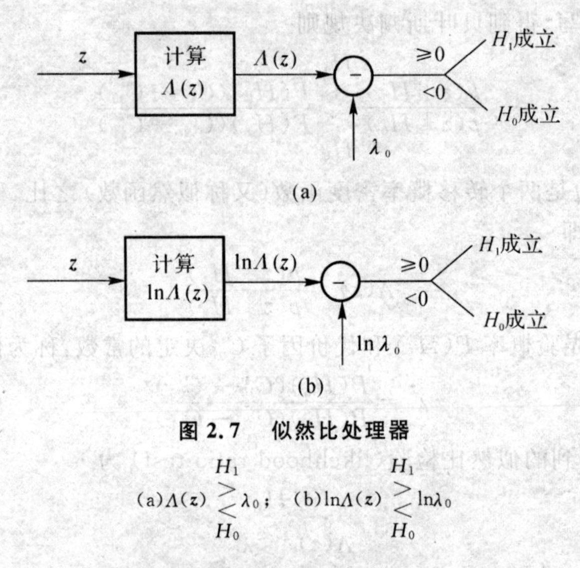

图2.7　似然比处理器

(a)$\Lambda(z) \underset{H_0}{\overset{H_1}{\gtrless}} \lambda_0$；　(b)$\ln\Lambda(z) \underset{H_0}{\overset{H_1}{\gtrless}} \ln\lambda_0$

例2.1　在二元数字通信系统中，假设H_1时，信源输出为常值电压A，假设H_0时，信源输出为零；信号在通信信道传输过程中叠加了高斯噪声$n(t)$；在接收端对接收信号$z(t)$进行了N次独立采样，样本为$z_k,k=1,2,\cdots,N$；噪声样本$n(t)$是均值为零、方差为σ_n^2的平稳高斯噪声，如图2.8所示。试建立信号检测系统的模型，确定似然比检验的判决规则。

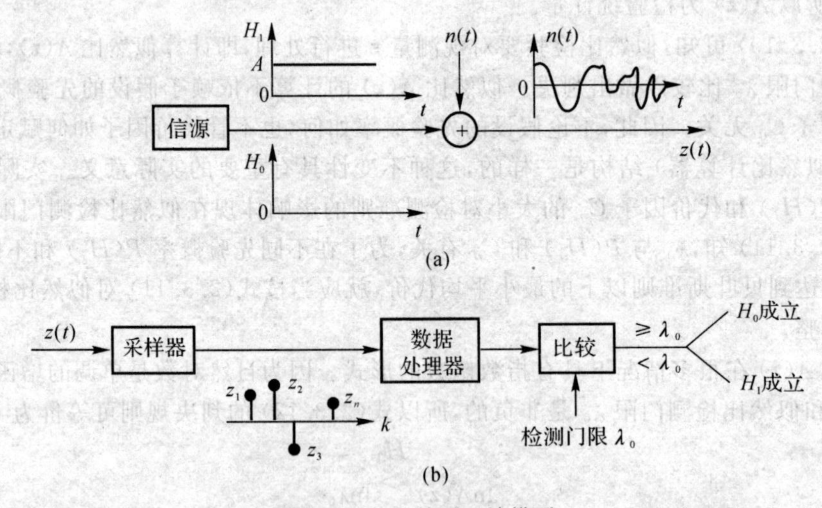

图2.8　信号检测系统模型

(a)通信系统；(b)检测系统

解　依题意,可有两种假设:

$$H_1: z_k = A + n_k, \quad k = 1, 2, \cdots, N$$
$$H_0: z_k = n_k, \quad k = 1, 2, \cdots, N$$

因为噪声样本 $n_k \sim N(0, \sigma_n^2)$,所以其概率密度函数为

$$p(n_k) = \left(\frac{1}{2\pi\sigma_n^2}\right)^{\frac{1}{2}} \exp\left(-\frac{n_k^2}{2\sigma_n^2}\right)$$

这样,在两个假设下,观测样本的概率密度函数,即似然函数分别为

$$p(z_k \mid H_1) = \left(\frac{1}{2\pi\sigma_n^2}\right)^{\frac{1}{2}} \exp\left[-\frac{(z_k - A)^2}{2\sigma_n^2}\right]$$

$$p(z_k \mid H_0) = \left(\frac{1}{2\pi\sigma_n^2}\right)^{\frac{1}{2}} \exp\left(-\frac{z_k^2}{2\sigma_n^2}\right)$$

考虑到 N 次采样是统计独立的,以及噪声的平稳性,可得在两假设下观测矢量 $\boldsymbol{z}$ 的概率密度函数分别为

$$p(\boldsymbol{z} \mid H_1) = \prod_{k=1}^{N} P(z_k \mid H_1) = \left(\frac{1}{2\pi\sigma_n^2}\right)^{\frac{N}{2}} \exp\left[-\sum_{k=1}^{N} \frac{(z_k - A)^2}{2\sigma_n^2}\right]$$

$$p(\boldsymbol{z} \mid H_0) = \prod_{k=1}^{N} p(z_k \mid H_0) = \left(\frac{1}{2\pi\sigma_n^2}\right)^{\frac{N}{2}} \exp\left(-\sum_{k=1}^{N} \frac{z_k^2}{2\sigma_n^2}\right)$$

这样,似然比 $\Lambda(\boldsymbol{z})$ 为

$$\Lambda(\boldsymbol{z}) = \frac{p(\boldsymbol{z} \mid H_1)}{p(\boldsymbol{z} \mid H_0)} = \exp\left(\frac{A}{\sigma_n^2}\sum_{k=1}^{N} z_k - \frac{NA^2}{2\sigma_n^2}\right)$$

于是似然比检验为

$$\exp\left(\frac{A}{\sigma_n^2}\sum_{k=1}^{N} z_k - \frac{NA^2}{2\sigma_n^2}\right) \underset{H_0}{\overset{H_1}{\gtrless}} \lambda_0$$

两边取自然对数得

$$\frac{A}{\sigma_n^2}\sum_{k=1}^{N} z_k - \frac{NA^2}{2\sigma_n^2} \underset{H_0}{\overset{H_1}{\gtrless}} \ln\lambda_0$$

为进一步简化,将不等式左边的常数项$\frac{NA^2}{2\sigma_n^2}$移到不等式的右边,并整理为如下的判决规则:

$$\frac{1}{N}\sum_{k=1}^{N} z_k \underset{H_0}{\overset{H_1}{\gtrless}} \frac{\sigma_n^2}{NA}\ln\lambda_0 + \frac{A}{2} \triangleq \lambda_0'$$

经过上述一系列的简化后,数据处理器对 $\boldsymbol{z}$ 的处理从计算似然比化简为对观测数据求和

取平均。如果用 $l(z)$ 表示这种计算，则

$$l(z)=\frac{1}{N}\sum_{k=1}^{N}z_k$$

式中，$l(z)$ 是检验统计量，它是观测量 z 的函数。在进行判决时，由 N 维矢量 $z=[z_1,z_2,\cdots,z_N]^{\mathrm{T}}$ 和由 $l(z)$ 提供的关于假设 H_1 或假设 H_0 的信息是一样的，但 z 是 N 维的，而 $l(z)$ 是一维的，因而压缩了观测空间的维数，为处理带来了方便。

例 2.2 假定在两种假设下，源输出是零均值高斯信号。在假设 H_1 下，信号的方差是 σ_1^2；在假设 H_0 下，信号的方差是 σ_0^2。求错误判决的平均概率和平均风险 $\bar{C}$。

解 已知观测矢量 z 的概率密度函数

$$p(z\mid H_i)=\frac{1}{\sqrt{2\pi}\,\sigma_i}\exp\left(-\frac{z^2}{2\sigma_i^2}\right),\quad i=0,1$$

可以求得

$$\Lambda(z)=\frac{\sigma_0}{\sigma_1}\exp\left[\frac{z^2}{2}\left(\frac{1}{\sigma_0^2}-\frac{1}{\sigma_1^2}\right)\right]$$

因此，判决公式为

$$\frac{\sigma_0}{\sigma_1}\exp\left[\frac{z^2}{2}\left(\frac{1}{\sigma_0^2}-\frac{1}{\sigma_1^2}\right)\right]\underset{H_0}{\overset{H_1}{\gtrless}}\lambda_0$$

利用对数似然比可写为

$$\frac{z^2}{2}\left(\frac{1}{\sigma_0^2}-\frac{1}{\sigma_1^2}\right)+\ln\frac{\sigma_0}{\sigma_1}\underset{H_0}{\overset{H_1}{\gtrless}}\ln\lambda_0$$

令 $\sigma_1^2>\sigma_0^2$，可利用 $l(z)=z^2$ 作为检验统计量，以 $l(z)$ 表示的检验为

$$l(z)\underset{H_0}{\overset{H_1}{\gtrless}}\frac{2\sigma_0^2\sigma_1^2}{\sigma_1^2-\sigma_0^2}\ln\frac{\lambda_0\sigma_1}{\sigma_0}\triangleq\lambda_0'$$

然后，计算错误判决的平均概率，可以用来判断检测器的性能。第一类错误（虚警）对应于 H_0 为真而判决 H_1，有

$$P_{\mathrm{I}}=P_{\mathrm{F}}=\int_{R_1}p(z\mid H_0)\mathrm{d}z$$

第二类错误（漏报）对应于 H_1 为真而判决 H_0，因此

$$P_{\mathrm{II}}=P_{\mathrm{M}}=\int_{R_0}p(z\mid H_1)\mathrm{d}z$$

类似地，检测概率 P_{D} 为

$$P_D = \int_{R_1} p(z \mid H_1) \mathrm{d}z = 1 - P_M$$

于是错误判决的平均概率是

$$P_e = P_F P(H_0) + P_M P(H_1)$$

在此指出，区域 R_0 和 R_1 中分别包括了使似然比 $\Lambda(z)$ 小于、大于门限 λ_0 的 z 值。因此可利用 $\Lambda(z)$ 计算各种错误概率，往往会使问题进一步简化。

$$P_F = \int_{\lambda_0}^{\infty} p[\Lambda(z) \mid H_0] \mathrm{d}\Lambda$$

$$P_M = \int_{-\infty}^{\lambda_0} p[\Lambda(z) \mid H_1] \mathrm{d}\Lambda$$

和

$$P_D = \int_{\lambda_0}^{\infty} p[\Lambda(z) \mid H_1] \mathrm{d}\Lambda$$

最后，利用 P_F 和 P_M 可把平均风险 $\overline{C}$ 表示为

$$\overline{C} = C_{00}(1 - P_F) + C_{10} P_F + P(H_1)[(C_{11} - C_{00}) + (C_{01} - C_{11}) P_M - (C_{10} - C_{00}) P_F]$$

例 2.3　事件的泊松分布是经常遇到的一种分布，例如散弹噪声和其他各种现象所构成的模型。每进行一次实验，就会发生一定数量的事件。在两种假设下，观测值正是在 0 和 n 范围内的这个数，并都服从泊松分布。在两种假设下的表达式为

$$H_0 : P(n\text{ 个事件}) = \frac{m_0^n}{n!} \mathrm{e}^{-m_0}, \quad n = 0, 1, 2, \cdots$$

$$H_1 : P(n\text{ 个事件}) = \frac{m_1^n}{n!} \mathrm{e}^{-m_1}, \quad n = 0, 1, 2, \cdots$$

式中，m_0, m_1 表示两种假设的平均数。求其似然比的表达式。

解　似然比检验为

$$\Lambda(n) = \left(\frac{m_1}{m_0}\right)^n \exp[-(m_1 - m_0)] \underset{H_0}{\overset{H_1}{\gtrless}} \lambda_0$$

经化简，有

$$n \underset{H_0}{\overset{H_1}{\gtrless}} \frac{\ln\lambda_0 + m_1 - m_0}{\ln m_1 - \ln m_0}, \quad m_1 > m_0$$

$$n \underset{H_1}{\overset{H_0}{\gtrless}} \frac{\ln\lambda_0 + m_1 - m_0}{\ln m_1 - \ln m_0}, \quad m_0 > m_1$$

这个例子说明，原来用概率密度表示的似然比检验如何简单地适应于观测值为离散型随

机变量。

2.3.2 贝叶斯准则的几种派生准则

2.3.1 节讨论的贝叶斯准则是信号检测理论中假设检验的通用准则，在对先验概率 $P(H_j)$ 和代价因子 C_{ij} 作某些约束下，会得到使用范围确定且更加简明的派生准则。本节将讨论贝叶斯准则的几种重要的派生准则。

1. 最小总错误概率准则与最大似然准则

在通信系统中，通常有 $C_{00}=C_{11}=0, C_{10}=C_{01}=1$，即正确判决不付出代价，错误判决代价相同。这时，式(2.3.14) 表示的平均代价化为

$$\overline{C}=P(H_0)\int_{R_1} p(z\mid H_0)\mathrm{d}z+P(H_1)\int_{R_0} p(z\mid H_1)\mathrm{d}z=$$
$$P(H_0)P(H_1\mid H_0)+P(H_1)P(H_0\mid H_1) \tag{2.3.14}$$

该式恰好是总(平均) 错误概率。因此，平均代价最小等效为总错误概率最小，并记为

$$P_{\mathrm{e}}=P(H_0)P(H_1\mid H_0)+P(H_1)P(H_0\mid H_1) \tag{2.3.15}$$

类似于贝叶斯准则的分析方法，将 P_{e} 表示式改写成

$$P_{\mathrm{e}}=P(H_0)+\int_{R_0}[P(H_1)p(z\mid H_1)-P(H_0)p(z\mid H_0)]\mathrm{d}z \tag{2.3.16}$$

将所有满足

$$P(H_1)p(z\mid H_1)-P(H_0)p(z\mid H_0)<0 \tag{2.3.17}$$

的 z 值划归 R_0 域，判决 H_0 成立；而把所有满足

$$P(H_1)p(z\mid H_1)-P(H_0)p(z\mid H_0)\geqslant 0 \tag{2.3.18}$$

的 z 值划归 R_1 域，判决 H_1 成立。于是最小总错误概率准则的判决规则表示式为

$$P(H_1)p(z\mid H_1)-P(H_0)p(z\mid H_0)\ \mathop{\gtrless}_{H_0}^{H_1}\ 0 \tag{2.3.19}$$

即

$$\Lambda(z)=\frac{p(z\mid H_1)}{p(z\mid H_0)}\ \mathop{\gtrless}_{H_0}^{H_1}\ \frac{P(H_0)}{P(H_1)}=\lambda_0 \tag{2.3.20}$$

或

$$\ln\Lambda(z)\ \mathop{\gtrless}_{H_0}^{H_1}\ \ln\lambda_0 \tag{2.3.21}$$

仍为似然比检验。

如果假设 H_0 和假设 H_1 的先验概率相等，即 $P(H_0)=P(H_1)$，则似然比检验为

$$\Lambda(z)=\frac{p(z \mid H_1)}{p(z \mid H_0)} \underset{H_0}{\overset{H_1}{\gtrless}} 1 \tag{2.3.22}$$

或写成两似然函数直接比较，即

$$p(z \mid H_1) \underset{H_0}{\overset{H_1}{\gtrless}} p(z \mid H_0) \tag{2.3.23}$$

的形式。因此，可将等先验概率下的最小总错误概率准则称为最大似然准则。

将最小总错误概率准则与贝叶斯准则对比，当选择代价因子 $C_{00}=C_{11}=0, C_{10}=C_{01}=1$ 时，贝叶斯准则就成为最小总错误概率准则。因此最小总错误概率准则是贝叶斯准则的特例；同样，最大似然准则是等先验概率条件下的最小总错误概率准则。

例 2.4　在二元数字通信系统中，两假设下的观测模型分别为

$$H_0: z=n$$

$$H_1: z=m+n$$

其中观测噪声 $n \sim N(0,\sigma_n^2)$。若两假设是等可能的，且代价因子 $C_{00}=C_{11}=0, C_{10}=C_{01}=1$，求解判决式，并求总错误概率。

解　在两假设下，观测量 z 的概率密度函数分别为

$$p(z \mid H_1)=\left(\frac{1}{2\pi\sigma_n^2}\right)^{\frac{1}{2}} \exp\left[-\frac{(z-m)^2}{2\sigma_n^2}\right]$$

$$p(z \mid H_0)=\left(\frac{1}{2\pi\sigma_n^2}\right)^{\frac{1}{2}} \exp\left(-\frac{z^2}{2\sigma_n^2}\right)$$

由于两个假设是等概率的，且 $C_{00}=C_{11}=0$，$C_{10}=C_{01}=1$，因而似然比检验为

$$\Lambda(z)=\frac{p(z \mid H_1)}{p(z \mid H_0)}=\exp\left(\frac{2mz}{2\sigma_n^2}-\frac{m^2}{2\sigma_n^2}\right) \underset{H_0}{\overset{H_1}{\gtrless}} 1$$

整理得

$$z \underset{H_0}{\overset{H_1}{\gtrless}} \frac{m}{2}$$

下面再求总错误概率。由于检验统计量 $l(z)=z$，因而

$$p(l \mid H_1)=\left(\frac{1}{2\pi\sigma_n^2}\right)^{\frac{1}{2}} \exp\left[-\frac{(l-m)^2}{2\sigma_n^2}\right]$$

$$p(l \mid H_0)=\left(\frac{1}{2\pi\sigma_n^2}\right)^{\frac{1}{2}}\exp\left(-\frac{l^2}{2\sigma_n^2}\right)$$

检测门限 $\lambda_0'=\frac{m}{2}$。于是两种错误判决的检测概率分别为

$$P(H_1 \mid H_0)=\int_{\lambda_0'}^{\infty}p(l \mid H_0)\mathrm{d}l=\int_{\frac{m}{2}}^{\infty}\left(\frac{1}{2\pi\sigma_n^2}\right)^{\frac{1}{2}}\exp\left(-\frac{l^2}{2\sigma_n^2}\right)\mathrm{d}l=$$

$$\int_{\frac{m}{2\sigma_n}}^{\infty}\left(\frac{1}{2\pi}\right)^{\frac{1}{2}}\exp\left(-\frac{v^2}{2}\right)\mathrm{d}v=\mathrm{erfc}\left[\frac{d}{2}\right]$$

$$P(H_0 \mid H_1)=\int_{-\infty}^{\lambda_0'}p(l \mid H_1)\mathrm{d}l=\int_{-\infty}^{\frac{m}{2}}\left(\frac{1}{2\pi\sigma_n^2}\right)^{\frac{1}{2}}\exp\left[-\frac{(l-m)^2}{2\sigma_n^2}\right]\mathrm{d}l=$$

$$\int_{-\infty}^{-\frac{m}{2\sigma_n}}\left(\frac{1}{2\pi}\right)^{\frac{1}{2}}\exp\left[-\frac{v^2}{2}\right]dv=\mathrm{erfc}\left[\frac{d}{2}\right]$$

式中，$d=\frac{m}{\sigma_n}$ 是信噪比。

总错误概率 P_e 为

$$P_e=P(H_0)P(H_1 \mid H_0)+P(H_1)P(H_0 \mid H_1)=\mathrm{erfc}\left[\frac{d}{2}\right]$$

显然，信噪比愈大，总错误概率愈小。

2. 最大后验概率准则

在贝叶斯准则中，当代价因子满足

$$C_{10}-C_{00}=C_{01}-C_{11} \tag{2.3.24}$$

时，判决规则便成为

$$\Lambda(z)=\frac{p(z \mid H_1)}{p(z \mid H_0)}\underset{H_0}{\overset{H_1}{\gtrless}}\frac{P(H_0)}{P(H_1)} \tag{2.3.25}$$

或等价地写为

$$P(H_1)p(z \mid H_1)\underset{H_0}{\overset{H_1}{\gtrless}}P(H_0)p(z \mid H_0) \tag{2.3.26}$$

因为

$$P(H_1 \mid z\leqslant R\leqslant z+\mathrm{d}z)=\frac{P(z\leqslant R\leqslant z+\mathrm{d}z \mid H_1)P(H_1)}{P(z\leqslant R\leqslant z+\mathrm{d}z)} \tag{2.3.27}$$

当 dz 很小时有

$$P(z \leqslant R \leqslant z + \mathrm{d}z \mid H_1) = p(z \mid H_1)\mathrm{d}z \tag{2.3.28}$$

$$P(z \leqslant R \leqslant z + \mathrm{d}z) = p(z)\mathrm{d}z \tag{2.3.29}$$

$$P(H_1 \mid z \leqslant R \leqslant z + \mathrm{d}z) = P(H_1 \mid z) \tag{2.3.30}$$

从而得

$$P(H_1 \mid z) = \frac{p(z \mid H_1)\mathrm{d}zP(H_1)}{p(z)\mathrm{d}z} = \frac{p(z \mid H_1)P(H_1)}{p(z)} \tag{2.3.31}$$

即

$$P(H_1)p(z \mid H_1) = p(z)P(H_1 \mid z) \tag{2.3.32}$$

同样可得

$$P(H_0)p(z \mid H_0) = p(z)P(H_0 \mid z) \tag{2.3.33}$$

于是式(2.3.26) 变成为

$$p(z)P(H_1 \mid z) \underset{H_0}{\overset{H_1}{\gtrless}} p(z)P(H_0 \mid z) \tag{2.3.34}$$

即

$$P(H_1 \mid z) \underset{H_0}{\overset{H_1}{\gtrless}} P(H_0 \mid z) \tag{2.3.35}$$

式(2.3.35) 不等号的左边和右边分别是在观测量 z 已经获得的条件下，假设 H_1 和假设 H_0 为真的概率，即后验概率。因此按最小平均代价的贝叶斯准则在 $C_{10} - C_{00} = C_{01} - C_{11}$ 的条件下就成为最大后验概率准则。

3. 极大极小化准则

要使用贝叶斯准则，除了规定各代价因子 C_{ij} 外，还必须知道假设 H_1 和假设 H_0 的先验概率 $P(H_1)$ 和 $P(H_0)$。当无法预先确定各假设的先验概率 $P(H_j)$ 时，就不能应用贝叶斯准则。现在要讨论的极大极小化准则，是在已经规定代价因子 C_{ij}，但无法确定先验概率 $P(H_j)$ 条件下制定的一种准则。它的“最佳”含义是在上述条件下可以避免可能产生的过分大的代价，使极大可能代价极小化，因此称为极大极小化准则。

为表达方便，重申：

$$P_{\mathrm{F}} = P(H_1 \mid H_0) = \int_{R_1} p(z \mid H_0)\mathrm{d}z = 1 - \int_{R_0} p(z \mid H_0)\mathrm{d}z \tag{2.3.36}$$

$$P_{\mathrm{M}} = P(H_0 \mid H_1) = \int_{R_0} p(z \mid H_0)\mathrm{d}z \tag{2.3.37}$$

$$P_1 = P(H_1) = 1 - P(H_0) = 1 - P_0 \tag{2.3.38}$$

如果代价因子 C_{ij} 已经规定，但假设 H_1 的先验概率 P_1 未知，则式(2.3.7) 所表示的贝叶斯平均代价可以表示为 P_1 的函数。因为似然比检测门限 λ_0 与先验概率有关，即 $\lambda_0=\lambda_0(P_1)$，所以此时的 P_F 和 P_M 也是 P_1 的函数，故记为 $P_F(P_1)$ 和 $P_M(P_1)$。这样，作为先验概率 P_1 函数的平均代价表示为

$$\begin{aligned}\overline{C}(P_1)=&C_{10}(1-P_1)+C_{11}P_1+P_1(C_{01}-C_{11})P_M(P_1)-(1-P_1)(C_{10}-C_{00})[1-P_F(P_1)]=\\&C_{00}+(C_{10}-C_{00})P_F(P_1)+P_1[C_{11}-C_{00}+(C_{01}-C_{11})P_M(P_1)-\\&(C_{10}-C_{00})P_F(P_1)]\end{aligned} \tag{2.3.39}$$

可以证明，当似然比 $\Lambda(z)$ 具有严格单调概率分布随机变量时，式(2.3.39)表示的贝叶斯平均代价是 P_1 的严格上凸函数，如图 2.9 所示的曲线 a，一般情况下，$C_{\min}$ 对 P_1 的曲线均具有上凸的形状。

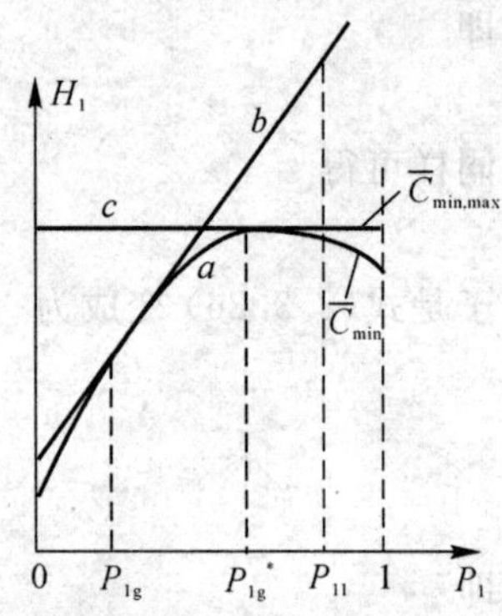

图 2.9 $C-P_1$ 曲线

现在来考虑不知道先验概率 P_1 的情况。在这种情况下，为了能使用贝叶斯准则，只能猜测一个先验概率 P_{1g}，然后用它来确定贝叶斯准则的似然比检测门限 $\lambda_0=\lambda_0(P_{1g})$，并以此固定门限进行判决，所以，此时的 P_F 和 P_M 是 P_{1g} 的函数，记为 $P_F(P_{1g})$ 和 $P_M(P_{1g})$。一旦 P_{1g} 猜定后，$P_F(P_{1g})$ 和 $P_M(P_{1g})$ 就固定了。因此，由式(2.3.39)知，平均代价与实际的先验概率 P_1 的关系将是一条直线，用 $\overline{C}(P_1,P_{1g})$ 表示，有

$$\begin{aligned}\overline{C}(P_1,P_{1g})=&C_{00}+(C_{10}-C_{00})P_F(P_{1g})+\\&P_1[C_{11}-C_{00}+(C_{01}-C_{11})P_M(P_{1g})-(C_{10}-C_{00})P_F(P_{1g})]\end{aligned} \tag{2.3.40}$$

当 $P_{1g}=P_1$ 时，即猜测的先验概率 P_{1g} 恰好等于实际的先验概率 P_1 时，平均代价最小(即为贝叶斯平均代价)，因此 $\overline{C}(P_1,P_{1g})$ 是一条与曲线 a 相切的直线，切点在 $\overline{C}(P_1=P_{1g},P_{1g})$ 处，如图 2.9 所示的直线 b。除 $P_1=P_{1g}$ 点外，在其他 P_1 处，$\overline{C}(P_1,P_{1g})$ 将大于贝叶斯平均代价 $\overline{C}_{\min}$，而且对于某些可能的 P_1 值，例如 P_{11}，实际的平均代价远大于最小平均代价，如图 2.9 所示。为了避免发生这种过分大的代价，人们猜测先验概率为 P_{1g}^*，使该处的 $\overline{C}(P_1,P_{1g}^*)$ 是一条与 $\overline{C}_{\min}$ 水平相切的直线，如图 2.9 中所示的水平切线 c。虽然该处贝叶斯准则的最小平均代价最大，为 $\overline{C}_{\min,\max}$，但是可以使得由于未知先验概率 P_1 而可能产生的那种极大平均代价极小化，等于 $\overline{C}_{\min,\max}$。因此，对于实际的先验概率 P_1，平均代价都等于 $\overline{C}_{\min,\max}$，不会产生更大的平均代价。

为了求出极大极小化准则应满足的条件，或者说为了求得 P_{1g}^*，可将式(2.3.40)对 P_1 求偏导，令结果等于零，即

$$\left.\frac{\partial\overline{C}(P_1,P_{1g})}{\partial P_1}\right|_{P_{1g}=P_{1g}^*}=0 \tag{2.3.41}$$

从而得

$$C_{11}-C_{00}+(C_{01}-C_{11})P_M(P_{1g}^*)-(C_{10}-C_{00})P_F(P_{1g}^*)=0 \tag{2.3.42}$$

式(2.3.42)就是极大极小化准则的极大极小化方程。解此方程可求得 P_{1g}^* 和似然比检测

门限 λ^*。此时的平均代价为

$$\overline{C}(P_{1g}^*)=C_{00}+(C_{10}-C_{00})P_F(P_{1g}^*) \tag{2.3.43}$$

如果代价因子 $C_{11}=C_{00}=0$，则极大极小化方程为

$$C_{01}P_M(P_{1g}^*)-C_{10}P_F(P_{1g}^*)=0 \tag{2.3.44}$$

平均代价为

$$\overline{C}(P_{1g}^*)=C_{10}P_F(P_{1g}^*) \tag{2.3.45}$$

进而，如果 $C_{11}=C_{00}=0, C_{10}=C_{01}=1$，则有

$$P_M(P_{1g}^*)=P_F(P_{1g}^*) \tag{2.3.46}$$

并且，极大极小化代价就是总错误概率，为 $P_F(P_{1g}^*)$。

例 2.5　考虑与例 2.4 相同的问题，但假定假设的先验概率 $P(H_1)$ 和 $P(H_0)$ 未知。在这种情况下，将采用极大极小化准则。试确定检测门限和总错误概率。

解　如同例 2.4，似然比为

$$\Lambda(z)=\frac{p(z\mid H_1)}{p(z\mid H_1)}=\exp\left(\frac{2mz}{2\sigma_n^2}-\frac{m^2}{2\sigma_n^2}\right)$$

设似然比检测门限为 λ_0，则似然比检验为

$$\exp\left(\frac{mz}{\sigma_n^2}-\frac{m^2}{2\sigma_n^2}\right)\underset{H_0}{\overset{H_1}{\gtrless}}\lambda_0$$

整理得

$$z\underset{H_0}{\overset{H_1}{\gtrless}}\frac{\sigma_n^2}{m}\ln\lambda_0+\frac{m}{2}\triangleq\lambda_0'$$

由于检验统计量 $l(z)=z$，因而

$$P_F=\int_{\lambda_0'}^{\infty}p(l\mid H_0)\mathrm{d}l=\int_{\lambda_0'}^{\infty}\left(\frac{1}{2\pi\sigma_n^2}\right)^{\frac{1}{2}}\exp\left(-\frac{l^2}{2\sigma_n^2}\right)\mathrm{d}l=\mathrm{erfc}\left(\frac{\lambda_0'}{\sigma_n}\right)$$

$$P_M=\int_{-\infty}^{\lambda_0'}p(l\mid H_1)\mathrm{d}l=\int_{-\infty}^{\lambda_0'}\left(\frac{1}{2\pi\sigma_n^2}\right)^{\frac{1}{2}}\exp\left[-\frac{(l-m)^2}{2\sigma_n^2}\right]\mathrm{d}l=1-\mathrm{erfc}\left(\frac{\lambda_0'-m}{\sigma_n}\right)$$

因为代价因子 $C_{00}=C_{11}=0, C_{10}=C_{01}=1$，所以根据式(2.3.46)，极大极小化方程为

$$1-\mathrm{erfc}\left(\frac{\lambda_0'^*-m}{\sigma_n}\right)=\mathrm{erfc}\left(\frac{\lambda_0'}{\sigma_n}\right)$$

从而

$$\lambda_0'^*=\frac{m}{2}$$

总错误概率

$$P_e = P_F(\lambda_0'^*) = \mathrm{erfc}\left(\frac{\lambda_0'^*}{\sigma_n}\right) = \mathrm{erfc}\left(\frac{m}{2\sigma_n}\right) = \mathrm{erfc}\left(\frac{d}{2}\right)$$

式中，$d = \dfrac{m}{\sigma_n}$。

可见，获得了与例 2.4 相同的结果。

4. 奈曼-皮尔逊准则

由上述讨论已经看到，使用贝叶斯准则要知道各假设的先验概率 $P(H_j)$，并对每种可能的判决赋于代价因子 C_{ij}。在先验概率不知道的情况下，可使用极大极小化准则。但在有些情况下，如雷达信号检测，要知道先验概率和指定代价都是很困难的。为了适应这种情况，强调在该情况下虚警概率 P_F（即 $P(H_1 \mid H_0)$）和检测概率 P_D（即 $P(H_1 \mid H_1)$）的特殊要求——希望虚警概率 P_F 尽量小，检测概率 P_D 尽量大。实际上，若正确的检测概率 P_D 最大，则漏报概率 P_M（即 $P(H_0 \mid H_1)$）最小；但是，P_M 的减小又会使 P_F 增大。因此，希望的概率之间是矛盾的。为此，提出了如下一种检测准则：

在虚警概率 $P_F = \alpha$ 的约束条件下，使检测概率 P_D 最大的准则。这就是奈曼-皮尔逊准则。

下面先讨论奈曼-皮尔逊准则的判决规则，然后讨论其求解问题。

奈曼-皮尔逊准则限定 $P_F = \alpha$，根据这个约束，设计使 P_D 最大（或 $P_M = 1 - P_D$ 最小）的检验。应用拉格朗日(Largrange) 乘子 $\mu(\mu \geqslant 0)$，构造一个目标函数

$$J = P_M + \mu(P_F - \alpha) = \int_{R_0} p(\boldsymbol{z} \mid H_1)\mathrm{d}\boldsymbol{z} + \mu\left[\int_{R_1} p(\boldsymbol{z} \mid H_0)\mathrm{d}\boldsymbol{z} - \alpha\right] \tag{2.3.47}$$

显然，若 $P_F = \alpha$，则 J 达到最小，P_M 就达到最小。变换积分域，式(2.3.47) 变为

$$J = \mu(1-\alpha) + \int_{R_0} [p(\boldsymbol{z} \mid H_1) - \mu p(\boldsymbol{z} \mid H_0)]\mathrm{d}\boldsymbol{z} \tag{2.3.48}$$

因为 $\mu \geqslant 0$，所以式(2.3.48) 中第一项为正数，要使 J 达到最小，只有把式(2.3.48) 中方括号内的项为负的 $\boldsymbol{z}$ 点划归 R_0 域，判 H_0 成立；否则划归 R_1 域，判 H_1 成立，即

$$p(\boldsymbol{z} \mid H_1) \underset{H_0}{\overset{H_1}{\gtrless}} \mu p(\boldsymbol{z} \mid H_0) \tag{2.3.49}$$

写成似然比检验的形式为

$$\frac{p(\boldsymbol{z} \mid H_1)}{p(\boldsymbol{z} \mid H_0)} \underset{H_0}{\overset{H_1}{\gtrless}} \mu \tag{2.3.50}$$

为了满足 $P_F = \alpha$ 的约束，选择 μ 使

$$P_F=\int_{R_1} p(z \mid H_0)\mathrm{d}z=\int_{\mu}^{\infty} p(\Lambda \mid H_0)\mathrm{d}\Lambda=\alpha \tag{2.3.51}$$

于是对于给定的 α,μ 可以由式(2.3.51)求出。

因为 $0\leqslant\alpha\leqslant 1$,$\Lambda(z)=\dfrac{p(z \mid H_1)}{p(z \mid H_0)}>0$,$p[\Lambda(z)]>0$,所以由式(2.3.51)解出的 μ 必满足 $\mu\geqslant 0$。

现在说明似然比检测门限 μ 的作用。类似式(2.3.51)有

$$P_D=\int_{\mu}^{\infty} p(\Lambda \mid H_1)\mathrm{d}\Lambda \tag{2.3.52}$$

$$P_M=\int_{0}^{\mu} p(\Lambda \mid H_1)\mathrm{d}\Lambda=\alpha \tag{2.3.53}$$

显然,μ 增加,P_F 减小,P_M 增加;相反,μ 减小,P_F 增加,P_M 减小。这就是说,改变 μ 就能调整判决域 R_0 和 R_1。

奈曼-皮尔逊准则可看成是贝叶斯准则在 $P(H_1)(C_{01}-C_{11})=1$,$P(H_0)(C_{10}-C_{00})=\mu$ 时的特例,μ 为似然比检测门限,仍可用 λ_0 的函数表示。

由上可知奈曼-皮尔逊准则的最佳检验是由三个步骤完成的:

① 对观测量 z 进行加工,求出似然比检验式并进行化简,得检验统计量 $l(z)$ 的判决规则表示式、检测门限 λ_0;

② 根据检验统计量 $l(z)$ 与检测门限 λ_0 的判决规则表示式,由 $P_F=\alpha$ 的约束求出检测门限 λ_0'(是似然比检验门限 λ_0 的函数);

③ 完成判决,得出结论。

例 2.6　在二元数字通信系统中,假设 H_1 时信源输出电压为 1,假设 H_0 时信源输出电压为 0;信号在通信信道上传输时叠加了均值为零、方差为 $\sigma_n^2=1$ 的高斯噪声。试构造一个 $P_F=0.1$ 的奈曼-皮尔逊接收机。

解　在假设 H_1 和假设 H_0 下,若 z 为接收信号,n 为高斯噪声,则观测信号为

$$H_0: z=n$$
$$H_1: z=1+n$$

其中 $n\sim N(0,1)$。因此,在两种假设下,z 的概率密度函数分别为

$$p(z \mid H_1)=\left(\frac{1}{2\pi\sigma}\right)^{\frac{1}{2}}\exp\left[-\frac{(z-1)^2}{2}\right]$$

$$p(z \mid H_0)=\left(\frac{1}{2\pi}\right)^{\frac{1}{2}}\exp\left(-\frac{z^2}{2}\right)$$

似然比为

$$\Lambda(z)=\frac{p(z \mid H_1)}{p(z \mid H_0)}=\exp\left(z-\frac{1}{2}\right)$$

似然比判决规则为

$$\exp\left(z-\frac{1}{2}\right)\underset{H_0}{\overset{H_1}{\gtrless}}\lambda_0$$

整理得

$$z\underset{H_0}{\overset{H_1}{\gtrless}}\ln\lambda+\frac{1}{2}\triangleq\lambda'_0$$

根据该判决规则表示式和 $P_{\mathrm{F}}=0.1$ 的约束，有

$$P_{\mathrm{F}}=\int_{\lambda'_0}^{\infty}\left(\frac{1}{2\pi}\right)^{\frac{1}{2}}\exp\left(-\frac{z^2}{2}\right)\mathrm{d}z=0.1$$

解得 $\lambda'_0=1.29$，因而有

$$\lambda_0=\exp\left(\lambda'_0-\frac{1}{2}\right)=2.2$$

检测概率为

$$P_{\mathrm{D}}=\int_{\lambda'_0}^{\infty}p(z\mid H_1)\mathrm{d}z=\int_{\lambda'_0}^{\infty}\left(\frac{1}{2\pi}\right)^{\frac{1}{2}}\exp\left[-\frac{(z-1)^2}{2}\right]\mathrm{d}z=0.386$$

判决区域及判决概率 P_{F} 和 P_{D} 如图 2.10 所示。

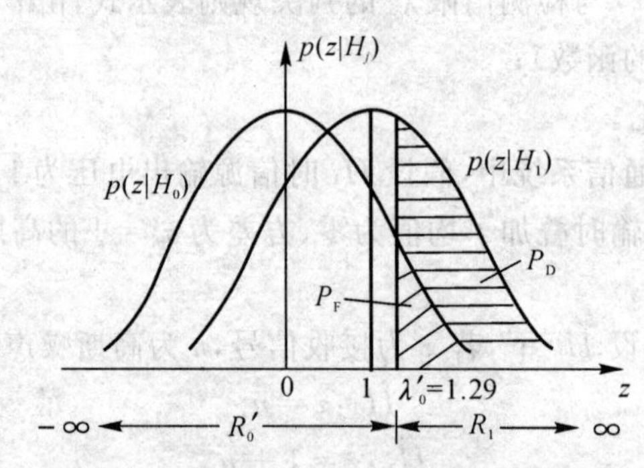

图 2.10 例 2.6 判决区域及判决概率

2.4 假设检验的性能 —— 接收机的工作特性

前两节讨论了几种重要的判决准则，并导出了相应的判决规则表示式，这些准则都要求计算似然比 $\Lambda(z)$。这些准则有各自的“最佳”性能指标，并体现在门限 λ_0 上。如贝叶斯准则要求平均代价最小，最小错误概率准则要求总错误概率最小，而奈曼-皮尔逊准则要求在虚警概

率 $P_F=\alpha$ 的约束下，检测概率 P_D 最大等，从而可确定不同的 λ_0 值。分析它们各自的"最佳"性能指标可以看出，不论哪种准则，其检测性能的优劣都体现在虚警概率 P_F 和检测概率 P_D 上。

由于似然比检验的判决规则为

$$\Lambda(z)=\frac{p(z \mid H_1)}{p(z \mid H_0)} \underset{H_0}{\overset{H_1}{\gtrless}} \lambda_0 \tag{2.4.1}$$

其简化形式为

$$l(z) \underset{H_0}{\overset{H_1}{\gtrless}} \lambda_0' \tag{2.4.2}$$

因此，判决概率 P_F 和 P_D 可表示为

$$P_F=\int_{\lambda_0}^{\infty} p(\Lambda \mid H_0)\mathrm{d}\Lambda \tag{2.4.3}$$

$$P_D=\int_{\lambda_0}^{\infty} p(\Lambda \mid H_1)\mathrm{d}\Lambda \tag{2.4.4}$$

或

$$P_F=\int_{\lambda_0'}^{\infty} p(l \mid H_0)\mathrm{d}l \tag{2.4.5}$$

$$P_D=\int_{\lambda_0'}^{\infty} p(l \mid H_1)\mathrm{d}l \tag{2.4.6}$$

显然，通过检测门限 λ_0 这个参变量，可将 P_F 和 P_D 联系起来。

举例说明如下。在例 2.1 中，其统计量的简化形式为

$$l(z)=\frac{1}{N}\sum_{k=1}^{N} z_k \tag{2.4.7}$$

$$\lambda_0'=\frac{\sigma_n^2}{NA}\ln\lambda_0+\frac{A}{2} \tag{2.4.8}$$

因为在例 2.1 中，检验统计量 $l(z)$ 在假设 H_1 和假设 H_0 下均服从正态分布，即

$$\left.\begin{aligned} l(z \mid H_1) &\sim N\left(A,\frac{\sigma_n^2}{N}\right) \\ l(z \mid H_0) &\sim N\left(0,\frac{\sigma_n^2}{N}\right) \end{aligned}\right\} \tag{2.4.9}$$

从而可求得

$$P_F=P(H_1 \mid H_0)=\mathrm{erfc}\left(\ln\frac{\lambda_0}{d}+\frac{d}{2}\right) \tag{2.4.10}$$

$$P_D=P(H_1 \mid H_1)=\mathrm{erfc}\left(\ln\frac{\lambda_0}{d}-\frac{d}{2}\right) \tag{2.4.11}$$

式中

$$d=\frac{\sqrt{NA}}{\sigma_n} \tag{2.4.12}$$

$\text{erfc}[x]=\int\frac{1}{\sqrt{2\pi}}\exp(-\frac{x^2}{2})\mathrm{d}x$，表示误差函数的互补函数。

P_F 和 P_D 分别如图 2.11(a) 和(b) 所示。利用参数 λ_0 和 d 把 P_F 和 P_D 联系起来用图形表示，可得到如图 2.12 所示的 P_D-P_F 曲线。

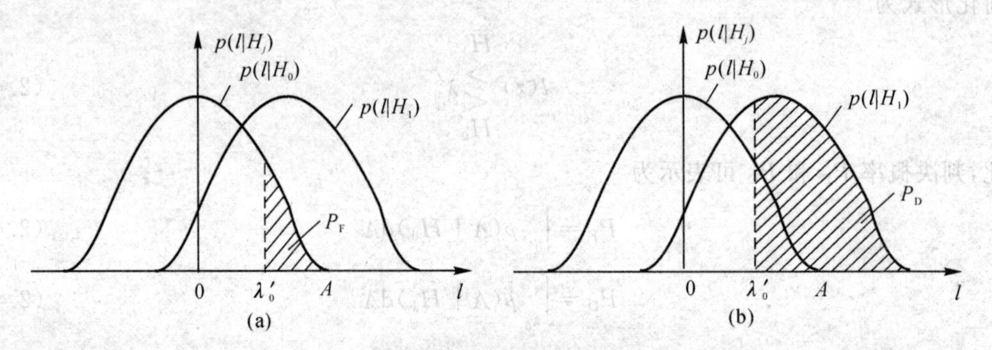

图 2.11　判决概率 P_F 和 P_D 示意图

(a) 判决概率 P_F；(b) 判决概率 P_D

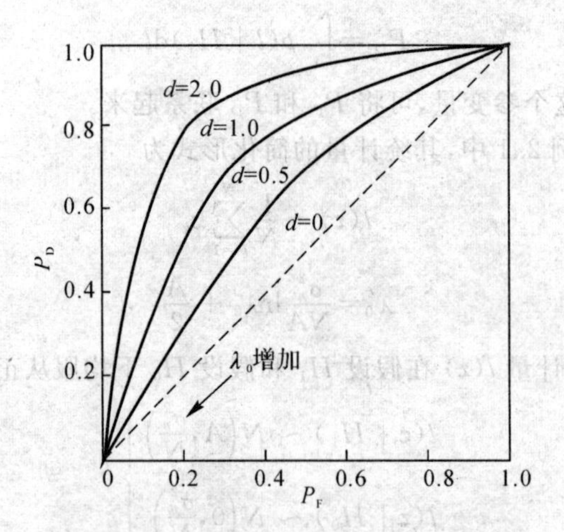

图 2.12　接收机工作特性(ROC)

观察 P_D-P_F 曲线可以看出，对于不同的 d 值，有不同的 P_D-P_F 曲线，但它们都是通过 $(P_D,P_F)=(0,0)$ 及 $(P_D,P_F)=(1,1)$ 两点，并位于直线 $P_D=P_F$ 左上方的上凸曲线。d 越大，曲线位置就越高。

这些曲线反映了 P_F 和 P_D 与检测门限 λ_0 及 d 的关系，所以 $P_D - P_F$ 曲线描述了假设检验的性能，称它为接收机工作特性（ROC）。

参数 d 在信号检测中通常代表信噪比，是接收机的一个重要技术指标。因此常把图 2.12 所示的接收机工作特性改画成 $P_D - d$ 曲线，而以 P_F 作参变量。在本例中 $d = \frac{\sqrt{N}m}{\sigma_n}$，而由式(2.4.10)和式(2.4.11)，可将 P_D 表示为 $P_D = f(d, P_F)$。结果如图 2.13 所示的检测特性曲线。

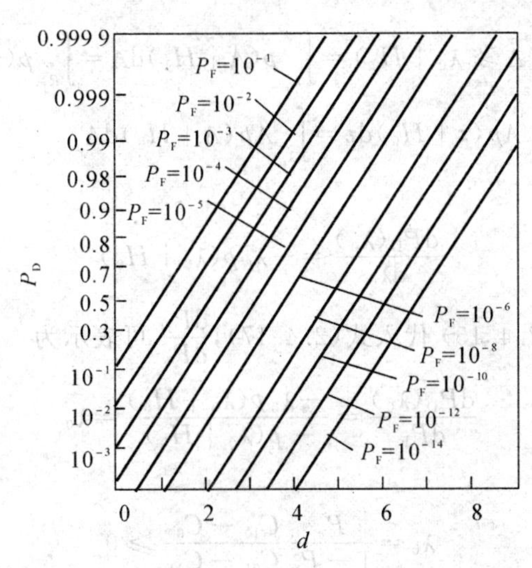

图 2.13　检测概率 P_D 与信噪比 d 的关系曲线

虽然观测空间 R 中的随机矢量 $\boldsymbol{z}$ 的类型可能有所不同，但接收机工作特性（ROC）却总具有大致相同的形状。如果似然比 $\Lambda(\boldsymbol{z})$ 是 $\boldsymbol{z}$ 的连续函数，则 ROC 有如下共同性质。

性质 1　所有连续似然比检验的 ROC 都是上凸的。

性质 2　所有连续似然比检验的 ROC 均位于对角线 $P_D = P_F$ 之上。

性质 3　ROC 在某一特定点处的斜率等于该点上 P_D 和 P_F 所要求的门限值 λ_0。

证明　由于

$$P_F = \int_{\lambda_0}^{\infty} p(\Lambda \mid H_0) \mathrm{d}\Lambda = P_F(\lambda_0) \tag{2.4.13}$$

$$P_D = \int_{\lambda_0}^{\infty} p(\Lambda \mid H_1) \mathrm{d}\Lambda = P_D(\lambda_0) \tag{2.4.14}$$

将其分别对 λ_0 求导数，则得

$$\frac{\mathrm{d}P_F(\lambda_0)}{\mathrm{d}\lambda_0} = -p(\lambda_0 \mid H_0) \tag{2.4.15}$$

$$\frac{\mathrm{d}P_\mathrm{D}(\lambda_0)}{\mathrm{d}\lambda_0}=-p(\lambda_0 \mid H_1) \tag{2.4.16}$$

因而

$$\frac{\mathrm{d}P_\mathrm{D}}{\mathrm{d}P_\mathrm{F}}=\frac{\dfrac{\mathrm{d}P_\mathrm{D}(\lambda_0)}{\mathrm{d}\lambda_0}}{\dfrac{\mathrm{d}P_\mathrm{F}(\lambda_0)}{\mathrm{d}\lambda_0}}=\frac{-p(\lambda_0 \mid H_1)}{-p(\lambda_0 \mid H_0)}=\frac{p(\lambda_0 \mid H_1)}{p(\lambda_0 \mid H_0)} \tag{2.4.17}$$

因为

$$P_\mathrm{D}(\lambda_0)=P(\Lambda \geqslant \lambda_0 \mid H_1)=\int_{\lambda_0}^{\infty} p(\Lambda \mid H_1)\mathrm{d}\Lambda=\int_{R_1} p(\boldsymbol{z} \mid H_1)\mathrm{d}\boldsymbol{z}=$$
$$\int_{R_1} \Lambda p(\boldsymbol{z} \mid H_0)\mathrm{d}\boldsymbol{z}=\int_{\lambda_0}^{\infty} \Lambda p(\Lambda \mid H_0)\mathrm{d}\Lambda \tag{2.4.18}$$

所以

$$\frac{\mathrm{d}P_\mathrm{D}(\lambda_0)}{\mathrm{d}\lambda_0}=-\lambda_0 p(\lambda_0 \mid H_0) \tag{2.4.19}$$

将式(2.4.19)及式(2.4.15)代入式(2.4.17)，$\frac{\mathrm{d}P_\mathrm{D}}{\mathrm{d}P_\mathrm{F}}$ 可表示为

$$\frac{\mathrm{d}P_\mathrm{D}(\lambda_0)}{\mathrm{d}P_\mathrm{F}}=\frac{-\lambda_0 p(\lambda_0 \mid H_0)}{-p(\lambda_0 \mid H_0)}=\lambda_0 \tag{2.4.20}$$

又因为

$$\lambda_0=\frac{P_\mathrm{e}}{1-P_\mathrm{e}}\frac{C_{10}-C_{00}}{C_{01}-C_{11}} \geqslant 0 \tag{2.4.21}$$

所以

$$\frac{\mathrm{d}P_\mathrm{D}}{\mathrm{d}P_\mathrm{F}} \geqslant 0 \tag{2.4.22}$$

再考虑到$(P_\mathrm{D},P_\mathrm{F})=(0,0)$处对应于$\lambda_0=\infty$，$(P_\mathrm{D},P_\mathrm{F})=(1,1)$处对应于$\lambda_0=0$，对于具有连续似然比检验的工作特性也必是连续的，因此工作特性只有位于$P_\mathrm{D}=P_\mathrm{F}$的左上方，才能满足$\frac{\mathrm{d}P_\mathrm{D}}{\mathrm{d}P_\mathrm{F}} \geqslant 0$及$P_\mathrm{D}$，$P_\mathrm{F}$与$\lambda_0$成反比关系的特点，从而也证明了性质1。

性质4　在贝叶斯准则、最小总错误概率准则下，先求出似然比检测门限λ_0，以此作为求解的曲线斜率，当$d=d_1$时相切于α点，该切点就是所求的解，从而可得相应的P_D和P_F；在极大极小化准则下，检验的工作点是直线

$$C_{11}-C_{00}+(C_{01}-C_{11})P_\mathrm{M}(P_{1g}^{*})-(C_{10}-C_{00})P_\mathrm{F}(P_{1g}^{*})=0 \tag{2.4.23}$$

与相应的d值的ROC的交点；对于奈曼-皮尔逊准则，给定了$P_\mathrm{F}=\alpha$，则其解为$P_\mathrm{F}=\alpha$的直线与$d=d_1$工作特性曲线的交点c，可得$P_\mathrm{F}=\alpha$约束下的P_D，因此说，检测系统接收机工作特性(ROC)是似然比检验性能的完整描述，如图2.14所示。

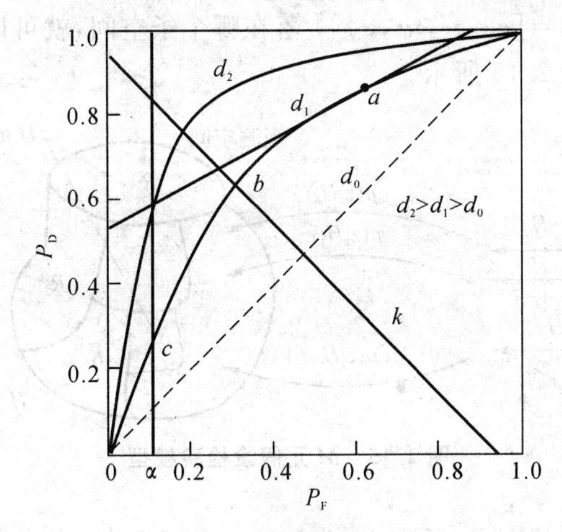

图 2.14　接收机工作特性

2.5 M 择一假设检验

在许多实际的检测问题中，会遇到多元信号的检测问题，例如在数字通信系统中的 M ($M>2$) 元通信问题就属于这类情况。信源有 M 个可能的输出，每个可能的输出对应于 M 个假设之一，记为 $H_0, H_1, \cdots, H_{M-1}$。这 M 个可能的输出信号经信道传输并混叠噪声后，进行接收并做出判决，判决的可能结果也有 M 个。因此，对 M 元假设检验，总共有 M^2 种可能的判决情况，其中正确判决 M 种，错误判决 $M^2-M=M(M-1)$ 种。

M 元假设检验与二元假设检验问题在本质上没有差别，只是相对于原假设 H_0，备择的假设不再是一个(H_1)，而是有 $M-1$ 个($H_1, H_2, \cdots, H_{M-1}$)。因此，采用的“最佳”准则可以是在二元假设检验中讨论过的各种准则。不过，考虑到 M 元假设检验的实际应用，仅限于讨论贝叶斯准则和最小总错误概率准则。

2.5.1　贝叶斯准则

对于 M 元假设检验问题，信源输出 M 个可能信号之一，分别记为假设 H_0、假设 H_1、……、假设 H_{M-1}；每种可能的输出信号经概率转移机构映射到观测空间 R；观测空间 R 按选定的“最佳”检测准则划分为 M 个子空间 R_i，$i=0,1,\cdots,M-1$，并满足

$$\left.\begin{aligned} &R=\bigcup_{i=0}^{M-1} R_i \\ &R_i \cap R_j=\varnothing, \quad i\neq j \end{aligned}\right\} \tag{2.5.1}$$

这样，根据观测矢量 $\boldsymbol{z}=[z_1,z_2,\cdots,z_N]^{\mathrm{T}}$ 落在哪个子空间，就可以作出相应的判决，于是，M 元假设检验的模型如图 2.15 所示。

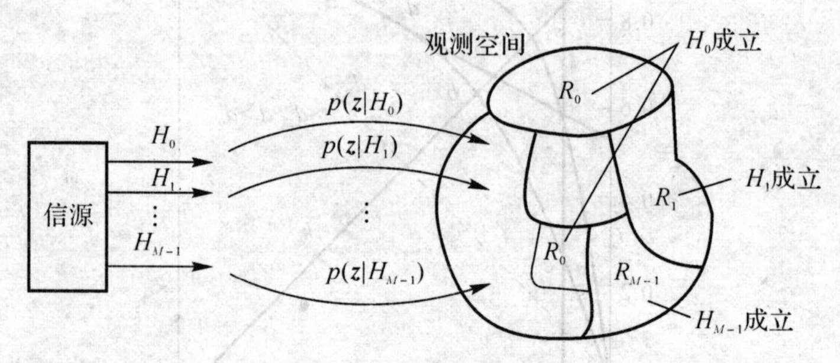

图 2.15　M 元假设检验模型

如果 M 个假设的先验概率 $P(H_j),j=0,1,\cdots,M-1$ 已知；各种判决的代价因子 $C_{ij},i,j=0,1,\cdots,M-1$ 赋定。根据 M 元假设检验的模型，贝叶斯平均代价可表示成

$$\bar{C}=\sum_{i=0}^{M-1}\sum_{j=0}^{M-1}C_{ij}P(H_j)P(H_i\mid H_j)=\sum_{i=0}^{M-1}\sum_{j=0}^{M-1}C_{ij}P(H_j)\int_{R_i}p(\boldsymbol{z}\mid H_j)\mathrm{d}\boldsymbol{z} \tag{2.5.2}$$

其中，$P(H_i|H_j)$ 表示假设 H_j 为真而判决 H_i 成立的概率。

由式(2.5.1)，可将式(2.5.2) 表示成

$$\bar{C}=\sum_{i=0}^{M-1}C_{ii}P(H_i)\int_{R_i}p(\boldsymbol{z}\mid H_i)\mathrm{d}\boldsymbol{z}+\sum_{i=0}^{M-1}\sum_{M-1}C_{ij}P(H_j)\int_{R_i}p(\boldsymbol{z}\mid H_j)\mathrm{d}\boldsymbol{z} \tag{2.5.3}$$

因为判决域 R_i 可表示为

$$R_i=R-\bigcup_{\substack{j=0\\j\neq i}}^{M-1}R_j \tag{2.5.4}$$

而

$$\int_R p(\boldsymbol{z}\mid H_i)\mathrm{d}\boldsymbol{z}=1 \tag{2.5.5}$$

所以

$$\bar{C}=\sum_{i=0}^{M-1}C_{ii}P(H_i)+\sum_{i=0}^{M-1}\int_{R_i}\sum_{M-1}P(H_j)(C_{ij}-C_{jj})p(\boldsymbol{z}\mid H_j)\mathrm{d}\boldsymbol{z} \tag{2.5.6}$$

现对式(2.5.6) 所示的平均代价 $\bar{C}$ 进行分析，以确定使平均代价最小的判决域如何划分。

式(2.5.6) 中的第一项是固定代价，与判决域划分无关；该式中的第二项是 M 个积分项之和，它是贝叶斯平均代价的可变项，按贝叶斯准则要求其达到最小。为此，若令

$$I_i(\boldsymbol{z})=\sum_{M-1}P(H_j)(C_{ij}-C_{jj})p(\boldsymbol{z}\mid H_j),\quad i=0,1,\cdots,M-1 \tag{2.5.7}$$

则判决规则应是选择使 $I_i(\boldsymbol{z})$ 为最小的假设为正确的假设。

因为

$$P(H_j) \geqslant 0 \tag{2.5.8}$$

$$C_{ij} - C_{jj} \geqslant 0 \tag{2.5.9}$$

$$p(z \mid H_j) > 0 \tag{2.5.10}$$

所以

$$I_i(z) \geqslant 0 \tag{2.5.11}$$

于是应当使满足

$$I_i(z) = \min\{I_0(z), I_1(z), \cdots, I_{M-1}(z)\} \tag{2.5.12}$$

的 z 划归 R_i 域，判 H_i 成立。即当满足

$$I_i(z) < I_j(z), \quad j = 0,1,\cdots,M-1, \quad i \neq j \tag{2.5.13}$$

时判 H_i 成立。

如果定义似然比

$$\Lambda_i(z) = \frac{p(z \mid H_i)}{p(z \mid H_0)}, \quad i = 0,1,\cdots,M-1 \tag{2.5.14}$$

和函数

$$J_i(z) = \frac{I_i(z)}{p(z \mid H_0)} = \sum_{M-1} P(H_j)(C_{ij} - C_{jj})\Lambda_j(z), \quad i = 0,1,\cdots,M-1 \tag{2.5.15}$$

即利用似然比表示判决规则，那么判决规则就是选择使 $J_i(z)$ 为最小的假设成立。

2.5.2　最小总错误概率准则

在 $i \neq j$ 时，如果 $C_{ii} = 0$，而 $C_{ij} = 1$，则贝叶斯准则就成为最小总错误概率准则。此时，式(2.5.7)变为

$$I_i(z) = \sum_{\substack{j=0 \\ j \neq i}}^{M-1} P(H_j) p(z \mid H_j) = \sum_{\substack{j=0 \\ j \neq i}}^{M-1} P(H_j \mid z) p(z) =$$

$$[1 - P(H_j \mid z)] p(z), \quad i = 0,1,\cdots,M-1 \tag{2.5.16}$$

因此，对于这种特殊的代价情况，使 $I_i(z)$ 最小与 $P(H_i \mid z)$ 最大是等价的，而 $P(H_i \mid z)$ 是给定观测量 z 时，H_i 的后验概率，因而是最大后验概率准则。

在这种情况下，最小总错误概率 P_e 为

$$P_e = \sum_{i=0}^{M-1} \sum_{M-1} P(H_j) P(H_i \mid H_j) \tag{2.5.17}$$

如果再进一步假定，所有假设的先验概率为等概率情况，即

$$P(H_j) = P = 1/M, \quad j = 0,1,\cdots,M-1 \tag{2.5.18}$$

则式(2.5.7)可写成

$$I_i(\boldsymbol{z})=\sum_{\substack{j=0\\j\neq i}}^{M-1}p(\boldsymbol{z}\mid H_j)P=\Big[\sum_{j=0}^{M-1}p(\boldsymbol{z}\mid H_j)-p(\boldsymbol{z}\mid H_i)\Big]P,\quad i=0,1,\cdots,M-1 \tag{2.5.19}$$

于是判决规则就是选择使 $p(\boldsymbol{z}\mid H_i)$ 最大的假设成立，称为最大似然准则。最小总错误概率为

$$P_{\mathrm{e}}=\frac{1}{M}\sum_{i=0}^{M-1}\sum_{\substack{j=0\\j\neq i}}^{M-1}P(H_i\mid H_j) \tag{2.5.20}$$

例 2.7 设某信源有四个输出电压，即假设 H_1 时，输出 1；假设 H_2 时，输出 2；假设 H_3 时，输出 3；假设 H_4 时，输出 4。各种假设是等概率的，输出信号在传输和接收过程中混叠有均值为零、方差为 σ_n^2 的加性噪声。假定各种判决的代价因子为 $C_{ij}=\begin{cases}1, & i\neq j\\0, & i=j\end{cases}$，$i,j=1,2,3,4$。现进行了 N 次独立观测，观测矢量为 $\boldsymbol{z}=[z_1,z_2,\cdots,z_N]^{\mathrm{T}}$，请设计一个四元假设检验。

解 根据等先验概率 $P(H_j)=P$ 和代价因子的表示式，四元假设检验可按最大似然准则来设计。

因为观测是独立的，所以 N 维观测矢量的似然函数为

$$p(\boldsymbol{z}\mid H_i)=\prod_{k=1}^{N}P(z_k\mid H_i)=\prod_{k=1}^{N}\left(\frac{1}{2\pi\sigma_n^2}\right)^{\frac{1}{2}}\exp\left[-\frac{(z_k-s_i)^2}{2\sigma_n^2}\right]=$$
$$\left(\frac{1}{2\pi\sigma_n^2}\right)^{\frac{N}{2}}\exp\left[-\sum_{k=1}^{N}\frac{(z_k-s_i)^2}{2\sigma_n^2}\right],\quad i=1,2,3,4$$

其中

$$s_i=\begin{cases}1, & i=1\ (\text{假设 } H_1)\\2, & i=2\ (\text{假设 } H_2)\\3, & i=3\ (\text{假设 } H_3)\\4, & i=4\ (\text{假设 } H_4)\end{cases}$$

在选择最大似然函数时，公有的常数项 $\left(\frac{1}{2\pi\sigma_n^2}\right)^{\frac{N}{2}}$ 可以消去而不予考虑。而且，其中的指数运算是相同的，指数中的分母 $2\sigma_n^2$ 也是相同的。这样选择最大似然函数等价于选择

$$-\sum_{k=1}^{N}z_k^2+2s_i\sum_{k=1}^{N}z_k-NS_i^2,\quad i=1,2,3,4$$

最大。因为对任何一个假设，$-\sum_{k=1}^{N}z_k^2$ 都是一样的，所以，该四元假设的判决规则最终等价于选择

$$\frac{2s_i}{N}\sum_{k=1}^{N}z_k-s_i^2,\quad i=1,2,3,4$$

为最大的 H_i 成立。具体写出各假设对应的结果如下：

$$\frac{2}{N}\sum_{k=1}^{N}z_k-1$$

$$\frac{4}{N}\sum_{k=1}^{N}z_k-4$$

$$\frac{6}{N}\sum_{k=1}^{N}z_k-9$$

$$\frac{8}{N}\sum_{k=1}^{N}z_k-16$$

若选择假设 H_1 成立，即 $p(z\mid H_1)$ 最大，则等价地有 $\frac{2}{N}\sum_{k=1}^{N}z_k-1$ 最大。于是选择假设 H_1 成立的判决规则由求解下列联立方程获得：

$$\begin{cases}\frac{2}{N}\sum_{k=1}^{N}z_k-1\geqslant\frac{4}{N}\sum_{k=1}^{N}z_k-4\\ \frac{2}{N}\sum_{k=1}^{N}z_k-1>\frac{6}{N}\sum_{k=1}^{N}z_k-9\\ \frac{2}{N}\sum_{k=1}^{N}z_k-1>\frac{8}{N}\sum_{k=1}^{N}z_k-16\end{cases}$$

若记检验统计量

$$\hat{z}=\frac{1}{N}\sum_{k=1}^{N}z_k$$

则有

$$\begin{cases}2\hat{z}-1\geqslant 4\hat{z}-4\\ 2\hat{z}-1>6\hat{z}-9\\ 2\hat{z}-1>8\hat{z}-16\end{cases}$$

即

$$\begin{cases}\hat{z}\leqslant 1.5\\ \hat{z}<2\\ \hat{z}<2.5\end{cases}$$

这样，假设 H_1 成立的判决规则为

$$\hat{z}=\frac{1}{N}\sum_{k=1}^{N}z_k\leqslant 1.5,\quad 判决\ H_1\ 成立$$

类似地，可得 H_2，H_3 和 H_4 成立的判决规则为

$$1.5<\hat{z}\leqslant 2.5,\quad 判决\ H_2\ 成立$$

$$2.5<\hat{z}\leqslant 3.5,\quad 判决\ H_3\ 成立$$

$$3.5<\hat{z},\quad 判决\ H_4\ 成立$$

各假设成立的判决域如图 2.16 所示。

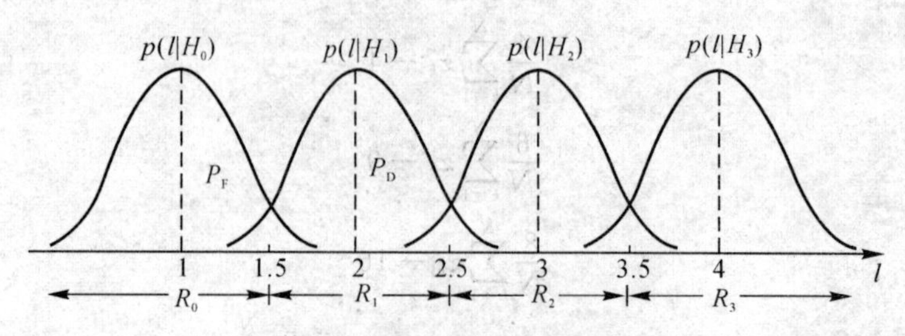

图 2.16 四元假设检验的判决域

2.6 序列检测——瓦尔德检验

前面讨论的信号检测,观测次数是固定的,要么是一次观测,要么是 N 次观测。但是在许多实际问题中,各观测值是按顺序得到的,如果不事先规定观测次数而视实际状况而定,就可能在平均意义上使检测时间有所减少,因此把这种检测称为序列检测。由于这种检测在计算上的复杂性,因而把注意力集中于修正的奈曼-皮尔逊检验上。这个检验又称瓦尔德序列检验或序列概率比检验(SPRT),在许多应用领域如模式识别、雷达中都得到了应用。为了说明清楚起见,仍限于讨论简单二元假设检验问题。

2.6.1 序列检测的一般叙述

序列检测在进行假设检验时,不预先规定观测样本的数目 N,而是从获得第一个样本就开始考察其所能达到的指标。如果在满足性能要求的前提下能作出判决,则检测过程便告结束,否则再取第二个观测样本,然后根据这两个样本进行处理和判决,以决定是否需要继续观测。如此进行,逐步增加观测样本数目,增多信息量,直到能作出满足性能指标要求的判决为止。序列检测的最大优点是在给定的检测性能要求下,它所用的平均检测时间最短。

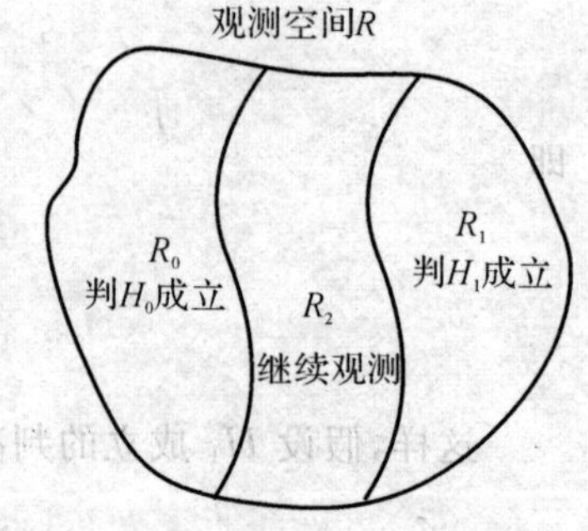

图 2.17 序列检测的判决域

如果将讨论的问题限于简单二元假设检验情况,那么按照上述序列检测的基本思想,它应分阶段进行。当检测过程已进行到第 K 阶段时($K=1,2,\cdots$),已经取得了 K 个观测样本(z_1, $z_2,\cdots,z_k$),这 K 个样本可以看作是 K 维观测空间中的一个点。观测空间是 K 维的,则判决规则就是对这个 K 维空间 R 进行划分。在简单二元假设下,R 被分成三个互不覆盖的区域 R_0,R_1 和 R_2。如图 2.17 所示,其分界面由检测准则和观察次数决定。

结合序列检测的判决域，如果样点$\boldsymbol{z}=[z_1,z_2,\cdots,z_N]^{\mathrm{T}}$落在$R_0$域，则判决假设$H_0$成立；如果样点$\boldsymbol{z}$落在$R_1$域，则判决假设$H_1$成立；如果样点$\boldsymbol{z}$落在$R_2$域，不作判决，继续观测。这相当于采用似然比检验，与两个门限λ_0和λ_1相比较。若似然比大于或等于λ_1，则判决H_1成立；若似然比小于或等于λ_0，则判决H_0成立；如果似然比处于λ_0和λ_1之间，则认为获得的信息量尚不足于作出判决，需要再增加一个观测数据再作判决。此过程持续到能够作出正确的判决为止。需要注意的是，本节定义的两个门限值λ_0，λ_1和前面的λ_0是有区别的。

2.6.2 序列检测在修正的奈曼-皮尔逊准则下的应用——瓦尔德序列检验

在一种修正的奈曼-皮尔逊准则下，序列检测是在给定的性能指标——虚警概率P_{F}和漏报概率P_{M}——的条件下，从第一个观测数据开始进行似然比检验的，检验的两个检测门限λ_0和λ_1是由错误概率P_{F}和P_{M}计算出来的。下面推导这两个检测门限。

若$\boldsymbol{z}_N$代表N个观测样本z_k所构成的观测矢量，即

$$\boldsymbol{z}_N=\begin{bmatrix} z_1 \\ z_2 \\ \vdots \\ z_N \end{bmatrix} \tag{2.6.1}$$

其似然比为

$$\Lambda(\boldsymbol{z}_N)=\frac{p(\boldsymbol{z}_N \mid H_1)}{p(\boldsymbol{z}_N \mid H_0)} \tag{2.6.2}$$

为了计算式(2.6.2)的似然比，需要知道观测样本的N维联合概率密度函数$p(\boldsymbol{z}_N \mid H_1)$和$p(\boldsymbol{z}_N \mid H_0)$。为了简单，假定各次观测是独立同分布（Independent Identically Distribution，IID）的，则似然比可写成

$$\Lambda(\boldsymbol{z}_N)=\frac{p(\boldsymbol{z}_N \mid H_1)}{p(\boldsymbol{z}_N \mid H_0)}=\prod_{k=1}^{N}\frac{p(z_k \mid H_1)}{p(z_k \mid H_0)}=\frac{p(z_N \mid H_1)}{p(z_N \mid H_0)}\prod_{k=1}^{N-1}\frac{p(z_k \mid H_1)}{p(z_k \mid H_0)} \tag{2.6.3}$$

也可写成

$$\Lambda(\boldsymbol{z}_N)=\Lambda(z_N)\Lambda(\boldsymbol{z}_{N-1}) \tag{2.6.4}$$

根据虚警概率P_{F}和漏报概率P_{M}来决定λ_0和λ_1。

记

$$P_{\mathrm{F}}=\alpha \tag{2.6.5}$$

和

$$P_{\mathrm{M}}=\beta \tag{2.6.6}$$

进行下列检验，若

$$\Lambda(\boldsymbol{z}_N) \geqslant \lambda_1 \tag{2.6.7}$$

判决 H_1 成立；若

$$\Lambda(\boldsymbol{z}_N) \leqslant \lambda_0 \tag{2.6.8}$$

判决 H_0 成立；若

$$\lambda_0 < \Lambda(\boldsymbol{z}_N) < \lambda_1 \tag{2.6.9}$$

须再增加一次观测，进行下一次检验。

现在推导以 α 和 β 表示的两个门限 λ_0 和 λ_1 的不等式。

对于给定的 α 和 β 有

$$\alpha = \int_{R_1} p(\boldsymbol{z}_N \mid H_0)\,\mathrm{d}\,\boldsymbol{z}_N \tag{2.6.10}$$

$$P_{\mathrm{D}} = 1-\beta = \int_{R_1} p(\boldsymbol{z}_N \mid H_1)\,\mathrm{d}\,\boldsymbol{z}_N = \int_{R_1} p(\boldsymbol{z}_N \mid H_0)\Lambda(\boldsymbol{z}_N)\,\mathrm{d}\,\boldsymbol{z}_N \tag{2.6.11}$$

其中 P_{D} 代表 H_1 为真判 H_1 成立的检测概率(又称发现概率)，故此时必满足式(2.6.7)，即 $\Lambda(\boldsymbol{z}_N) \geqslant \lambda_1$，将其代入式(2.6.11) 可得

$$1-\beta \geqslant \lambda_1 \int_{R_1} p(\boldsymbol{z}_N \mid H_0)\,\mathrm{d}\,\boldsymbol{z}_N = \lambda_1 \alpha \tag{2.6.12}$$

故得

$$\lambda_1 \leqslant \frac{1-\beta}{\alpha} \tag{2.6.13}$$

类似地可求得门限 λ_0 为

$$\lambda_0 \geqslant \frac{\beta}{1-\alpha} \tag{2.6.14}$$

如果采用对数似然比检验，则式(2.6.3) 可以写成

$$\ln\Lambda(\boldsymbol{z}_N) = \sum_{k=1}^{N-1} \ln\Lambda(z_k) + \ln\Lambda(z_N) \tag{2.6.15}$$

对应的门限是 $\ln\lambda_0$ 和 $\ln\lambda_1$，如果似然比的每一步增量 $\ln\Lambda(z_N)$ 很小，至多超过门限很少一点，于是使得在观测终止时 $\ln\Lambda(\boldsymbol{z}_N)$ 超过门限 $\ln\lambda_1$ 不多(或者低于门限 $\ln\lambda_0$ 不多)。在这种情况下，可以把式(2.6.13) 和式(2.6.14) 的不等式当成等式，以得到简单的设计公式：

$$\ln\lambda_1 = \ln\frac{1-\beta}{\alpha} \tag{2.6.16}$$

和

$$\ln\lambda_0 = \ln\frac{\beta}{1-\alpha} \tag{2.6.17}$$

现在来求序列检测平均观测次数，也就是求在假设 H_1 或假设 H_0 为真的条件下作出判决所需要的观测次数的平均数 $E(N \mid H_1)$ 和 $E(N \mid H_0)$，其中 N 是终止阶段的取样数，是个随机变量。

检验到了第 N 个取样才终止，即满足 $\ln\Lambda(\boldsymbol{z}_N)$ 或者大于等于 $\ln\lambda_1$，判 H_1 成立，或者小于等于 $\ln\lambda_0$，判 H_0 成立。两者必居其一。

由此不难求出，当 H_1 为真时有

$$P[\ln\Lambda(\boldsymbol{z}_N) \leqslant \ln\lambda_0 \mid H_1] = \beta \tag{2.6.18}$$

$$P[\ln\Lambda(\boldsymbol{z}_N) \geqslant \ln\lambda_1 \mid H_1] = 1-\beta \tag{2.6.19}$$

当 H_0 为真时有

$$P[\ln\Lambda(\boldsymbol{z}_N) \leqslant \ln\lambda_0 \mid H_0] = 1-\alpha \tag{2.6.20}$$

$$P[\ln\Lambda(\boldsymbol{z}_N) \geqslant \ln\lambda_1 \mid H_0] = \alpha \tag{2.6.21}$$

由于随着观测次数的增加，$\ln\Lambda(\boldsymbol{z}_N)$ 的每一步增量都很小，因而可认为最终取样 $\boldsymbol{z}_N$ 的 $\ln\Lambda(\boldsymbol{z}_N)$ 只取两个数，或者等于 $\ln\lambda_0$，或者等于 $\ln\lambda_1$。因此，$\ln\Lambda(\boldsymbol{z}_N)$ 的条件数学期望为

$$E[\ln\Lambda(\boldsymbol{z}_N) \mid H_1] = (1-\beta)\ln\lambda_1 + \beta\ln\lambda_0 \tag{2.6.22}$$

$$E[\ln\Lambda(\boldsymbol{z}_N) \mid H_0] = \alpha\ln\lambda_1 + (1-\alpha)\ln\lambda_0 \tag{2.6.23}$$

若在每一个假设下，观测量都是独立同分布的，则

$$\ln\Lambda(\boldsymbol{z}_N) = \ln\prod_{k=1}^{N}\Lambda(z_k) = \sum_{k=1}^{N}\ln\Lambda(z_k) = N\ln\Lambda(z) \tag{2.6.24}$$

其中 $\Lambda(z)$ 是任意一次观测的似然比。这样有

$$E[\ln\Lambda(\boldsymbol{z}_N \mid H_1)] = E[N\ln\Lambda(z \mid H_1)] = E[\ln\Lambda(z \mid H_1)]E(N \mid H_1) \tag{2.6.25}$$

于是

$$E(N \mid H_1) = \frac{E[\ln\Lambda(\boldsymbol{z}_N) \mid H_1]}{E[\ln\Lambda(z \mid H_1)]} \tag{2.6.26}$$

将式(2.6.22)代入式(2.6.26)，则在假设 H_1 下，所需的平均观测次数为

$$E(N \mid H_1) = \frac{(1-\beta)\ln\lambda_1 + \beta\ln\lambda_0}{E[\ln\Lambda(z \mid H_1)]} \tag{2.6.27}$$

类似地，在假设 H_0 为真的条件下，所需的平均观测次数为

$$E(N \mid H_0) = \frac{E[\ln\Lambda(\boldsymbol{z}_N) \mid H_0]}{E[\ln\Lambda(z \mid H_0)]} = \frac{\alpha\ln\lambda_1 + (1-\alpha)\ln\lambda_0}{E[\ln\Lambda(z \mid H_0)]} \tag{2.6.28}$$

如上所述，若 $\ln\lambda_0 < \ln\Lambda(\boldsymbol{z}_N) < \ln\lambda_1$，需要增加一次观测，再作处理。一般情况下，$\ln\Lambda(z_k)$ 落在 $\ln\lambda_0$ 和 $\ln\lambda_1$ 之间的概率总小于1，即

$$P[\ln\lambda_0 < \ln\Lambda(z_k) < \ln\lambda_1] = p < 1 \tag{2.6.29}$$

因此，在 n 次观测中，对数似然比 $\ln\Lambda(\boldsymbol{z}_N)$ 落在 $\ln\lambda_0$ 和 $\ln\lambda_1$ 之间的概率，即 $\ln\Lambda(z_k)$ 全部落在 $\ln\lambda_0$ 和 $\ln\lambda_1$ 之间的概率为

$$P[\ln\lambda_0 < \ln\Lambda(\boldsymbol{z}_N) < \ln\lambda_1] = p^n \tag{2.6.30}$$

因此，当 $N \geqslant n$ 时

$$\lim_{n\to\infty} P[\ln\lambda_0 < \ln\Lambda(\boldsymbol{z}_N) < \ln\lambda_1] = 0 \tag{2.6.31}$$

这说明，当 $n\to\infty$ 时，$\ln\Lambda(z_N)$ 落在 $\ln\lambda_0$ 和 $\ln\lambda_1$ 之间的概率等于零，即序列似然比检验是有终止的，或者说序列似然比检验以概率 1 结束。

虽然序列似然比检验是有终止的，但人们在使用中宁愿规定一个观测次数的上限 N^*。当观测次数达到 N^* 仍不能作出判决时，就转为固定观测次数的检验方法，强制作出是假设 H_1 或是假设 H_0 成立的判决。这类序列似然比检验称为截断的序列似然比检验。

瓦尔德(Wald)和沃尔福维茨(Wolfowitz)已经证明，对于 P_F 和 P_M 已确定，这种序列似然比检验的平均观测次数 $E(N|H_1)$ 和 $E(N|H_0)$ 最小。

例 2.8 在二元数字通信系统中，两个假设下的观测信号分别为

$$H_0: z_k = n_k,\quad k=1,2,\cdots$$
$$H_1: z_k = A + n_k,\quad k=1,2,\cdots$$

其中，观测噪声 n_k 是均值为零、方差 $\sigma_n^2=1$ 的高斯噪声，各次观测统计独立，且观测是顺序进行的。若令 $A=1$，试确定在 $P_F=\alpha=0.1$ 和 $P_M=\beta=0.1$ 时的判决规则；并计算在每个假设下，观测次数 N 的期望值。

解 若进行到第 N 次观测，则似然比

$$\Lambda(z_N)=\frac{p(z_N\mid H_1)}{p(z_N\mid H_0)}=\frac{\left(\frac{1}{2\pi}\right)^{\frac{N}{2}}\exp\left[-\sum_{k=1}^{N}\frac{(z_k-A)^2}{2}\right]}{\left(\frac{1}{2\pi}\right)^{\frac{N}{2}}\exp\left(-\sum_{k=1}^{N}\frac{z_k^2}{2}\right)}=\exp\left(\sum_{k=1}^{N}z_k-\frac{N}{2}\right)$$

对数似然比为

$$\ln\Lambda(z_N)=\sum_{k=1}^{N}z_k-\frac{N}{2}$$

两个检测门限分别为

$$\ln\lambda_1=\ln\frac{1-\beta}{\alpha}=2.197$$

$$\ln\lambda_0=\ln\frac{\beta}{1-\alpha}=-2.197$$

因此，似然比判决规则如下：

若 $\sum_{k=1}^{N}z_k-\frac{N}{2}\geqslant 2.197$，则判 H_1 成立；若 $\sum_{k=1}^{N}z_k-\frac{N}{2}\leqslant -2.197$，则判 H_0 成立；若 $-2.197<\sum_{k=1}^{N}z_k-\frac{N}{2}<2.197$，则增加一次观测再进行检验。

在假设 H_1 下和假设 H_0 下，观测次数 N 的平均值分别为

$$E(N\mid H_1)=\frac{(1-\beta)\ln\lambda_1+\beta\ln\lambda_0}{E[\ln\Lambda(z\mid H_1)]}$$

$$E(N\mid H_0)=\frac{\alpha\ln\lambda_1+(1-\alpha)\ln\lambda_0}{E[\ln\Lambda(z\mid H_0)]}$$

其中

$$E[\ln\Lambda(z) \mid H_1] = E\left[\left(z-\frac{1}{2}\right)\middle| H_1\right] = 1-\frac{1}{2} = \frac{1}{2}$$

$$E[\ln\Lambda(z) \mid H_0] = E\left[\left(z-\frac{1}{2}\right)\middle| H_0\right] = -\frac{1}{2}$$

所以

$$E(N \mid H_0) = 3.515$$

$$E(N \mid H_1) = 3.515$$

上述结果表明，取样容量为 4 就可以得到预期性能。

2.7　匹配滤波器

无线电设备传输信号时必定会伴有噪声，通常用信号噪声功率比 S/N 来表征噪声的影响。1943 年，诺斯从线性滤波器输出端能获得最大信噪功率比出发，推导了滤波器（接收机）的最佳传输函数，创立了匹配滤波器理论，至今它仍是信号检测理论的重要组成部分。对于输入为确知信号叠加平稳噪声的情况下，匹配滤波器是使输出信噪比达到最大的最佳滤波器，是构成最佳接收机的关键部分。

2.7.1　线性滤波器输出端信噪比的定义

输入干扰 $n(t)$ 是零均值的平稳白噪声，其功率谱密度为常量，即

$$G_n(\omega) = \frac{N_0}{2}, \quad -\infty < \omega < \infty$$

由于 $s(t) \leftrightarrow S(\omega)$，$R_n(\tau) \leftrightarrow G_n(\omega)$，因而信号的频谱为

$$S(\omega) = \int_{-\infty}^{\infty} s(t)\mathrm{e}^{-\mathrm{j}\omega t}\,\mathrm{d}t \tag{2.7.1}$$

而噪声的相关函数为

$$R_n(\tau) = E[n(t_1)n(t_2)] = \frac{N_0}{2}\delta(\tau) \tag{2.7.2}$$

输入混合波形 $X(t) = s(t) + n(t)$ 通过此线性滤波器后，输出的混合波形为 $Y(t) = s_o(t) + n_o(t)$，如图 2.18 所示。因为滤波器是线性电路，所以可分别用线性变换求解输出信号 $s_o(t)$ 和输出噪声 $n_o(t)$。

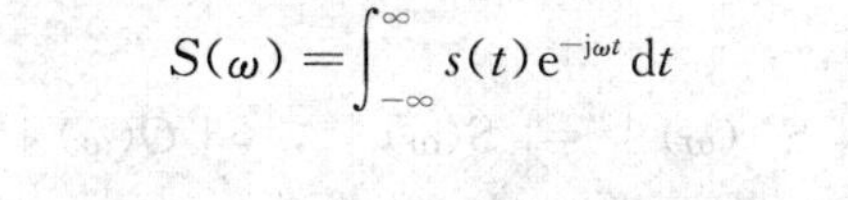

$X(t)=s(t)+n(t)$ → 线性滤波器 $H(\omega)h(t)$ → $Y(t)=s_o(t)+n_o(t)$

图 2.18　匹配滤波器及其输出波形

设线性滤波器的传输函数为 $H(\omega)$，则

$$s_o(t)=\frac{1}{2\pi}\int_{-\infty}^{\infty}H(\omega)S(\omega)e^{j\omega t}d\omega \tag{2.7.3}$$

假定在 $t=t_0$ 时，此输出信号有一个峰值，其值为

$$s_o(t_0)=\frac{1}{2\pi}\int_{-\infty}^{\infty}H(\omega)S(\omega)e^{j\omega t_0}d\omega \tag{2.7.4}$$

由于输入 $n(t)$ 为零均值平稳随机过程，因而输出噪声 $n_o(t)$ 仍为零均值平稳随机过程，但它已为非白噪声，其功率谱密度已变为 $\frac{N_0}{2}|H(\omega)|^2$，因此输出噪声的平稳功率(均方值)为

$$E[n_o^2(t)]=\sigma^2=\frac{N_0}{4\pi}\int_{-\infty}^{\infty}|H(\omega)|^2d\omega \tag{2.7.5}$$

滤波器输出端的峰值信噪(功率)比定义为

$$d^2=\frac{\text{输出信号峰值功率}}{\text{输出噪声平均功率}}=\frac{s_o^2(t_0)}{E[n_o^2(t)]}=\frac{\left[\frac{1}{2\pi}\int_{-\infty}^{\infty}H(\omega)S(\omega)e^{j\omega t_0}d\omega\right]^2}{\frac{N_0}{4\pi}\int_{-\infty}^{\infty}|H(\omega)|^2d\omega} \tag{2.7.6}$$

能使输出峰值信噪比 d 达到最大值 $d_{\max}$ 的线性滤波器，称为匹配滤波器。它是按照最大信噪比准则求得的最佳线性滤波器，能保证最佳地从噪声背景中提取信号。

2.7.2 匹配滤波器的传输函数和冲激响应

式(2.7.6)表明，输出峰值信噪比 d 随传输函数 $H(\omega)$ 而变化。为寻求 $d=d_{\max}$ 时的最佳传输函数，可以利用复函数的施瓦茨(Schwartz)不等式求解。

现令

$$P^*(\omega)=S(\omega)e^{j\omega t_0},\quad Q(\omega)=H(\omega) \tag{2.7.7}$$

则有

$$|P(\omega)|^2=|S^*(\omega)|^2=|S(\omega)|^2,\quad |Q(\omega)|^2=|H(\omega)|^2 \tag{2.7.8}$$

故可将式(2.7.6)改写为

$$d^2\leqslant\frac{\frac{1}{4\pi^2}\int_{-\infty}^{\infty}|P(\omega)|^2d\omega\int_{-\infty}^{\infty}|Q(\omega)|^2d\omega}{\frac{N_0}{4\pi}\int_{-\infty}^{\infty}|H(\omega)|^2d\omega}=\frac{\frac{1}{2\pi}\int_{-\infty}^{\infty}|S(\omega)|^2d\omega}{\frac{N_0}{2}} \tag{2.7.9}$$

根据巴塞瓦尔定理，有

$$\frac{1}{2\pi}\int_{-\infty}^{\infty}|S(\omega)|^2d\omega=\int_{-\infty}^{\infty}s^2(t)dt=E \tag{2.7.10}$$

式中，E 为输入信号的能量。故得关系式

$$d^2 \leqslant \frac{2E}{N_0} \tag{2.7.11}$$

式中，$\frac{2E}{N_0}=d_{\max}$，为线性滤波器所能给出的最大峰值信噪功率比 —— 信号能量和噪声功率谱密度之比。

根据不等式取等号的条件式，可得保证 $d=d_{\max}$ 的条件为 $Q(\omega)=cP(\omega)$，即

$$H(\omega)=cS^*(\omega)\mathrm{e}^{-\mathrm{j}\omega t_0} \tag{2.7.12}$$

式(2.7.12) 表明，匹配滤波器的传输函数是输入信号频谱的复共轭，且各频谱分量都迟延 t_0 时间。类比于阻抗匹配概念，将此传输函数是输入信号频谱复共轭的最佳线性滤波器称为匹配滤波器。但需注意，它与阻抗匹配的含义不同，不是输出最大功率，而是输出最大信噪功率比。

还应指出，式(2.7.12) 中的常系数 c 表示滤波器的相对增益。对于匹配滤波器来说，重要的是传输函数形状，而不是相对大小，故分析时可令 $c=1$。

下面求匹配滤波器的冲击响应。

实际存在的信号都是实函数，有 $S^*(\omega)=S(-\omega)$，故式(2.7.12) 可改写为

$$H(\omega)=cS(-\omega)\mathrm{e}^{-\mathrm{j}\omega t_0} \tag{2.7.13}$$

对式(2.7.13) 作傅里叶反变换，即可求得冲激响应

$$h(t)=\frac{1}{2\pi}\int_{-\infty}^{\infty} cS(-\omega)\mathrm{e}^{-\mathrm{j}\omega(t_0-t)}\,\mathrm{d}\omega=cs(t_0-t) \tag{2.7.14}$$

式(2.7.14) 表明，匹配滤波器的冲激响应是输入(实) 信号波形的镜像函数(对纵轴作镜像函数，再沿时间轴向右平移 t_0)，如图 2.19 所示，对称轴位置为 $t=\frac{t_0}{2}$。

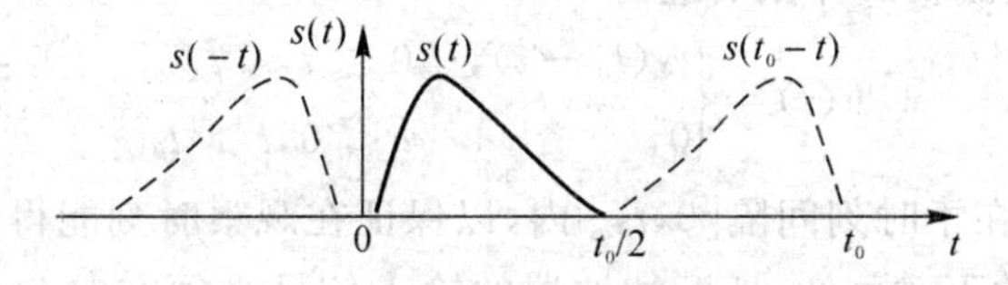

图 2.19　匹配滤波器的冲激响应

2.7.3　匹配滤波器的性质

匹配滤波器具有许多重要性质，了解它们将有助于对匹配滤波器理论的深刻理解和实际运用。下面予以介绍。

1. 匹配滤波器的最大峰值信噪比

在所有线性滤波器中，匹配滤波器能给出最大峰值信噪比 $d_{\max}=\frac{2E}{N_0}$，它只取决于输入信

号能量和白噪声功率谱密度,而与输入信号形状和噪声分布律无关。

由此性质可知,无论哪种信号,只要它们的能量相同,且白噪声功率谱密度相同,则其匹配滤波器所输出的最大峰值信噪比都相同。因此,当白噪声功率谱密度一定时,为了增大信噪比 $d_{\max}$,唯一的办法是设法增大信号能量 E。

2. 匹配滤波器的幅频特性和相频特性

设输入信号频谱为 $S(\omega)=|S(\omega)|e^{j\varphi_s(\omega)}$,则可得最佳传输函数为

$$H(\omega)=|H(\omega)|e^{j\varphi(\omega)}=c|S(\omega)|e^{-j[\varphi_s(\omega)+\omega t_0]} \tag{2.7.15}$$

故有关系式

$$|H(\omega)|=c|S(\omega)| \tag{2.7.16}$$

$$\varphi(\omega)=-[\varphi_s(\omega)+\omega t_0] \tag{2.7.17}$$

式(2.7.16)、式(2.7.17)表明,匹配滤波器的幅频特性与输入信号一致,仅相差常数倍 c;相频特性与输入信号的相位谱反相,且有附加相移量 $-\omega t_0$。

3. 匹配滤波器的物理可实现性

线性滤波器要能够物理实现,其冲激响应必须满足条件式:

$$h(t)=0, \quad t<0 \tag{2.7.18}$$

当 $t=t_0-t'$ 时也应满足式(2.7.18)的条件,故知必需:

$$\left.\begin{aligned} s(t_0-t)=0, &\quad t<0 \\ s(t')=0, &\quad t'>t_0 \end{aligned}\right\} \tag{2.7.19}$$

因此物理可实现的匹配滤波器冲激响应应为

$$h(t)=\begin{cases} cs(t_0-t), & 0\leqslant t\leqslant t_0 \\ 0, & t<0, t>t_0 \end{cases} \tag{2.7.20}$$

此式表明,$h(t)$ 只能存在于时刻间隔 $[0,t_0]$ 内,以保证在观察时刻能得到信噪比的最大值。

由式(2.7.19)中的下式可知,匹配滤波器的输入信号必须在时刻 t_0 之前结束,亦即滤波器输出端获得最大峰值信噪比 $d_{\max}$ 的时刻 t_0 只能是在输入信号全部结束之后。这一性质是不难理解的,因为只有充分利用输入信号的全部能量,才能在输出端获得 $d_{\max}$。对于物理可实现的滤波器来说,在输入信号尚未全部结束之前,输出端将无法获得全部能量。

4. 输出信号和噪声

将输入信号 $s(t)$ 与 $h(t)$[见式(2.7.14)]进行卷积,即可求得输出信号

$$s_o(t)=h(t)\otimes s(t)=\int_{-\infty}^{\infty}s(t-\tau)h(\tau)d\tau=c\int_{-\infty}^{\infty}s(t-\tau)s(t_0-\tau)d\tau \tag{2.7.21}$$

作变量代换,令 $t_0-\tau=\alpha$,则得

$$s_o(t)=c\int_{-\infty}^{\infty}s[\alpha-(t_0-t)]s(\alpha)\mathrm{d}\alpha \tag{2.7.22}$$

由于输入信号的自相关函数为

$$R_s(\tau)=\lim_{T\to\infty}\frac{1}{2T}\int_{-T}^{T}s(t-\tau)s(t)\mathrm{d}t \tag{2.7.23}$$

故有关系式：

$$s_o(t)=c'R_s(t_0-t) \tag{2.7.24}$$

式(2.7.24)表明，匹配滤波器的输出信号在形式上与输入信号的自相关函数 $R_s(t_0-t)$ 相同，因而匹配滤波器可看成是计算输入信号自相关函数的相关器。但应注意，一般 $H(\omega)$ 和 $h(t)$ 无量纲，而常系数 c 和 c' 均有量纲，$s_o(t)$ 的量纲仍为电压或电流，并非功率。

当 $t=t_0$ 时，因为 $R_s(0)$ 最大，故由式(2.7.22)可得输出信号的峰值

$$s_o(t_0)=c\int_{-\infty}^{\infty}s^2(\alpha)\mathrm{d}\alpha=cE \tag{2.7.25}$$

匹配滤波器输出噪声的平均功率为

$$\overline{n_0^2(t)}=\frac{1}{2\pi}\int_{-\infty}^{\infty}G_n(\omega)\mid H(\omega)\mid^2\mathrm{d}\omega=\frac{N_0c^2}{2}\int_{-\infty}^{\infty}\mid S^*(\omega)\mathrm{e}^{-\mathrm{j}\omega t_0}\mid^2\mathrm{d}\omega=$$

$$\frac{N_0c^2}{2}\left[\frac{1}{2\pi}\int_{-\infty}^{\infty}\mid S(\omega)\mid^2\mathrm{d}\omega\right]=\frac{N_0}{2}c^2E \tag{2.7.26}$$

由式(2.7.25)、式(2.7.26)求得最大峰值信噪比为

$$d_{\max}=\frac{\mid s_o(t_0)\mid^2}{\overline{n_0^2(t)}}=\frac{(cE)^2}{\frac{N_0}{2}c^2E}=\frac{2E}{N_0} \tag{2.7.27}$$

由式(2.7.24)并利用维纳-辛钦定理有

$$S_o(\omega)=c'G_S(\omega)\mathrm{e}^{-\mathrm{j}\omega t_0} \tag{2.7.28}$$

因此，匹配滤波器的输出是输入信号的功率谱乘以时延因子 $\mathrm{e}^{-\mathrm{j}\omega t_0}$。

5. 匹配滤波器对于时延信号具有适应性

设输入信号为 $s(t)$，其频谱为 $S(\omega)$，则相应的最佳传输函数为式(2.7.12)。当输入改为时延信号 $s_\tau(t)=as(t-\tau)$（其中 a 为常数）时，其频谱应为

$$S_\tau(\omega)=aS(\omega)\mathrm{e}^{-\mathrm{j}\omega\tau} \tag{2.7.29}$$

则相应的最佳传输函数为

$$H_\tau(\omega)=cS_\tau^*(\omega)\mathrm{e}^{-\mathrm{j}\omega t_0'}=caS^*(\omega)\mathrm{e}^{\mathrm{j}\omega\tau}\mathrm{e}^{-\mathrm{j}\omega t_0'}=aH(\omega)\mathrm{e}^{-\mathrm{j}\omega[t_0'-(t_0+\tau)]} \tag{2.7.30}$$

式中，t_0 和 t_0' 分别为两个滤波器输出峰值信噪比达到最大的时刻。

若观测时刻都选在输入信号的结束时刻，则因 $s_\tau(t)$ 比 $s(t)$ 迟后 τ，故知 t_0' 也相应地比 t_0 迟后 τ，即有 $t_0'=t_0+\tau$，代入式(2.7.30)求得

$$H_\tau(\omega)=aH(\omega) \tag{2.7.31}$$

式(2.7.31)表明,两个传输函数之间仅相差常数倍 a(表示相对增益)。可见,对于时延信号来说,原信号的匹配滤波器仍能匹配滤波,只是最大峰值信噪比的发生时刻自动地相应迟后 τ。

需要指出,匹配滤波器对于频移信号没有适应性。原因如下:

设频移量为 ν 的频移信号频谱是

$$S_f(\omega)=S(\omega+\nu) \tag{2.7.32}$$

相应的匹配滤波器传输函数为

$$H_f(\omega)=cS^*(\omega+\nu)\mathrm{e}^{-\mathrm{j}\omega t_0} \tag{2.7.33}$$

它与原信号的匹配滤波器传输函数 $H(\omega)$(见式(2.7.12))不同。

2.7.4 匹配滤波器与相关接收

利用信号和噪声的相关时间长短不同,用相关器来实现接收信号的方法称为相关接收法。李郁荣等人早已提出用自相关器来实现自相关接收,从宽带强噪声干扰背景中提取弱的周期性信号。随后又出现了用互相关器来实现互相关接收,并发现它与匹配滤波器有等效关系,只是用了不同的接收方法来实现最佳接收。

1. 自相关接收

自相关接收法是用自相关器来实现的,如图 2.20 所示。

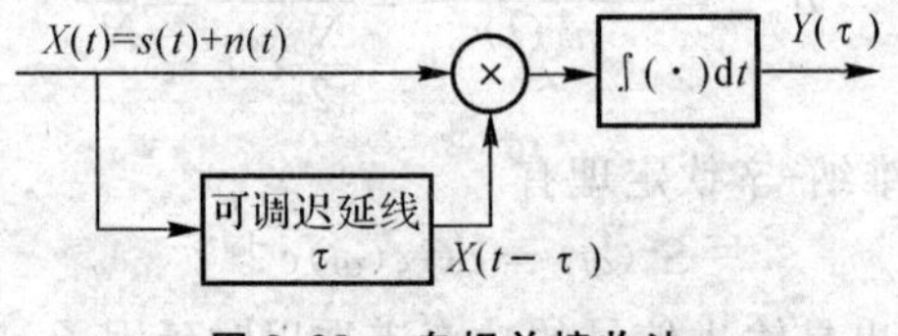

图 2.20 自相关接收法

设输入混合波形为

$$X(t)=s(t)+n(t) \tag{2.7.34}$$

其中信号 $s(t)$ 和噪声 $n(t)$ 均为遍历过程,因而自相关器的输出为

$$Y(\tau)=\int_{-\infty}^{\infty}X(t)X(t-\tau)\mathrm{d}t=\int_{-\infty}^{\infty}x(t)x(t-\tau)\mathrm{d}t \tag{2.7.35}$$

由于

$$R_X(\tau)=\lim_{T\to\infty}\frac{1}{2T}\int_{-T}^{T}x(t)x(t-\tau)\mathrm{d}t \tag{2.7.36}$$

因而有

$$Y(\tau)=c'R_X(\tau) \tag{2.7.37}$$

式中,c' 为与时刻间隔 τ 无关的常系数。可令 $c'=1$,求得

$$Y(\tau)=R_X(\tau)=\overline{X(t)X(t-\tau)}=\overline{[s(t)+n(t)][s(t-\tau)+n(t-\tau)]}=$$
$$R_s(\tau)+R_n(\tau)+R_{sn}(\tau)+R_{ns}(\tau) \tag{2.7.38}$$

式中，$R_s(\tau)$ 和 $R_n(\tau)$ 分别为信号和噪声的自相关函数；$R_{sn}(\tau)$ 和 $R_{ns}(\tau)$ 为信号与噪声的互相关函数。当信号与噪声不相关时(一般均属此种情况)，式(2.7.38) 中最后两项等于零，故得

$$Y(\tau)=R_s(\tau)+R_n(\tau) \tag{2.7.39}$$

2. 互相关接收

互相关接收法是用互相关器来实现的，如图 2.21 所示。图 2.21 与图 2.20 有些不同，经迟延线加至乘法器的所谓参考信号，是取自发射机的纯信号 $s(t)$，它是波形完全确定的确知信号。

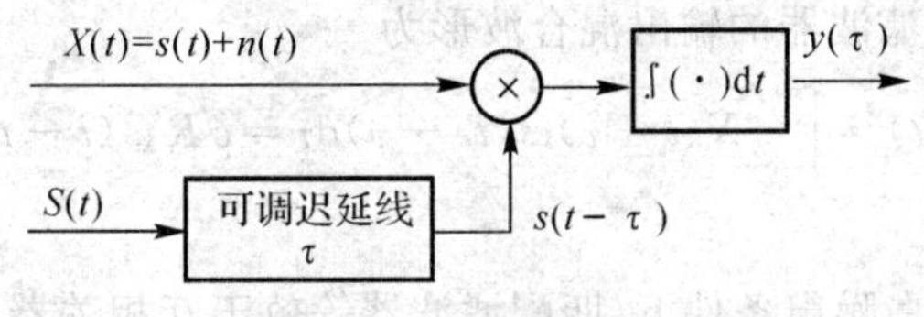

图 2.21　互相关接收法

设互相关器的输入混合波形为

$$X(t)=s(t)+n(t) \tag{2.7.40}$$

式中，$s(t)$ 的波形已知，但其出现时刻不定。按理说，回波信号应为 $s(t-\tau_s)$，其中 τ_s 为回波信号相对于发射信号 $s(t)$ 的时延，但因 $n(t)$ 为平稳噪声，且迟延线的时延 τ 可以调节，故可将 τ_s 等效地计入 τ 内。

互相关器的输出为

$$Y(\tau)=\int_{-\infty}^{\infty}X(t)s(t-\tau)\mathrm{d}t=\int_{-\infty}^{\infty}s(t)s(t-\tau)\mathrm{d}t+\int_{-\infty}^{\infty}n(t)s(t-\tau)\mathrm{d}t=R_s(\tau)+R_{ns}(\tau) \tag{2.7.41}$$

应该指出，虽然互相关器中含有乘法器，是一个非线性电路，但因参考信号是已知的确知信号，如同接收机中的本机震荡信号一样，互相关器类似于混频器，可看成准线性电路，即乘法器在此仅起到数乘作用，因而输出 $Y(\tau)$ 的量纲并非功率，仍为电压或电流。

还应指出，因为 $s(t)$ 是确知信号，不仅波形已知，且相位也不随机变化，所以 $R_s(\tau)$ 实为一确知量，在此仅借用自相关函数这一术语。

当信号与噪声不相关时，有 $R_{ns}(\tau)=0$，由式(2.7.41) 得

$$Y(\tau)=R_s(\tau) \tag{2.7.42}$$

故可在互相关器输出端直接得到输入信号的自相关函数值。

3. 两种相关接收法的比较

① 自相关接收法不须预知信号形式，而互相关接收法则须预知信号形式。对于收发信号

在同一地点的雷达信号来说，这是容易办到的，但对收发信号不在同一地点的通信系统来说，则需有复杂的同步系统才可以实施。

② 从改善信噪比的观点来看，互相关接收法比自相关接收法更为有效，因前者采用的参考信号是无噪声的，而后者采用的参考信号本身就已含有噪声。但当输入信噪比较大时，自相关接收法参考信号中的噪声影响很小，这时两种接收法的检测效果差别不大，因而应采用便于实现的自相关接收法。

4. 互相关接收法与匹配滤波器法的比较

由于匹配滤波器的冲激响应为 $h(t)=cs(t_0-t)$，因而当输入混合波形 $X(t)$ 为信号 $s(t)$ 与白噪声 $n(t)$ 之和时，匹配滤波器的输出混合波形为

$$Y(t)=\int_{-\infty}^{\infty}X(t-\tau)cs(t_0-\tau)\mathrm{d}\tau=c'R_{XS}(t-t_0) \tag{2.7.43}$$

式中，c' 为常系数。

式(2.7.43) 表明，在白噪声条件下，匹配滤波器等效于互相关器。但须注意，这种等效只对输入混合波形的响应而言，两者在考虑问题的出发点和实现方法上是有所不同的，因而使用的场合也有差别。它们的差别如下：

① 匹配滤波接收法利用的是频域特性（信号与噪声的频谱特性不同），采用的是频域分析方法；而互相关接收法利用的是时域特性（信号与噪声的相关时间不同），采用的是时域分析方法。因此在实际采用中，应根据输入信号在时间函数或频谱密度上的不同特点，来考虑选用哪一种方法。当输入信号为矩形等简单时间函数时，匹配滤波器比较容易实现。但若输入信号是不确知的波形，例如在所谓"噪声雷达"中，采用的信号形式为随机噪声，这时难以求知其振幅频谱，就无法制作匹配滤波器，但却可以采用互相关接收法。

② 匹配滤波器可用模拟方法实现，且能连续地给出实时输出，即能自动地给出互相关函数 $R_{XS}(\tau)$ 的全景图形。而互相关器中的时延 τ 不便于实现连续的取值，一路互相关器每次只能计算出对应于一个时延 τ 值的互相关函数，若要得到互相关函数的全景图形，则须进行多次测量，或者采用多路并联形式，这就带来了分析时间长或设备复杂的缺点。不过，随着数字技术和集成电路的发展，这些缺点已不难克服。

2.7.5 匹配滤波器应用举例

1. LFM 信号及匹配滤波器

(1)LFM 简介

线性调频信号是通过非线性相位调制或线性频率调制（LFM）来获得大时宽带宽积的。

在国外又将这种信号称为 chirp 信号。采用这种信号的雷达可以同时获得远的作用距离和高的距离分辨力，也具有一定的 LPI 性能。与其他脉压信号相比，它还具有以下优点：所用匹配滤波器对回波信号的多普勒频移不敏感，因而可以用一个匹配滤波器来处理具有不同多普勒频移的信号，这将大大简化信号处理系统；另外，这类信号的产生和处理均较容易，且技术上比较成熟。其主要缺点是除瞬时带宽大外，还存在距离与多普勒频移的耦合及匹配滤波器输出旁瓣较高等问题。为压低旁瓣常采用失配处理，这将降低系统的灵敏度。下面具体讨论线性调频信号。

线性调频信号可表示为

$$s_i(t)=A\mathrm{rect}\left(\frac{t}{\tau}\right)\cos\left(\omega_0 t+\frac{\mu t^2}{2}\right) \tag{2.7.44}$$

式中

$$\mathrm{rect}\left(\frac{t}{\tau}\right)=\begin{cases}1, & \left|\frac{t}{\tau}\right|\leqslant\frac{1}{2}\\ 0, & \left|\frac{t}{\tau}\right|>\frac{1}{2}\end{cases} \tag{2.7.45}$$

瞬时角频率 ω_i 为

$$\omega_i=\frac{\mathrm{d}\varphi}{\mathrm{d}t}=\omega_0+\mu t \tag{2.7.46}$$

在脉冲宽度 τ 内，信号的角频率由 $2\pi f_0-\frac{\mu\tau}{2}$ 变化到 $2\pi f_0+\frac{\mu\tau}{2}$，调频的带宽 $B_\mathrm{M}=\frac{\mu\tau}{2\pi}$。对于这种信号，其时宽频宽乘积 D 是一个很重要的参数，表示如下：

$$D=B_\mathrm{M}\tau=\frac{1}{2\pi}\mu\tau^2 \tag{2.7.47}$$

(2)LFM 通过匹配滤波器的输出

滤波器输出信号 $s_\mathrm{o}(t)$ 与输入信号 $s_\mathrm{i}(t)$ 及滤波器脉冲响应 $h(t)$ 之间的关系是

$$s_\mathrm{o}(t)=\int_{-\infty}^{\infty}s_\mathrm{i}(x)h(t-x)\mathrm{d}x \tag{2.7.48}$$

而匹配滤波器的脉冲响应 $h(t)=ks_\mathrm{i}(t_0-t)$，故得

$$h(t-x)=ks_\mathrm{i}[x-(t-t_0)] \tag{2.7.49}$$

经求解，可得

$$s_\mathrm{o}(t')=\frac{kA^2\tau}{2}\frac{\sin\left[\frac{\tau\mu}{2}t'\left(1-\frac{t'}{\tau}\right)\right]}{\frac{\tau\mu}{2}t'}\cos 2\pi f_0 t' \tag{2.7.50}$$

式(2.7.50)代表线性调频信号经过匹配滤波器的输出。它是一个固定载频 f_0 的信号，其包络调制函数如式(2.7.50)所示。当 $t'\ll\tau$ 时，包络近似为辛克(sinc)函数。

早期线性调频信号常用的压缩比 D 在数十至数百的范围内，而近代雷达用的线性调频信号，其压缩比 D 可达10^6 数量级。图 2.22 所示为线性调频脉冲各主要波形。

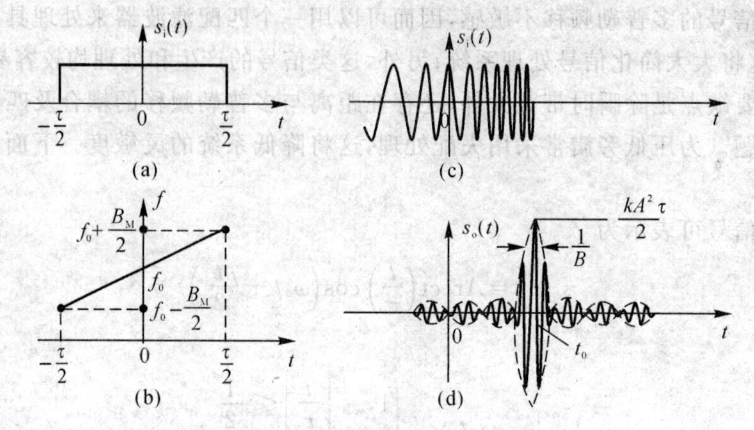

图 2.22　线性调频脉冲各主要波形

(a) 包络函数 $\mathrm{rect}(t/\tau)$；(b) 瞬时频率随时间的变化；(c) 矩形包络线性调频脉冲信号；(d) 匹配滤波器输出波形

通过匹配滤波器后，脉冲的宽度变窄，输出端的最大瞬时信噪比为

$$d_{\max}=\frac{s_o^2(0)}{n_o^2(t')}=\frac{2E}{N_0} \tag{2.7.51}$$

式中，$E=\frac{1}{2}A\tau^2$，为线性调频脉冲的能量。当信号振幅 A 一定时，可以加大脉冲宽度 τ 来增加信号能量，而同时用增大调频宽度 B_M 的办法，保持输出脉冲宽度在允许的范围内。

由于脉冲功率与信号振幅平方成正比，因此得压缩前后脉冲振幅比为

$$\frac{A'}{A}=\sqrt{D} \tag{2.7.52}$$

可见输出脉冲振幅增大为原来的$\sqrt{D}$ 倍。

2. 匹配滤波器的结构与性能

(1) 结构特性

通常使用的线性调频脉冲，均满足 $D=\tau B\gg 1$，故其频谱的振幅分布很接近于矩形，而相角在频带范围内近似为常数。因此匹配滤波器的频率特性如下：

① 振幅特性接近于矩形，中心频率为信号的频率，而带宽等于信号的调制频偏$B_M=\mu\tau/(2\pi)$。

② 相位特性的特点是和平方相位项共轭，然后再加一个迟延项，即

$$\beta_f(\omega)=+\frac{(\omega-\omega_0)^2}{2\mu}-\omega t_0 \tag{2.7.53}$$

滤波器的群迟延特性为

$$T_f(\omega)=\frac{\mathrm{d}\beta_f(\omega)}{\mathrm{d}\omega}=\frac{\omega-\omega_0}{\mu}-t_0 \tag{2.7.54}$$

即要求滤波器具有色散特性。

匹配滤波器的组成如图 2.23 所示，可以看成由振幅匹配和相位匹配两部分组成。振幅匹配保证 $f_0 \pm B_M/2$ 的通频带，基形状近似矩形；相位匹配部分保证所需的群迟延特性。在实际工作中，振幅匹配和相位匹配可由一个滤波器完成。

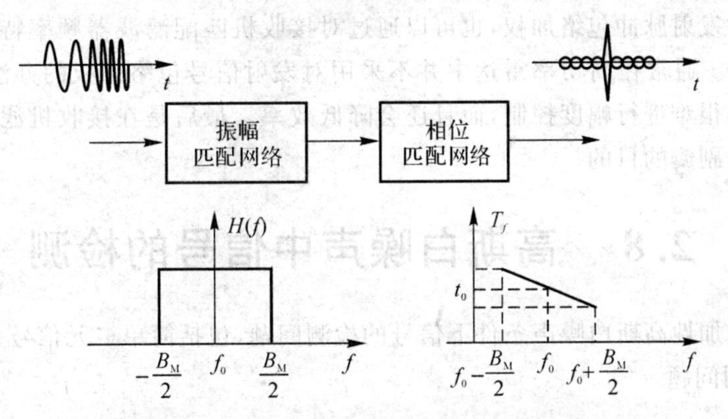

图 2.23　线性调频压缩信号的匹配滤波器

(2) 副瓣抑制问题

线性调频信号匹配滤波器输出端的脉冲，是经过压缩后的窄脉冲，输出波形具有辛克函数 $\sin x/x$ 的性质。除主瓣外，还有在时间轴上延伸的一串副瓣。靠近主瓣的第一副瓣最大，其值较主峰值只低 13.46dB，第二副瓣再降低约 4dB，以后依次下降。副瓣零点间的间隔为 $1/B$。一般雷达均要观察反射面差别很大的许多目标，这时强信号压缩脉冲的副瓣将会干扰和掩盖弱信号的反射回波，这种情况在实际工作中是不允许的。因此能否成功地使用线性调频脉压信号，就依赖于能否很好地抑制时间副瓣。

可以采用失配于匹配滤波器的准匹配滤波器来改善副瓣的性能，即在副瓣输出达到要求的条件下，应使主瓣的展宽及其强度的变化值最小。失配处理的主要方法是采用信号频谱加权的方法。

下面借用综合设计低副瓣天线时所得两个结果作为加权函数的例子。

① 泰勒(Taylor) 函数加权。为简单计算，只取函数的前二项，得到

$$W(\omega)_T=1+0.84\cos\frac{2\pi\omega}{\Delta\omega} \tag{2.7.55}$$

或者化成归一化($\omega=0$ 时，$W(0)=1$) 的形式为

$$W(\omega)_T=0.088+0.912\cos^2\frac{\pi\omega}{\Delta\omega} \tag{2.7.56}$$

这种泰勒加权可以得到-40dB的副瓣，主瓣稍加宽，大约为1.41倍同样带宽矩形函数的压缩脉宽。

② 海明(Hamming)函数加权。与上面的泰勒加权很接近，海明加权函数为

$$W(\omega)_{\mathrm{H}}=0.08+0.92\cos^2\frac{\pi\omega}{\Delta\omega} \tag{2.7.57}$$

经海明加权后，所得时间函数的副瓣较主峰值低42.8dB，而3dB的主瓣脉冲宽度为不加权矩形频谱时的1.47倍。这是目前得到最低副瓣的一种加权。

可以通过对发射脉冲包络加权，也可以通过对接收机匹配滤波器频率特性进行加权来得到所需的$W(\omega)$。通常在高功率雷达中并不采用对发射信号包络加权的办法，因为发射机末级放大器的工作很难进行幅度控制，而且还会降低效率。最后是在接收机滤波器中进行频率加权来达到降低副瓣的目的。

2.8 高斯白噪声中信号的检测

本节将讨论加性高斯白噪声条件下信号的检测问题，包括简单二元信号、一般二元信号和M元信号的检测问题。

2.8.1 简单二元检测

假设H_0和假设H_1下的接收信号分别为

$$\left.\begin{aligned}H_0:z(t)&=n(t), &0\leqslant t\leqslant T\\ H_1:z(t)&=s(t)+n(t), &0\leqslant t\leqslant T\end{aligned}\right\} \tag{2.8.1}$$

式中，接收信号$z(t)$中信号分量$s(t)$的能量为$E_s=\int_0^T s^2(t)\mathrm{d}t$；假定$n(t)$是均值为零、功率谱密度为$G_n(\omega)=\dfrac{N_0}{2}$的高斯白噪声。

根据在$(0,T)$时间内的观测信号波形$z(t)$，作出是假设H_1成立还是假设H_0成立的统计判决是主要问题。因此，必须按如下步骤进行：

首先，将$z(t)$按如下公式展开，即

$$z(t)=\lim_{N\to\infty}\sum_{k=1}^{N}z_k f_k(t) \tag{2.8.2}$$

如果取有限前N项系数z_k近似表示$z(t)$，则

$$z_N(t)\approx\sum_{k=1}^{N}z_k f_k(t),\quad 0\leqslant t\leqslant T \tag{2.8.3}$$

$$z_k=\int_0^T z(t)f_k(t)\mathrm{d}t,\quad k=1,2,\cdots,N \tag{2.8.4}$$

式中，$\{f_k(t)\}$为归一化正交函数集(例如，卡享南-洛维展开法)。由于是白噪声，因此$\{f_k(t)\}$是任意的，可以是抽样函数。于是，其展开系数为

$$\left.\begin{aligned}H_0:z_k&=\int_0^T n(t)f_k(t)\mathrm{d}t=n_k, & k=1,2,\cdots,N\\ H_1:z_k&=\int_0^T[s(t)+n(t)]f_k(t)\mathrm{d}t=s_k+n_k, & k=1,2,\cdots,N\end{aligned}\right\} \tag{2.8.5}$$

式中

$$s_k=\int_0^T s(t)f_k(t)\mathrm{d}t \tag{2.8.6}$$

同样

$$n_k=\int_0^T n(t)f_n(t)\mathrm{d}t$$

$$s_N(t)=\sum_{k=1}^N s_k f_k(t),\quad 0\leqslant t\leqslant T \tag{2.8.7}$$

由于信号$s(t)$是确知信号，$n(t)$是功率谱密度为$G_n(\omega)=\dfrac{N_0}{2}$的高斯白噪声，所以在假设$H_0$和假设$H_1$下，$z_k$是高斯过程的积分，仍是高斯随机变量。因此，只要分别求出在两个假设下的均值和方差，就可得到它的概率密度函数。

在假设H_0下

$$E(z_k\mid H_0)=E(n_k\mid H_0)=E\left[\int_0^T n(t)f_k(t)\mathrm{d}t\right]=0 \tag{2.8.8}$$

$$\begin{aligned}\mathrm{var}(z_k\mid H_0)=E(n_k^2\mid H_0)=E\left[\int_0^T n(t)f_k(t)\mathrm{d}t\int_0^T n(u)f_k(u)\mathrm{d}u\right]&=\\ \int_0^T\int_0^T f_k(t)f_k(u)E[n(t)n(u)]\mathrm{d}u\mathrm{d}t&=\\ \int_0^T\int_0^T f_k(t)f_k(u)\frac{N_0}{2}\delta(t-u)\mathrm{d}u\mathrm{d}t&=\frac{N_0}{2}\end{aligned} \tag{2.8.9}$$

在假设H_1下，类似地有

$$E(z_k\mid H_1)=E[(s_k+n_k)\mid H_1]=s_k \tag{2.8.10}$$

$$\mathrm{var}(z_k\mid H_1)=E(n_k^2\mid H_1)=\frac{N_0}{2} \tag{2.8.11}$$

又因为$n(t)$是高斯白噪声，各系数z_k是相互统计独立的。于是当N有限时，在假设H_1和假设H_0下，利用独立同分布表达式，前N个系数的条件联合概率密度函数(似然函数)分别为

$$p(\boldsymbol{z}_N\mid H_1)=\prod_{k=1}^N\left(\frac{1}{\pi N_0}\right)^{\frac{1}{2}}\exp\left[-\frac{(z_k-s_k)^2}{N_0}\right] \tag{2.8.12}$$

$$p(\boldsymbol{z}_N \mid H_0)=\prod_{k=1}^{N}\left(\frac{1}{\pi N_0}\right)^{\frac{1}{2}}\exp\left(-\frac{z_k^2}{N_0}\right) \tag{2.8.13}$$

所以,似然函数为

$$\Lambda(\boldsymbol{z}_N)=\frac{p(\boldsymbol{z}_N \mid H_1)}{p(\boldsymbol{z}_N \mid H_0)}=\frac{\prod_{k=1}^{N}\left(\frac{1}{\pi N_0}\right)^{\frac{1}{2}}\exp\left[-\frac{(z_k-s_k)^2}{N_0}\right]}{\prod_{k=1}^{N}\left(\frac{1}{\pi N_0}\right)^{\frac{1}{2}}\exp\left(-\frac{z_k^2}{N_0}\right)}=\exp\left(\frac{2}{N_0}\sum_{k=1}^{N}z_k s_k-\frac{1}{N_0}\sum_{k=1}^{N}s_k^2\right) \tag{2.8.14}$$

对式(2.8.14)两边取自然对数,则有

$$\ln\Lambda(\boldsymbol{z}_N)=\frac{2}{N_0}\sum_{k=1}^{N}z_k s_k-\frac{1}{N_0}\sum_{k=1}^{N}s_k^2 \tag{2.8.15}$$

因为

$$s_N(t)=\sum_{k=1}^{N}s_k f_k(t)$$

$$s(t)=\lim_{N\to\infty}s_N(t)$$

取 $N\to\infty$ 的极限,即

$$\lim_{N\to\infty}\ln\Lambda(\boldsymbol{z}_N)=\ln\Lambda[z(t)]=\lim_{N\to\infty}\left(\frac{2}{N_0}\sum_{k=1}^{N}z_k s_k-\frac{1}{N_0}\sum_{k=1}^{N}s_k^2\right)$$

则得

$$\begin{aligned}\ln\Lambda[z(t)]&=\lim_{N\to\infty}\left[\frac{2}{N_0}\sum_{k=1}^{N}\int_0^T z(t)f_k(t)\mathrm{d}t s_k-\frac{1}{N_0}\sum_{k=1}^{N}\int_0^T s(t)f_k(t)\mathrm{d}t s_k\right]=\\&\frac{2}{N_0}\int_0^T z(t)\lim_{N\to\infty}\sum_{k=1}^{N}s_k f_k(t)\mathrm{d}t-\frac{1}{N_0}\int_0^T s(t)\lim_{N\to\infty}\sum_{k=1}^{N}s_k f_k(t)\mathrm{d}t=\\&\frac{2}{N_0}\int_0^T z(t)s(t)\mathrm{d}t-\frac{1}{N_0}\int_0^T s^2(t)\mathrm{d}t=\frac{2}{N_0}\int_0^T z(t)s(t)\mathrm{d}t-\frac{E_s}{N_0}\end{aligned} \tag{2.8.16}$$

于是,按对数似然比判决规则有

$$\ln\Lambda[z(t)]=\frac{2}{N_0}\int_0^T z(t)s(t)\mathrm{d}t-\frac{E_s}{N_0}\underset{H_0}{\overset{H_1}{\gtrless}}\ln\lambda_0 \tag{2.8.17}$$

经过整理可得最终判决规则表示式

$$l[z(t)]\triangleq\int_0^T z(t)s(t)\mathrm{d}t\underset{H_0}{\overset{H_1}{\gtrless}}\frac{N_0}{2}\ln\lambda_0+\frac{E_s}{2}\triangleq\lambda_0' \tag{2.8.18}$$

最佳检测系统(又称最佳接收机)的结构根据判决规则表示式(见式(2.8.18))设计,如图2.24 所示。

因为检验统计量

$$l[z(t)]=\int_0^T z(t)s(t)\,\mathrm{d}t,\quad 0\leqslant t\leqslant T$$

是由接收信号 $z(t)$ 和确知信号 $s(t)$ 经相关运算得到的，所以称之为相关检测系统。

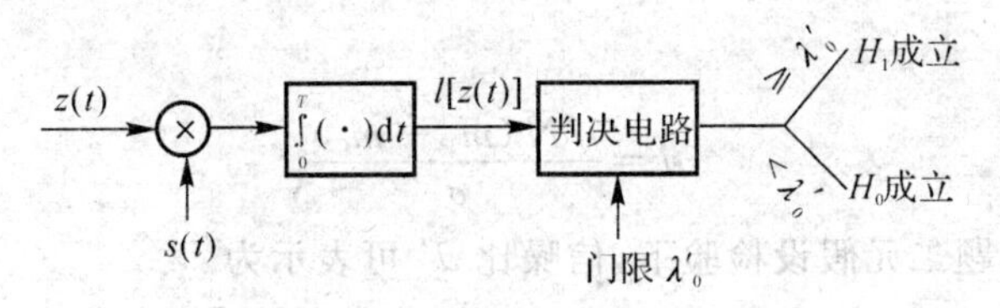

图 2.24　相关检测系统(相关接收机)

由于在白噪声情况下，$t=T$ 时刻相关器输出和匹配滤波器输出是相等的，因此式(2.8.18)所示的判决规则表示式也可以用匹配滤波器来实现，如图 2.25 所示。

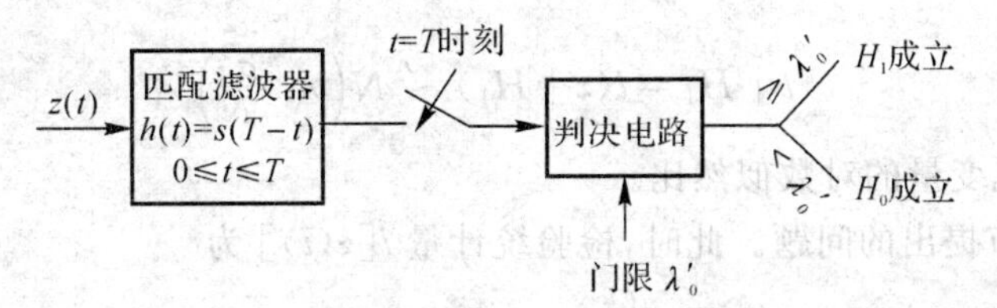

图 2.25　匹配滤波检测系统(匹配滤波接收机)

1. 接收机性能

由判决规则表示式，即式(2.8.18)，可以看到，检测统计量 $l[z(t)]$ 是由高斯随机过程 $z(t)s(t)$ 积分得到的，因此 $l[z(t)]$ 是高斯随机变量。

前面例题中已经研究过高斯随机变量的检测问题，得出在二元假设检验情况下，若进行了 N 次独立观测，则每次观测信号的统计特性为

$$H_0: z_k\sim N(0,\sigma^2),\quad k=1,2,\cdots,N$$

$$H_1: z_k\sim N(m,\sigma^2),\quad k=1,2,\cdots,N$$

则其性能完全由参数 d 决定，即

$$P_{\mathrm{F}}=\mathrm{erfc}\left(\frac{\ln\lambda_0}{d}+\frac{d}{2}\right)$$

$$P_{\mathrm{D}}=\mathrm{erfc}\left(\frac{\ln\lambda_0}{d}-\frac{d}{2}\right)$$

其中参数 d 为

$$d=\frac{\sqrt{N}m}{\sigma}$$

式中，d 代表信噪比；m 表示高斯随机变量的均值；σ 为标准差。

更一般地，如果 N 次观测统计独立，且观测信号为

$$H_0: z_k \sim N(m_0, \sigma^2), \quad k=1,2,\cdots,N$$
$$H_1: z_k \sim N(m_1, \sigma^2), \quad k=1,2,\cdots,N$$

则信噪比 d 为

$$d=\frac{\sqrt{N}(m_1-m_0)}{\sigma}$$

在一般的高斯问题二元假设检验下，信噪比 d^2 可表示为

$$d^2=\frac{[E(l \mid H_1)-E(l \mid H_0)]^2}{\operatorname{var}(l \mid H_0)} \tag{2.8.19}$$

式中

$$l \mid H_0 = l(\boldsymbol{z} \mid H_0) \sim N\left(m_0, \frac{\sigma^2}{N}\right)$$

$$l \mid H_1 = l(\boldsymbol{z} \mid H_1) \sim N\left(m_1, \frac{\sigma^2}{N}\right)$$

表示 N 维高斯随机变量的对数似然比。

现在，讨论本节提出的问题。此时，检验统计量 $l[z(t)]$ 为

$$l[z(t)]=\int_0^T z(t)s(t)\mathrm{d}t, \quad 0 \leqslant t \leqslant T$$

而假设 H_0 和假设 H_1 下的接收信号 $z(t)$ 分别为

$$H_0: z(t)=n(t), \quad 0 \leqslant t \leqslant T$$
$$H_1: z(t)=s(t)+n(t), \quad 0 \leqslant t \leqslant T$$

所以，可以分别求出 $E(l \mid H_1)$，$E(l \mid H_0)$ 和 $\operatorname{var}(l \mid H_0)$。结果为

$$E(l \mid H_1)=E\left[\int_0^T z(t)s(t)\mathrm{d}t \mid H_1\right]=E\left\{\int_0^T [s(t)+n(t)]s(t)\mathrm{d}t\right\}=$$
$$\int_0^T s^2(t)\mathrm{d}t+\int_0^T s(t)E[n(t)]\mathrm{d}t=E_s \tag{2.8.20}$$

$$E(l \mid H_0)=E\left[\int_0^T z(t)s(t)\mathrm{d}t \mid H_0\right]=E\left[\int_0^T n(t)s(t)\mathrm{d}t\right]=0 \tag{2.8.21}$$

$$\operatorname{var}(l \mid H_0)=E\{[(l \mid H_0)-E(l \mid H_0)]^2\}=E\left[\int_0^T n(t)s(t)\mathrm{d}t\int_0^T n(u)s(u)\mathrm{d}u\right]=$$
$$\int_0^T\int_0^T s(t)s(u)E[n(t)n(u)]\,\mathrm{d}t\mathrm{d}u=\int_0^T\int_0^T \frac{N_0}{2}\delta(t-u)s(t)s(u)\mathrm{d}t\mathrm{d}u=\frac{N_0}{2}E_s \tag{2.8.22}$$

类似地

$$\operatorname{var}(l \mid H_1)=\frac{N_0}{2}E_s \tag{2.8.23}$$

这样,在假设 H_1 和假设 H_0 下,检验统计量 $l[z(t)]$ 的概率密度函数分别为

$$p(l \mid H_1)=\left(\frac{1}{\pi N_0 E_s}\right)^{\frac{1}{2}} \exp\left[-\frac{(l-E_s)^2}{N_0 E_s}\right] \tag{2.8.24}$$

$$p(l \mid H_0)=\left(\frac{1}{\pi N_0 E_s}\right)^{\frac{1}{2}} \exp\left(-\frac{l^2}{N_0 E_s}\right) \tag{2.8.25}$$

参数 d^2 为

$$d^2=\frac{[E(l \mid H_1)-E(l \mid H_0)]^2}{\operatorname{var}(l \mid H_0)}=\frac{2E_s}{N_0} \tag{2.8.26}$$

现在计算判决概率 $P(H_i \mid H_j)$,由于在简单二元信号情况下,与雷达接收的信号相对应,因而一般只计算 $P(H_1 \mid H_0)=P_{\mathrm{F}}$(虚警概率)和 $P(H_1 \mid H_1)=P_{\mathrm{D}}$(检测概率)。

$$\begin{aligned}P(H_1 \mid H_0)=P_{\mathrm{F}}&=\int_{\lambda_0'}^{\infty} p(l \mid H_0)\mathrm{d}l=\int_{\frac{N_0}{2}\ln\lambda_0+\frac{E_s}{2}}^{\infty}\left(\frac{1}{\pi N_0 E_s}\right)^{\frac{1}{2}} \exp\left(-\frac{l^2}{N_0 E_s}\right)\mathrm{d}l= \\ &\int_{\left(\frac{N_0}{2}\ln\lambda_0+\frac{E_s}{2}\right)\Big/\sqrt{\frac{N_0 E_s}{2}}}^{\infty}\left(\frac{1}{2\pi}\right)^{\frac{1}{2}} \exp\left(-\frac{v^2}{2}\right)\mathrm{d}v= \\ &\int_{\sqrt{\frac{N_0}{2E_s}}\ln\lambda_0+\frac{1}{2}\sqrt{\frac{2E_s}{N_0}}}^{\infty}\left(\frac{1}{2\pi}\right)^{\frac{1}{2}} \exp\left(-\frac{v^2}{2}\right)\mathrm{d}v= \\ &\operatorname{erfc}\left(\frac{\ln\lambda_0}{d}+\frac{d}{2}\right)\end{aligned} \tag{2.8.27}$$

$$\begin{aligned}P(H_1 \mid H_1)=P_{\mathrm{D}}&=\int_{\lambda_0'}^{\infty} p(l_1 \mid H_1)\mathrm{d}l=\int_{\frac{N_0}{2}\ln\lambda_0+\frac{E_s}{2}}^{\infty}\left(\frac{1}{\pi N_0 E_s}\right)^{\frac{1}{2}} \exp\left[-\frac{(l-E_s)^2}{N_0 E_s}\right]\mathrm{d}l= \\ &\int_{\sqrt{\frac{N_0}{2E_s}}\ln\lambda_0-\frac{1}{2}\sqrt{\frac{2E_s}{N_0}}}^{\infty}\left(\frac{1}{2\pi}\right)^{\frac{1}{2}} \exp\left(-\frac{v^2}{2}\right)\mathrm{d}v=\operatorname{erfc}\left(\frac{\ln\lambda_0}{d}-\frac{d}{2}\right)\end{aligned} \tag{2.8.28}$$

其中,参数 d 由式(2.8.26)给出,为

$$d=\sqrt{\frac{2E_s}{N_0}} \tag{2.8.29}$$

显然,参数 d^2 表示功率信噪比。

2. 接收机工作特性(ROC)

根据 P_{D},P_{F} 与参数 d 的关系,以 d 为参量,λ_0 作参变量分别求出 P_{D} 和 P_{F},可以作出检测系统的检测特性曲线,即接收机的工作特性(ROC)曲线,如图 2.26 和图 2.27 所示。

3. 最佳接收机的另一种推导方法 —— 充分统计量法

在功率谱密度为 $G_n(\omega)=\dfrac{N_0}{2}$ 的高斯白噪声背景中,简单二元信号波形的检测也可以采用充分统计量的方法来研究。在前面讨论的正交级数展开法中,利用了 $z(t)$ 的全部展开系数

$\{z_k\}$，因此，观测空间维数是趋于无穷的。现在的问题是寻找一个充分统计量 $l(z)$，从而使观察空间的维数压缩至有限维，并能获得被观测量的全部信息。

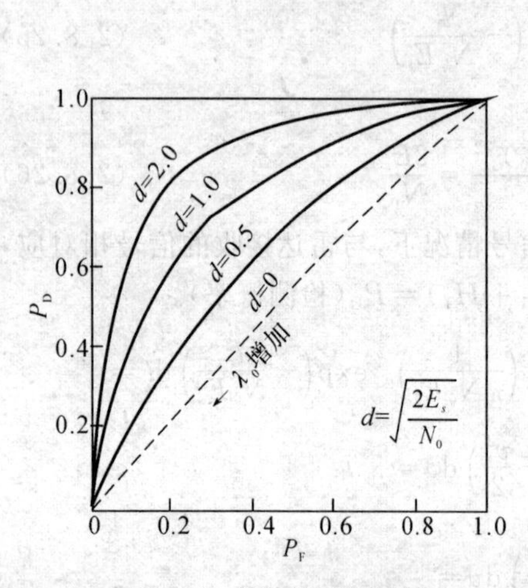

图 2.26 接收机工作特性

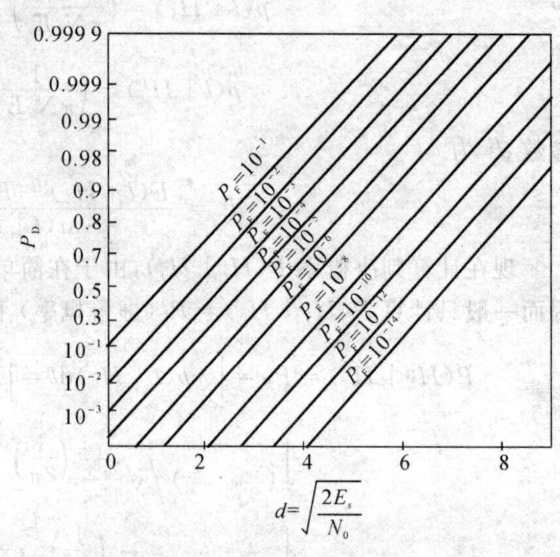

图 2.27 检测概率 P_D 与参数 d 的关系

在讨论随机过程的卡享南-洛维正交级数展开时，如果被展开的信号是白噪声过程，则正交函数集$\{f_k(t)\}$是可以任意选择的。根据这一特点，可以选择$\frac{1}{\sqrt{E_s}}s(t)$作为正交函数集$\{f_k(t)\}$的第一个正交函数 $f_1(t)$。因为$\frac{1}{\sqrt{E_s}}s(t)$是 $s(t)$ 的归一化信号，所以第一个分解系数 z_1 为

$$z_1=\int_0^T z(t)f_1(t)\mathrm{d}t=\frac{1}{\sqrt{E_s}}\int_0^T z(t)s(t)\mathrm{d}t,\quad 0\leqslant t\leqslant T \tag{2.8.30}$$

在假设 H_0 和假设 H_1 下，分别为

$$\left.\begin{aligned}H_0: z_1&=\frac{1}{\sqrt{E_s}}\int_0^T n(t)s(t)\mathrm{d}t=n_1\\H_1: z_1&=\frac{1}{\sqrt{E_s}}\int_0^T[s(t)+n(t)]s(t)\mathrm{d}t=\sqrt{E_s}+n_1\end{aligned}\right\}\tag{2.8.31}$$

式中，n_1 是高斯白噪声 $n(t)$ 的正交级数展开式中的第一项系数。显然 z_1 是高斯随机变量。其余 $f_k(t)(k>1)$ 则由任意正交函数集产生，这些 $f_k(t)(k>1)$ 必须与 $f_1(t)=\frac{1}{\sqrt{E_s}}s(t)$ 正交。因此，正交级数展开式中的其余系数 $z_k(k>1)$，它们是由正交函数 $f_k(t)(k>1)$ 形成的。由

于 $f_k(t)(k>1)$ 与 $f_1(t)=\frac{1}{\sqrt{E_s}}s(t)$ 正交，因而在两个假设的展开式中的系数 $z_k(k>1)$ 为

$$\left.\begin{aligned} H_0: z_k &= \int_0^T n(t) f_k(t)\,\mathrm{d}t = n_k, && k>1 \\ H_1: z_k &= \int_0^T [s(t)+n(t)] f_k(t)\,\mathrm{d}t = n_k, && k>1 \end{aligned}\right\} \tag{2.8.32}$$

因为 $n(t)$ 是高斯白噪声过程，所以随机变量 $n_k(k>1)$ 是高斯的，且相互统计独立。从式(2.8.32)可以看到，系数 $z_k=n_k(k>1)$，是与哪一个假设为真没有关系的，只有式(2.8.31)所示的 z_1 的取值决定于假设 H_1 或假设 H_0 哪一个为真。这一结果说明，只有 z_1 包含有关于假设 H_0 和假设 H_1 的信息，而其余的 $z_k(k>1)$ 则与假设无关，对判决没有影响，且与 z_1 是统计独立的。因此，z_1 是充分统计量，且

$$z_1=\frac{1}{\sqrt{E_s}}\int_0^T z(t)s(t)\,\mathrm{d}t \tag{2.8.33}$$

利用充分统计量 z_1 构成似然比检验，其判决规则为

$$\Lambda(z_1) \underset{H_0}{\overset{H_1}{\gtrless}} \lambda_0 \tag{2.8.34}$$

由式(2.8.33)可知，z_1 是高斯随机变量，在假设 H_1 和假设 H_0 下的均值和方差分别为

$$\left.\begin{aligned} &E(z_1 \mid H_1)=E(\sqrt{E_s}+n_1)=\sqrt{E_s} \\ &E(z_1 \mid H_0)=E(n_1)=0 \\ &\operatorname{var}(z_1 \mid H_1)=E[(\sqrt{E_s}+n_1-\sqrt{E_s})^2]=E(n_1^2)=\frac{N_0}{2} \\ &\operatorname{var}(z_1 \mid H_0)=E[(n_1-0)^2]=E(n_1^2)=\frac{N_0}{2} \end{aligned}\right\} \tag{2.8.35}$$

因此，似然比检验为

$$\Lambda(z_1)=\frac{p(z_1 \mid H_1)}{p(z_1 \mid H_0)}=\frac{\left(\frac{1}{\pi N_0}\right)^{\frac{1}{2}}\exp\left[-\frac{(z_1-\sqrt{E_s})^2}{N_0}\right]}{\left(\frac{1}{\pi N_0}\right)^{\frac{1}{2}}\exp\left(-\frac{z_1^2}{N_0}\right)}=\exp\left(\frac{2\sqrt{E_s}z_1}{N_0}-\frac{E_s}{N_0}\right)\underset{H_0}{\overset{H_1}{\gtrless}}\lambda_0 \tag{2.8.36}$$

两边取自然对数，并整理得判决规则表示式

$$z_1 \underset{H_0}{\overset{H_1}{\gtrless}} \frac{N_0}{2\sqrt{E_s}}\ln\lambda_0+\frac{\sqrt{E_s}}{2} \triangleq \lambda_0' \tag{2.8.37}$$

在卡享南-洛维展开法中，检验统计量为

$$l[z(t)]=\int_0^T z(t)s(t)\mathrm{d}t,\quad 0\leqslant t\leqslant T$$

检验门限为

$$\lambda_0'=\frac{N_0}{2}\ln\lambda_0+\frac{E_s}{2}\quad \text{（参见式(2.8.18)）}$$

在充分统计量法中，检验统计量为

$$l(z_1)=z_1=\frac{1}{\sqrt{E_s}}\int_0^T z(t)s(t)\mathrm{d}t,\quad 0\leqslant t\leqslant T$$

检验门限为

$$\lambda_0'=\frac{N_0}{2\sqrt{E_s}}\ln\lambda_0+\frac{E_s}{2}\quad \text{（参见式(2.8.37)）}$$

因此，由于正交级数展开法和由充分统计量导出判决规则表示式是相同的，因而也具有相同的结构和相同的性能。

2.8.2 一般二元检测

在一般的二元信号波形检验中，假设 H_0 和假设 H_1 下的接收信号可表示为

$$\left.\begin{aligned}H_0: z(t)&=s_0(t)+n(t),\quad 0\leqslant t\leqslant T\\ H_1: z(t)&=s_1(t)+n(t),\quad 0\leqslant t\leqslant T\end{aligned}\right\}\tag{2.8.38}$$

其中，噪声 $n(t)$ 是功率谱密度 $G_n(\omega)=\dfrac{N_0}{2}$ 的高斯白噪声，信号 $s_1(t)$ 和 $s_0(t)$ 的能量分别为

$$\left.\begin{aligned}E_1&=\int_0^T s_1^2(t)\mathrm{d}t\\ E_0&=\int_0^T s_0^2(t)\mathrm{d}t\end{aligned}\right\}\tag{2.8.39}$$

因而它们归一化信号分别为

$$S_{1n}(t)=\frac{1}{\sqrt{E_1}}s_1(t)$$

$$S_{0n}(t)=\frac{1}{\sqrt{E_0}}s_0(t)$$

定义波形的相关系数

$$\rho=\frac{1}{\sqrt{E_1E_0}}\int_0^T s_1(t)s_0(t)\mathrm{d}t\tag{2.8.40}$$

容易证明 $|\rho|\leqslant 1$。

在形成判决规则之前，首先要保证随机过程采样值的独立性，通常可采用正交级数展开法和充分统计量法实现，下面分别介绍。

1. 正交级数展开法(见附 2.1)

因为 $n(t)$ 是高斯白噪声，所以正交展开集可以任意选择。设 $\{f_k(t)\}$ 为所选择的归一化正交函数集，则在假设 H_1 下

$$H_1: z(t) = \lim_{N\to\infty}\sum_{k=1}^{N} z_k f_k(t) = \lim_{N\to\infty}\sum_{k=1}^{N}(s_{1k}+n_k)f_k(t) \tag{2.8.41}$$

其中

$$s_{1k} = \int_0^T s_1(t) f_k(t)\,\mathrm{d}t \tag{2.8.42}$$

$$n_k = \int_0^T n(t) f_k(t)\,\mathrm{d}t \tag{2.8.43}$$

在假设 H_0 下

$$H_0: z(t) = \lim_{N\to\infty}\sum_{k=1}^{N} z_k f_k(t) = \lim_{N\to\infty}\sum_{k=1}^{N}(s_{0k}+n_k)f_k(t) \tag{2.8.44}$$

其中

$$s_{0k} = \int_0^T s_0(t) f_k(t)\,\mathrm{d}t \tag{2.8.45}$$

这样，在两种假设下，正交级数展开法的系数 z_k 分别为

$$\left.\begin{aligned} H_0: z_k &= s_{0k}+n_k, \quad k=1,2,\cdots \\ H_1: z_k &= s_{1k}+n_k, \quad k=1,2,\cdots \end{aligned}\right\} \tag{2.8.46}$$

系数 z_k 是高斯随机变量，且相互统计独立。它们的均值和方差分别为

$$\left.\begin{aligned} &E(z_k\,|\,H_1) = s_{1k} \\ &\mathrm{var}(z_k\,|\,H_1) = E[(z_k - s_{1k})^2] = E(n_k^2) = \frac{N_0}{2} \\ &E(z_k\,|\,H_0) = s_{0k} \\ &\mathrm{var}(z_k\,|\,H_0) = E[(z_k - s_{0k})^2] = E(n_k^2) = \frac{N_0}{2} \end{aligned}\right\} \tag{2.8.47}$$

利用上节同样的分析方法，似然比函数为

$$\Lambda[z(t)] = \lim_{N\to\infty}\frac{\prod_{k=1}^{N}\left(\frac{1}{\pi N_0}\right)^{1/2}\exp\left[-\frac{(z_k-s_{1k})^2}{N_0}\right]}{\prod_{k=1}^{N}\left(\frac{1}{\pi N_0}\right)^{1/2}\exp\left[-\frac{(z_k-s_{0k})^2}{N_0}\right]} =$$

$$\lim_{N\to\infty}\exp\left\{\frac{1}{N_0}\sum_{k=1}^{N}\left[2z_k(s_{1k}-s_{0k}) - s_{1k}^2 + s_{0k}^2\right]\right\} \tag{2.8.48}$$

两边取自然对数，得

$$\ln\Lambda[z(t)]=\frac{2}{N_0}\lim_{N\to\infty}\sum_{k=1}^{N}z_k(s_{1k}-s_{0k})-\frac{1}{N_0}\lim_{N\to\infty}\sum_{k=1}^{N}s_{1k}^2+\frac{1}{N_0}\lim_{N\to\infty}\sum_{k=1}^{N}s_{0k}^2=$$

$$\frac{2}{N_0}\int_0^T z(t)s_1(t)\mathrm{d}t-\frac{2}{N_0}\int_0^T z(t)s_0(t)\mathrm{d}t-\frac{E_1}{N_0}+\frac{E_0}{N_0} \tag{2.8.49}$$

于是，按对数似然比检验有判决规则表示式

$$l[z(t)]=\int_0^T z(t)s_1(t)\mathrm{d}t-\int_0^T z(t)s_0(t)\mathrm{d}t \underset{H_0}{\overset{H_1}{\gtrless}} \frac{N_0}{2}\ln\lambda_0+\frac{1}{2}(E_1-E_0)\triangleq\lambda_0' \tag{2.8.50}$$

根据判决规则表示式，能够设计相关检测系统或匹配滤波器检测系统，分别如图 2.28 和图 2.29 所示。

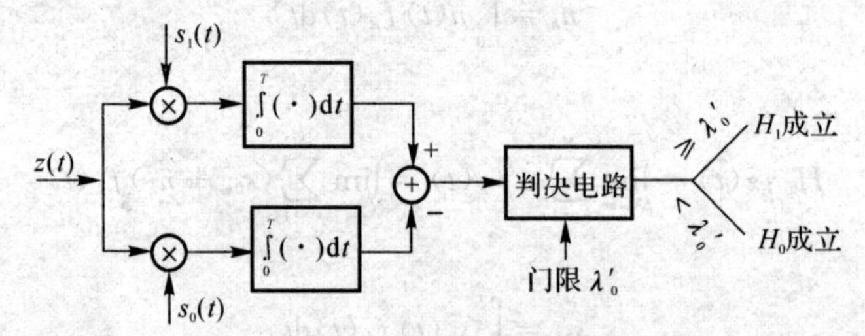

图 2.28 相关检测系统

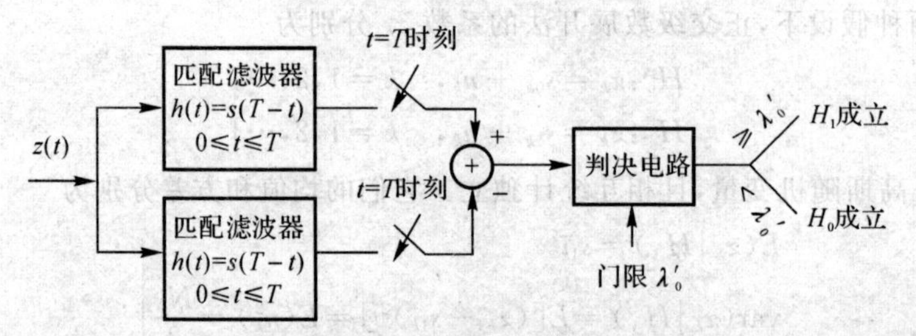

图 2.29 匹配滤波器检测系统

性能分析如下：

由式(2.8.50)所示的判决规则表示式，检验统计量

$$[z(t)]=\int_0^T z(t)s_1(t)\mathrm{d}t-\int_0^T z(t)s_0(t)\mathrm{d}t \tag{2.8.51}$$

不论在假设 H_1 和假设 H_0 下都是两个高斯随机变量之差，因此该统计量也是高斯随机变量，所以其性能可由参数

$$d^2=\frac{[E(l|H_1)-E(l|H_0)]^2}{\mathrm{var}(l|H_0)} \tag{2.8.52}$$

决定。在 d^2 的表示式中，各项计算结果如下：

$$E(l|H_1)=E\left\{\left[\int_0^T z(t)s_1(t)\mathrm{d}t-\int_0^T z(t)s_0(t)\mathrm{d}t\right]\middle|H_1\right\}=$$

$$E\left\{\int_0^T [s_1(t)+n(t)]s_1(t)\mathrm{d}t-\int_0^T [s_1(t)+n(t)]s_0(t)\mathrm{d}t\right\}=$$
$$E_1-\sqrt{E_1E_0}\,\rho \tag{2.8.53}$$

类似地有

$$E(l|H_0)=\sqrt{E_1E_0}\,\rho-E_0 \tag{2.8.54}$$

而

$$\begin{aligned}\mathrm{var}(l|H_0)=&E\{\{l-E(l|H_0)\}^2|H_0\}=E\left\{\left[\int_0^T[s_0(t)+n(t)]s_1(t)\mathrm{d}t-\right.\right.\\&\left.\left.\int_0^T[s_0(t)+n(t)]s_0(t)\mathrm{d}t-(\sqrt{E_1E_0}\,\rho-E_0)\right]^2\right\}=\\&E\left\{\left[\int_0^T s_1(t)n(t)\mathrm{d}t-\int_0^T s_0(t)n(t)\mathrm{d}t\right]^2\right\}=\\&E\left[\int_0^T\int_0^T s_1(t)s_1(u)n(t)n(u)\mathrm{d}t\mathrm{d}u+\int_0^T\int_0^T s_0(t)s_0(u)n(t)n(u)\mathrm{d}t\mathrm{d}u-\right.\\&\left.2\int_0^T\int_0^T s_1(t)s_0(u)n(t)n(u)\mathrm{d}t\mathrm{d}u\right]=\int_0^T\int_0^T s_1(t)s_1(u)E[n(t)n(u)]\mathrm{d}t\mathrm{d}u+\\&\int_0^T\int_0^T s_0(t)s_0(u)E[n(t)n(u)]\mathrm{d}t\mathrm{d}u-2\int_0^T\int_0^T s_1(t)s_0(u)E[n(t)n(u)]\mathrm{d}t\mathrm{d}u\end{aligned}$$

因为

$$E[n(t)n(u)]=R_n(t-u)=\frac{N_0}{2}\delta(t-u)$$

所以

$$\mathrm{var}(l|H_0)=\frac{N_0}{2}(E_1+E_0-2\sqrt{E_1E_0}\,\rho) \tag{2.8.55}$$

类似地有

$$\mathrm{var}(l|H_1)=\mathrm{var}(l|H_0)=\frac{N_0}{2}(E_1+E_0-2\sqrt{E_1E_0}\,\rho) \tag{2.8.56}$$

这样，参数 d^2 等于

$$d^2=\frac{N_0}{2}(E_1+E_0-2\sqrt{E_1E_0}\,\rho) \tag{2.8.57}$$

且有

$$P(H_1|H_0)=P_F=\mathrm{erfc}\left(\frac{\ln\lambda_0}{d}+\frac{d}{2}\right)$$
$$P(H_1|H_1)=P_D=\mathrm{erfc}\left(\frac{\ln\lambda_0}{d}-\frac{d}{2}\right) \tag{2.8.58}$$

显然，在信号能量 E_1 和 E_0 保持不变的情况下，由式(2.8.40)定义的波形其相关系数 ρ 将影响检测系统的性能。当采用反相相移键控时，信号 $s_1(t)=-s_0(t)$，为反相(互补)信号，$\rho=-1$；

而当采用正交频移键控时，信号 $s_1(t)$ 与 $s_0(t)$ 为正交信号，$\rho=\frac{1}{\sqrt{E_1E_0}}\int_0^T s_1(t)s_0(t)\mathrm{d}t=0$。

以上讨论的就是用正交级数展开法实现一般二元信号波形检测的主要问题。

2. 充分统计量法

由于是白噪声，因而从使正交级数各系数独立所要求的正交函数集不是唯一的这个特点出发，选择一组正交函数集 $\{f_i(t)\}$。

在假设 H_1 和假设 H_0 下，接收信号 $z(t)$ 中的 $s_1(t)$ 和 $s_0(t)$ 的波形相关系数为

$$\rho=\frac{1}{\sqrt{E_1E_0}}\int_0^T s_1(t)s_0(t)\mathrm{d}t$$

其中 $|\rho|\leqslant 1$，这表示信号 $s_1(t)$ 与 $s_0(t)$ 不一定是正交的两个信号。

同前面分析，如果选取正交函数集 $\{f_k(t)\}$ 中的 $f_1(t)$ 为 $s_1(t)$ 的归一化信号，即

$$f_1(t)=\frac{1}{\sqrt{E_1}}s_1(t),\quad 0\leqslant t\leqslant T \tag{2.8.59}$$

再按下面求解规律求得

$$f_2(t)=\frac{1}{\sqrt{(1-\rho^2)E_0}}\left[s_0(t)-\rho\sqrt{\frac{E_0}{E_1}}s_1(t)\right],\quad 0\leqslant t\leqslant T \tag{2.8.60}$$

则 $f_1(t)$ 与 $f_2(t)$ 是两个正交归一化函数。这种求解规律是根据格拉姆-施密特(Gram - Schmidt) 正交化获得的，即

$$f_1(t)=\frac{1}{\sqrt{E_1}}s_1(t),\quad 0\leqslant t\leqslant T$$

它是归一化信号。

用 $s_0(t)$ 和 $f_1(t)=\frac{1}{\sqrt{E_1}}s_1(t)$ 生成在 $0\leqslant t\leqslant T$ 内与 $f_1(t)$ 正交的信号 $g_2(t)$，即

$$g_2(t)=s_0(t)-\int_0^T s_0(t)f_1(t)\mathrm{d}t\cdot f_1(t)=s_0(t)-\rho\sqrt{\frac{E_0}{E_1}}s_1(t)$$

归一化 $g_2(t)$，可求得与 $f_1(t)$ 正交的归一化函数 $f_2(t)$，即

$$f_2(t)=\frac{g_2(t)}{\sqrt{\int_0^T g_2^2(t)\mathrm{d}t}}=\frac{s_0(t)-\rho\sqrt{\frac{E_0}{E_1}}s_1(t)}{\sqrt{\int_0^T\left[s_0^2(t)+\rho^2\frac{E_0}{E_1}s_1^2(t)-2\rho\sqrt{\frac{E_0}{E_1}}s_0(t)s_1(t)\right]\mathrm{d}t}}=$$

$$\frac{1}{\sqrt{(1-\rho^2)E_0}}\left[s_0(t)-\rho\sqrt{\frac{E_0}{E_1}}s_1(t)\right]$$

其余的 $\{f_k(t),k>2\}$，可选与 $f_1(t)$，$f_2(t)$ 正交的任意函数集。

这样，选择好了使 $z(t)$ 展开式各系数 z_k 相互统计独立的正交函数集 $\{f_k(t)\}$。系数 z_k 为

$$z_k=\int_0^T z(t)f_k(t)\mathrm{d}t,\quad k=1,2,\cdots \tag{2.8.61}$$

在正交函数集 $\{f_k(t)\}$ 中，只有 $f_1(t)$ 和 $f_2(t)$ 与信号 $s_1(t)$ 和 $s_0(t)$ 有关，其余的 $f_k(t)$，$k>2$ 是与 $f_1(t)$ 和 $f_2(t)$ 正交的函数。因此，在 $z(t)$ 的无穷个展开的独立系数 $\{z_k\}$ 中，只有 z_1 和 z_2 才含有关于假设 H_1 和假设 H_0 的信息，其余 $z_k=n_k(k>2)$ 与假设 H_1 或假设 H_0 无关。因此，由 z_1,z_2 组成的矢量

$$\boldsymbol{z}=\begin{bmatrix}z_1\\z_2\end{bmatrix}$$

是充分统计量，而它们各自是高斯随机变量，且相互统计独立。

类似二元高斯问题的分析，可得对数似然比为

$$\ln\Lambda(\boldsymbol{z})=\frac{1}{2}(\boldsymbol{z}-\boldsymbol{m}_0)^{\mathrm{T}}\boldsymbol{M}_0^{-1}(\boldsymbol{z}-\boldsymbol{m}_0)-\frac{1}{2}(\boldsymbol{z}-\boldsymbol{m}_1)^{\mathrm{T}}\boldsymbol{M}_1^{-1}(\boldsymbol{z}-\boldsymbol{m}_1)\underset{H_0}{\overset{H_1}{\gtrless}}\ln\lambda_0+\frac{1}{2}\ln|\boldsymbol{M}_1|-\frac{1}{2}\ln|\boldsymbol{M}_0| \tag{2.8.62}$$

其中

$$\boldsymbol{z}=\begin{bmatrix}z_1\\z_2\end{bmatrix}$$

$$\left.\begin{aligned}\boldsymbol{m}_0&=\begin{bmatrix}m_{01}\\m_{02}\end{bmatrix}=\begin{bmatrix}E(z_1|H_0)\\E(z_2|H_0)\end{bmatrix}\\ \boldsymbol{m}_1&=\begin{bmatrix}m_{11}\\m_{12}\end{bmatrix}=\begin{bmatrix}E(z_1|H_1)\\E(z_2|H_1)\end{bmatrix}\end{aligned}\right\} \tag{2.8.63}$$

$$\left.\begin{aligned}\boldsymbol{M}_0&=E[(\boldsymbol{z}-\boldsymbol{m}_0)(\boldsymbol{z}-\boldsymbol{m}_0)^{\mathrm{T}}]\\ \boldsymbol{M}_1&=E[(\boldsymbol{z}-\boldsymbol{m}_1)(\boldsymbol{z}-\boldsymbol{m}_1)^{\mathrm{T}}]\end{aligned}\right\} \tag{2.8.64}$$

在假设 H_1 下，z_1 和 z_2 分别为

$$z_1=\int_0^T[s_1(t)+n(t)]f_1(t)\mathrm{d}t=\int_0^T[s_1(t)+n(t)]\frac{1}{\sqrt{E_1}}s_1(t)\mathrm{d}t=\sqrt{E_1}+n_1 \tag{2.8.65}$$

$$z_2=\int_0^T[s_1(t)+n(t)]f_2(t)\mathrm{d}t=\int_0^T[s_1(t)+n(t)]\frac{1}{\sqrt{(1-\rho^2)E_0}}\left[s_0(t)-\rho\sqrt{\frac{E_0}{E_1}}s_1(t)\right]\mathrm{d}t=\frac{1}{\sqrt{(1-\rho^2)E_0}}(\rho\sqrt{E_1E_0}-\rho\sqrt{E_1E_0})+n_2=n_2 \tag{2.8.66}$$

类似地，在假设 H_0 下，z_1 和 z_2 分别为

$$z_1=\int_0^T[s_0(t)+n(t)]f_1(t)\mathrm{d}t=\int_0^T[s_0(t)+n(t)]\frac{1}{\sqrt{E_1}}s_1(t)\mathrm{d}t=\rho\sqrt{E_0}+n_1 \tag{2.8.67}$$

$$z_2=\int_0^T[s_0(t)+n(t)]f_2(t)\mathrm{d}t=\int_0^T[s_0(t)+n(t)]\frac{1}{\sqrt{(1-\rho^2)E_0}}\left[s_0(t)-\rho\sqrt{\frac{E_0}{E_1}}s_1(t)\right]\mathrm{d}t=$$

$$\frac{1}{\sqrt{(1-\rho^2)E_0}}(E_0-\rho^2E_0)+n_2=\sqrt{(1-\rho^2)E_0}+n_2 \tag{2.8.68}$$

这样,均值矢量$\boldsymbol{m}_1$的两个分量分别为

$$\left.\begin{aligned}E(z_1\mid H_1)&=\sqrt{E_1}\\E(z_2\mid H_1)&=0\end{aligned}\right\} \tag{2.8.69}$$

而均值矢量$\boldsymbol{m}_0$的两个分量分别为

$$\left.\begin{aligned}E(z_1\mid H_0)&=\rho\sqrt{E_0}\\E(z_2\mid H_0)&=\sqrt{(1-\rho^2)E_0}\end{aligned}\right\} \tag{2.8.70}$$

在两个假设下,z_1和z_2的协方差矩阵是一样的,即

$$\boldsymbol{M}_1=\boldsymbol{M}_0=\begin{bmatrix}\frac{N_0}{2}&0\\0&\frac{N_0}{2}\end{bmatrix} \tag{2.8.71}$$

其逆矩阵为

$$\boldsymbol{M}_1^{-1}=\boldsymbol{M}_0^{-1}=\begin{bmatrix}\frac{2}{N_0}&0\\0&\frac{2}{N_0}\end{bmatrix} \tag{2.8.72}$$

将式(2.8.69)~式(2.8.72)代入式(2.8.62),则得

$$\ln\Lambda(\boldsymbol{z})=\frac{1}{2}\left[z_1-\rho\sqrt{E_0},z_2-\sqrt{(1-\rho^2)E_0}\right]\begin{bmatrix}\frac{2}{N_0}&0\\0&\frac{2}{N_0}\end{bmatrix}\begin{bmatrix}z_1-\rho\sqrt{E_0}\\z_2-\sqrt{(1-\rho^2)E_0}\end{bmatrix}-$$

$$\frac{1}{2}\left[z_1-\sqrt{E_1},z_2\right]\begin{bmatrix}\frac{2}{N_0}&0\\0&\frac{2}{N_0}\end{bmatrix}\begin{bmatrix}z_1-\sqrt{E_1}\\z_2\end{bmatrix}\mathop{\gtrless}_{H_0}^{H_1}\ln\lambda_0 \tag{2.8.73}$$

整理式(2.8.73),得

$$\ln\Lambda(\boldsymbol{z})=\frac{1}{N_0}\left[(z_1-\rho\sqrt{E_0})^2+(z_2-\sqrt{(1-\rho^2)E_0})^2\right]-\frac{1}{N_0}\left[(z_1-\sqrt{E_1})^2+z_2^2\right]=$$

$$\frac{1}{N_0}\left[2\sqrt{E_1}z_1-2\rho\sqrt{E_0}z_1-2\sqrt{(1-\rho^2)E_0}z_2-E_1+E_0\right]\underset{H_0}{\overset{H_1}{\gtrless}}\ln\lambda_0 \tag{2.8.74}$$

将式(2.8.74)写成规范化的判决规则表示式形式为

$$l(\boldsymbol{z})=(\sqrt{E_1}-\rho\sqrt{E_0})z_1-\sqrt{(1-\rho^2)E_0}z_2\underset{H_0}{\overset{H_1}{\gtrless}}\frac{N_0}{2}\ln\lambda_0+\frac{1}{2}(E_1-E_0)=\lambda_0' \tag{2.8.75}$$

显然,检验统计量 $l(\boldsymbol{z})$ 是充分统计量 $\boldsymbol{z}=\begin{bmatrix}z_1\\z_2\end{bmatrix}$ 的加权和。

现在求检验统计量 $l(\boldsymbol{z})$ 的具体形式。因为

$$z_1=\int_0^T z(t)f_1(t)\mathrm{d}t$$

$$z_2=\int_0^T z(t)f_2(t)\mathrm{d}t$$

且

$$f_1(t)=\frac{1}{\sqrt{E_s}}s(t)$$

$$f_2(t)=\frac{1}{\sqrt{(1-\rho^2)E_0}}\left[s_0(t)-\rho\sqrt{\frac{E_0}{E_1}}s_1(t)\right]$$

因此

$$\begin{aligned}l[z(t)]=&(\sqrt{E_1}-\rho\sqrt{E_0})\int_0^T z(t)f_1(t)\mathrm{d}t-\sqrt{(1-\rho^2)E_0}\int_0^T z(t)f_2(t)\mathrm{d}t=\\&(\sqrt{E_1}-\rho\sqrt{E_0})\int_0^T z(t)\frac{1}{\sqrt{E_1}}s_1(t)\mathrm{d}t-\\&\sqrt{(1-\rho^2)E_0}\int_0^T z(t)\frac{1}{\sqrt{(1-\rho^2)E_0}}\left[s_0(t)-\rho\sqrt{\frac{E_0}{E_1}}s_1(t)\right]\mathrm{d}t=\\&\int_0^T z(t)s_1(t)\mathrm{d}t-\int_0^T z(t)s_0(t)\mathrm{d}t\end{aligned}$$

这样,最终的判决规则表示式为

$$\int_0^T z(t)s_1(t)\mathrm{d}t-\int_0^T z(t)s_0(t)\mathrm{d}t\underset{H_0}{\overset{H_1}{\gtrless}}\frac{N_0}{2}\ln\lambda_0+\frac{1}{2}(E_1-E_0)=\lambda_0' \tag{2.8.76}$$

显然,采用统计量法和采用卡享南-洛维展开法推导出的判决规则表示式(2.8.50)是一样的。

例 2.9 设连续相位频移键控通信系统，在两个假设下的信号分别为

$$s_1(t)=\sqrt{\frac{2E_1}{T}}\sin\omega_1 t,\quad 0\leqslant t\leqslant T$$

$$s_0(t)=\sqrt{\frac{2E_0}{T}}\sin\omega_0 t,\quad 0\leqslant t\leqslant T$$

已知两个信号的先验概率相等。假设$(\omega_1+\omega_0)T=k\pi$（$k$为整数），叠加的噪声是功率谱密度$G_n(\omega)=\frac{N_0}{2}$的高斯白噪声。问使总错误概率最小时，两个信号的差频$\omega=\omega_1-\omega_0$为多大？

解 因为是相位频移键控系统，信号$s_1(t)$和信号$s_0(t)$的能量$E_1=E_0=E$，且等先验概率，在功率谱密度$G_n(\omega)=\frac{N_0}{2}$的高斯白噪声背景中，根据前面的分析，当采用最小总错误概率准则时，$\ln\lambda_0=0$。最小总错误概率为

$$P_e=\frac{1}{2}[P(H_1|H_0)+P(H_0|H_1)]=\int_{\frac{d}{2}}^{\infty}\left(\frac{1}{2\pi}\right)^{\frac{1}{2}}\exp\left(-\frac{v^2}{2}\right)\mathrm{d}v$$

类似上例，可求得

$$d^2=\frac{2}{N_0}(E_1+E_0-2\rho\sqrt{E_1E})=\frac{4E_s}{N_0}(1-\rho)$$

因此

$$P_e=\int_{\sqrt{\frac{E_s}{N_0}(1-\rho)}}^{\infty}\left(\frac{1}{2\pi}\right)^{\frac{1}{2}}\exp\left(-\frac{v^2}{2}\right)\mathrm{d}v=\mathrm{erfc}\left[\sqrt{\frac{E_s}{N_0}(1-\rho)}\right]$$

显然，使P_e最小，等价于使$\frac{d}{2}=\sqrt{\frac{E_s}{N_0}(1-\rho)}$最大。因为$N_0>0,E_s>0$，所以使$P_e$最小，也等价于使$\rho$最小。相关系数$\rho$为

$$\rho=\frac{1}{\sqrt{E_1E_0}}\int_0^T s_1(t)s_0(t)\mathrm{d}t=\frac{2}{T}\int_0^T\sin\omega_1 t\sin\omega_0 t\mathrm{d}t=$$

$$\frac{1}{T}\int_0^T\cos(\omega_1-\omega_0)t\mathrm{d}t-\frac{1}{T}\int_0^T\cos(\omega_1+\omega_0)t\mathrm{d}t=$$

$$\frac{1}{T}\frac{1}{\omega_1-\omega_0}\sin(\omega_1-\omega_0)t\Big|_0^T=\frac{1}{\omega_d T}\sin\omega_d T$$

可见，相关系数ρ与频差ω_d有关。将ρ对ω_d求导并令结果等于零，得

$$\frac{\mathrm{d}\rho}{\mathrm{d}\omega_d}=\frac{1}{T}\frac{(\cos\omega_d T)\omega_d T-\sin\omega_d T}{\omega_d^2}=0$$

即满足方程

$$\tan\omega_d T=\omega_d T$$

的差频$\omega_d=\omega_1-\omega_0$就是使总错误概率最小的两信号的频率差。

这是一个超越方程，其解如图 2.30 所示，是直线$\omega_d T$与$\tan\omega_d T$的交点。因为$\tan\omega_d T$是

个多值函数，所以解有多个。显然，当 $\omega_{\mathrm{d}}T=0$ 时，频差 $\omega_{\mathrm{d}}=0$，其解不符合要求；而 $\omega_{\mathrm{d}}T$ 在$(\pi, 3\pi/2)$ 范围内的解是符合要求的，用逐步搜索法可以求得，当 $\omega_{\mathrm{d}}T=1.41\pi$ 时，$\tan\omega_{\mathrm{d}}T=\omega_{\mathrm{d}}T$。此时相关系数 ρ 最小，为

$$\rho=\frac{\sin\omega_{\mathrm{d}}T}{\omega_{\mathrm{d}}T}\approx-0.22$$

通常这种相位频移键控系统采用正交信号，即 $\rho=0$。显然，$\rho=0$ 的系统比 $\rho=-0.22$ 的系统性能要差。这个例子说明，在要检测的两个信号能量相同的情况下，还有波形之间的相关关系可以影响检测性能，涉及通信系统中的信号波形设计。

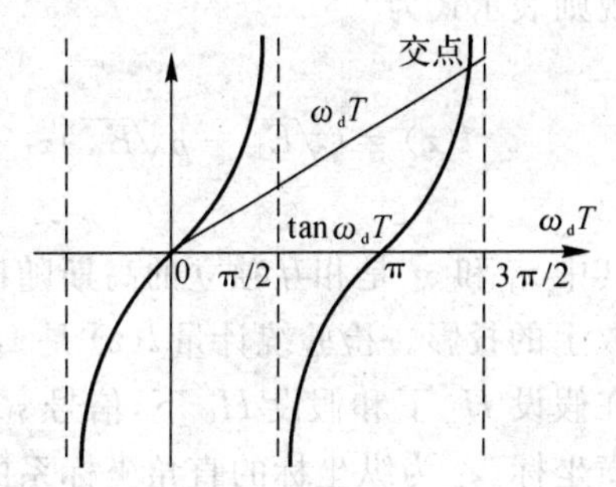

图 2.30　超越方程 $\tan\omega_{\mathrm{d}}T=\omega_{\mathrm{d}}T$ 的解

在功率谱密度 $G_n(\omega)=\dfrac{N_0}{2}$ 的高斯白噪声背景中，对简单二元信号波形的检测和一般二元确知信号波形的检测已经做了讨论，可以得到以下几点结论：

① 正交展开。利用随机过程中噪声模型为白色的正交级数展开的正交函数集 $\{f_k(t)\}$ 可以任意选择这一特点，将高斯白噪声背景中的接收信号 $z(t)$ 按卡享南-洛维展开，展开式的系数 $z_k, k=1,2,\cdots$ 就是 $z(t)$ 在以 $f_k(t), k=1,2,\cdots$ 为坐标函数上的投影，它们是相互统计独立的高斯随机变量。这样，就将接收信号 $z(t), 0\leqslant t\leqslant T$ 与展开式系数的集合 $\{z_k\}$ 联系起来，从而可以应用信号的统计检测理论来处理信号波形的检测问题。由似然比检验规则获得的检验统计量，在信号波形检测的情况下，不论采用何种最佳准则，都是一种相关运算，可以用匹配滤波器来实现。

② 高斯白噪声中二元确知信号波形检测的性能。一般地，$P_{\mathrm{D}}=P(H_1|H_1)$ 和 $P_{\mathrm{F}}=P(H_1|H_0)$ 由参数 d^2 决定。如果高斯白噪声的功率谱密度为 $G_n(\omega)=\dfrac{N_0}{2}$，在简单二元信号波形检测中，信号 $s(t)$ 的能量为 E_s，则

$$d^2=\frac{2E_s}{N_0}$$

在一般二元信号的波形检测中，信号 $s_0(t)$ 和 $s_1(t)$ 的能量分别为 E_0 和 E_1，波形相关系数为 ρ，则

$$d^2=\frac{2}{N_0}(E_1+E_0-2\rho\sqrt{E_1E_0})$$

可见，参数 d^2 在 N_0 和 ρ 确定的情况下，仅由信号的能量决定，而与信号的波形形状无关。如果 N_0 和信号能量确定，波形相关系数 $\rho=-1$ 时可使功率信噪比(SNR)最大，检测系统性能最好，因此希望波形相关系数 ρ 尽可能接近 -1。

③ 充分量的应用。在高斯白噪声中，二元确知信号波形检测时，采用卡享南-洛维展开的

正交函数集$\{f_k(t)\}$并不是唯一的。如果采用格拉姆-施密特正交化法形成与信号$s_j(t)$相联系的正交函数集$\{f_k(t)\}$，则可获得有限维的、与假设H_j有关的充分统计量，如二维(一般二元信号波形检测)或一维(简单二元信号波形检测)。

④ 一般二元检测的判决域划分。在一般二元信号波形的检测中，由式(2.8.75)知，判决规则表示式为

$$l(z)=(\sqrt{E_1}-\rho\sqrt{E_0})z_1-\sqrt{(1-\rho^2)E_0}\,z_2 \underset{H_0}{\overset{H_1}{\gtrless}} \frac{N_0}{2}\ln\lambda_0+\frac{1}{2}(E_1-E_0)=\lambda_0'$$

其中z_1和z_2是相互独立的高斯随机变量，分别表示$z(t)$在正交函数$f_1(t)$和$f_2(t)$为坐标函数上的投影。检验统计量$l(z)$是z_1和z_2的线性组合。于是，根据式(2.8.65)～式(2.8.68)，在假设H_1下和假设H_0下，信号$s_1(t)$和信号$s_0(t)$分别在$f_1(t)$和$f_2(t)$上的投影与以z_1为横坐标、z_2为纵坐标的直角坐标系的平面关系如图2.31所示。

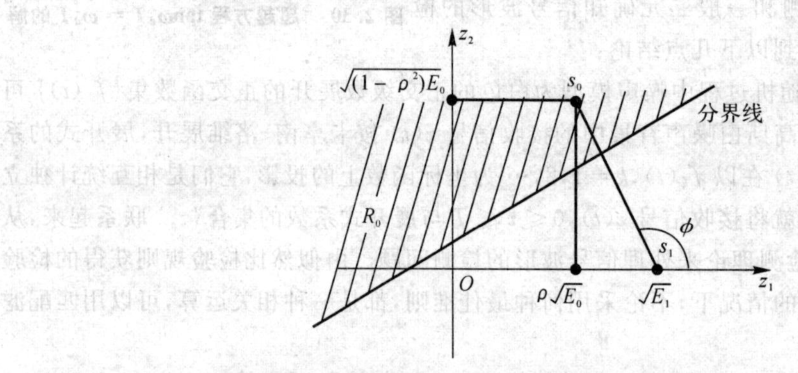

图2.31 判决空间示意图

由判决规则表示式，当

$$(\sqrt{E_1}-\rho\sqrt{E_0})z_1-\sqrt{(1-\rho^2)E_0}\,z_2=\lambda_0'$$

时，是H_1成立与H_0成立的分界线，这是一条直线方程，即

$$z_2=\frac{\sqrt{E_1}-\rho\sqrt{E_0}}{\sqrt{(1-\rho^2)E_0}}z_1-\frac{\lambda_0'}{\sqrt{(1-\rho^2)E_0}} \tag{2.8.77}$$

截距为$-\lambda_0'/\sqrt{(1-\rho^2)E_0}$。直线的斜率为

$$k_z=\frac{\sqrt{E_1}-\rho\sqrt{E_0}}{\sqrt{(1-\rho^2)E_0}} \tag{2.8.78}$$

信号s_1与s_0差矢量的斜率为

$$k_s=\tan\phi=\frac{\sqrt{(1-\rho^2)E_0}}{\rho\sqrt{E_0}-\sqrt{E_1}}=-\frac{\sqrt{(1-\rho^2)E_0}}{\sqrt{E_1}-\rho\sqrt{E_0}} \tag{2.8.79}$$

由于判决域分界线的斜率 k_z 与信号差矢量的斜率 k_s 之积

$$k_z k_s = -1 \tag{2.8.80}$$

因此,判决区域分界线是垂直于信号间连线的一条直线。

如果二元信号的先验概率相等,并采用最小总错误概率准则,则 $\lambda_0 = 1$。于是,由式(2.8.74),判决区域的分界线应满足

$$(z_1 - \rho\sqrt{E_0})^2 + (z_2 - \sqrt{(1-\rho^2)E_0})^2 = (z_1 - \sqrt{E_1})^2 + z_2^2 \tag{2.8.81}$$

即判决区域分界线是信号 s_1 与 s_0 连线的垂直平分线。

再进一步,二元信号不仅等概率,而且信号能量 $E_1 = E_0 = E$,则由式(2.8.75)判决规则表示式,判决区域的分界线应满足

$$\sqrt{(1-\rho)}\, z_1 = \sqrt{(1+\rho)}\, z_2 \tag{2.8.82}$$

此时,判决区域的分界线不但是信号 s_1 与 s_0 连线的垂直平分线,且通过判决空间的原点。

2.8.3　高斯噪声中的 M 元检测

在通信、雷达等应用中,经常会遇到 $M(M>2)$ 元信号波形检测的情况。例如在通信系统中,为了提高通信系统的性能,经常采用 M 元信号,每次发送 M 个可能信号中的一个,在接收到 $z(t)$ 后,需要判决发送的是这 M 个可能信号中的哪一个,这就是 M 元信号检测的问题。下面讨论在功率谱密度为 $G_n(\omega) = \frac{N_0}{2}$ 的高斯白噪声背景中 M 元确知信号波形的检测问题。

假定信源有 M 个可能的输出,分别记为假设 H_0,假设 H_1,……,假设 H_{M-1}。在每个假设 H_j 下,相应的输出信号为 $s_j(t)$,$0 \leqslant t \leqslant T$。信号 $s_j(t)$ 在信道传输过程中,叠加了功率谱密度 $G_n(\omega) = \frac{N_0}{2}$ 的高斯白噪声 $n(t)$。这样,在假设 H_j 为真时,接收信号为

$$H_j: z(t) = s_j(t) + n(t), \quad 0 \leqslant t \leqslant T, \quad j = 0,1,\cdots,M-1 \tag{2.8.83}$$

设信号 $s_j(t)$ 的能量为 E_j,即

$$E_j = \int_0^T s_j^2(t)\,\mathrm{d}t \tag{2.8.84}$$

信号 $s_i(t)$ 与 $s_j(t)$ 的波形相关系数为 ρ_{ij},即

$$\rho_{ij} = \frac{1}{\sqrt{E_i E_j}} \int_0^T s_i(t) s_j(t)\,\mathrm{d}t, \quad i,j = 0,1,\cdots,M-1 \tag{2.8.85}$$

对于 M 元信号波形的检测,其主要任务仍然是根据采用的最佳检测准则,划分判决空间 R 为 M 个不相覆盖的判决子空间 R_i,$i = 0,1,\cdots,M-1$;根据判决规则表示式设计最佳检测系统(即最佳接收机);分析检测系统的性能。

对于高斯白噪声随机过程，由于其正交级数展开的正交函数集$\{f_k(t)\}$可以是任意的，因此能够利用格拉姆-施密特正交化法来构造一个与各假设中信号$s_j(t)$相联系的正交函数集$\{f_k(t)\}$，使各假设H_j下，接收信号$z(t)$的正交级数展开系数z_{jk}相互统计独立，以便于形成似然函数和建立似然比检验。

根据格拉姆-施密特正交化方法，令

$$f_1(t)=\frac{1}{\sqrt{E_0}}s_0(t),\quad 0\leqslant t\leqslant T \tag{2.8.86}$$

它是对$g_1(t)=s_0(t)$归一化得到的；

$$f_2(t)=\frac{1}{\sqrt{(1-\rho_{01})E_1}}\left[s_1(t)-\rho_{01}\sqrt{\frac{E_1}{E_0}}s_0(t)\right],\quad 0\leqslant t\leqslant T \tag{2.8.87}$$

它是对与$f_1(t)$正交的函数$g_2(t)=s_1(t)-\int_0^T s_1(t)f_1(t)\mathrm{d}t\cdot f_1(t)$经过归一化得到的；

$$f_3(t)=c_3[s_2(t)-c_1f_1(t)-c_2f_2(t)],\quad 0\leqslant t\leqslant T \tag{2.8.88}$$

其中，系数c_1和c_2由产生与$f_1(t)$和$f_2(t)$正交的函数$g_3(t)$确定，而系数c_3是对$g_3(t)$归一化获得$f_3(t)$时形成的。

这样进行下去，获得归一化正交函数集中的$f_4(t),f_5(t),\cdots$，直到第M个信号$s_{M-1}(t)$被用来构造出正交函数为止。

在用信号$s_0(t),s_1(t),\cdots,s_{M-1}(t)$构造归一化正交函数$f_1(t),f_2(t),\cdots$的过程中，如果这$M$个信号$s_j(t),j=0,1,\cdots,M-1$是线性不相关的，那么，将能构造出$M$个相互正交的归一化函数$f_k(t),k=1,2,\cdots,M$；如果这$M$个信号中只有$N$个信号是线性不相关的，而其余$M-N$个信号的每一个可由其他信号的线性组合来表示，那么，将能构造出$N(N<M)$个归一化正交函数$f_k(t),k=1,2,\cdots,N$。对这两种情况，归一化正交函数$f_k(t)$统一地用$N(N\leqslant M)$个表示。

这样，利用这N个正交函数$f_k(t),k=1,2,\cdots,N$为坐标函数对任意假设下的接收信号$z(t)$进行正交级数展开，将得到N个统计独立的随机变量$z_k,k=1,2,\cdots,N$，即

$$z_k=\int_0^T z(t)f_k(t)\mathrm{d}t,\quad k=1,2,\cdots,N \tag{2.8.89}$$

因为研究的是功率谱密度$G_n(\omega)=\dfrac{N_0}{2}$的高斯白噪声背景中的$M$元确知信号的检测问题，所以，系数$z_k$是相互统计独立的高斯随机变量。

z_k的均值取决于哪个假设为真。当假设H_j为真时

$$m_{jk}=E(z_k|H_j)=E\left\{\int_0^T[s_j(t)+n(t)]f_k(t)\mathrm{d}t\right\}=s_{jk}\quad j=0,1,\cdots,M-1,\quad k=1,2,\cdots,N \tag{2.8.90}$$

z_k的方差为

$$\mathrm{var}(z_k|H_j)=E\left\{\left\{\int_0^T[s_j(t)+n(t)]f_k(t)\mathrm{d}t-s_{jk}\right\}^2\right\}=E\left\{\left[\int_0^T n(t)f_k(t)\mathrm{d}t\right]^2\right\}=$$

$$E\left[\int_0^T\int_0^T n(t)f_k(t)n(u)f_k(u)\mathrm{d}t\mathrm{d}u\right]=\int_0^T\int_0^T f_k(t)f_k(u)E[n(t)n(u)]\mathrm{d}t\mathrm{d}u=$$

$$\int_0^T\int_0^T f_k(t)f_k(u)\frac{N_0}{2}\delta(t-u)\mathrm{d}t\mathrm{d}u=\frac{N_0}{2},\quad j=0,1,\cdots,M-1 \tag{2.8.91}$$

可见,z_k 的方差与哪个假设为真无关,都是$\frac{N_0}{2}$。

由于与每个假设有关的独立高斯随机变量 z_k 共 N 个,即矢量

$$\boldsymbol{z}=[z_1,z_2,\cdots,z_N]^{\mathrm{T}}$$

因此,在假设 H_j 为真时,均值矢量为

$$\boldsymbol{m}_j=[s_{j1},s_{j2},\cdots,s_{jN}]^{\mathrm{T}},\quad j=0,1,\cdots,M-1 \tag{2.8.92}$$

而在每个假设下,$M\times M$ 维协方差矩阵为

$$\boldsymbol{M}_j=\boldsymbol{M}=\begin{bmatrix}\frac{N_0}{2} & 0 & \cdots & 0\\ 0 & \frac{N_0}{2} & \cdots & 0\\ \vdots & \vdots & & \vdots\\ 0 & 0 & \cdots & \frac{N_0}{2}\end{bmatrix} \tag{2.8.93}$$

这样,在假设 H_j 下,N 维联合概率密度函数为

$$p(\boldsymbol{z}\mid H_j)=\frac{1}{(2\pi)^{N/2}\;|\boldsymbol{M}|^{1/2}}\exp\left[-\frac{1}{2}(\boldsymbol{z}-\boldsymbol{m}_j)^{\mathrm{T}}\boldsymbol{M}^{-1}(\boldsymbol{z}-\boldsymbol{m}_j)\right] \tag{2.8.94}$$

因此,现在的 M 元信号的波形检测问题,实际上就是不等均值矢量、等协方差矩阵且为对角矩阵的多维高斯信号检测问题。

在 M 元信号检测中已经证明,对于最小总错误概率准则,代价因子 $C_{ij}=1-\delta_{ij}$,$i,j=0,1,\cdots,M-1$。此时,使最小总错误概率的准则等价为最大后验概率准则,即计算各假设下的后验概率 $P(H_i|\boldsymbol{z})$,选择使 $P(H_j|\boldsymbol{z})$ 最大的假设 H_j 成立。即

$$P(H_j|\boldsymbol{z})>P(H_i|\boldsymbol{z}),\quad i,j=0,1,\cdots,M-1\text{ 但 }i\neq j \tag{2.8.95}$$

则选择假设 H_j 成立,或等价地表示为若

$$\frac{P(H_j)p(\boldsymbol{z}|H_j)}{P(\boldsymbol{z})}>\frac{P(H_j)p(\boldsymbol{z}|H_i)}{P(\boldsymbol{z})},\quad i,j=0,1,\cdots,M-1\text{ 但 }i\neq j \tag{2.8.96}$$

则选择假设 H_j 成立。

因为 $p(\boldsymbol{z}|H_j)$ 是 N 维联合概率密度函数,如式(2.8.94)所示,所以可以对式(2.8.96)进行化简。结果为若

$$\ln P(H_j)-\frac{1}{N_0}\sum_{k=1}^{N}(z_k-m_{jk})^2>\ln P(H_i)-\frac{1}{N_0}\sum_{k=1}^{N}(z_k-m_{ik})^2,\quad i,j=0,1,\cdots,M-1\text{ 但 }i\neq j \tag{2.8.97}$$

则选择假设 H_j 成立。

如果进一步假定，各假设 H_j 为真的先验概率 $P(H_j)$ 相等，即 $P(H_j)=\dfrac{1}{M}$，$j=0,1,\cdots,M-1$，则上面判决式可简化为若

$$\sum_{k=1}^{N}(z_k-m_{jk})^2<\sum_{k=1}^{N}(z_k-m_{ik})^2,\quad i,j=0,1,\cdots,M-1\text{ 但 }i\neq j \tag{2.8.98}$$

则选择假设 H_j 成立，或者表示为选择满足

$$\min\left\{\sum_{k=1}^{N}(z_k-m_{jk})^2\right\},\quad 0\leqslant j\leqslant M-1 \tag{2.8.99}$$

对应的假设 H_j 成立。

例 2.10 考虑四元信号通信信息，其信号为

$$s_j(t)=\sqrt{\frac{2E_s}{T}}\sin\left(\omega_0 t+j\,\frac{\pi}{2}\right),\quad 0\leqslant t\leqslant T,\quad j=0,1,2,3$$

已知 $\omega_0=\dfrac{2n\pi}{T}$，$n$ 为整数，因此为四相信号通信系统。假设信号传输中叠加了功率谱密度 $G_n(\omega)=\dfrac{N_0}{2}$ 的高斯白噪声 $n(t)$；各信号出现的先验概率 $P(H_j)$ 相等。请设计采用最小总错误概率准则的检测系统，并研究其性能。

解 信号 $s_j(t)$ 的能量 E_j 为

$$E_j=\int_0^T\frac{2E_s}{T}\sin^2\left(\omega_0 t+j\,\frac{\pi}{2}\right)\mathrm{d}t=E_s$$

信号 $s_i(t)$ 与 $s_j(t)$ 的波形相关系数

$$\rho_{ij}=\frac{1}{\sqrt{E_iE_j}}\int_0^T s_i(t)s_j(t)\,\mathrm{d}t=\frac{1}{E_s}\,\frac{2E_s}{T}\int_0^T\sin\left(\omega_0 t+i\,\frac{\pi}{2}\right)\sin\left(\omega_0 t+j\,\frac{\pi}{2}\right)\mathrm{d}t=$$
$$\frac{1}{T}\int_0^T\cos\left(\frac{i-j}{2}\pi\right)\mathrm{d}t=\cos\left(\frac{i-j}{2}\pi\right)$$

因此，波形相关系数的结果为

$$\rho_{00}=1,\quad \rho_{01}=0,\quad \rho_{02}=-1,\quad \rho_{03}=0$$

在各假设下的接收信号 $z(t)$ 为

$$H_0:z(t)=\sqrt{\frac{2E_s}{T}}\sin\omega_0 t+n(t),\quad 0\leqslant t\leqslant T$$

$$H_1:z(t)=\sqrt{\frac{2E_s}{T}}\sin\left(\omega_0 t+\frac{\pi}{2}\right)+n(t)=\sqrt{\frac{2E_s}{T}}\cos\omega_0 t+n(t),\quad 0\leqslant t\leqslant T$$

$$H_2: z(t)=\sqrt{\frac{2E_s}{T}}\sin(\omega_0 t+\pi)+n(t)=-\sqrt{\frac{2E_s}{T}}\sin\omega_0 t+n(t),\quad 0\leqslant t\leqslant T$$

$$H_3: z(t)=\sqrt{\frac{2E_s}{T}}\sin\left(\omega_0 t+\frac{3\pi}{2}\right)+n(t)=-\sqrt{\frac{2E_s}{T}}\cos\omega_0 t+n(t),\quad 0\leqslant t\leqslant T$$

根据格拉姆-施密特正交化的方法，选归一化函数 $f_k(t)$ 如下：

$$f_1(t)=\frac{1}{\sqrt{E_s}}s_0(t)=\sqrt{\frac{2}{T}}\sin\omega_0 t,\quad 0\leqslant t\leqslant T$$

$$f_2(t)=\frac{1}{\sqrt{E_s}}s_1(t)=\sqrt{\frac{2}{T}}\cos\omega_0 t,\quad 0\leqslant t\leqslant T$$

$$f_3(t)=-\frac{1}{\sqrt{E_s}}s_0(t)=-\sqrt{\frac{2}{T}}\sin\omega_0 t=-f_1(t),\quad 0\leqslant t\leqslant T$$

$$f_4(t)=-\frac{1}{\sqrt{E_s}}s_1(t)=-\sqrt{\frac{2}{T}}\cos\omega_0 t=-f_2(t),\quad 0\leqslant t\leqslant T$$

因为函数 $f_3(t)$ 和 $f_4(t)$ 分别为 $f_1(t)$ 和 $f_2(t)$ 的线性函数，所以，对于这样的 $M=4$ 元信号检测问题，函数 $f_1(t)$ 和 $f_2(t)$ 是 $N=2$ 个归一化正交函数。由于噪声 $n(t)$ 是功率谱密度 $G_n(\omega)=\frac{N_0}{2}$ 的高斯白噪声过程，因此，以 $f_1(t)$ 和 $f_2(t)$ 这两个正交函数为坐标函数，可得两个相互统计独立的高斯随机变量 z_1, z_2，它们构成一组充分统计量。

如果采用最小总错误概率准则，并假设各假设 H_j 先验概率 $P(H_j)$ 相等；考虑到信号 $s_j(t)$ 的能量 E_j 相等，$f_k(t)$ 与 $s_j(t)$ 的关系如前，因此四元信号的检测判决区域可以这样来确定：任意两个信号之间的判决分界线，是连接这两个信号连线的垂直平分线，且该垂直平分线通过原点。每一个信号（比如 s_j）的判决区域，需要通过该信号与其余 $M-1$ 个信号组成 $M-1$ 个信号对，确定每一对信号中关于 s_j 的判决域，这 $M-1$ 个关于 s_j 的判决区域的公共部分，就是 H_j 成立的判决区域。本例结果如图 2.32 所示，其中假设 H_0 成立的判决区域 R_0 在右半平面，由 $+45°$ 线的下侧和 $-45°$ 线的上侧区域所组成。

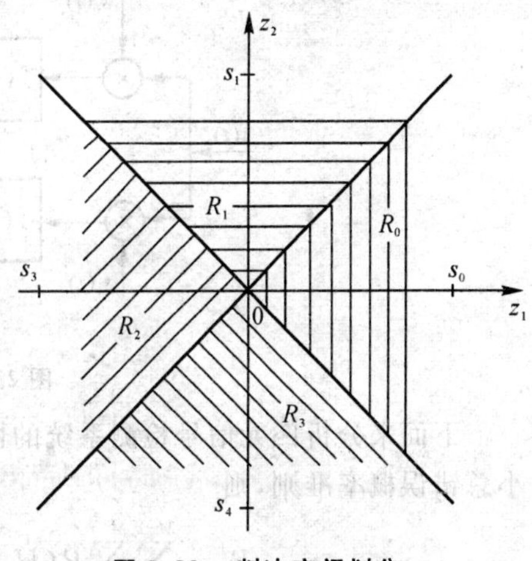

图 2.32　判决空间划分

由于各假设 H_j 为真的先验概率相等，因而采用最大似然准则。判决规则如式(2.8.99)所示。因为

$$\sum_{k=1}^{2}(z_k-m_{jk})^2=|\boldsymbol{z}-\boldsymbol{m}|^2$$

其中

$$\boldsymbol{z}=[z_1,z_2]^{\mathrm{T}}$$

$$\boldsymbol{m}_j=E[\boldsymbol{s}_j+\boldsymbol{n}]=\boldsymbol{s}_j$$

$$\boldsymbol{s}_j=[s_{j1},s_{j2}]^{\mathrm{T}}$$

所以

$$\sum_{k=1}^{2}(z_k-m_{jk})^2=|\boldsymbol{z}-\boldsymbol{s}_j|^2=\boldsymbol{z}^{\mathrm{T}}\boldsymbol{z}-2\boldsymbol{z}^{\mathrm{T}}\boldsymbol{s}_j+\boldsymbol{s}_j^{\mathrm{T}}\boldsymbol{s}_j$$

于是

$$\min_{0\leqslant j\leqslant 3}\left\{\sum_{k=1}^{2}(z_k-m_{jk})^2\right\}=\min_{0\leqslant j\leqslant 3}\{\boldsymbol{z}^{\mathrm{T}}\boldsymbol{z}-2\boldsymbol{z}^{\mathrm{T}}\boldsymbol{s}_j+\boldsymbol{s}_j^{\mathrm{T}}\boldsymbol{s}_j\}$$

判假设 H_j 成立，等价于(等信号能量条件下)

$$\max_{0\leqslant j\leqslant 3}\{\boldsymbol{z}^{\mathrm{T}}\boldsymbol{s}_j\}$$

判假设 H_j 成立。

回到连续信号波形的形式，则

$$\max_{0\leqslant j\leqslant 3}\left\{\int_0^T z(t)s_j(t)\mathrm{d}t\right\}=\max_{0\leqslant j\leqslant 3}\{l_j[z(t)]\}$$

判假设 H_j 成立。

考虑到 $s_2(t)=-s_0(t)$，$s_3(t)=-s_1(t)$，因此检测系统的结构如图 2.33 所示。

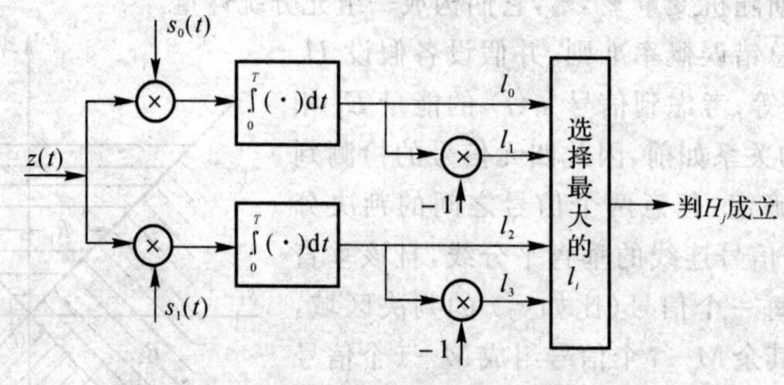

图 2.33 四元信号检测系统

下面来分析四元信号检测系统的性能。因为各信号出现的先验概率 $P(H_j)$ 相等，采用最小总错误概率准则，则

$$P_{\mathrm{e}}=\sum_{i=0}^{M-1}\sum_{\substack{j=0\\j\neq i}}^{M-1}P(H_j)P(H_i|H_j)=\frac{1}{M}\sum_{i=0}^{3}\sum_{\substack{j=0\\j\neq i}}^{3}P(H_i|H_j)$$

检验统计量

$$l_j[z(t)]=\int_0^T z(t)s_j(t)\mathrm{d}t$$

是高斯分布的，它是一种对称分布；注意到图 2.32 所示的各假设成立的判决区域也是对称的，

且各假设为真的先验概率相等,因此在各假设信号能量相等的情况下,各假设的错误判决概率

$$P_{e_j}=\sum_{\substack{i=0\\i\neq j}}^{3}P(H_i|H_j),\quad j=0,1,2,3$$

相等。这样,总错误概率

$$P_e=P_{e_j}=1-P(H_j|H_j)$$

下面先讨论假设 H_0 为真时,正确判决概率 $P(H_0|H_0)$ 的计算问题。

根据判决规则表示式

$$\max_{0\leqslant j\leqslant 3}\left\{\int_0^T z(t)s_j(t)\mathrm{d}t\right\}=\max_{0\leqslant j\leqslant 3}\{l_j[z(t)]\}$$

在假设 H_0 为真时,正确判决假设 H_0 成立,必须满足

$$\begin{cases}\int_0^T z(t)s_0(t)\mathrm{d}t>\int_0^T z(t)s_1(t)\mathrm{d}t\\\int_0^T z(t)s_0(t)\mathrm{d}t>\int_0^T z(t)s_2(t)\mathrm{d}t\\\int_0^T z(t)s_0(t)\mathrm{d}t>\int_0^T z(t)s_3(t)\mathrm{d}t\end{cases}$$

即判决规则如下:

当

$$\begin{cases}l_0>l_1\\l_0>l_2\\l_0>l_3\end{cases}$$

时,判决 H_0 成立。

因为

$$s_2(t)=-s_0(t)$$
$$s_3(t)=-s_1(t)$$

所以,判决规则简化为如下形式:

当

$$\begin{cases}l_0>0\\-l_0<l_1<l_0\end{cases}$$

时,判决假设 H_0 成立。

在获得简化的判决规则表示式后,为了计算判决概率,应求得检验统计量 l_0,l_1 的联合分布 $p(l_0,l_1|H_0)$。为此,先求出当假设 H_0 为真时,服从高斯分布的检验统计量 l_0 和 l_1 的均值、方差以及它们之间的协方差。结果如下:

$$E(l_0|H_0)=E\left[\int_0^T z(t)s_0(t)\mathrm{d}t\,|\,H_0\right]=E\left\{\int_0^T[s_0(t)+n(t)]s_0(t)\mathrm{d}t\right\}=$$

$$E\left\{\int_0^T\left[\sqrt{\frac{2E_s}{T}}\sin\omega_0(t)+n(t)\right]\sqrt{\frac{2E_s}{T}}\sin\omega_0 t\mathrm{d}t\right\}=E_s$$

$$E(l_1\mid H_0)=E\left[\int_0^T z(t)s_1(t)\mathrm{d}t\mid H_0\right]=E\left\{\int_0^T[s_0(t)+n(t)]s_1(t)\mathrm{d}t\right\}=$$

$$E\left\{\int_0^T\left[\sqrt{\frac{2E_s}{T}}\sin\omega_0(t)+n(t)\right]\sqrt{\frac{2E_s}{T}}\cos\omega_0 t\mathrm{d}t\right\}=0$$

$$\mathrm{var}(l_1\mid H_0)=E\{[l_0-E(l_0\mid H_0)]^2\mid H_0\}=E\left[\int_0^T\int_0^T n(t)n(u)s_0(t)s_0(u)\mathrm{d}t\mathrm{d}u\right]=\frac{N_0}{2}E_s$$

$$\mathrm{var}(l_1\mid H_0)=E\{[l_1-E(l_1\mid H_0)]^2\mid H_0\}=\frac{N_0}{2}E_s$$

$$\mathrm{cov}(l_0,l_1\mid H_0)=E\{[l_0-E(l_0\mid H_0)][l_1-E(l_1\mid H_0)]\mid H_0\}=$$

$$E\left[\int_0^T n(t)s_0(t)\mathrm{d}t\int_0^T n(u)s_1(u)\mathrm{d}u\right]=$$

$$\frac{N_0}{2}\int_0^T\int_0^T\delta(t-u)\sqrt{\frac{2E_s}{T}}\sin\omega_0 t\sqrt{\frac{2E_s}{T}}\cos\omega_0 u\mathrm{d}t\mathrm{d}u=0$$

因此,检验统计量 l_0 和 l_1 是不相关的,因而也是统计独立的两个高斯随机变量。它们的联合概率密度函数为

$$p(l_0,l_1\mid H_0)=p(l_0\mid H_0)p(l_1\mid H_0)=\frac{1}{\pi N_0E_s}\exp\left[-\frac{(l_0-E_s)^2+l_1^2}{N_0E_s}\right]$$

这样,判决概率 $p(H_0\mid H_0)$ 为

$$p(H_0\mid H_0)=\int_0^\infty\left[\int_{-l_0}^{l_0}p(l_0,l_1\mid H_0)\mathrm{d}l_1\right]\mathrm{d}l_0=\int_0^\infty\left\{\int_{-l_0}^{l_0}\frac{1}{\pi N_0E_s}\exp\left[-\frac{(l_0-E_s)^2+l_1^2}{N_0E_s}\right]\mathrm{d}l_1\right\}\mathrm{d}l_0$$

为了计算上述积分,进行坐标变换,令

$$\begin{cases}u=l_0+l_1\\v=l_0-l_1\end{cases}$$

则

$$\begin{cases}l_0=(u+v)/2\\l_1=(u-v)/2\end{cases}$$

于是,计算 $p(H_0\mid H_0)$ 的被积概率密度函数经二维雅可比变换(雅可比行列式的绝对值 $|J|=\frac{1}{2}$)后为

$$p(u,v\mid H_0)=\frac{1}{2\pi N_0E_s}\exp\left[-\frac{\left(\frac{u+v}{2}-E_s\right)^2+\left(\frac{u-v}{2}\right)^2}{N_0E_s}\right]$$

而它们的积分区域如图 2.34 所示,其中图 2.34(a) 所示是坐标变换前的积分区域,图 2.34(b) 所示是坐标变换后的积分区域。

这样，假设 H_0 为真时的正确判决概率 $p(H_0 \mid H_0)$ 为

$$p(H_0 \mid H_0)=\int_0^{\infty}\int_0^{\infty}\frac{1}{2\pi N_0 E_s}\exp\left[-\frac{\left(\frac{u+v}{2}-E_s\right)^2+\left(\frac{u-v}{2}\right)^2}{N_0 E_s}\right]\mathrm{d}u\mathrm{d}v=$$

$$\int_0^{\infty}\left(\frac{1}{2\pi N_0 E_s}\right)^{\frac{1}{2}}\exp\left[-\frac{(u-E_s)^2}{2N_0 E_s}\right]\mathrm{d}u\cdot\int_0^{\infty}\left(\frac{1}{2\pi N_0 E_s}\right)^{\frac{1}{2}}\exp\left[-\frac{(v-E_s)^2}{2N_0 E_s}\right]\mathrm{d}v=$$

$$\left[\int_{-(E_s/N_0)^{1/2}}^{\infty}\left(\frac{1}{2\pi}\right)\exp\left(-\frac{x^2}{2}\right)\mathrm{d}x\right]^2=\left[\mathrm{erfc}\left(-\sqrt{\frac{E_s}{N_0}}\right)\right]^2$$

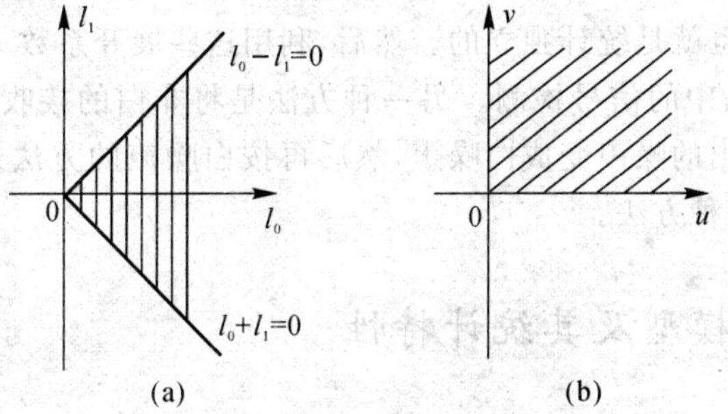

图 2.34　坐标变换与积分区域

(a) 变换前积分区域；(b) 变换后的积分区域

用同样的方法可得 $p(H_1 \mid H_1)$，$p(H_2 \mid H_2)$，$p(H_3 \mid H_3)$，它们都是相等的，即

$$p(H_j \mid H_j)=\left[\mathrm{erfc}\left(-\sqrt{\frac{E_s}{N_0}}\right)\right]^2,\quad j=0,1,2,3$$

于是，最小总错误概率为

$$P_{\mathrm{e}}=1-P(H_j \mid H_j)=1-\left[\mathrm{erfc}\left(-\sqrt{\frac{E_s}{N_0}}\right)\right]^2$$

上述结果就是在功率谱密度为 $G_n(\omega)=\frac{N_0}{2}$ 的高斯白噪声背景中，等信号能量和等先验概率时，四相信号通信系统的性能。回想一般二元信号波形的检测，在 $G_n(\omega)=\frac{N_0}{2}$ 的高斯白噪声背景中，等信号能量和等先验概率时的二元相干信号($\rho=1$) 通信系统，其最小总错误概率为

$$P_{\mathrm{e}}=\mathrm{erfc}\left(\frac{d}{2}\right)=\mathrm{erfc}\left(\sqrt{\frac{2E_s}{N_0}}\right)$$

正确检测概率为

$$p(H_j \mid H_j)=1-P_{\mathrm{e}}=1-\mathrm{erfc}\left(\sqrt{\frac{2E_s}{N_0}}\right)$$

可见，四相信号通信系统的性能不如二元相干信号通信系统的性能好。

2.9 高斯有色噪声中确知信号的检测

前面讨论了加性高斯白噪声中确知信号波形的检测问题，本节将讨论加性高斯有色噪声背景中二元确知信号波形的检测问题。解决此类问题的关键在于对信号的正交展开。常用的一种方法是卡亨南-洛维展开法，即根据噪声的自相关函数 $R_n(t-u)$ 选择合适的正交函数集 $\{f_k(t)\}$ 的坐标函数 $f_k(t)(k=1,2,\cdots)$，则其接收信号 $z(t)$ 展开系数 $z_k(k=1,2,\cdots,)$ 是互不相关的高斯随机变量，也就是统计独立的。然后，利用这些展开系数 z_k 构成似然比检验，并最终实现在有色噪声背景中的信号检测。另一种方法是将非白的接收信号 $z(t)$ 先通过一个白化滤波器，使滤波器输出的噪声变成白噪声，然后再按白噪声的方法进行处理，成为白化处理法。这里主要介绍前一种方法。

2.9.1 信号模型及其统计特性

在二元信号波形检测的情况下，两个假设下的接收信号分别为

$$H_0: z(t)=s_0(t)+n(t), \quad 0 \leqslant t \leqslant T$$
$$H_1: z(t)=s_1(t)+n(t), \quad 0 \leqslant t \leqslant T$$

其中，$z(t)$ 是接收信号；$s_0(t)$ 和 $s_1(t)$ 是两个能量分别为 E_{s_0} 和 E_{s_1} 的确知信号；$n(t)$ 是均值为零、自相关函数为 $R_n(t-u)$ 的高斯有色噪声。

2.9.2 信号检测的判决表示式

采用卡亨南-洛维正交级数展开法，接收信号 $z(t)$ 可以表示为

$$z(t)=\lim_{N\to\infty}\sum_{K=1}^{N} z_k f_k(t) \tag{2.9.1}$$

展开系数 z_k 为

$$z_k=\int_0^T z(t) f_k(t)\mathrm{d}t, \quad k=1,2,\cdots \tag{2.9.2}$$

展开系数 z_k 与信号 $z(t)$ 成线性关系，它们由 $z(t)$ 通过与 $f_k(t)$ 相匹配的滤波器而获得。

显然，展开系数 $z_k(k=1,2,\cdots,)$ 是随机变量，各展开系数之间的协方差函数为

$$\begin{aligned}\operatorname{cov}(z_j,z_k)&=E[(z_j-E(z_j))(z_k-E(z_k))]=E\left[\int_0^T n(t)f_j(t)\mathrm{d}t\int_0^T n(u)f_k(u)\mathrm{d}u\right]=\\&\int_0^T f_j(t)\left[\int_0^T R_n(t-u)f_k(u)\mathrm{d}u\right]\mathrm{d}t\end{aligned} \tag{2.9.3}$$

目的是要得到这样的正交函数集$\{f_k(t)\}$的坐标函数$f_k(t)(k=1,2,\cdots)$，使得当$j\neq k$时，协方差函数$\mathrm{cov}(z_j,z_k)=0$，即展开式中各展开系数z_k之间互不相关。为此要求坐标函数$f_k(t)(k=1,2,\cdots)$满足

$$\int_0^T R_n(t-u)f_k(u)\mathrm{d}u=\lambda_k f_k(t),\quad 0\leqslant t\leqslant T,\quad k=1,2,\cdots \tag{2.9.4}$$

式中，λ_k是待定的参数。把式(2.9.4)代入式(2.9.3)，则得

$$\mathrm{cov}(z_j,z_k)=\lambda_k\delta_{jk} \tag{2.9.5}$$

即展开系数z_j与z_k是互不相关的($j\neq k$)，且λ_k是z_k的方差。式(2.9.4)是以噪声$n(t)$的自相关函数$R_n(t-u)$为核函数的齐次积分方程；该方程只在参数λ_k为某些值时才有解，这些参数值λ_k称为特征值，相应的解$f_k(t)$称为特征函数。

这样，取各假设下的前N个展开系数$z_k(k=1,2,\cdots,N)$构成N维随机矢量$\boldsymbol{z}_N=[z_1,z_2,\cdots,z_N]^{\mathrm{T}}$，建立$N$维矢量的似然比检验确定

$$\lambda(\boldsymbol{z}_N)=\frac{p(\boldsymbol{z}_N|H_1)}{p(\boldsymbol{z}_N|H_0)}\underset{H_0}{\overset{H_1}{\gtrless}}\eta$$

最后取$N\to\infty$的极限，求得信号波形下的判决表达式。下面具体进行分析。

由于各展开系数z_k是高斯随机变量，因而互不相关等价为相互统计独立。因此，只要确定各假设下z_k的均值$E(z_k|H_j)$和方差$\mathrm{var}(z_k|H_j)$，就能得到$\boldsymbol{z}_N$的N维联合概率密度函数$p(\boldsymbol{z}_N|H_j)$。

接收信号$z(t)$为

$$z(t)=s_j(t)+n(t),\quad 0\leqslant t\leqslant T,\quad j=0,1 \tag{2.9.6}$$

因而其展开系数z_k为

$$z_k=\int_0^T z(t)f_k(t)\mathrm{d}t=\int_0^T[s_j(t)+n(t)]f_k(t)\mathrm{d}t=s_{jk}+n_k,\quad j=0,1,\quad k=1,2 \tag{2.9.7}$$

在假设H_0下和假设H_1下，展开系数z_k的均值和方差分别为

$$E(z_k|H_0)=E(s_{0k}+n_k)=s_{0k}$$

$$\mathrm{var}(z_k|H_0)=E\{[(z_k|H_0)-E(z_k|H_0)]^2\}=E[n_k^2]=E\left[\int_0^T n(t)f_k(t)\mathrm{d}t\int_0^T n(u)f_k(u)\mathrm{d}u\right]=\lambda_k$$

$$E(z_k|H_1)=E(s_{1k}+n_k)=s_{1k}$$

$$\mathrm{var}(z_k|H_1)=\mathrm{var}(z_k|H_0)=\lambda_k$$

于是，前N个系数构成的N维随机矢量$\boldsymbol{z}_N$在两个假设下的概率密度函数分别为

$$p(\boldsymbol{z}_N|H_0)=\prod_{k=1}^N p(z_k|H_0)=\left(\frac{1}{2\pi\lambda_k}\right)^{N/2}\exp\left[-\sum_{k=1}^N\frac{(z_k-s_{0k})^2}{2\lambda_k}\right] \tag{2.9.8}$$

$$p(\boldsymbol{z}_N|H_1)=\prod_{k=1}^{N}p(z_k|H_1)=\left(\frac{1}{2\pi\lambda_k}\right)^{N/2}\exp\left[-\sum_{k=1}^{N}\frac{(z_k-s_{1k})^2}{2\lambda_k}\right] \tag{2.9.9}$$

这样,由前 N 项构成的似然比检验为

$$\lambda(\boldsymbol{z}_N)=\frac{p(\boldsymbol{z}_N|H_1)}{p(\boldsymbol{z}_N|H_0)}=\exp\left[\frac{1}{2}\sum_{k=1}^{N}\frac{s_{1k}}{\lambda_k}(2z_k-s_{1k})-\frac{1}{2}\sum_{k=1}^{N}\frac{s_{0k}}{\lambda_k}(2z_k-s_{0k})\right]\underset{H_0}{\overset{H_1}{\gtrless}}\eta \tag{2.9.10}$$

两边取自然对数,则得

$$\frac{1}{2}\sum_{k=1}^{N}\frac{s_{1k}}{\lambda_k}(2z_k-s_{1k})-\frac{1}{2}\sum_{k=1}^{N}\frac{s_{0k}}{\lambda_k}(2z_k-s_{0k})\underset{H_0}{\overset{H_1}{\gtrless}}\ln\eta \tag{2.9.11}$$

设

$$l_1(\boldsymbol{z}_N)\overset{\text{def}}{=\!=}\frac{1}{2}\sum_{k=1}^{N}\frac{s_{1k}}{\lambda_k}(2z_k-s_{1k}) \tag{2.9.12a}$$

$$l_0(\boldsymbol{z}_N)\overset{\text{def}}{=\!=}\frac{1}{2}\sum_{k=1}^{N}\frac{s_{0k}}{\lambda_k}(2z_k-s_{0k}) \tag{2.9.12b}$$

利用

$$z_k=\int_0^T z(t)f_k(t)\mathrm{d}t$$

$$s_{jk}=\int_0^T s_j(t)f_k(t)\mathrm{d}t$$

则得

$$l_1(\boldsymbol{z}_N)=\frac{1}{2}\sum_{k=1}^{N}\frac{s_{1k}}{\lambda_k}\left[2\int_0^T z(t)f_k(t)\mathrm{d}t-\int_0^T s_1(t)f_k(t)\mathrm{d}t\right] \tag{2.9.13a}$$

$$l_0(\boldsymbol{z}_N)=\frac{1}{2}\sum_{k=1}^{N}\frac{s_{0k}}{\lambda_k}\left[2\int_0^T z(t)f_k(t)\mathrm{d}t-\int_0^T s_0(t)f_k(t)\mathrm{d}t\right] \tag{2.9.13b}$$

当 $N\to\infty$ 时,记 $l_1[z(t)]\overset{\text{def}}{=\!=}\lim\limits_{N\to\infty}l_1(\boldsymbol{z}_N)$,$l_0[z(t)]\overset{\text{def}}{=\!=}\lim\limits_{N\to\infty}l_0(\boldsymbol{z}_N)$,则有

$$l_1[z(t)]=\int_0^T\left[z(t)-\frac{1}{2}s_1(t)\right]\sum_{k=1}^{\infty}\frac{s_1(t)f_k(t)}{\lambda_k}\mathrm{d}t=\int_0^T\left[z(t)-\frac{1}{2}s_1(t)\right]g_1(t)\mathrm{d}t \tag{2.9.14a}$$

$$l_0[z(t)]=\int_0^T\left[z(t)-\frac{1}{2}s_0(t)\right]\sum_{k=1}^{\infty}\frac{s_0(t)f_k(t)}{\lambda_k}\mathrm{d}t=\int_0^T\left[z(t)-\frac{1}{2}s_0(t)\right]g_0(t)\mathrm{d}t \tag{2.9.14b}$$

式中

$$g_1(t)=\sum_{k=1}^{\infty}\frac{s_{1k}f_k(t)}{\lambda_k} \tag{2.9.15a}$$

$$g_0(t)=\sum_{k=1}^{\infty}\frac{s_{0k}f_k(t)}{\lambda_k} \tag{2.9.15b}$$

若级数

$$\sum_{k=1}^{\infty}\frac{|s_{jk}|}{\lambda_k}<\infty,\quad j=0,1$$

则级数

$$g_j(t)=\sum_{k=1}^{\infty}\frac{s_{jk}f_k(t)}{\lambda_k},\quad j=0,1$$

收敛。在 $g_j(t)$ 的表示式中，λ_k 和 $f_k(t)$ 分别是以噪声 $n(t)$ 的自相关函数 $R_n(t-u)$ 为核函数的齐次积分方程

$$\int_0^T R_n(t-u)f_k(u)\mathrm{d}u=\lambda_k f_k(t),\quad 0\leqslant t\leqslant T,\quad k=1,2,\cdots$$

的特征值和特征函数，而 s_{jk} 是信号的第 k 个展开系数。因此，可以期望直接用 $R_n(t-u)$ 和 $s_j(t)$ 来表示 $g_j(t)$。为此，用噪声的自相关函数 $R_n(t-u)$ 乘式(2.9.15a)的两端，并在区间 $0\leqslant u\leqslant T$ 内对 u 积分，得

$$\int_0^T R_n(t-u)g_1(u)\mathrm{d}u=\sum_{k=1}^{\infty}\frac{s_{1k}}{\lambda_k}\int_0^T R_n(t-u)f_k(u)\mathrm{d}u=\sum_{k=1}^{\infty}s_{1k}f_k(t)=s_1(t)$$

所以，$g_1(t)$ 是积分方程

$$\int_0^T R_n(t-u)g_1(u)\mathrm{d}u=s_1(t) \tag{2.9.16a}$$

的解，该积分方程式是以噪声自相关函数 $R_n(t-u)$ 为核函数的，因而 $g_1(t)$ 是确定的函数。

同样地，$g_0(t)$ 是积分方程

$$\int_0^T R_n(t-u)g_0(u)\mathrm{d}u=s_0(t) \tag{2.9.16b}$$

的解。

这样，判决表示式为

$$l[z(t)]=l_1[z(t)]-l_0[z(t)]=\int_0^T\left[z(t)-\frac{1}{2}s_1(t)\right]g_1(t)\mathrm{d}t-\int_0^T\left[z(t)-\frac{1}{2}s_0(t)\right]g_0(t)\mathrm{d}t\underset{H_0}{\overset{H_1}{\gtrless}}\ln\eta \tag{2.9.17}$$

其等效判决表示式为

$$\int_0^T z(t)g_1(t)\mathrm{d}t-\int_0^T z(t)g_0(t)\mathrm{d}t\underset{H_0}{\overset{H_1}{\gtrless}}\ln\eta+\frac{1}{2}\int_0^T s_1(t)g_1(t)\mathrm{d}t-\frac{1}{2}\int_0^T s_0(t)g_0(t)\mathrm{d}t\overset{\text{def}}{=\!=}\gamma$$

如果 $R_n(t-u)=\frac{N_0}{2}\delta(t-u)$，即回到高斯白噪声环境中，则有

$$\int_0^T R_n(t-u)g_1(u)\mathrm{d}u = \frac{N_0}{2}\int_0^T \delta(t-u)g_1(u)\mathrm{d}u = \frac{N_0}{2}g_1(t) = s_1(t) \tag{2.9.18}$$

$$\int_0^T R_n(t-u)g_0(u)\mathrm{d}u = \frac{N_0}{2}g_0(t) = s_0(t)$$

这样,式(2.8.13) 变为

$$l[z(t)] \stackrel{\text{def}}{=\!=} \int_0^T z(t)s_1(t)\mathrm{d}t - \int_0^T z(t)s_0(t)\mathrm{d}t \underset{H_0}{\overset{H_1}{\gtrless}} \frac{N_0}{2}\ln\eta + \frac{1}{2}(E_{s_1} - E_{s_0}) \stackrel{\text{def}}{=\!=} \gamma \tag{2.9.19}$$

这就是高斯白噪声中一般二元确知信号波形检测的判决表示式。因此,高斯白噪声下的结果仅是高斯有色噪声结果的特例。

2.9.3 检测系统的结构

根据式(2.9.18) 判决表示式,检测系统的实现结构如图 2.35 所示。

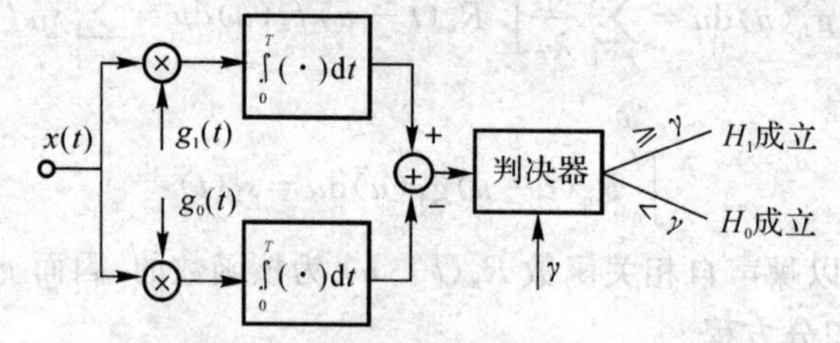

图 2.35 双路相关器检测系统结构

需要说明的是,当噪声为正态白噪声情况时,$g_1(t)$,$g_0(t)$ 则为信号本身,图 2.35 所示结构转化为两路相关接收拓扑。

2.10 利用蒙特卡洛方法对检测性能评估

当不能用数值计算方法确定随机变量超过某一给定值的概率时,可借助蒙特卡洛计算机模拟方法。在检测问题中,常需要计算一个随机变量或统计量 T 超过某门限 γ 的概率,即 $P_r\{T > \gamma\}$。

例如某数据集$\{x[0], x[1], \cdots, x[N-1]\}$,其中 $x[n] \sim N(0, \sigma^2)$,且 $x[n]$ 是独立同分布的,希望计算

$$P_r\left\{\frac{1}{N}\sum_{n=0}^{N-1} x[n] > \gamma\right\}$$

由于可证明

$$T=\frac{1}{N}\sum_{n=0}^{N-1}x[n]\sim N\left(0,\frac{\sigma^2}{N}\right)$$

因而

$$P_r(T>\gamma)=Q\left(\frac{\gamma}{\sqrt{\sigma^2/N}}\right) \tag{2.10.1}$$

式中,$Q(x)$ 是标准正态变量超过 x 的概率。

然而,假定不能使用解析的方法,也不能用数值计算的方法计算概率,可以按如下的方法使用计算机模拟来确定 $P_r\{T>\gamma\}$。

数据产生:

① 产生 N 个独立的 $N(0,\sigma^2)$ 随机变量。在 MATLAB 中,使用语句

```
x = sqrt(var) * randn(N,1)
```

产生随机变量 $x[n]$ 的实现组成的 $N\times 1$ 列矢量,其中,var 是方差 σ^2。

② 对随机变量的实现计算 $T=(1/N)\sum_{n=0}^{N-1}x[n]$。

③ 重复过程 M 次,以便产生 T 的 M 个实现,或者 $\{T_1,T_2,\cdots,T_M\}$。

概率计算:

① 对 T_i 超过 γ 的次数统计,称为 M_γ。

② 用 $\hat{P}=M_\gamma/M$ 来估计概率 $P_r\{T>\gamma\}$。

注意,这个概率实际上是一个估计概率。M 的选择(也就是实现数)将影响结果,以至于 M_γ 应该逐步增大,直到计算的概率出现收敛。如果真实概率较小,那么 M_γ 可能相当大。例如,如果 $P_r(T>\gamma)=10^{-6}$,那么 $M=10^6$ 个实现中将只有一次超过门限,在这种情况下,M_γ 必须远大于 10^6 才能保证精确的估计概率。在附 2.2.1 中已证明,如果希望对于 $100(1-\alpha)\%$ 的置信水平,相对误差的绝对值为

$$\varepsilon=\frac{|\hat{P}-P|}{P}$$

那么,选择的 M 应该满足

$$M\geqslant\frac{[Q^{-1}(\alpha/2)]^2(1-P)}{\varepsilon^2 P} \tag{2.10.2}$$

式中,P 是被估计的概率。为了使用蒙特卡洛实现 $\{T_1,T_2,\cdots,T_M\}$ 来确定 $P_r\{T>\gamma\}$,对实现数提出一定的要求是合理的,实现 $\{T_1,T_2,\cdots,T_M\}$ 是从独立的随机变量中得到的。随机变量 T_i 一般不必是高斯的,只要是独立同分布的(IID)。例如,如果希望确定 $P_r\{T>1\}$,这个概率 P 为 0.16,要求对于 95% 的置信水平,相对误差的绝对值为 $\varepsilon=0.01(1\%)$,那么

$$M\geqslant\frac{(Q^{-1}\times 0.025)^2\times(1-0.16)}{0.01^2\times 0.16}\approx 2\times 10^5$$

当这种方法不可行时,可以采用重要采样(importance sampling) 来减少计算量。

以式(2.10.1)的计算作为蒙特卡洛方法的一个例子，令 $N=10, \sigma^2=10$，附 2.2.2 列出了计算 $P_r\{T>\gamma\}$ 的 MATLAB 程序 montecarlo.m。在图 2.36 中，不仅画出了结果对 γ 的图示，还画出了根据式(2.10.1)计算 $Q(\gamma)$ 的右尾概率。在图 2.36(a) 和图 2.36(b) 中，实现数分别选取 $M=1\ 000$ 和 $M=10\ 000$。由式(2.10.1)给出的真实的右尾概率用虚线表示，而蒙特卡洛模拟结果用实线表示。对于 $M=1\ 000$ 的轻微偏差是由统计误差引起的，而 $M=10\ 000$ 时的一致性要好得多。

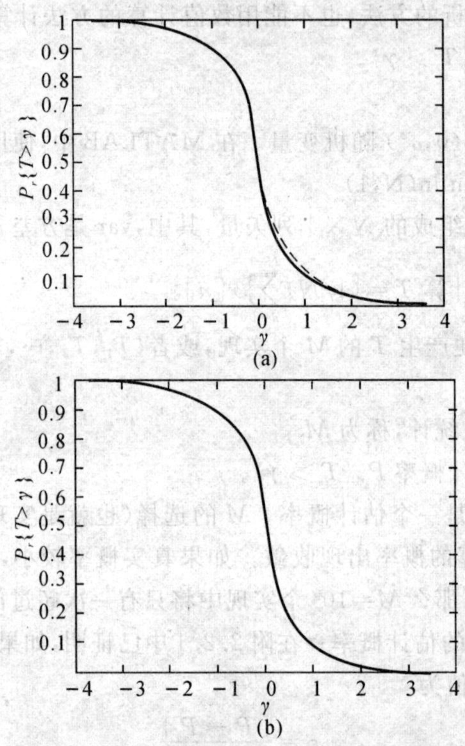

图 2.36　$P\{T>\gamma\}$ 的蒙特卡洛计算机模拟

(a) $M=1\ 000$；(b) $M=10\ 000$

附 2.1　随机信号的正交展开

附 2.1.1　引言

对于随机过程，正交展开提供了从独立随机变量集合的角度研究随机过程的可能性，其基本思想是把随机过程描述为由互不相关的随机系数(主成分)所调制的确定性函数(正交模态）的线性组合形式，然后在经典理论范畴进行分析。对平稳和非平稳高斯随机过程正交分解的主要目的是，解决在加性有色噪声污染的信号分解问题，以便对特征量的数值进行求解。这样，有可能定量地分析随机过程的收敛性与精确性等问题，从而简化分析方法，提高分析精度。

本节主要针对白噪声通过窄带系统后形成的窄带噪声情况。针对随机过程正交展开常用的分解方法——抽样法、卡享南-洛维法——进行了评论，并指出了这种分解方法在随机过程描述中所具有的优势与局限性。

附 2.1.2　抽样法

假定随机信号 $s(t)$ 为一带限平稳过程，其带宽为

$$|\Delta F| < B \tag{附 2.1.1}$$

功率谱密度为

$$G(\omega) = \frac{N_0}{2}, \quad |\Delta F| < B \tag{附 2.1.2}$$

对应的相关函数为

$$R(\tau) = N_0 B \frac{\sin 2\pi B\tau}{2\pi B\tau} \tag{附 2.1.3}$$

方差为

$$\sigma^2 = N_0 B \tag{附 2.1.4}$$

根据奈奎斯特采样定理可知，当采样频率大于两倍信号最高频率（即 $T = \frac{1}{2B}$）时，获得的采样值序列为互相正交的随机变量集。同样，若信号 $s(t)$ 为一解析复随机过程时，则采样频率大于信号最高频率（即 $T = \frac{1}{B}$）时，同样可获得正交的随机变量集。

附 2.1.3　卡享南-洛维展开

前面介绍的抽样法，适应于白噪声环境下的带限信号。但是，在有色噪声情况下须采用正交函数展开的方法。目前广泛使用的正交展开方法为卡享南-洛维展开，它可适应于任意非白色的随机信号。

(1) 信号的正交级数表示

若实函数集 $\{f_k(t)\}, k = 1, 2, \cdots, N$，在 $(0, T)$ 时间内满足

$$\int_0^T f_i(t) f_j(t) \mathrm{d}t = \begin{cases} 0, & i \neq j \\ 1, & i = j \end{cases} \tag{附 2.1.5}$$

则函数集$\{f_k(t)\}, k=1,2,\cdots,N$构成互相正交的函数集。在正交函数集$f_1(t), f_2(t), \cdots, f_N(t)$之外,不存在另一函数$g(t)$,使

$$\int_0^T f_k(t) g(t) \mathrm{d}t = 0$$

则函数集$\{f_k(t)\}, k=1,2,\cdots,N$是完备的正交函数集。

设$s(t)$是定义在区间$(0,T)$上的确知信号,信号能量$E_s=\int_0^T s^2(t)\mathrm{d}t<\infty$,则该信号$s(t)$可用正交级数表示为

$$s(t)=\lim_{N\to\infty}\sum_{k=1}^{N} s_k f_k(t) \tag{附 2.1.6}$$

其中,函数集$\{f_k(t)\}, k=1,2,\cdots$是正交函数集。$f_k(t)$称为坐标函数,$s(t)$在坐标函数$f_k(t)$上的投影是系数s_k,为

$$s_k=\int_0^T s(t) f_k(t)\mathrm{d}t \tag{附 2.1.7}$$

(2) 卡享南-洛维展开

设接收信号$z(t)$为

$$z(t)=s(t)+n(t), \quad 0\leqslant t\leqslant T$$

式中,信号$s(t)$是确知信号;噪声$n(t)$假定为零均值的随机过程,因此$z(t)$也是一随机过程。其样本函数是确定的时间函数,所以对给定的样本函数(仍用$z(t)$表示)展开

$$z(t)=\lim_{N\to\infty}\sum_{k=1}^{N} z_k f_k(t) \tag{附 2.1.8}$$

对于随机过程而言,由于每一个样本函数是不同的,因此,这种展开应在统计意义上满足

$$\lim_{N\to\infty} E\left\{\left[z(t)-\sum_{k=1}^{N} z_k f_k(t)\right]^2\right\}=0 \tag{附 2.1.9}$$

即均方误差等于零,或者说$\sum_{k=1}^{N} z_k f_k(t)$均方收敛于$z(t)$。

在$z(t)$的展开式中,函数$\{f_k(t)\}, k=1,2,\cdots$满足

$$\int_0^T f_k(t) f_j(t)\mathrm{d}t=\delta_{kj} \tag{附 2.1.10}$$

而系数

$$z_k=\int_0^T z(t) f_k(t)\,\mathrm{d}t \tag{附 2.1.11}$$

现在来研究选择使$z_k, k=1,2,\cdots$相互统计独立的正交函数集$\{f_k(t)\}$的问题。

由式(附 2.1.11)可知,$z(t)$展开式各系数z_k是随机变量。当随机过程$z(t)$满足

$$\int_0^T z^2(t)\mathrm{d}t<\infty$$

时，其展开式系数 z_k 的均值为

$$E(z_k)=E\left[\int_0^T z(t)f_k(t)\mathrm{d}t\right]=E\left\{\int_0^T [s(t)-n(t)]f_k(t)\mathrm{d}t\right\}=\int_0^T s(t)f_k(t)\mathrm{d}t=s_k,\quad k=1,2,\cdots$$

(附 2.1.12)

希望各系数 z_k 与 z_j，$k,j=1,2,\cdots$ 的协方差满足

$$E[(z_k-s_k)(z_j-s_j)]=\lambda_j\delta_{kj}\tag{附 2.1.13}$$

这样，当 $k\neq j$ 时，$E[(z_k-s_k)(z_j-s_j)]=0$，即展开式的各系数互不相关。下面来寻求满足式(附 2.1.12)的正交函数集 $\{f_k(t)\}$。

将式(附 2.1.11)所表示的 z_k 和式(附 2.1.12)所表示的 s_k 代入式(附 2.1.13)，则有

$$E[(z_k-s_k)(z_j-s_j)]=E\left\{\left[\int_0^T z(t)f_k(t)\mathrm{d}t-\int_0^T s(t)f_k(t)\mathrm{d}t\right]\left[\int_0^T z(u)f_j(u)\mathrm{d}u-\int_0^T s(u)f_j(u)\mathrm{d}u\right]\right\}=$$
$$\int_0^T\int_0^T f_k(t)f_j(u)E[n(t)n(u)]\mathrm{d}t\mathrm{d}u=\int_0^T f_k(t)\left[\int_0^T R_n(t-u)f_j(u)\mathrm{d}u\right]\mathrm{d}t$$

(附 2.1.14)

其中，$R_n(t-u)=E[n(t)n(u)]$，是噪声 $n(t)$ 的自相关函数。为了使式(附 2.1.14)的结果等于 $\lambda_j\delta_{kj}$，则每个函数 $f_j(t)$ 必须满足

$$\int_0^T R_n(t-u)f_j(u)\mathrm{d}u=\lambda_j f_j(t),\quad 0\leqslant t\leqslant T\tag{附 2.1.15}$$

式(附 2.1.15)称为齐次积分方程，函数 $f_j(t)$ 称为特征函数(或本征函数)，λ_j 为特征值。噪声 $n(t)$ 的自相关函数 $R_n(t-u)$ 是积分方程的核函数。由式(附 2.1.15)解得的特征函数 $f_j(t)$ 就是所求的正交函数，用该函数集对接收信号 $z(t)$ 进行展开，展开式各系数是不相关的。这就是卡享南-洛维展开式。

(3) 白噪声的正交展开

式(附 2.1.15)所示的齐次方程求解的难易程度取决于积分方程的核函数 $R_n(t-u)$，即取决于噪声 $n(t)$ 的自相关函数。在功率谱密度为 $G_n(\omega)=\dfrac{N_0}{2}$ 的白噪声情况下，其自相关函数为

$$R_n(t-u)=\frac{N_0}{2}\delta(t-u)\tag{附 2.1.16}$$

此时，齐次积分方程式(附 2.1.15)为

$$\lambda_j f_j(t)=\int_0^T \frac{N_0}{2}\delta(t-u)f_j(u)\mathrm{d}u\tag{附 2.1.17}$$

显然，只要满足 $\lambda_j=\dfrac{N_0}{2}$，任何一个函数 $f(t)\left(\int_0^T f^2(t)\mathrm{d}t<\infty\right)$ 均满足式(附 2.1.17)。因此，任何一组正交函数都可作为白噪声情况下的展开函数。这一结论也证明了抽样法对白噪声正交展开的适应性。白噪声情况下这种正交函数集的任意性是一个很重要的性质，对于后面讨论检测性能可以提供很多方便。

附 2.2 蒙特卡洛实验实例

附 2.2.1 要求的蒙特卡洛实验次数

用 $\hat{P}=M_\gamma/M$ 来估计 $P=P_r\{T>\gamma\}$，其中 M 是实验（或实现）的总次数，M_r 是 $T>\gamma$ 的实验次数。首先确定 $\hat{P}$ 的 PDF，定义随机变量 ξ_i，如下所示：

$$\xi_i=\begin{cases}1, & T_i>\gamma\\0, & T_i<\gamma\end{cases}$$

式中，T_i 是第 i 次实验结果。随机变量 ξ_i 是贝努利随机变量，成功（$\xi_i=1$）的概率为 P。这样，$E(\xi_i)=P$，且 P 的估计是样本均值，即

$$\hat{P}=\frac{1}{M}\sum_{i=1}^{M}\xi_i$$

由于 ξ_i 是独立同分布的，根据中心极限定理可以认为，对于大的 M，$\hat{P}$ 是近似高斯的，它的均值为

$$E(\hat{P})=\frac{1}{M}\sum_{i=1}^{M}E(\xi_i)=\frac{1}{M}\sum_{i=1}^{M}1\cdot P_r\{T_i>\gamma\}=P$$

其方差为

$$\mathrm{var}(\hat{P})=\mathrm{var}\left(\frac{1}{M}\sum_{i=1}^{M}\xi_i\right)=\frac{\mathrm{var}(\xi_i)}{M}$$

由于 ξ_i 是独立同分布的，因而也是不相关的，具有相同的方差，但是

$$\mathrm{var}(\xi_i)=E(\xi_i^2)-E^2(\xi_i)=1^2\cdot P_r\{T_i>\gamma\}-(1\cdot P_r\{T_i>\gamma\})^2=P-P^2=P(1-P)$$

这样

$$\mathrm{var}(\hat{P})=\frac{P(1-P)}{M}$$

最后有

$$\hat{P}\overset{a}{\sim}N\left(P,\frac{P(1-P)}{M}\right)$$

那么相对误差 $e=(\hat{P}-P)/P$ 的 PDF 为

$$e=\frac{\hat{P}-P}{P}\overset{a}{\sim}N\left(0,\frac{1-P}{MP}\right)$$

为了保证对于 $100(1-\alpha)\%$ 的置信度，相对误差的绝对值不大于 ε，要求

$$P_r\{|e|>\varepsilon\}\leqslant\alpha$$

或者

$$2P_r\{e>\varepsilon\}\leqslant\alpha$$

于是

$$2Q\left(\varepsilon\Big/\sqrt{\frac{1-P}{MP}}\right)\leqslant\alpha$$

求解可得 M 应满足

$$M\geqslant\frac{[Q^{-1}(\alpha/2)]^2(1-P)}{\varepsilon^2P}$$

附 2.2.2　蒙特卡洛计算机模拟的 MATLAB 程序

```
< montecarlo.m >
% This program is a Monte Carlo computer simulation that wasused to generate Figure 2.10-1a.
% Set seed of random number generator to initial value. randn('seed',0);
% Set up values of variance,data record length,and number of realizations.
var=10;
N=10;
M=1000;
% Dimension array of realizations.
T=zeros(M,1);
% Compute realizations of the sample mean.
for i=1:M
    x=sqrt(var)*randn(N,1);
T(i)=mean(x);
end
% Set number of values of gamma.
ngam=100;
% Set up gamma array.
gammamin=min(T);
gammamax=max(T);
gamdel=(gammamax-gammamin)/ngam;
gamma=[gammamin:gamdel:gammamax]';
% Dimension P(the Monte Carlo estimate)and Ptrue
```

```
%  (the theoretical or true probability).
   P=zeros(length(gamma),1);Ptrue=P;
%  Determine for each gamma how many realizations exceeded
%  gamma(Mgam)and use this to estimate the probability.
   for i=1:length(gamma)
      clear Mgam;
      Mgam=find(T>gamma(i));
      P(i)=length(Mgam)/M;
   end
%  Compute the true probability.
   Ptrue=Q(gamma/(sqrt(var/N)));
  plot(gamma,P,'-',gamma,Ptrue,'--')
xlabel('gamma')
  ylabel('P(T>gamma)')
grid
```

本章习题

2.1　根据 N 个独立样本，设计一个似然比检验，对下列假设进行选择。

$$H_0: z(t)=n(t)$$
$$H_1: z(t)=1+n(t)$$
$$H_2: z(t)=-1+n(t)$$

其中 $n(t)$ 是零均值、方差 σ^2 的高斯过程。假定各假设的先验概率相等，正确判断无代价，任何错误的代价相同。证明检验统计量可选为 $l(z)=\dfrac{1}{N}\sum_{i=1}^{N}z_i$。求 $l(z)$ 的判决区域。

2.2　根据一次观测，用极大极小化检验来对下面两个假设做出判断。

$$H_0: z(t)=1+n(t)$$
$$H_1: z(t)=n(t)$$

假定 $n(t)$ 为具有零均值和功率 σ^2 的高斯过程，以及 $C_{00}=C_{11}=0$，$C_{10}=C_{01}=1$。依据观测结果定出的门限是什么？答案意味着每一个假设的先验概率是多少？

2.3　若题 2.2 假定 $C_{10}=3$，$C_{01}=6$。

(1) 每个假设的先验概率为何值时达到最大的可能代价？

(2) 根据一次观测的判决区域如何？

2.4　证明二元假设检验贝叶斯平均代价 $\bar{C}$ 可表示为

$$\bar{C}=C_{00}+(C_{10}-C_{00})P(H_1\mid H_0)+P(H_1)[(C_{11}-C_{00})+(C_{01}-C_{11})P(H_0\mid H_1)-(C_{10}-C_{00})P(H_1\mid H_0)]$$

2.5　若假设 H_1 和假设 H_0 下，观测信号 z 都是零均值，但方差分别是 σ_1^2 和 σ_0^2 的高斯随机变量；设似然比检测门限为 λ_0。

(1) 两个假设做出选择的判决形式如何？

(2) 判决域是如何划分的？

(3) 求两类错误概率 $P(H_1\mid H_0)$ 和 $P(H_0\mid H_1)$。

2.6　在二元假设检验问题中，两假设下的接收信号分别是

$$H_0: z=z_1$$

$$H_1: z=z_1^2+z_2^2$$

其中，z_1 和 z_2 是独立同分布的高斯随机变量，均值为零，方差为 1。求贝叶斯最佳判决公式。

2.7　设观测信号 z 在两种假设下的分布分别如图题 2.7(a)，(b) 所示，求贝叶斯判决式。

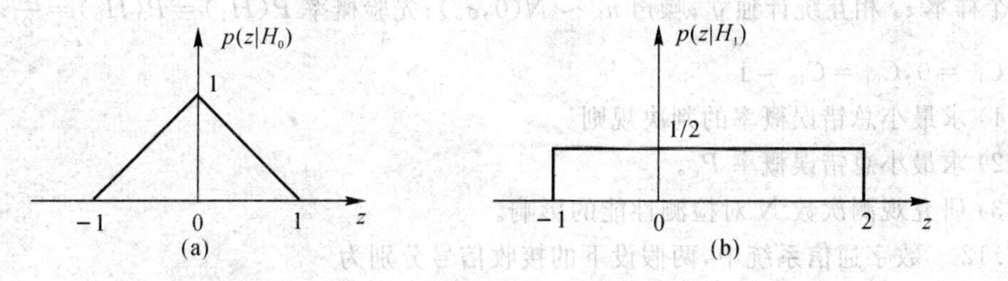

图题 2.7　两假设下的似然函数

2.8　试推导如下情况的似然比。在假设 H_1 和假设 H_0 下，观测信号 z 是高斯随机变量，均值和方差分别为 m_1,σ_1^2 和 m_0,σ_0^2，似然比检测门限为 λ_0，并求判决域和错误概率。

2.9　在假设 H_1 下和假设 H_0 下，观测信号 z 的概率密度函数如图题 2.9(a)，(b) 所示。已知先验概率 $P(H_1)=0.7, P(H_0)=0.3$。试设计最小总错误概率检验。画出接收机工作特性。

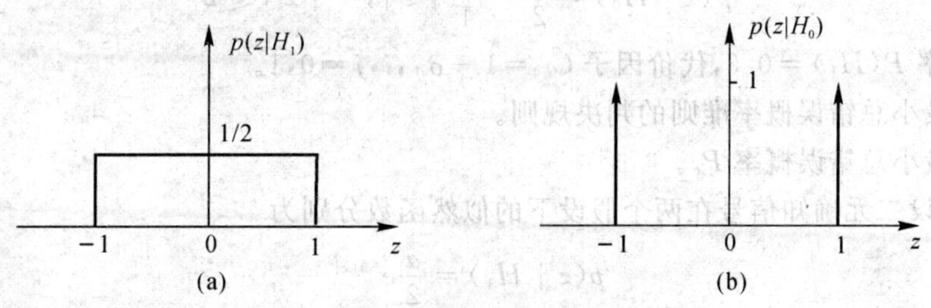

图题 2.9　两假设下的概率密度函数

2.10 考虑二元假设检验问题,已知

$$p(z \mid H_1) = \left(\frac{1}{2\pi}\right)^{1/2} \exp\left(-\frac{z^2}{2}\right)$$

$$p(z \mid H_0) = \frac{1}{2}\exp[-|z|]$$

(1) 建立似然比检验,并求判决域。

(2) 设 $C_{00} = C_{11} = 0, C_{01} = C_{10} = 1$,若 $P(H_1) = 3/4$,试求贝叶斯检验的 $P(H_1 \mid H_0)$ 和 $P(H_0 \mid H_1)$。

(3) 设代价因子同上,试求极大极小化检验的性能。

(4) 设 $P_F = P(H_1 \mid H_0) = 0.2$,试建立奈曼-皮尔逊检验。

2.11 数字通信系统中,两假设下的接收信号分别为

$$H_0: z_k = n_k, \quad k = 1, 2, \cdots, N$$

$$H_1: z_k = A + n_k, \quad k = 1, 2, \cdots, N$$

若 N 个样本 z_k 相互统计独立;噪声 $n_k \sim N(0, \sigma_n^2)$;先验概率 $P(H_1) = P(H_0) = \frac{1}{2}$;代价因子 $C_{00} = C_{11} = 0, C_{01} = C_{10} = 1$。

(1) 求最小总错误概率的判决规则。

(2) 求最小总错误概率 P_e。

(3) 研究观测次数 N 对检测性能的影响。

2.12 数字通信系统中,两假设下的接收信号分别为

$$H_0: z_k = n_k, \quad k = 1, 2, \cdots, N$$

$$H_1: z_k = 1 + n_k, \quad k = 1, 2, \cdots, N$$

若 N 个样本 z_k 相互统计独立;噪声 $n_k \sim N(0, 1)$。试构造一个 $P(H_1 \mid H_0) = 0.1$ 的奈曼-皮尔逊接收机,并研究其检测性能。

2.13 设二元假设检验接收信号 z 的概率密度函数分别为

$$p(z \mid H_1) = 1 - |z|, \quad |z| \leqslant 1$$

$$p(z \mid H_0) = \frac{1}{2} - \frac{1}{4}|z|, \quad |z| \leqslant 2$$

已知先验概率 $P(H_1) = 0.6$,代价因子 $C_{ij} = 1 - \delta_{ij}, i, j = 0, 1$。

(1) 求最小总错误概率准则的判决规则。

(2) 求最小总错误概率 P_e。

2.14 设二元确知信号在两个假设下的似然函数分别为

$$p(z \mid H_1) = \frac{a}{2}e^{-a|z|}$$

$$p(z \mid H_0) = \frac{b}{2}e^{-b|z|}$$

已知 $a>b$，似然比门限 $\lambda_0=1$。求判决规则表达式。

2.15　考虑二元确知信号的检测，两假设下的接收信号分别为

$$H_0:\ z_k=n_k,\quad k=1,2$$
$$H_1:\ z_1=A_1+n_1$$
$$z_2=A_2+n_2$$

其中 A_1，A_2 为已知信号，两次观测统计独立，已知 $n_k\sim N(0,\sigma_n^2)$，似然比检测门限为 λ_0。

(1) 求贝叶斯判决规则。

(2) 求判决概率 $P(H_1\mid H_0)$ 和 $P(H_0\mid H_1)$。

2.16　在二元对称假设检验下，若

$$H_0:z_k=s_0+n_k,\quad k=1,2,\cdots,N$$
$$H_1:z_k=s_1+n_k,\quad k=1,2,\cdots,N$$

已知 s_0 和 s_1 为确知信号，且 $s_1>s_0$；$n_k\sim N(0,\sigma_n^2)$，且 N 次观测相互统计独立。求贝叶斯判决规则，讨论其检测性能。

2.17　设三种假设下的观测量 z 的概率密度函数都是高斯随机变量，即

$$p(z\mid H_j)=\left(\frac{1}{2\pi\sigma_j^2}\right)^{1/2}\exp\left[-\frac{(z-m_j)^2}{2\sigma_j^2}\right],\quad j=0,1,2$$

其中 $m_0=m_2=0$，$m_1=1$；$\sigma_0=\sigma_1=1$，$\sigma_2>1$。

(1) 若各先验概率相等，求最小总错误概率的判决表达式。

(2) 若 $\sigma_2=2$，问总错误概率是多少？

2.18　在序列检测中，已知检测信号为

$$H_0:z_k=s_{0k},\quad k=1,2,\cdots$$
$$H_1:z_k=s_{1k},\quad k=1,2,\cdots$$

其中 s_{0k} 和 s_{1k} 是均值为零、方差分别为 σ_0^2 和 σ_1^2 的独立同分布的高斯随机变量，$\sigma_1>\sigma_0$。设 $P_F=0.2$，$P_M=0.1$。若已知 $\sigma_0=1$，$\sigma_1=2$，$P(H_0)=\dfrac{1}{2}$，试求结束样本检验所需的平均样本数。

2.19　在二元数字通信系统中，设两个假设下的接收信号分别为

$$H_0:z(t)=s_0(t)+n(t),\quad 0\leqslant t\leqslant 3T$$
$$H_1:z(t)=s_1(t)+n(t),\quad 0\leqslant t\leqslant 3T$$

其中，信号 $s_1(t)$ 和 $s_0(t)$ 的波形示于图题 2.19；加性噪声是功率谱密度 $G_n(\omega)=\dfrac{N_0}{2}$ 的高斯白噪声；设先验概率相等。采用最小总错误概率准则，求 $E_s/N_0=2$ 的总错误概率，其中 E_s 是信号 $s_1(t)$ 和 $s_0(t)$ 的平均能量，即

$$E_s=\frac{1}{2}\left[\int_0^{3T}s_1^2(t)\mathrm{d}t+\int_0^{3T}s_0^2(t)\mathrm{d}t\right]$$

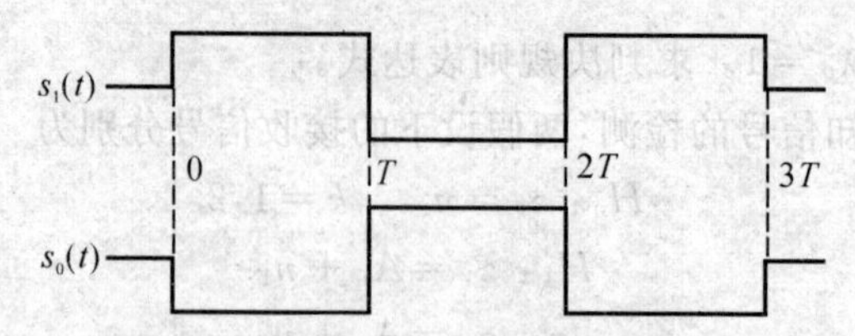

图题 2.19 信号 $s_1(t)$ 和 $s_0(t)$ 的波形

2.20 考虑在噪声中检测类噪声的问题。

$$H_0: z(t) = n(t)$$

$$H_1: z(t) = s(t) + n(t)$$

其中 $n(t)$ 和 $s(t)$ 都是零均值的高斯信号，带宽限于 $|\omega| < \Omega = 2\pi B$，功率谱密度分别为 $N_0/2$ 和 $S_0/2$。假若以 π/Ω 的间隔取 $2BT$ 个样本，求似然比接收机。

2.21 三元通信系统中在时间区间 $0 \leqslant t \leqslant T$ 内发送信号如下：

$$H_0: y_0(t) = 0$$

$$H_1: y_1(t) = A_1 \sin\omega_0 t$$

$$H_2: y_2(t) = A_2 \sin\omega_0 t$$

在加性白色噪声中观测信号，噪声的谱密度是 $N_0/2$。

(1) 设计一个最小错误概率接收机。

(2) 求这三种假设的检测概率，也就是正确判决的概率。假定三种假设的先验概率相等。

2.22 设矩形包络的单个中频脉冲信号为

$$s(t) = A\mathrm{rect}\left(\frac{t}{\tau}\right)\cos\omega_0 t$$

其中，rect(•) 为矩形函数，即

$$\mathrm{rect}(x) = \begin{cases} 1, & |x| \leqslant \dfrac{\tau}{2} \\ 0, & |x| > \dfrac{\tau}{2} \end{cases}$$

信号 $s(t)$ 的波形如图题 2.22 所示。

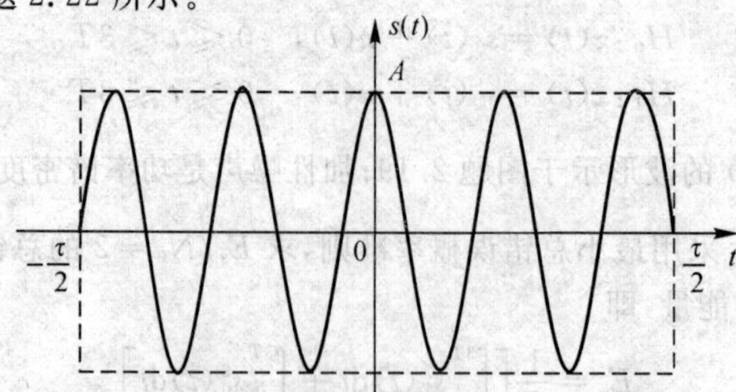

图题 2.22 单个矩形中频脉冲信号

(1) 求信号 $s(t)$ 的匹配滤波器的系统函数 $H(\omega)$ 和冲击响应 $h(t)$。

(2) 若匹配滤波器输入噪声 $n(t)$ 是功率谱密度 $G_n(\omega)=\frac{N_0}{2}$ 的白噪声，求匹配滤波器的输出功率信噪比 SNR。

2.23　设线性调频矩形脉冲信号为

$$s(t)=A\mathrm{rect}\left(\frac{t}{\tau}\right)\cos\left(\omega_0 t+\frac{\mu t^2}{2}\right)$$

式中，rect(•) 为矩形函数；μ 为调频系数。

线性调频信号的包络是宽度为 τ 的矩形脉冲；信号的瞬时载频是随时间线性变化的，如图题 2.23 所示。

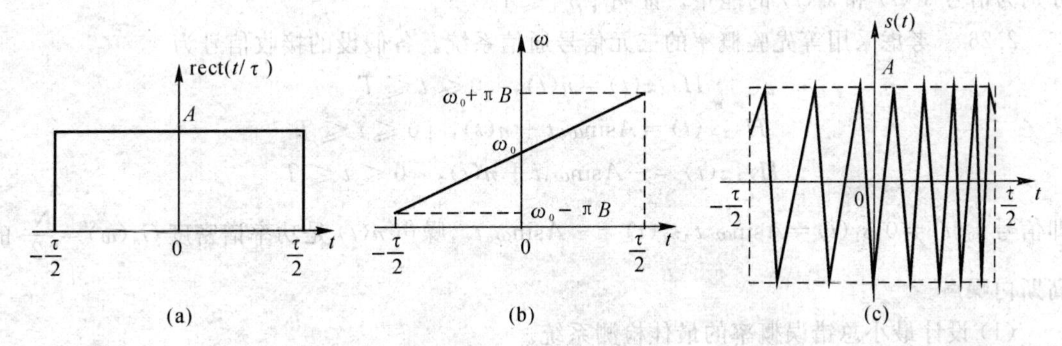

图题 2.23　线性调频信号

(a) 矩形脉冲；(b) 瞬时频率；(c) 线性调频矩形脉冲信号

线性调频信号的瞬时频率为

$$\omega=\frac{\mathrm{d}\varphi}{\mathrm{d}t}=\omega_0+\mu t$$

在脉冲宽度 τ 内，信号的角频率由 $\omega_0-\frac{\mu\tau}{2}$ 变化到 $\omega_0+\frac{\mu\tau}{2}$；调频带宽 $B=\frac{\mu\tau}{2\pi}$；重要参数时宽带宽积 D 为

$$D=B\tau=\frac{1}{2\pi}\mu\tau^2$$

(1) 求线性调频信号的频谱函数 $S(\omega)$。

(2) 求匹配滤波器的系统函数 $H(\omega)$。

(3) 求匹配滤波器的输出信号 $s_0(t)$ 和输出功率信噪比 SNR。

2.24　设计一个最大输出信噪比滤波器，发送信号是 $y(t)$，并在加性白色噪声中观测，噪声谱密度是 $N_0/2$。信号 $y(t)$ 为

$$y(t)=\begin{cases}\mathrm{e}^{-t/2}-\mathrm{e}^{3t/2}, & 0\leqslant t\leqslant T\\ 0, & \text{其他}\end{cases}$$

最大输出信噪比是多少？假定$\int_0^T y^2(t)\mathrm{d}t=1$。

2.25 在一般二元确知信号波形的检测中，波形相关系数ρ定义为

$$\rho=\frac{1}{\sqrt{E_1E_0}}\int_0^T s_1(t)s_0(t)\mathrm{d}t$$

其中

$$E_1=\int_0^T s_1^2(t)\mathrm{d}t$$

$$E_0=\int_0^T s_0^2(t)\mathrm{d}t$$

分别为信号$s_1(t)$和$s_0(t)$的能量。证明$|\rho|\leqslant 1$。

2.26 考虑采用等先验概率的三元信号通信系统。各假设的接收信号为

$$H_0: z(t)=n(t),\quad 0\leqslant t\leqslant T$$
$$H_1: z(t)=A\sin\omega_0 t+n(t),\quad 0\leqslant t\leqslant T$$
$$H_2: z(t)=-A\sin\omega_0 t+n(t),\quad 0\leqslant t\leqslant T$$

即信号$s_0(t)=0, s_1(t)=A\sin\omega_0 t, s_2(t)=-A\sin\omega_0 t$。噪声$n(t)$是功率谱密度$G_n(\omega)=\frac{N_0}{2}$的高斯白噪声。

(1) 设计最小总错误概率的最佳检测系统。

(2) 证明

$$P(H_0\mid H_0)=2\int_0^{\sqrt{\frac{E_s}{2N_0}}}\left(\frac{1}{2\pi}\right)^{1/2}\exp\left(-\frac{x^2}{2}\right)\mathrm{d}x$$

其中，$E_s=\int_0^T s_1^2(t)\mathrm{d}t=\frac{A^2T}{2}$，下同。

(3) 证明

$$P(H_1\mid H_1)=P(H_2\mid H_2)=\int_{-\sqrt{\frac{E_s}{2N_0}}}^{\infty}\left(\frac{1}{2\pi}\right)^{1/2}\exp\left(-\frac{x^2}{2}\right)\mathrm{d}x$$

进而证明总正确判决概率为

$$P_c=\frac{2}{3}\left[2\int_0^{\sqrt{\frac{E_s}{2N_0}}}\left(\frac{1}{2\pi}\right)^{1/2}\exp\left(-\frac{x^2}{2}\right)+\frac{1}{2}\right]$$

(4) 把这种三元系统与二元FSK情况和例2.10的四相通信系统进行性能比较。

2.27 在功率谱密度$G_n(\omega)=\frac{N_0}{2}$的加性高斯白噪声$n(t)$背景中，假设$H_j$下的接收信号为

$$H_j: z(t)=s_j(t)+n(t),\quad 0\leqslant t\leqslant T$$

其中，信号 $s_j(t)$ 的能量为

$$E_j=\int_0^T s_j^2(t)\,\mathrm{d}t$$

采用正交级数展开法时，先建立 N 维似然比检验 $\Lambda[z_N]$，再取 $N\to\infty$ 的极限获得 $\Lambda[z(t)]$。如果在获得前 N 个系数 z_k 的联合概率密度函数(似然函数)$p(r_N \mid H_j)$ 后，先取 $N\to\infty$ 的极限，求得似然函数 $p[z(t)\mid H_j]$，再建立似然比检验，结果是一样的。请证明似然函数 $p[z(t)\mid H_j]$ 可以表示为

$$p[z(t)\mid H_j]=F\exp\left\{-\frac{1}{N_0}\left[z(t)-s_j(t)\right]^2\mathrm{d}t\right\}$$

其中

$$F=\lim_{N\to\infty}\left(\frac{1}{\pi N_0}\right)^{N/2}$$

2.28　如果二元通信系统在两个假设下的接收信号分别为

$$H_0: z(t)=B\cos(\omega_2 t+\theta)+n(t),\quad 0\leqslant t\leqslant T$$

$$H_1: z(t)=A\cos\omega_1 t+B\cos(\omega_2 t+\theta)+n(t),\quad 0\leqslant t\leqslant T$$

式中，A,B,ω_1,ω_2 和 θ 均为已知常数。噪声 $n(t)$ 是功率谱密度 $G_n(\omega)=\dfrac{N_0}{2}$ 的高斯白噪声。设计似然比门限为 λ_0 的最佳检测系统。信号 $B\cos(\omega_2 t+\theta)$ 对接收机性能有什么影响？

第3章　噪声中的信号检测技术

3.1 概　述

第2章主要介绍检测的基本理论，并认为要检测的信号是理想的，即信号振幅、相位、频率等均已知。但在实际工程应用中，涉及的信号并非如此。本章针对工程实际情况进行研究，涉及的问题包括：随机参量信号检测（随机相位、随机振幅、随机频率、随机到达时间以及它们的组合等）；脉冲串信号检测；恒虚警处理；非参量检测以及其他特殊用途的检测方法。同时，在本章附录中列出了相关的补充内容。

另外，考虑到本章的理论分析贴近实际应用，假定处理的信号和噪声是复数形式的。

3.2 随机参量信号检测

3.2.1 概述

在此之前考虑的假设是简单假设，认为信号的有关参量都是已知的确定值，观测信号的随机性只是由于加性干扰的随机性引起的。然而，在许多实际情况中，信号并不确知或不完全确知，例如雷达的回波信号，不仅存在信号有无的问题，而且在有信号存在的情况下，还存在其初相角、幅度、频率、到达时间等参量的不确定性问题。对于这种情况，原则上可以给每个未知参量的所有可能取值规定一个假设。例如，当信号的初相角未知时，可以规定：零假设 H_0 表示无信号，其余的假设 $H_i(i=1,\cdots,M)$ 则表示信号存在，而且分别与相应的初相角 θ_i 对应。为了与前面讲的简单假设相区别，称这种含有随机参量的假设为复合假设。其似然函数同一个或多个未知参量有关。

对于确知信号里的随机参量，有如下几种情况：

① 随机参量是一个具有已知先验概率密度的随机变量；

② 随机参量是一个具有未知先验概率密度的随机变量；

③ 随机参量是非随机变量，而是一个未知的确定量。

本节针对第 ① 种情况进行讨论。

3.2.2　复合假设检验

下面，以二元假设检验为例，讨论复合假设检验的性能，其结论可以推广到多个假设的情况。

1. 数学描述

令 $\boldsymbol{\varphi}=(\varphi_1,\varphi_2,\cdots,\varphi_n)^{\mathrm{T}}$ 表示与假设 H_0 有关的随机参量矢量，这里，可以令 φ_1 表示相位，φ_2 表示幅度，φ_3 表示频率……；令 $\boldsymbol{\theta}=(\theta_1,\theta_2,\cdots,\theta_n)^{\mathrm{T}}$ 表示与假设 H_1 有关的随机参量，这里的 $\theta_1,\theta_2,\theta_3$ 可以表示信号的初相角、幅度、频率……；令 $p_0(\boldsymbol{\varphi}),p_1(\boldsymbol{\theta})$ 分别表示与 $\boldsymbol{\varphi},\boldsymbol{\theta}$ 有关的联合先验概率密度函数。当应用贝叶斯准则进行判决时，代价函数也可以是 $\boldsymbol{\varphi}$ 和 $\boldsymbol{\theta}$ 的函数，但 C_{00},C_{10} 可以只是 $\boldsymbol{\varphi}$ 的函数而与 $\boldsymbol{\theta}$ 无关，而 C_{01},C_{11} 则可以只是 $\boldsymbol{\theta}$ 的函数而与 $\boldsymbol{\varphi}$ 无关。

因为信号参量的不确定性，观测值 $\boldsymbol{z}$ 的概率密度函数不仅与假设有关，而且还依赖于未知参量的取值。因此，这些条件概率密度函数（或观测到 $\boldsymbol{z}$ 之后的似然函数）表示为 $P_1(\boldsymbol{z}\mid\boldsymbol{\theta})$ 和 $P_0(\boldsymbol{z}\mid\boldsymbol{\varphi})$。

把表示观测信号的多维空间划分为 R_0,R_1 两个部分，与简单假设时一样，观测信号落在区域 R_0，就选择假设 H_0，记作 D_0；观测信号落在区域 R_1，则选择假设 H_1，记作 D_1。此外考虑到信号参量是随机的，每个随机参量都有自己的概率密度分布，于是平均代价（平均风险）可以写成

$$\begin{aligned}\bar{C}=&\sum_{i(\boldsymbol{\varphi})}C_{00}(\varphi_i)P(D_0,H_0,\varphi_i)+\sum_{i(\boldsymbol{\varphi})}C_{10}(\varphi_i)P(D_1,H_0,\varphi_i)+\\&\sum_{i(\boldsymbol{\theta})}C_{01}(\theta_i)P(D_0,H_1,\theta_i)+\sum_{i(\boldsymbol{\theta})}C_{11}(\theta_i)P(D_1,H_1,\theta_i)\end{aligned}\tag{3.2.1}$$

式(3.2.1)的表示方法是认为信号参量的取值是离散的，而事实上参量的取值往往是连续的。先这样做是为了简单而且在概念上也比较明确，这是其一；其二是式中 $\sum\limits_{i(\boldsymbol{\varphi})}$（或 $\sum\limits_{i(\boldsymbol{\theta})}$）表示多重求和，其"重数"与矢量 $\boldsymbol{\varphi}$（或 $\boldsymbol{\theta}$）所表示的参量数目相同，变化指数 i 对应矢量 $\boldsymbol{\varphi}$（或 $\boldsymbol{\theta}$）中每个元素（即每个参量）的离散取值序号。

2. 性能分析

现在研究式(3.2.1)中的第一项。按概率论中的乘积定理，其第一项可以写成

$$\begin{aligned}\sum_{i(\boldsymbol{\varphi})}C_{00}(\varphi_i)P(D_0,H_0,\varphi_i)=&\sum_{i(\boldsymbol{\varphi})}C_{00}(\varphi_i)P(H_0)P(D_0,\varphi_i\mid H_0)=\\&\sum_{i(\boldsymbol{\varphi})}C_{00}(\varphi_i)P(H_0)P(\varphi_i\mid H_0)P(D_0\mid H_0,\varphi_i)\end{aligned}\tag{3.2.2}$$

正像前面指出的，通常信号参量的取值并不是离散的，而是连续的。式(3.2.2)在信号参量为连续随机变量时应为

$$\sum_{i(\boldsymbol{\varphi})} C_{00}(\varphi_i)P(D_0,H_0,\varphi_i)=\sum_{i(\boldsymbol{\varphi})} C_{00}(\varphi_i<\Phi_i\leqslant\varphi_i+\Delta\varphi_i)P(H_0)P(\varphi_i<\Phi_i\leqslant\varphi_i+\Delta\varphi_i\mid H_0)\cdot P(D_0\mid H_0,\varphi_i<\Phi_i\leqslant\varphi_i+\Delta\varphi_i) \tag{3.2.2a}$$

注意到

$$P(\varphi_i<\Phi_i\leqslant\varphi_i+\Delta\varphi_i\mid H_0)\approx p_0(\varphi_i)\Delta\varphi$$

式中，$p_0(\varphi_i)=P(\varphi_i\mid H_0)$。当 $\Delta\varphi\to 0$ 时，并考虑到 $\boldsymbol{\varphi}=(\varphi_1,\varphi_2,\cdots,\varphi_n)^{\mathrm{T}}$，式(3.2.2a)可以变成

$$C_{00}(\boldsymbol{\varphi})P(D_0,H_0,\boldsymbol{\varphi})=\int_{\boldsymbol{\varphi}} C_{00}(\boldsymbol{\varphi})P(H_0)p_0(\boldsymbol{\varphi})P_0(D_0\mid\boldsymbol{\varphi})\mathrm{d}\boldsymbol{\varphi} \tag{3.2.2b}$$

根据二择一的判决原理，式(3.2.2b)中

$$P_0(D_0\mid\boldsymbol{\varphi})=P(D_0\mid\boldsymbol{\varphi},H_0)=\int_{R_0} p_0(\boldsymbol{z}\mid\boldsymbol{\varphi})\mathrm{d}\boldsymbol{z}$$

于是式(3.2.2b)又可写成

$$C_{00}(\boldsymbol{\varphi})P(D_0,H_0,\boldsymbol{\varphi})=P(H_0)\int_{\boldsymbol{\varphi}}\int_{R_0} C_{00}(\boldsymbol{\varphi})p_0(\boldsymbol{\varphi})p_0(\boldsymbol{z}\mid\boldsymbol{\varphi})\mathrm{d}\boldsymbol{z}\mathrm{d}\boldsymbol{\varphi} \tag{3.2.2c}$$

类似地，可以得到式(3.2.1)中其他三项的相应表达式。于是式(3.2.1)可以写成

$$\begin{aligned}\overline{C}=&P(H_0)\int_{R_0}\int_{\boldsymbol{\varphi}} P_0(\boldsymbol{z}\mid\boldsymbol{\varphi})p_0(\boldsymbol{\varphi})C_{00}(\boldsymbol{\varphi})\mathrm{d}\boldsymbol{\varphi}\mathrm{d}\boldsymbol{z}+P(H_0)\int_{R_1}\int_{\boldsymbol{\varphi}} P_0(\boldsymbol{z}\mid\boldsymbol{\varphi})p_0(\boldsymbol{\varphi})C_{10}(\boldsymbol{\varphi})\mathrm{d}\boldsymbol{\varphi}\mathrm{d}\boldsymbol{z}+\\&P(H_1)\int_{R_0}\int_{\boldsymbol{\theta}} P_1(\boldsymbol{z}\mid\boldsymbol{\theta})p_1(\boldsymbol{\theta})C_{01}(\boldsymbol{\theta})\mathrm{d}\boldsymbol{\theta}\mathrm{d}\boldsymbol{z}+P(H_1)\int_{R_1}\int_{\boldsymbol{\theta}} P_1(\boldsymbol{z}\mid\boldsymbol{\theta})p_1(\boldsymbol{\theta})C_{11}(\boldsymbol{\theta})\mathrm{d}\boldsymbol{\theta}\mathrm{d}\boldsymbol{z}\end{aligned} \tag{3.2.3}$$

式中，$p_1(\boldsymbol{\theta})=P(\boldsymbol{\theta}\mid H_1)$。由于

$$\left.\begin{aligned}\int_{R_1} P_0(\boldsymbol{z}\mid\boldsymbol{\varphi})\mathrm{d}\boldsymbol{z}=1-\int_{R_0} P_0(\boldsymbol{z}\mid\boldsymbol{\varphi})\mathrm{d}\boldsymbol{z}\\\int_{R_1} P_1(\boldsymbol{z}\mid\boldsymbol{\theta})\mathrm{d}\boldsymbol{z}=1-\int_{R_0} P_1(\boldsymbol{z}\mid\boldsymbol{\theta})\mathrm{d}\boldsymbol{z}\end{aligned}\right\} \tag{3.2.4}$$

将式(3.2.4)代入式(3.2.3)，经过整理得

$$\begin{aligned}\overline{C}=&P(H_0)\int_{\boldsymbol{\varphi}} p_0(\boldsymbol{\varphi})C_{10}(\boldsymbol{\varphi})\mathrm{d}\boldsymbol{\varphi}+P(H_1)\int_{\boldsymbol{\theta}} p_1(\boldsymbol{\theta})C_{01}(\boldsymbol{\theta})\mathrm{d}\boldsymbol{\theta}+\\&\int_{R_0}\Big\{P(H_1)\int_{\boldsymbol{\theta}} P_1(\boldsymbol{z}\mid\boldsymbol{\theta})p_1(\boldsymbol{\theta})[C_{01}(\boldsymbol{\theta})-C_{11}(\boldsymbol{\theta})]\mathrm{d}\boldsymbol{\theta}-\\&P(H_0)\int_{\boldsymbol{\varphi}} P_0(\boldsymbol{z}\mid\boldsymbol{\varphi})p_0(\boldsymbol{\varphi})[C_{10}(\boldsymbol{\varphi})-C_{00}(\boldsymbol{\varphi})]\mathrm{d}\boldsymbol{\varphi}\Big\}\mathrm{d}\boldsymbol{z}\end{aligned} \tag{3.2.5}$$

式中，影响 $\overline{C}$ 大小的是区间 R_0 的选定，应用贝叶斯准则就是要定出使平均代价最小的 R_0 的范围。假定

$$\left.\begin{aligned} C_{10}(\boldsymbol{\varphi}) - C_{00}(\boldsymbol{\varphi}) > 0 \\ C_{01}(\boldsymbol{\theta}) - C_{11}(\boldsymbol{\theta}) > 0 \end{aligned}\right\} \tag{3.2.6}$$

则由于前两项与 R_0 无关，因此当 R_0 选成使式(3.2.5)对 z 的积分项的被积分函数为负值的区域时，$\bar{C}$ 即为最小值。按照这种推断，式(3.2.5)中 R_0 积分区间经变换，可得如下判决式，即

$$\bar{\Lambda}(\boldsymbol{z}) = \frac{\int_{\boldsymbol{\theta}} P_1(\boldsymbol{z} \mid \boldsymbol{\theta}) p_1(\boldsymbol{\theta}) [C_{01}(\boldsymbol{\theta}) - C_{11}(\boldsymbol{\theta})] \mathrm{d}\boldsymbol{\theta}}{\int_{\boldsymbol{\varphi}} P_0(\boldsymbol{z} \mid \boldsymbol{\varphi}) p_0(\boldsymbol{\varphi}) [C_{10}(\boldsymbol{\varphi}) - C_{00}(\boldsymbol{\varphi})] \mathrm{d}\boldsymbol{\varphi}} \underset{H_0}{\overset{H_1}{\gtrless}} \frac{P(H_0)}{P(H_1)} \tag{3.2.7}$$

式中，$\bar{\Lambda}(\boldsymbol{z})$ 表示平均似然比。

此判决表达式是复合假设的一般贝叶斯检验公式。若代价函数与变量 $\boldsymbol{\varphi}, \boldsymbol{\theta}$ 无关，则判决式为

$$\bar{\Lambda}(\boldsymbol{z}) = \frac{\int_{\boldsymbol{\theta}} P_1(\boldsymbol{z} \mid \boldsymbol{\theta}) p_1(\boldsymbol{\theta}) \mathrm{d}\boldsymbol{\theta}}{\int_{\boldsymbol{\varphi}} P_0(\boldsymbol{z} \mid \boldsymbol{\varphi}) p_0(\boldsymbol{\varphi}) \mathrm{d}\boldsymbol{\varphi}} \underset{H_0}{\overset{H_1}{\gtrless}} \frac{P(H_0)(C_{10} - C_{00})}{P(H_1)(C_{01} - C_{11})} \tag{3.2.8}$$

注意到在 H_1 情况下

$$P_1(\boldsymbol{z} \mid \boldsymbol{\theta}) p_1(\boldsymbol{\theta}) = P_1(\boldsymbol{z}, \boldsymbol{\theta})$$

和

$$\int_{\boldsymbol{\theta}} P_1(\boldsymbol{z}, \boldsymbol{\theta}) \mathrm{d}\boldsymbol{\theta} = P_1(\boldsymbol{z})$$

类似的情况也适用于 H_0 假设，此时式(3.2.8)的判决式可表示为

$$\bar{\Lambda}(\boldsymbol{z}) = \frac{P_1(\boldsymbol{z})}{P_0(\boldsymbol{z})} \underset{H_0}{\overset{H_1}{\gtrless}} \frac{P(H_0)(C_{10} - C_{00})}{P(H_1)(C_{01} - C_{11})} \tag{3.2.9}$$

显然，在先验概率密度函数 $p_0(\boldsymbol{\varphi})$ 及 $p_1(\boldsymbol{\theta})$ 为已知，且代价函数又与参量无关的情况下，复合假设检验在形式上就变为简单假设检验。但这里需要指出，所谓变为简单假设检验，只是门限的计算与简单假设检验相同，而似然函数的计算多了一次积分，平滑了未知参量，变为平均似然比，使得性能不是最佳。

在许多情况下假设 H_0 是简单的，即此时信号为零；假设 H_1 是复合的(例如雷达的信号检测问题，其中零假设表示无信号，当然也就无参量可谈，只能是简单的)，若 C_{01}, C_{11} 与变量 $\boldsymbol{\theta}$ 无关，则判决式为

$$\bar{\Lambda}(\boldsymbol{z}) = \frac{\int_{\boldsymbol{\theta}} P_1(\boldsymbol{z} \mid \boldsymbol{\theta}) p(\boldsymbol{\theta}) \mathrm{d}\boldsymbol{\theta}}{P_0(\boldsymbol{z})} \underset{H_0}{\overset{H_1}{\gtrless}} \frac{P(H_0)(C_{10} - C_{00})}{P(H_1)(C_{01} - C_{11})} \tag{3.2.10}$$

在雷达信号的检测问题中，第一类错误概率即为虚警概率

$$P_{\mathrm{F}}=P(D_1 \mid H_0)=\int_{R_1} P_0(z)\mathrm{d}z \tag{3.2.11}$$

对于一个给定的 $\boldsymbol{\theta}$ 值，第二类错误概率即为漏报概率

$$P_{\mathrm{M}}=P(D_0 \mid \theta, H_1)=\int_{R_0} P_1(z \mid \boldsymbol{\theta})\mathrm{d}z \tag{3.2.12}$$

例 3.1 在二元复合假设检验下，观测信号分别为

$$H_0: z \sim N(0,\sigma_n^2)$$
$$H_1: z \sim N(m,\sigma_n^2)$$

其中均值 m 是未知量。这样，假设 H_0 是简单的，假设 H_1 是复合的。试按如下给定条件建立不同情况下的复合假设检验：

① m 的概率密度已知；

② 仅知 m 的取值为 $m_0 \leqslant m \leqslant m_1$，且 $m_0>0$；

③ 仅知 m 的取值为 $m_0 \leqslant m \leqslant m_1$，且 $m_1<0$。

解 由观测信号，其似然函数为

$$p(z|m,H_1)=\left(\frac{1}{2\pi\sigma^2}\right)^{\frac{1}{2}}\exp\left[-\frac{(z-m)^2}{2\sigma^2}\right]$$

$$p(z|H_0)=\left(\frac{1}{2\pi\sigma^2}\right)^{\frac{1}{2}}\exp\left(-\frac{z^2}{2\sigma^2}\right)$$

① 假定已知参量 m 的概率密度函数 $p(m)$ 为

$$p(m)=\left(\frac{1}{2\pi\sigma_m^2}\right)^{\frac{1}{2}}\exp\left(-\frac{m^2}{2\sigma_m^2}\right), \quad -\infty<m<+\infty$$

则似然比为

$$\Lambda(z)=\frac{\int_{-\infty}^{\infty}\left(\frac{1}{2\pi\sigma_n^2}\right)^{\frac{1}{2}}\exp\left[-\frac{(z-m)^2}{2\sigma^2}\right]\left(\frac{1}{2\pi\sigma_m^2}\right)^{\frac{1}{2}}\exp\left(-\frac{m^2}{2\sigma_m^2}\right)\mathrm{d}m}{\left(\frac{1}{2\pi\sigma^2}\right)^{\frac{1}{2}}\exp\left(-\frac{z^2}{2\sigma^2}\right)}=$$

$$\frac{\left[\frac{1}{2\pi(\sigma^2+\sigma_m^2)}\right]^{\frac{1}{2}}\exp\left[-\frac{z^2}{2(\sigma^2+\sigma_m^2)}\right]}{\left(\frac{1}{2\pi\sigma^2}\right)^{\frac{1}{2}}\exp\left(-\frac{z^2}{2\sigma^2}\right)}=\left(\frac{\sigma^2}{\sigma^2+\sigma_m^2}\right)^{\frac{1}{2}}\exp\left[\frac{z^2\sigma_m^2}{2\sigma^2(\sigma^2+\sigma_m^2)}\right]$$

若似然比检测门限为 λ_0，取对数得判决规则为

$$z^2 \underset{H_0}{\overset{H_1}{\gtrless}} \frac{2\sigma^2(\sigma^2+\sigma_m^2)}{\sigma_m^2}\left[\ln\lambda_0+\frac{1}{2}\ln\left(1+\frac{\sigma_m^2}{\sigma^2}\right)\right]$$

这样，判决准则确定后，门限 λ_0 就定了，上式就可完成是假设 H_1 成立，还是假设 H_0 成立的判

决了。

② 假定 $m_0 \leqslant m \leqslant m_1$，不知道其概率密度函数 $p(m)$。于是取 m 为某定值，试用奈曼-皮尔逊准则。似然比为

$$\Lambda(z)=\exp\left[\frac{z^2}{2\sigma^2}-\frac{(z-m)^2}{2\sigma^2}\right]=\exp\left(\frac{2mz-m^2}{2\sigma^2}\right)$$

于是，判决准则为

$$mz-\frac{m^2}{2}\underset{H_0}{\overset{H_1}{\gtrless}}\sigma^2\ln\lambda_0$$

若 $m_0>0$，即 m 仅取非负值，则判决规则为

$$z\underset{H_0}{\overset{H_1}{\gtrless}}\frac{\sigma^2\ln\lambda_0}{m}+\frac{m}{2}\triangleq\lambda'_{0^+}$$

其中 λ'_{0^+} 是表示检验中 $m>0$ 时的门限值，λ'_{0^+} 的取值可以为负。在这种情况下，检测门限 λ'_{0^+} 取决于

$$\int_{\lambda'_{0^+}}^{\infty}\left(\frac{1}{2\pi\sigma^2}\right)^{\frac{1}{2}}\exp\left(-\frac{l^2}{2\sigma^2}\right)\mathrm{d}l=\alpha$$

判决域划分如图 3.1(a) 所示。

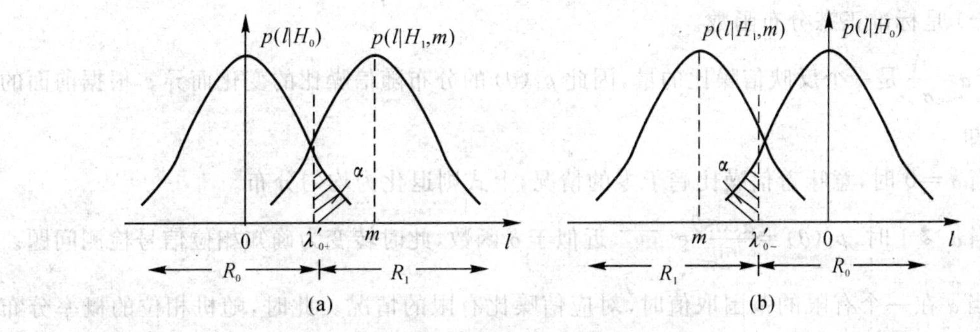

图 3.1　m 的正负与判决域划分

(a) 为正时的判决域；(b) 为负时的判决域

③ 若 $m_1<0$，即 m 仅取负值，则判决规则为

$$z\underset{H_0}{\overset{H_1}{\gtrless}}\frac{\sigma^2\ln\lambda_0}{m}+\frac{m}{2}\triangleq\lambda'_{0^-}$$

其中 λ'_{0^-} 是表示检验中 $m<0$ 时的门限值，而 λ'_{0^-} 值可以为正。在这种情况下，检测门限 λ'_{0^-} 取

决于

$$\int_{-\infty}^{\lambda'_0} \left(\frac{1}{2\pi\sigma^2}\right)^{\frac{1}{2}} \exp\left(-\frac{l^2}{2\sigma^2}\right) \mathrm{d}l = \alpha$$

判决域划分如图 3.1(b) 所示。

上述结果表明：若 m 仅取非负值，即 $m_0 > 0$，则判决规则与 m 无关，上述检验为一致最大功效检验，P_d 最大。

3.2.3 随机相位信号的非相参检测

1. 随机相位信号分布的一般规律

求解此类信号首先须确定其相位的概率分布表达式。如由"随机过程"中"合成信号相位的分布"部分知，窄带高斯噪声中的高频信号的相位分布可以表示为

$$p_1(\theta) = \frac{1}{2\pi}\mathrm{e}^{-\frac{\alpha^2}{2}} + \frac{\alpha\cos\theta}{\sqrt{2\pi}}\mathrm{e}^{-\frac{\alpha^2\sin^2\theta}{2}}\left[1 - Q\left(\frac{\alpha\cos\theta}{\sigma_n}\right)\right]$$

其中

$$Q(x) = \int_x^{\infty} \frac{1}{\sqrt{2\pi}}\mathrm{e}^{-\frac{u^2}{2}}\mathrm{d}u = 1 - \Phi(x)$$

式中，$\Phi(x)$ 是标准正态分布函数。

由于 $\alpha = \dfrac{A}{\sigma_n}$ 是一个反映信噪比的量，因此 $p_1(\theta)$ 的分布随信噪比的变化而异。根据前面的介绍，可知

① 当 $\alpha = 0$ 时，意味着信噪比趋于零的情况，上式则退化为均匀分布。

② 当 $\alpha \gg 1$ 时，$p_1(\theta) = \dfrac{\alpha\cos\theta}{\sqrt{2\pi}}\mathrm{e}^{-\frac{\alpha^2\sin^2\theta}{2}}$ 近似于 δ 函数，此时转变为确知相位信号检测问题。

③ 当 α 在一个有限的范围取值时，对应信噪比有限的情况。此时，随机相位的概率分布将是不确定的(参见"窄带高斯过程")，概率密度函数是一个以 α 为参变量的曲线族。

下面，主要介绍 θ 为均匀分布的情况。

2. 随机相位为均匀分布的情况

假定相位为随机变量，且在 $(0, 2\pi)$ 区间上均匀分布。这种分布意味着完全缺乏相位方面的先验知识，是一种最不利的分布。这类检验也属于复合检验。

下面仍然研究双择一检测问题，与前面分析不同的是，假定信号、噪声都是复数形式。

(1) 复数形式信号模型

观测信号为

$$\left.\begin{aligned} H_0: z(t) &= n(t), & 0 < t \leqslant T \\ H_1: z(t) &= a_0 s(t) + n(t), & 0 \leqslant t \leqslant T \end{aligned}\right\} \tag{3.2.13}$$

这里，重新定义各附属参数为 a_0 是信号的复幅度，$s(t)$ 是信号的归一化复包络，$n(t)$ 是平稳白高斯噪声的复合包络，则

$$\left.\begin{aligned} &E[n(t)] = 0 \\ &R(\tau) = E[n(t)n^*(t-\tau)] = 2N_0\gamma(\tau) \end{aligned}\right\} \tag{3.2.14}$$

且

$$\int_0^T |s(t)|^2 \mathrm{d}t = 1$$

$$\int_0^T |a_0|^2 |s(t)|^2 \mathrm{d}t = \frac{1}{2} |a_0|^2 = E$$

同时规定信号的初相位 $\theta_0 = \arg a_0$ 是随机的，且和代价函数无关。其先验概率密度函数

$$p_1(\theta_0) = \begin{cases} \dfrac{1}{2\pi}, & 0 \leqslant \theta_0 \leqslant 2\pi \\ 0, & \text{其他} \end{cases} \tag{3.2.15}$$

而信号的其他参量，如幅度 $|a_0|$、频率 f_0 及到达时间 τ 是确知的。

(2) 判决规则

根据式(3.2.10)即可得接收机的判决式为

$$\overline{\Lambda}(z) = \frac{\dfrac{1}{2\pi}\displaystyle\int_0^{2\pi} P_1(z \mid \theta_0)\,\mathrm{d}\theta_0}{P_0(z)} \underset{H_0}{\overset{H_1}{\gtrless}} \lambda_0 \tag{3.2.16}$$

由附 3.1 可得似然函数为

$$p_0(z) = F\exp\left\{-\frac{1}{2N_0}\int_0^T |z(t)|^2 \mathrm{d}t\right\} \tag{3.2.17}$$

$$p_1(z \mid \theta_0) = F\exp\left\{-\frac{1}{2N_0}\int_0^T |z(t) - a_0 s(t)|^2 \mathrm{d}t\right\} \tag{3.2.18}$$

这里

$$F = (2\pi N_0 B)^{-N}$$

故平均似然比

$$\overline{\Lambda}(z) = \frac{\dfrac{1}{2\pi}\displaystyle\int_0^{2\pi} \exp\left\{-\frac{1}{2N_0}\int_0^T |z(t) - a_0 s(t)|^2 \mathrm{d}t\right\}\mathrm{d}\theta_0}{\exp\left\{-\dfrac{1}{2N_0}\displaystyle\int_0^T |z(t)|^2 \mathrm{d}t\right\}} =$$

$$\frac{1}{2\pi}\exp\left\{-\frac{E}{N_0}\right\}\int_0^{2\pi} \exp\left\{\frac{1}{N_0}\left|a_0\int_0^T z(t)s^*(t)\mathrm{d}t\right|\cos(-\theta_0 + \theta)\right\}\mathrm{d}\theta_0 \tag{3.2.19}$$

式中利用了

$$\int_0^T |a_0|^2 |s(t)|^2 \mathrm{d}t = \frac{|a_0|^2}{2} = E \quad (E\ \text{为信号的能量})$$

及

$$-\theta_0 + \theta = \arg\left[a_0 \int_0^T z(t) s^*(t) \mathrm{d}t\right] \tag{3.2.20}$$

式中，θ_0 是 a_0 的随机初相位；θ 是 $z(t)s^*(t)$ 引起的随机相位。

利用贝塞尔函数中的积分公式

$$\frac{1}{2\pi}\int_0^{2\pi} \exp[|x|\cos(\theta-\theta_0)]\mathrm{d}\theta_0 = I_0(|x|) \tag{3.2.21}$$

式(3.2.19)变成

$$\bar{\Lambda}(z) = \mathrm{e}^{-\frac{E}{N_0}} I_0\left[\frac{1}{N_0}\left|a_0\int_0^T z(t)s^*(t)\mathrm{d}t\right|\right] = \mathrm{e}^{-\frac{E}{N_0}} I_0\left[\frac{1}{N_0}|a_0|\,|l[z(t)]|\right] \tag{3.2.22}$$

式中，$l[z(t)] = \int_0^T z(t)s^*(t)\mathrm{d}t$。

注意到 $I_0(\cdot)$ 的单调性，因此式(3.2.16)的判决关系可以近似成

$$|l[z(t)]| = \left|\int_0^T z(t)s^*(t)\mathrm{d}t\right| \underset{H_0}{\overset{H_1}{\gtrless}} \lambda_0' \tag{3.2.23}$$

显然，在随机相位信号的检测中，接收机的结构形式类似于确知信号。

由式(3.2.22)知，λ_0' 和 λ_0 之间关系为

$$\mathrm{e}^{-\frac{E}{N_0}} I_0\left(\frac{|a_0|}{N_0}\lambda_0'\right) = \lambda_0 \tag{3.2.24}$$

例如，在雷达信号检测中，若采用奈曼-皮尔逊准则，其门限可由虚警概率求得。

(3) 最佳接收机的构成

根据式(3.2.23)，在平稳白高斯噪声干扰下，最优处理器的结构如图 3.2 所示。图中各单元的计算均在复数域进行。由于无法利用相位信息，因而它是一个非相参检测系统。

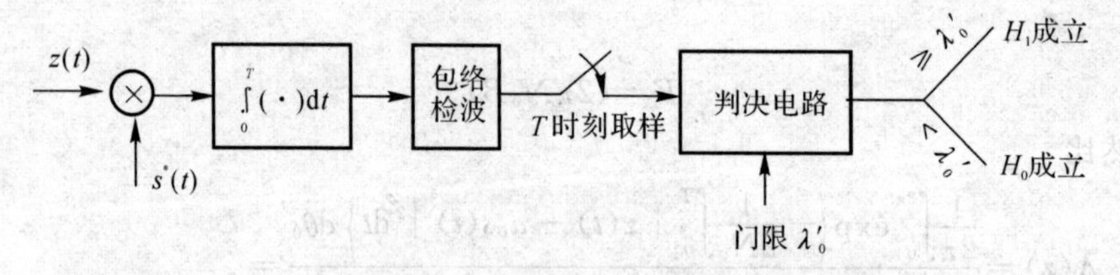

图 3.2 最优接收机结构

类似 2.7 节中关于匹配滤波器输出响应的讨论，若选 $t=t_0=T$，式(3.2.23)左边的相关运

算也可由匹配滤波器完成,如图 3.3 所示。

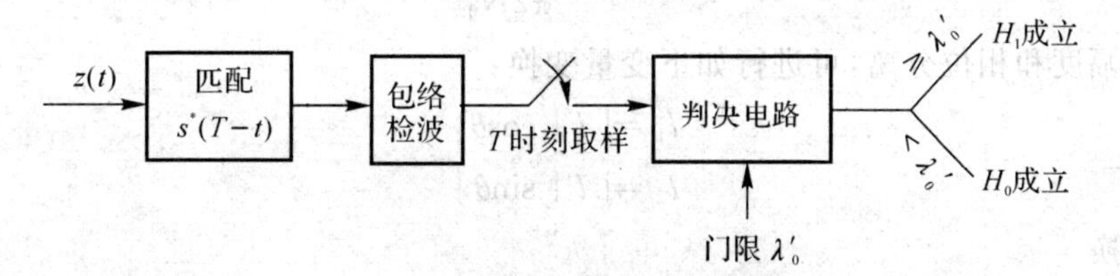

图 3.3　最优接收机的匹配滤波器结构

应当指出,匹配滤波器是与 $s(t)$ 匹配,而不是与 $a_0 s(t)$ 匹配。原因是信号复包络的 θ_0 是随机的,匹配滤波器对其随机相位无法实现。

与确知信号的检测一样,最优处理器的核心部分是匹配滤波器,这与线性处理时的结果是一致的。

(4) 接收机的工作特性

根据最优接收机的等效判决规则式(3.2.23),讨论接收机的工作特性时,需求出检验统计量的具体表达式。

1) 概率密度函数的求解

由式(3.2.23),统计量

$$|l[z(t)]| = \left|\int_0^T z(t)s^*(t)\mathrm{d}t\right| \tag{3.2.25}$$

在 H_0 和 H_1 下的密度分布函数可用 $P_0(|l|)$ 和 $P_1(|l|)$ 表示,分别求解如下:

①H_0 情况。当假设 H_0 为真时,$z(t)=n(t)$,有

$$l[z(t)] = \int_0^T z(t)s^*(t)\mathrm{d}t = \int_0^T n(t)s^*(t)\mathrm{d}t = l_1 + \mathrm{j}l_2 \tag{3.2.26}$$

由于 $n(t)$ 是高斯过程,其线性变换 l 仍为高斯的,其均值

$$E_0(l) = E\left[\int_0^T n(t)s^*(t)\mathrm{d}t\right] = 0 \tag{3.2.27}$$

方差

$$\mathrm{var}_0(l) = E[|l|^2] = E\left[\left|\int_0^T n(t)s^*(t)\mathrm{d}t\right|^2\right] =$$

$$2N_0\int_0^T |s(t)|^2\mathrm{d}t = 2N_0 \tag{3.2.28}$$

式(3.2.28) 在推导中使用了式(3.2.14) 的结论。于是,由式(3.2.26) 可以得知

$$P_0(l) = \frac{1}{\pi 2N_0}\mathrm{e}^{-\frac{|l|^2}{2N_0}} \tag{3.2.29}$$

或

$$P_0(l_1,l_2)=\frac{1}{\pi 2N_0}\mathrm{e}^{-\frac{l_1^2+l_2^2}{2N_0}} \tag{3.2.30}$$

为了将幅度和相位分离，可进行如下变量变换：

$$\left.\begin{aligned} l_1 &= |l|\cos\theta \\ l_2 &= |l|\sin\theta \end{aligned}\right\} \tag{3.2.31}$$

其雅可比变换

$$\boldsymbol{J}=\begin{vmatrix} \dfrac{\partial l_1}{\partial |l|} & \dfrac{\partial l_1}{\partial\theta} \\ \dfrac{\partial l_2}{\partial |l|} & \dfrac{\partial l_2}{\partial\theta} \end{vmatrix}=\begin{vmatrix} \cos\theta & -|l|\sin\theta \\ \sin\theta & |l|\cos\theta \end{vmatrix}=|l| \tag{3.2.32}$$

故有

$$P_0(|l|,\theta)=\frac{|l|}{\pi 2N_0}\mathrm{e}^{-\frac{|l|^2}{2N_0}} \tag{3.2.33}$$

于是

$$P_0(|l|)=\int_0^{2\pi}P_0(|l|,\theta)\mathrm{d}\theta=\frac{|l|}{N_0}\mathrm{e}^{-\frac{|l|^2}{2N_0}} \tag{3.2.34}$$

②H_1 情况。当假设 H_1 为真时，$z(t)=a_0s(t)+n(t)$，有

$$l[z(t)]=\int_0^T[a_0s(t)+n(t)]s^*(t)\mathrm{d}t=a_0+\int_0^T n(t)s^*(t)\mathrm{d}t \tag{3.2.35}$$

同样，l 也为一复高斯随机变量，其均值

$$E_1(l\mid\theta_0)=a_0 \tag{3.2.36}$$

方差

$$\mathrm{var}_1(l\mid\theta_0)=E(|l-a_0|^2)=2N_0 \tag{3.2.37}$$

于是

$$P_1(l\mid\theta_0)=\frac{1}{\pi 2N_0}\mathrm{e}^{-\frac{|l-a_0|^2}{2N_0}} \tag{3.2.38}$$

或

$$P_1(l_1,l_2\mid\theta_0)=\frac{1}{\pi 2N_0}\mathrm{e}^{-\frac{1}{2N_0}[|l|^2+|a_0|^2-2|a_0||l|\cos(\theta+\theta_0)]} \tag{3.2.39}$$

式中

$$\theta=\arg\int_0^T z(t)s^*(t)\mathrm{d}t \tag{3.2.40}$$

作式(3.2.31)类似的变换，则有

$$P_1(|l|,\theta\mid\theta_0)=\frac{|l|}{\pi 2N_0}\mathrm{e}^{-\frac{1}{2N_0}[|l|^2+|a_0|^2-2|a_0||l|\cos(\theta+\theta_0)]} \tag{3.2.41}$$

对 θ 积分，给出

$$P_1(|l||\theta_0)=\int_0^{2\pi}P_1(|l_1|,\theta|\theta_0)\mathrm{d}\theta=\frac{|l|}{N_0}\mathrm{e}^{-\frac{(|l|+|a_0|)}{2N_0}}I_0\left(\frac{1}{N_0}|a_0||l|\right)\tag{3.2.42}$$

再按 θ_0 为均匀分布，对式(3.2.42)进行统计平均得

$$P_1(|l|)=\int_0^{2\pi}\frac{1}{2\pi}P_1(|l||\theta_0)\mathrm{d}\theta_0=\frac{|l|}{N_0}\mathrm{e}^{-\frac{(|l|+|a_0|)}{2N_0}}I_0\left(\frac{1}{N_0}|a_0||l|\right)\tag{3.2.43}$$

2）工作特性分析

有了 $P_0(|l|)$ 和 $P_1(|l|)$，即可计算接收机的工作特性。虚警概率

$$P_\mathrm{F}=P(D_1|H_0)=\int_{\lambda_0}^{\infty}P_0(|l|)\mathrm{d}|l|=\mathrm{e}^{-\frac{\lambda_0'^2}{2N_0}}\tag{3.2.44}$$

在雷达中，使用奈曼-皮尔逊准则可利用此式按给定的 P_F 计算门限 λ_0'，有

$$\lambda_0'^2=-2N_0\ln P_\mathrm{F}\tag{3.2.45}$$

接收机的检测概率

$$P_\mathrm{D}=P(D_1|H_1)=\int_{\lambda_0'}^{\infty}P_1(|l|)\mathrm{d}|l|=\int_{\lambda_0'}^{\infty}\frac{|l|}{N_0}\mathrm{e}^{-\frac{(|l|^2+|a_0|^2)}{2N_0}}\cdot I_0\left(\frac{1}{N_0}|a_0||l|\right)\mathrm{d}|l|\tag{3.2.46}$$

把 $E=|a_0|^2/2$ 代入得

$$P_\mathrm{D}=\int_{\lambda_0'}^{\infty}\frac{|l|}{N_0}\mathrm{e}^{-\frac{|l|^2}{2N_0}-\frac{E}{N_0}}I_0\left(\sqrt{\frac{2E}{N_0}}\frac{|l|}{\sqrt{N_0}}\right)\mathrm{d}|l|\tag{3.2.47}$$

作变量变换 $x=|l|^2/2N_0$，并令 $\rho=E/N_0$，得

$$P_\mathrm{D}=\int_{\lambda_0'^2/2N_0}^{\infty}\frac{|l|}{N_0}\mathrm{e}^{-x-\rho}I_0(2\sqrt{\rho}\sqrt{x})\mathrm{d}x=\int_{-\ln P_\mathrm{F}}^{\infty}\mathrm{e}^{-x-\rho}I_0(2\sqrt{\rho}\sqrt{x})\mathrm{d}x\tag{3.2.48}$$

式(3.2.48)的积分表明了 P_D，P_F 和 $\rho=E/N_0$ 三者之间的关系。用积分的方法可以作出如图3.4所示的工作特性，其中以 $\rho=E/N_0$ 为参量。实用上较为方便的是以 P_F 为参量，作出 P_D 与 $\rho=E/N_0$ 之间的关系曲线，并称之为最优接收机的检测特性，示于图3.5中。为了比较方便，把确知信号的检测特性也画于图3.5中。可以看出，两类曲线之间 E/N_0 在给定检测概率的情况下，存在一定的差值，这是由于信号的相位信息未知的缘故。但是，由于最优处理器中利用了包络检波器，对信号分量来说，虽然初相角没有匹配，经包络检波后，其峰值没受影响；但对噪声来说，其强度加大了，因此，同样性能情况下信噪比之差基本上没有超过1dB。由于输出的不是噪声的瞬时值，而是噪声的幅度值，高斯分布的噪声变成了瑞利分布的噪声，于是在同样的门限下，较之高斯分布的噪声有较大的虚警概率。因此要维持同样的虚警概率和检测概率，就要求有较大的信噪比。这种关系的示意图如图3.6所示。

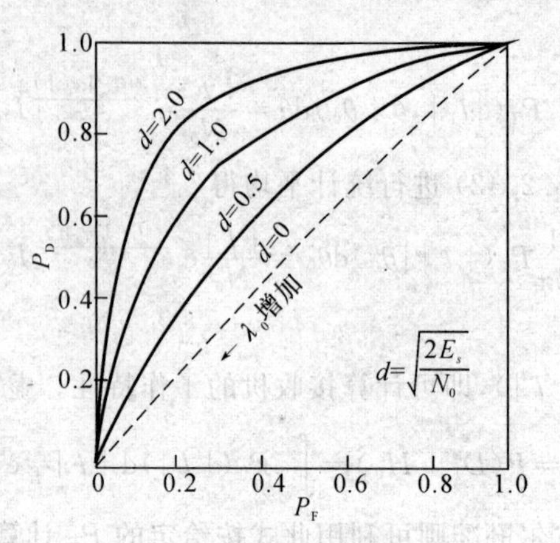

图 3.4 最优接收机的工作特性

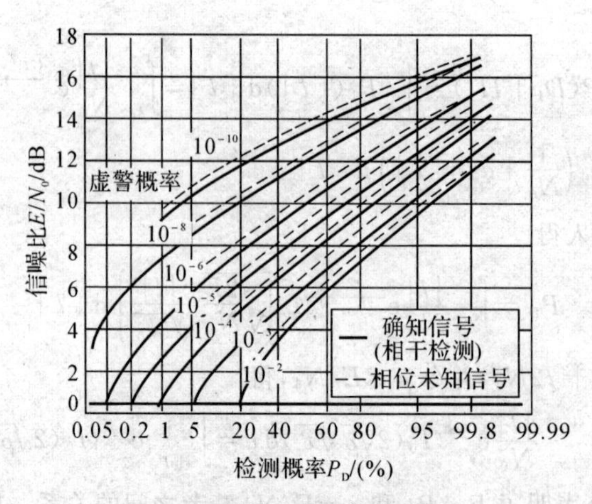

图 3.5 最优接收机的检测特性

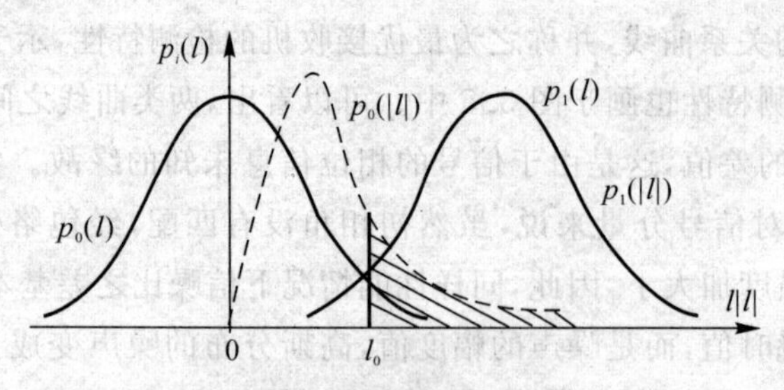

图 3.6 相参与非相参检测时信噪比损失的图解

3.2.4　随机振幅和相位信号的检测

随机振幅和相位信号与随机相位问题的分析方法类似，下面进行分析。

1. 信号模型

设观测信号模型为

$$z(t)=\begin{cases}a_0 s(t)+n(t), & 0\leqslant t\leqslant T\\ n(t), & 0\leqslant t\leqslant T\end{cases} \tag{3.2.49}$$

假设为

$$H_0: s_0(t)=0$$
$$H_1: s_1(t)=a_0 s(t)$$

$n(t)$ 仍表示带宽有限的零均值平稳高斯噪声，所不同的是不仅 a_0 的相位 $\theta_0=\arg a_0$ 是随机的，而且 $|a_0|$ 也是随机的，并且假定振幅 $|a_0|$ 和相位 θ_0 是统计独立的。$|a_0|$ 和 θ_0 的先验概率密度分布是已知的，θ_0 仍然是均匀分布

$$p_{11}(\theta_0)=\begin{cases}\dfrac{1}{2\pi}, & 0\leqslant\theta_0\leqslant 2\pi\\ 0, & \text{其他}\end{cases} \tag{3.2.50}$$

式中，$p_{11}(\theta_i)$ 的下脚 11 分别表示 H_1 和第一个参量 θ_0，以下同。

振幅 $|a_0|$ 假定具有瑞利分布

$$p_{12}(|a_0|)=\frac{|a_0|}{\sigma_0^2}\exp\left(-\frac{|a_0|^2}{2\sigma_0^2}\right),\quad |a_0|\geqslant 0 \tag{3.2.51}$$

式中，$2\sigma_0^2=E(|a_0|^2)$。实际上，这是一种慢瑞利衰落过程。

2. 判决规则

对于信号的其他参量如频率 f_0 和到达时间 τ，仍然假定是确知的。在这种情况下，根据式(3.2.10)，最优处理器的判决规则可以写成

$$\bar{\Lambda}(z)=\frac{\int_{\theta}P_1(z\mid\boldsymbol{\theta})p_1(\boldsymbol{\theta})\mathrm{d}\boldsymbol{\theta}}{P_0(z)}\underset{H_0}{\overset{H_1}{\gtrless}}\lambda_0 \tag{3.2.52}$$

因为式(3.2.52)中，$\boldsymbol{\theta}=(\theta_0,|a_0|)$，$P_1(\boldsymbol{\theta})=P_1(\theta_0,|a_0|)=P_{11}(\theta_0)p_{12}(|a_0|)$，所以式(3.2.52)可以更明确地写成

$$\bar{\Lambda}(z)=\frac{\int_{|a_0|}\int_{\theta_0}P_1(z\,|\,\theta_0,|a_0|)p_{11}(\theta_0)p_{12}(|a_0|)\mathrm{d}\theta_0 d|a_0|}{P_0(z)}\underset{H_0}{\overset{H_1}{\gtrless}}\lambda_0 \tag{3.2.53}$$

仿照式(3.2.22)的推导,条件似然比 $\bar{\Lambda}(z||a_0|)$ 可写成

$$\bar{\Lambda}(z||a_0|)=\frac{\int_{\theta_0}P_1(z|\theta_0,|a_0|)p_{11}(\theta_0)\mathrm{d}\theta_0}{P_0(z)}=\exp\left(-\frac{|a_0|^2}{2N_0}\right)I_0\left(\frac{1}{N_0}|a_0||l|\right) \tag{3.2.54}$$

其中 l 由式(3.2.23)给出。于是平均似然比

$$\bar{\Lambda}(z)=\int_{|a_0|}\bar{\Lambda}(z||a_0|)p_{12}(|a_0|)\mathrm{d}|a_0|=$$

$$\int_0^{\infty}\frac{|a_0|}{\sigma_0^2}\exp\left(-\frac{|a_0|^2}{2N_0}-\frac{|a_0|}{2\sigma_0^2}\right)I_0\left(\frac{|a_0|}{N_0}|l|\right)\mathrm{d}|a_0|=$$

$$\frac{N_0}{N_0+\sigma_0^2}\mathrm{e}^{\frac{|l|^2\sigma_0^2}{2N_0(N_0+\sigma_0^2)}} \tag{3.2.55}$$

在完成最后一步积分时,利用等式

$$\int_0^{\infty}I_0(\mu x)\mathrm{e}^{-vx^2}x\mathrm{d}x=\frac{1}{2v}\mathrm{e}^{\frac{\mu^2}{4v}}$$

从式(3.2.55)可以看出,$\bar{\Lambda}(z)$ 是 $|l|$ 的单调函数,故判决规则可以等效地写成

$$|l|\underset{H_0}{\overset{H_1}{\gtrless}}\lambda_0' \tag{3.2.56}$$

由式(3.2.55),可得

$$\frac{N_0}{N_0+\sigma_0^2}\exp\left[\frac{\lambda_0'^2\sigma_0^2}{2N_0(N_0+\sigma_0^2)}\right]=\lambda_0 \tag{3.2.57}$$

从而可求得等效门限 λ_0' 和 λ_0 之间的转换关系为

$$\lambda_0'=\left[2N_0\left(1+\frac{N_0}{\sigma_0^2}\right)\ln\left(\frac{N_0+\sigma_0^2}{N_0}\lambda_0\right)\right]^{\frac{1}{2}} \tag{3.2.58}$$

因此,此时最优处理器仍然是完成 $|l|$ 的计算,它的构成与随机相位信号时相同(见图3.2及图3.3),不过此时的门限值变了。

3. 检测性能(接收机工作特性)

现在以奈曼-皮尔逊准则为例分析检测性能。判决过程仍然是把检验统计量 $|l|$ 与门限相比较作出结论,而门限 λ_0' 是按满足给定的虚警概率计算的。由式(3.2.44)知

$$P_{\mathrm{F}}=\mathrm{e}^{-\frac{\lambda_0'^2}{2N_0}} \tag{3.2.59}$$

即

$$\lambda_0'=\sqrt{-2N_0\ln P_{\mathrm{F}}}$$

对于给定的 $|a_0|$ 值,检测概率是 $|a_0|$ 的函数,记作 $P_{\mathrm{D}}(|a_0|)$。对所有的 $|a_0|$ 求平均,即可得到平均检测概率,故

$$P_D=\int_{|a_0|}P_D(|a_0|)p_{12}(|a_0|)\mathrm{d}|a_0| \tag{3.2.60}$$

对原来给定的 $|a_0|$ 值，$P_D(|a_0|)$ 由式(3.2.46) 给出，故有

$$P_D(|a_0|)=\int_{\lambda_0}^{\infty}\frac{|l|}{N_0}\mathrm{e}^{-\frac{1}{2N_0}(|l|^2+|a_0|^2)}I_0\left(\frac{1}{N_0}|a_0||l|\right)\mathrm{d}|l|$$

同前面一样，假定 $p_{12}(|a_0|)$ 是瑞利分布，则

$$P_D=\int_0^{\infty}\int_{\lambda_0}^{\infty}\frac{|a_0|}{\sigma_0^2}\mathrm{e}^{\frac{|a_0|^2}{2\sigma_0^2}}\frac{|l|}{N_0}\mathrm{e}^{-\frac{1}{2N_0}(|l|^2+|a_0|^2)}I_0\left(\frac{1}{N_0}|a_0||l|\right)\mathrm{d}|l|\mathrm{d}|a_0|=\mathrm{e}^{\frac{\lambda_0^2}{2(N_0+\sigma_0^2)}} \tag{3.2.61}$$

对给定的信号振幅 $|a_0|$，信号的能量为 $E=|a_0|^2/2$。当 $|a_0|$ 呈瑞利衰落时，平均能量

$$\bar{E}=\int_0^{\infty}\frac{|a_0|^2}{2}\frac{|a_0|}{\sigma_0^2}\mathrm{e}^{\frac{|a_0|^2}{2\sigma_0^2}}\mathrm{d}|a_0|=\sigma_0^2 \tag{3.2.62}$$

将式(3.2.62) 和式(3.2.59) 代入式(3.2.61) 得

$$P_D=\mathrm{e}^{\frac{N_0\ln P_F}{N_0+\bar{E}}}=P_F^{\frac{1}{1+\bar{E}/N_0}} \tag{3.2.63}$$

此式表明了检测概率 P_D、虚警概率 P_F 和平均能量信噪比三者之间的关系，此关系示于图 3.7 中。

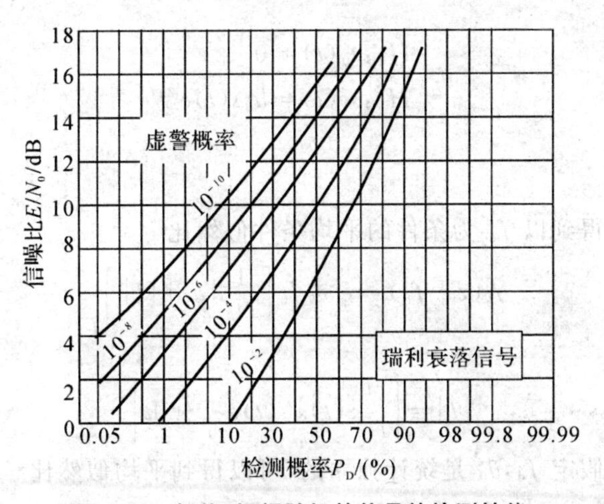

图 3.7　相位、振幅随机的信号的检测性能

从图 3.7 和图 3.5 的比较中看出，在高信噪比的部分，振幅的随机衰减使检测概率降低；而在低信噪比的部分，检测概率反而提高了。这种现象可以作如下解释：在高信噪比时，即对平均信号能量而言，信号本应有较大的可能性超过门限而被发现，但由于信号振幅的随机性，即信号振幅可能低于平均值（计算门限用平均值），因而增加了信号幅值低于门限的机会，使检测概率下降；而在低信噪比部分，情况则相反，即对平均信号能量而言，信号被发现的可能性

小，但由于振幅 $|a_0|$ 的起伏，必有超过平均值的部分，与恒定幅度的信号相比，振幅起伏衰落的信号反而增加了被发现的机会，因而检测概率反而提高了。

3.2.5 随机频率信号的检测

1. 信号模型

在雷达中，从运动目标反射回来的信号，其频率与发射信号频率相差一个多普勒频移 $f_d=\frac{2v}{c}f_0$（其中 v 为目标相对雷达运动的径向速度，c 为光速）。由于 v 是未知的，多普勒频移 f_d 是一个随机量，因而接收机处接收的观测信号频率也是随机的，本节将研究这种信号的最优检测问题。

假定信号的相位是均匀分布的，信号的振幅及到达时间是已知的，频率是随机变量，其概率密度分布为 $p(f_d)$，$f_l\leqslant f_d\leqslant f_h$，噪声为零均值窄带平稳高斯噪声。观测信号为

$$z(t)=\begin{cases}a_0 s(t)\mathrm{e}^{\mathrm{j}2\pi f_d t}+n(t), & 0\leqslant t\leqslant T\\ n(t) & 0\leqslant t\leqslant T\end{cases} \tag{3.2.64}$$

相应地假设

$$H_0: s_0(t)=0$$
$$H_1: s_1(t)=a_0 s(t)\mathrm{e}^{\mathrm{j}2\pi f_d t}$$

2. 判决规则

应用式(3.2.22)得到以 f_d 为条件的平均条件似然比

$$\bar{\Lambda}(z\mid f_d)=\mathrm{e}^{-\frac{E}{N_0}}I_0\left[\frac{1}{N_0}|a_0||l|\right] \tag{3.2.65}$$

式中

$$|l|=\left|\int_0^T z(t)s^*(t)\mathrm{e}^{-\mathrm{j}2\pi f_d t}\mathrm{d}t\right| \tag{3.2.66}$$

由式(3.2.10)和假定 f_d,θ_0 是统计独立的，可以得到平均似然比

$$\bar{\Lambda}(z)=\int_{f_l}^{f_h}\bar{\Lambda}(z\mid f_d)p(f_d)\mathrm{d}f_d \tag{3.2.67}$$

严格地求出式(3.2.67)的积分是比较困难的，但只要 $\bar{\Lambda}(z\mid f_d)$ 是 f_d 的连续函数，通常求解式(3.2.67)总是可能的。

现在采用一种合理的近似办法来计算：将 f_l 到 f_h 间的频段上以间隔 Δf_d 分成 M 等分，即

$$M=\frac{f_h-f_l}{\Delta f_d} \tag{3.2.68}$$

任意间隔上的频率 f_{di} 可以写成

$$f_{di}=f_l+i\Delta f_d,\quad i=1,2,\cdots,M \tag{3.2.69}$$

于是在每一间隔 Δf_d，f_{di} 出现的概率为

$$P(f_{di})=p(f_{di})\Delta f_d \tag{3.2.70}$$

将式(3.2.67)的积分写成近似的离散值求和的形式

$$\overline{\Lambda}(\boldsymbol{z})=\sum_{i=1}^{M}\Lambda(\boldsymbol{z}\mid f_{di})p_{13}(f_{di})\Delta f_d=\sum_{i=1}^{M}\Lambda(\boldsymbol{z}\mid f_{di})P(f_{di}) \tag{3.2.71}$$

式中，$P(f_{di})$ 表示 $p(f_{di})$ 在 Δf_d 频率段内出现的概率。

由此可见，随机频率信号的最优处理器可由图 3.8 所示的形式构成。从式(3.2.71)和式(3.2.65)、式(3.2.66)中可清楚地看出，各路中的匹配滤波器的冲激响应为

$$h_i(t)=s_0^*(T-t)\mathrm{e}^{-\mathrm{j}2\pi f_{di}(T-t)} \tag{3.2.72}$$

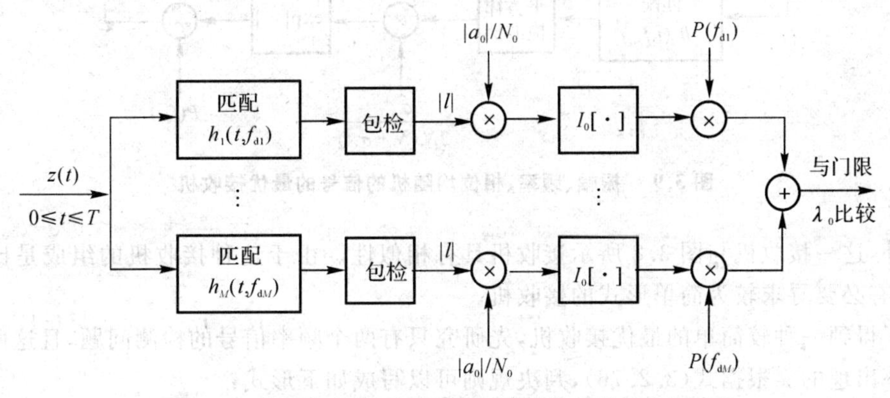

图 3.8　随机频率、相位而振幅恒定的信号的最优处理器

3. 振幅具有瑞利衰落的情况时随机频率信号的检测

由于振幅瑞利衰落，因此此时 $|a_0|$ 是随机变化的，其他条件同前面假设。

类似随机振幅和相位的分析，可得条件似然比

$$\overline{\Lambda}(\boldsymbol{z}\mid f_d)=\frac{N_0}{N_0+\sigma_0^2}\mathrm{e}^{\frac{|l|^2\sigma_0^2}{2N_0(N_0+\sigma_0^2)}} \tag{3.2.73}$$

式中 $|l|$ 仍为

$$|l|=\left|\int_0^T z(t)s^*(t)\mathrm{e}^{-\mathrm{j}2\pi f_d t}\mathrm{d}t\right| \tag{3.2.74}$$

平均似然比

$$\overline{\Lambda}(\boldsymbol{z})=\int_{f_l}^{f_h}\overline{\Lambda}(\boldsymbol{z}\mid f_d)p_{13}(f_d)\mathrm{d}f_d \tag{3.2.75}$$

类似地，用离散值求和近似代替式(3.2.75)的积分得

$$\overline{\Lambda}(z)=\sum_{i=1}^{M}\overline{\Lambda}(z\mid f_{di})P(f_{di})=\frac{N_0}{N_0+\sigma_0^2}\sum_{i=1}^{M}e^{\frac{|l_i|^2\sigma_0^2}{2N_0(N_0+\sigma_0^2)}}P(f_{di}) \tag{3.2.76}$$

从而可构成接收机系统如图 3.9 所示。应该注意的是,判决式使用统计量的平方项,因此图 3.9 中使用了平方律检波器。

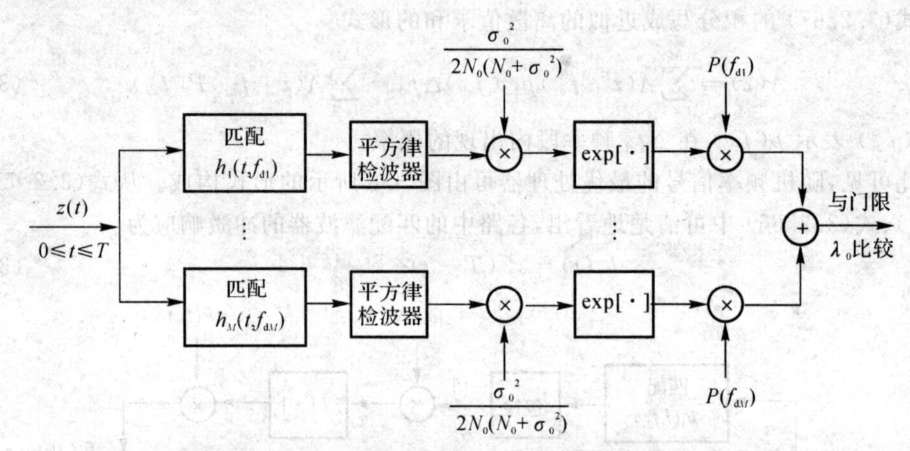

图 3.9 振幅、频率、相位均随机的信号的最优接收机

另外,这一接收机与图 3.8 所示接收机具有相似性。由于这种接收机的组成是比较复杂的,因而有必要寻求较为简单形式的接收机。

为了得到一种较简单的最优接收机,先研究只有两个频率信号的检测问题,且这两个频率是等概率出现的。根据式(3.2.76),判决规则可以写成如下形式:

若

$$\overline{\Lambda}'(z)=\sum_{i=1}^{2}e^{\frac{|l_i|^2\sigma_0^2}{2N_0(N_0+\sigma_0^2)}}=e^{Q_1^2}+e^{Q_2^2}\underset{H_0}{\overset{H_1}{\gtrless}}\lambda_0' \tag{3.2.77}$$

式中

$$Q_i^2=\frac{|l_i|^2\sigma_0^2}{2N_0(N_0+\sigma_0^2)} \tag{3.2.78}$$

λ_0'为门限,可用

$$\lambda_0'=\frac{\lambda_0(N_0+\sigma_0^2)}{N_0} \tag{3.2.79}$$

求得。对几个不同门限值,用 Q_1 和 Q_2 表示的判决区域示于图 3.10 中。注意到较高门限的判决区域接近于正方形,因而可以考虑以平行于坐标轴的虚线来近似作为判决边界。采用边界进行判决后,判决门限 λ_0' 实际上是由 Q_1,Q_2 中的较大者近似决定的,亦即是 $|l_i|^2$ 中较大者决定。于是判决规则为

若

$$\max[\,|\,l_1\,|,\,|\,l_2\,|\,]\ \underset{H_0}{\overset{H_1}{\gtrless}}\ \lambda_{\mathrm{T}} \tag{3.2.80}$$

式中，λ_{T} 为门限，可用下式求得

$$\exp\left[\frac{\sigma_0^2\lambda_{\mathrm{T}}^2}{2N_0(N_0+\sigma_0^2)}\right]=\lambda_0' \tag{3.2.81}$$

根据式(3.2.80)，双频率时的最优处理器可近似按图 3.11 所示形式组成。

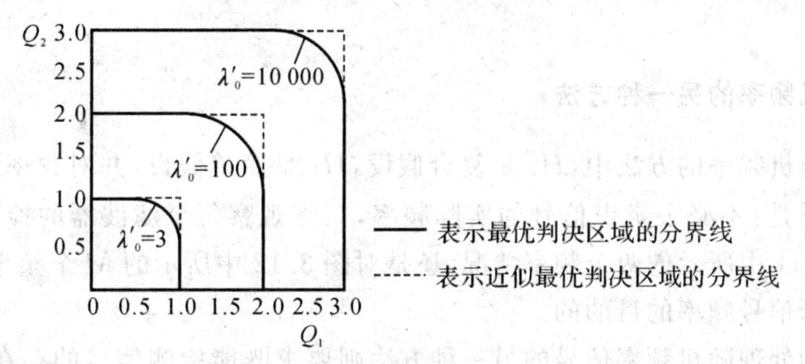

图 3.10　检测随机频率信号的判决区域

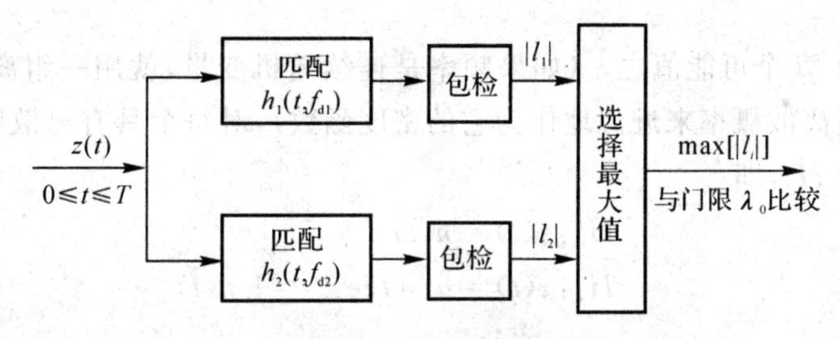

图 3.11　在双频率时最优处理器的近似结构

上面的结果可以推广到 M 个频率的情况。对于图 3.9 所示的最优接收机，其近似形式是若干匹配滤波器的检波器的组合体，并且选择最大的输出与门限进行比较，如图 3.12 所示。这种形式的接收机是通用的。在噪声电平未知时，它确实有优越之处。因为这种情况难以定出一个门限来控制虚警概率(因为不知道噪声电平)，但在图 3.11、图 3.12 中取得每个检波器的输出后，便可能将它们一一进行比较了。如果有一个输出比其他输出大得多，就相当清楚地表明了信号已出现。这种判决可以在不完全了解噪声电平的情况下进行，并对虚警概率进行控制。因为信号只在一个频率信道中出现，所以其他信道合在一起便可以用来估计噪声电平，并由此来估计门限。

图 3.11 和图 3.12 所示的近似是针对一种指数非线性的接收机作出的。可以证明，同样

的近似对图 3.8 中的贝塞尔函数非线性也有效。

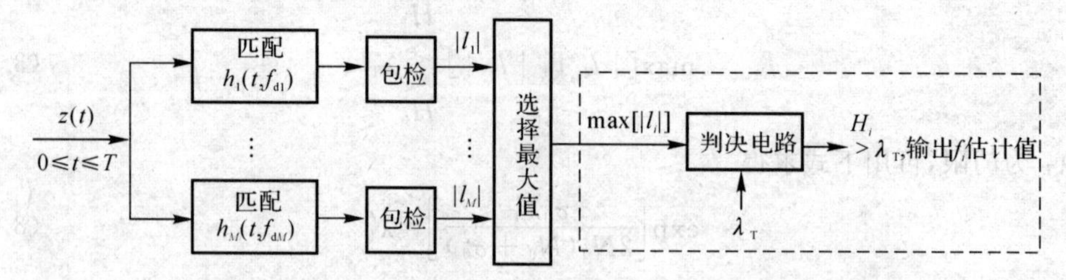

图 3.12 检测具有 M 个频率之一的信号或仅有噪声的接收机结构

4. 处理随机频率的另一种方法

上述处理随机频率的方法中,H_1 是复合假设,H_0 是简单假设,并对频率变量作了平均。这种作法的实质是:不必去辨识信号的实际频率,只需观察每个滤波器的检测输出即可。因此,不论对图 3.11 中所示的两个频率情况,还是对图 3.12 中所示的 M 个频率的情况来说,是有可能达到判断信号频率的目的的。

这里采用的处理随机频率信号的另一种方法则要求既能检测信号的存在,又能识别其频率。这里的识别其频率实际上是信号参量(频率)的估计问题,也可以用 M 择一假设检验的角度来研究此问题。

设信号频率为 M 个可能值之一(如果频率是连续随机变量,就用一组离散值来作它的近似,相应地,用一组离散概率来近似地作为它的密度函数),对每个具有离散频率 f_{di} 的信号相应地安排一个假设 H_i,即

$$\begin{aligned}
&H_0: z(t)=n(t)\\
&H_1: z(t)=a_0 s(t)\mathrm{e}^{\mathrm{j}2\pi f_{d1}t}+n(t)\\
&\quad\vdots\\
&H_M: z(t)=a_0 s(t)\mathrm{e}^{\mathrm{j}2\pi f_{dM}t}+n(t)
\end{aligned}$$

假定相位是均匀分布的。为了简单起见,还假定各频率等概率地出现,因而 $P(f_{di})=\dfrac{1}{M}$,$i=1,2,\cdots,M$。第 i 个假设与零假设的似然比

$$\boldsymbol{\Lambda}_i=\frac{P_i(z)}{P_0(z)}=\mathrm{e}^{-\frac{E}{N_0}}I_0\left(\frac{|a_0|}{N_0}|l_i|\right),\quad i=1,2,\cdots,M \tag{3.2.82}$$

如果这些值没有一个大于给定门限 λ_0,就选择 H_0,否则选择对应用于最大 l_i 的假设。对于振幅相同以及可能频率具有相等概率的情形,按 $|l_i|$ 作出判决的规则可以表述为:若最大的 $|l_i|$ 超过给定门限 λ_T,则选择 H_i,否则选择 H_0,如图 3.12 所示。因此,所有频率为等概率的最优接收机与复合假设时的接收机的近似形式相同。对振幅衰落的信号也可以得到同样的

结果。

这种接收机的结构类似于图 3.11，但在其输出端要增加一个 M 元的判决机构，如图 3.12 所示。

3.2.6　随机相位和随机到达时间信号的检测

前面研究的问题，都限于信号到达时间为已知的情况。当信号在时间轴上的位置（到达时间）未知时，可以类似地按随机频率信号检测那样，即可以采取双择一复合假设的方法，也可以采用 M 择一假设检验的方法。

当采用双择一复合假设检验的方法时

$$\left.\begin{aligned} &H_0: z(t) = n(t), \quad \tau \leqslant t \leqslant \tau + T \\ &H_1: z(t) = a_0 s(t-\tau) + n(t), \quad \tau \leqslant t \leqslant \tau + T \end{aligned}\right\} \tag{3.2.83}$$

其中 $a_0 s(t)$ 定义于 $\tau \leqslant t \leqslant \tau + T$ 区间，到达时间 τ 的概率密度 $p(\tau)$ 定义于 $0 \leqslant \tau \leqslant \tau_m$ 区间。复包络的相位 $\theta_0 = \arg a_0$ 为均匀分布，f_d 和 $|a_0|$ 为常数，$n(t)$ 为窄带平稳正态噪声，利用式 (3.2.22) 的结论，以 τ 为条件的条件平均似然比为

$$\overline{\Lambda}(\boldsymbol{z} \mid \tau) = \mathrm{e}^{-\frac{E}{N_0}} I_0\left(\frac{|a_0|}{N_0} |l(\tau + T)|\right) \tag{3.2.84}$$

式中

$$|l(\tau + T)| = \left| \int_{\tau}^{T+\tau} z(t) s^*(t-\tau) \mathrm{d}t \right| \tag{3.2.85}$$

故平均似然比

$$\overline{\Lambda}(\boldsymbol{z}) = \int_0^{\tau_m} \overline{\Lambda}(\boldsymbol{z} \mid \tau) p(\tau) \mathrm{d}\tau = \int_0^{\tau_m} \mathrm{e}^{-\frac{E}{N_0}} I_0 \left[\frac{|a_0|}{N_0} l(\tau + T)\right] p(\tau) \mathrm{d}\tau =$$

$$\int_T^{T+\tau_m} \mathrm{e}^{-\frac{E}{N_0}} I_0 \left[\frac{|a_0|}{N_0} |l(u)|\right] p(u - T) \mathrm{d}u \tag{3.2.86}$$

由此式所得的接收机如图 3.13 所示。

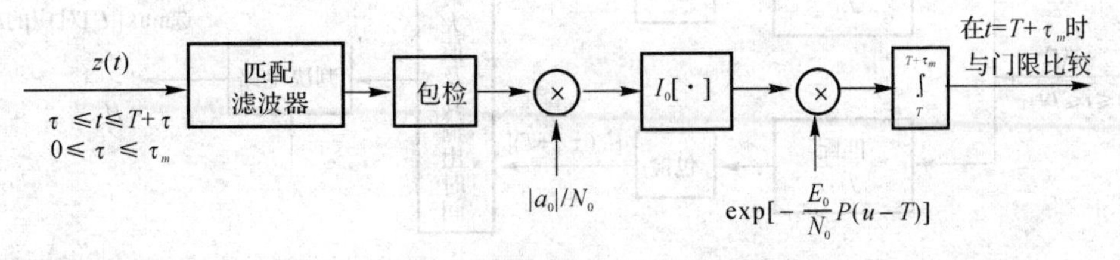

图 3.13　随机到达时间信号的检测

为了引出与随机频率情况相似的结果，设随机到达时间被量化为一组等概率的离散延时 $\tau_i, i = 1, 2, \cdots, m$，则接收机可按图 3.14 所示组成。该方法不但可检测信号的存在，也能估计

出 τ_i。

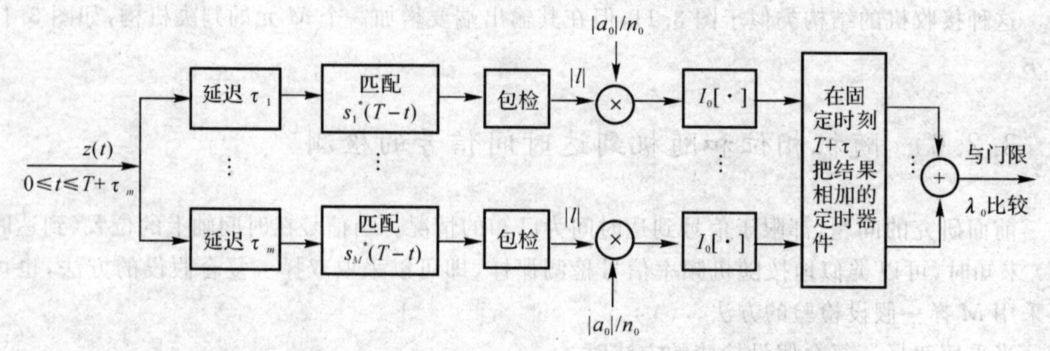

图 3.14　等概率离散随机到达时间信号最优接收机的一种实现方法

类似于随机频率的情况，这一接收机的近似形式可由 $|l(\tau_i+T)|$ 的最大值与门限相比较来实现，当它的值超过门限时，便选择信号的存在。

也可以采用 M 择一的备择假设的方法来确定信号的存在。如果信号存在，便能确定出它的到达时间（这是 τ 的估值问题）。假设为

$$
\begin{aligned}
H_0&: z(t)=n(t)\\
H_1&: z(t)=a_0 s(t-\tau_1)+n(t)\\
H_2&: z(t)=a_0 s(t-\tau_2)+n(t)\\
&\vdots\\
H_m&: z(t)=a_0 s(t-\tau_m)+n(t)
\end{aligned}
$$

对于信号 $a_0 s(t)$，$0\leqslant t\leqslant T$ 和等概率到达时间的情况，接收机可以这样来实现：首先选择图 3.14 所示包络检波器输出 $|l(\tau_i+T)|$ 的最大值，然后将该值与门限相比较，若小于门限，则选择 H_0，否则选择对应 $|l(\tau_i+T)|$ 的假设 H_i，其实现方法如图 3.15 所示。

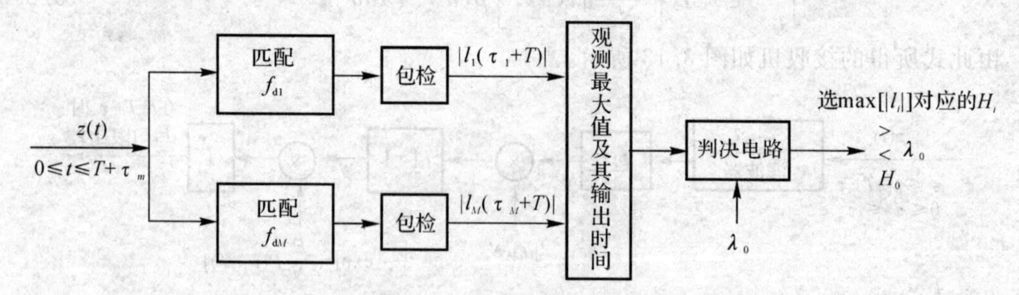

图 3.15　既检测信号又估计频率和时延的最优接收机

由于上述方案比较复杂，考虑到匹配滤波器对时延的适应性，即信号到达时间延迟 τ，则匹配滤波器的输出信号峰值也相应地延迟 τ。可把多通道系统简化为单通道系统，如图 3.16

所示。

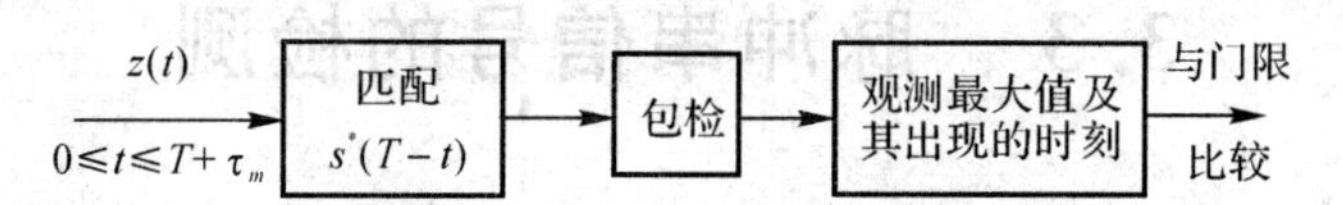

图 3.16　既检测信号又估计其到达时间的单通道最优接收机

对于信号振幅呈瑞利衰落的情况,可得同样结果,只是门限有所不同。

3.2.7　随机频率和随机到达时间信号的检测

此种情况和前面所述的情况相似,这里只简单介绍其分析步骤。应用离散频率及到达时间的 M 择一的备择假设检验方法,假设为

$$H_0: z(t)=n(t)$$

$$H_{ij}: z(t)=a_0 s(t-\tau_i)\mathrm{e}^{\mathrm{j}2\pi f_{\mathrm{d}j}t}+n(t),\quad 0\leqslant\tau_i\leqslant\tau_m,\quad f_{\mathrm{d}l}\leqslant f_{\mathrm{d}j}\leqslant f_{\mathrm{d}m}$$

其中 $s(t)$ 定义于 $0\leqslant t\leqslant T$ 区间,H_{ij},$0\leqslant i\leqslant m$,$0\leqslant j\leqslant m$,表示发生于某一离散函数频率和某一延时的事件。假设频率和到达时间被量化,并且都是均匀分布和统计独立的,则条件似然比

$$\bar{\Lambda}(z\mid\tau_i,f_{\mathrm{d}j})=\mathrm{e}^{-\frac{E}{N_0}}I_0\left(\frac{|a_0|}{N_0}|l_j(\tau_i+T)|\right)\tag{3.2.87}$$

式中

$$|l_j(\tau_i+T)|=\left|\int_{\tau_i}^{\tau_i+T}z(t)s^*(t-\tau)\mathrm{e}^{\mathrm{j}2\pi f_{\mathrm{d}j}t}\mathrm{d}t\right|\tag{3.2.88}$$

考虑到匹配滤波器对信号时延的适应性,接收机可按图 3.15 所示形式组成。

3.2.8　小结

将相参检测系统与非相参检测系统相比较,可得出如下结论:

(1) 对于给定的信噪比,非相参检测的检测概率要比相参检测时差。

(2) 在一定的范围内,对于给定的检测概率,两种检测所需的信噪比仅差 1dB,也就是说,由于相位未知或者不利用相位知识,仅变坏 1dB。

(3) 当 $P_{\mathrm{F}}\leqslant 10^{-2}$,$P_{\mathrm{D}}\geqslant 0.9$ 时,即大信噪比(小错误概率)时,非相参检测与相参检测所需信号能量大致相同;也就是说,相参积累与非相参积累的信号增益接近。

(4) 非相参检测性能变坏是由于检波输出噪声强度增加的缘故。噪声分布由高斯分布变为瑞利分布,瑞利分布使“大”的噪声“尖头”起伏有较大的出现概率,从而虚警增加,使相参检测系统性能变坏。

3.3 脉冲串信号的检测

3.3.1 概述

前面讨论的是单脉冲的检测问题，作为一种重要的推广，本节讨论携带相同信息的脉冲串检测问题。脉冲串检测一般分为两种情况，一种是确知相位脉冲串信号的检测，另一种是随机相位脉冲串信号的检测。这两种检测方法对应于现代雷达系统中广泛应用的相干、非相干接收技术。

3.3.2 确知脉冲串信号的检测

1. 问题的提出

假定一部脉冲雷达依次发射M个脉冲，接收机处观测的回波脉冲$s_1(t),s_2(t),\cdots,s_M(t)$中的每一个信号都在相应时间间隔$T$内存在，而且是确知的。相应于每个回波脉冲的噪声$n_1(t),n_2(t),\cdots,n_M(t)$是相加性的、互相独立的高斯白噪声样本函数，而且它的物理功率谱密度函数是常数N_0，而且$s_i(t),n_i(t)$都是复数的。现在的问题是，根据这M个观测信号作出判决，以确定目标是否存在。因此，这也是一个双择一问题。

假设为

$$\left.\begin{aligned} H_0&: z_i(t)=n_i(t), & i=1,2,\cdots,M \\ H_1&: z_i(t)_t=s_i(t)+n_i(t), & i=1,2,\cdots,M \end{aligned}\right\} \tag{3.3.1}$$

2. 似然比和最优处理器

对单脉冲检测的方法加以推广可得

$$\Lambda(z)=\frac{P_1(z_1,z_2,\cdots,z_M)}{P_0(z_1,z_2,\cdots z_M)} \tag{3.3.2}$$

因为$n_i(t),i=1,2,\cdots,M$是互相独立的，所以$z_i(t)$即z_i也是互相独立的，故有

$$\Lambda(z)=\frac{P_1(z_1)P_1(z_2)\cdots P_1(z_M)}{P_0(z_1)P_0(z_2)\cdots P_0(z_M)}=\prod_{i=1}^{M}\frac{P_1(z_i)}{P_0(z_i)}=\prod_{i=1}^{M}\Lambda(z_i) \tag{3.3.3}$$

其中$\Lambda(z_i)$代表第i个脉冲的似然比。这说明M个统计独立的脉冲的似然比是各个脉冲的似然比的连乘积。

应用式(2.8.17)，并考虑到$s_i(t),n_i(t)$为复数形式，可以得到$\ln\Lambda(z_i)$的最简表达式

$$\ln\Lambda(z_i)=\frac{1}{N_0}\mathrm{Re}\int_0^T z_i(t)s_i^*(t)\mathrm{d}t-\frac{E_{si}}{N_0}\underset{H_0}{\overset{H_1}{\gtrless}}\ln\lambda_{0i} \tag{3.3.4}$$

式中，$s^*(t)$ 是 $s(t)$ 的复数形式，Re 表示取其实部；$E_{si}=\int_0^T |s_i(t)|^2\mathrm{d}t$ 表示第 i 个脉冲信号的能量。

根据判决式的单调性，有

$$\Lambda'(z_i)\triangleq \mathrm{Re}\int_0^T z_i(t)s_i^*(t)\mathrm{d}t\underset{H_0}{\overset{H_1}{\gtrless}}N_0\ln\lambda_{0i}+E_{si}\triangleq\lambda'_{0i} \tag{3.3.5}$$

由式(3.3.3)、式(3.3.5)可得到判决式为

$$\sum_{i=1}^{M}\mathrm{Re}\int_0^T z_i(t)s_i^*(t)\mathrm{d}t\underset{H_0}{\overset{H_1}{\gtrless}}\lambda''_0 \tag{3.3.6}$$

由此可得到接收机的方框图如图 3.17 所示。

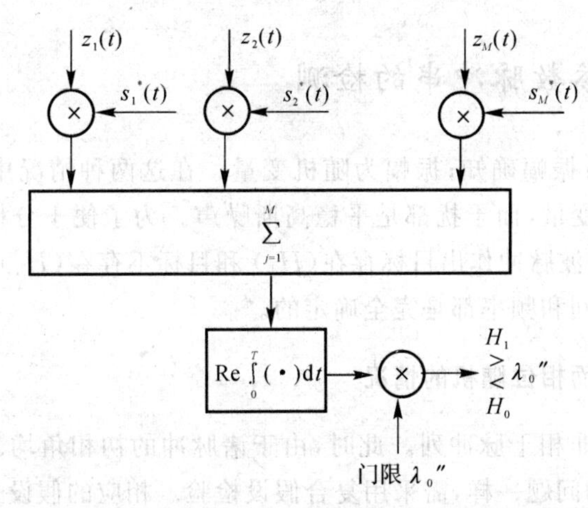

图 3.17　高斯白噪声中确知信号串的相关接收

由图 3.17 可以看出，接收机的设计与单个脉冲的接收机设计情况相似，只是这里要有 M 个处理器，这 M 个处理器的输出相加后与门限比较。应注意两点：一是图 3.17 中的积分器可以直接置于求和器之前，且相关器可用匹配滤波器代替，只要在 T 时刻取样即可；二是如果 M 个脉冲除了时间上不同之外，其他都相同的话，注意到匹配滤波器对时间的适应性，则图 3.17 中的 M 个相关器(或匹配滤波器) 可由一个相关器完成。因为回波信号中的每个脉冲出现的时间不同，相关器输出脉冲的时间也不同(相隔一个重复周期)，用一个抽头延时线网络把它们

在某一时刻积累相加，便可得到图 3.17 所示的最优处理器的另一种简化形式(例如常用的相参积累接收机)。

3. 检测性能

考虑到在雷达上的应用，并应用奈曼-皮尔逊准则，在给定虚警概率 P_F 的情况下，可以得到

$$P_F=\int_{\beta}^{\infty}\frac{1}{\sqrt{2\pi}}e^{-\frac{t^2}{2}}dt \tag{3.3.7}$$

$$P_D=\int_{\beta-\sqrt{2E_T/N_0}}^{\infty}\frac{1}{\sqrt{2\pi}}e^{-\frac{t^2}{2}}dt \tag{3.3.8}$$

式中，$E_T=\sum_{i=1}^{M}E_i$，表示脉冲串的总能量。式(3.3.8)中通过调整 β，可以改变接收机的虚警概率。利用式(3.3.7)、式(3.3.8)可以作出一簇检测概率 P_D 与信噪比 E/N_0、虚警概率 P_F 的关系曲线。对于所有信号能量都相等的特殊情况，有 $E_T/N_0=ME/N_0$，明显提高了总的信噪比。每当信号的数目增加一倍时，信噪比可以改善 3dB。

3.3.3 随机参数脉冲串的检测

这里考虑两种情况：振幅确知；振幅为随机变量。在这两种情况中，都假定相位是在(0，2π)上均匀分布的随机变量，而干扰都是平稳高斯噪声。为了便于分析，仍讨论雷达型问题，即根据 M 个雷达接收回波脉冲作出目标存在(H_1)和目标不存在(H_0)的判断。为简单起见，假定每个脉冲的到达时间和频率都是完全确定的。

1. 振幅已知且相等而相位随机的情况

这是一种不起伏的非相干脉冲列。此时，由于诸脉冲的初相角均未知，在(0，2π)上随机取值，因而同第 5 章中的问题一样，需采用复合假设检验。相应的假设是

$$\left.\begin{aligned}H_0:z_i(t)&=n_i(t), & i&=1,2,\cdots,M\\ H_1:z_i(t)&=a_{0i}s_i(t)+n_i(t), & i&=1,2,\cdots,M\end{aligned}\right\} \tag{3.3.9}$$

式中

$$a_{0i}=|a_0|e^{j\theta_i} \tag{3.3.10}$$

M 个脉冲的初相位 θ_i 在(0，2π)上均匀分布，且彼此独立，$|a_0|$ 是常数。由式(3.2.22)知，第 i 脉冲的平均似然比为

$$\bar{\Lambda}(z_i)=e^{-\frac{|a_0|^2}{2N_0}}I_0\left(\frac{1}{N_0}|a_0||l_i|\right) \tag{3.3.11}$$

$$|l_i|=\left|\int_0^T z_i(t)s_i^*(t)\mathrm{d}t\right| \tag{3.3.12}$$

式中，$\frac{|a_0|^2}{2}=E$。由于诸脉冲彼此互相独立，因而总的平均似然比为

$$\bar{\Lambda}(z)=\prod_{i=0}^{M}\bar{\Lambda}(z_i)=\mathrm{e}^{-\frac{M|a_0|^2}{2N_0}}\prod_{i=0}^{M}I_0\left(\frac{1}{N_0}|a_0||l_i|\right) \tag{3.3.13}$$

利用对数似然比并作相应的变换，得判决式为

$$\sum_{i=0}^{M}\ln\left[I_0\left(\frac{1}{N_0}|a_0||l_i|\right)\right]\underset{H_0}{\overset{H_1}{\gtrless}}\ln\lambda_0+\frac{M|a_0|^2}{2N_0}=\lambda'_0 \tag{3.3.14}$$

根据判决式(3.3.14)组成的最优处理器如图3.18所示。由于M个脉冲波形都相同，因此用一个匹配滤波器即可，而且取消下标。然而，这种最优处理器比较复杂，需要实现对数和贝塞尔函数运算，真正做起来较为困难。因此，人们需要寻求简单而又不致严重影响检测性能的近似形式。

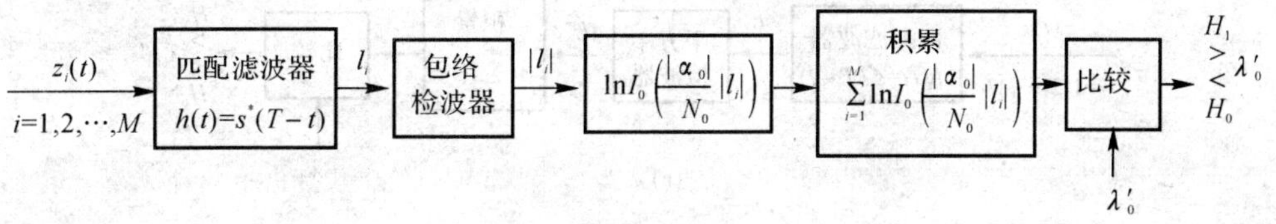

图3.18　对M个脉冲的非相干检测处理器

① 对于小信噪比的情况，即当$\frac{|a_0|}{N_0}|l_i|<1$时，有

$$I_0\left(\frac{1}{N_0}|a_0||l_i|\right)\approx 1+\frac{1}{4}\left(\frac{|a_0|}{N_0}|l_i|\right)^2 \tag{3.3.15}$$

所以

$$\ln\left[I_0\left(\frac{1}{N_0}|a_0||l_i|\right)\right]\approx\ln\left[1+\frac{1}{4}\left(\frac{|a_0|}{N_0}|l_i|\right)^2\right]\approx\left(\frac{|a_0|}{2N_0}|l_i|\right)^2 \tag{3.3.16}$$

将其代入式(3.3.14)，得到判决式为

$$\sum_{i=1}^{M}|l_i|^2\underset{H_0}{\overset{H_1}{\gtrless}}\frac{4N_0^2}{|a_0|^2}\lambda'_0=\lambda''_0 \tag{3.3.17}$$

这样的最优处理器可以用匹配滤波器连接一个平方律检波器和一个积累器来实现。因为平方律检波器的输出正比于输入包络的平方，所以小信噪比情况下的接收机可按图3.19(a)所示形式组成。

② 对于大的信噪比的情况，即当$\frac{1}{N_0}|a_0||l_i|>1$时，有

$$I_0\left(\frac{1}{N_0}|a_0||l_i|\right)\approx\frac{\mathrm{e}^{\frac{|a_0|}{N_0}|l_i|}}{\left(2\pi\frac{|a_0|}{N_0}|l_i|\right)^{\frac{1}{2}}} \tag{3.3.18}$$

$$\ln\left[I_0\left(\frac{1}{N_0}|a_0||l_i|\right)\right]\approx\frac{|a_0|}{N_0}|l_i|-\frac{1}{2}\ln\left(\frac{2\pi|a_0|}{N_0}|l_i|\right)\approx\frac{|a_0|}{N_0}|l_i| \tag{3.3.19}$$

将其代入式(3.3.14),得大信噪比下的判决式为

$$\sum_{i=0}^{M}|l_i|\underset{H_0}{\overset{H_1}{\gtrless}}\frac{N_0}{|a_0|}\lambda'_0=\lambda'''_0 \tag{3.3.20}$$

这一处理器可按图 3.19(b) 所示形式组成。图中采用了线性检波器,它的输出正比于输入信号的包络。

顺便指出,线性检波器与平方律检波器的结构形式基本相同,但分析方法不同。

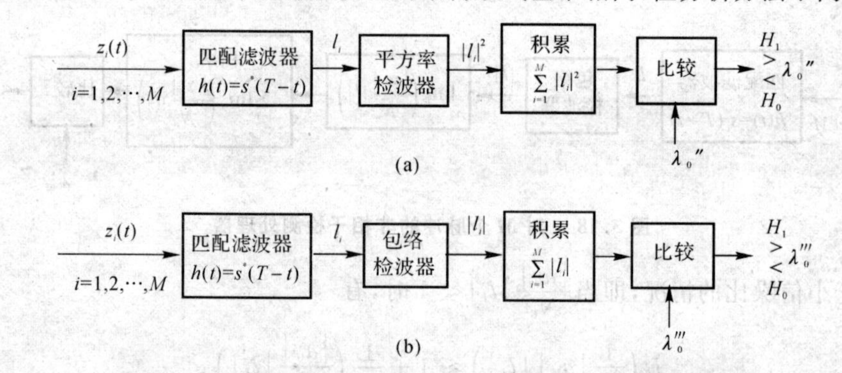

图 3.19 对 M 个脉冲作非相干检测的最优处理器的近似形式

(a) 小信噪比时最优处理器的近似形式; (b) 大信噪比时最优处理器的近似形式

2. 小信噪比下最优处理器的性能

从图 3.19(a),(b) 所示的结构形式可以看出,小信噪比与大信噪比脉冲串的准最优处理器的差别在于:前者包含一个平方律检波器,后者则包含一个包络检波器(即线性检波器)。但是包络检波器的分析十分困难,这主要是由于不知道瑞利(或莱斯) 变量和的概率密度分布的严格形式。相反,平方律检波器在理论分析上易于处理,因此经常是根据平方律检波器的假设进行分析。另外,对于所关心的大多数情况,两者性能的差别很小。因此下面主要对小信噪比脉冲串的情况进行分析,这种方法亦可借鉴于一些大信噪比脉冲串的情况。

对小信噪比时用平方律检波器而言,其统计量为

$$G=\sum_{i=1}^{M}|l_i|^2 \tag{3.3.21}$$

复量 $l_i = l_{i1} + \mathrm{j}l_{i2}$（见式(3.2.26)），其中 l_{i1}, l_{i2} 都是实高斯随机变量，其方差相等，即 $\mathrm{var}(l_{i1}) = \mathrm{var}(l_{i2}) = N_0$。为了方便，将统计量 G 对 N_0 归一化，于是归一化统计量

$$g = \sum_{i=1}^{M} (l_{i1}^2/N_0 + l_{i2}^2/N_0) \tag{3.3.22}$$

因为 g 是方差为 1 的 $2M$ 个相互独立的高斯随机变量的平方和，所以在信号存在时

$$E_1(l_i) = a_0 \quad (\text{见式}(3.2.36))$$

即

$$E_1(l_{i1}) = |a_0| \cos\theta_i$$
$$E_1(l_{i2}) = |a_0| \sin\theta_i$$

于是，g 是 $2M$ 个自由度的非中心 χ^2 分布。其非中心参量

$$\lambda = \frac{M\,|a_0|^2}{N_0} = \frac{2ME}{N_0} \tag{3.3.23}$$

即它是变量 y_i 的平均功率信噪比的 M 倍。于是，统计量 g 的概率密度分布

$$p_1(g) = \frac{1}{2}\left(\frac{g}{\lambda}\right)^{\frac{M-1}{2}} \mathrm{e}^{-\frac{\lambda}{2}-\frac{g}{2}} I_{M-1}\left[(g\lambda)^{\frac{1}{2}}\right], \quad g \geqslant 0 \tag{3.3.24}$$

式中，$I_N(\cdot)$ 表示 N 阶第一类修正贝塞尔函数。无信号时，g 为 $2M$ 个自由度的 χ^2 分布，即

$$p_0(g) = \frac{1}{2^M \Gamma(M)} g^{M-1}\, \mathrm{e}^{-\frac{g}{2}}, \quad g \geqslant 0 \tag{3.3.25}$$

式中，$\Gamma(M) = \int_0^{\infty} x^{M-1} \mathrm{e}^{-x} \mathrm{d}x$ 称为 Γ 函数。

若用 λ'_0 表示判决门限，则虚警概率为

$$P_{\mathrm{F}} = \int_{\lambda'_0}^{\infty} p_0(g)\mathrm{d}g = \int_{\lambda'_0}^{\infty} \frac{g^{M-1}\,\mathrm{e}^{-\frac{g}{2}}}{2^M \Gamma(M)} \mathrm{d}g = 1 - \int_0^{\lambda'_0} \frac{g^{M-1}\,\mathrm{e}^{-\frac{g}{2}}}{2^M \Gamma(M)} \mathrm{d}g = 1 - I\left(\frac{\lambda'_0}{2\sqrt{M}}, M-1\right) \tag{3.3.26}$$

式中

$$I(u,\rho) = \frac{1}{\Gamma(\rho+1)} \int_0^{u\sqrt{\rho+1}} t^{\rho}\, \mathrm{e}^{-t} \mathrm{d}t \tag{3.3.27}$$

称不完全 Γ 函数的皮尔逊形式，帕赤雷斯(Pachares)已经制成表以备查用($P_{\mathrm{F}} < 10^{-6}$)。对应表的数据绘成曲线如图 3.20 所示。

表示检测性能的另一指标是检测概率 P_{D}，显然

$$P_{\mathrm{D}} = \int_{\lambda'_0}^{\infty} p_1(g)\mathrm{d}g = \int_{\lambda'_0}^{\infty} \frac{1}{2}\left(\frac{g}{\lambda}\right)^{\frac{M-1}{2}} \mathrm{e}^{-\frac{g}{2}-\frac{\lambda}{2}} I_{M-1}\sqrt{g\lambda}\,\mathrm{d}g \tag{3.3.28}$$

经过整理此式可以写成

$$P_{\mathrm{D}} = Q_M\left[\left(\frac{2ME}{N_0}\right)^{\frac{1}{2}}, (\lambda'_0)^{\frac{1}{2}}\right] \tag{3.3.28a}$$

式中

$$Q_M(\alpha,\beta)=\int_\beta^\alpha z\left(\frac{z}{a}\right)^{M-1}\mathrm{e}^{-\frac{z^2+a^2}{2}}I_{M-1}(az)\,\mathrm{d}z \tag{3.3.29}$$

为广义的马库姆(Marcum)Q 函数。

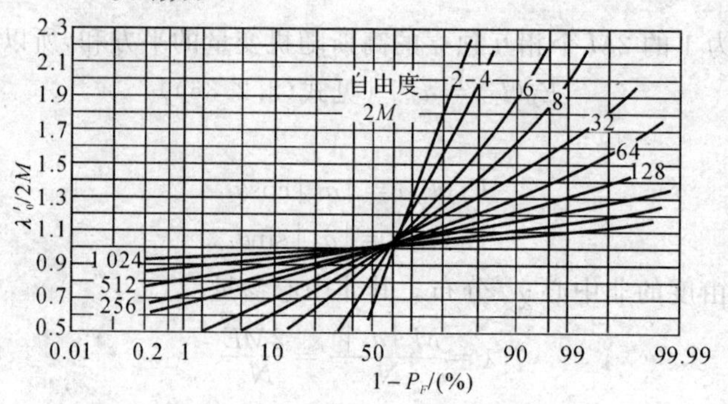

图 3.20 $1-P_F$ 与 M,λ_0' 的关系曲线

从式(3.3.28a)看出，检测概率 P_D 是积累的脉冲数目 M、信噪比 $2E/N_0$ 及由虚警概率 P_F 决定的门限 λ_0' 的函数。通过此式可以画出 $P_D,M,2E/N_0$ 和 P_F 间的关系曲线。这里为了便于理解，只给出 $M=1$ 和 $M=10$ 时的曲线示于图 3.21 和图 3.22 中。

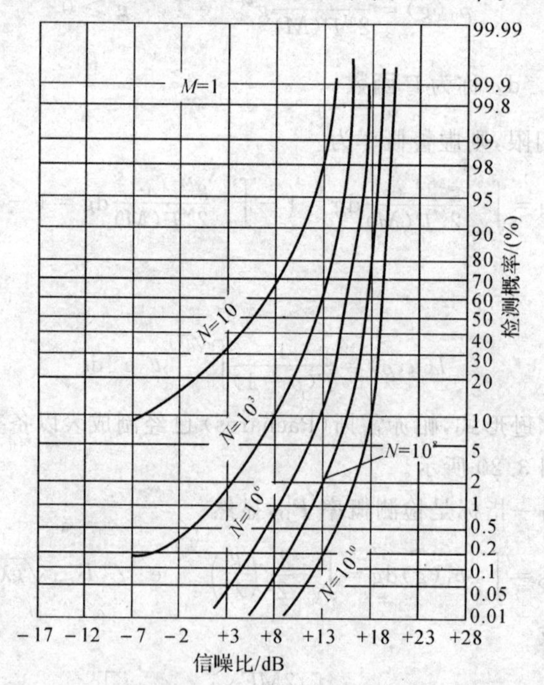

图 3.21 非起伏目标用平方律检波器，在积累脉冲数目 $M=1$ 及 $P_F=0.693/N$ 条件下，检测概率与信噪比之间的关系曲线

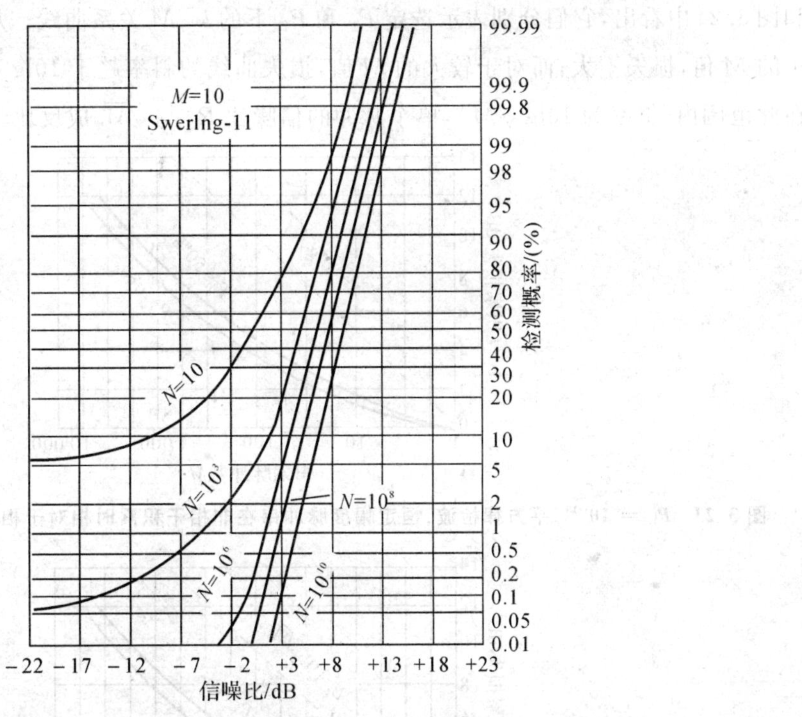

图 3.22 非起伏目标用平方律检波器，在积累脉冲数目 $M=10$ 及 $P_F=0.693/N$ 条件下，检测概率与信噪比之间的关系曲线

观察图 3.21 和图 3.22 可知，在同样的 P_D 和 P_F 下，积累脉冲数目 M 越大，所需的信噪比越小。图 3.22 中的曲线都在 +13dB 以左，而图 3.21 中的曲线超过 +18dB，在 +20.5dB 以左。

3. 非起伏的非相干检测器的积累损失

从时间的观点看，发射和处理非相干的脉冲串比相干脉冲串容易，但是，从检测性能看，前者不如后者好。为了表示它们之间的差别，引入积累损失的概念。

对于未知初始相位的相干脉冲串，令 $R=2E/N_0$ 表示获得特定 P_F 和 P_D 所需的信噪比，当相干处理波形由 M 个脉冲组成时，可以推知脉冲串的每个脉冲的信噪比为 R/M；而为了获得同样的 P_F 和 P_D，非相干处理 M 个脉冲串的每一个脉冲的信噪比以 R_ρ 表示。因此定义积累损失 L 为

$$L=10\lg\frac{R_\rho}{R/M} \tag{3.3.30}$$

通常，L 是 P_F，P_D 和 M 的函数。当 P_F，P_D 改变时，L 的变化并不显著(不敏感)，这可从图 3.23

和图 3.24 中看出，它们分别表示选定 P_F 和 P_D 下的 $L-M$ 关系曲线。从图中还可看出，对于较小的 M 值，损失不大；而对于较大的 M 值，损失曲线的斜率趋于 $10\lg\sqrt{M}$，如图中虚线所示。在此范围内（斜率为 $10\lg\sqrt{M}$），单个脉冲的信噪比 R_ρ 与 $\sqrt{M}$ 成反比。

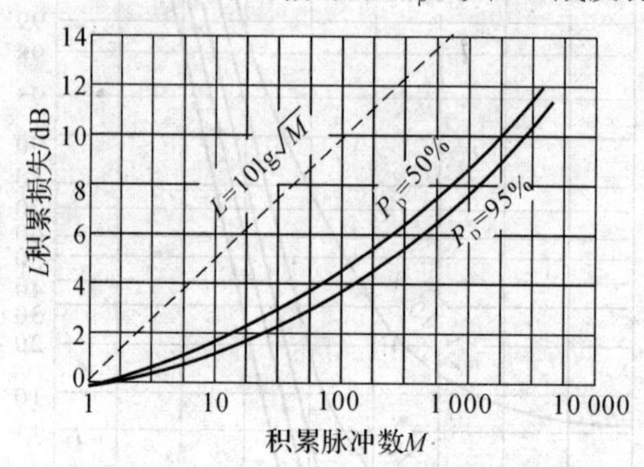

图 3.23　$P_F = 10^{-10}$，平方律检波，恒定幅度脉冲串在非相干积累时相对于相干积累而言的积累损失

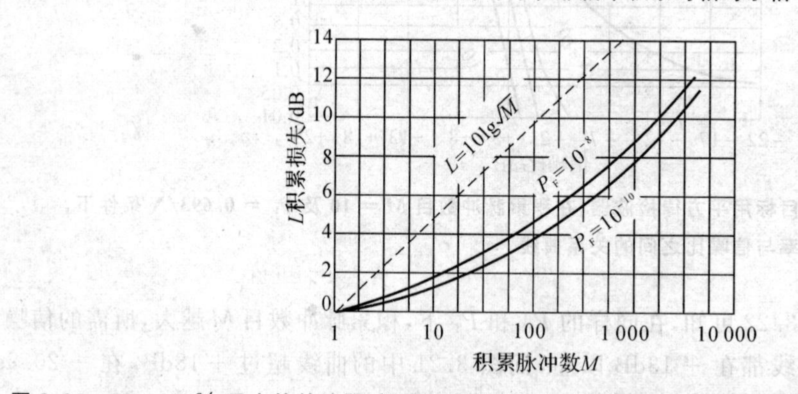

图 3.24　$P_D = 95\%$，平方律检波器，恒定幅度脉冲串在非相干积累时相对于相干积累而言的积累损失

当 $M \gg 1$ 时，以 dB 表示的信噪比损失 L 可近似用下式计算：

$$L = 10\lg\sqrt{M} - 5.5\ (\text{dB}) \tag{3.3.31}$$

这是一个近似公式，它可迅速粗略地估计检测性能。

4. 线性检波与平方律检波的比较

马库姆(Marcum) 用格拉姆-查理级数近似表示线性检波器输出积累 $\sum_{i=1}^{M}|l_i|$ 的分布，计算了线性检波器的性能，并与平方律检波器的性能进行了比较。对 $P_D = 0.5, P_F = 10^{-6}M$，计算结果的比较示于图 3.25 中。图中曲线表示：两种检波器之间的差别是可以忽略的；$M=1$ 和 $M=70$ 时，两种检波器在性能上是一致的；在大信噪比时，线性检波器稍优于平方律检波器，即

用线性检波器所需要的信噪比与用平方律检波器相比仅小0.11dB；在小信噪比时，用平方律检波器所需的信噪比仅比用线性检波器时的小0.19dB。

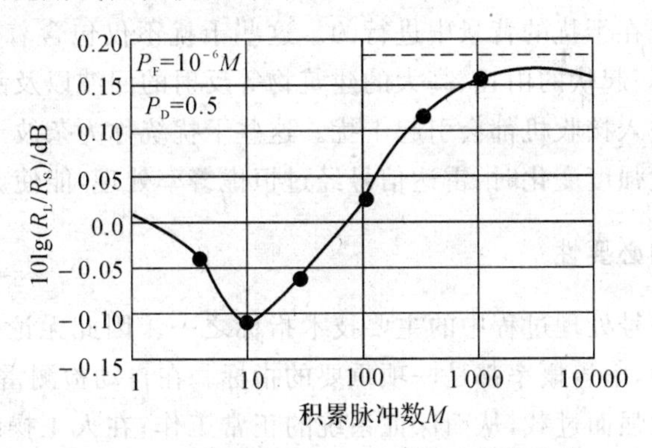

图3.25　线性检波与平方律检波器的比较

R_L— 包络检波时所需的信噪比；R_S— 平方律检波时所需的信噪比

5. 振幅已知但不相等的情况(初相随机)

在这种情况下，两个假设可以写成

$$\left.\begin{aligned}H_0: z_i(t)&=n_i(t),\quad i=1,2,\cdots,M\\H_1: z_i(t)&=a_{0i}s_i(t)+n_i(t),\quad i=1,2,\cdots,M\end{aligned}\right\}\tag{3.3.32}$$

式中：$a_{0i}=|a_{0i}|e^{j\theta_{0i}}$，$\theta_{0i}$在$[0,2\pi]$上均匀分布。假定$M$个信号统计独立，同于式(3.2.22)可写出第$i$个脉冲的似然比

$$\overline{\Lambda}(z_i)=\exp\left[-\frac{|a_{0i}|^2}{2N_0}\right]I_0\left[\frac{1}{N_0}|a_{0i}||l_i|\right]\tag{3.3.33}$$

所以M个脉冲的总似然比

$$\overline{\Lambda}(\boldsymbol{z})=\prod_{i=1}^{M}\overline{\Lambda}(z_i)=\exp\left(-\frac{\sum\limits_{i=1}^{M}|a_{0i}|^2}{2N_0}\right)\prod_{i=1}^{M}I_0\left(\frac{1}{N_0}|a_{0i}||l_i|\right)\tag{3.3.34}$$

其他处理与等幅度的情况相同。接收机的组成也相似，匹配滤波器之后也要加检波器，但检波器之后的积累网络需有按$|a_{0i}|$对$|l_i|$进行加权的性能，使接收机随信号振幅作相应的变化。

3.4　恒虚警处理

3.4.1　概述

雷达信号的恒虚警率(Constant False Alarm Rate, CFAR)处理是雷达信号处理不可缺少的重要内容，它在自动检测雷达中占有重要的地位。本节将着重讨论不同的噪声、杂波干扰环境实现恒虚警率的基本概念、基本理论和实现方法。

雷达信号的检测是在干扰的背景中进行的。这些干扰不仅包含着热噪声，而且还有诸如云雨、海浪、大片的森林、起伏的山丘、高大的建筑物等反射的回波以及敌人释放的金属条反射的回波等。这些回波进入接收机都会引起干扰。这些干扰统称为杂波干扰。

热噪声和杂波干扰强度变化时，雷达信号经过恒虚警率处理，能使虚警概率保持恒定。

1. 恒虚警率处理的必要性

虚警概率是雷达信号处理过程中的主要技术指标之一。因此无论在自动检测雷达中，还是在人工操纵的雷达中，虚警概率都是一项重要的指标。在自动检测雷达中，恒虚警率处理可使计算机不致因干扰太强而过载，从而保证系统的正常工作；在人工操纵的雷达中，恒虚警率处理能使雷达在强干扰下仍能工作。

高斯噪声通过窄带线性系统后，其包络的概率密度函数服从瑞利分布。对于低分辨率雷达，探测诸如沙漠、草原、低海情下的海浪杂波等平坦的地面，其回波包络的概率密度函数也接近瑞利分布（对高分辨率雷达，这些地物和海浪等杂波，其回波包络的概率密度函数与瑞利分布有明显不同，这将在以后讨论）。这种瑞利分布的杂波经线性包络检波器后，其幅度的概率密度函数仍然服从瑞利分布，表达式为

$$p(x)=\frac{x}{\sigma^2}\exp\left(-\frac{x^2}{2\sigma^2}\right),\quad x\geqslant 0 \tag{3.4.1}$$

式中，x 为杂波的幅度；σ 为检波前中频噪声和（或）干扰杂波的标准差，它们是瑞利分布的参数。

如果检测门限为 λ_0，则干扰幅度超过门限的概率为

$$P_F=\int_{\lambda_0}^{\infty}\frac{x}{\sigma^2}\exp\left(-\frac{x^2}{2\sigma^2}\right)\mathrm{d}x=\exp\left(-\frac{\lambda_0^2}{2\sigma^2}\right) \tag{3.4.2}$$

这样，当固定门限检测时（λ_0 不变），由于干扰强度变化（σ 变化），会引起单次检测虚警概率 P_F 的变化，结果如图 3.26 所示。图中 M 表示信号积累的次数。当 $M=1$ 时，由图可以清楚地看出，若最初按虚警概率10^{-6} 调整门限 λ_0，当总的干扰电平（热噪声和杂波干扰）增加 2dB 时，便使虚警概率由10^{-6} 增大到10^{-4}，即增大 100 倍，这还是单次检测的情况。若按距离单元多次积累后，虚警概率的变化更大。这是因为积累会使干扰的起伏得到平滑，从而使干扰电平的变化对虚警概率产生更大的影响。图 3.26 中 $M=16$ 的曲线表明，干扰电平增加 2dB，虚警概率就从10^{-6} 变成10^{-2}。

由此可见，为了维持设备正常工作，通常只允许干扰电平有较小的变化。对于自动检测系统来说，则应小于 1dB，而对于用人工观察的显示系统，则应小于 5dB。在通常的雷达接收设备中，实际上内部噪声平均电平缓慢变化就可达几分贝；地物、云雨等杂波和人为干扰的变化

能高达几十分贝。这都大大超过了允许的范围,从而使虚警概率在很大的范围内变化。因此,必须采取使虚警概率保持恒定的措施 —— 恒虚警率处理,以保证设备正常工作。

以上以服从瑞利分布的杂波为例,说明了恒虚警率处理的必要性。事实上,对其他类型的杂波,也存在着随干扰强度增大,虚警概率显著增大的问题。因此在干扰环境中进行信号检测,通常都设有恒虚警率处理设备。

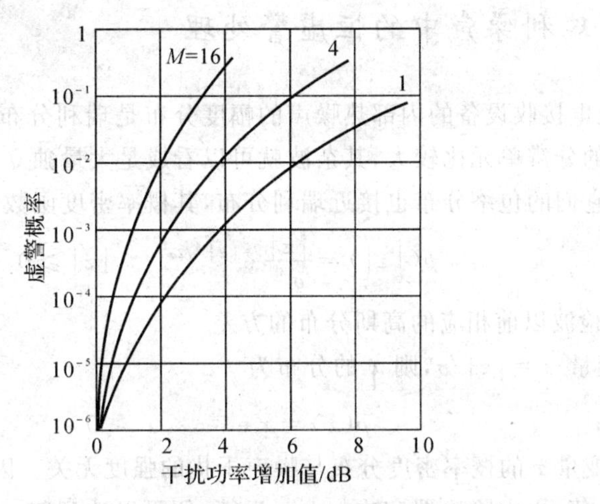

图 3.26　固定门限检测时的虚警概率

2. 恒虚警率处理器的质量指标

衡量恒虚警率处理器的性能,通常是依据如下的两个主要指标。

(1) 恒虚警率性能

恒虚警率性能表明了恒虚警率处理器在相应的环境中实际所能达到的恒虚警率情况。这是因为理想的恒虚警处理通常是难以做到的,为此需要讨论实际设备偏离理想情况的程度 —— 恒虚警率性能。

(2) 恒虚警率损失

恒虚警率处理不能提高信噪比,相反地在处理过程中,信噪比还会或多或少地有所降低。通常把这种损失称作恒虚警率损失,用 L_{CFAR} 表示。其定义为:雷达信号经过恒虚警率处理后,为了达到原信号(处理前的信号)的检测能力所需的信噪比的增加量。恒虚警率损失也可以用检测能力的降低来说明。显然,希望损失越小越好。

3. 恒虚警率处理的分类

目前常用的雷达信号的恒虚警率处理分为两大类,即噪声环境的恒虚警率处理和杂波环境的恒虚警率处理。

噪声环境的恒虚警率处理适用于热噪声环境；杂波环境的恒虚警率处理既适用于热噪声环境，也适用于杂波干扰环境。由于杂波环境的恒虚警率处理存在恒虚警率损失，因而目前的雷达信号恒虚警率处理一般都有两种处理方式，根据干扰性质自动转换。也有的为了简单，只用杂波环境恒虚警处理一种方式。

3.4.2 瑞利噪声中的恒虚警处理

雷达等无线电接收设备的内部热噪声的幅度分布是瑞利分布。地物、海浪及云、雨、雪等杂波，只要雷达的分辨单元比较大，其杂波就可以看成是大量独立反射单元回波的叠加。根据中心极限定理，它们的包络分布也接近瑞利分布，其概率密度函数为

$$p(|z|)=\frac{|z|}{\sigma^2}\,\mathrm{e}^{|z|^2/2\sigma^2},\quad |z|\geqslant 0 \tag{3.4.3}$$

式中，σ^2 是包络检波以前相应的高斯分布的方差。

若引入新变量 $x=|z|/\sigma$，则 x 的分布为

$$p(x)=x\,\mathrm{e}^{-\frac{x^2}{2}},\quad x\geqslant 0 \tag{3.4.4}$$

此式表明，变量 x 的概率密度分布与噪声干扰的强度无关。因此，只要设法估计出干扰噪声 $|z|$ 的强度 σ^2 值，再由除法器完成 $|z|/\sigma$ 运算，便可以达到归一化的目的，使干扰 x 的强度维持在一定电平上（理想情况为 1）。这样的干扰 x 与固定门限比较，其虚警概率将是恒定的，与干扰 $|z|$ 的强度 σ 无关，从而达到恒虚警处理的目的。同样，σ 也可以乘在检测门限上，使门限随干扰强度 σ 的变化而成正比例地变化，形成所谓自适应门限。将 $|z|$ 与这种自适应门限比较，同样可以达到恒虚警处理的目的。

现在需要解决如何实时对 $|z|$ 中 σ 值的估算问题。从概率论中已经知道，瑞利分布的随机变量的数学期望 $m=E[|z|]=\sqrt{\frac{\pi}{2}}\sigma$，即 σ 与干扰 $|z|$ 的统计平均值 m 成正比。原则上讲，计算干扰 $|z|$ 的平均值比计算相应于瑞利分布的高斯分布的方差 σ 容易，只要设法计算出干扰 $|z|$ 的统计平均值 m，再由式

$$\sigma=\sqrt{\frac{2}{\pi}}\,m \tag{3.4.5}$$

便可以得到 σ 的值。对于一个具体设备，究竟怎样设计计算 $|z|$ 的统计平均值 $E[|z|]$，要视干扰 $|z|$ 的具体情况而定。

1. 取样滤波器电路

这种电路是针对热噪声恒虚警处理而设计的。对脉冲雷达来说，由于在距离搜索期间，有时目标出现，有时各种地物等的杂波出现，因而要计算热噪声的幅度平均值，只能在雷达的最

大作用距离以外的休止期内进行，以保证所计算的热噪声幅度平均值不受目标回波的影响。具体计算平均值的方法如图 3.27 所示，采用平滑滤波器来完成。由式(3.4.5) 知，m 和 σ 间只差一个常系数 $\sqrt{2/\pi}$，与工作原理没有关系，因此就可以把平滑滤波器计算的结果看成为 σ。

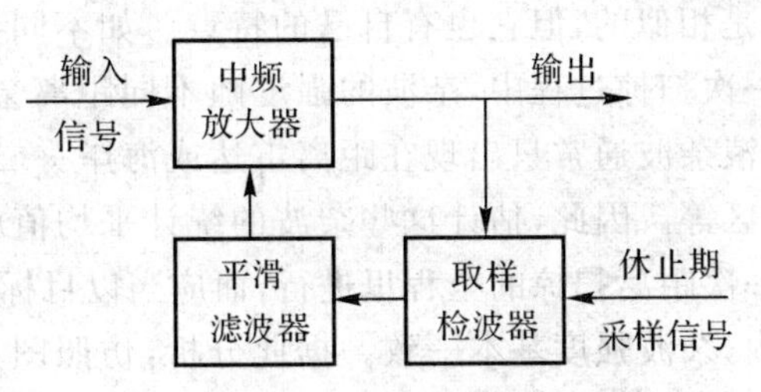

图 3.27　闭环式的恒虚警电路

这种闭环式的恒虚警电路与接收机的自动增益控制电路很相似，只是增益控制电压是由休止期中的热噪声的幅度形成的。这种电路也可以按开环形式构成，其原理如图 3.28 所示。

开环式的恒虚警电路与式(3.4.3) 及式(3.4.4) 比较起来更为直观，更容易理解。在图 3.28(a) 所示的电路中，由于取样滤波电路完成了式(3.4.5) 的运算，因此该恒虚警电路实际上是直接按公式设计的。但图 3.28(a) 所示除法器，无论是用模拟电路，还是用数字电路，实现起来都比较麻烦。

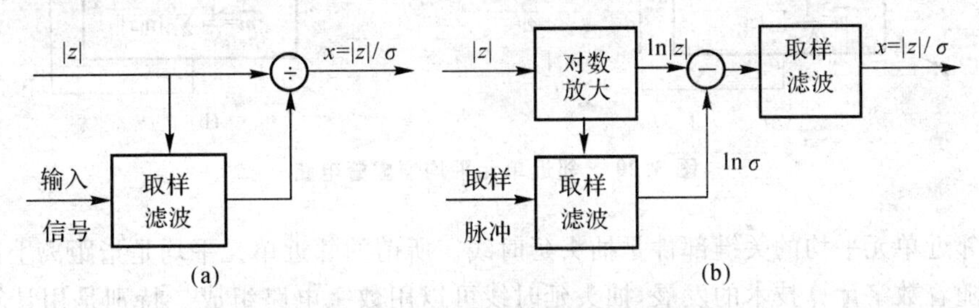

图 3.28　开环式的恒虚警电路

对数变换可以将除法运算变换成减法运算，这就出现了图 3.28(b) 所示的结构。此结构除了易于实现以外，由于采用了对数放大器，因而有利于扩大信号的动态范围。可以证明，对数变换后的瑞利噪声的方差与输入噪声的强度无关(这说明对数放大器本身就有恒虚警的作用)，但其平均值则随输入噪声强度的对数值 $\ln\sigma$ 而变化。因此从对数放大器的输出中减去 $\ln\sigma$ 就能达到恒虚警处理的目的。

另外，只要适当地变换一下比较门限的数值，图 3.28(b) 所示反对数放大即可以取消，这是因为反对数变换是单值的。

2. 邻近单元平均恒虚警电路

在某些情况下，雷达的地物、海浪、云、雨、雪等杂波的幅度分布可以看成是瑞利分布，其统计特性与接收机内部噪声是相似的，但它也有自己的特点。如不同方向上的杂波的强度有所不同，甚至相差很大。在一次扫掠过程中，杂波的强度随不同距离会明显地变化。例如：只有一部分区域在降雨、雪；海浪杂波通常只出现在距离雷达或海岸一二十海里的范围内；在扫掠过程中出现地形复杂的地区等。因此，估计这些杂波的统计平均值就不能以多个扫掠周期为基础来进行，也不应当在一次距离扫掠的全程里进行，而应当以目标所在点附近的若干个分辨单元来进行，在这些单元内，杂波强度基本一致。据此分析，仿照图 3.28 可以构成杂波(瑞利分布)的恒虚警电路如图 3.29 所示。图中用抽头延时线电路同时得到检测单元和其邻近单元的输出，称邻近单元为参考单元或取样单元。把参考单元的输出取平均，得到平均值的估计，再用它去归一化处理(相除或相减)检测单元的输出，便实现了恒虚警概率处理的效果。

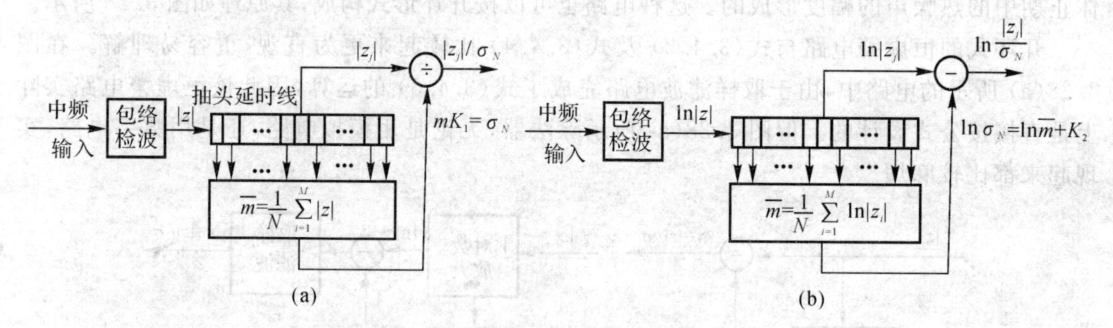

图 3.29　邻近单元平均恒虚警电路

实现邻近单元平均的关键部件是抽头延时线。所谓的邻近单元平均是指距离上的邻近单元平均。随着数字计算技术的发展，抽头延时线可以用数字电路组成。特别是用计算机作信号处理时，很容易把邻近的概念推广到方位或频域中，使恒虚警处理手段多样、灵活、适应性更强。

由于要求邻近单元的杂波强度基本一致，因而使用的单元数目不能太多，通常只能为几个到几十个(视分辨单元的大小和干扰环境大小而定)。这样，不同距离上杂波电平的平均值的估值必有较大的起伏，因而就出现如下需考虑的问题：

① 平均值估值的起伏会使输出杂波的起伏加大，对于不同强度的平均瑞利杂波能否有恒虚警的效果？如果仍然有效，那么对检测目标的能力有多大影响？

② 这种电路主要是针对平稳杂波提出来的，在杂波强度剧烈变化的边缘处，恒虚警和信号检测性能有何影响？

3.4.3　平稳瑞利杂波中的恒虚警性能

现在分析在平稳瑞利杂波条件下，图 3.29(a) 所示的电路对不同强度的杂波的恒虚警性能，即证明它的输出$|z|/\sigma_N$越过某一固定门限λ_0的虚警概率(或$|z|>\lambda_0\sigma_N$的概率)与输入杂波强度无关。略去比例常数K_1，则σ_N可近似由邻近单元$|z|$的平均值进行估算，即

$$\sigma_N=\bar{m}=\frac{1}{N}\sum_{i=1}^{N}|z_i| \tag{3.4.6}$$

式中，N是参与平均的邻近单元的数目。随着方位指向、平均计算的时间和探测距离段的不同，其平均估计值σ_N也不同，是一个随机变量。同时，由式(3.4.6)可以看出σ_N是相互独立的N个随机量的总和。根据中心极限定理，可近似认为σ_N为高斯分布；而且其统计平均值就是原来随机变量的平均值，方差为随机变量方差的$\frac{1}{N}$。考虑原杂波分布是平稳瑞利分布，从而有

$$E(\sigma_N)=m_\sigma=\sqrt{\frac{\pi}{2}}\sigma \tag{3.4.7}$$

$$\mathrm{var}(\sigma_N^2)=\frac{1}{N}\left(2-\frac{\pi}{2}\right)\sigma^2=\frac{H}{N}\sigma^2 \tag{3.4.8}$$

式中，σ^2为形成瑞利分布的包络检波前正态噪声z的方差；$H=2-\frac{\pi}{2}$；$\left(2-\frac{\pi}{2}\right)\sigma^2$是瑞利分布的$|z|$的方差。

利用式(3.4.7)、式(3.4.8)可以写出正态分布随机变量σ_N的概率密度函数为

$$p(\sigma_N)=\frac{1}{\sqrt{2\pi}\,\sigma}\sqrt{\frac{N}{H}}\ \mathrm{e}^{-\frac{N}{2H\sigma^2}\left(\sigma_N-\sqrt{\frac{\pi}{2}\sigma}\right)^2} \tag{3.4.9}$$

按式(3.4.4)，应是归一化变量$x=|z|/\sigma$与固定门限λ_0比较，或$|z|$与门限$\lambda_0\sigma$比较，即统计量和一个固定值比较。但由图 3.4.4 可看出，实际使用的虚警电路既可以是$|z|/\sigma_N$与固定门限λ_0比较，也可能是$|z|$与随机的自适应门限$\lambda_0\sigma_N$(因为σ_N是随机的)比较，这就是说，是两个随机变量相比较。为了比较这两个随机变量的统计特性，比较它们各自的归一化变量，即比较$x=|z|/\sigma$与$\sigma'_N=\lambda_0\sigma_N/\sigma$。而$\sigma'_N$的概率密度分布是

$$p(\sigma'_N)=p(\sigma_N)\,\frac{1}{\frac{\mathrm{d}\sigma'_N}{\mathrm{d}\sigma_N}}=\frac{1}{\sqrt{2\pi}\,\lambda_0}\sqrt{\frac{N}{H}}\ \mathrm{e}^{\frac{-N\left(\sigma'_N-\sqrt{\frac{\pi}{2}}\lambda_0\right)^2}{2H\lambda_0^2}} \tag{3.4.10}$$

式中，$\lambda_0=\sigma(\sigma'_N/\sigma_N)$。从此式可以看出，新随机变量$\sigma'_N$是均值为$\sqrt{\frac{\pi}{2}}\lambda_0$、方差为$H\lambda_0^2/N$的高斯分布。现将$z$和$\sigma'_N$的分布都示于图 3.30 中。由式(3.4.4)和式(3.4.10)及图 3.30 可以看出，$p(x)$和$p(\sigma'_N)$都与杂波强度无关，因此在计算虚警概率之前就可断定虚警概率必然与σ

无关，即图 3.29 所示的电路能起恒虚警作用。但是，为了能得到定量的计算结果，仍需进行数学分析，即推导图 3.29 所示电路的虚警概率的计算公式。

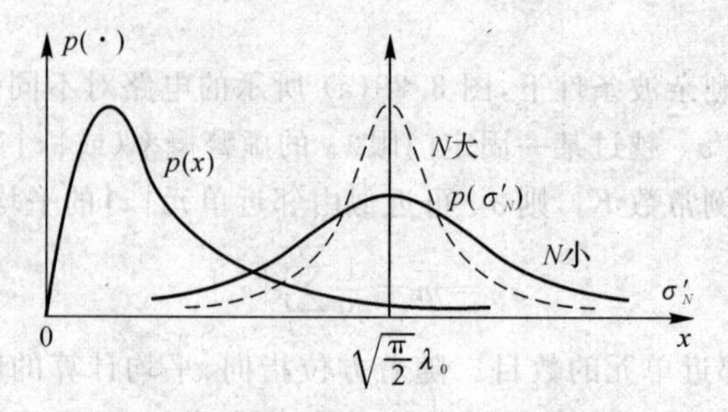

图 3.30　变量 x 和 σ'_N 的概率密度函数

从图 3.30 中看出，如果 σ_N 不起伏变化，则门限是 $\sqrt{\frac{\pi}{2}}\lambda_0$（本应与 λ_0 比较，但由于式(3.4.6)略去了系数 K_1，故在图 3.30 中出现了系数 $\sqrt{\frac{\pi}{2}}$）；现在由于 σ_N 起伏变化，门限即为 σ'_N，故虚警概率

$$P_{\mathrm{F}}(\sigma'_N)=\int_{\sigma'_N}^{\infty}p(x)\mathrm{d}x \tag{3.4.11}$$

由于 σ'_N 是随机起伏变化的，因而 $P_{\mathrm{F}}(\sigma'_N)$ 也是随机变化的，它的统计平均值

$$\overline{P}_{\mathrm{F}}=\int_{-\infty}^{\infty}P_F(\sigma'_N)p(\sigma'_N)\mathrm{d}\sigma'_N \tag{3.4.12}$$

将式(3.4.4)中的 $p(x)$ 代入式(3.4.11)，再把式(3.4.10)、式(3.4.11)代入式(3.4.12)，积分后得到

$$\overline{P}_{\mathrm{F}}=\frac{1}{\sqrt{1+\lambda_0^2\frac{H}{N}}}\mathrm{e}^{-\frac{\pi}{4}\frac{\lambda_0^2}{1+\lambda_0^2\frac{H}{N}}} \tag{3.4.13}$$

从这个结果可以看出：平均虚警概率只是参考单元数目 N 和门限 λ_0 的函数，而与杂波强度 σ 无关。

当 $N\to\infty$ 时

$$\overline{P}_{\mathrm{F}}=\mathrm{e}^{-\frac{\pi\lambda_0^2}{4}} \tag{3.4.14}$$

将 $\overline{P}_{\mathrm{F}}$ 与门限不起伏变化时的虚警概率

$$P_{\mathrm{F}}=\int_{\lambda_0}^{\infty}p(x)\mathrm{d}x=\int_{\lambda_0}^{\infty}x\,\mathrm{e}^{-\frac{x^2}{2}}\mathrm{d}x=\mathrm{e}^{-\frac{\lambda_0^2}{2}} \tag{3.4.15}$$

相比较，虽不相同，但其实质是一致的。这主要是由于直接用瑞利分布的均值代替了相应的高斯分布的方差，即 $\sigma=\sqrt{\frac{\pi}{2}}m$（见式(3.4.5)）。如果把这个因素考虑进去，则式(3.4.14)和式

(3.4.15)就完全一致了。另外从图3.30中可以看出，当 $N\to\infty$ 时，$p(\sigma'_N)$ 的分布集中到 $\sqrt{\frac{\pi}{2}}\lambda_0$ 处而成为 δ 函数，即 σ'_N 固定不变，所以虚警概率 $P_F(\sigma'_N)$ 就不会再起伏变化了。

3.4.4　恒虚警损失

为了便于分析，仍然研究平稳瑞利杂波条件下的情况。从上节的分析中可以看出，虽然平均虚警概率只与门限 λ_0、参考单元数目 N 有关，即只要 N 和 λ_0 决定了，平均虚警概率 $\overline{P}_F$ 便是恒定的。但是，由于 $\sigma_N=\overline{m}$ 实际上随干扰 $|z|$ 的强度变化(即 σ'_N 是随机变化的，虚警概率 $P_F(\sigma'_N)$ 也随之变化：有时会大于平均虚警概率 $\overline{P}_F$，有时会小于 $\overline{P}_F$)，因而在参考单元数目 N 有限的情况下，虚警概率 $P_F(\sigma'_N)$ 并不总能满足检测性能的要求，即不总是虚警概率 $\overline{P}_F$。此时，为了使虚警概率不超过所要求的值，就只好提高信噪比。这就是说，为了保持同样的虚警概率和发现概率，对于参考单元 N 有限的情况下，不得不提高信噪比。通常把信噪比提高的倍数称为恒虚警处理中的信噪比损失，简称恒虚警损失，以符号 L_{CFAR} 表示。其定义为

$$L_{CFAR}=\left.\frac{R(N)}{R(\infty)}\right|_{P_D,P_F\text{一定}} \tag{3.4.16}$$

式中，$R(N)$ 表示在一定 P_D，P_F 下，参考单元数目为 N 时所需的信噪比；$R(\infty)$ 表示在同样的 P_D，P_F 下，参考单元 $N\to\infty$ 时所需的信噪比。

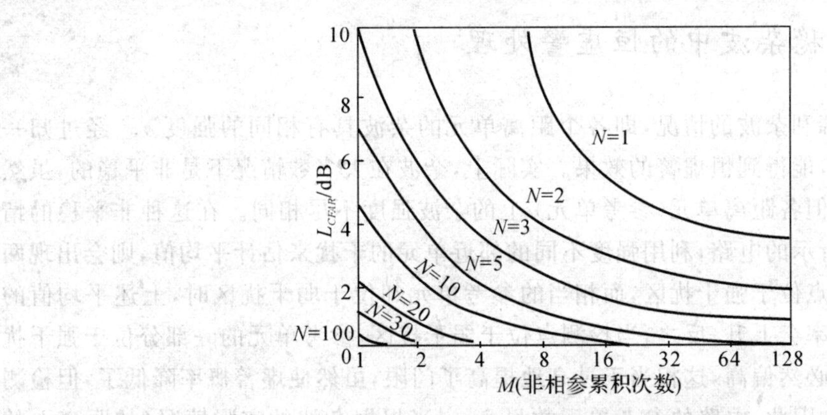

图3.31　邻近单元电路的恒虚警损失

图3.31给出了 $P_D=0.5$，$P_F=10^{-6}$ 时，恒虚警损失 L_{CFAR} 与参考单元 N、非相参积累脉冲数目 M 的关系曲线。从图中曲线可以看出，对于单次扫掠(积累脉冲数目 $M=1$)，参考单元数目 $N=5$ 时，恒虚警损失约为7dB，这是相当大的。当 $N=30$ 时，L_{CFAR} 就减小到约1.2dB。这样的损失是可以接受的。当 $N\to\infty$ 时，平均值 $\overline{m}$ 的估计值趋于统计平均值，就没有恒虚警损失。从图中还可以看出，即使 $M=1$，当 N 超过100时，L_{CFAR} 也很小，可以忽略，而认为无恒虚

警损失。另外从图中也可以看出，积累能降低恒虚警损失 L_{CFAR}。这是由于积累起到了平均的作用，可以降低干扰幅度的的起伏，使虚警概率的起伏变小，并且积累数目 M 越大，损失越小。譬如，即使在参考单元数目 $N=2$ 时，如果积累脉冲数目多于 40，也会使恒虚警损失 L_{CFAR} 降至 2dB 左右。值得注意的是，进行积累运算时必须要求各次噪声采样统计独立。热噪声是满足这个条件的，但是地物杂波在不同次扫掠间有很强的相关性，从而使性能变坏。当然，可以采用各种去相关技术改善采样的独立性。

从工程实现出发，如下两点值得考虑：

① 图 3.31 所示曲线是按图 3.29(a) 所示的电路计算得到的。而图 3.29(b) 所示的电路，虽然原理上与图 3.29(a) 所示相同，但与平均值估值的计算方法是有差别的，在参考单元数目相同时，它的恒虚警损失 L_{CFAR} 比图 3.29(a) 所示大。可以证明，当图 3.29(b) 所示的参考单元为 N_L 时，等效与图 3.29(a) 所示的单元数目 $N=(N_L+0.65)/1.65$。当 N_L 很大时，两种恒虚警电路的参考单元数目之比 $N/N_L=60\%$。

② 由于反对数变换的单值性，图 3.29(b) 中省去了最后一步的反对数变换，但是如果还要进行非相干积累（这种积累在图 3.29(b) 所示的恒虚警处理之后进行），那么由于反对数变换的输入端的信号已经经过了对数变换而对比度较小，积累时会有额外的信噪比损失，而且积累脉冲数目越多损失越大。如积累数目 $M=10$ 时，损失约 0.5dB；而 $M=100$ 时，损失达 1dB，因此在某些场合，还应考虑加反对数变换电路。

3.4.5　非平稳杂波中的恒虚警处理

前面讨论了平稳瑞利杂波的情况，即各个距离单元的杂波具有相同的强度 σ。经过归一化处理，在理想情况下，能得到恒虚警的效果。实际上，杂波在大多数情况下是非平稳的，虽然它们仍服从瑞利分布，但各距离单元（参考单元）上的杂波强度不尽相同。在这种非平稳的情况下，若采用图 3.29 所示的电路，利用强度不同的邻近单元的干扰来估计平均值，则会出现两个方面的问题：当检测点位于强干扰区，而相当的参考单元却位于弱干扰区时，上述平均值的估值必然偏低，虚警概率会上升；反之，当检测点位于弱干扰区，参考单元的一部分位于强干扰区，上述平均值的估值必然偏高，这相当于过高地提高了门限，虽然使虚警概率降低了，但检测概率也随之被降低了。因此，电路的参考单元数目 N 应当根据杂波的实际情况（如距离上的分布情况）适当选择，使位于参考单元里的杂波近似平稳，即参考单元数目应与杂波的“均匀性宽度”相匹配。内部噪声和有源杂波干扰的均匀性宽度很长，雪、雨、云、海浪杂波和箔片干扰的均匀性次之，而最短的是地物杂波。图 3.32 所示粗略地给出了各种杂波的非均匀性（非平稳性）对恒虚警损失的影响。但应指出，将参考单元数目取得过多，以至与杂波的均匀性宽度失配，使恒虚警性能变坏，恒虚警损失 L_{CFAR} 增加。

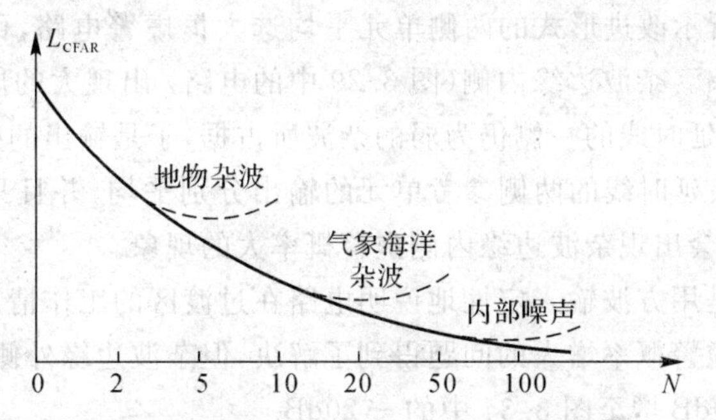

图 3.32　非平稳时各种杂波的参考单元数目和恒虚警 L_{CFAR} 的关系

从图 3.32 所示曲线看出，在复杂地形条件下，地物杂波的均匀性宽度很短，若采用邻近单元平均恒虚警电路，只能用很少的参考单元，效果较差，因此要寻求其他恒虚警方法。对大片的气象、海浪杂波，邻近单元平均恒虚警电路是可取的，通常可以收到较好的效果。但在成片的杂波的边缘区域，位于各参考单元里的杂波就有明显的区别，这就会产生如下问题：当检测点位于杂波边缘的内侧时，虚警概率会增加很多；而当检测点位于杂波边缘的外侧时，检测能力就会下降很多。为了形象地表示上述两种情况，设图 3.29(b) 所示电路输入端送入如图 3.33(a) 所示的方波，即把非平稳的杂波量化成 0 和 20dB 两种值。当电路中的参考单元数目为 8 时，电路各处的波形如图 3.33(b)，(c)，(d) 所示。其中(d) 波形清楚地表明，在杂波边缘的内侧有较大的输出，这相当于有较大的虚警概率；杂波边缘的外侧下凹(通常叫黑洞)，将使位于该处信号的检测概率下降很多。还可以看出，参考单元的数目越多，这样的过渡区就越宽，而且杂波边缘取值差别越大，检测性能就越坏。对于自动检测器来说，虚警概率高的过渡区危害更大，因为它会造成过多的假目标，使数据处理机过载，必须首先设法消除。

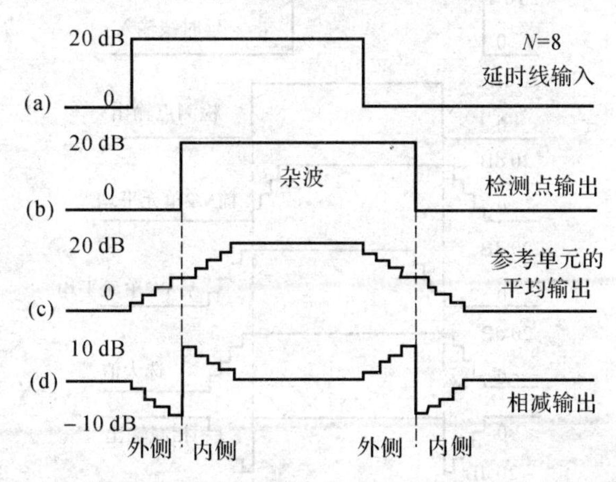

图 3.33　用方波输入定性说明图 3.29(b) 所示电路的杂波边缘效应

采用图 3.34(a) 所示改进形式的两侧单元平均选大恒虚警电路，可消除杂波边缘内侧虚警概率显著增加的现象。杂波边缘内侧(图 3.29 中的电路) 出现大的虚警概率是由于检测点位于强杂波处，但抽头延时线的一侧仍为弱的杂波所占据，于是输出的杂波平均值估值偏小。图 3.34(a) 所示将抽头延时线的两侧参考单元的输出分别平均，并且只用平均值估值大的一侧作为输出，这样就不会出现杂波边缘内侧虚警概率大的现象。

图 3.34(b) 所示是用方波输入定性地说明电路在过渡区的工作情形。相减器输出波形说明了杂波边缘内侧的虚警概率增大的问题得到了解决，但杂波边缘外侧的黑洞更深了，最大深度由图 3.33 中的 −10dB 增至图 3.34 中的 −20dB。

由于两侧单元平均选大电路是选用两侧单元的一侧，当利用图 3.31 所示的曲线求恒虚警损失时，等效的 N 值要减小，但不等于 $N/2$。计算表明，它的等效单元数为 $N/\sqrt{2}$。如果采用对数电路，还要考虑对数电路单元数目的换算。

最后指出，当目标果真处于杂波边缘的外侧时，使用图 3.29、图 3.33 中的恒虚警电路都会有“黑洞”出现，使检测概率下降。但此处杂波干扰很小，可以考虑把恒虚警处理电路去掉。

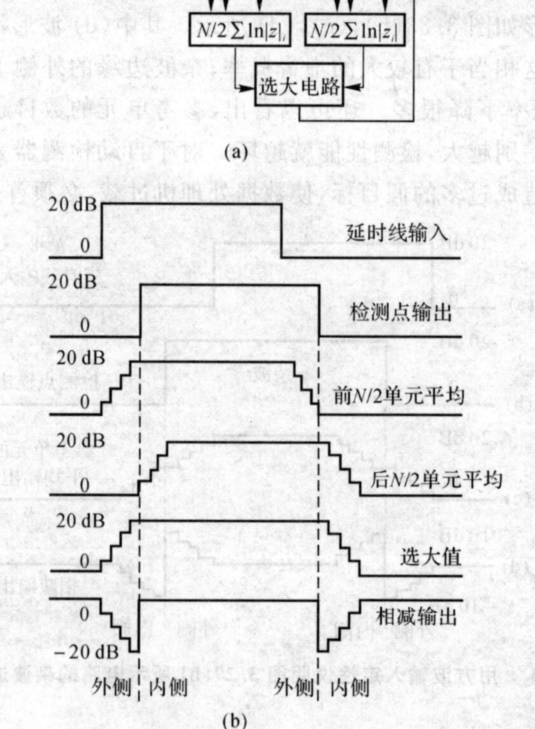

图 3.34　两侧单元平均选大的恒虚警电路

3.4.6　地物杂波时间单元平均处理

复杂地形产生的地物杂波，由于它的“均匀性宽度”很短，用邻近单元平均恒虚警电路只能选用很少的参考单元（如有时只能用 1 ～ 2 个），其恒虚警损失很大，而且虚警概率变化也较大，不能保持恒定。

消除地物杂波影响的基本方法是采用动目标显示技术(MTI)。但是，动目标显示技术是利用运动目标和地物杂波在多普勒频率（径向速度）上的差别来对消地物杂波的，如果目标的径向速度很小或为零（包括目标相对于雷达站作切向运动），那么动目标显示技术对消除地物杂波是无能为力的。在这种情况下，为了能检测出目标并保持一定的检测性能，只能采用恒虚警处理。当然，这样做仅能检测出大于杂波起伏的目标回波。地物杂波与其他杂波不同，它沿距离或方位的变化可能十分剧烈。但是它有一个特点，就是在同一距离、方位分辨单元里的地物杂波中，其幅度随时间的起伏是很小的，因而可采用“时间单元”平均恒虚警处理的方法，即在时间上取平均值的估值。更具体地说，就是将空间按距离和方位分割成许多空间单元，每个空间单元的距离长度相当于一个脉冲宽度或稍小于脉冲宽度，方位宽度相当于半功率点波瓣宽度或更小一点。对于一般的地物杂波，这样分割所形成的空间单元数目一般可达几十万个。将各个空间单元的回波幅度值分别加以存储，便得到所谓的杂波图。为了得到较好的检测性能，各个空间单元回波幅值应有足够的位数，例如取十位二进制数。由此可知，杂波图的存储容量是很大的。

所谓“时间单元”平均是以一个天线扫掠周期作为一个单元。空间单元里存储的是多次天线扫掠所得杂波平均值的估值。为了不使设备过于复杂，不宜采用多次扫掠存储的滑窗式积累（相加后求平均值），而应采用相当于单回路反馈积累的方法，例如将新接收的值乘以 $(1-K)$ 后与该空间单元的原存储值乘以 K 后相加作为新的存储量。其等效电路如图 3.35 所示。

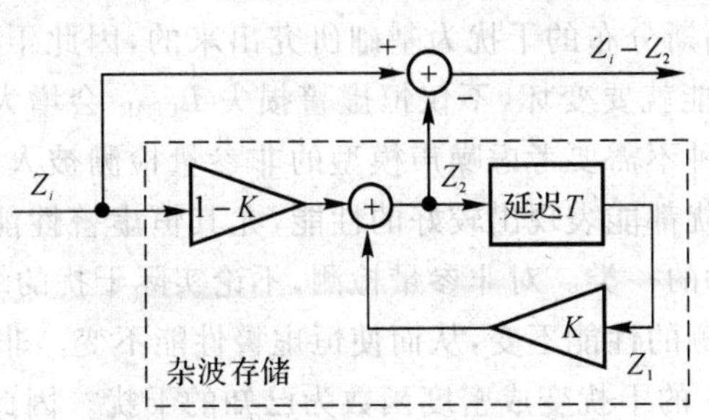

图 3.35　用杂波图存储作恒虚警处理

按照上面的说明，杂波平均值估值按下式计算：

$$Z_2 = (1-K)Z_i + KZ_1 \tag{3.4.17}$$

式中,Z_1 为存储器中原存储的杂波幅度平均值;Z_2 为新的一次扫掠后所计算出的杂波幅度的平均值;Z_i 为新的一次扫掠时输入信号的(包括杂波)幅度值;K 为小于 1 的正数,用于决定更新率,可以根据模型设定。

一般来说,K 越大,前面的输入的作用时间就越长,相当于积累的次数越多。如果只是针对地物杂波,K 可取大一些。如果同时还要考虑对缓慢移动的杂波(如气象杂波等)起作用,K 的取值就不宜过大,具体值依实验确定。

如果输入杂波(包括信号)Z_i 是 $|z|$ 的对数变换,则这种"单元平均"就与图 3.29(b) 中的"距离单元平均"恒虚警作用的原理是一样的(平均的方法不同),将 Z_i 减去 Z_2 就能达到恒虚警处理的目的。

当某空间单元中一直没有目标出现时,Z_i 与 Z_2 的差值可能起伏不大。若某空间单元在以前的天线扫掠中不存在目标,而在本次扫掠中出现了目标,则在该单元中的回波(杂波加目标信号)Z_i 中减去杂波平均值的估值 Z_2,就可能将大于杂波起伏的目标信号检测出来,从而起到恒虚警的效果。

3.5 非参量检测

3.5.1 概述

到目前为止,所研究的信号检测都是以似然比处理器为基础的,它是以干扰的概率密度函数已知为前提的,在检测中只需对干扰的某些参量进行估计就可以了。例如,若干扰为瑞利分布,则只需估计杂波强度这一个参数,就能构成适当的检验统计量和门限,从而达到要求的恒虚警率。因此,前面研究的信号检测也叫参量检测。

参量检测主要是以高斯分布的干扰为基础研究出来的,因此干扰的分布规律是已知的。否则,参量检测的检测性能就要变坏,不仅恒虚警损失 L_{CFAR} 会增大,而且还可能达不到恒虚警检测的目的。因此,一种不需要考虑噪声模型的非参量检测被人们所重视。这种检测的特点是适应性强,对各类干扰都能表现出较好的性能,尤其恒虚警性能比较好,故常把非参量检测看成是恒虚警处理技术的一类。对非参量检测,不论实际干扰的统计特性如何,概率密度分布为何种形式,非参量检测的性能不变,从而使恒虚警性能不变。非参量检测的实质就是把未知统计特性(如概率密度)的干扰变成密度函数为已知的干扰。因此,非参量检测也叫自由分布检测。

然而,与参量检测相比较,由于非参量检测不知道或没有利用干扰的先验统计知识,虽然适应性强,但针对性差。因此对于某种已知统计特性的干扰来说,非参量检测器的性能一般低于参量检测器的性能。另外,就已经提出的各种非参量检测器来说,其设备量都比参量的大。

3.5.2　非参量检测原理

非参量检测是一种数理统计的检测方法，其基本思想是通过检测单元与邻近的若干参考单元相比较，统计地确定有无信号存在。下面仍以雷达信号的检测为例，介绍非参量检测的原理。

1. 连续 *M* 个重复周期内雷达视频信号的采集

如果在雷达的天线波束范围内发射了 M 个探测脉冲，则在 M 个重复周期内，接收机的视频输出如图 3.36 所示。图中假定 t_0 处的信号对应距离 R_0 处的目标，且在所有的 M 个探测周期内信噪比是相同的。

在 M 个探测周期中，检测单元的采样（t_0 时刻的采样）用 z_j 表示（$j=1,2,\cdots,M$），参考单元的采样用 z_{jk} 表示（$j=1,2,\cdots,M;k=1,2,\cdots,N$）。有时，考虑到目标回波在距离上的延伸，它不仅仅占据一个分辨单元，而且可以在检测单元两边空开一个或几个单元再取参考单元。如果把所有这些采样的结果保存下来，如图 3.37 所示，这些采样值就成为构造非参量检验统计量的基础。

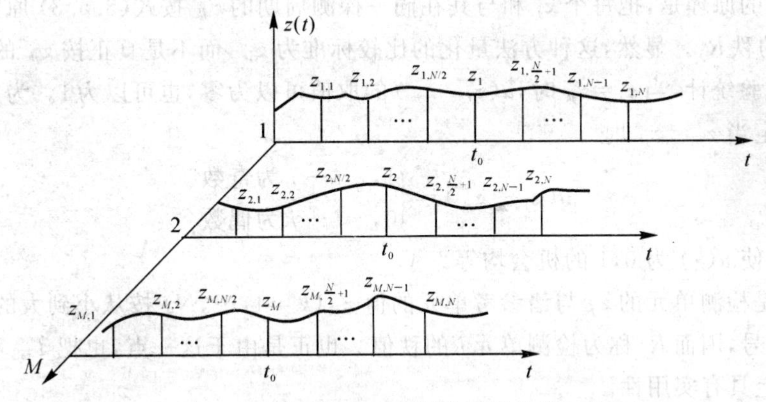

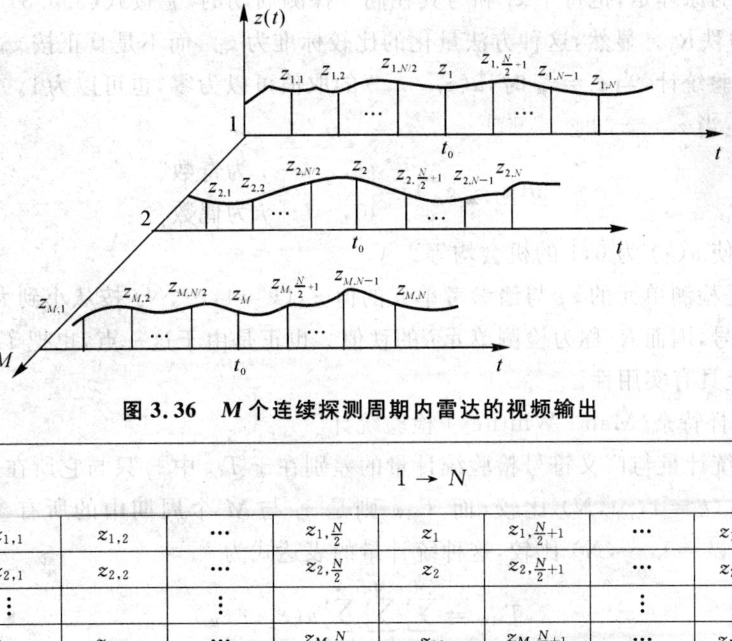

图 3.36　*M* 个连续探测周期内雷达的视频输出

j \ k	$1\to N$								
$1 \downarrow M$	$z_{1,1}$	$z_{1,2}$	…	$z_{1,\frac{N}{2}}$	z_1	$z_{1,\frac{N}{2}+1}$	…	$z_{1,N-1}$	$z_{1,N}$
	$z_{2,1}$	$z_{2,2}$	…	$z_{2,\frac{N}{2}}$	z_2	$z_{2,\frac{N}{2}+1}$	…	$z_{2,N-1}$	$z_{2,N}$
	⋮		⋮				⋮		
	$z_{M,1}$	$z_{M,2}$	…	$z_{M,\frac{N}{2}}$	z_M	$z_{M,\frac{N}{2}+1}$	…	$z_{M,N-1}$	$z_{M,N}$

图 3.37　*M*×*N* 采样存储矩阵

2. 非参量检测的检验统计量

非参量检测的检验统计量是根据图 3.37 中的采样矩阵设计的。假定 z_{jk} 是统计独立的，且具有相同的分布(虽然不知道)；当没有信号时，检测单元采样 z_j 与诸参考单元采样 z_{jk} 也具有相同的分布。

(1) 广义符号检验统计量

定义检验统计

$$T_{GS}=\sum_{j=1}^{M}R_j=\sum_{j=1}^{M}\sum_{k=1}^{N}u(z_j-z_{jk}),\quad j=1,2,\cdots,M,\quad k=1,2,\cdots,N \tag{3.5.1}$$

式中

$$R_j=\sum_{k=1}^{N}u(z_j-z_{jk}) \tag{3.5.2}$$

其中

$$u(z_j-z_{jk})=\begin{cases}1, & z_j>z_{jk}\\0, & z_j<z_{jk}\end{cases} \tag{3.5.3}$$

这种方法的原理是，把每个 z_j 和与其在同一探测周期的 z_{jk} 按式(3.5.3)原则比较、求和，从而求得 z_j 的秩 R_j。显然，这种方法量化的比较标准为 z_{jk}，而不是真正按 z_{jk} 的符号，故称之为广义符号检验统计，当 $z_j=z_{jk}$ 时，$u(z_j-z_{jk})$ 的取值可以为零，也可以为1。为了使结果更为准确，于是规定当 $z_j=z_{jk}$ 时

$$u(z_j-z_{jk})=\begin{cases}1, & i-j\ \text{为奇数}\\0, & i-j\ \text{为偶数}\end{cases} \tag{3.5.3a}$$

这样做是为了使 $u(\cdot)$ 为 0,1 的机会均等。

由于 R_j 是检测单元的 z_j 与诸参考单元的值 $z_{jk}(k=1,\cdots,N)$ 按从小到大的顺序排列时，z_j 值所处的序号，因而 R_j 称为检测单元 j 的秩值。也正是由于这一点，也把 T_{GS} 称作秩和检验统计，在工程上具有实用性。

(2) 马恩-怀特奈(Man - Whitney) 检验统计

这种检验统计量与广义符号检验统计量的差别在于 T_{GS} 中 z_j 只与它所在探测周期的参考单元的采样 $z_{jk}(k=1,\cdots,N)$ 比较，而 T_{MW} 则是 z_j 与 M 个周期中的所有参考单元的采样 $z_{lk}(l=1,\cdots,M;k=1,\cdots,N)$ 比较，这种统计量的表达式为

$$T_{MW}=\sum_{j=1}^{M}\sum_{l=1}^{M}\sum_{k=1}^{N}u(z_j-z_{lk}) \tag{3.5.4}$$

其中

$$R_j=\sum_{l=1}^{M}\sum_{k=1}^{N}u(z_j-z_{lk}) \tag{3.5.5}$$

两种检验统计量相比，显然 T_{MW} 检验统计量的运算量大，相应的设备量也大，但可以预期它的检测性能要比前者好。

此外，还有修正的秩平方检验统计、二进制量化秩值滑窗检验统计以及加权秩值求和检验统计等许多种，这里不一一列出。

3. 一般非参量检验统计检测器的工作原理

根据式(3.5.1)和式(3.5.4)，可以画出一般非参量检测器的结构如图 3.38 所示。接收机的中频信号经过包络检波之后送到抽头延时线(若用数字延时技术，则还要经过 A/D 变换成数字量之后再送到移位寄存器或数字机的内存)，每节延时线的延时对应一个距离单元的时间长度，有抽头延时线同时得到被测单元的采样 z_j 和参考单元的采样 z_{jk}。在同一距离单元 k 中的 M 个探测脉冲周期的采样 z_{lk} 存入采样存储器(有的检验统计不需要采样存储器，如式(3.5.1)中的广义符号检验统计)，检测单元的采样 z_j 和参考单元的采样 z_{lk} 在比较器 c 中进行比较，结果得到量化了的 $u(z_j - z_{lk})$，再根据检验统计量的要求进行必要的计算和积累，所得结果与门限 λ_0 比较就能决定有无信号(目标)存在。

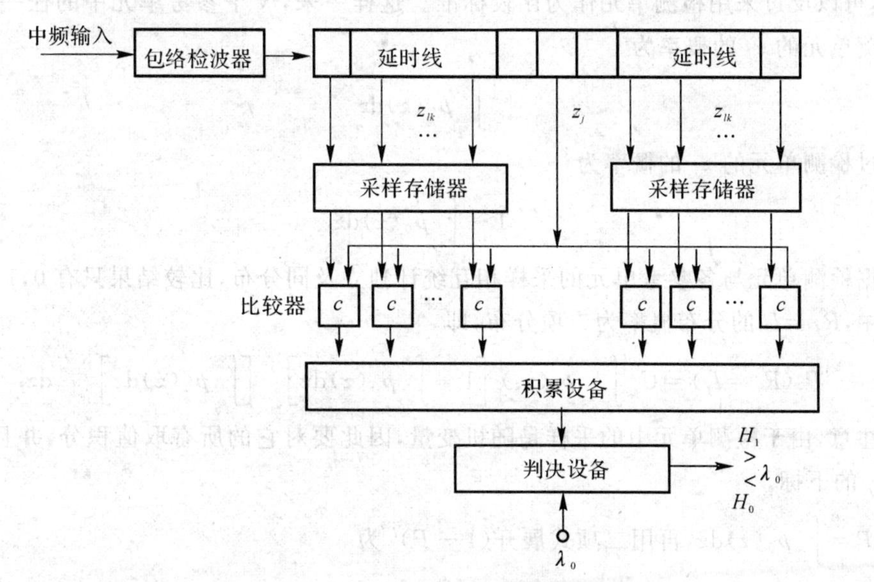

图 3.38　一般非参量检测器结构框图

3.5.3　非参量检测器的检测性能

为了简化分析，只研究单次探测($M=1$)时秩值 R_j(见式(3.5.2))的虚警概率和发现概率，即广义符号检验时的性能。

重申前面的假设，各参考单元的采样 z_{jk} 是统计独立、同分布的，其概率密度函数都以 $p_0(z)$ 表示，检测单元的采样 z_j 在不包含信号时，与 z_{jk} 一样，彼此独立，并具有同样的分布 $p_0(z)$，若 z_j 中有信号，则以 $p_1(z)$ 表示。

由于各采样点的采样彼此独立，且经过比较量化后只有 0,1 两个值，单次探测中 R_j 为某一个值的概率服从二项分布。这就是说，无论杂波干扰服从什么分布，或不知道其分布规律，都能使检验统计量服从二项分布。

1. 虚警概率P_F 的计算

所谓虚警概率是指检测单元中并没有信号存在，而秩值 R_j 超过某一数值 l_j 的概率，l_j 的取值范围为 $0 \sim N$。

众所周知，实际上是以参考单元作为比较标准与检波单元比较形成秩值 R_j，但这样做，就有 N 个比较标准（N 个参考单元），对于计算检测性能很不方便。为此，在不改变式(3.5.3)的前提下，可以反过来用检测单元作为比较标准。这样一来，N 个参考单元中的任一单元的 z_{jk} 超过检测单元的 z_j 的概率为

$$\int_{z_j}^{\infty} p_0(z)\mathrm{d}z \tag{3.5.6}$$

没有超过检测单元的 z_j 的概率为

$$1-\int_{z_j}^{\infty} p_0(z)\mathrm{d}z \tag{3.5.6a}$$

根据检测单元与各参考单元的采样相互统计独立及同分布，比较结果只有 0,1 两种，在单次探测中，$R_j=l_j$ 的分布概率为二项分布，即

$$P_j(R_j=l_j)=C_N^{l_j}\int_{-\infty}^{\infty} p_0(z_j)\left[1-\int_{z_j}^{\infty} p_0(z)\mathrm{d}z\right]^{l_j}\left[\int_{z_j}^{\infty} p_0(z)\mathrm{d}z\right]^{N-l_j}\mathrm{d}z_j \tag{3.5.7}$$

这里应注意，由于检测单元中的采样是随机变量，因此要对它的所有取值积分，并且可以取消 R_j, l_j, z_j 的下标。

设 $P=\int_z^{\infty} p_0(z)\mathrm{d}z$，再用二项式展开 $(1-P)^l$ 为

$$(1-P)^l=\sum_{n=0}^{l}(-1)^n C_l^n P^n \tag{3.5.8}$$

得

$$P_F(R=l)=C_N^l\int_{-\infty}^{\infty} p_0(z)\left[\int_z^{\infty} p_0(z)\mathrm{d}z\right]^{N-l}\left[1-\int_z^{\infty} p_0(z)\mathrm{d}z\right]^l\mathrm{d}z=$$

$$C_N^l\int_{-\infty}^{\infty} p_0(z)P^{N-l}(1-P)^l\mathrm{d}z=$$

$$C_N^l\sum_{n=0}^{l}(-1)^n C_l^n\int_{-\infty}^{\infty}p_0(z)P^{N-l+n}\mathrm{d}z=$$

$$C_N^l\sum_{n=0}^{l}(-1)^n C_l^n\int_0^1 P^{N-l+n}\mathrm{d}P\mid_{\mathrm{d}P=-p_0(z)\mathrm{d}z}=$$

$$C_N^l\sum_{n=0}^{l}(-1)^n C_l^n\frac{1}{N-l+n-1}=\frac{1}{N+1} \tag{3.5.9}$$

R 的取值等于和大于 l 的概率为

$$P(R\geqslant l)=\sum_{n=l}^{N}P_{\mathrm{F}}(R=n)=\frac{1}{N+1}(N+1-l) \tag{3.5.10}$$

从式(3.5.9)、式(3.5.10) 可以看出，根据式(3.5.2)

$$R_j=\sum_{k=1}^{N}u(z_j-z_{jk})$$

统计检验的非参量检测器，虚警概率 $P_{\mathrm{F}}(R=l)$ 或 $P_{\mathrm{F}}(R\geqslant l)$ 都与干扰的密度函数 $p_0(z)$ 及其参量等无关，只要参考单元数目已确定，再选定 l 之后，则虚警概率 $P_{\mathrm{F}}(R\geqslant l)$ 就是恒定的。因此，在单次探测的情况下，只要满足各次探测是相互独立的，无论干扰的统计特性如何，积累以后检测器仍然会有恒虚警的性能。

另外，非参量检测中的积累次数对虚警率的影响较大，这从式(3.5.10) 中很容易看出，即令 $l=N$，则 $P_{\mathrm{F}}(R\geqslant N)=1/(N+1)$，在 $N=16$ 时，虚警率为 6%。一般情况下，这是不允许的，因此非参量检测中后面选择较大的积累数 N 是必要的。

2. 检测概率 P_{D} 的计算

当检测单元中有目标时，检测单元采样的概率密度函数假定为 $p_1(z)$ 并且假定信号是不起伏的，仿照式(3.5.7) 可以写出 $R=l$ 的检测概率

$$P_{\mathrm{D}}(R=l)=C_N^l\int_{-\infty}^{\infty}p_1(z)\left[\int_z^{\infty}p_0(z)\mathrm{d}z\right]^{N-l}\left[1-\int_z^{\infty}p_0(z)\mathrm{d}z\right]^l\mathrm{d}z \tag{3.5.11}$$

同样令 $P=\int_z^{\infty}p_0(z)\mathrm{d}z$ 和利用式(3.5.8) 展开 $(1-P)^l$，得

$$P_{\mathrm{D}}(R=l)=C_N^l\sum_{n=0}^{l}(-1)^n C_l^n\int_{-\infty}^{\infty}p_1(z)P^{N-l+n}\mathrm{d}z \tag{3.5.12}$$

由式(3.5.12) 可得 R 的取值等于和大于 l 的概率为

$$P_{\mathrm{D}}(R\geqslant l)=\sum_{m=l}^{N}P_{\mathrm{D}}(R=m) \tag{3.5.13}$$

从式(3.5.12) 和式(3.5.13) 可以看出，发现概率 P_{D} 与检测单元有信号时采样的概率密度分布有关。由此推知，它实际上是与干扰的概率密度分布有关(因为 $p_1(z)$ 与 $p_0(z)$ 的分布有关)，也与信号是否起伏变化有关。只有把这些都具体地给出来，才能计算出发现概率的具

体值(或推出公式)。

最后需要指出,本节中虚警概率和发现概率公式的推导都是按单次探测推导的,而且其秩值的计算是按式(3.5.2)进行的。秩值的计算也可以按式(3.5.5)进行,即按

$$R_j = \sum_{l=1}^{M} \sum_{k=1}^{N} u(z_j - z_{lk})$$

进行,在这种情况下,只要把式(3.5.5)等效地写成

$$R_j = \sum_{lk=1}^{MN} u(z_j - z_{lk}) \tag{3.5.14}$$

用此式中的MN的积去代替式(3.5.2)中的N值,则在式(3.5.5)下的单次探测的虚警概率与发现概率的计算就可应用式(3.5.9)和式(3.5.13)。

3.5.4 非参量检测器的渐进相对效率和损失

前面给出了单次探测时虚警概率和发现概率的计算公式。但是,仍然没有判定非参量检测器和参量检测器的差别有多大,本节将予以分析。

一般地,如果对于干扰的统计知识一无所知,就会出现判断失误,使得参量检测不如非参量检测;但若干扰的统计知识为已知,则参量检测器是最优的。在这种情况下,由于非参量检测器的针对性差,没有充分利用干扰的统计知识,其检测性能不如参量检测好。这是一种定性的说明,实际上到底相差到什么程度,是人们所关心的。必须要有一个参数,能定量地比较两个检测器的性能。皮特奈(Pitonam)首先提出了用渐进相对效率(A. R. E,简写为 e)作为两个检测器相比较的判据。

首先指出,渐进相对效率是在弱信号的假设下导出的,以便简化表达式。由于在大信号的假设下,渐进相对效率的表达式的推导很繁杂,这里只给出结果。

1. 检测器的渐进效率

检测器的渐进效率被定义为当$M \to \infty$时,在单次探测的单位平均信噪比$\bar{s}$下,检验统计量T的条件均值$E(T \mid \bar{s})$在$\bar{s}=0$时的增益的平方与无信号时T的方差的比值,即

$$e = \lim_{M \to \infty} \frac{\left[\dfrac{\partial}{\partial \bar{s}} E(T \mid \bar{s})\right]^2 \Bigg|_{\bar{s}=0}}{M \sigma_0^2(T)} \tag{3.5.15}$$

式中,$\bar{s}$为平均功率信噪比;M为探测次数(或积累次数);$\sigma_0^2(T)$为在检测单元中无信号只有噪声时检验统计量的方差;$E(T \mid \bar{s})$为平均功率信噪比为$\bar{s}$时,检验统计量T的数学期望;e为检测器的渐进效率。检测器的渐近效率e反映了检测器对所提供信号的利用率。

2. 两个检测器的渐进相对效率

两个检测器的渐进相对效率是由它们的渐进效率之比定义的，即

$$\text{A. R. E}_{\text{A,B}} \approx e_{\text{A}}/e_{\text{B}} \tag{3.5.16}$$

式(3.5.16)所表示的渐近相对效率，是在弱信号检测时作出的，弱信号检测就意味着探测次数M(或者说积累次数，或者说采样容量)需要特别大；由于e与干扰的密度函数有关，因而A. R. E也与干扰的密度函数有关。

在工程应用中，检测器A相对于检测器B的信噪比的渐近损失L_∞是最有直接意义的。在给定探测次数M的情况下，对给定的检测概率P_{D}和虚警概率P_{F}所需要的信噪比为$S(P_{\text{D}}, P_{\text{F}}, M)$，检测器A相对于检测器B的信噪比渐近损失可定义为如下极限形式：

$$L_\infty = \lim_{M\to\infty} \frac{S_{\text{A}}(P_{\text{D}}, P_{\text{F}}, M)}{S_{\text{B}}(P_{\text{D}}, P_{\text{F}}, M)} \tag{3.5.17}$$

在高斯噪声背景中，非参量检测器对于通常所遇到的目标模型，相对于最优的参量检测器的信噪比渐近损失L_∞可以表示为

$$L_\infty = [\text{A. R. E}]^{-\frac{1}{2}} \tag{3.5.18}$$

或者以分贝表示为

$$L_\infty(\text{dB}) = -5\lg(\text{A. R. E}) \tag{3.5.19}$$

下面给出在高斯噪声干扰下，MW(马恩-怀特奈)检测器和GS(广义符号)检测器相对于参量最优检测器的渐近相对效率A. R. E和渐近信噪比损失L_∞的计算值以作参考。其中以非参量检测器的参考单元数目N作为参变量，见表3.1。

该表的缺点是只给出了$M\to\infty$的值，实际上M总是有限的。在M,N都有限的情况下，没有作具体的数字计算。目前，已经有人作出了许多曲线，可以供人们查用。

表3.1　MW检测器和GS检测器相对于参量最优检测器的渐近相对效率A. R. E和渐近信噪比损失L_∞的计算值

N		1	2	3	4	5	6
MW	A. R. E	0.375	0.500	0.600	0.667	0.706	0.750
	L_∞	2.100	1.500	1.100	0.900	0.800	0.600
GS	A. R. E	0.250	0.375	0.500	0.600	0.667	0.750
	L_∞	3.000	2.100	1.500	1.100	0.900	0.600

3.6 鲁棒检测简介

3.6.1 概述

前面已经介绍了两类统计检测方法:一类是经典的参量检测,它要求准确地掌握干扰的统计知识,即干扰的概率密度函数 $p_i(z)$,可用似然比或对数似然比作检验统计量;另一类是非参量检测(或自由分布检测),它可以在完全不了解(或不利用)噪声/杂波统计知识的情况下,设计出不同类型的检测器。例如广义符号、符号、秩、中值检测器等。此外,还经常遇到介于以上两者之间的情况,即部分地掌握干扰的统计知识,它相对于非参量检测来说,统计知识未被利用,而对参量检测来说统计知识又不足。这类问题大体可分为两种情况:

① 干扰的分布形式已知,而干扰分布的参量未知,例如已知干扰的概率密度分布为高斯型的,但其一、二阶矩未知,或不完全知道。

② 虽然干扰的概率密度不是全然不知道,但也无法确知。其特点是这类干扰没有一个明确的概率分布的数学表达式,它可以是无限多个概率密度分布组成的分布类型之一,而在检测之前又不知道是哪一个。

对于第一种情况,可以用参量检测的自适应技术或极小极大化技术,寻找最不利的参数取代未知参数而实现优于非参量检测的性能。

对于第二种情况,原则上可有三种解决办法:

① 非参量检测。这是一种最保守的办法。由于可利用的统计知识没有利用,因而不是一种好的检测方法。

② 参量检测。其作法是利用已知的部分统计知识拟合一种干扰的概率密度函数,从而设计一种参量最优检测器。然而,如果拟合错误,所设计的处理器的性能就会很差。例如,假设近似拟合出在两种假设下的似然函数,并认为各次探测相对独立。在 H_j 假设下,其似然比为

$$\lambda(z) = \prod_{i=1}^{N} \frac{P(z_i \mid H_1)}{P(z_i \mid H_0)} \tag{3.6.1}$$

若似然函数估计不准、偏小或偏大,或单次观测的似然比 $P(z_i \mid H_1)/P(z_i \mid H_0) = 0$(或 ∞),则无法进行正确检测,使检测性能变坏,会影响检测性能。

③ 鲁棒(Robust)检测。其基本思想是在二择一检测中寻找最不利分布(即最小风险分布)作为这类干扰分布的代表,然后按似然比检测器的方法处理。这类检测器的特点是利用了有关干扰的部分统计知识,只要干扰属于这个分布类,所设计的检测器的性能就总是好的,总能满足某种可以预料的最低性能要求,不会出现因拟合错误而出现检测性能特别差,从而冒最大风险的情况。

由于鲁棒检测利用了干扰的部分统计知识，其性能会比非参量检测好。但是，鲁棒检测器的性能会比参量检测差一些，这是由于没有全部掌握干扰统计知识的原因。

3.6.2　混合模型的鲁棒检测

这种检测模型由 Huber 首先提出，称干扰的 ε 混合模型。该模型由两个分布的线性组合所构成，其中一个为主分布函数（通常是高斯分布），另一个是占比为 ε 的任意分布。该模型的数学表达式为如下集合：

$$P_i=\{q'_i \mid q'_i=(1-\varepsilon_i)p_i+\varepsilon_i h'_i, h'_i\in K\},\quad i=0,1 \tag{3.6.2}$$

式中，ε_i 为一常数，且 $0\leqslant\varepsilon_i<1$；$p_i$ 是已知的理想分布或称主分布；h'_i 为污染分布，只知它属于某一分布类 K。

这就是说，并不确切知道杂波的分布密度，而目的是寻找一个最不利分布对来代替实际的分布对，在 H_0, H_1 假设下来设计似然比检测器。然而，似然比检测是在已知干扰的分布下来寻找判决方式，而现在则是干扰分布并不完全确知，因此必须在判据表达式中有所反映。

1. 判决规则的建立

根据假设检验理论中 Bayes 准则，在二择一的情况下平均风险可写为

$$\begin{aligned}\bar{C}=&C_{00}P(D_0,H_0)+C_{10}P(D_1,H_0)+C_{01}P(D_0,H_1)+C_{11}P(D_1,H_1)=\\&C_{00}P(H_0)+C_{01}P(H_1)+(C_{10}-C_{00})P(D_1\mid H_0)P(H_0)+\\&(C_{01}-C_{11})P(D_0\mid H_1)P(H_1)\end{aligned} \tag{3.6.3}$$

式中

$$P(D_1\mid H_0)=\int_{R_1}p(\boldsymbol{z}\mid H_0)\mathrm{d}\boldsymbol{z},\quad P(D_0\mid H_1)=\int_{R_0}p(\boldsymbol{z}\mid H_1)\mathrm{d}\boldsymbol{z}$$

需说明的是，经典检测理论中，似然函数 $p(\boldsymbol{z}\mid H_i)(i=0,1)$ 是已知的，在对代价函数 C_{ij} 和先验概率 $P(H_i)(i=0,1)$ 掌握的情况不同时，可以得到三个不同的优化准则。

① 代价不知，但 $P(H_i)$ 已知，可利用最小错误概率准则。它实际上是比较 $P(D_1\mid H_0)P(H_0)$ 和 $P(D_0\mid H_1)P(H_1)$ 或 $P(D_0\mid H_0)P(H_0)$ 和 $P(D_1\mid H_1)P(H_1)$ 来作判决。

② $P(D_1\mid H_0)=\alpha$ 为常量，使 $P(D_1\mid H_1)\to\max$ 作判决，可利用奈曼-皮尔逊准则。

③ 以平均风险 $\bar{C}\to\min$ 为条件，可利用判决的 Bayes 准则。

现在的问题是只知道实际模型的统计分布属于如式(3.6.2) 所示的一个分布类，为了寻找最不利分布，分布与判决必须在判据表达式中有所反映。

如果观测到 $\boldsymbol{z}=(z_1,\cdots,z_N)^{\mathrm{T}}$ 之后，在似然比检验中，拒绝 H_i 的条件概率为

$$\left.\begin{aligned}\phi_0(z)&=\begin{cases}1, & T_N(z)>K\\ k, & T_N(z)=K \quad (\text{拒绝 } H_0)\\ 0, & T_N(z)<K\end{cases}\\ \phi_1(z)&=\begin{cases}1, & T_N(z)<K\\ 1-k, & T_N(z)=K \quad (\text{拒绝 } H_1)\\ 0, & T_N(z)>K\end{cases}\end{aligned}\right\} \tag{3.6.4}$$

式中，$T_N(z)=\ln[q_1(z)/q_0(z)]$，相当于混合模型的对数似然比，$0\leqslant k\leqslant 1$，$K$ 为一常数；条件概率 q_i 的下脚 0，1 分别表示以 H_0，H_1 为条件。为了简便，以后均用此种表示方法（例如：P_0，P_1，ϕ_0，ϕ_1 等）；T_N 下脚 N 表示观测向量 z 的维数。

由式(3.6.4)，虚警风险可写成

$$R(q'_0,\phi_0)=L_0E_{q'_0}(\phi_0)=L_0\int_{T_N>K}q'_0\mathrm{d}z+L_0\int_{T_N=K}q'_0\mathrm{d}z \tag{3.6.5}$$

式中，R 相当于式(3.6.3)中的平均风险 $\bar{C}$；L_0 相当于式(3.6.3)中的代价 $(C_{10}-C_{00})$；$E_{q'_0}$ 表示在 q'_0 情况下的错误检测概率。

于是，漏报风险可写成

$$R(q'_1,\phi_1)=L_1E_{q'_1}(\phi_1)=L_1\int_{T_N<K}q'_1\mathrm{d}z+L_0(1-k)\int_{T_N=K}q'_1\mathrm{d}z \tag{3.6.6}$$

式中，L_1 相当于式(3.6.3)中的 $(C_{01}-C_{11})$，其他符号同于式(3.6.3)。

采用如上表达方法，相应于经典假设检验理论中的三个优化准则可以分别写成

① 最小化 $\max\limits_{i=0,1}\sup\limits_{q'_i}R(q'_i,\phi_i)$ (3.6.7)

类似于最小错误概率准则，这里考虑了代价；

② $\sup\limits_{q'_0}R(q'_0,\phi_0)$ 的约束下，最小化 $\sup\limits_{q'_1}R(q'_1,\phi_1)$（漏报风险） (3.6.8)

类似于 Neyman - pearson 准则；

③ 令 $P(H_0)=\lambda_0$，$P(H_1)=\lambda_1$，最小化 $\sup\limits_{q'_0q'_1}[\lambda_0R(q'_0,\phi_0)+\lambda_1R(q'_1,\phi_1)]$ (3.6.9)

类似于 Bayes 准则。

以上诸式中，$\sup\limits_{q'_i}$ 已经意味着这里的 q'_i 是最不利的概率分布。

2. 最不利分布对的选择

最不利分布对的定义：有一对分布 $q_i(i=0,1)$，使得 $q'_i(i=0,1)$ 间的任意概率比（似然比）检验都有

$$R(q'_i,\phi)\leqslant R(q_i,\phi),\quad i=0,1 \tag{3.6.10}$$

则 q_i 是 $\{q'_i\}$ 中的最不利分布对。

按照最不利分布对的定义，前面三个优化准则变成

① 最小化 $\max R(q_i,\phi), i=0,1$ (3.6.11)

② 在 $R(q_0,\phi)\leqslant\alpha$ 下，最小化漏报风险 $R(q_1,\phi)$ (3.6.12)

③ 最小化 $\lambda_0 R(q_0,\phi)+\lambda_1 R(q_1,\phi)$ (3.6.13)

其实，这就是经典假设检验理论中的最小错误概率准则（或最大后验概率准则）、Neyman-pearson 准则和 Bayes 准则。差别只是前两个准则也考虑了代价。

现在，问题的关键是寻找最不利分布对。对于 Huber 的混合 ε 干扰模型来说，直观上看，如果最不利分布对 $q_i\in P_i(i=0,1)$ 存在，那么 q_0 应尽可能接近 P_0，q_1 应尽可能接近 P_1。据此，可用下列最不利试验分布模型

$$\left.\begin{aligned}q_0(z)&=\begin{cases}(1-\varepsilon_0)p_0(z), & p_1(z)/p_0(z)<c''\\ \dfrac{1-\varepsilon_0}{c''}p_1(z), & p_1(z)/p_0(z)\geqslant c''\end{cases}\\ q_1(z)&=\begin{cases}(1-\varepsilon_1)p_1(z), & p_1(z)/p_0(z)>c'\\ c'(1-\varepsilon_1)p_0(z), & p_1(z)/p_0(z)\leqslant c'\end{cases}\end{aligned}\right\}\tag{3.6.14}$$

其中 $p_i(z)(i=0,1)$ 是已知的理想分布；$0\leqslant c'<c''<\infty$；式中 $\varepsilon_i(i=0,1)$ 与 c',c'' 要保证 $q_i(z)(i=0,1)$ 是概率密度分布，即

$$(1-\varepsilon_0)\left[P_0(p_1/p_0<c'')+\frac{1}{c''}P_1(p_1/p_0\geqslant c'')\right]=1\tag{3.6.15}$$

此式即

$$\left.\begin{aligned}&(1-\varepsilon_0)\left[\int_{p_1/p_0<c''}p_0(z)\mathrm{d}z+\frac{1}{c''}\int_{p_1/p_0\geqslant c''}p_1(z)\mathrm{d}z\right]=1\\ &(1-\varepsilon_1)[P_1(p_1/p_0>c')+c'P_0(p_1/p_0\leqslant c')]=1\end{aligned}\right\}\tag{3.6.16}$$

式(3.6.15)和式(3.6.16)可以写成方程

$$f(c)=P_1(p_1/p_0>c)+cP_0(p_1/p_0\leqslant c)=\frac{1}{1-\varepsilon}\tag{3.6.17}$$

的形式，其中 $f(c)$ 又可写成

$$f(c)=1-P_1(p_1/p_0\leqslant c)+cP_0(p_1/p_0\leqslant c)=1+\int_{p_1/p_0\leqslant c}(c-p_1/p_0)p_0\mathrm{d}z$$

由此式看出，当 $p_1/p_0=c$ 时，$f(c)=1$，而当 $p_1/p_0<c$ 时，$f(c)$ 单调上升，当 $0\leqslant\varepsilon<1$ 时，式(3.6.17)中 ε 将有唯一的解。

3. 最不利分布的似然比检测

设 $b=\dfrac{1-\varepsilon_1}{1-\varepsilon_0}$，利用式(3.6.14)，有

$$\frac{q_1(z)}{q_0(z)}=\begin{cases}bc', & p_1/p_0\leqslant c'\\ b\dfrac{p_1(z)}{p_0(z)}, & c'<p_1/p_0<c''\\ bc'', & p_1/p_0\geqslant c''\end{cases}\tag{3.6.18}$$

例 3.2 设 $x=a+n$，且 $n\sim N(0,\sigma^2)$，即 $p_0(x)=\dfrac{1}{\sqrt{2\pi}}\mathrm{e}^{\frac{-x^2}{2\sigma^2}}$，$p_1(x)=\dfrac{1}{\sqrt{2\pi}}\mathrm{e}^{\frac{-(x-a)^2}{2\sigma^2}}$，则由式(3.6.14)，$q_0(z)$，$q_1(z)$ 两个最不利分布可示意表示于图 3.39 中。根据式(3.6.18)可以写出其似然比表达式，当 $z\in(\mathrm{arc}c',\mathrm{arc}c'')$ 时

$$\frac{q_1(z)}{q_0(z)}=b\frac{p_1(z)}{p_0(z)}=b\,\mathrm{e}^{\frac{2az-a^2}{2\sigma^2}}$$

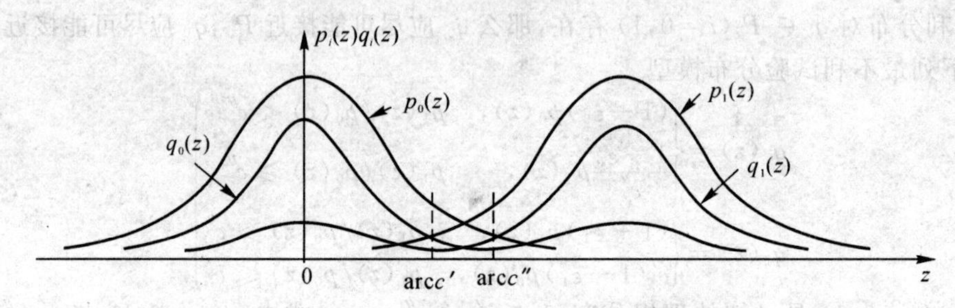

图 3.39 $p_i(z)$，$q_i(z)$ 在 $p_i(z)$ 为高斯分布时的示意图

而

$$\ln\frac{p_1(z)}{p_0(z)}=\frac{a}{\sigma^2}z-\frac{a^2}{2\sigma^2}$$

于是等效检验统计量可以写成

$$y=\begin{cases}\dfrac{\sigma^2}{a}\left(\ln c'+\dfrac{a^2}{2\sigma^2}\right), & p_1/p_0\leqslant c'\\ z, & c'<p_1/p_0<c''\\ \dfrac{\sigma^2}{a}\left(\ln c''+\dfrac{a^2}{2\sigma^2}\right) & c''\geqslant p_1/p_0\end{cases}\tag{3.6.19}$$

可以看出等效似然比检测器在前面给定的条件是一个限幅器，其示意图如图 3.40 所示。

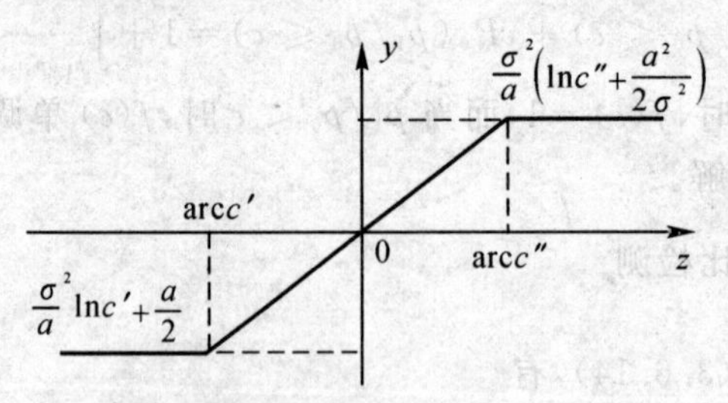

图 3.40 等效似然比检测器为限幅器的示意图

需要指出，式(3.6.14)给出最不利试验分布对，到底是不是最不利分布对，并没有证明。这一点可以从 Huber 的一个辅助定理看出。

辅助定理　对任何 $q_i' \in P_i(i=0,1)$ 和任何实数 t，只要 $c' < c''$，就有

$$Q_0'\left(\frac{q_1'}{q_0'} < t\right) \geqslant Q_0\left(\frac{q_1}{q_0} < t\right) \geqslant Q_1\left(\frac{q_1}{q_0} < t\right) \geqslant Q_1'\left(\frac{q_1'}{q_0'} < t\right) \tag{3.6.20}$$

其中概率密度函数 q_i'，q_i 分别由式(3.6.2) 和式(3.6.14) 定义，Q_i'，Q_i 则分别是 q_i'，q_i 对应的概率积分分布。

这个辅助定理的证明很简单，注意到式(3.6.14) 所给出最不利的试验分布模型 $q_0(z)$ 与 $q_1(z)$ 中的污染分布都比较集中，对 $q_0(z)$ 污染部分集中在右端，即 $p_1(z)/p_0(z) \geqslant c''$ 部分。而 $q_1(z)$ 污染部分集中在左端，即 $p_1(z)/p_0(z) \leqslant c'$ 部分。在式(3.6.2) 给出的混合模型中，并没要求干扰部分有这种限制，一般说污染部分可在 z 的任何取值上都有。

当 t 的取值 $bc' \leqslant t \leqslant bc''$ 时，并且规定 E 是 $q_1/q_0 < t$ 的事件时，由式(3.6.2)、式(3.6.14) 就有

$$Q_0'(E) = (1-\varepsilon_0)P_0[E] + \varepsilon_0 H_0'(E) \geqslant (1-\varepsilon_0)P_0(E)(t < bc'') = Q_0(E)$$

又有

$$Q_1'(E) = (1-\varepsilon_1)P_1(E) + \varepsilon_1 H_1'(E) \leqslant (1-\varepsilon_1)P_1(E)(t \leqslant bc') = Q_1(E)$$

至于式(3.6.20) 中间的"$\geqslant$"号是由于检验的值决不能在检验的尺度之下，因此，辅助定理在 $bc' \leqslant t \leqslant bc''$ 范围是成立的。

只要注意式(3.6.2) 和式(3.6.14) 的污染部分和分布的特点，可以看出，通常在 $t > bc''$，$t \leqslant bc'$ 时，辅助定理式(3.6.20) 也是成立的。

这个定理说明，在一定的检测门限 t 下，干扰的实际分布 $\{q_0'(z)\}$ 的虚警概率小于 $q_0(z)$ 的虚警概率(因为 $Q_0'(E) \geqslant Q_0(E)$)，也就是说，实际分布 $\{q_0'(z)\}$ 的虚警概率总不会大于 $q_0(z)$ 对应的虚警概率。类似地，从 $Q_1(E) \geqslant Q_1'(E)$ 可以得出结论，干扰实际分布 $\{q_0'(z)\}$ 的检测概率优于 $q_0(z)$ 所对应的检测概率，至多两者相同。因此，$q_i(z)(i=0,1)$ 是最不利分布对。

在这个定理中，是用似然比作检验统计量。如果用对数似然比或其他等效量作检验统计量，例如随机变量 θ，则由于 θ 是随机量，可以找到 θ 的一个概率分布 $f_i(\theta)(i=0,1)$ 与最不利分布 $q_i(z)(i=0,1)$ 对应，也可找到 $f_i'(\theta)(i=0,1)$ 与 $q_i'(z)(i=0,1)$ 对应。

4. 多次采样问题分析

根据辅助定理式(3.6.20) 可以知道，式(3.6.14) 中的最不利分布对是满足优化判据式(3.6.7) 至式(3.6.9) 的，并且似然比检验(或等效检验) 是这三个优化准则的解。

设给定的观测为 $\boldsymbol{z} = (z_1, z_2 \cdots z_N)^{\mathrm{T}}$，$\phi(\boldsymbol{z})$ 是拒绝 P_0 的似然比检验的条件概率

$$\phi(\boldsymbol{z}) = \begin{cases} 1, & T_N(\boldsymbol{z}) > K \\ k, & T_N(\boldsymbol{z}) = K \\ 0, & T_N(\boldsymbol{z}) < K \end{cases} \tag{3.6.21}$$

式中 $T_N(z)=\sum_{i=1}^{N}T_i(z_i)=\sum_{i=1}^{N}\ln\frac{q_1(z_i)}{q_0(z_i)}$ 是对数似然比；$0<k<1$；K 是门限。

由辅助定理知，对任意代价 L_0，L_1 和任何 $q'_i\in P_i(i=0,1)$，虚警风险是

$$\begin{aligned}R(q'_0,\phi)=&L_0\left[\int_{T_N>K}q'_0(z)\mathrm{d}z+k\int_{T_N=K}q'_0(z)\mathrm{d}z\right]=\\&L_0\left[Q'_0(T_N>K)+kQ'_0(T_N=K)\right]=\\&L_0\left[Q'_0(T_N\geqslant K)k+(1-k)Q'_0(T_N>K)\right]\leqslant\\&L_0\left[Q_0(T_N\geqslant K)+(1-k)Q_0(T_N>K)\right]=R(q_0,\phi)\end{aligned}\tag{3.6.22}$$

类似地证明漏报风险

$$R(q'_1,\phi)\leqslant R(q_1,\phi)\tag{3.6.23}$$

由此可见，$q_i(i=0,1)$ 是 $q'_i\in P_i(i=0,1)$ 中的最不利分布对，对于多次采样检测来说，只要实际分布 $q'_i(i=0,1)$ 满足 $q'_i\in P_i(i=0,1)$，按最不利分布得到的检测器满足要求，则总体就能满足实际要求。

应该指出，$c'=c''$ 的极限情况是非常有趣的。为了简单，设 $\varepsilon_0=\varepsilon_1$，那么根据式(3.6.15)和式(3.6.16)可以得知，此时必有 $c'=c''=1$。在这种条件下，式(3.6.14)中的最不利分布必有 $q_0(z)=q_1(z)$。于是有 $T(z)=\ln[q_1(z)/q_0(z)]=0$。也就是说，似然比检验将失败。这时，如用归一化

$$T'(z)=\frac{T(z)-\ln c'}{\ln c''-\ln c'}\tag{3.6.24}$$

作检验统计量来讨论问题将是方便的。

正常情况下应 $c'<c''$。当 $p_1/p_0>c'$ 时，根据式(3.6.14)

$$T'(z)=\left.\frac{\ln\dfrac{q_1}{q_0}-\ln c'}{\ln c''-\ln c'}\right|_{p_1/p_0<c'}=\frac{\ln\dfrac{c'p_0}{p_0}-\ln c'}{\ln c''-\ln c'}=0$$

而当 $p_1/p_0>c''$ 时，得

$$T'_1(z)=\frac{\ln c''/c'}{\ln c''/c'}=1$$

由上面分析可以看出，当 $c'\uparrow\to 1$，$c''\downarrow\to 1$ 时，则

$$T'_N(z)=\sum_{j=1}^{N}T'(z_j)$$

趋于 $p_1>p_0$ 的次数。因此，这种情况下的检验是一种符号检验。这一点可以从图3.41(b)所示示意图中看出。

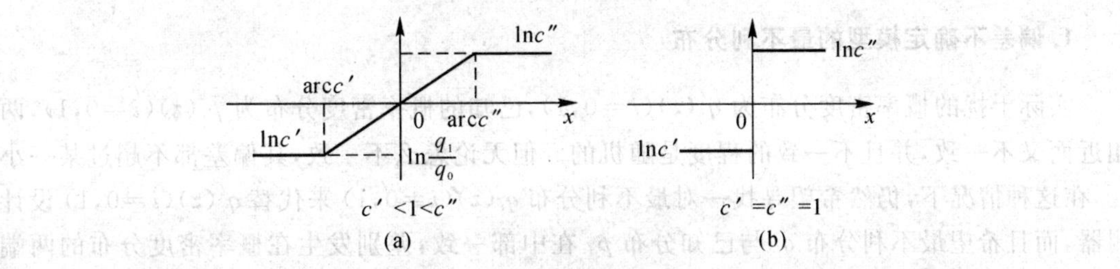

图 3.41　$c' = c'' = 1$ 时，似然比鲁棒检测器变成符号检测器的示意图

(a) 似然比鲁棒检测器；(b) 符号检测器

5. 序列鲁棒检验

知道序列检验的观测次数(采样次数)是随机的，在第 N 次观测时第一次对数似然比超出 $K' < \sum_{i=0}^{N} T(z_i) < K''$($K' < K''$ 是两门限，由要求的检测性能而定)区间时观测终止，这种检验称为似然比序列检验。

在序列鲁棒检测中，序列检测是对最不利分布对 $q_i(x)(i=0,1)$ 而设计的。仿照前节，根据辅助定理中式(3.6.20)可以知道，在相同检测次数下，对于给定门限 K'' 有

$$Q'_0(T_N \geqslant K'') \leqslant Q_0(T_N \geqslant K'')$$

即实际干扰的虚警概率不大于最不利分布干扰的虚警概率。也可以说，虚警风险总不大于最不利干扰下的虚警风险。而在序列检测中，实际干扰下的对数似然比将会比最不利干扰下更早地终止，至少不会晚，而且虚警风险也不会增大。

类似地可以得知，按最不利分布设计的序列鲁棒检测器，在同样的检验次数下，实际干扰的漏报风险将不会更大，而在同样的漏报风险下，检验次数将更少，至少不会多。

总之，按最不利分布设计序列检验，保持同样的检验性能不变，只要实际干扰 $q'_i \in P_i(i=0,1)$，序列试验将结束得更早些，也就是说所需检验次数更少些。

3.6.3　偏差不确定模型的鲁棒检测

本节研究这样一类干扰，它的统计分布虽然并不完全确知，但已知它接近某种已知的概率分布 $P_i(i=0,1)$，而这类干扰与已知干扰的偏差的总量不超过某一小数 $\varepsilon(0<\varepsilon<1)$。这就是所谓干扰的偏差不确定模型，其数学表达式为

$$P_i = \{Q'_1 \mid \| Q'_i - P_i \| \leqslant \varepsilon\}, \quad i=0,1 \tag{3.6.25}$$

式中，$\| \cdot \|$ 表示总偏差；$Q'_i(i=1,2)$ 是实际干扰的概率分布；P_i 是已知的概率分布。

1. 偏差不确定模型的最不利分布

实际干扰的概率密度分布为 $q_i'(z)(i=0,1)$，已知的概率密度分布为 $p_i(z)(i=0,1)$，两者相近而又不一致，并且不一致的程度是随机的。但无论怎么不一致，其偏差都不超过某一小数 ε。在这种情况下，仍然希望寻找一对最不利分布 $q_i(z)(i=0,1)$ 来代替 $q_i'(z)(i=0,1)$ 设计检测器，而且希望最不利分布 q_i 与已知分布 p_i 在中部一致，差别发生在概率密度分布的两端。根据这种想法，总偏差不确定模型最不利试验模型可表达为

$$q_0(z)=\begin{cases}\dfrac{1}{1+c'}[p_0(z)+p_1(z)], & \dfrac{p_1(z)}{p_0(z)}\leqslant c' \\ p_0(z), & c'<\dfrac{p_1(z)}{p_0(z)}<c'' \\ \dfrac{1}{1+c''}[p_0(z)+p_1(z)], & \dfrac{p_1(z)}{p_0(z)}\geqslant c''\end{cases} \tag{3.6.26}$$

$$q_1(z)=\begin{cases}\dfrac{c'}{1+c'}[p_0(z)+p_1(z)], & \dfrac{p_1(z)}{p_0(z)}\leqslant c' \\ p_1(z), & c'<\dfrac{p_1(z)}{p_0(z)}<c'' \\ \dfrac{c''}{1+c''}[p_0(z)+p_1(z)], & \dfrac{p_1(z)}{p_0(z)}\geqslant c''\end{cases} \tag{3.6.27}$$

如果已知的概率密度分布 $p_i(z)(i=0,1)$ 为高斯分布，那么式(3.6.26) 和式(3.6.27) 可以图示于图 3.42 中。

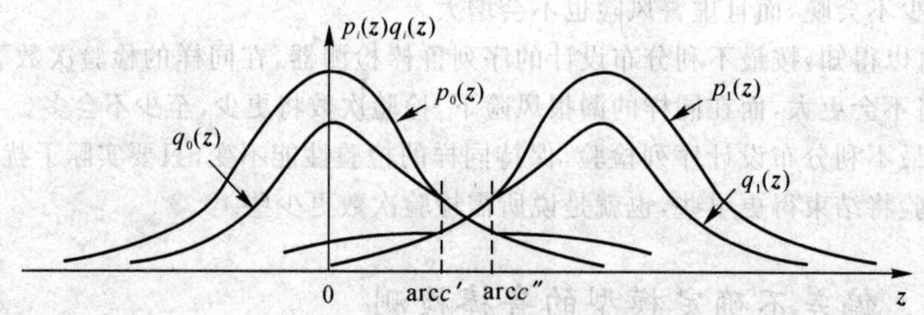

图 3.42　$p_i(z)$ 为高斯分布时，最不利分布对的试验分布模型示意图

现在来核查图 3.42 符合式(3.6.26) 和式(3.6.27)：

① 在 $c'<p_1(z)/p_0(z)<c''$ 处，两者一致是显然的。

② 在 c',c'' 处的核查：在这两点上，$q_0(z)=p_0(z)$，$q_1(z)=p_1(z)$。

如在 $c''=\dfrac{p_1(z)}{p_0(z)}$ 点，根据式(3.6.26) 有

$$q_0(z)=\frac{1}{1+c''}[p_0(z)+p_1(z)]=\frac{1+p_1(z)/p_0(z)}{1+c''}p_0(z)=p_0(z)$$

根据式(3.6.27)有

$$q_1(z)=\frac{c''}{1+c''}[p_0(z)+p_1(z)]=\frac{1}{1+\frac{1}{c''}}\left[\frac{1}{p_1(z)/p_0(z)}+1\right]p_1(z)=p_1(z)$$

类似可以证明,在 c' 点亦有 $q_0(z)=p_0(z)$,$q_1(z)=p_1(z)$。

③ 在 $p_1(z)/p_0(z)>c''$ 处的核查:

$$q_0(z)=\frac{1}{1+c''}[p_0(z)+p_1(z)]=\frac{1+p_1(z)/p_0(z)}{1+c''}p_0(z)>p_0(z)$$

$$q_1(z)=\frac{c''}{1+c''}[p_0(z)+p_1(z)]=\frac{1}{1+\frac{1}{c''}}\left[\frac{1}{p_1(z)/p_0(z)}+1\right]p_1(z)<p_1(z)$$

④ 类似 ③,可知当 $p_1(z)/p_0(z)<c'$ 时,$q_0(z)<p_0(z)$,$q_1(z)>p_1(z)$,因此,可知图3.42与式(3.6.26)、式(3.6.27)是一致的。

现在来研究如何确定 c',c''。确定 c' 和 c'' 必须遵守如下两条:

① $\|Q_0-P_0\|=\|Q_1-P_1\|=\varepsilon$(去掉"<"号是因为 Q_i 是最不利分布)—— 根据式(3.6.25)。

② Q_i 必须符合概率分布的规定,即 $Q_i=1$。

可以证明,如果

$$\left.\begin{aligned}\int_{p_1(z)/p_0(z)\leqslant c'}(q_1-p_1)\mathrm{d}z=\frac{1}{2}\varepsilon\\ \int_{p_1(z)/p_0(z)\geqslant c''}(q_0-p_0)\mathrm{d}z=\frac{1}{2}\varepsilon\end{aligned}\right\}\tag{3.6.28}$$

并且有

$$\left.\begin{aligned}\int_{p_1(z)/p_0(z)\geqslant c''}(p_1-q_1)\mathrm{d}z=\frac{1}{2}\varepsilon\\ \int_{p_1(z)/p_0(z)\geqslant c'}(p_0-q_0)\mathrm{d}z=\frac{1}{2}\varepsilon\end{aligned}\right\}\tag{3.6.29}$$

则以上两方程式中的 c',c'' 将使 $q_i(Q_i)$ 满足以上两条。

式(3.6.28)中的两个方程相似,只研究其中的第一式。为了方便,让$\frac{c'}{1+c'}=k$,重写式(3.6.28)之第一式如下:

$$\int_{p_1\leqslant(p_0+p_1)k}[(p_0+p_1)k-p_1]\mathrm{d}z=\frac{1}{2}\varepsilon\tag{3.6.30}$$

这里 $p_1\leqslant(p_0+p_1)k$ 与 $p_1/p_0\leqslant c'$ 是一致的。因为当 $p_1/p_0\leqslant c'$ 时

$$(p_0+p_1)k=(p_0+p_1)\frac{c'}{1+c'}=p_1\left(1+\frac{p_0}{p_1}\right)\frac{c'}{1+c'}\geqslant p_1\left(1+\frac{1}{c'}\right)\frac{c'}{1+c'}=p_1$$

即

$$p_1 \leqslant (p_0 + p_1)k$$

另外从图 3.42 和式(3.6.27) 中看出

$$q_1 = \frac{c'}{1+c'}(p_1 + p_0) = k(p_1 + p_0) \geqslant p_1$$

为了了解如何根据式(3.6.30) 解出 c',定义函数

$$g(k) = \int_{p_1 \leqslant (p_0+p_1)k} [(p_0 + p_1)k - p_1]\mathrm{d}z \qquad (3.6.31)$$

设 Δ 为非负的小数,即 $\Delta \geqslant 0$,那么有

$$g(k+\Delta) - g(k) = \int_{L_1} [(p_0 + p_1)(k+\Delta) - p_1]\mathrm{d}z + \Delta\int_{L_2} (p_0 + p_1)\mathrm{d}z \quad (3.6.32)$$

其中

$$L_1 = (p_0 + p_1)k < p_1 \leqslant (p_0 + p_1)(k+\Delta) \qquad (3.6.33)$$

$$L_2 = p_1 \leqslant (p_0 + p_1)k \qquad (3.6.33\text{a})$$

现在用图解法证明式(3.6.32)。

式(3.6.31)示于图 3.43 中,图中阴影部分表示 $g(k)$。因为 $k = c'/(1+c')$,k 随 c' 的增大而增大,所以式(3.6.32)可示于图 3.44 中,图中阴影部分分别代表 L_1 和 L_2 区。由图中看出,在 L_1 区中

$$g(k+\Delta) - g(k) = \int_{L_1} [(p_0 + p_1)(k+\Delta) - p_1]\mathrm{d}z$$

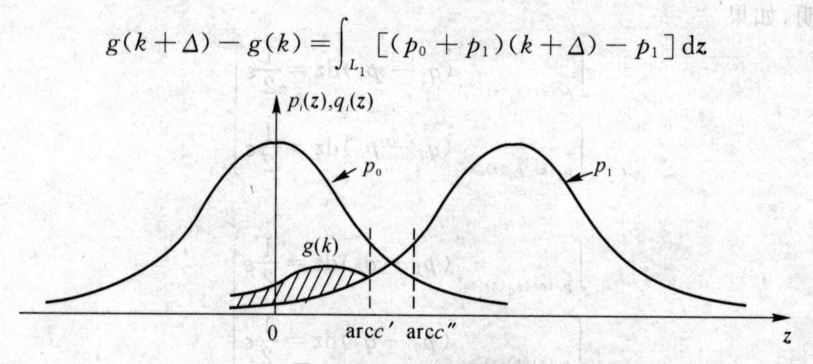

图 3.43 $g(k)$ 的图解

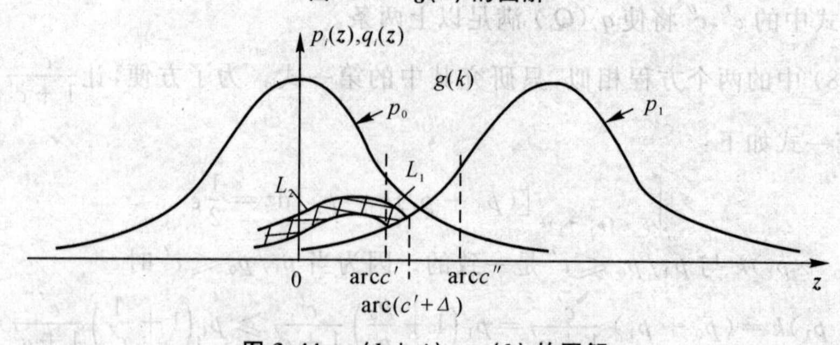

图 3.44 $g(k+\Delta) - g(k)$ 的图解

而在 L_2 区中

$$g(k+\Delta)-g(k)=\int_{L_2}[(p_0+p_1)(k+\Delta)-p_1]\mathrm{d}z-\int_{L_2}[(p_0+p_1)k-p_1]\mathrm{d}z=$$

$$\Delta\int_{L_2}(p_0+p_1)\mathrm{d}z$$

于是可以得到式(3.6.32)。

由式(3.6.32)和图 3.44 看出，只要 Δ 是大于零的小数，则

$$\int_{L_1}[(p_0+p_1)(k+\Delta)-p_1]\mathrm{d}z>0$$

而且由于在 Δ 很小时，L_1 也很小，因而 L_1 部分的积分也很小。另外知道，即使 L_2 具有 $(-\infty,\infty)$ 的取值范围，不等式 $\int_{L_2}(p_0+p_1)\mathrm{d}z\leqslant 2$ 也成立，故有

$$\Delta\int_{L_2}(p_0+p_1)\mathrm{d}z\leqslant 2\Delta$$

于是在 L_2 区间有

$$0\leqslant g(k+\Delta)-g(k)\leqslant 2\Delta \tag{3.6.34}$$

所以函数 $g(k)$ 是连续单调增加的函数。

此外，可以由 $k=c'/(1+c')$ 知，当 $c'\to\infty$ 时，$k=1$，这时

$$g(k)=\int_{p_1\leqslant(p_0+p_1)k}[(p_0+p_1)k-p_1)]\mathrm{d}z=\int_{p_1<(p_0+p_1)k}(p_0+p_1-p_1)\mathrm{d}z=1$$

可以由图 3.43 知 $g(k)\geqslant 0$，所以 $0\leqslant g(k)\leqslant 1$。于是可以得出结论：

① 对所有 $0<\varepsilon\leqslant 2$ 来说，方程式(3.6.28)有 c',c'' 的解。

② 当 $\varepsilon>0$ 时，这些解是唯一的。

③ 只要 $p_0\neq p_1$ 和 ε 充分小，那么 $c'<c''$。

2. 最不利分布似然比检验

根据式(3.6.26)、式(3.6.27)给出的试验模型，可求得最不利分布似然比如下：

$$\frac{q_1(z)}{q_0(z)}=\begin{cases}c', & \dfrac{p_1(z)}{p_0(z)}\leqslant c'\\[2ex] \dfrac{p_1(z)}{p_0(z)}, & c'<\dfrac{p_1(z)}{p_0(z)}<c''\\[2ex] c'', & \dfrac{p_1(z)}{p_0(z)}\geqslant c''\end{cases} \tag{3.6.35}$$

显然，若主分布 $p_i(z)$ 是高斯分布，则似然比检测器将与混合模型时相似，检测器中必须包括适当的限幅器。

最后指出，这里的最不利分布也满足第二节中的辅助定理。

3.6.4 高斯型噪声中已知信号的鲁棒检测

前两节一般地研究了两种干扰模型即混合模型和总偏差不确定模型下的鲁棒检测。这两种干扰模型的统计特性 —— 概率分布 —— 虽然都不完全确知，但都与某一确知的概率分布(干扰的统计特性)相近，即可以看成有某种统计特性不确定的干扰污染了干扰的主概率分布。这种干扰的主概率分布应是确知的。

然而在前两节，并没有给出干扰的主分布的具体形式。因此只能一般地得出检验统计量是似然比(概率比)或其等效量，并没有给出鲁棒检测器的具体形式。本节是在前面研究的基础上，给出干扰的主分布为高斯分布时的鲁棒检测，可望得到检测器的结构式。

已知信号在加性高斯噪声干扰下，观测信号为

$$z(t)=\begin{cases}s(t)+n(t), & t\in[0,T] \quad H_1\\ n(t), & \quad H_0\end{cases} \tag{3.6.36}$$

其采样为

$$z_j=\begin{cases}s_j+n_j, & j=1,\cdots N \quad H_1\\ n_j, & j=1,\cdots N \quad H_0\end{cases} \tag{3.6.37}$$

或

$$\boldsymbol{z}=\begin{cases}\boldsymbol{s}+\boldsymbol{n} & H_1\\ \boldsymbol{n} & H_0\end{cases} \tag{3.6.37a}$$

在例 3.1 中，$q_i\in P_i(i=0,1)$ 定义在一维空间上，现在对观测信号作 N 次采样，则相当于信号定义在一个 N 维空间上，并且每一维的概率分布相互独立，并且可以不同。即 H_0 假设对应 $\{q_{0j}\}_{j=1}^{N}$，H_1 假设对应 $\{q_{1j}\}_{j=1}^{N}$。

对混合模型来说

$$P_i=\{q'_{ij}\mid q'_{ij}=(1-\varepsilon)p_{ij}+\varepsilon h_{ij},h_{ij}\in K,j=1\cdots N\},\quad i=0,1 \tag{3.6.38}$$

式中，q_{ij} 是 P_i 的一元素；$0\leqslant p_{ij}<1$；K 代表空间 $\{R\}$ 上的所有概率密度分布类。

根据 3.6.2 中给出的似然比检验中 $\varphi(z)$ 和最不利分布对有

$$\left.\begin{aligned}q_{0j}(z_j)&=\begin{cases}(1-\varepsilon)p_{0j}(z_j), & p_1/p_0<c''_j\\ \dfrac{1-\varepsilon}{c''}p_{1j}(z_j), & p_1/p_0\geqslant c''_j\end{cases}\\ q_{1j}(z_j)&=\begin{cases}(1-\varepsilon)p_{1j}(z_j), & p_1/p_0>c'_j\\ \dfrac{1-\varepsilon}{(1-\varepsilon)c'}p_{0j}(z_j), & p_1/p_0\leqslant c'_j\end{cases}\end{aligned}\right\} \tag{3.6.39}$$

$\{Q_{0j}\}$ 和 $\{Q_{1j}\}$ 间拒绝 $\{Q_{0j}\}$ 的似然比检验为

$$\phi(z)=\begin{cases}1, & T_N(z)>K\\ k, & T_N(z)=K\\ 0, & T_N(z)<K\end{cases} \tag{3.6.40}$$

其中

$$T_N(z)=\prod_{j=1}^{N}T_j(z_j) \tag{3.6.41}$$

$$T_j(z_j)=\begin{cases}c'_j, & p_{1j}/p_{0j}\leqslant c'_j\\ p_{1j}/p_{0j}, & c'_j<p_{1j}/p_{0j}<c''_j\\ c''_j, & p_{1j}/p_{0j}\geqslant c''_j\end{cases} \tag{3.6.41a}$$

这里需注意,似然比 $T_N(z)$ 的每个因子 $T_j(z_j)$ 分别受 c'_j,c''_j制约。

定义限幅器的限幅特性为

$$l(x;y_1,y_2)=\begin{cases}y_2, & x\geqslant y_2\\ x, & y_1<x<y_2\\ y_1, & x\leqslant y_1\end{cases} \tag{3.6.42}$$

由于干扰的主分布为高斯分布,为了分析方便,令 $z_j\sim N(0,1)$,则有

$$\left.\begin{aligned}p_{0j}(z_j)&=\frac{1}{\sqrt{2\pi}}\mathrm{e}^{-\frac{z_j^2}{2}}\\ p_{1j}(z_j)&=\frac{1}{\sqrt{2\pi}}\mathrm{e}^{-\frac{(z_j-s_j)^2}{2}}\end{aligned}\right\} \tag{3.6.43}$$

在这种情况下的判决公式为

$$T'_N(z)=\sum_{j=1}^{N}l_j(z_js_j;AL_j,As_j)\underset{H_0}{\overset{H_1}{\gtrless}}K' \tag{3.6.44}$$

式中,设定

$$T'_N(z)=\ln T_N(z)=\sum_{j=1}^{N}\ln T_j(z_j) \tag{3.6.45}$$

$$AL_j=a'_j+s_j^2/2 \tag{3.6.46}$$

$$AS_j=a''_j+s_j^2/2 \tag{3.6.47}$$

$$c'_j=\mathrm{e}^{a'_j},\quad c''_j=\mathrm{e}^{a''_j} \tag{3.6.48}$$

式(3.6.44)的证明如下:

由式(3.6.41)和式(3.6.43)得

$$T_j(z_j)=\begin{cases}c'_j, & p_{1j}/p_{0j}\leqslant c'_j\\ p_{1j}/p_{0j}=e^{s_jz_j-\frac{1}{2}s_j^2}, & c'_j<p_{1j}/p_{0j}<c''_j\\ c''_j, & p_{1j}/p_{0j}\geqslant c''_j\end{cases}$$

$$\ln T_j(z_j)=\begin{cases}\ln c_j'=a_j', & \ln(p_{1j}/p_{0j})\leqslant a_j'\\ s_jz_j-\dfrac{1}{2}s_j^2, & a_j'<\ln(p_{1j}/p_{0j})<a_j''\\ \ln c_j''=a_j'', & \ln(p_{1j}/p_{0j})\geqslant a_j''\end{cases} \tag{3.6.49}$$

从而得到具有限幅特性的等效表达式

$$l_j(s_jz_j;AL_j,AS_j)=s_jz_j=\ln T_j(z_j)+\frac{1}{2}s_j^2=\begin{cases}a_j''+\dfrac{1}{2}s_j^2\triangleq AS_j, & s_jz_j=\ln\left(\dfrac{p_{1j}}{p_{0j}}\right)+\dfrac{s_j^2}{2}\geqslant AS_j\\ s_jz_j, & AL_j<s_jz_j<AS_j\\ a_j'+\dfrac{1}{2}s_j^2\triangleq AL_j, & s_jz_j\leqslant AL_j\end{cases} \tag{3.6.49a}$$

若干讨论：

① 由式(3.6.39)和$\int q_{0j}\mathrm{d}z_j=1$得

$$\int_{-\infty}^{\operatorname{arc}c_j''}p_{0j}(z_j)\mathrm{d}z_j+\frac{1}{c_j''}\int_{\operatorname{arc}c_j''}^{\infty}p_{1j}(z_j)\mathrm{d}z_j=\frac{1}{1-\varepsilon}$$

$$\operatorname{arc}c_j''=z_j=\frac{a_j''}{s_j}+\frac{s_j}{2}$$

将式(3.6.43)代入上式可得

$$\Phi\left(\frac{a_j''}{s_j}+\frac{s_j}{2}\right)+\mathrm{e}^{-a_j''}\left[1-\Phi\left(\frac{a_j''}{s_j}-\frac{s_j}{2}\right)\right]=\frac{1}{1-\varepsilon} \tag{3.6.50}$$

其中，$\Phi(x)=\dfrac{1}{\sqrt{2\pi}}\int_{-\infty}^{x}\mathrm{e}^{-\frac{t}{2}}\mathrm{d}t$，称积分函数。

类似地，由$\int q_{1j}\mathrm{d}z_j=1$可得

$$\mathrm{e}^{a_j'}\Phi\left(\frac{a_j'}{s_j}+\frac{s_j}{2}\right)+\left[1-\Phi\left(\frac{a_j'}{s_j}-\frac{s_j}{2}\right)\right]=\frac{1}{1-\varepsilon} \tag{3.6.51}$$

注意到积分函数 $\Phi(x)$ 有性质

$$\Phi(-x)=1-\Phi(x)$$

式(3.6.51)可以写成

$$\Phi\left(-\frac{a_j'}{s_j}+\frac{s_j}{2}\right)+\mathrm{e}^{a_j'}\left[1-\Phi\left(-\frac{a_j'}{s_j}-\frac{s_j}{2}\right)\right]=\frac{1}{1-\varepsilon} \tag{3.6.51}$$

比较式(3.6.50)和式(3.6.52)易见，在同样的 ε 下，$-a_j'=a_j''$。于是可以看出，在同样 ε 下，式(3.6.46)和式(3.6.47)中的 AL_j 和 AS_j 对 $s_j/2$ 而言是对称的。

② 由式(3.6.44)可以看出：设计的鲁棒检测器是一个相关器-限幅器检测器，其结构如图3.45 所示。

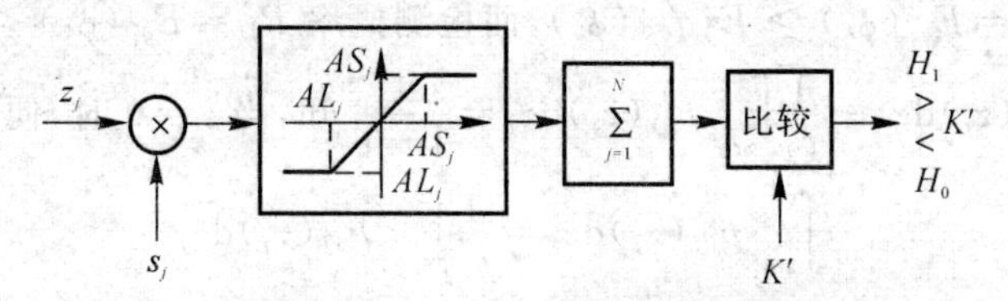

图 3.45　相关器-限幅器检测系统结构图

这个相关器-限幅器检测器的限幅电平 $AS_j=a''_j+s_j^2/2$ 和 $AL_j=a'_j+s_j^2/2$ 是信号 s_j 的函数，即对不同的信号采样 s_j 将需不同的限幅电平。为了避免使用这种时变限幅器，此检测器可由图 3.46 所示的办法实现。

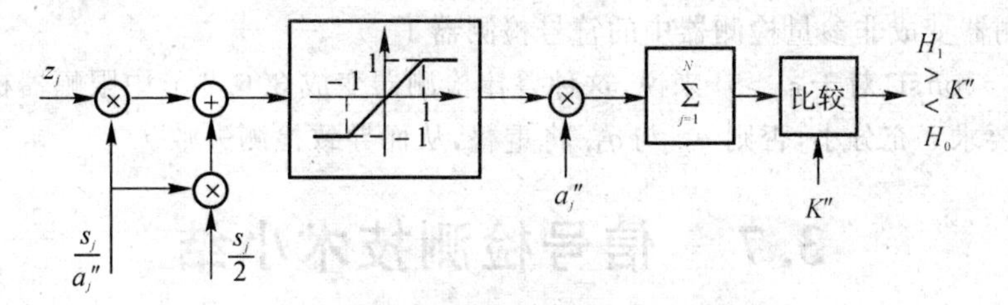

图 3.46　相关器-限幅器检测系统结构图

获得图 3.46 所示的方法是用图 3.45 所示的上、下限幅电平的差之半将式(3.6.49)归一化：

因为
$$\frac{1}{2}(AS_j-AL_j)=\frac{1}{2}(a''_j-a'_j)=a'_j$$

且在相同 ε 时有

$$a'_j=-a''_j \tag{3.6.53}$$

所以

$$\frac{\ln T_j(z_j)}{a''_j}=\begin{cases}1, & \ln(p_{1j}/p_{0j})/a''_j\geqslant 1\\ \left(s_jz_j-\dfrac{s_j^2}{2}\right)\Big/a''_j, & -1<\ln(p_{1j}/p_{0j})/a''_j<1\\ -1, & \ln(p_{1j}/p_{0j})/a''_j\leqslant -1\end{cases} \tag{3.6.54}$$

经过式(3.6.54)的归一化限幅处理之后再乘以 a''_j 便可恢复式(3.6.49)。此外，注意到式(3.6.49)和式(3.6.49a)的差别在于式(3.6.49)两端加 $s_j^2/2$，因此体现在图 3.45 和图 3.46 的差别是 K' 与 K'' 相差 $\sum_{j=1}^{N}s_j^2/2$，即

$$K''=K'+\sum_{j=1}^{N}s_j^2\Big/2 \tag{3.6.55}$$

③ 由 3.6.2 节已知，相关器-限幅器检测器是近似高斯噪声干扰下已知信号的极小极大检

测器，即虚警概率 $\alpha = E_{q_0}(\phi_0) \geqslant E\{q'_0\}(\phi_0)$，而检测概率 $P_D = E_{q_1}(\phi_1) \geqslant E\{q'_1\}(\phi_1)$。

④ 由式 $\int_{-\infty}^{\mathrm{arc}c''_j} p_{0j}(z_j)\mathrm{d}z_j + \frac{1}{c''_j}\int_{\mathrm{arc}c''_j}^{\infty} p_{1j}(z_j)\mathrm{d}z_j = \frac{1}{1-\varepsilon}$ 知，当 $\varepsilon = 0$ 时，便有

$$\int_{\mathrm{arc}c''_j}^{\infty} p_{0j}(z_j)\mathrm{d}z_j = \frac{1}{c''_j}\int_{\mathrm{arc}c''_j}^{\infty} p_{1j}(z_j)\mathrm{d}z_j$$

又因为 $p_{0j}(z_j) \neq p_{1j}(z_j)$，所以欲使上式成立，必须 $c''_j \to \infty$。这就是说式(3.6.49a)的限幅电平分别为 $\pm\infty$，于是鲁棒检测器变成了经典的参量检测器。

⑤ 当 $-c'_j = c''_j \to 0$ 时，式(3.6.54)可以写成

$$\frac{\ln T_j(z_j)}{a''_j} = \begin{cases} 1, & p_{1j}/p_{0j} > c''_j = 0 \\ -1, & p_{1j}/p_{0j} < c'_j = 0 \end{cases} \tag{3.6.56}$$

可见鲁棒检测器变成非参量检测器中的符号检测器了。

⑥ 如 $s_j = \mathrm{const}$，对于 $\varepsilon > 0$ 来说，这种鲁棒检测器变成 3.6.2 节中限幅器检测器。

⑦ 通常要求 ε 充分小，否则 q_{0j} 与 q_{1j} 将重叠，从而导致检测失败。

3.7 信号检测技术小结

前面讨论了信号的统计检测理论和技术，包括确知信号和随机参量信号的检测。对于前者，其途径是根据接收到的观测信号和已知的先验知识，选择最佳的检测准则，判决 M 个可能信号状态中的哪一个出现；其接收机拓扑以匹配滤波器和相关接收器为主，以获得最佳的检测性能。对于后者，根据掌握先验知识的多少，可以分为随机参量/非参量信号检测，其检测方法是：以获取先验知识的多少为依据，以最大限度地提高检测性能为目的建立统计量，使其检测性能尽量接近前者。无论哪种处理方法，都是以“发现”(目标或有用信号)为目的，而不涉及信号有关参数的“测定”问题，关于参数测定问题，留在后续有关估计理论章节讨论。

附 3.1 关于似然函数 $p_0(z)$，$p_1(z)$ 的推导

下面证明

$$p_0(\boldsymbol{z}) = \left(\frac{1}{2\pi N_0 B}\right)^N \exp\left[-\frac{1}{2N_0}\int_0^T |z(t) - s_0(t)|^2 \mathrm{d}t\right]$$

$$p_1(\boldsymbol{z}) = \left(\frac{1}{2\pi N_0 B}\right)^N \exp\left[-\frac{1}{2N_0}\int_0^T |z(t) - s_1(t)|^2 \mathrm{d}t\right]$$

设

$$\left.\begin{aligned} H_0: z(t) = s_0(t) + n(t) \\ H_1: z(t) = s_1(t) + n(t) \end{aligned}\right\} \tag{附 3.1.1}$$

由于是窄带过程，因此 $s_0(t)$，$s_1(t)$ 及 $n(t)$ 的频谱带宽限于 $-B/2$ 与 $+B/2$ 之间。根据采

样定理，在观测时间$[0,T]$内有

$$z(t)=\sum_{k=1}^{N}z_k\operatorname{sinc}(Bt-k) \tag{附 3.1.2}$$

$$s_0(t)=\sum_{k=1}^{N}s_{0k}\operatorname{sinc}(Bt-k) \tag{附 3.1.3}$$

$$s_1(t)=\sum_{k=1}^{N}s_{1k}\operatorname{sinc}(Bt-k) \tag{附 3.1.4}$$

$$n(t)=\sum_{k=1}^{N}n_k\operatorname{sinc}(Bt-k) \tag{附 3.1.5}$$

式中，$N=BT$；$z_k=z(k/B)$，$s_{0k}=s_0(k/B)$，$s_{1k}=s_1(k/B)$，$n_k=n(k/B)$分别是$z(t)$，$s_0(t)$，$s_1(t)$，$n(t)$在$t=k/B$时刻的采样；函数集

$$\operatorname{sinc}(Bt-k)=\frac{\sin\pi(Bt-k)}{\pi(Bt-k)},\quad k=0,\pm1,\cdots \tag{附 3.1.6}$$

是取样函数，它构成一个完备的正交集。

利用取样函数的正交性，可有

$$z_k=B\int_{-\infty}^{\infty}z(t)\operatorname{sinc}(Bt-k)\mathrm{d}t \tag{附 3.1.7}$$

$$s_{0k}=B\int_{-\infty}^{\infty}s_0(t)\operatorname{sinc}(Bt-k)\mathrm{d}t \tag{附 3.1.8}$$

$$s_{1k}=B\int_{-\infty}^{\infty}s_1(t)\operatorname{sinc}(Bt-k)\mathrm{d}t \tag{附 3.1.9}$$

$$n_k=B\int_{-\infty}^{\infty}n(t)\operatorname{sinc}(Bt-k)\mathrm{d}t \tag{附 3.1.10}$$

因此，式(附 3.1.1)可以写成离散形式

$$\left.\begin{aligned}H_0: z_k=s_{0k}+n_k,\quad k=1,2,\cdots,N\\ H_1: z_k=s_{1k}+n_k,\quad k=1,2,\cdots,N\end{aligned}\right\} \tag{附 3.1.11}$$

或等效矢量形式

$$\left.\begin{aligned}H_0: \boldsymbol{z}=\boldsymbol{s}_0+\boldsymbol{n}\\ H_1: \boldsymbol{z}=\boldsymbol{s}_1+\boldsymbol{n}\end{aligned}\right\} \tag{附 3.1.12}$$

进行上述取样处理后，各噪声样本互不相关，即

$$E[n_kn_k^*]=B^2E\left[\int_{-\infty}^{\infty}\int_{-\infty}^{\infty}n(t)n^*(t')\operatorname{sinc}(Bt-k)\operatorname{sinc}(Bt'-k')\mathrm{d}t\mathrm{d}t'\right]=$$

$$B^2\int_{-\infty}^{\infty}\int_{-\infty}^{\infty}E[n(t)n^*(t')]\operatorname{sinc}(Bt-k)\operatorname{sinc}(Bt'-k')\mathrm{d}t\mathrm{d}t'=$$

$$B^2\int_{-\infty}^{\infty}\int_{-\infty}^{\infty}2N_0\delta(t-t')\operatorname{sinc}(Bt-k)\operatorname{sinc}(Bt'-k')\mathrm{d}t\mathrm{d}t'=$$

$$2N_0B\int_{-\infty}^{\infty}\int_{-\infty}^{\infty}\operatorname{sinc}(Bt-k)\operatorname{sinc}(Bt'-k')\mathrm{d}t=\begin{cases}2N_0B, & k=k'\\ 0, & k\neq k'\end{cases}$$

（附 3.1.13）

对于高斯噪声样本来说，不相关即独立，而单个复噪声样本的高斯分布密度为

$$p(n_k)=p(\mathrm{Re}\,n_k,\mathrm{Im}\,n_k)=\frac{1}{2\pi N_0B}\exp\left(-\frac{|n_k|^2}{2N_0B}\right)$$

因此，当 $\boldsymbol{n}=[n_1,n_2,\cdots,n_N]^{\mathrm{T}}$ 的联合密度分布为

$$p(\boldsymbol{n})=\prod_{k=1}^{N}p(n_k)=\left(\frac{1}{2\pi N_0B}\right)^N\exp\left(-\frac{1}{2N_0B}\sum_{k=1}^{N}|n_k|^2\right)$$

时，由上式及式(附 3.1.11)，可以推得

$$p_0(\boldsymbol{z})=p_0(\boldsymbol{z}\mid H_0)=\left(\frac{1}{2\pi N_0B}\right)^N\exp\left[-\frac{1}{2N_0B}\sum_{k=1}^{N}|z_k-s_{0k}|^2\right] \quad (附\ 3.1.14)$$

$$p_1(\boldsymbol{z})=p_0(\boldsymbol{z}\mid H_1)=\left(\frac{1}{2\pi N_0B}\right)^N\exp\left[-\frac{1}{2N_0B}\sum_{k=1}^{N}|z_k-s_{1k}|^2\right] \quad (附\ 3.1.15)$$

利用式(附 3.1.7) 至式(附 3.1.10)，可以推得

$$\left.\begin{aligned}\sum_{k=1}^{N}|z_k-s_{0k}|^2&=B\int_0^T|z(t)-s_0(t)|^2\mathrm{d}t\\ \sum_{k=1}^{N}|z_k-s_{1k}|^2&=B\int_0^T|z(t)-s_1(t)|^2\mathrm{d}t\end{aligned}\right\} \quad (附\ 3.1.16)$$

于是，式(附 3.1.14)、式(附 3.1.15) 可以写成

$$p_0(\boldsymbol{z})=\left(\frac{1}{2\pi N_0B}\right)^N\exp\left[-\frac{1}{2N_0}\int_0^T|z(t)-s_0(t)|^2\mathrm{d}t\right] \quad (附\ 3.1.17)$$

$$p_1(\boldsymbol{z})=\left(\frac{1}{2\pi N_0B}\right)^N\exp\left[-\frac{1}{2N_0}\int_0^T|z(t)-s_1(t)|^2\mathrm{d}t\right] \quad (附\ 3.1.18)$$

[注]：上面的推导也可以用卡享南-洛维方法进行，但本例用采样定理更为简单。

附 3.2 随机变量及其分布

附 3.2.1 随机变量的定义

设 E 为一随机试验，其样本空间为 $S=\{\Omega\}$，若对于每一个 $\Omega\in S$ 都有一个实数 $X(\Omega)$ 与之对应，而且对于任何实数 x，事件 $\{X(\Omega)\leqslant x\}$ 有确定的概率，则称 $X(\Omega)$ 为随机变量。

根据随机变量的取值，可分为离散随机变量和连续随机变量。

附 3.2.2　离散随机变量及其分布

离散随机变量可取有限个或可数无穷多个数值。它是这样的数的集合，其中所有数可按一定顺序排列，其可能取值为 $x_1, x_2, \cdots, x_i, \cdots$。即 $X(\Omega) = x_i (i=1,2,\cdots)$ 为一随机事件。随机变量 $X(\Omega)$ 有它确定的概率，用 $p(x_i)$ 表示，有

$$P[X(\Omega) = x_i] = p(x_i), \quad i = 1,2,\cdots \tag{附 3.2.1}$$

离散随机变量还满足

$$p(x_i) \geqslant 0, \quad i = 1,2,\cdots$$

和

$$\sum_{i=1}^{\infty} p(x_i) = 1$$

对于随机变量，分布函数是一个重要概念。设 $X(\Omega)$ 为一随机变量，对于某一实数，事件 $X(\Omega) \leqslant x$ 发生的概率是 x 的函数，定义

$$F(x) = P[X(\Omega) \leqslant x] = \sum_{x_i \leqslant x} p(x_i) \tag{附 3.2.2}$$

为 $X(\Omega)$ 的分布函数。

由分布函数的定义，不难推得，分布函数具有以下性质：

$$F(\infty) = 1$$

$$F(-\infty) = 0$$

$$F(b) - F(a) = P[a < X(\Omega) \leqslant b]$$

在离散随机变量中，常见的概率分布有以下几种。

(1) 二项式分布(Binomial)

设随机变量 $X(\Omega)$ 取值为零和各正整数：$m = 0,1,2,\cdots,n$，其概率分别为

$$P(X=m) = C_n^m p^m q^{n-m} \tag{附 3.2.3}$$

式中，$0 < p < 1$，$p + q = 1$。这种分布称为二项式分布。显然，$P(X=m)$ 为非负数并且满足以下条件：

$$\sum_{m=0}^{n} P(X=m) = \sum_{m=0}^{n} C_n^m p^m q^{n-m} = (p+q)^n = 1 \tag{附 3.2.4}$$

(2) 泊松分布(Poisson)

设随机变量 $X(\Omega)$ 取值为零和一切正整数：$m = 0,1,2,\cdots$ 而概率分别为

$$P(X=m) = \frac{\lambda^m}{m!} e^{-\lambda}, \quad m = 0,1,2,\cdots \tag{附 3.2.5}$$

式中，λ 为正实数。这种分布称为泊松分布。

不难看出，式(附 3.2.5)的级数是收敛的，且满足以下关系：

$$\sum_{m=0}^{\infty} P(X=m)=\sum_{m=0}^{\infty}\frac{\lambda^m}{m!}e^{-\lambda}=e^{-\lambda}e^{\lambda}=1 \qquad (附 3.2.6)$$

附 3.2.3 连续随机变量及其分布

当随机变量 X 在某一区间里处处可能取值时，其取值将成为连续曲线。因此，可以给出连续随机变量分布函数的定义：

设 x 为任一实数，随机变量 X 的取值小于 x 值的概率，即事件 $\{X\leqslant x\}$ 的概率，是 x 的函数，记作

$$F(x)=P(X\leqslant x)=\int_{-\infty}^{x} p(x)\mathrm{d}x \qquad (附 3.2.7)$$

称这个函数为连续随机变量 X 的概率分布函数或分布函数。其中 $p(x)$ 称为连续随机变量 X 的概率密度函数或分布密度函数。关于概率密度函数有如下性质：

① 概率密度函数是非负函数，即对于一切 x，存在 $p(x)\geqslant 0$。

② $$\int_{-\infty}^{\infty} p(x)\mathrm{d}x=F(+\infty)=1 \qquad (附 3.2.8)$$

③ 随机变量 X 落在区间 (x_1,x_2) 内的概率为

$$P(x_1<X\leqslant x_2)=\int_{x_1}^{x_2} p(x)\mathrm{d}x \qquad (附 3.2.9)$$

④ 如果 x 是概率密度函数 $p(x)$ 的连续点，那么分布函数与概率密度函数具有如下关系：

$$F'(x)=p(x) \qquad (附 3.2.10)$$

即分布函数 $F(x)$ 是概率密度函数 $p(x)$ 的一个原函数。

下面介绍几种常见而重要的连续随机变量概率密度函数。

(1)均匀分布(Uniform)

若连续随机变量 X 的一切可能取值充满某一有限区间 $[a,b]$，并且在该区间内处处具有相同的分布密度，这种分布称为均匀分布，其概率密度函数为

$$p(x)=\begin{cases}\dfrac{1}{b-a}, & a\leqslant x\leqslant b\\ 0, & 其他\end{cases} \qquad (附 3.2.11)$$

(2) 高斯分布(Gaussian)

高斯分布是一种最常见、最重要的分布。其概率密度函数满足以下关系：

$$p(x)=\frac{1}{\sqrt{2\pi}\,\sigma_x}\exp\left[-\frac{(x-m_x)^2}{2\sigma_x^2}\right] \qquad (附 3.2.12)$$

式中，σ_x 和 m_x 均为常量。式(附 3.2.12) 也称正态分布(Normal)。

具有 $\sigma_x=1, m_x=0$ 的高斯概率密度函数称为标准高斯分布，记为 $N(0,\ 1)$，如图 3.47

所示。

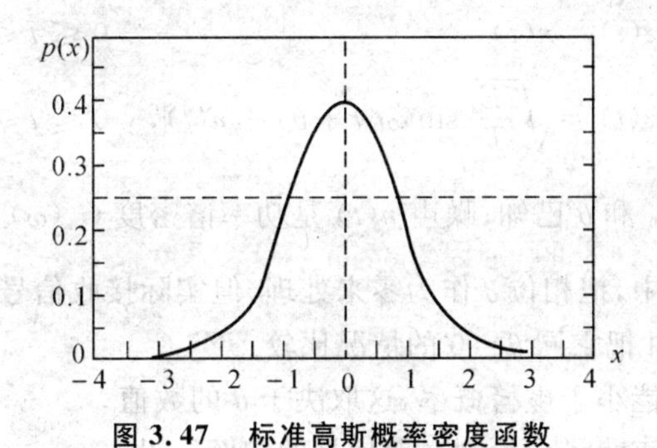

图 3.47　标准高斯概率密度函数

(3) 指数分布(Exponential)

指数分布随机变量的取值为非负实数，其概率密度函数为

$$p(x)=\begin{cases}\lambda e^{-\lambda x}, & x\geqslant 0\\ 0, & x<0\end{cases} \tag{附 3.2.13}$$

式中，$\lambda>0$。

(4) 瑞利分布(Rayleigh)

瑞利分布是正态分布随机变量的变换结果，其概率密度函数为

$$p(x)=\begin{cases}\dfrac{x}{\sigma^2}e^{-\frac{x^2}{2\sigma^2}}, & x\geqslant 0\\ 0, & x<0\end{cases} \tag{附 3.2.14}$$

(5) χ^2 分布(Chi-square)

χ^2 分布也是正态分布随机变量的变换结果，它在统计检测中有重要的应用。

n 个独立、零均值、同方差的正态分布随机变量 $X_i\sim N(0,\sigma^2)$，它们的平方 $Y=\sum\limits_{i=1}^{n}X_i^2$ 具有的分布，称为中心 χ^2 分布，n 是它的自由度。其概率密度函数为

$$p(y)=\frac{y^{\frac{n}{2}-1}}{(2\sigma^2)^{\frac{n}{2}}\Gamma\left(\frac{n}{2}\right)}e^{-\frac{y}{2\sigma^2}},\quad y\geqslant 0 \tag{附 3.2.15}$$

式中，$\Gamma\left(\frac{n}{2}\right)=\int_0^{\infty}x^{\frac{n}{2}-1}e^{-x}\,dx$。

限于篇幅，其他分布在此不作详细介绍。

本 章 习 题

3.1　在高斯白噪声中检测像 $\sqrt{\dfrac{2E_s}{T}}\sin(\omega_0 t+\theta)$ 这样一类确知信号时，其中相位 θ 是已知

的，但不一定为零。假设为雷达类型的问题，则

$$H_0: z(t)=n(t), \qquad 0\leqslant t\leqslant T$$

$$H_1: z(t)=\sqrt{\frac{2E_s}{T}}\sin(\omega_0 t+\theta)+n(t), \quad 0\leqslant t\leqslant T$$

其中，E_s 为信号的能量，ω_0 和 θ 已知；噪声 $n(t)$ 是功率谱密度 $G_n(\omega)=\frac{N_0}{2}$ 的高斯白噪声。

(1) 如果在相关运算中，把相位 θ 作为零来处理，但实际接收信号中的 θ 可能不等于零，求作为 θ 函数的检测概率，并把它同 $\theta=0$ 的情况比较。

(2) 证明检测概率可能小于虚警概率，这取决于 θ 的数值。

3.2 考虑在高斯噪声背景中检测高斯信号的问题。设

$$H_0: z(t)=n(t), \qquad 0\leqslant t\leqslant T$$

$$H_1: z(t)=s(t)+n(t), \quad 0\leqslant t\leqslant T$$

其中 $n(t)$ 和 $s(t)$ 分别是零均值的高斯噪声和高斯信号，其带宽限于 $|\omega|<\Omega=2\pi B$，功率谱密度分别为 $N_0/2$ 和 $S_0/2$。假设以 π/Ω 的间隔取 $2BT$ 个样本的方式进行统计检测，试求似然比检测系统。

3.3 对非相干匹配滤波器（即除相位外对信号匹配的滤波器后接一个包络检测器），输入正弦信号 $s(t)=\cos(\omega_0 t+\theta)$ 加白噪声 $n(t)$，如图题 3.3 所示。证明匹配滤波器相位 φ 的选择是任意的。

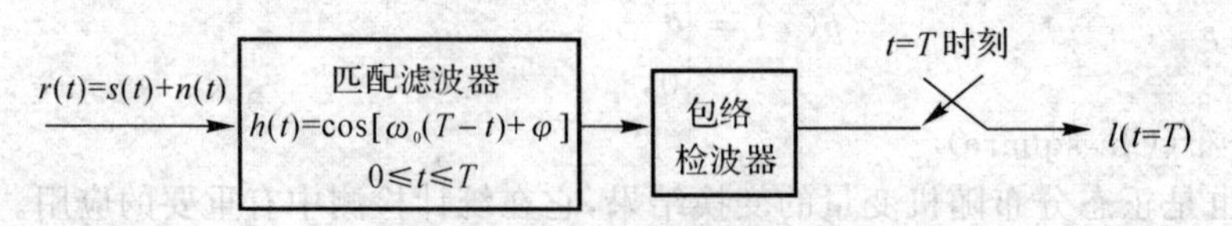

图题 3.3 非相关匹配滤波器

3.4 考虑如下形式的窄带信号的检测问题。设信号 $s(t)=Af(t)\cos(\omega_0 t+\theta)$，$0\leqslant t\leqslant T$，$2\pi/\omega_0\ll T$，其中包络 $f(t)$ 是慢变化的，相位 θ 在 $(-\pi,\pi)$ 上均匀分布；加性噪声是功率谱密度为 $G_n(\omega)=\frac{N_0}{2}$ 的高斯白噪声。当简单二元随机相位信号检测时，证明相应的非相干匹配滤波器由脉冲响应为 $h(t)=f(T-t)\cos\omega_0(T-t)$ 的线性滤波器后接一个包络检波器组成。

3.5 考虑简单二元随机相位信号的检测问题，两个假设分别为

$$H_0: z(t)=n(t), \qquad 0\leqslant t\leqslant T$$

$$H_1: z(t)=\sqrt{\frac{2E_s}{T}}\cos(\omega_0 t+\theta)+n(t), \quad 0\leqslant t\leqslant T$$

其中，E_s 是信号 $s(t)=\sqrt{\frac{2E_s}{T}}\cos(\omega_0 t+\theta)$ 的能量；ω_0 是已知的常数；$n(t)$ 是功率谱密度

$G_n(\omega)=\dfrac{N_0}{2}$ 的高斯白噪声。假定相位 θ 是概率密度函数为

$$p(\theta)=\exp[v\cos\theta]/2\pi I_0(v),\quad -\pi\leqslant\theta\leqslant\pi$$

的随机变量。若采用奈曼-皮尔逊准则，证明最佳检测系统如图题 3.5 所示。

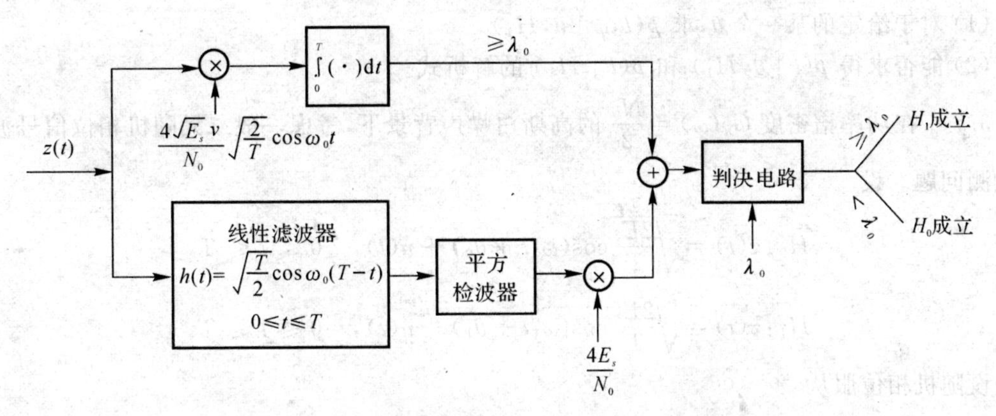

图题 3.5　一种特殊相位分布的奈曼-皮尔逊检测系统

3.6　高斯白噪声中进行简单二元随机相位信号的检测时，若

$$H_0: z(t)=n(t),\qquad 0\leqslant t\leqslant T$$

$$H_1: z(t)=\sqrt{\frac{2E_s}{T}}\cos(\omega_0 t+\theta)+n(t),\quad 0\leqslant t\leqslant T$$

其中，$n(t)$ 是功率谱密度 $G_n(\omega)=\dfrac{N_0}{2}$ 的高斯白噪声。信号 $s(t,\theta)=\sqrt{\dfrac{2E_s}{T}}\cos(\omega_0 t+\theta)$ 的相位 θ 是非均匀分布的随机变量，其概率密度函数为

$$p(\theta,\Lambda_m)=\frac{\exp(\Lambda_m\cos\theta)}{2\pi I_0(\Lambda_m)}$$

如采用判决规则

$$l\ \underset{H_0}{\overset{H_1}{\gtrless}}\ \lambda_0$$

若令

$$l_1=\frac{N_0}{2\sqrt{E_s}}\lambda_m+z_1=l\cos\varphi$$

$$l_Q=r_Q=l\sin\varphi$$

其中 E_s 是信号 $s(t,\theta)$ 的能量。

$$z_I = \int_0^T \sqrt{\frac{2}{T}} z(t) \cos\omega_0 t \mathrm{d}t$$

$$z_Q = \int_0^T \sqrt{\frac{2}{T}} z(t) \sin\omega_0 t \mathrm{d}t$$

(1) 对于给定的某一个 θ，求 $p(l,\varphi \mid \theta, H_1)$。

(2) 能否求得 $p(l \mid \theta, H_1)$ 和 $p(l \mid H_1)$ 的解析式。

3.7　在功率谱密度 $G_n(\omega) = \frac{N_0}{2}$ 的高斯白噪声背景下，考虑一般二元随机相位信号波形的检测问题。设

$$H_0: z(t) = \sqrt{\frac{2E_s}{T}} \cos(\omega_0 t + \theta_0) + n(t), \quad 0 \leqslant t \leqslant T$$

$$H_1: z(t) = \sqrt{\frac{2E_s}{T}} \cos(\omega_1 t + \theta_1) + n(t), \quad 0 \leqslant t \leqslant T$$

设随机相位服从

$$p(\theta_j, \Lambda_m) = \frac{\exp(\Lambda_m \cos\theta_j)}{2\pi I_0(\Lambda_m)}, \quad j = 0, 1$$

在 $P(H_1) = P(H_0)$ 下采用最小总错误概率准则，试用正交级数展开法求似然比检验的判决规则。

3.8　在简单二元随机振幅与随机相位信号波形的检测中，接收信号为

$$H_0: z(t) = n(t), \quad 0 \leqslant t \leqslant T$$

$$H_1: z(t) = \sqrt{\frac{2}{T}} a \cos(\omega_0 t + \theta) + n(t), \quad 0 \leqslant t \leqslant T$$

其中 ω_0 为常数；相位 θ 在 $(-\pi, \pi)$ 上均匀分布；$n(t)$ 是功率谱密度为 $G_n(\omega) = \frac{N_0}{2}$ 的高斯白噪声。

(1) 若振幅 a 是离散随机变量，概率分别为 $P(a=0) = 1-p$，$P(a=a_0) = p$。请设计采用奈曼-皮尔逊准则的似然比判决规则。

(2) 证明检测概率 $P_D = (1-p)P_F + pP_D(a_0)$。其中 P_F 为虚警概率，$P_D(a_0)$ 是信号振幅为恒定值 $a = a_0$ 时的信号检测概率 $P_D(a = a_0)$。

3.9　在简单二元随机频率（相位均匀分布）信号波形检测中，若随机频率 ω_s 在 (ω_1, ω_2) 范围内是连续的随机变量。现以 $\Delta\omega = \frac{\omega_2 - \omega_1}{M}$ 为间隔将频率离散化为 $\omega_1, \omega_2, \cdots, \omega_M$。当 $p(\omega_s)$ 为均匀分布时，最佳检测系统如图题 3.9 所示。如果 M 条支路中匹配滤波器的频响特性 $\mid H(\omega_i) \mid = \cos\omega_i T$，相邻两滤波器在峰值的半功率点处相交。试估算为达到同均匀分布随机相位信号相同的检测性能，随机频率信号所需信噪比大约要提高多少分贝(dB)？

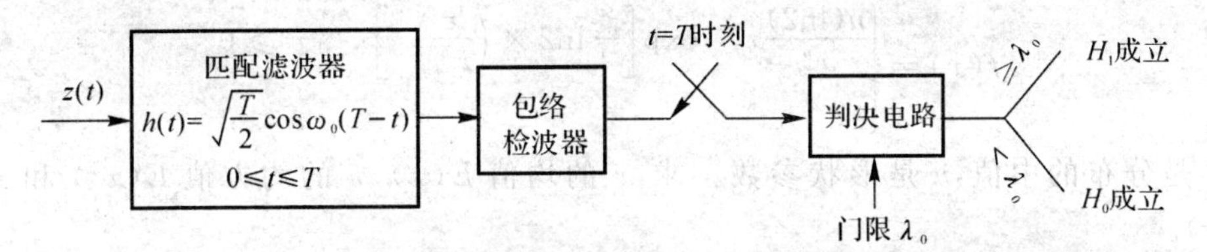

图题 3.9　非相关匹配滤波器检测系统

3.10　设雷达信号的功率信噪比 $r=A^2/\sigma_n^2=4$，其中，A 为信号幅度，σ_n 为噪声的标准差。接收机采用线性检波器，积累次数 $m=7$。现设计一个二分层滑窗检测器，第二门限为 k，要求 $P_F=10^{-5}$。

(1) 计算 $k=2,4,6$ 时的检测概率 P_D 各是多少？

(2) 结果说明了什么？

(3) 按奈曼-皮尔逊准则，k 在 2,4,6 三个值中取哪个最好？

【计算中的参考参数】$k=2$，$P_F=1.30\times10^{-3}$，$P_D=0.25$；$k=4$，$P_F=2.70\times10^{-2}$，$P_D=0.64$；$k=6$，$P_F=1.09\times10^{-1}$，$P_D=0.84$。

3.11　今有一个小滑窗检测器，若小滑窗宽度 $l=4$，检测准则 $k/l=3/4$，积累次数 $m=7$，试导出检测概率 P_D 的表达式。

3.12　若积累次数 $m=7$，单次检测的检测概率 $P_d=0.5$，现设计一个 $k/l=3/3$ 的重合法检测器，用迭代法和状态序列图法计算检测概率 P_D。两种方法所得结果一样吗？

3.13　某相控阵雷达，在每个指向发射 $m=10$ 个探测脉冲，脉冲重复周期为 T_r，检测器采用 $2^n(n\geqslant2)$ 分层，第二门限为 k。试画出全程检测的原理方框图(假定有指向脉冲，它在时间上略提前于探测脉冲)。

3.14　有一部环视雷达，天线波束半功率点间的夹角 $\theta_{0.5}=1.2°$，天线转速为60°/s，探测脉冲重复周期 $T_r=2\,000\mu s$。

(1) 求积累次数 m 等于多少？

(2) 若 $P_F=10^{-2}$，$P_d=0.5$，求 P_F 和 P_d 各为多少？

3.15　单极点滤波器的传递函数为

$$H(z)=\frac{z}{z-k}$$

求幅频响应函数 $|H(j\omega)|$ 的表达式。

3.16　双极点滤波器的传递函数为

$$H(z)=\frac{z}{z^2-k_1z+k_2}$$

求幅频响应函数 $|H(j\omega)|$ 的表达式。

3.17　若韦布尔分布的概率密度函数表达式为

$$f(x)=\begin{cases}\dfrac{n(\ln 2)}{x_m^n}x^{n-1}\exp\left[-\ln 2\times\left(\dfrac{x}{x_m^n}\right)^n\right], & x\geqslant 0\\ 0, & x<0\end{cases}$$

其中 x_m 是分布的中值，n 是形状参数。求 x 的均值 $E(x)$，x 的均方值 $E(x^2)$ 和 x 的方差 $\mathrm{var}(x)$。

【提示】公式推导过程中用到积分公式

$$\int_0^\infty x^p\exp(-x^q)\mathrm{d}x=\frac{1}{q}\Gamma\left(\frac{1+p}{q}\right)$$

3.18 某脉冲雷达作环视扫描，已知雷达探测脉冲重复周期 $T_r=320\mu\mathrm{s}$，探测脉冲宽度 $\tau=2\mu\mathrm{s}$，雷达最大作用距离 $R_{\max}=450\mathrm{km}$。试设计一噪声环境恒虚警率处理设备(处理后采用二进制积累)。

(1) 画出该设备的原理框图，并简要说明其工作原理。

(2) 若要求 $P_F=4\times10^{-2}$，$\left|\dfrac{N_{FP}}{N}-P_F\right|\leqslant 8\times10^{-3}$ 的概率大于 90%，求采样单元数 N；如果每个逆程的采样单元数 $n=30$，求调整周期 T_a。

(3) 若用二分层滑窗检测器作为视频积累，已知积累次数 $m=7$，第二门限 $k=4$，求积累后的虚警概率 P_F。

3.19 在对数单元平均值恒虚警率处理设备中，没有信号时，归一化变量 w 的概率密度函数为

$$f_0(w)=\frac{2}{a}\exp\left(2\frac{w}{a}-r\right)\exp\left[-\exp\left(2\frac{w}{a}-r\right)\right]$$

其中 a 为对数接收机的常参数。若检测门限为 w_0，求虚警概率 P_F 的表达式。

3.20 韦布尔分布杂波的概率密度函数为

$$f(x)=\begin{cases}\dfrac{n}{x_m}\left(\dfrac{x}{x_m}\right)^{n-1}\exp\left[-\left(\dfrac{x}{x_m}\right)^n\right], & x\geqslant 0\\ 0, & x<0\end{cases}$$

若将其输入到对瑞利分布杂波具有恒虚警性能的单元平均处理设备，证明其虚警概率 P_F 的理论值($N\to\infty$)为

$$P_F=\exp\left\{-\left[\lambda_0\Gamma\left(1+\frac{1}{n}\right)\right]^n\right\}$$

其中 λ_0 为检测门限。

【提示】首先利用积分公式

$$\int_0^\infty x^p\exp(-x^q)\mathrm{d}x=\frac{1}{q}\Gamma\left(\frac{1+p}{q}\right)$$

求出韦布尔分布杂波的均值 $\bar{x}$，然后进行归一化处理 $x/\bar{x}$，再与检测门限 λ_0 比较。

3.21　在雷达信号的非参量检测中，已知

$$P_{\mathrm{F}}(R=l)=C_N^l\sum_{g=0}^{l}(-1)^g C_l^g\frac{1}{N-l+g+1}$$

证明该式可以化简为

$$P_{\mathrm{F}}(R=l)=\frac{1}{N+1}$$

3.22　在雷达信号的非参量检测中，已知 $P_{\mathrm{d}}(R=l)$ 和 $P_{\mathrm{d}}(R\geqslant l)$ 分别为

$$P_{\mathrm{d}}(R=l)=C_N^i\left(\frac{k}{k+\bar{r}/2}\right)^k\left[\sum_{g=0}^{l}(-1)^g C_i^g\frac{1}{N-l+g+1}\cdot\sum_{h=0}^{\infty}\frac{\Gamma(k+h)}{\Gamma(k)\Gamma(h+1)}\left(\frac{\bar{r}/2}{k+\bar{r}/2}\frac{1}{N-l+g+1}\right)^h\right]=$$

$$C_N^i\left(\frac{k}{k+\bar{r}/2}\right)^k\left\{\sum_{g=0}^{l}(-1)^g C_i^g\frac{1}{N-l+g+1}\cdot{}_1F_1\left[k;1;\frac{\bar{r}/2}{k+\bar{r}/2}\frac{1}{N-l+g+1}\right]\right\}$$

$$P_{\mathrm{d}}(R\geqslant l)=1-\sum_{n=0}^{l-1}P_{\mathrm{d}}(R=n)$$

试编写出以 N,k 和 $\bar{r}$ 为参变量，$P_{\mathrm{d}}(R=l)$ 和 $P_{\mathrm{d}}(R\geqslant l)$ 随 l 变化的计算程序，并计算出几组结果（$\cdot{}_1F_1$—— 合流超几何函数，参见参考文献[9] 第 504 页）。

3.23　在雷达信号的非参量检测中，已知 $P_{\mathrm{d}}(R=l)$ 为

$$P_{\mathrm{d}}(R=l)=C_N^i\left(\frac{k}{k+\bar{r}/2}\right)^k\left\{\sum_{g=0}^{l}(-1)^g C_l^g\frac{1}{N-l+g+1}\cdot\sum_{h=0}^{\infty}\frac{\Gamma(k+h)}{\Gamma(k)\Gamma(h+1)}\left(\frac{\bar{r}/2}{k+\bar{r}/2}\frac{1}{N-l+g+1}\right)^h\right\}=$$

$$C_N^i\left(\frac{k}{k+\bar{r}/2}\right)^k\left\{\sum_{g=0}^{l}(-1)^g C_i^g\frac{1}{N-l+g+1}\cdot{}_1F_1\left[k;1;\frac{\bar{r}/2}{k+\bar{r}/2}\frac{1}{N-l+g+1}\right]\right\}$$

证明当 $k\rightarrow\infty$ 时，$P_{\mathrm{d}}(R=l)$ 为

$$P_{\mathrm{d}}(R=l)=C_N^l\sum_{g=0}^{l}(-1)^g C_l^g\frac{1}{N-l+g+1}\exp\left[-\frac{\bar{r}/2(N-l+g)}{N-l+g+1}\right]$$

3.24　在雷达信号的非参量检测中，已知 $P_{\mathrm{d}}(R=l)$ 为

$$P_{\mathrm{d}}(R=l)=C_N^i\left(\frac{k}{k+\bar{r}/2}\right)^k\left\{\sum_{g=0}^{l}(-1)^g C_l^g\frac{1}{N-l+g+1}\cdot\sum_{h=0}^{\infty}\frac{\Gamma(k+h)}{\Gamma(k)\Gamma(h+1)}\left(\frac{\bar{r}/2}{k+\bar{r}/2}\frac{1}{N-l+g+1}\right)^h\right\}=$$

$$C_N^i\left(\frac{k}{k+\bar{r}/2}\right)^k\left\{\sum_{g=0}^{l}(-1)^g C_i^g\frac{1}{N-l+g+1}\cdot{}_1F_1\left[k;1;\frac{\bar{r}/2}{k+\bar{r}/2}\frac{1}{N-l+g+1}\right]\right\}$$

证明：

(1) 当 $k=1$ 时

$$P_{\mathrm{d}}(R=l)=C_N^l\sum_{g=0}^{l}(-1)^g C_l^g\frac{1}{(1+\bar{r}/2)(N-l+g)+1}$$

(2) 当 $k=2$ 时

$$P_{\mathrm{d}}(R=l)=C_N^l\sum_{g=0}^{l}(-1)^g C_l^g\frac{4(N-l+g+1)}{[(2+\bar{r}/2)(N-l+g)+2]^2}$$

第4章　估计的基本理论

4.1　引　　言

从本章开始，讨论信号参数的估计问题。许多实际问题中，在“发现”(目标) 信号的基础上，还需要测定信号的参数。例如，在雷达系统中，通过测定目标回波信号的延迟时间 τ 及多普勒频率 f_d 等参数，以便估计目标的距离和径向运动速度等；在通信系统中，如发射的是模拟信号，接收后需要在噪声背景中恢复信号的波形；在运动目标跟踪、图像处理等问题中，也有类似的信号参数估计问题，并进一步复现信号的波形。因此，在信号检测的基础上，有必要研究信号参数估计问题。

由于接收信号要受到随机噪声的污染，不可能精确地测定信号的参数，需要使用统计估计的方法尽可能精确地对其估计。如果信号参数是随机变量或非随机的未知量，则称为信号的参数估计；若被估计量是随机过程或非随机的未知过程，则称为波形估计或状态估计。因此，信号的参数估计指被估计参数在观测时间内不随时间变化，属静态估计；波形或状态估计涉及的信号参数是随时间变化的，属动态估计。

为了对信号的参数作出估计，需要获得观测数据。设观测方程为

$$z_k = h_k\theta + n_k, \quad k=1,2,\cdots,N \tag{4.1.1}$$

式中，z_k 是第 k 次观测值；θ 是被估计量；n_k 是第 k 次观测噪声；h_k 是已知的观测系数。现在的问题是根据 N 次观测值

$$\boldsymbol{z} = [z_1, z_2, \cdots, z_N]^{\mathrm{T}}$$

按照某种最佳估计准则，对参数 θ 作出估计。即构造一个观测量的函数，记为 $\hat{\theta}(\boldsymbol{z})$，作为参数 θ 的估计值，可简记为 $\hat{\theta}$。

如果被估计量是 p 维矢量 $\boldsymbol{\theta}$，那么观测方程一般可表示为

$$\boldsymbol{z}_k = \boldsymbol{H}_k\boldsymbol{\theta} + \boldsymbol{n}_k, \quad k=1,2,\cdots,N \tag{4.1.2}$$

式中，$\boldsymbol{z}_k$ 是第 k 次观测的 q_k 维观测矢量；$\boldsymbol{\theta}$ 是 p 维被估计矢量；$\boldsymbol{n}_k$ 是第 k 次观测的 q_k 维观测噪声矢量；$\boldsymbol{H}_k$ 是 $q_k \times p$ 阶观测矩阵。p 维矢量 $\boldsymbol{\theta}$ 的估计是根据某种最佳估计准则构造的观测量

$$\boldsymbol{z} = [\boldsymbol{z}_1, \boldsymbol{z}_2, \cdots, \boldsymbol{z}_N]^{\mathrm{T}}$$

的函数 $\hat{\boldsymbol{\theta}}(\boldsymbol{z})$ 作为 $\boldsymbol{\theta}$ 的估计。

举一个简单的单参数 θ 的估计例子，来说明估计量的构造及估计的效果。设观测方程为

$$z_k = \theta + n_k, \quad k=1,2,\cdots,N$$

式中，z_k 是第 k 次观测量；θ 是被估计量；n_k 是第 k 次观测噪声，假定 $E(n_k)=0, E(n_i n_j)=$

$\sigma_n^2\delta_{ij}$。采用大家熟知的平均值估计准则，即

$$\hat{\theta}(\boldsymbol{z})=\frac{1}{N}\sum_{k=1}^{N}z_k \tag{4.1.3}$$

显然，估计量 $\hat{\theta}(\boldsymbol{z})$ 是观测量 $\boldsymbol{z}=[z_1,z_2,\cdots,z_N]^{\mathrm{T}}$ 的函数。现在，研究这种估计的效果。因为估计量 $\hat{\theta}(\boldsymbol{z})$ 是观测量 $\boldsymbol{z}$ 的函数，而观测量 z_k 是随机变量，所以 $\hat{\theta}(\boldsymbol{z})$ 是随机变量。因此，估计的误差

$$\tilde{\theta}=\theta-\hat{\theta}(\boldsymbol{z}) \tag{4.1.4}$$

也是随机变量。众所周知，对于随机误差最好用均方误差来表征其性质。这样

$$E(\tilde{\theta}^2)=E\{[\theta-\hat{\theta}(\boldsymbol{z})]^2\}=E\left\{\left[\theta-\frac{1}{N}\sum_{k=1}^{N}z_k\right]^2\right\}=E\left\{\left[\theta-\frac{1}{N}\sum_{k=1}^{N}(\theta+n_k)\right]^2\right\}=$$

$$E\left[\left(-\frac{1}{N}\sum_{k=1}^{N}n_k\right)^2\right]=\frac{1}{N^2}\sum_{k=1}^{N}E(n_k^2)=\frac{1}{N}\sigma_n^2 \tag{4.1.5}$$

可见，这种平均值估计使估计量的均方误差随观测次数 N 的增加而减小。

一般信号参数估计的统计模型如图 4.1 所示。它由以下四个部分组成。

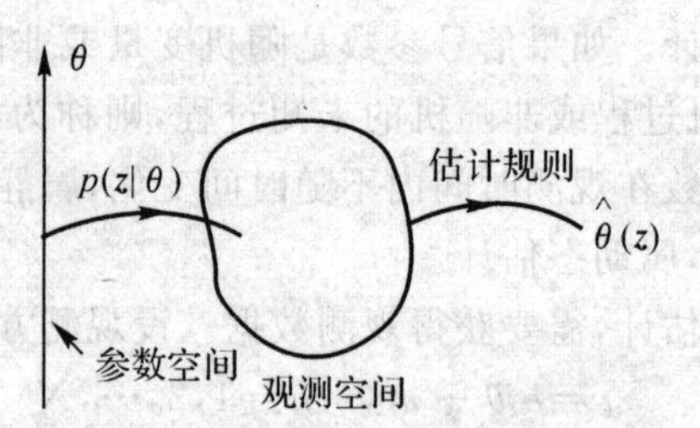

图 4.1 信号参数估计的统计模型

参数空间 信源输出一组参数，这组参数可由参数空间中的点来表示。如果输出参数只有一个，那么参数空间就是一条直线。

概率映射 从参数空间到观测空间的概率映射，它表示了参数 θ 对观测值的影响。

观测空间 它是观测值出现的区间。在经典问题中，观测空间是有限维的。

估计规则 它规定了从观测空间到估计量的映射关系：在得到观测量 $\boldsymbol{z}$ 后，依照估计规则构造 $\boldsymbol{z}$ 的函数 $\hat{\theta}(\boldsymbol{z})$ 对参数 θ 的估计。

对于信源的输出参数，一般分两种情况描述：参数是随机变量，它的统计特性用其概率密度函数来表征；参数是非随机的未知量，或者虽是随机参量，但先验知识未知时，可根据其特征进行描述。根据被估计参数的性质及已知的先验知识，将采用最佳的估计准则来构造估计量。所谓最佳估计准则是充分利用先验知识及相关性质，使构造的估计量具有某种最优特性的准则。最佳估计准则决定估计的性能、求解估计问题所使用的方法（即估计量的构造方法）和估计量的性质等，因此，为使估计问题得到最优的结果，选择合理的最佳估计准则是很重

要的。

本章将讨论各种最佳估计准则，提出估计量的构造方法，研究估计量的性质等。为了便于理解和应用，先讨论单参数的估计，然后再推广讨论多参数的矢量估计。由于在估计过程中使用不同的准则，则这种估计可以依其使用的准则而命名。下面将讨论几种常用准则的估计。

4.2　随机参数的贝叶斯估计

在讨论信号检测的贝叶斯准则时，首先要指定一组代价因子 C_{ij} 和各种假设的先验概率 $P(H_j)$，并由此制定出平均代价最小的检测准则，即贝叶斯准则。在信号参量估计中，用类似的方法提出贝叶斯估计规则，使估计的结果付出最小的代价。

4.2.1　常用代价函数

在信号参量估计问题中，因为被估计量 θ 和估计量 $\hat{\theta}(z)$ 是连续随机变量，所以对每一对 $[\theta,\hat{\theta}(z)]$ 分配一个代价函数 $C[\theta,\hat{\theta}(z)]$。代价函数 $C[\theta,\hat{\theta}(z)]$ 是 θ 和 $\hat{\theta}(z)$ 两个变量的函数。但是实际上，几乎对所有的重要问题都把它规定为估计误差 $\tilde{\theta}=\theta-\hat{\theta}(z)$ 的函数，即 $C(\tilde{\theta})$，它是估计误差 $\tilde{\theta}$ 的单变量函数。三种典型的代价函数如图 4.2 所示。

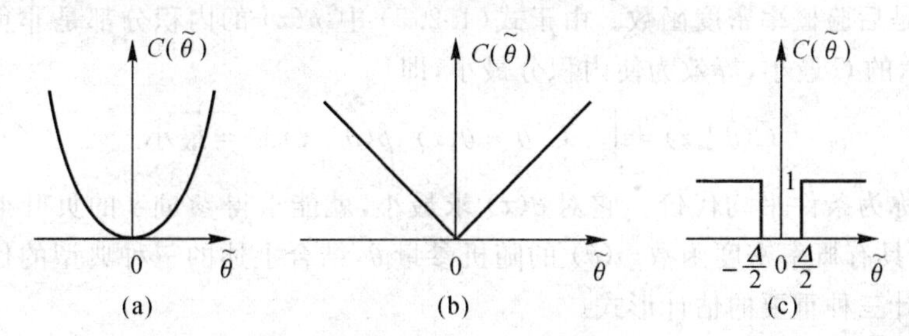

图 4.2　三种典型的代价函数

(a) 误差平方代价函数；(b) 误差绝对值代价函数；(c) 均匀代价函数

三种典型的常用代价函数分别表示为

误差平方代价函数：

$$C(\tilde{\theta})=C[\theta-\hat{\theta}(z)]=[\theta-\hat{\theta}(z)]^2 \tag{4.2.1}$$

误差绝对值代价函数：

$$C(\tilde{\theta})=C[\theta-\hat{\theta}(z)]=|\theta-\hat{\theta}(z)| \tag{4.2.2}$$

均匀代价函数：

$$C(\tilde{\theta})=C[\theta-\hat{\theta}(z)]=\begin{cases}1, & |\theta-\hat{\theta}(z)|\geqslant\dfrac{\Delta}{2}\\ 0, & |\theta-\hat{\theta}(z)|<\dfrac{\Delta}{2}\end{cases} \tag{4.2.3}$$

除上述三种代价函数外，还可以选择其他形式的代价函数，但无论何种形式的代价函数都应满足两个基本的特性：非负性和误差 $\tilde{\theta}$ 趋于零的最小性。

4.2.2 贝叶斯估计

如果被估计量 θ 是随机变量，其先验概率密度为 $p(\theta)$，那么代价函数 $C(\tilde{\theta})=C[\theta-\hat{\theta}(z)]$ 是随机参量 θ 和观测量 z 的函数，因此，平均代价 $\bar{C}$ 为

$$\bar{C}=\int_{-\infty}^{\infty}\int_{-\infty}^{\infty}C[\theta,\hat{\theta}]p(z,\theta)\mathrm{d}z\mathrm{d}\theta=\int_{-\infty}^{\infty}\int_{-\infty}^{\infty}C[\theta-\hat{\theta}(z)]p(z,\theta)\mathrm{d}z\mathrm{d}\theta \tag{4.2.4}$$

使平均代价 $\bar{C}$ 最小的估计 $\hat{\theta}(z)$ 就是贝叶斯估计，记为 $\hat{\theta}_{\mathrm{B}}(z)$。利用概率论中的贝叶斯公式有

$$p(z,\theta)=p(\theta\mid z)p(z)$$

平均代价公式可改写为

$$\bar{C}=\int_{-\infty}^{\infty}p(z)\mathrm{d}z\int_{-\infty}^{\infty}C[\theta-\hat{\theta}(z)]p(\theta\mid z)\mathrm{d}\theta \tag{4.2.5}$$

其中 $p(\theta\mid z)$ 是后验概率密度函数。由于式(4.2.5)中 $p(z)$ 的内积分都是非负的，因而使式(4.2.5)所表示的 C 最小，等效为使内积分最小，即

$$\bar{C}(\hat{\theta}\mid z)=\int_{-\infty}^{\infty}C[\theta-\hat{\theta}(z)]p(\theta\mid z)\mathrm{d}\theta=\text{最小} \tag{4.2.6}$$

其中 $\bar{C}(\hat{\theta}\mid z)$ 称为条件平均代价。它对 $\hat{\theta}(z)$ 求最小，就能求得参量 θ 的贝叶斯估计 $\hat{\theta}_{\mathrm{B}}(z)=\hat{\theta}_{\mathrm{B}}$。因此，对于具有概率密度函数 $p(\theta)$ 的随机参量 θ，结合上述的三种典型的代价函数，可以导出贝叶斯估计三种重要的估计形式。

1. 误差平方代价函数

对于误差平方代价函数，条件平均代价用 $\bar{C}_{\mathrm{MS}}(\hat{\theta}\mid z)$ 表示为

$$\bar{C}_{\mathrm{MS}}(\hat{\theta}\mid z)=\int_{-\infty}^{\infty}[\theta-\hat{\theta}(z)]^2p(\theta\mid z)\mathrm{d}\theta \tag{4.2.7}$$

使条件平均代价最小的一个必要条件是式(4.2.7)对 $\hat{\theta}(z)$ 求导并令结果等于零来求得最佳的 $\hat{\theta}_{\mathrm{MS}}(z)$，即

$$\frac{\mathrm{d}}{\mathrm{d}\theta}\int_{-\infty}^{\infty}[\theta-\hat{\theta}(z)]^2p(\theta\mid z)\mathrm{d}\theta=-2\int_{-\infty}^{\infty}\theta p(\theta\mid z)\mathrm{d}\theta+2\hat{\theta}(z)\int_{-\infty}^{\infty}p(\theta\mid z)\mathrm{d}\theta\bigg|_{\hat{\theta}=\hat{\theta}_{\mathrm{MS}}(z)}=0 \tag{4.2.8}$$

因为

$$\int_{-\infty}^{\infty} p(\theta \mid z)\mathrm{d}\theta = 1$$

所以

$$\hat{\theta}_{\mathrm{MS}}(z) = \int_{-\infty}^{\infty} \theta p(\theta \mid z)\mathrm{d}\theta \tag{4.2.9}$$

由于式(4.2.7)对 $\hat{\theta}(z)$ 的二阶导数为正(等于2),故由式(4.2.9)求得的 $\hat{\theta}_{\mathrm{MS}}(z)$ 所对应的平均代价是极小值。由于它使估计的均方误差最小,因而称为最小均方误差估计。将估计量记为 $\hat{\theta}_{\mathrm{MS}}(z)$,可简记为 $\hat{\theta}_{\mathrm{MS}}$。从估计量计算公式式(4.2.9)可以看出,$\hat{\theta}_{\mathrm{MS}}(z)$ 等于 θ 的条件均值 $E(\theta \mid z)$,故最小均方误差估计又称为条件均值估计。这时条件平均代价为

$$\overline{C}_{\mathrm{MS}}(\hat{\theta} \mid z) = \int_{-\infty}^{\infty} [\theta - \hat{\theta}(z)]^2 p(\theta \mid z)\mathrm{d}\theta = \int_{-\infty}^{\infty} [\theta - E(\theta \mid z)]^2 p(\theta \mid z)\mathrm{d}\theta \tag{4.2.10}$$

恰好是条件方差。而平均代价 $\overline{C}$ 的最小值是条件方差对所有观测量的平均。

利用如下关系式:

$$p(\theta \mid z) = \frac{p(z \mid \theta)p(\theta)}{p(z)}$$

$$p(z) = \int_{-\infty}^{\infty} p(z,\theta)\mathrm{d}\theta = \int_{-\infty}^{\infty} p(z \mid \theta)p(\theta)\mathrm{d}\theta$$

可将式(4.2.9)写成另一种表示式,即

$$\hat{\theta}_{\mathrm{MS}}(z) = \frac{\int_{-\infty}^{\infty} \theta p(z \mid \theta)p(\theta)\mathrm{d}\theta}{\int_{-\infty}^{\infty} p(z \mid \theta)p(\theta)\mathrm{d}\theta} \tag{4.2.11}$$

2. 误差绝对值代价函数

对于误差绝对值代价函数,条件平均代价用 $\overline{C}_{\mathrm{ABS}}(\hat{\theta} \mid z)$ 表示为

$$\overline{C}_{\mathrm{ABS}}(\hat{\theta} \mid z) = \int_{-\infty}^{\infty} |\theta - \hat{\theta}(z)| p(\theta \mid z)\mathrm{d}\theta = \int_{-\infty}^{\hat{\theta}(z)} [\hat{\theta}(z) - \theta]p(\theta \mid z)\mathrm{d}\theta + \int_{\hat{\theta}(z)}^{\infty} [\theta - \hat{\theta}(z)]p(\theta \mid z)\mathrm{d}\theta \tag{4.2.12}$$

将 $\overline{C}_{\mathrm{ABS}}(\hat{\theta} \mid z)$ 对 $\hat{\theta}(z)$ 求导数,并令结果等于零,得

$$\int_{-\infty}^{\hat{\theta}_{\mathrm{ABS}}(z)} p(\theta \mid z)\mathrm{d}\theta = \int_{\hat{\theta}_{\mathrm{ABS}}(z)}^{\infty} p(\theta \mid z)\mathrm{d}\theta \tag{4.2.13}$$

其中,$\hat{\theta}_{\mathrm{ABS}}(z)$ 表示采用误差绝对值代价函数时使 $\overline{C}_{\mathrm{ABS}}(\hat{\theta} \mid z)$ 最小的估计量。可见,$\hat{\theta}_{\mathrm{ABS}}(z)$ 恰好是条件密度函数 $p(\theta \mid z)$ 的中位数(中值),故这种估计称为条件中位数估计或条件中值估计,即

$$\hat{\theta}_{\mathrm{ABS}}(z) = \hat{\theta}_{\mathrm{MED}}(z) \tag{4.2.14}$$

3. 均匀代价函数

对于均匀代价函数,条件平均代价用 $\overline{C}_{\mathrm{UNF}}(\hat{\theta} \mid z)$ 表示为

$$\overline{C}_{\mathrm{UNF}}(\hat{\theta}\mid \boldsymbol{z})=\int_{-\infty}^{\hat{\theta}_{\mathrm{UNF}}(\boldsymbol{z})-\frac{\Delta}{2}} p(\theta\mid \boldsymbol{z})\mathrm{d}\theta+\int_{\hat{\theta}_{\mathrm{UNF}}(\boldsymbol{z})+\frac{\Delta}{2}}^{\infty} p(\theta\mid \boldsymbol{z})\mathrm{d}\theta=1-\int_{\hat{\theta}_{\mathrm{UNF}}(\boldsymbol{z})-\frac{\Delta}{2}}^{\hat{\theta}_{\mathrm{UNF}}(\boldsymbol{z})+\frac{\Delta}{2}} p(\theta\mid \boldsymbol{z})\mathrm{d}\theta \tag{4.2.15}$$

其中 $\hat{\theta}_{\mathrm{UNF}}(\boldsymbol{z})$ 是使条件代价 $\overline{C}_{\mathrm{UNF}}(\hat{\theta}\mid \boldsymbol{z})$ 最小的估计量。欲使 $\overline{C}_{\mathrm{UNF}}(\hat{\theta}\mid \boldsymbol{z})$ 最小，需使右边积分值最大。在均匀代价函数中，感兴趣的是 Δ 很小但不等于零的情况。为了使式(4.2.15)右边的积分值最大，应当选择 $\hat{\theta}_{\mathrm{UNF}}(\boldsymbol{z})$ 使它处于后验概率密度函数 $p(\theta\mid \boldsymbol{z})$ 最大处的 θ_{M} 值，这样求得的估计量称为最大后验概率估计，记为 $\hat{\theta}_{\mathrm{MAP}}(\boldsymbol{z})$，可简记为 $\hat{\theta}_{\mathrm{MAP}}$。

如果最大值处于 θ 的允许范围内，且 $p(\theta\mid \boldsymbol{z})$ 具有连续的一阶导数，则获得最大值的必要条件是

$$\left.\frac{\partial p(\theta\mid \boldsymbol{z})}{\partial\theta}\right|_{\theta=\hat{\theta}_{\mathrm{MAP}}(\boldsymbol{z})}=0 \tag{4.2.16}$$

因为自然对数是自变量的单调函数，所以有

$$\left.\frac{\partial \ln p(\theta\mid \boldsymbol{z})}{\partial\theta}\right|_{\theta=\hat{\theta}_{\mathrm{MAP}}(\boldsymbol{z})}=0 \tag{4.2.17}$$

式(4.2.17)称为最大后验方程。利用上述方程求解时，在每一种情况下都必须检验所求得的解是否绝对最大。

为了反映观测量 $\boldsymbol{z}$ 和先验知识对估计量的影响，利用关系式

$$p(\theta\mid \boldsymbol{z})=\frac{p(\boldsymbol{z}\mid\theta)p(\theta)}{p(\boldsymbol{z})}$$

两边取自然对数，并对 θ 求导，可得到另一形式的最大后验概率方程，即

$$\left.\left[\frac{\partial \ln p(\theta\mid \boldsymbol{z})}{\partial\theta}+\frac{\partial \ln p(\theta)}{\partial\theta}\right]\right|_{\theta=\hat{\theta}_{\mathrm{MAP}}(\boldsymbol{z})}=0 \tag{4.2.18}$$

式中第一项依赖于观测量 $\boldsymbol{z}$，第二项与被估计参量 θ 的先验概率密度函数 $p(\theta)$ 有关。

前面讨论了三种典型代价函数下的随机参量 θ 的贝叶斯估计问题。下面将重点讨论最小均方误差估计和最大后验概率估计。

4.2.3 最小均方误差估计

在贝叶斯估计的前提下，若观测方程为

$$z_k=\theta+n_k,\quad k=1,2,\cdots,N$$

其中 n_k 是均值为零、方差为 σ_n^2 的独立同分布高斯随机噪声；假设被估计量 θ 也是均值为零、方差为 σ_θ^2 的高斯随机参量。下面推导 θ 的最小均方误差估计的数学模型。

以 θ 为条件的观测量 $\boldsymbol{z}$ 的条件概率密度函数为

$$p(\boldsymbol{z}\mid\theta)=\left(\frac{1}{2\pi\sigma_n^2}\right)^{\frac{N}{2}}\exp\left[-\sum_{k=1}^{N}\frac{(z_k-\theta)^2}{2\sigma_n^2}\right]$$

而随机参量 θ 的概率密度函数为

$$p(\theta)=\left(\frac{1}{2\pi\sigma_\theta^2}\right)^{\frac{1}{2}}\exp\left(-\frac{\theta^2}{2\sigma_\theta^2}\right)$$

为了求参量 θ 的最小均方误差估计，首先要求得后验概率密度函数 $p(\theta\mid z)$，因为

$$p(\theta\mid z)=\frac{p(z\mid\theta)p(\theta)}{p(z)}$$

注意到 $p(\theta\mid z)$ 是给定 z 时，θ 的条件概率密度函数，于是对于 $p(\theta\mid z)$ 而言，$p(z)$ 相当于使 $\int_{-\infty}^{\infty}p(\theta\mid z)\mathrm{d}\theta=1$ 的归一化常数。

因此

$$p(\theta\mid z)=\frac{\left(\frac{1}{2\pi\sigma_n^2}\right)^{\frac{N}{2}}\left(\frac{1}{2\pi\sigma_\theta^2}\right)^{\frac{1}{2}}}{p(z)}\exp\left[-\frac{\sum_{k=1}^{N}(z_k-\theta)^2}{2\sigma_n^2}-\frac{\theta^2}{2\sigma_\theta^2}\right]=$$

$$K_1(z)\exp\left\{-\frac{1}{2}\left[\frac{\sum_{k=1}^{N}(z_k^2-2z_k+\theta^2)}{\sigma_n^2}+\frac{\theta^2}{\sigma_\theta^2}\right]\right\}=$$

$$K_2(z)\exp\left[-\frac{1}{2}\left(\frac{N\sigma_\theta^2+\sigma_n^2}{\sigma_\theta^2\sigma_n^2}\theta^2-\frac{2\theta\sum_{k=1}^{N}z_k}{\sigma_n^2}\right)\right]=$$

$$K_2(z)\exp\left\{-\frac{1}{2}\frac{N\sigma_\theta^2+\sigma_n^2}{\sigma_n^2\sigma_\theta^2}\left[\theta^2-\frac{\sigma_\theta^2}{\sigma_\theta^2+\sigma_n^2/N}2\theta\left(\frac{1}{N}\sum_{k=1}^{N}z_k\right)\right]\right\}=$$

$$K_3(z)\exp\left\{-\frac{1}{2\sigma_m^2}\left[\theta-\frac{\sigma_\theta^2}{\sigma_\theta^2+\sigma_n^2/N}\left(\frac{1}{N}\sum_{k=1}^{N}z_k\right)\right]^2\right\}$$

其中

$$K_1(z)=\frac{\left(\frac{1}{2\pi\sigma_n^2}\right)^{\frac{N}{2}}\left(\frac{1}{2\pi\sigma_\theta^2}\right)^{\frac{1}{2}}}{p(z)}$$

$$K_2(z)=K_1(z)\exp\left[-\frac{1}{2\sigma_n^2}\sum_{k=1}^{N}z_k^2\right]$$

$$K_3(z)=K_2(z)\exp\left\{\frac{1}{2\sigma_m^2}\left[\frac{\sigma_\theta^2}{\sigma_\theta^2+\sigma_n^2/N}\left(\frac{1}{N}\sum_{k=1}^{N}z_k\right)\right]^2\right\}$$

都是与 θ 无关的项，而

$$\sigma_m^2=\frac{\sigma_\theta^2\sigma_n^2}{N\sigma_\theta^2+\sigma_n^2}$$

为其均方误差。

由上可知,后验概率密度函数 $p(\theta \mid z)$ 是高斯型的,因此,最小均方误差估计 $\hat{\theta}_{\mathrm{MS}}$ 就是后验概率密度函数 $p(\theta \mid z)$ 的条件均值,按此方法求得的最小均方误差估计 $\hat{\theta}_{\mathrm{MS}}$ 表达式为

$$\hat{\theta}_{\mathrm{MS}}(z)=\frac{\sigma_\theta^2}{\sigma_\theta^2+\sigma_n^2/N}\left(\frac{1}{N}\sum_{k=1}^{N}z_k\right)$$

最小均方误差估计量 $\hat{\theta}_{\mathrm{MS}}(z)$ 的均方误差为

$$E\{[\theta-\hat{\theta}_{\mathrm{MS}}(z)]^2\}=\frac{\sigma_\theta^2\sigma_n^2}{N\sigma_\theta^2+\sigma_n^2}$$

由于后验概率密度函数 $p(\theta \mid z)$ 是高斯型的,因而 $p(\theta \mid z)$ 的最大值正好在条件均值处,且条件中位数等于条件均值,因此最小均方误差估计、最大后验概率估计、条件均值估计具有相同的表达式,即

$$\hat{\theta}_{\mathrm{MAP}}(z)=\hat{\theta}_{\mathrm{MED}}(z)=\hat{\theta}_{\mathrm{MS}}(z)=\hat{\theta}_{\mathrm{B}}(z)$$

现在来考察观测量 z 和先验概率密度函数 $p(\theta)$ 对估计量的影响。

若有 $\sigma_\theta^2 \ll \sigma_n^2/N$,则

$$\hat{\theta}_{\mathrm{B}}(z)=\frac{\sigma_\theta^2}{\sigma_\theta^2+\sigma_n^2/N}\left(\frac{1}{N}\sum_{k=1}^{N}z_k\right)\xrightarrow{\sigma_\theta^2 \ll \sigma_n^2/N}0$$

可见估计值趋近参量的先验平均值(θ 的平均值为零),这时先验知识比观测值更有用。

如果 $\sigma_\theta^2 \gg \sigma_n^2/N$,则

$$\hat{\theta}_{\mathrm{B}}(z)=\frac{\sigma_\theta^2}{\sigma_\theta^2+\sigma_n^2/N}\left(\frac{1}{N}\sum_{k=1}^{N}z_k\right)\xrightarrow{\sigma_\theta^2 \gg \sigma_n^2/N}\frac{1}{N}\sum_{k=1}^{N}z_k$$

此时先验知识几乎没有价值,估计量主要决定观测数据。在极限情况下,$\hat{\theta}_{\mathrm{B}}(z)$ 刚好是 z_k 的算术平均值。

4.2.4 最大后验概率估计

除了上述方法可以求得最大后验概率估计表达式外,还可以采用另一种方法。为了讨论方便,考虑在均值为零、方差为 σ_n^2 的加性高斯白噪声 n 中接收信号 s 的最大后验概率估计问题。设信号 s 在 $-s_{\mathrm{M}}$ 与 $+s_{\mathrm{M}}$ 之间均匀分布,单次观测方程为 $z=s+n$,在均匀代价函数条件下求最大后验概率估计 $\hat{s}_{\mathrm{MAP}}(z)$。

按给定的条件,以信号 s 为条件的观测量 z 的概率密度函数,即似然函数为

$$p(z \mid s)=\left(\frac{1}{2\pi\sigma_n^2}\right)^{\frac{1}{2}}\exp\left[-\frac{(z-s)^2}{2\sigma_n^2}\right]$$

而已知信号 s 的先验概率密度为

$$p(s)=\begin{cases}\dfrac{1}{2s_{\mathrm{M}}}, & -s_{\mathrm{M}}<s<+s_{\mathrm{M}}\\ 0, & \text{其他}\end{cases}$$

所以，在 $-s_M < z < +s_M$ 范围内，将上述表达式代入式(4.2.18)，可以求得最大后验估计表达式，即

$$\left[\frac{\partial \ln p(z \mid s)}{\partial s}+\frac{\partial \ln p(s)}{\partial s}\right]_{s=\hat{s}_{\mathrm{MAP}}(z)}=0$$

解得最大后验概率估计量为

$$\hat{s}_{\mathrm{MAP}}(z)=z$$

由于信号 s 的最小值是 $-s_M$，最大值为 $+s_M$，观测噪声是零均值的高斯噪声，因此，当观测值 $z<-s_M$ 和 $z>+s_M$ 时，信号分别取 $-s_M$ 和 $+s_M$ 的概率最大。这样，可以得到最大后验概率估计量表达式为

$$\hat{s}_{\mathrm{MAP}}(z)=\begin{cases}-s_M, & z \leqslant -s_M \\ z, & -s_M<z<+s_M \\ +s_M, & z \geqslant +s_M\end{cases}$$

这里，采用简便方法还可以求得最小均方误差估计 $\hat{s}_{\mathrm{MS}}(z)$ 的具体表达式。由于 $\hat{s}_{\mathrm{MS}}(z)$ 由被估计参量的条件均值决定，由式(4.2.11) 即

$$\hat{s}_{\mathrm{MS}}(z)=\int_{-\infty}^{\infty} s p(s \mid z)\mathrm{d}s=\frac{\int_{-\infty}^{\infty} s p(z \mid s) p(s) \mathrm{d}s}{\int_{-\infty}^{\infty} p(z \mid s) p(s) \mathrm{d}s}=\frac{\int_{-s_M}^{s_M} s\left(\frac{1}{2\pi\sigma_n^2}\right)^{\frac{1}{2}} \exp\left[-\frac{(z-s)^2}{2\sigma_n^2}\right]\frac{1}{2s_M}\mathrm{d}s}{\int_{-s_M}^{s_M}\left(\frac{1}{2\pi\sigma_n^2}\right)^{\frac{1}{2}} \exp\left[-\frac{(z-s)^2}{2\sigma_n^2}\right]\frac{1}{2s_M}\mathrm{d}s}=$$

$$\frac{\int_{s_M+z}^{s_M-z}(z-x)\exp\left(-\frac{x^2}{2\sigma_n^2}\right)\mathrm{d}x}{\int_{s_M+z}^{s_M-z}\exp\left(-\frac{x^2}{2\sigma_n^2}\right)\mathrm{d}x}=z-\frac{\sigma_n^2\int_{(d+u)^2/2}^{(d-u)^2/2}\exp(-u)\,\mathrm{d}u}{\int_{d+u}^{d-u}\exp\left(-\frac{u^2}{2}\right)\mathrm{d}u}$$

式中，$x=z-s$；$d=s_M/\sigma_n$，代表信噪比；$u=z/\sigma_n$，代表观测值对噪声均方差的归一化值。继续对上式进行计算，得

$$\hat{s}_{\mathrm{MS}}(z)=z-\frac{\sigma_n\left[\mathrm{e}^{-(d-u)^2/2}-\mathrm{e}^{-(d+u)^2/2}\right]}{\sqrt{2\pi}\left[\Phi(d-u)-\Phi(d+u)\right]}$$

其中函数 $\Phi(v)$ 代表

$$\Phi(v)=\frac{1}{\sqrt{2\pi}}\int_0^v \exp\left(-\frac{u}{2}\right)\mathrm{d}u$$

称为正态概率积分。

将 $\hat{s}_{\mathrm{MAP}}(z)$ 和 $\hat{s}_{\mathrm{MS}}(z)$ 对 z 的关系绘成曲线，如图 4.3 所示。

可见 $\hat{s}_{\mathrm{MAP}}(z)$ 与 $\hat{s}_{\mathrm{MS}}(z)$，都是非线性估计，即估计量 $\hat{s}(z)$ 是 z 的非线性函数，但二者不相同。

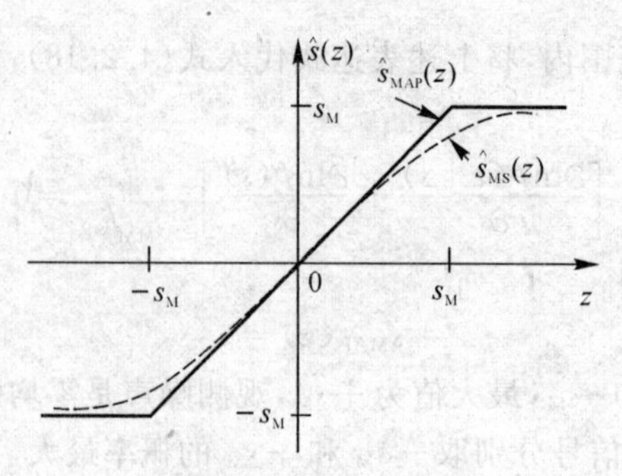

图 4.3 高斯噪声中均匀分布信号的估计

4.3 最大似然估计

前一节讨论了随机参量的贝叶斯估计，其中一种很有用的贝叶斯估计量就是最大后验概率估计量。最大后验方程可写成

$$\left[\frac{\partial \ln p(z \mid \theta)}{\partial \theta}+\frac{\partial \ln p(\theta)}{\partial \theta}\right]_{\theta=\hat{\theta}_{\mathrm{MAP}}(z)}=0$$

但是，当被估计量 θ 是随机参量但不知道其先验分布或 θ 本身是非随机的未知参量时，上式中含有未知量，不能采用上式求估计值。这时设想只用其中的第一项，即取似然函数 $p(z \mid \theta)$ 最大值对应的 θ_{M} 作为估计量，称之为最大似然估计，其估计量记为 $\hat{\theta}_{\mathrm{ML}}(z)$，可简记为 $\hat{\theta}_{\mathrm{ML}}$。

最大似然估计量 $\hat{\theta}_{\mathrm{ML}}(z)$ 由方程

$$\left.\frac{\partial p(z \mid \theta)}{\partial \theta}\right|_{\theta=\hat{\theta}_{\mathrm{ML}}(z)}=0 \tag{4.3.1}$$

或

$$\left.\frac{\partial \ln p(z \mid \theta)}{\partial \theta}\right|_{\theta=\hat{\theta}_{\mathrm{ML}}(z)}=0 \tag{4.3.2}$$

求得。式(4.3.2)称为最大似然方程。

由于最大似然估计没有(或不能)利用被估计参量的先验知识，因而其估计质量一般说要比贝叶斯估计差，也就是说，比最大后验概率估计差。当 θ 为非随机的未知参量时，或 θ 是随机参量但不知其先验分布时，或计算(获得)后验概率密度函数 $p(\theta \mid z)$ 比计算(获得)似然函数 $p(z \mid \theta)$ 要困难得多时，最大似然估计不失为一种优良的、很有用的估计。下面通过具体事例理解最大似然估计的意义。

例 4.1 分析加性噪声中随机参数的估计问题。观测方程为

$$z_k=\theta+n_k, \quad k=1,2,\cdots,N$$

式中，n_k 是均值为零、方差为 σ_n^2 的独立同分布高斯随机噪声；假设被估计量 θ 也是均值为零、方

差为 σ_θ^2 的高斯随机参量，但不利用 θ 的先验分布知识，求 θ 的最大似然估计 $\hat{\theta}_{\mathrm{ML}}(\boldsymbol{z})$。

解　根据题意，以 θ 为条件的观测量 $\boldsymbol{z}$ 的条件概率密度函数为

$$p(\boldsymbol{z}\mid\theta)=\left(\frac{1}{2\pi\sigma_n^2}\right)^{\frac{N}{2}}\exp\left[-\sum_{k=1}^{N}\frac{(z_k-\theta)^2}{2\sigma_n^2}\right]$$

两边取自然对数，对 θ 求偏导并令结果等于零，即

$$\left.\frac{\partial\ln p(\boldsymbol{z}\mid\theta)}{\partial\theta}\right|_{\theta=\hat{\theta}_{\mathrm{ML}}(\boldsymbol{z})}=0$$

得

$$\frac{\partial\ln p(\boldsymbol{z}\mid\theta)}{\partial\theta}=\frac{1}{\sigma_n^2}\sum_{k=1}^{N}(z_k-\theta)=\frac{N}{\sigma_n^2}\left.\left(\frac{1}{N}\sum_{k=1}^{N}z_k-\theta\right)\right|_{\theta=\hat{\theta}_{\mathrm{ML}}(\boldsymbol{z})}=0$$

从而解得

$$\hat{\theta}_{\mathrm{ML}}(\boldsymbol{z})=\frac{1}{N}\sum_{k=1}^{N}z_k$$

4.4　估计量的性质

按某种估计准则获得估计量 $\hat{\theta}(\boldsymbol{z})$ 后，需要对估计量的质量进行评价，这就需要研究估计量的主要性质。众所周知，估计量是观测量的函数，而观测量是随机变量，因此估计量也是随机变量，必须用统计的方法分析和评价各种估计量的质量。下面提出的估计量的主要性质就是评价估计量质量的指标。

4.4.1　估计量的主要性质

估计量的主要性质包括无偏性、有效性和一致性，下面分别进行讨论。

1. 无偏性

对接收信号的参量进行多次观测后，希望估计值应分布在真值附近。因此，第一个要考虑的问题是关于估计量的均值问题，下面分两种方法分析。

(1) 被估计量为非随机参量

对于非随机参量 θ 的估计量 $\hat{\theta}(\boldsymbol{z})$ 的均值可表示为

$$E[\hat{\theta}(\boldsymbol{z})]=\int_{-\infty}^{\infty}\hat{\theta}(\boldsymbol{z})p(\boldsymbol{z}\mid\theta)\mathrm{d}\boldsymbol{z}=\theta+b(\theta)\tag{4.4.1}$$

其中估计量的均值是以参量 θ 为条件的。当 $b(\theta)=0$ 时，$E[\hat{\theta}(\boldsymbol{z})]=\theta$，即估计量的均值等于被估计量的真值，称为(条件)无偏估计量；当 $b(\theta)\neq 0$，但不是 θ 的函数时，则估计量是已知偏差的有偏估计，并把 $b(\theta)$ 称为偏差量。

(2) 被估计量为随机参量

对于随机参量 θ,如果估计量的均值等于被估计量的均值,即

$$E[\hat{\theta}(z)]=\int_{-\infty}^{\infty}\int_{-\infty}^{\infty}\hat{\theta}(z)p(z,\theta)\mathrm{d}z\mathrm{d}\theta=E(\theta) \tag{4.4.2}$$

则称为无偏估计量;否则就是有偏的,其偏差等于两均值之差。

2. 有效性

一个估计量若仅用是否无偏来评价显然是不完全的,因为即使是一个无偏估计量,如果它的方差很大,那么其估计的误差也可能很大,可见无偏估计量还不能保证估计量分布在真值附近。因此,第二个性质是关于估计误差的方差或均方误差的问题。

对于被估计量 θ 的任意无偏估计量 $\hat{\theta}_1(z)$ 和 $\hat{\theta}_2(z)$,若估计误差的均方误差满足

$$E\{[\theta-\hat{\theta}_1(z)]^2\}<E\{[\theta-\hat{\theta}_2(z)]^2\} \tag{4.4.3}$$

则称估计量 $\hat{\theta}_1(z)$ 比 $\hat{\theta}_2(z)$ 有效。如果无偏估计量 $\hat{\theta}(z)$ 的均方误差小于其他任何无偏估计量的误差方差,则称此估计量为最小误差方差估计量。

3. 一致性

被估计参量 θ 的估计量 $\hat{\theta}(z)$ 是根据有限 N 次观测量 $z_k,k=1,2,\cdots N$ 构造的,记为 $\hat{\theta}(z_N)$,希望随着观测次数 N 的增加,估计的质量提高,即估计值趋近于被估计量的真值或均值,或者估计的均方误差减小。对于任意小的正数 ε,若

$$\lim_{N\to\infty}P[|\theta-\hat{\theta}(z_N)|>\varepsilon]=0 \tag{4.4.4}$$

则称估计量 $\hat{\theta}(z_N)$ 是一致估计量(收敛的)。或者,若

$$\lim_{N\to\infty}E\{[\theta-\hat{\theta}(z_N)]^2\}=0 \tag{4.4.5}$$

则称估计量 $\hat{\theta}(z_N)$ 是均方一致估计量(均方收敛的)。

4.4.2 非随机参量估计的边界

为了确定估计量的有效性,可直接计算均值和方差,并与其他的估计方差进行比较,也可以寻求间接方法,即确定任一无偏差估计量方差的下界,将实际估计的方差与此下界进行比较,从而确定其有效性。在此采用的下界是克拉美-罗(Cramer-Rao)界。

设 $\hat{\theta}(z)$ 是非随机参量 θ 的任意无偏估计,则有

$$\mathrm{var}[\theta-\hat{\theta}(z)]=E\{[\theta-\hat{\theta}(z)]^2\}\geqslant\left\{E\left\{\left[\frac{\partial\ln p(z\mid\theta)}{\partial\theta}\right]^2\right\}\right\}^{-1} \tag{4.4.6}$$

或

$$\mathrm{var}[\theta-\hat{\theta}(z)]=E\{[\theta-\hat{\theta}(z)]^2\}\geqslant\left\{-E\left[\frac{\partial^2\ln p(z\mid\theta)}{\partial\theta^2}\right]\right\}^{-1} \tag{4.4.7}$$

当且仅当对所有 z 和 θ 都满足

$$\frac{\partial \ln p(z \mid \theta)}{\partial \theta}=[\theta-\hat{\theta}(z)]k(\theta) \tag{4.4.8}$$

时等号成立。其中 $k(\theta)$ 可以是 θ 的函数，但不能是 z 和 $\hat{\theta}(z)$ 的函数。

式(4.4.6)和式(4.4.7)就是非随机参量情况下的克拉美-罗不等式，而式(4.4.8)是不等式取等号的条件。

现在来证明上述结论。

由于 $\hat{\theta}(z)$ 是非随机参量 θ 的任意无偏估计，因而有

$$E\{[\theta-\hat{\theta}(z)]\}=\int_{-\infty}^{\infty}[\theta-\hat{\theta}(z)]p(z \mid \theta)\mathrm{d}z=0 \tag{4.4.9}$$

式(4.4.9)对 θ 求偏导，得

$$\frac{\partial}{\partial \theta}\int_{-\infty}^{\infty}[\theta-\hat{\theta}(z)]p(z \mid \theta)\mathrm{d}z=\int_{-\infty}^{\infty}p(z \mid \theta)\mathrm{d}z+\int_{-\infty}^{\infty}\frac{\partial p(z \mid \theta)}{\partial \theta}[\theta-\hat{\theta}(z)]\mathrm{d}z=0 \tag{4.4.10}$$

其中第一项积分等于1，利用

$$\frac{\partial p(z \mid \theta)}{\partial \theta}=\frac{\partial \ln p(z \mid \theta)}{\partial \theta}p(z \mid \theta) \tag{4.4.11}$$

由式(4.4.10)得

$$\int_{-\infty}^{\infty}\frac{\partial \ln p(z \mid \theta)}{\partial \theta}p(z \mid \theta)[\theta-\hat{\theta}(z)]\mathrm{d}z=-1 \tag{4.4.12}$$

并进一步写成

$$\int_{-\infty}^{\infty}\left[\frac{\partial \ln p(z \mid \theta)}{\partial \theta}\sqrt{p(z \mid \theta)}\right][\theta-\hat{\theta}(z)]\sqrt{p(z \mid \theta)}\,\mathrm{d}z=-1 \tag{4.4.13}$$

引入施瓦兹不等式

$$\left[\int_{-\infty}^{\infty}g(x)h(x)\mathrm{d}x\right]^2 \leqslant \int_{-\infty}^{\infty}[g(x)]^2\mathrm{d}x\int_{-\infty}^{\infty}[h(x)]^2\mathrm{d}x \tag{4.4.14}$$

其中 $g(x)$ 和 $h(x)$ 是满足积分存在的任意函数；当且仅当 $g(x)$ 正比于 $h^*(x)$，即

$$g(x)=kh^*(x) \tag{4.4.15}$$

时，施瓦兹不等式取等号，式中 k 为任意常数。利用施瓦兹不等式，可将式(4.4.13)写成

$$\begin{aligned}&\int_{-\infty}^{\infty}\left[\frac{\partial \ln p(z \mid \theta)}{\partial \theta}\right]^2 p(z \mid \theta)\mathrm{d}z\int_{-\infty}^{\infty}[\theta-\hat{\theta}(z)]^2 p(z \mid \theta)\mathrm{d}z \geqslant \\ &\left\{\int_{-\infty}^{\infty}\left[\frac{\partial \ln p(z \mid \theta)}{\partial \theta}\sqrt{p(z \mid \theta)}\right][\theta-\hat{\theta}(z)]\sqrt{p(z \mid \theta)}\,\mathrm{d}z\right\}^2=1\end{aligned} \tag{4.4.16}$$

从而得到不等式，即式(4.4.6)

$$\operatorname{var}[\theta-\hat{\theta}(z)]=E\{[\theta-\hat{\theta}(z)]^2\} \geqslant \left\{E\left\{\left[\frac{\partial \ln p(z \mid \theta)}{\partial \theta}\right]^2\right\}\right\}^{-1}$$

现在推导克拉美-罗不等式的另一种形式。由

$$\int_{-\infty}^{\infty} p(z \mid \theta)\mathrm{d}z = 1$$

两边对 θ 求偏导，并利用式(4.4.11)，得

$$\int_{-\infty}^{\infty} \frac{\partial p(z \mid \theta)}{\partial \theta}\mathrm{d}z = \int_{-\infty}^{\infty} \frac{\partial \ln p(z \mid \theta)}{\partial \theta} p(z \mid \theta)\mathrm{d}z = 0 \tag{4.4.17}$$

类似地，再对 θ 求偏导，得

$$\int_{-\infty}^{\infty} \frac{\partial^2 p(z \mid \theta)}{\partial \theta^2} p(z \mid \theta)\mathrm{d}z + \int_{-\infty}^{\infty} \left[\frac{\partial \ln p(z \mid \theta)}{\partial \theta}\right]^2 p(z \mid \theta)\mathrm{d}z = 0 \tag{4.4.18}$$

于是有

$$E\left\{\left[\frac{\partial \ln p(z \mid \theta)}{\partial \theta}\right]^2\right\} = -E\left[\frac{\partial^2 \ln p(z \mid \theta)}{\partial \theta^2}\right] \tag{4.4.19}$$

从而得到克拉美-罗不等式的另一种形式，即式(4.4.7)

$$\mathrm{var}[\theta - \hat{\theta}(z)] = E\{[\theta - \hat{\theta}(z)]^2\} \geqslant \left\{-E\left[\frac{\partial^2 \ln p(z \mid \theta)}{\partial \theta^2}\right]\right\}^{-1}$$

根据施瓦兹不等式取等号的条件，由式(4.4.16)得到，当且仅当对所有 z 和 θ 都满足

$$\frac{\partial \ln p(z \mid \theta)}{\partial \theta} = [\theta - \hat{\theta}(z)]k(\theta)$$

时，克拉美-罗不等式取等号。其中 $k(\theta)$ 相当于一任意常数可以是 θ 的函数（因为 θ 是非随机的，仅未知而已），但不能是 z 和 $\hat{\theta}(z)$ 的函数。

4.4.3 随机参量估计误差方差的下界

设 $\hat{\theta}(z)$ 是随机参量 θ 的任意无偏估计，则有

$$E\{[\theta - \hat{\theta}(z)]^2\} \geqslant \left\{E\left\{\left[\frac{\partial \ln p(z,\theta)}{\partial \theta}\right]^2\right\}\right\}^{-1} \tag{4.4.20}$$

或

$$E\{[\theta - \hat{\theta}(z)]^2\} \geqslant \left\{-E\left[\frac{\partial^2 \ln p(z,\theta)}{\partial \theta^2}\right]\right\}^{-1} \tag{4.4.21}$$

当且仅当对所有 z 和 θ 都满足

$$\frac{\partial \ln p(z,\theta)}{\partial \theta} = [\theta - \hat{\theta}(z)]k \tag{4.4.22}$$

时等号成立，其中 k 是任意常数。

式(4.4.20)和式(4.4.21)就是随机参量情况下的克拉美-罗不等式，而式(4.4.22)是不等式取等号的条件。

现在简要说明随机参量情况下克拉美-罗不等式和等号成立条件的证明过程。

由于 $\hat{\theta}(z)$ 是随机参量 θ 的任意无偏估计，因而有

$$E\{[\theta-\hat{\theta}(z)]\}=\int_{-\infty}^{\infty}\int_{-\infty}^{\infty}[\theta-\hat{\theta}(z)]p(z,\theta)\mathrm{d}z\mathrm{d}\theta=0 \tag{4.4.23}$$

以下证明过程类似于非随机参量情况，通过式(4.4.23)对θ求偏导的方法求解。其基本方法是，利用

$$\int_{-\infty}^{\infty}\int_{-\infty}^{\infty}p(z,\theta)\mathrm{d}z\mathrm{d}\theta=1 \tag{4.4.24}$$

$$\frac{\partial p(z,\theta)}{\partial\theta}=\frac{\partial\ln p(z,\theta)}{\partial\theta}p(z,\theta) \tag{4.4.25}$$

和施瓦兹不等式

$$\left[\int_{-\infty}^{\infty}\int_{-\infty}^{\infty}g(x,y)h(x,y)\mathrm{d}x\mathrm{d}y\right]^2\leqslant\int_{-\infty}^{\infty}\int_{-\infty}^{\infty}[g(x,y)]^2\mathrm{d}x\mathrm{d}y\int_{-\infty}^{\infty}\int_{-\infty}^{\infty}[h(x,y)]^2\mathrm{d}x\mathrm{d}y \tag{4.4.26}$$

可证得式(4.4.20)成立。然后再利用式(4.4.24)可证得

$$E\left\{\left[\frac{\partial\ln p(z,\theta)}{\partial\theta}\right]^2\right\}=-E\left[\frac{\partial^2\ln p(z,\theta)}{\partial\theta^2}\right] \tag{4.4.27}$$

从而得式(4.4.21)。

根据施瓦兹不等式取等号的条件，可求得随机参量θ情况下克拉美-罗不等式取等号的条件，即式(4.4.22)。

在随机参量θ情况下的克拉美-罗不等式和取等号的条件式中，由于二维联合概率密度函数$p(z,\theta)$可表示为

$$p(z,\theta)=p(z\mid\theta)p(\theta) \tag{4.4.28}$$

所以

$$\frac{\partial\ln p(z,\theta)}{\partial\theta}=\frac{\partial\ln p(z\mid\theta)}{\partial\theta}+\frac{\partial\ln p(\theta)}{\partial\theta} \tag{4.4.29}$$

因此，在随机参量θ情况下的克拉美-罗不等式和取等号的条件式还可表示为

$$E\{[\theta-\hat{\theta}(z)]^2\}\geqslant\left\{E\left\{\left[\frac{\partial\ln p(z\mid\theta)}{\partial\theta}+\frac{\partial\ln p(\theta)}{\partial\theta}\right]^2\right\}\right\}^{-1} \tag{4.4.30}$$

或

$$E\{[\theta-\hat{\theta}(z)]^2\}\geqslant\left\{-E\left[\frac{\partial^2\ln p(z\mid\theta)}{\partial\theta^2}+\frac{\partial^2\ln p(\theta)}{\partial\theta^2}\right]\right\}^{-1} \tag{4.4.31}$$

当且仅当对所有z和θ都满足

$$\frac{\partial\ln p(z\mid\theta)}{\partial\theta}+\frac{\partial\ln p(\theta)}{\partial\theta}=[\theta-\hat{\theta}(z)]k \tag{4.4.32}$$

时等号成立，其中k为任意常数。

这种表示式，特别是像式(4.4.31)的形式，往往会给运算带来很大方便。

在随机参量θ情况下的克拉美-罗不等式表明，随机参量θ的任意无偏估计量$\hat{\theta}(z)$的均方

误差$E\{[\theta-\hat{\theta}(\boldsymbol{z})]^2\}$恒不小于由观测量$\boldsymbol{z}$和被估计量$\theta$的联合概率密度函数$p(\boldsymbol{z},\theta)$的统计特性所决定的数$\left\{-E\left[\dfrac{\partial^2\ln p(\boldsymbol{z},\theta)}{\partial\theta^2}\right]\right\}^{-1}$，即克拉美-罗界。当不等式取等号的条件成立时，均方误差取克拉美-罗界，估计量$\hat{\theta}(\boldsymbol{z})$是无偏有效的。因此，在随机参量情况下的克拉美-罗不等式和取等号成立的条件可用来检验随机参量θ的任意无偏估计量$\hat{\theta}(\boldsymbol{z})$是否有效；若估计量无偏有效，用其均方误差可由计算克拉美-罗界求得。

例 4.2 研究例 4.1 的非随机参量θ的最大似然估计量$\hat{\theta}_{\mathrm{ML}}(\boldsymbol{z})$的性质。

解 由例 4.1 知，以θ为条件的似然函数为

$$p(\boldsymbol{z}\mid\theta)=\left(\frac{1}{2\pi\sigma_n^2}\right)^{\frac{N}{2}}\exp\left[-\sum_{k=1}^{N}\frac{(z_k-\theta)^2}{2\sigma_n^2}\right]$$

θ的最大似然估计量为

$$\hat{\theta}_{\mathrm{ML}}(\boldsymbol{z})=\frac{1}{N}\sum_{k=1}^{N}z_k$$

现在研究$\hat{\theta}_{\mathrm{ML}}(\boldsymbol{z})$的主要性质。

估计量$\hat{\theta}_{\mathrm{ML}}(\boldsymbol{z})$的均值为

$$E[\hat{\theta}(\boldsymbol{z})]=E\left(\frac{1}{N}\sum_{k=1}^{N}z_k\right)=\frac{1}{N}\sum_{k=1}^{N}E(\theta+n_k)=\theta$$

所以，$\hat{\theta}_{\mathrm{ML}}(\boldsymbol{z})$是无偏估计量。

因为

$$\frac{\partial\ln p(\boldsymbol{z}\mid\theta)}{\partial\theta}=\frac{1}{\sigma_n^2}\sum_{k=1}^{N}(z_k-\theta)=\left(\theta-\frac{1}{N}\sum_{k=1}^{N}z_k\right)\left(-\frac{N}{\sigma_n^2}\right)=[\theta-\hat{\theta}_{\mathrm{ML}}(\boldsymbol{z})]k$$

其中，$k=-\dfrac{N}{\sigma_n^2}$。显然上式满足克拉美-罗不等式取等号的条件，所以$\hat{\theta}_{\mathrm{ML}}(\boldsymbol{z})$是有效估计量。估计的均方误差为

$$E\{[\theta-\hat{\theta}_{\mathrm{ML}}(\boldsymbol{z})]^2\}=\left\{-E\left[\frac{\partial^2\ln p(\boldsymbol{z}\mid\theta)}{\partial\theta^2}\right]\right\}^{-1}=\left[-E\left(-\frac{N}{\sigma_n^2}\right)\right]^{-1}=\frac{\sigma_n^2}{N}$$

这与由定义式求得的结果是一样的。

再来考查估计量$\hat{\theta}_{\mathrm{ML}}(\boldsymbol{z})$的一致性。因为

$$\lim_{N\to\infty}P[\,|\theta-\hat{\theta}_{\mathrm{ML}}(\boldsymbol{z})|>\varepsilon]=\lim_{N\to\infty}P\left(\left|\theta-\frac{1}{N}\sum_{k=1}^{N}z_k\right|>\varepsilon\right)=\lim_{N\to\infty}P\left[\left|\theta-\frac{1}{N}\sum_{k=1}^{N}(\theta+n_k)\right|>\varepsilon\right]=$$

$$\lim_{N\to\infty}P\left(\left|\frac{1}{N}\sum_{k=1}^{N}n_k\right|>\varepsilon\right)=0$$

所以$\hat{\theta}_{\mathrm{ML}}(\boldsymbol{z})$是一致估计量。又因为

$$\lim_{N\to\infty}E\{[\theta-\hat{\theta}_{\mathrm{ML}}(\boldsymbol{z})]^2\}=\lim_{N\to\infty}\frac{\sigma_n^2}{N}=0$$

所以 $\hat{\theta}_{ML}(\boldsymbol{z})$ 也是均方一致估计量。

最后，研究 $\hat{\theta}_{ML}(\boldsymbol{z})$ 的充分性。将似然函数 $p(\boldsymbol{z}\mid\theta)$ 进行指数展开、配方和分解，得

$$p(\boldsymbol{z}\mid\theta)=\left(\frac{1}{2\pi\sigma_n^2}\right)^{\frac{N}{2}}\exp\left[-\sum_{k=1}^{N}\frac{(z_k-\theta)^2}{2\sigma_n^2}\right]=\left(\frac{1}{2\pi\sigma_n^2}\right)^{\frac{N}{2}}\exp\left[-\frac{N}{2\sigma_n^2}\left(\frac{1}{N}\sum_{k=1}^{N}z_k^2-\frac{2}{N}\sum_{k=1}^{N}z_k\theta+\theta^2\right)\right]=$$

$$\left(\frac{1}{2\pi\sigma_n^2}\right)^{\frac{N}{2}}\exp\left\{-\frac{N}{2\sigma_n^2}\left[\left(\frac{1}{N}\sum_{k=1}^{N}z_k\right)^2-\frac{2}{N}\sum_{k=1}^{N}z_k\theta+\theta^2-\left(\frac{1}{N}\sum_{k=1}^{N}z_k^2\right)^2+\frac{1}{N}\sum_{k=1}^{N}z_k^2\right]\right\}=$$

$$\left(\frac{N}{2\pi\sigma_n^2}\right)^{\frac{(N-1)}{2}}\exp\left\{-\frac{N}{2\sigma_n^2}\left[\hat{\theta}_{ML}(\boldsymbol{z})-\theta\right]^2\right\}\cdot$$

$$\left(\frac{1}{2\pi\sigma_n^2}\right)^{(N-1)/2}\frac{1}{N^{1/2}}\exp\left\{-\frac{N}{2\sigma_n^2}\left[\frac{1}{N}\sum_{k=1}^{N}z_k^2-\left(\frac{1}{N}\sum_{k=1}^{N}z_k\right)^2\right]\right\}=$$

$$g[\hat{\theta}_{ML}(\boldsymbol{z})\mid\theta]h(\boldsymbol{z})$$

其中

$$g[\hat{\theta}_{ML}(\boldsymbol{z})\mid\theta]=\left(\frac{N}{2\pi\sigma_n^2}\right)^{\frac{1}{2}}\exp\left\{-\frac{N}{2\sigma_n^2}\left[\hat{\theta}_{ML}(\boldsymbol{z})-\theta\right]^2\right\}$$

恰为估计量 $\hat{\theta}_{ML}(\boldsymbol{z})$ 的概率密度函数。这样，由 $p(\boldsymbol{z}\mid\theta)=g[\hat{\theta}_{ML}(\boldsymbol{z})\mid\theta]h(\boldsymbol{z})$ 可知，$\hat{\theta}_{ML}(\boldsymbol{z})$ 是充分统计量。

4.5　伪贝叶斯估计

在建立贝叶斯估计统计量的过程中，由于利用了被估计量的先验概率密度函数知识，因此，贝叶斯估计量的均方误差比最大似然估计量的均方误差要小。

现在假定被估计量 θ 是随机的，其均值和方差已知但概率密度函数未知。如果观测量的条件概率密度函数(似然函数)已知，可以得到最大似然估计量 $\hat{\theta}_{ML}(\boldsymbol{z})$，然而它未利用被估计量 θ 的先验知识：均值和方差，所以估计的质量还不够高。为此，在已知均值和方差的基础上假定一种参量的概率密度函数，然后进行贝叶斯估计(最大后验概率估计)。用这种方法所做的估计称为伪贝叶斯估计，所得到的估计量称为伪贝叶斯估计量。将假定参量服从高斯分布，然后证明伪贝叶斯估计量的均方误差比最大似然估计量的均方误差小。

如果被估计参量 θ 的均值和方差未知，但通过观测数据可先对均值和方差进行估计。在此基础上再假定其概率密度函数并进行贝叶斯估计。这种估计方法称为经验伪贝叶斯估计，所得到的估计量称为经验伪贝叶斯估计量。

为了方便对比，首先考虑在高斯白噪声中随机矢量参量 $\boldsymbol{\theta}$ 的最大似然估计问题。设观测方程是线性的，则

$$z_k=\sum_{j=1}^{M}h_{kj}\theta_j+n_k,\quad k=1,2,\cdots,N \tag{4.5.1}$$

其中，n_k 是一组平稳高斯白噪声，且 $n_k \sim N(0,\sigma^2)$。将观测方程写成矢量形式为

$$\boldsymbol{z} = \boldsymbol{H\theta} + \boldsymbol{n} \tag{4.5.2}$$

其中

$$\boldsymbol{z} = \begin{bmatrix} z_1 \\ z_2 \\ \vdots \\ z_N \end{bmatrix}, \quad \boldsymbol{n} = \begin{bmatrix} n_1 \\ n_2 \\ \vdots \\ n_N \end{bmatrix}, \quad \boldsymbol{\theta} = \begin{bmatrix} \theta_1 \\ \theta_2 \\ \vdots \\ \theta_M \end{bmatrix}$$

观测矩阵 $\boldsymbol{H}$ 是 $N \times M$ 维的。

因为观测噪声是高斯白噪声，所以观测矢量 $\boldsymbol{z}$ 的条件概率密度函数为

$$p(\boldsymbol{z} \mid \boldsymbol{\theta}) = \frac{1}{(2\pi)^{N/2} \mid \boldsymbol{R}_n \mid^{1/2}} \exp\left[-\frac{1}{2}(\boldsymbol{z} - \boldsymbol{H\theta})^{\mathrm{T}} \boldsymbol{R}_n^{-1} (\boldsymbol{z} - \boldsymbol{H\theta})\right] \tag{4.5.3}$$

其中$\boldsymbol{R}_n$ 是观测噪声 $\boldsymbol{n}$ 的协方差矩阵，$|\boldsymbol{R}_n|$是$\boldsymbol{R}_n$ 的行列式。当被估计矢量 $\boldsymbol{\theta}$ 的先验概率密度函数未知时，可以求得 $\boldsymbol{\theta}$ 的最大似然估计量$\hat{\boldsymbol{\theta}}_{\mathrm{ML}}(\boldsymbol{z})$，即

$$\left.\frac{\partial \ln p(\boldsymbol{z} \mid \boldsymbol{\theta})}{\partial \boldsymbol{\theta}}\right|_{\boldsymbol{\theta}=\hat{\boldsymbol{\theta}}_{\mathrm{ML}}(\boldsymbol{z})} = 0 \tag{4.5.4}$$

将式(4.5.3) 代入式(4.5.4)，得

$$\frac{\partial \ln p(\boldsymbol{z} \mid \boldsymbol{\theta})}{\partial \boldsymbol{\theta}} = \boldsymbol{H}^{\mathrm{T}} \boldsymbol{R}_n^{-1} (\boldsymbol{z} - \boldsymbol{H\theta}) \big|_{\boldsymbol{\theta}=\hat{\boldsymbol{\theta}}_{\mathrm{ML}}(\boldsymbol{z})} = 0 \tag{4.5.5}$$

由式(4.5.5) 解得

$$\hat{\boldsymbol{\theta}}_{\mathrm{ML}}(\boldsymbol{z}) = (\boldsymbol{H}^{\mathrm{T}} \boldsymbol{R}_n^{-1} \boldsymbol{H})^{-1} \boldsymbol{H}^{\mathrm{T}} \boldsymbol{R}_n^{-1} \boldsymbol{z} \tag{4.5.6}$$

可见最大似然估计量$\hat{\boldsymbol{\theta}}_{\mathrm{ML}}(\boldsymbol{z})$ 是观测量 $\boldsymbol{z}$ 的线性函数。估计量的均值为

$$E[\hat{\boldsymbol{\theta}}_{\mathrm{ML}}(\boldsymbol{z})] = (\boldsymbol{H}^{\mathrm{T}} \boldsymbol{R}_n^{-1} H)^{-1} \boldsymbol{H}^{\mathrm{T}} \boldsymbol{R}_n^{-1} E(\boldsymbol{z}) = (\boldsymbol{H}^{\mathrm{T}} \boldsymbol{R}_n^{-1} \boldsymbol{H})^{-1} \boldsymbol{H}^{\mathrm{T}} \boldsymbol{R}_n \boldsymbol{H\theta} = \boldsymbol{\theta} \tag{4.5.7}$$

所以最大似然估计量是无偏的。

估计的误差矢量为

$$\tilde{\boldsymbol{\theta}} = \boldsymbol{\theta} - \hat{\boldsymbol{\theta}}_{\mathrm{ML}}(\boldsymbol{z}) = \boldsymbol{\theta} - (\boldsymbol{H}^{\mathrm{T}} \boldsymbol{R}_n^{-1} \boldsymbol{H})^{-1} \boldsymbol{H}^{\mathrm{T}} \boldsymbol{R}_n^{-1} (\boldsymbol{H\theta} + \boldsymbol{n}) = (\boldsymbol{H}^{\mathrm{T}} \boldsymbol{R}_n^{-1} \boldsymbol{H})^{-1} \boldsymbol{H}^{\mathrm{T}} \boldsymbol{R}_n^{-1} \boldsymbol{n} \tag{4.5.8}$$

因为估计量是无偏的，所以估计的均方误差阵就是估计误差的方差阵，为

$$\begin{aligned} E\{[\boldsymbol{\theta} - \hat{\boldsymbol{\theta}}_{\mathrm{ML}}(\boldsymbol{z})][\boldsymbol{\theta} - \hat{\boldsymbol{\theta}}_{\mathrm{ML}}(\boldsymbol{z})]^{\mathrm{T}}\} = \mathrm{var}\{\boldsymbol{\theta} - \hat{\boldsymbol{\theta}}_{\mathrm{ML}}(\boldsymbol{z})\} = \\ (H^{\mathrm{T}} \boldsymbol{R}_n^{-1} \boldsymbol{H})^{-1} \boldsymbol{H}^{\mathrm{T}} \boldsymbol{R}_n^{-1} E(\boldsymbol{n}\boldsymbol{n}^{\mathrm{T}}) \boldsymbol{R}_n^{-1} \boldsymbol{H} (\boldsymbol{H}^{\mathrm{T}} \boldsymbol{R}_n^{-1} \boldsymbol{H})^{-1} = \\ (\boldsymbol{H}^{\mathrm{T}} \boldsymbol{R}_n^{-1} \boldsymbol{H})^{-1} \end{aligned} \tag{4.5.9}$$

4.5.1 被估计参量的均值、协方差已知的情况

现在讨论随机矢量参量 $\boldsymbol{\theta}$ 的均值$\boldsymbol{\mu}_\theta$ 和协方差阵$\boldsymbol{R}_\theta$ 已知，但不知道 $\boldsymbol{\theta}$ 的先验概率密度函数

时的伪贝叶斯估计问题。假定 $\boldsymbol{\theta}$ 服从高斯分布，其最大后验概率估计量为$\hat{\boldsymbol{\theta}}_{\text{pMAP}}(\boldsymbol{z})$，它可由最大后验方程

$$\left.\frac{\partial \ln p(\boldsymbol{\theta} \mid \boldsymbol{z})}{\partial \boldsymbol{\theta}}\right|_{\theta=\hat{\theta}_{\text{pMAP}}(z)}=0 \tag{4.5.10}$$

解得。类似于单参量的最大后验概率估计，估计量$\hat{\boldsymbol{\theta}}_{\text{pMAP}}(\boldsymbol{z})$ 也可由方程

$$\left.\left[\frac{\partial \ln p(\boldsymbol{z} \mid \boldsymbol{\theta})}{\partial \boldsymbol{\theta}}+\frac{\partial \ln p(\boldsymbol{\theta})}{\partial \boldsymbol{\theta}}\right]\right|_{\boldsymbol{\theta}=\hat{\boldsymbol{\theta}}_{\text{pMAP}}(z)}=0 \tag{4.5.11}$$

解得。其中 $p(\boldsymbol{z} \mid \boldsymbol{\theta})$ 如式(4.5.3) 所示；而 $p(\boldsymbol{\theta})$ 为

$$p(\boldsymbol{\theta})=\frac{1}{(2\pi)^{\frac{M}{2}}\left|\boldsymbol{R}_{\theta}\right|^{\frac{1}{2}}} \exp\left[-\frac{1}{2}(\boldsymbol{\theta}-\boldsymbol{\mu}_{\theta})^{\mathrm{T}} \boldsymbol{R}_{\theta}^{-1}(\boldsymbol{\theta}-\boldsymbol{\mu}_{\theta})\right] \tag{4.5.12}$$

这样，由式(4.5.11) 得

$$\left.\boldsymbol{H}^{\mathrm{T}} \boldsymbol{R}_{n}^{-1} \boldsymbol{H} \boldsymbol{z}-\boldsymbol{H}^{\mathrm{T}} \boldsymbol{R}_{n}^{-1} \boldsymbol{H} \boldsymbol{\theta}-\boldsymbol{R}_{\theta}^{-1} \boldsymbol{\theta}+\boldsymbol{R}_{\theta}^{-1} \boldsymbol{\mu}_{\theta}\right|_{\theta=\hat{\theta}_{\text{pMAP}}(z)}=0 \tag{4.5.13}$$

由式(4.5.13) 可解得

$$\hat{\boldsymbol{\theta}}_{\text{pMAP}}(\boldsymbol{z})=(\boldsymbol{H}^{\mathrm{T}} \boldsymbol{R}_{n}^{-1} \boldsymbol{H}+\boldsymbol{R}_{\theta}^{-1})^{-1}(\boldsymbol{H}^{\mathrm{T}} \boldsymbol{R}_{n}^{-1} \boldsymbol{z}+\boldsymbol{R}_{\theta}^{-1} \boldsymbol{\mu}_{\theta}) \tag{4.5.14}$$

$\hat{\boldsymbol{\theta}}_{\text{pMAP}}(\boldsymbol{z})$ 的均值为

$$\begin{aligned} E[\hat{\boldsymbol{\theta}}_{\text{pMAP}}(\boldsymbol{z})]=&E[(\boldsymbol{H}^{\mathrm{T}} \boldsymbol{R}_{n}^{-1} \boldsymbol{H}+\boldsymbol{R}_{\theta}^{-1})^{-1}(\boldsymbol{H}^{\mathrm{T}} \boldsymbol{R}_{n}^{-1} \boldsymbol{H} \boldsymbol{\theta}+\boldsymbol{H}^{\mathrm{T}} \boldsymbol{R}_{n}^{-1} \boldsymbol{n}+\boldsymbol{R}_{\theta}^{-1} \boldsymbol{\mu}_{\theta})]= \\ &(\boldsymbol{H}^{\mathrm{T}} \boldsymbol{R}_{n}^{-1} \boldsymbol{H}+\boldsymbol{R}_{\theta}^{-1})^{-1}(\boldsymbol{H}^{\mathrm{T}} \boldsymbol{R}_{n}^{-1} \boldsymbol{H}+\boldsymbol{R}_{\theta}^{-1}) \boldsymbol{\mu}_{\theta}=\boldsymbol{\mu}_{\theta}=E(\boldsymbol{\theta}) \end{aligned} \tag{4.5.15}$$

所以，$\hat{\boldsymbol{\theta}}_{\text{pMAP}}(\boldsymbol{z})$ 是 $\boldsymbol{\theta}$ 的无偏估计量。

估计的误差矢量为

$$\begin{aligned} \tilde{\boldsymbol{\theta}}=&\boldsymbol{\theta}-\hat{\boldsymbol{\theta}}_{\text{pMAP}}(\boldsymbol{z})= \\ &\boldsymbol{\theta}-(\boldsymbol{H}^{\mathrm{T}} \boldsymbol{R}_{n}^{-1} \boldsymbol{H}+\boldsymbol{R}_{\theta}^{-1})^{-1}(\boldsymbol{H}^{\mathrm{T}} \boldsymbol{R}_{n}^{-1} \boldsymbol{H} \boldsymbol{\theta}+\boldsymbol{H}^{\mathrm{T}} \boldsymbol{R}_{n}^{-1} \boldsymbol{n}+\boldsymbol{R}_{\theta}^{-1} \boldsymbol{\theta}-\boldsymbol{R}_{\theta}^{-1} \boldsymbol{\theta}+\boldsymbol{R}_{\theta}^{-1} \boldsymbol{\mu}_{\theta})= \\ &-[\boldsymbol{H}^{\mathrm{T}} \boldsymbol{R}_{n}^{-1} \boldsymbol{H}+\boldsymbol{R}_{\theta}^{-1}]^{-1}[\boldsymbol{H}^{\mathrm{T}} \boldsymbol{R}_{n}^{-1} \boldsymbol{n}+\boldsymbol{R}_{\theta}^{-1}(\boldsymbol{\theta}-\boldsymbol{\mu}_{\theta})] \end{aligned} \tag{4.5.16}$$

因为观测噪声是高斯白噪声，所以可以认为 $\boldsymbol{\theta}$ 和 $\boldsymbol{n}$ 是不相关的。这样，估计的均方误差阵为

$$\begin{aligned} E\{[\boldsymbol{\theta}-\hat{\boldsymbol{\theta}}_{\text{pMAP}}(\boldsymbol{z})][\boldsymbol{\theta}-\hat{\boldsymbol{\theta}}_{\text{pMAP}}(\boldsymbol{z})]^{\mathrm{T}}\}=&E\{(\boldsymbol{H}^{\mathrm{T}} \boldsymbol{R}_{n}^{-1} \boldsymbol{H}+\boldsymbol{R}_{\theta}^{-1})^{-1}[\boldsymbol{H}^{\mathrm{T}} \boldsymbol{R}_{n}^{-1} \boldsymbol{n}+\boldsymbol{R}_{\theta}^{-1}(\boldsymbol{\theta}-\boldsymbol{\mu}_{\theta})] \cdot \\ &\{(\boldsymbol{H}^{\mathrm{T}} \boldsymbol{R}_{n}^{-1} \boldsymbol{H}+\boldsymbol{R}_{\theta}^{-1})^{-1}[\boldsymbol{H}^{\mathrm{T}} \boldsymbol{R}_{n}^{-1} \boldsymbol{n}-\boldsymbol{R}_{\theta}^{-1}(\boldsymbol{\theta}-\boldsymbol{\mu}_{\theta})]\}^{\mathrm{T}}\}= \\ &[\boldsymbol{H}^{\mathrm{T}} \boldsymbol{R}_{n}^{-1} \boldsymbol{H}+\boldsymbol{R}_{\theta}^{-1}]^{-1}\{\boldsymbol{H}^{\mathrm{T}} \boldsymbol{R}_{n}^{-1} E(\boldsymbol{n} \boldsymbol{n}^{\mathrm{T}}) \boldsymbol{R}_{n}^{-1} \boldsymbol{H}+ \\ &\boldsymbol{R}_{\theta}^{-1} E[(\boldsymbol{\theta}-\boldsymbol{\mu}_{\theta})(\boldsymbol{\theta}-\boldsymbol{\mu}_{\theta})^{\mathrm{T}} \boldsymbol{R}_{\theta}^{-1}]\}(\boldsymbol{H}^{\mathrm{T}} \boldsymbol{R}_{n}^{-1} \boldsymbol{H}+\boldsymbol{R}_{\theta}^{-1})^{-1}= \\ &[\boldsymbol{H}^{\mathrm{T}} \boldsymbol{R}_{n}^{-1} \boldsymbol{H}+\boldsymbol{R}_{\theta}^{-1}]^{-1}(\boldsymbol{H}^{\mathrm{T}} \boldsymbol{R}_{n}^{-1} \boldsymbol{H}+\boldsymbol{R}_{\theta}^{-1})(\boldsymbol{H}^{\mathrm{T}} \boldsymbol{R}_{n}^{-1} \boldsymbol{H}+\boldsymbol{R}_{\theta}^{-1})^{-1}= \\ &(\boldsymbol{H}^{\mathrm{T}} \boldsymbol{R}_{n}^{-1} \boldsymbol{H}+\boldsymbol{R}_{\theta}^{-1})^{-1} \end{aligned} \tag{4.5.17}$$

利用矩阵求逆引理(矩阵反演公式)，得

$$\begin{aligned} E\{[\boldsymbol{\theta}-\hat{\boldsymbol{\theta}}_{\text{pMAP}}(\boldsymbol{z})][\boldsymbol{\theta}-\hat{\boldsymbol{\theta}}_{\text{pMAP}}(\boldsymbol{z})]^{\mathrm{T}}\}=&\{[(\boldsymbol{H}^{\mathrm{T}} \boldsymbol{R}_{n}^{-1} \boldsymbol{H})^{-1}]^{-1}+\boldsymbol{R}_{\theta}^{-1}\}^{-1}= \\ &(\boldsymbol{H}^{\mathrm{T}} \boldsymbol{R}_{n}^{-1} \boldsymbol{H})^{-1}-(\boldsymbol{H}^{\mathrm{T}} \boldsymbol{R}_{n}^{-1} \boldsymbol{H})^{-1}[(\boldsymbol{H}^{\mathrm{T}} \boldsymbol{R}_{n}^{-1} \boldsymbol{H})^{-1}+\boldsymbol{R}_{\theta}]^{-1}(\boldsymbol{H}^{\mathrm{T}} \boldsymbol{R}_{n}^{-1} \boldsymbol{H})^{-1} \end{aligned} \tag{4.5.18}$$

其中，$(\boldsymbol{H}^{\mathrm{T}} \boldsymbol{R}_{n}^{-1} \boldsymbol{H})^{-1}$ 是 $\boldsymbol{\theta}$ 的最大似然估计量$\hat{\boldsymbol{\theta}}_{\text{ML}}(\boldsymbol{z})$ 的均方误差阵；而第二项是非负定的。因

此，最大后验概率估计量$\hat{\boldsymbol{\theta}}_{\text{pMAP}}(\boldsymbol{z})$的均方误差阵总是小于或等于最大似然估计量$\hat{\boldsymbol{\theta}}_{\text{ML}}(\boldsymbol{z})$的均方误差阵。

4.5.2 被估计参量的均值、协方差未知的情况

如果被估计量$\boldsymbol{\theta}$的均值矢量和协方差矩阵未知，这时可先根据观测数据求得均值矢量和协方差矩阵的估计值，并将它们当作伪贝叶斯估计的均值矢量和协方差矩阵，然后按伪贝叶斯估计的方法求解，从而得到经验伪贝叶斯估计量$\hat{\boldsymbol{\theta}}_{\text{epMAP}}(\boldsymbol{z})$。具体分析如下：

设$\hat{\boldsymbol{\mu}}_\theta$和$\hat{\boldsymbol{R}}_\theta$分别表示$\boldsymbol{\theta}$的均值矢量和协方差矩阵的估计值，用$\hat{\boldsymbol{\mu}}_\theta$和$\hat{\boldsymbol{R}}_\theta$代替式(4.5.14)中的$\boldsymbol{\mu}_\theta$和$\boldsymbol{R}_\theta$，且$\boldsymbol{\theta}$和$\boldsymbol{n}$互不相关，从而可得经验伪贝叶斯估计的最大后验概率估计量为

$$\hat{\boldsymbol{\theta}}_{\text{epMAP}}(\boldsymbol{z})=(\boldsymbol{H}^{\text{T}}\boldsymbol{R}_n^{-1}\boldsymbol{H}+\hat{\boldsymbol{R}}_\theta^{-1})^{-1}(\boldsymbol{H}^{\text{T}}\boldsymbol{R}_n^{-1}\boldsymbol{z}+\hat{\boldsymbol{R}}_\theta^{-1}\hat{\boldsymbol{\mu}}_\theta) \tag{4.5.19}$$

其均值矢量为

$$\begin{aligned}E[\hat{\boldsymbol{\theta}}_{\text{epMAP}}(\boldsymbol{z})]&=(\boldsymbol{H}^{\text{T}}\boldsymbol{R}_n^{-1}\boldsymbol{H}+\hat{\boldsymbol{R}}_\theta^{-1})^{-1}(\boldsymbol{H}^{\text{T}}\boldsymbol{R}_n^{-1}\boldsymbol{H}\boldsymbol{\mu}_\theta+\hat{\boldsymbol{R}}_\theta^{-1}\hat{\boldsymbol{\mu}}_\theta)=\\&(\boldsymbol{H}^{\text{T}}\boldsymbol{R}_n^{-1}\boldsymbol{H}+\hat{\boldsymbol{R}}_\theta^{-1})^{-1}(\boldsymbol{H}^{\text{T}}\boldsymbol{R}_n^{-1}\boldsymbol{H}\boldsymbol{\mu}_\theta+\hat{\boldsymbol{R}}_\theta^{-1}\boldsymbol{\mu}_\theta-\hat{\boldsymbol{R}}_\theta^{-1}\boldsymbol{\mu}_\theta+\hat{\boldsymbol{R}}_\theta^{-1}\hat{\boldsymbol{\mu}}_\theta)=\\&\boldsymbol{\mu}_\theta-(\boldsymbol{H}^{\text{T}}\boldsymbol{R}_n^{-1}\boldsymbol{H}+\hat{\boldsymbol{R}}_\theta^{-1})^{-1}\hat{\boldsymbol{R}}_\theta^{-1}(\boldsymbol{\mu}_\theta-\hat{\boldsymbol{\mu}}_\theta)\end{aligned} \tag{4.5.20}$$

可见，经验伪贝叶斯估计量$\hat{\boldsymbol{\theta}}_{\text{epMAP}}(\boldsymbol{z})$是有偏的，其偏差为

$$\boldsymbol{b}=-(\boldsymbol{H}^{\text{T}}\boldsymbol{R}_n^{-1}\boldsymbol{H}+\hat{\boldsymbol{R}}_\theta^{-1})^{-1}\hat{\boldsymbol{R}}_\theta^{-1}(\boldsymbol{\mu}_\theta-\hat{\boldsymbol{\mu}}_\theta) \tag{4.5.21}$$

经验伪贝叶斯估计的误差矢量为

$$\begin{aligned}\tilde{\boldsymbol{\theta}}=\boldsymbol{\theta}-\hat{\boldsymbol{\theta}}_{\text{epMAP}}(\boldsymbol{z})&=\boldsymbol{\theta}-(\boldsymbol{H}^{\text{T}}\boldsymbol{R}_n^{-1}\boldsymbol{H}+\hat{\boldsymbol{R}}_\theta^{-1})^{-1}(\boldsymbol{H}^{\text{T}}\boldsymbol{R}_n^{-1}\boldsymbol{H}\boldsymbol{\theta}+\boldsymbol{H}^{\text{T}}\boldsymbol{R}_n^{-1}\boldsymbol{n}+\hat{\boldsymbol{R}}_\theta^{-1}\boldsymbol{\mu}_\theta)=\\&[\boldsymbol{H}^{\text{T}}\boldsymbol{R}_n^{-1}\boldsymbol{H}+\hat{\boldsymbol{R}}_\theta^{-1}]^{-1}[\hat{\boldsymbol{R}}_\theta^{-1}(\boldsymbol{\theta}-\hat{\boldsymbol{\mu}}_\theta)-\boldsymbol{H}^{\text{T}}\boldsymbol{R}_n^{-1}\boldsymbol{n}]\end{aligned} \tag{4.5.22}$$

因此，估计的均方误差阵为

$$\begin{aligned}E\{[\boldsymbol{\theta}-\hat{\boldsymbol{\theta}}_{\text{epMAP}}(\boldsymbol{z})][\boldsymbol{\theta}-\hat{\boldsymbol{\theta}}_{\text{epMAP}}(\boldsymbol{z})]^{\text{T}}\}&=E\{([\boldsymbol{H}^{\text{T}}\boldsymbol{R}_n^{-1}\boldsymbol{H}+\hat{\boldsymbol{R}}_\theta^{-1}]^{-1}[\hat{\boldsymbol{R}}_\theta^{-1}(\boldsymbol{\theta}-\hat{\boldsymbol{\mu}}_\theta)-\boldsymbol{H}^{\text{T}}\boldsymbol{R}_n^{-1}\boldsymbol{n}])\cdot\\&([\boldsymbol{H}^{\text{T}}\boldsymbol{R}_n^{-1}\boldsymbol{H}+\hat{\boldsymbol{R}}_\theta^{-1}]^{-1}[\hat{\boldsymbol{R}}_\theta^{-1}(\boldsymbol{\theta}-\hat{\boldsymbol{\mu}}_\theta)-\boldsymbol{H}^{\text{T}}\boldsymbol{R}_n^{-1}\boldsymbol{n}])^{\text{T}}\}=\\&[\boldsymbol{H}^{\text{T}}\boldsymbol{R}_n^{-1}\boldsymbol{H}+\hat{\boldsymbol{R}}_\theta^{-1}]^{-1}(\boldsymbol{H}^{\text{T}}\boldsymbol{R}_n^{-1}\boldsymbol{H}+\hat{\boldsymbol{R}}_\theta^{-1}\boldsymbol{R}_\theta\hat{\boldsymbol{R}}_\theta^{-1})(\boldsymbol{H}^{\text{T}}\boldsymbol{R}_n^{-1}\boldsymbol{H}+\hat{\boldsymbol{R}}_\theta^{-1})^{-1}\end{aligned} \tag{4.5.23}$$

这里仍认为$\boldsymbol{\theta}$和$\boldsymbol{n}$是互不相关的。

已经证明，如果用于估计的均值和方差的样本大于10，就其误差方差来说，经验伪贝叶斯估计量要比最大似然估计量好。特别是在低信噪比情况下，采用经验贝叶斯估计比最大似然估计有明显的改进。另外，对于经验伪贝叶斯估计，当用于均值和方差的样本成为无限多时，其估计质量几乎等价于伪贝叶斯估计。

4.6 线性均方估计

前面讨论的几种贝叶斯估计中，要求知道观测量$\boldsymbol{z}$的条件概率密度函数（似然函数）$p(\boldsymbol{z}\mid\boldsymbol{\theta})$和被估计量$\boldsymbol{\theta}$的先验概率密度函数$p(\boldsymbol{\theta})$，即使$p(\boldsymbol{\theta})$不全知道，也需要用统计的方法

近似求得。最大似然估计也要求知道 $p(\boldsymbol{z} \mid \boldsymbol{\theta})$。如果 $p(\boldsymbol{z} \mid \boldsymbol{\theta})$ 和 $p(\boldsymbol{\theta})$ 均未知,而仅知道观测量 $\boldsymbol{z}$ 和被估计量 $\boldsymbol{\theta}$ 的前二阶矩 —— 均值、方差和协方差,在这种情况下通常采用线性小均方估计或线性最小均方估计。

4.6.1　估计规则

1. 单参数情况下的估计

若被估计量是单参量 θ,第 k 次观测的观测方程一般地可以写为

$$z_k = h_k\theta + n_k, \quad k = 1, 2, \cdots, N \tag{4.6.1}$$

式中,h_k 是已知测量系数;n_k 是观测噪声。

线性最小均方误差估计要求:估计量 $\hat{\theta}(\boldsymbol{z})$ 是观测量 $\boldsymbol{z}$ 的线性函数,即

$$\hat{\theta}(\boldsymbol{z}) = \boldsymbol{a} + \boldsymbol{bz} \tag{4.6.2}$$

式中,$\boldsymbol{z}$ 是 N 维观测矢量;$\boldsymbol{b}$ 是 N 维行矢量,$\boldsymbol{a}$,$\boldsymbol{b}$ 待求;同时要求估计量 $\hat{\theta}(\boldsymbol{z})$ 的均方误差 $E\{[\theta - \hat{\theta}(\boldsymbol{z})]^2\}$ 最小。把满足上述两个要求的估计量 $\hat{\theta}(\boldsymbol{z})$ 称为线性最小均方误差估计量,记为 $\hat{\theta}_{\mathrm{LMS}}(\boldsymbol{z})$。

2. 矢量情况下的估计

若被估计量 $\boldsymbol{\theta}$ 是 M 维矢量,则其观测方程为

$$\boldsymbol{z} = \boldsymbol{H\theta} + \boldsymbol{n} \tag{4.6.3}$$

式中,观测量 $\boldsymbol{z}$ 是 N 维矢量;$\boldsymbol{n}$ 是 N 维互不相关的观测噪声;$\boldsymbol{H}$ 是 $N \times M$ 观测矩阵。目的是求 $\boldsymbol{\theta}$ 的线性最小均方误差估计量 $\hat{\boldsymbol{\theta}}(\boldsymbol{z})$。

类似于单参量的情况,首先,构造的估计量 $\hat{\boldsymbol{\theta}}(\boldsymbol{z})$ 是观测量 $\boldsymbol{z}$ 的线性函数,即

$$\hat{\boldsymbol{\theta}}(\boldsymbol{z}) = \boldsymbol{a} + \boldsymbol{Bz} \tag{4.6.4}$$

当 $\boldsymbol{\theta}$ 是 M 维矢量,$\boldsymbol{z}$ 是 N 维矢量时,$\boldsymbol{a}$ 是待求的 M 维矢量,$\boldsymbol{B}$ 是待求的 $M \times N$ 阵。要求估计量 $\hat{\boldsymbol{\theta}}(\boldsymbol{z})$ 的均方误差

$$E\{[\boldsymbol{\theta} - \hat{\boldsymbol{\theta}}(\boldsymbol{z})]^{\mathrm{T}}[\boldsymbol{\theta} - \hat{\boldsymbol{\theta}}(\boldsymbol{z})]\} \tag{4.6.5}$$

最小,即要求均方误差阵的迹

$$T_{\mathrm{r}}\{E\{[\boldsymbol{\theta} - \hat{\boldsymbol{\theta}}(\boldsymbol{z})][\boldsymbol{\theta} - \hat{\boldsymbol{\theta}}(\boldsymbol{z})]^{\mathrm{T}}\}\} \tag{4.6.6}$$

最小。满足上述要求的线性最小均方误差估计量记为 $\hat{\boldsymbol{\theta}}_{\mathrm{LMS}}(\boldsymbol{z})$,或简记为 $\hat{\boldsymbol{\theta}}_{\mathrm{LMS}}$。

下面首先讨论矢量情况下估计量的计算和性质,然后讨论单参量的估计问题。

4.6.2　估计量的计算

在已知 $\boldsymbol{z}$ 和 $\boldsymbol{\theta}$ 的前二阶矩,即已知 $E(\boldsymbol{z})$,$\mathrm{var}(\boldsymbol{z})$,$E(\boldsymbol{\theta})$,$\mathrm{var}(\boldsymbol{\theta})$ 和 $\mathrm{cov}(\boldsymbol{\theta}, \boldsymbol{z}) = \mathrm{cov}^{\mathrm{T}}(\boldsymbol{z}, \boldsymbol{\theta})$ 的

情况下,如果把使 $E\{[\boldsymbol{\theta}-\hat{\boldsymbol{\theta}}(\boldsymbol{z})]^{\mathrm{T}}[\boldsymbol{\theta}-\hat{\boldsymbol{\theta}}(\boldsymbol{z})]\}$ 达到最小的 $\boldsymbol{a}$ 和 $\boldsymbol{B}$ 分别记为$\boldsymbol{a}_l$ 和$\boldsymbol{B}_l$,则有

$$\hat{\boldsymbol{\theta}}_{\mathrm{LMS}}(\boldsymbol{z})=\boldsymbol{a}_l+\boldsymbol{B}_l\boldsymbol{z} \tag{4.6.7}$$

因此,只要求得$\boldsymbol{a}_l$ 和$\boldsymbol{B}_l$,那么就可以由式(4.6.7)求得矢量参量的线性最小均方误差估计量$\hat{\boldsymbol{\theta}}_{\mathrm{LMS}}(\boldsymbol{z})$。

对估计均方误差 $E\{[\boldsymbol{\theta}-\hat{\boldsymbol{\theta}}(\boldsymbol{z})]^{\mathrm{T}}[\boldsymbol{\theta}-\hat{\boldsymbol{\theta}}(\boldsymbol{z})]\}$ 中的 $\hat{\boldsymbol{\theta}}(\boldsymbol{z})$ 用 $\boldsymbol{a}+\boldsymbol{B}\boldsymbol{z}$ 代换,然后分别对 $\boldsymbol{a}$ 和 $\boldsymbol{B}$ 求偏导,并令其结果等于零,即可解得$\boldsymbol{a}_l$ 和$\boldsymbol{B}_l$。利用矢量函数对矢量变量求导的乘法法则和矩阵函数对矩阵变量求导的法则,并考虑到求导运算和求均值运算次序是可以交换的,就可得到

$$\begin{aligned}&\frac{\partial}{\partial \boldsymbol{a}}\{E\{[\boldsymbol{\theta}-\boldsymbol{a}-\boldsymbol{B}\boldsymbol{z}]^{\mathrm{T}}[\boldsymbol{\theta}-\boldsymbol{a}-\boldsymbol{B}\boldsymbol{z}]\}\}=E\left\{\frac{\partial}{\partial \boldsymbol{a}}\{[\boldsymbol{\theta}-\boldsymbol{a}-\boldsymbol{B}\boldsymbol{z}]^{\mathrm{T}}[\boldsymbol{\theta}-\boldsymbol{a}-\boldsymbol{B}\boldsymbol{z}]\}\right\}=\\&\quad -2E[\boldsymbol{\theta}-\boldsymbol{a}-\boldsymbol{B}\boldsymbol{z}]=2[\boldsymbol{a}+\boldsymbol{B}E(\boldsymbol{z})-E(\boldsymbol{\theta})]\end{aligned} \tag{4.6.8}$$

$$\begin{aligned}&\frac{\partial}{\partial \boldsymbol{B}}\{E\{[\boldsymbol{\theta}-\boldsymbol{a}-\boldsymbol{B}\boldsymbol{z}]^{\mathrm{T}}[\boldsymbol{\theta}-\boldsymbol{a}-\boldsymbol{B}\boldsymbol{z}]\}\}=E\left\{\frac{\partial}{\partial \boldsymbol{B}}\{[\boldsymbol{\theta}-\boldsymbol{a}-\boldsymbol{B}\boldsymbol{z}]^{\mathrm{T}}[\boldsymbol{\theta}-\boldsymbol{a}-\boldsymbol{B}\boldsymbol{z}]\}\right\}=\\&\quad E\left\{\frac{\partial}{\partial \boldsymbol{B}}T_r[\boldsymbol{\theta}-\boldsymbol{a}-\boldsymbol{B}\boldsymbol{z}][\boldsymbol{\theta}-\boldsymbol{a}-\boldsymbol{B}\boldsymbol{z}]^{\mathrm{T}}\right\}=\\&\quad 2E[\boldsymbol{a}\boldsymbol{z}^{\mathrm{T}}+\boldsymbol{B}\boldsymbol{z}\boldsymbol{z}^{\mathrm{T}}-\boldsymbol{\theta}\boldsymbol{z}^{\mathrm{T}}]=\\&\quad 2[\boldsymbol{a}E(\boldsymbol{z}^{\mathrm{T}})+\boldsymbol{B}E(\boldsymbol{z}\boldsymbol{z}^{\mathrm{T}})-E(\boldsymbol{\theta}\boldsymbol{z}^{\mathrm{T}})]\end{aligned} \tag{4.6.9}$$

令式(4.6.8)等于零,则可得

$$\boldsymbol{a}_l=E(\boldsymbol{\theta})-\boldsymbol{B}E(\boldsymbol{z}) \tag{4.6.10}$$

将式(4.6.10)的$\boldsymbol{a}_l$ 代入式(4.6.9),并令其等于零,又可得

$$\boldsymbol{B}_l[E(\boldsymbol{z}\boldsymbol{z}^{\mathrm{T}})-E(\boldsymbol{z})E(\boldsymbol{z}^{\mathrm{T}})]-[E(\boldsymbol{\theta}\boldsymbol{z}^{\mathrm{T}})-E(\boldsymbol{\theta})E(\boldsymbol{z}^{\mathrm{T}})]=0$$

即

$$\boldsymbol{B}_l\operatorname{var}(\boldsymbol{z})-\operatorname{cov}(\boldsymbol{\theta},\boldsymbol{z})=0$$

解得

$$\boldsymbol{B}_l=\operatorname{cov}(\boldsymbol{\theta},\boldsymbol{z})\,[\operatorname{var}(\boldsymbol{z})]^{-1} \tag{4.6.11}$$

这样

$$\begin{aligned}\hat{\boldsymbol{\theta}}_{\mathrm{LMS}}(\boldsymbol{z})&=E(\boldsymbol{\theta})-\operatorname{cov}(\boldsymbol{\theta},\boldsymbol{z})\,[\operatorname{var}(\boldsymbol{z})]^{-1}E(\boldsymbol{z})+\operatorname{cov}(\boldsymbol{\theta},\boldsymbol{z})\,[\operatorname{var}(\boldsymbol{z})]^{-1}\boldsymbol{z}=\\&E(\boldsymbol{\theta})+\operatorname{cov}(\boldsymbol{\theta},\boldsymbol{z})\,[\operatorname{var}(\boldsymbol{z})]^{-1}[\boldsymbol{z}-E(\boldsymbol{z})]\end{aligned} \tag{4.6.12}$$

4.6.3　线性均方估计量的几点说明

1. 估计量是无偏的

因为估计量的均值

$$E[\hat{\boldsymbol{\theta}}_{\mathrm{LMS}}(\boldsymbol{z})]=E(\boldsymbol{\theta})+\operatorname{cov}(\boldsymbol{\theta},\boldsymbol{z})\,[\operatorname{var}(\boldsymbol{z})]^{-1}[E(\boldsymbol{z})-E(\boldsymbol{z})]=E(\boldsymbol{\theta}) \tag{4.6.13}$$

所以,估计量$\hat{\boldsymbol{\theta}}_{\mathrm{LMS}}(\boldsymbol{z})$是无偏的。

2. 估计量的均方误差阵最小

线性均方估计量的均方误差阵为

$$E\{[\boldsymbol{\theta}-\hat{\boldsymbol{\theta}}_{\mathrm{LMS}}(\boldsymbol{z})][\boldsymbol{\theta}-\hat{\boldsymbol{\theta}}_{\mathrm{LMS}}(\boldsymbol{z})]^{\mathrm{T}}\}=E\{\{\boldsymbol{\theta}-E(\boldsymbol{\theta})-\mathrm{cov}(\boldsymbol{\theta},\boldsymbol{z})[\mathrm{var}(\boldsymbol{z})]^{-1}[\boldsymbol{z}-E(\boldsymbol{z})]\}\cdot \{\boldsymbol{\theta}-E(\boldsymbol{\theta})-\mathrm{cov}(\boldsymbol{\theta},\boldsymbol{z})[\mathrm{var}(\boldsymbol{z})]^{-1}[\boldsymbol{z}-E(\boldsymbol{z})]\}^{\mathrm{T}}\}=\mathrm{var}(\boldsymbol{\theta})-\mathrm{cov}(\boldsymbol{\theta},\boldsymbol{z})[\mathrm{var}(\boldsymbol{z})]^{-1}\mathrm{cov}(\boldsymbol{z},\boldsymbol{\theta}) \tag{4.6.14}$$

该均方误差阵在线性估计中是最小的。证明如下：

设 $\boldsymbol{\theta}$ 的任意线性估计量 $\hat{\boldsymbol{\theta}}_l=\boldsymbol{a}+\boldsymbol{B}\boldsymbol{z}$，则此估计量的均方误差阵为

$$E\{[\boldsymbol{\theta}-\boldsymbol{a}-\boldsymbol{B}\boldsymbol{z}][\boldsymbol{\theta}-\boldsymbol{a}-\boldsymbol{B}\boldsymbol{z}]^{\mathrm{T}}\} \tag{4.6.15}$$

令

$$\boldsymbol{C}=\boldsymbol{a}-E(\boldsymbol{\theta})+\boldsymbol{B}E(\boldsymbol{z})$$

则式(4.6.15)写成为

$$E\{\{\boldsymbol{\theta}-E(\boldsymbol{\theta})-\boldsymbol{C}-\boldsymbol{B}[\boldsymbol{z}-E(\boldsymbol{z})]\}\{\boldsymbol{\theta}-E(\boldsymbol{\theta})-\boldsymbol{C}-\boldsymbol{B}[\boldsymbol{z}-E(\boldsymbol{z})]\}^{\mathrm{T}}\}=\mathrm{var}(\boldsymbol{\theta})+\boldsymbol{C}\boldsymbol{C}^{\mathrm{T}}+\boldsymbol{B}\mathrm{var}(\boldsymbol{z})\boldsymbol{B}^{\mathrm{T}}-\mathrm{cov}(\boldsymbol{\theta},\boldsymbol{z})\boldsymbol{B}^{\mathrm{T}}-\boldsymbol{B}\mathrm{cov}(\boldsymbol{z},\boldsymbol{\theta})=\boldsymbol{C}\boldsymbol{C}^{\mathrm{T}}+\{\boldsymbol{B}-\mathrm{cov}(\boldsymbol{\theta},\boldsymbol{z})[\mathrm{var}(\boldsymbol{z})]^{-1}\}\mathrm{var}(\boldsymbol{z})\{\boldsymbol{B}-\mathrm{cov}(\boldsymbol{\theta},\boldsymbol{z})[\mathrm{var}(\boldsymbol{z})]^{-1}\}^{\mathrm{T}}+\mathrm{var}(\boldsymbol{\theta})-\mathrm{cov}(\boldsymbol{\theta},\boldsymbol{z})[\mathrm{var}(\boldsymbol{z})]^{-1}\mathrm{cov}(\boldsymbol{z},\boldsymbol{\theta}) \tag{4.6.16}$$

其中，等式右端第一、二项是非负定的，因此有

$$E\{[\boldsymbol{\theta}-\boldsymbol{a}-\boldsymbol{B}\boldsymbol{z}][\boldsymbol{\theta}-\boldsymbol{a}-\boldsymbol{B}\boldsymbol{z}]^{\mathrm{T}}\}\geqslant\mathrm{var}(\boldsymbol{\theta})-\mathrm{cov}(\boldsymbol{\theta},\boldsymbol{z})[\mathrm{var}(\boldsymbol{z})]^{-1}\mathrm{cov}(\boldsymbol{z},\boldsymbol{\theta}) \tag{4.6.17}$$

这就是说，任意其他线性估计量的均方误差阵都不小于线性均方估计量的均方误差阵，即线性均方估计量的均方误差阵在线性估计中具有最小性。

3. 估计的误差与观测量正交

在线性均方估计中，误差矢量 $\tilde{\boldsymbol{\theta}}=\boldsymbol{\theta}-\hat{\boldsymbol{\theta}}_{\mathrm{LMS}}(\boldsymbol{z})$ 与观测量 $\boldsymbol{z}$ 是正交的，即满足

$$E\{[\boldsymbol{\theta}-\hat{\boldsymbol{\theta}}_{\mathrm{LMS}}(\boldsymbol{z})]\boldsymbol{z}^{\mathrm{T}}\}=0 \tag{4.6.18}$$

证明如下：

因为线性均方估计量是无偏的，所以

$$E\{[\boldsymbol{\theta}-\hat{\boldsymbol{\theta}}_{\mathrm{LMS}}(\boldsymbol{z})]\boldsymbol{z}^{\mathrm{T}}\}=E\{[\boldsymbol{\theta}-\hat{\boldsymbol{\theta}}_{\mathrm{LMS}}(\boldsymbol{z})][\boldsymbol{z}-E(\boldsymbol{z})]^{\mathrm{T}}\}=E\{\{\boldsymbol{\theta}-E(\boldsymbol{\theta})-\mathrm{cov}(\boldsymbol{\theta},\boldsymbol{z})[\mathrm{var}(\boldsymbol{z})]^{-1}[\boldsymbol{z}-E(\boldsymbol{z})]\}[\boldsymbol{z}-E(\boldsymbol{z})]^{\mathrm{T}}\}=\mathrm{cov}(\boldsymbol{\theta},\boldsymbol{z})-\mathrm{cov}(\boldsymbol{\theta},\boldsymbol{z})[\mathrm{var}(\boldsymbol{z})]^{-1}\mathrm{var}(\boldsymbol{z})=0$$

现在对正交性作一些说明。被估计量 $\boldsymbol{\theta}$ 和观测量 $\boldsymbol{z}$ 是不正交的，但由于 $\hat{\boldsymbol{\theta}}_{\mathrm{LMS}}(\boldsymbol{z})$ 是观测量 $\boldsymbol{z}$ 的线性函数，因而 $\hat{\boldsymbol{\theta}}_{\mathrm{LMS}}(\boldsymbol{z})$ 与 $\boldsymbol{z}$ 同向；这样，从被估计量 $\boldsymbol{\theta}$ 减去观测量 $\boldsymbol{z}$ 的线性函数 $\hat{\boldsymbol{\theta}}_{\mathrm{LMS}}(\boldsymbol{z})$ 后，其误差矢量 $\tilde{\boldsymbol{\theta}}=\boldsymbol{\theta}-\hat{\boldsymbol{\theta}}_{\mathrm{LMS}}(\boldsymbol{z})$ 与 $\boldsymbol{z}$ 是不相关的。借助几何的语言，把不相关性视为正交性，于是把满足式(4.6.18)的性质称为 $\boldsymbol{\theta}-\hat{\boldsymbol{\theta}}_{\mathrm{LMS}}(\boldsymbol{z})$ 与 $\boldsymbol{z}$ 的正交(垂直)性。因此可以说，$\hat{\boldsymbol{\theta}}_{\mathrm{LMS}}(\boldsymbol{z})$ 是 $\boldsymbol{\theta}$ 在 $\boldsymbol{z}$

上的投影，如图 4.4 所示。

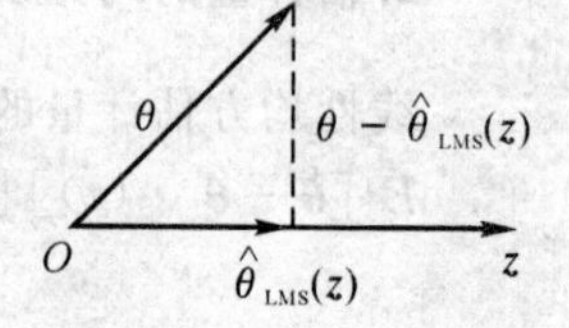

图 4.4 正交性原理示意图

从几何的观点把线性均方估计量看作是被估计矢量在观测矢量上的投影，这在滤波理论中是很有用的。关于正交投影的定义、性质和引理将在第 5 章中讨论。

例 4.3 设 M 维被估计矢量 $\boldsymbol{\theta}$ 的均值矢量和方差矩阵分别为

$$E(\boldsymbol{\theta})=\boldsymbol{\mu}_\theta \operatorname{var}(\boldsymbol{\theta})=\boldsymbol{R}_\theta$$

观测方程为

$$\boldsymbol{z}=\boldsymbol{H\theta}+\boldsymbol{n}$$

且已知

$$E(\boldsymbol{n})=0,\quad E(\boldsymbol{n}\boldsymbol{n}^{\mathrm{T}})=\boldsymbol{R}_n,\quad E(\boldsymbol{\theta}\boldsymbol{n}^{\mathrm{T}})=0$$

求 $\boldsymbol{\theta}$ 的线性均方估计量 $\hat{\boldsymbol{\theta}}_{\mathrm{LMS}}(\boldsymbol{z})$ 和估计量的均方误差阵

$$E\{[\boldsymbol{\theta}-\hat{\boldsymbol{\theta}}_{\mathrm{LMS}}(\boldsymbol{z})][\boldsymbol{\theta}-\hat{\boldsymbol{\theta}}_{\mathrm{LMS}}(\boldsymbol{z})]^{\mathrm{T}}\}$$

解 由题意得

$$E(\boldsymbol{z})=\boldsymbol{H\mu}_\theta$$

$$\operatorname{var}(\boldsymbol{z})=E\{[\boldsymbol{z}-E(\boldsymbol{z})][\boldsymbol{z}-E(\boldsymbol{z})]^{\mathrm{T}}\}=E\{[\boldsymbol{H\theta}+\boldsymbol{n}-\boldsymbol{H\mu}_\theta][\boldsymbol{H\theta}+\boldsymbol{n}-\boldsymbol{H\mu}_\theta]^{\mathrm{T}}\}=\boldsymbol{H}\boldsymbol{R}_\theta\boldsymbol{H}^{\mathrm{T}}+\boldsymbol{R}_n$$

$$\operatorname{cov}(\boldsymbol{\theta},\boldsymbol{z})=E\{[\boldsymbol{\theta}-E(\boldsymbol{\theta})][\boldsymbol{z}-E(\boldsymbol{z})]^{\mathrm{T}}\}=E\{[\boldsymbol{\theta}-\boldsymbol{\mu}_\theta][\boldsymbol{H\theta}+\boldsymbol{n}-\boldsymbol{H\mu}_\theta]^{\mathrm{T}}\}=\boldsymbol{R}_\theta\boldsymbol{H}^{\mathrm{T}}=\operatorname{cov}^{\mathrm{T}}(\boldsymbol{z},\boldsymbol{\theta})$$

于是，由式(4.6.12)和式(4.6.14)得

$$\hat{\boldsymbol{\theta}}_{\mathrm{LMS}}(\boldsymbol{z})=\boldsymbol{\mu}_\theta+\boldsymbol{R}_\theta\boldsymbol{H}^{\mathrm{T}}[\boldsymbol{H}\boldsymbol{R}_\theta\boldsymbol{H}^{\mathrm{T}}+\boldsymbol{R}_n]^{-1}[\boldsymbol{z}-\boldsymbol{H\mu}_\theta]$$

$$E\{[\boldsymbol{\theta}-\hat{\boldsymbol{\theta}}_{\mathrm{LMS}}(\boldsymbol{z})][\boldsymbol{\theta}-\hat{\boldsymbol{\theta}}_{\mathrm{LMS}}(\boldsymbol{z})]^{\mathrm{T}}\}=\boldsymbol{R}_\theta-\boldsymbol{R}_\theta\boldsymbol{H}^{\mathrm{T}}[\boldsymbol{H}\boldsymbol{R}_\theta\boldsymbol{H}^{\mathrm{T}}+\boldsymbol{R}_n]^{-1}\boldsymbol{H}\boldsymbol{R}_\theta$$

4.6.4 单参量情况下的线性最小均方误差估计

前面讨论了矢量情况下的线性最小均方误差估计。作为矢量情况的特例，下面讨论单参量的情况。

1. 采样不相关时单参量的线性最小均方误差估计

为了具有一般性，设观测方程为

$$z_k=h_k\theta+n_k,\quad k=1,2,\cdots,N$$

式中，测量系数 h_k 已知。例如，通过距离测量来估计径向匀速直线运动目标的速度，通过一个完整周期内的 N 次采样来估计正弦信号的振幅等，都属于这种时变测量情况。如果已知前二阶矩

$$E(\theta)=\mu_\theta,\quad \operatorname{var}(\theta)=\sigma_\theta^2,\quad E(n_k)=0,\quad E(n_jn_k)=\sigma_n^2\delta_{jk},\quad E(\theta n_k)=0$$

这属于噪声采样不相关的情况。

利用矢量情况下线性最小均方误差估计量的结果，有

$$\hat{\theta}_{\mathrm{LMS}}(\boldsymbol{z}) = E(\theta) + \mathrm{cov}(\theta,\boldsymbol{z})\,[\mathrm{var}(\boldsymbol{z})]^{-1}[\boldsymbol{z} - E(\boldsymbol{z})] \tag{4.6.19}$$

其中

$$E(\theta) = \mu_\theta,\quad \boldsymbol{z} = \begin{bmatrix} z_1 \\ z_2 \\ \vdots \\ z_N \end{bmatrix},\quad E(\boldsymbol{z}) = \begin{bmatrix} h_1\mu_\theta \\ h_2\mu_\theta \\ \vdots \\ h_N\mu_\theta \end{bmatrix},\quad \boldsymbol{z} - E(\boldsymbol{z}) = \begin{bmatrix} z_1 - h_1\mu_\theta \\ z_2 - h_2\mu_\theta \\ \vdots \\ z_N - h_N\mu_\theta \end{bmatrix}$$

现令

$$\boldsymbol{g} = [g_1, g_2, \cdots, g_N] = \mathrm{cov}(\theta,\boldsymbol{z})\,[\mathrm{var}(\boldsymbol{z})]^{-1} \tag{4.6.20}$$

下面来求矢量 $\boldsymbol{g}$。

根据 $\mathrm{cov}(\theta,\boldsymbol{z})$ 定义，有

$$\begin{aligned}
\mathrm{cov}(\theta,\boldsymbol{z}) = {} & E\{[\theta - E(\theta)][\boldsymbol{z} - E(\boldsymbol{z})]^{\mathrm{T}}\} = E\{[\theta - \mu_\theta][z_1 - h_1\mu_\theta, z_2 - h_2\mu_\theta, \cdots, z_N - h_N\mu_\theta]\} = \\
& E\{[\theta - \mu_\theta][h_1(\theta - \mu_\theta) + n_1, h_2(\theta - \mu_\theta) + n_2, \cdots, h_N(\theta - \mu_\theta) + n_N]\} = \\
& [h_1\sigma_\theta^2, h_2\sigma_\theta^2, \cdots, h_N\sigma_\theta^2] \triangleq \boldsymbol{C}
\end{aligned} \tag{4.6.21}$$

而根据 $\mathrm{var}(\boldsymbol{z})$ 的定义，有

$$\begin{aligned}
& \mathrm{var}(\boldsymbol{z}) = E\{[\boldsymbol{z} - E(\boldsymbol{z})][\boldsymbol{z} - E(\boldsymbol{z})]^{\mathrm{T}}\} = \\
& E\left\{\begin{bmatrix} h_1(\theta - \mu_\theta) + n_1 \\ h_2(\theta - \mu_\theta) + n_2 \\ \vdots \\ h_N(\theta - \mu_\theta) + n_N \end{bmatrix} [h_1(\theta - \mu_\theta) + n_1, h_2(\theta - \mu_\theta) + n_2, \cdots, h_N(\theta - \mu_\theta) + n_N]\right\} = \\
& \begin{bmatrix} h_1^2\sigma_\theta^2 + \sigma_n^2 & h_1h_2\sigma_\theta^2 & \cdots & h_1h_N\sigma_\theta^2 \\ h_2h_1\sigma_\theta^2 & h_2^2\sigma_\theta^2 + \sigma_n^2 & \cdots & h_2h_N\sigma_\theta^2 \\ \vdots & \vdots & & \vdots \\ h_Nh_1\sigma_\theta^2 & h_Nh_2\sigma_\theta^2 & \cdots & h_N^2\sigma_\theta^2 + \sigma_n^2 \end{bmatrix} \triangleq \boldsymbol{V}
\end{aligned} \tag{4.6.22}$$

它是 N 阶对称非负定矩阵。这样

$$\boldsymbol{g} = \boldsymbol{C}\boldsymbol{V}^{-1}$$

或写为

$$\boldsymbol{V}^{\mathrm{T}}\,\boldsymbol{g}^{\mathrm{T}} = \boldsymbol{C}^{\mathrm{T}} \tag{4.6.23}$$

为了求出各分量 g_k，将式(4.6.23)写成联立方程组的形式：

$$\left.\begin{aligned}
(h_1^2\sigma_\theta^2 + \sigma_n^2)g_1 + h_1h_2\sigma_\theta^2 g_2 + \cdots + h_1h_N\sigma_\theta^2 g_N = h_1\sigma_\theta^2 \\
h_2h_1\sigma_\theta^2 g_1 + (h_2^2\sigma_\theta^2 + \sigma_n^2)g_2 + \cdots + h_2h_N\sigma_\theta^2 g_N = h_2\sigma_\theta^2 \\
\cdots\cdots \\
h_Nh_1\sigma_\theta^2 g_1 + h_Nh_2\sigma_\theta^2 g_2 + \cdots + (h_N^2\sigma_\theta^2 + \sigma_n^2)g_N = h_N\sigma_\theta^2
\end{aligned}\right\} \tag{4.6.24}$$

将方程组中的第 k 个方程($k=1,2,\cdots,N$)两边分别乘以 h_k/σ_θ^2,并令 $b=\sigma_n^2/\sigma_\theta^2$,然后将方程组的两边分别相加,得

$$\Big(\sum_{k=1}^{N}h_k^2+b\Big)h_1g_1+\Big(\sum_{k=1}^{N}h_k^2+b\Big)h_2g_2+\cdots+\Big(\sum_{k=1}^{N}h_k^2+b\Big)h_Ng_N=\sum_{k=1}^{N}h_k^2 \tag{4.6.25}$$

令

$$g=\frac{1}{\sum\limits_{k=1}^{N}h_k^2+b} \tag{4.6.26}$$

则由式(4.6.25)得

$$\frac{1}{g}h_kg_k=h_k^2$$

于是得到

$$g_k=gh_k=\frac{1}{\sum\limits_{k=1}^{N}h_k^2+b}h_k \tag{4.6.27}$$

这样,线性最小均方误差估计量为

$$\hat{\theta}_{\text{LMS}}(\boldsymbol{z})=E(\theta)+[gh_1,gh_2,\cdots,gh_N][\boldsymbol{z}-E(\boldsymbol{z})]=\mu_\theta+g[h_1,h_2,\cdots,h_N]\begin{bmatrix}z_1-h_1\mu_\theta\\ z_2-h_2\mu_\theta\\ \vdots\\ z_N-h_N\mu_\theta\end{bmatrix}=$$

$$\mu_\theta+g\sum_{k=1}^{N}h_k(z_k-h_k\mu_\theta)=\mu_\theta+\frac{1}{\sum\limits_{k=1}^{N}h_k^2+b}\sum_{k=1}^{N}h_k(z_k-h_k\mu_\theta) \tag{4.6.28}$$

式中,$b=\sigma_n^2/\sigma_\theta^2$。

在这种时变测量采样不相关的情况下,线性最小均方误差估计量的均方误差为

$$E\{[\theta-\hat{\theta}_{\text{LMS}}(\boldsymbol{z})]^2\}=\text{var}(\theta)-\text{cov}(\theta,\boldsymbol{z})\,[\text{var}(\boldsymbol{z})]^{-1}\text{cov}(\boldsymbol{z},\theta)=\sigma_\theta^2-[gh_1,gh_2,\cdots,gh_N]\begin{bmatrix}h_1\sigma_\theta^2\\ h_2\sigma_\theta^2\\ \vdots\\ h_N\sigma_\theta^2\end{bmatrix}=$$

$$\sigma_\theta^2-\frac{1}{\sum\limits_{k=1}^{N}h_k^2+b}\sum_{k=1}^{N}h_k^2\sigma_\theta^2=\frac{b\sigma_\theta^2}{\sum\limits_{k=1}^{N}h_k^2+b}=\frac{1}{\sum\limits_{k=1}^{N}h_k^2+b}\sigma_n^2 \tag{4.6.29}$$

当 $h_k=1$ 时,显然有

$$\hat{\theta}_{\text{LMS}}(\boldsymbol{z})=\mu_\theta+\frac{1}{N+b}\sum_{k=1}^{N}(z_k-\mu_\theta) \tag{4.6.30}$$

$$E\{[\theta-\hat{\theta}_{\mathrm{LMS}}(\boldsymbol{z})]^2\}=\frac{1}{N+b}\sigma_n^2 \tag{4.6.31}$$

式中，$b=\sigma_n^2/\sigma_\theta^2$。

当观测方程为

$$z_k=z_0+h_k\theta+n_k,\quad k=1,2,\cdots,N$$

时，即时变测量采样不相关，除观测中存在固定量 z_0 外仍属时变、噪声采样不相关模型，在这种情况下，不难求出如前一样的 $\boldsymbol{g}$，但

$$E(\boldsymbol{z})=\begin{bmatrix}z_0+h_1\mu_\theta\\ z_0+h_2\mu_\theta\\ \vdots\\ z_0+h_N\mu_\theta\end{bmatrix}$$

因此，该情况下的线性最小均方误差估计量为

$$\hat{\theta}_{\mathrm{LMS}}(\boldsymbol{z})=\mu_\theta+\frac{1}{\sum_{k=1}^{N}h_k^2+b}\sum_{k=1}^{N}h_k(z_k-z_0-h_k\mu_\theta) \tag{4.6.32}$$

而估计量的均方误差仍如式(4.6.31)所示。

例 4.4 通过等时间间隔的距离测量来估计从原点开始作径向匀速直线运动目标的速度 v。已知观测时间间隔 $t_k-t_{k-1}=1\mathrm{min}$；$\mathrm{var}(v)=\sigma_v^2=0.3\,(\mathrm{km/min})^2$，$E(v)=10\mathrm{km/min}$；观测噪声 n_k 的 $E(n_k)=0$，$E(n_jn_k)=\sigma_n^2\delta_{jk}=0.6\delta_{jk}\,(\mathrm{km/min})^2$，且 $E(vn_k)=0$。观测方程为

$$z_k=kv+n_k,\quad k=1,2,\cdots,5$$

在获得观测值 $z_1=9.8\mathrm{km}$，$z_2=20.4\mathrm{km}$，$z_3=30.6\mathrm{km}$，$z_4=40.2\mathrm{km}$，$z_5=49.7\mathrm{km}$ 的情况下，求速度 v 的线性最小均方误差估计量和估计量的均方误差。

解 由题意知，这属于单参量时变测量采样不相关的情况，因此

$$\hat{v}_{\mathrm{LMS}}(\boldsymbol{z})=E(v)+\frac{1}{\sum_{k=1}^{N}h_k^2+b}\sum_{k=1}^{N}h_k[z_k-h_kE(v)]$$

式中

$$\begin{cases}E(v)=10\mathrm{km/min}\\ h_k=k,\quad k=1,2,\cdots,5\\ b=\sigma_n^2/\sigma_v^2=\dfrac{0.6}{0.3}=2\end{cases}$$

这样

$$\hat{v}_{\mathrm{LMS}}(\boldsymbol{z})=10+\frac{1}{55+2}\sum_{k=1}^{5}k(z_k-10k)=10\,\frac{17}{570}\mathrm{km/min}$$

估计量的均方误差为

$$E\{[v-\hat{v}_{\mathrm{LMS}}(z)]^2\}=\frac{1}{\sum_{k=1}^{5}k^2+\sigma_n^2/\sigma_v^2}\sigma_n^2=\frac{3}{285}\ (\mathrm{km/min})^2$$

2. 采样相关时单参量的线性最小均方误差估计

设观测方程为

$$z_k=h_k\theta+n_k,\quad k=1,2,\cdots,N$$

若被估计量 θ 的前二阶矩为

$$E(\theta)=\mu_\theta,\quad \mathrm{var}(\theta)=\sigma_\theta^2,\quad E(\theta n_k)=0$$

而噪声采样是相关的。假定相关噪声 n_k 是由白噪声 w_k 激励一阶递归滤波器产生的，如图 4.5 所示。其中 ρ 是一给定系数，且满足 $|\rho|<1$。

一阶递归滤波器的输入输出信号方程为

$$n_k=\rho n_{k-1}+w_k \tag{4.6.33}$$

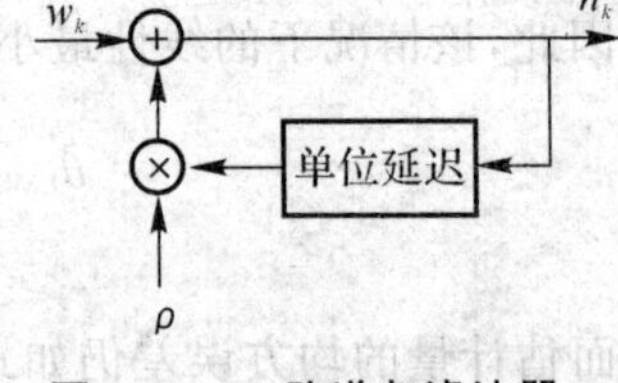

图 4.5　一阶递归滤波器

其中 w_k 是白噪声序列，其前两阶矩为

$$E(w_k)=0$$

$$E(w_jw_k)=\sigma_w^2\delta_{jk}$$

这样，可以求得相关噪声 n_k 的前两阶矩为

$$E(n_k)=0 \tag{4.6.34}$$

$$E(n_jn_k)=\rho^{|k-j|}\sigma_n^2 \tag{4.6.35}$$

式中

$$\sigma_n^2=\frac{\sigma_w^2}{1-\rho^2} \tag{4.6.36}$$

ρ 是相关系数。

仍然可以采用单参量线性最小均方误差估计量 $\hat{\theta}_{\mathrm{LMS}}(z)$ 的计算公式来求估计量，只是在具体计算时要考虑是噪声采样相关的情况。这样

$$\hat{\theta}_{\mathrm{LMS}}(\boldsymbol{z})=E(\theta)+\mathrm{cov}(\theta,\boldsymbol{z})[\mathrm{var}(\boldsymbol{z})]^{-1}[\boldsymbol{z}-E(\boldsymbol{z})] \tag{4.6.37}$$

其中

$$E(\theta)=\mu_\theta,\quad \boldsymbol{z}=\begin{bmatrix}z_1\\z_2\\\vdots\\z_N\end{bmatrix},\quad E(\boldsymbol{z})=\begin{bmatrix}h_1\mu_\theta\\h_2\mu_\theta\\\vdots\\h_N\mu_\theta\end{bmatrix},\quad \boldsymbol{z}-E(\boldsymbol{z})=\begin{bmatrix}z_1-h_1\mu_\theta\\z_2-h_2\mu_\theta\\\vdots\\z_N-h_N\mu_\theta\end{bmatrix}$$

仿照噪声采样不相关时的分析方法，可得

$$\boldsymbol{V}^{\mathrm{T}}\boldsymbol{g}^{\mathrm{T}}=\boldsymbol{C}^{\mathrm{T}} \tag{4.6.38}$$

式中

$$\boldsymbol{C}=\operatorname{cov}(\theta,\boldsymbol{z})=[h_1\sigma_\theta^2,h_2\sigma_\theta^2,\cdots,h_N\sigma_\theta^2] \tag{4.6.39}$$

$$\boldsymbol{V}=\operatorname{var}(\boldsymbol{z})=E\{[\boldsymbol{z}-E(\boldsymbol{z})][\boldsymbol{z}-E(\boldsymbol{z})]^{\mathrm{T}}\}=$$

$$\begin{bmatrix} h_1^2\sigma_\theta^2+\sigma_n^2 & h_1h_2\sigma_\theta^2+\rho\sigma_n^2 & \cdots & h_1h_N\sigma_\theta^2+\rho^{N-1}\sigma_n^2 \\ h_2h_1\sigma_\theta^2+\rho\sigma_n^2 & h_2^2\sigma_\theta^2+\sigma_n^2 & \cdots & h_2h_N\sigma_\theta^2+\rho^{N-2}\sigma_n^2 \\ \vdots & \vdots & & \vdots \\ h_Nh_1\sigma_\theta^2+\rho^{N-1}\sigma_n^2 & h_Nh_2\sigma_\theta^2+\rho^{N-2}\sigma_n^2 & \cdots & h_N^2\sigma_\theta^2+\sigma_n^2 \end{bmatrix} \tag{4.6.40}$$

$$\boldsymbol{g}=\operatorname{cov}(\theta,\boldsymbol{z})[\operatorname{var}(\boldsymbol{z})]^{-1}=[g_1,g_2,\cdots,g_N] \tag{4.6.41}$$

于是

$$\hat{\theta}_{\mathrm{LMS}}(\boldsymbol{z})=\mu_\theta+[g_1,g_2,\cdots,g_N]\begin{bmatrix} z_1-h_1\mu_\theta \\ z_2-h_2\mu_\theta \\ \vdots \\ z_N-h_N\mu_\theta \end{bmatrix}=\mu_\theta+\sum_{k=1}^{N}g_k(z_k-h_k\mu_\theta) \tag{4.6.42}$$

但其中的 g_k 没有解的通式。

作为例子，考虑 $h_k=1,N=2$ 的情况。这时有

$$\begin{bmatrix} \sigma_\theta^2+\sigma_n^2 & \sigma_\theta^2+\rho\sigma_n^2 \\ \sigma_\theta^2+\rho\sigma_n^2 & \sigma_\theta^2+\sigma_n^2 \end{bmatrix}\begin{bmatrix} g_1 \\ g_2 \end{bmatrix}=\begin{bmatrix} \sigma_\theta^2 \\ \sigma_\theta^2 \end{bmatrix}$$

解得

$$g_1=g_2=\frac{\sigma_\theta^2}{2\sigma_\theta^2+(1+\rho)\sigma_n^2}=\frac{1}{2+(1+\rho)b}$$

其中 $b=\sigma_n^2/\sigma_\theta^2$。估计量为

$$\hat{\theta}_{\mathrm{LMS}}(\boldsymbol{z})=\mu_\theta+\frac{1}{2+(1+\rho)b}\sum_{k+1}^{2}(z_k-\mu_\theta)$$

而均方误差为

$$E\{[\theta-\hat{\theta}_{\mathrm{LMS}}(\boldsymbol{z})]^2\}=\operatorname{var}(\theta)-\operatorname{cov}(\theta,\boldsymbol{z})[\operatorname{var}(\boldsymbol{z})]^{-1}\operatorname{cov}(\boldsymbol{z},\theta)=$$

$$\sigma_\theta^2-\left[\frac{1}{2+(1+\rho)b},\frac{1}{2+(1+\rho)b}\right]\begin{bmatrix} \sigma_\theta^2 \\ \sigma_\theta^2 \end{bmatrix}=\frac{(1+\rho)}{2+(1+\rho)b}\sigma_n^2$$

在 $h_k=1,N=2$，噪声采样不相关时，有

$$\hat{\theta}_{\mathrm{LMS}}(\boldsymbol{z})=\mu_\theta+\frac{1}{2+b}\sum_{k=1}^{2}(z_k-\mu_\theta)$$

$$E\{[\theta-\hat{\theta}_{\mathrm{LMS}}(\boldsymbol{z})]^2\}=\frac{1}{2+b}\sigma_n^2$$

因为 $|\rho|\leqslant 1$，所以噪声采样相关，且 $0<\rho\leqslant 1$ 时估计的均方误差大于噪声采样不相关时的结果。但是，在噪声采样相关时，如果采用平均值估计方法，仍设 $h_k=1,N=2$，则这时的估计量 $\hat{\theta}_{\mathrm{M}}$ 为

$$\hat{\theta}_{M}=\frac{1}{2}\sum_{k=1}^{2}z_{k}=\frac{1}{2}(z_{1}+z_{2})$$

估计的均方误差为

$$E\{[\theta-\hat{\theta}_{M}]^{2}\}=E\{[\theta-\frac{1}{2}(z_{1}+z_{2})]^{2}\}=\frac{1}{4}E\{[n_{1}+n_{2}]^{2}\}=$$

$$\frac{1}{4}(\sigma_{n}^{2}+2\rho\sigma_{n}^{2}+\sigma_{n}^{2})=\frac{1}{2}(1+\rho)\sigma_{n}^{2}$$

而此时线性最小均方误差估计的均方误差为

$$E\{[\theta-\hat{\theta}_{LMS}(z)]^{2}\}=\frac{1+\rho}{2+(1+\rho)b}\sigma_{n}^{2}$$

它比采用平均值估计的均方误差小。

4.7 最小二乘估计

最小二乘估计和前面讨论的各种估计方法有很大不同。贝叶斯估计需要对误差的代价和待估计参量及观测噪声的统计特性进行完整的描述;最大似然估计不要求待估计参量的先验概率;线性最小均方误差估计不要求待估计参量及观测噪声的概率知识,仅需要被估计参量和观测噪声的一、二阶矩。本节讨论的最小二乘估计省去了全部统计知识,把估计问题作为一个确定性的最佳化问题来处理。这种估计的性能虽然不如前面讨论过的方法,但是,由于使用方便、适应性强,是一种应用很广泛的估计方法。

4.7.1 最小二乘估计原理

若被估计量 θ 是单参量,线性观测方程为

$$z_{k}=h_{k}\theta+n_{k},\quad k=1,2,\cdots,N \tag{4.7.1}$$

式中,h_k 为已知的观测系数;n_k 为观测噪声。希望构造的估计量 $\hat{\theta}$ 能使 $z_k-h_k\hat{\theta}$ 的误差平方和最小,即使

$$J(\hat{\theta})=\sum_{k=1}^{N}(z_{k}-h_{k}\hat{\theta})^{2} \tag{4.7.2}$$

最小。式(4.7.2)就是单参量最小二乘估计的性能指标。由式(4.7.2)可以看出:最小二乘估计实际上是一种致力于使观测量和估计量之间误差最小的估计方法,不同于最小均方误差估计方法——使真实值和估计值之间的误差最小。

若被估计量 $\boldsymbol{\theta}$ 是 M 维矢量,则每次的观测量 $\boldsymbol{z}_k$ 和观测噪声 $\boldsymbol{n}_k$ 均为矢量。可写出线性观测方程为

$$\boldsymbol{z}_{k}=\boldsymbol{H}_{k}\boldsymbol{\theta}+\boldsymbol{n}_{k},\quad k=1,2,\cdots,N \tag{4.7.3}$$

式中,第 k 次的观测量$\boldsymbol{z}_k$ 与同次的观测噪声$\boldsymbol{n}_k$ 同维,但每个$\boldsymbol{z}_k$ 的维数不一定是相同的,其维数分别记为 L_k;第 k 次的观测矩阵$\boldsymbol{H}_k$ 为 $L_k \times M$ 矩阵。$\boldsymbol{z}_k$ 的每个分量是被估计量 $\boldsymbol{\theta}$ 的分量的线性组合。

如果把全部 N 次观测矢量合成为一个维数 $L = \sum_{k=1}^{N} L_k$ 的矢量

$$\boldsymbol{z} = \begin{bmatrix} \boldsymbol{z}_1 \\ \boldsymbol{z}_2 \\ \vdots \\ \boldsymbol{z}_N \end{bmatrix}$$

并相应地定义 $L \times M$ 观测矩阵 $\boldsymbol{H}$ 和 L 维观测噪声 $\boldsymbol{n}$ 如下:

$$\boldsymbol{H} = \begin{bmatrix} \boldsymbol{H}_1 \\ \boldsymbol{H}_2 \\ \vdots \\ \boldsymbol{H}_N \end{bmatrix}, \quad \boldsymbol{n} = \begin{bmatrix} \boldsymbol{n}_1 \\ \boldsymbol{n}_2 \\ \vdots \\ \boldsymbol{n}_N \end{bmatrix}$$

这样,观测方程式(4.7.3)可以写成

$$\boldsymbol{z} = \boldsymbol{H\theta} + \boldsymbol{n}$$

如果要求构造的估计量 $\hat{\boldsymbol{\theta}}$ 使性能指标

$$J(\hat{\boldsymbol{\theta}}) = (\boldsymbol{z} - \boldsymbol{H}\hat{\boldsymbol{\theta}})^{\mathrm{T}}(\boldsymbol{z} - \boldsymbol{H}\hat{\boldsymbol{\theta}}) \tag{4.7.4}$$

达到最小,就称这种估计为最小二乘估计,估计量记为$\hat{\boldsymbol{\theta}}_{\mathrm{LS}}(\boldsymbol{z})$,或简记为$\hat{\boldsymbol{\theta}}_{\mathrm{LS}}$。

4.7.2　最小二乘估计量的计算

在矢量估计的情况下,要求 $J(\hat{\boldsymbol{\theta}})$ 达到最小。为此,令

$$\left.\frac{\partial J(\hat{\boldsymbol{\theta}})}{\partial \hat{\boldsymbol{\theta}}}\right|_{\hat{\boldsymbol{\theta}} = \hat{\boldsymbol{\theta}}_{\mathrm{LS}}(\boldsymbol{z})} = 0 \tag{4.7.5}$$

其解$\hat{\boldsymbol{\theta}}_{\mathrm{LS}}(\boldsymbol{z})$,就是所要求的估计量。

利用矢量函数对矢量变量求导的乘法法则,得

$$\frac{\partial J(\hat{\boldsymbol{\theta}})}{\partial \hat{\boldsymbol{\theta}}} = \frac{\partial}{\partial \hat{\boldsymbol{\theta}}}\left[(\boldsymbol{z} - \boldsymbol{H}\hat{\boldsymbol{\theta}})^{\mathrm{T}}(\boldsymbol{z} - \boldsymbol{H}\hat{\boldsymbol{\theta}})\right] = -2\,\boldsymbol{H}^{\mathrm{T}}(\boldsymbol{z} - \boldsymbol{H}\hat{\boldsymbol{\theta}}) \tag{4.7.6}$$

因此

$$\hat{\boldsymbol{\theta}}_{\mathrm{LS}}(\boldsymbol{z}) = (\boldsymbol{H}^{\mathrm{T}}\boldsymbol{H})^{-1}\,\boldsymbol{H}^{\mathrm{T}}\boldsymbol{z} \tag{4.7.7}$$

因为

$$\frac{\partial^2 J(\hat{\boldsymbol{\theta}})}{\partial \hat{\boldsymbol{\theta}}^2} = 2\,\boldsymbol{H}^{\mathrm{T}}\boldsymbol{H} \tag{4.7.8}$$

为非负定矩阵,所以$\hat{\boldsymbol{\theta}}_{\mathrm{LS}}(\boldsymbol{z})$ 是使 $J(\hat{\boldsymbol{\theta}})$ 为最小的估计量。

4.7.3 最小二乘估计量的性质

现在讨论最小二乘估计量的性质。

① 估计量是观测量的线性函数。

由式(4.7.7)看出,估计量$\hat{\boldsymbol{\theta}}_{\mathrm{LS}}(\boldsymbol{z})$是观测量$\boldsymbol{z}$的线性函数。

② 如果观测噪声的均值为零,则最小二乘估计量是无偏的。

证明

$$E[\hat{\boldsymbol{\theta}}_{\mathrm{LS}}(\mathrm{z})]=E[(\boldsymbol{H}^{\mathrm{T}}\boldsymbol{H})^{-1}\ \boldsymbol{H}^{\mathrm{T}}\boldsymbol{z}]=E[(\boldsymbol{H}^{\mathrm{T}}\boldsymbol{H})^{-1}\ \boldsymbol{H}^{\mathrm{T}}(\boldsymbol{H\theta}+\boldsymbol{n})]=E(\boldsymbol{\theta}) \tag{4.7.9}$$

所以,$\hat{\boldsymbol{\theta}}_{\mathrm{LS}}(\boldsymbol{z})$为无偏估计量。

③ 如果观测噪声的均值为零,方差阵为$\boldsymbol{R}_n$,则最小二乘估计量的均方误差阵为

$$E\{[\boldsymbol{\theta}-\hat{\boldsymbol{\theta}}_{\mathrm{LS}}(\boldsymbol{z})][\boldsymbol{\theta}-\hat{\boldsymbol{\theta}}_{\mathrm{LS}}(\boldsymbol{z})]^{\mathrm{T}}\}=[\boldsymbol{H}^{\mathrm{T}}\boldsymbol{H}]^{-1}\ \boldsymbol{H}^{\mathrm{T}}\ \boldsymbol{R}_n\boldsymbol{H}\ [\boldsymbol{H}^{\mathrm{T}}\boldsymbol{H}]^{-1} \tag{4.7.10}$$

证明

$$E\{[\boldsymbol{\theta}-\hat{\boldsymbol{\theta}}_{\mathrm{LS}}(\boldsymbol{z})][\boldsymbol{\theta}-\hat{\boldsymbol{\theta}}_{\mathrm{LS}}(\boldsymbol{z})]^{\mathrm{T}}\}=E\{[\boldsymbol{\theta}-(\boldsymbol{H}^{\mathrm{T}}\boldsymbol{H})^{-1}\ \boldsymbol{H}^{\mathrm{T}}\boldsymbol{z}][\boldsymbol{\theta}-(\boldsymbol{H}^{\mathrm{T}}\boldsymbol{H})^{-1}\ \boldsymbol{H}^{\mathrm{T}}\boldsymbol{z}]^{\mathrm{T}}\}$$

将

$$\boldsymbol{z}=\boldsymbol{H\theta}+\boldsymbol{n}$$

代入上式,得

$$\begin{aligned}E\{[\boldsymbol{\theta}-\hat{\boldsymbol{\theta}}_{\mathrm{LS}}(\boldsymbol{z})][\boldsymbol{\theta}-\hat{\boldsymbol{\theta}}_{\mathrm{LS}}(\boldsymbol{z})]^{\mathrm{T}}\}&=(\boldsymbol{H}^{\mathrm{T}}\boldsymbol{H})^{-1}\ \boldsymbol{H}^{\mathrm{T}}E(\boldsymbol{n}\,\boldsymbol{n}^{\mathrm{T}})\boldsymbol{H}\ (\boldsymbol{H}^{\mathrm{T}}\boldsymbol{H})^{-1}=\\&(\boldsymbol{H}^{\mathrm{T}}\boldsymbol{H})^{-1}\ \boldsymbol{H}^{\mathrm{T}}\ \boldsymbol{R}_n\boldsymbol{H}\ (\boldsymbol{H}^{\mathrm{T}}\boldsymbol{H})^{-1}\end{aligned}$$

证毕。

因为在这种情况下,估计量是无偏的,所以估计量的均方误差阵就是估计误差的方差阵。

例 4.5 根据对二维矢量$\boldsymbol{\theta}$的两次观测

$$\boldsymbol{z}_1=\begin{bmatrix}2\\1\end{bmatrix}=\begin{bmatrix}1&1\\0&1\end{bmatrix}\boldsymbol{\theta}+\boldsymbol{n}_1$$

$$z_2=4=[1\quad 2]\boldsymbol{\theta}+n_2$$

求$\boldsymbol{\theta}$的最小二乘估计量$\hat{\boldsymbol{\theta}}_{\mathrm{LS}}(\boldsymbol{z})$。

解 矢量形式的观测方程为

$$\boldsymbol{z}=\boldsymbol{H\theta}+\boldsymbol{n}$$

式中

$$\boldsymbol{z}=\begin{bmatrix}\boldsymbol{z}_1\\\boldsymbol{z}_2\end{bmatrix}=\begin{bmatrix}2\\1\\4\end{bmatrix},\quad \boldsymbol{H}=\begin{bmatrix}\boldsymbol{H}_1\\\boldsymbol{H}_2\end{bmatrix}=\begin{bmatrix}1&1\\0&1\\1&2\end{bmatrix},\quad \boldsymbol{n}=\begin{bmatrix}n_1\\n_2\end{bmatrix}$$

利用最小二乘估计量$\hat{\boldsymbol{\theta}}_{\mathrm{LS}}(\boldsymbol{z})$的计算公式,得

$$\hat{\boldsymbol{\theta}}_{\text{LS}}(\boldsymbol{z})=(\boldsymbol{H}^{\mathrm{T}}\boldsymbol{H})^{-1}\boldsymbol{H}^{\mathrm{T}}\boldsymbol{z}=\left(\begin{bmatrix}1&1\\0&1\\1&2\end{bmatrix}^{\mathrm{T}}\begin{bmatrix}1&1\\0&1\\1&2\end{bmatrix}\right)^{-1}\begin{bmatrix}1&1\\0&1\\1&2\end{bmatrix}^{\mathrm{T}}\begin{bmatrix}2\\1\\4\end{bmatrix}=\begin{bmatrix}2&3\\3&6\end{bmatrix}^{-1}\begin{bmatrix}6\\11\end{bmatrix}=\begin{bmatrix}1\\\frac{3}{4}\end{bmatrix}$$

4.7.4　加权最小二乘估计

在前面的讨论中，采用的性能指标对每次观测量是同等对待的。这自然产生这样的问题：如果观测噪声的强度是时变的（均值仍为零），即 $E(n_k n_j)=\sigma_{n_k}^2\delta_{kj}$，于是每次观测噪声的影响是不一样的，同等对待各次观测量是不合理的。在这种情况下，理应给观测噪声较小的那个观测量较大的权重，才能获得更精确的估计结果。因此，可以这样来构造估计量：将观测量乘以与本次观测噪声强度成反比的权值后再构造估计量，这就是加权最小二乘估计。显然，加权最小二乘估计用到了噪声的部分先验知识（二阶矩），性能介于均方误差估计和最小二乘估计之间，付出的代价是运算的复杂度。

下面介绍加权最小二乘估计的原理。

加权最小二乘估计的性能指标是使

$$J_W(\hat{\boldsymbol{\theta}})=(\boldsymbol{z}-\boldsymbol{H}\hat{\boldsymbol{\theta}})^{\mathrm{T}}\boldsymbol{W}(\boldsymbol{z}-\boldsymbol{H}\hat{\boldsymbol{\theta}}) \tag{4.7.11}$$

达到最小，此时的 $\hat{\boldsymbol{\theta}}$ 称为加权最小二乘估计量，记为$\hat{\boldsymbol{\theta}}_{\text{LSW}}(\boldsymbol{z})$，或简记为$\hat{\boldsymbol{\theta}}_{\text{LSW}}$。其中 $\boldsymbol{W}$ 称为加权矩阵，当 $\boldsymbol{W}=\boldsymbol{I}$ 时，就退化为一般的最小二乘估计，即非加权最小二乘估计。

将式(4.7.11) 的 $J_W(\hat{\boldsymbol{\theta}})$ 对 $\hat{\boldsymbol{\theta}}$ 求偏导，得

$$\frac{\partial J_W(\hat{\boldsymbol{\theta}})}{\partial\hat{\boldsymbol{\theta}}}=-\boldsymbol{H}^{\mathrm{T}}\boldsymbol{W}(\boldsymbol{z}-\boldsymbol{H}\hat{\boldsymbol{\theta}})-\boldsymbol{H}^{\mathrm{T}}\boldsymbol{W}(\boldsymbol{z}-\boldsymbol{H}\hat{\boldsymbol{\theta}}) \tag{4.7.12}$$

令式(4.7.12) 等于零，则求得 $\boldsymbol{\theta}$ 的加权最小二乘估计量为

$$\hat{\boldsymbol{\theta}}_{\text{LSW}}(\boldsymbol{z})=(\boldsymbol{H}^{\mathrm{T}}\boldsymbol{W}\boldsymbol{H})^{-1}\boldsymbol{H}^{\mathrm{T}}\boldsymbol{W}\boldsymbol{z} \tag{4.7.13}$$

加权最小二乘估计量的性质主要有：$\hat{\boldsymbol{\theta}}_{\text{LSW}}(\boldsymbol{z})$ 是观测量 $\boldsymbol{z}$ 的线性函数；如果观测噪声的均值 $E(\boldsymbol{n})=0$，则$\hat{\boldsymbol{\theta}}_{\text{LSW}}(\boldsymbol{z})$ 是 $\boldsymbol{\theta}$ 的无偏估计；如果再设零均值观测噪声的方差阵为 $E(\boldsymbol{n}\boldsymbol{n}^{\mathrm{T}})=\boldsymbol{R}_n$，则估计误差的方差阵（均方误差阵）为

$$\begin{aligned}E\{[\boldsymbol{\theta}-\hat{\boldsymbol{\theta}}_{\text{LSW}}(\boldsymbol{z})][\boldsymbol{\theta}-\hat{\boldsymbol{\theta}}_{\text{LSW}}(\boldsymbol{z})]^{\mathrm{T}}\}&=(\boldsymbol{H}^{\mathrm{T}}\boldsymbol{W}\boldsymbol{H})^{-1}\boldsymbol{H}^{\mathrm{T}}\boldsymbol{W}E(\boldsymbol{n}\boldsymbol{n}^{\mathrm{T}})\boldsymbol{W}\boldsymbol{H}(\boldsymbol{H}^{\mathrm{T}}\boldsymbol{W}\boldsymbol{H})^{-1}=\\&(\boldsymbol{H}^{\mathrm{T}}\boldsymbol{W}\boldsymbol{H})^{-1}\boldsymbol{H}^{\mathrm{T}}\boldsymbol{W}\boldsymbol{R}_n\boldsymbol{W}\boldsymbol{H}(\boldsymbol{H}^{\mathrm{T}}\boldsymbol{W}\boldsymbol{H})^{-1}\end{aligned} \tag{4.7.14}$$

在估计误差的方差阵中，$\boldsymbol{H}$ 和$\boldsymbol{R}_n$ 是已知的，现在的问题是如何选择加权矩阵 $\boldsymbol{W}$ 才能使式(4.7.14) 取最小值。下面将要证明：当 $\boldsymbol{W}=\boldsymbol{R}_n^{-1}$ 时，估计误差的方差阵是最小的。此时的加权矩阵记为$\boldsymbol{W}_{\text{OPT}}$。

设 $\boldsymbol{A}$，$\boldsymbol{B}$ 分别是$M\times L$ 和$L\times K$ 的任意两个矩阵，且($\boldsymbol{A}\boldsymbol{A}^{\mathrm{T}}$) 的逆矩阵存在，则有矩阵不等式

$$\boldsymbol{B}^{\mathrm{T}}\boldsymbol{B}\geqslant(\boldsymbol{A}\boldsymbol{B})^{\mathrm{T}}(\boldsymbol{A}\boldsymbol{A}^{\mathrm{T}})^{-1}(\boldsymbol{A}\boldsymbol{B}) \tag{4.7.15}$$

令

$$\boldsymbol{A}=\boldsymbol{H}^{\mathrm{T}}\boldsymbol{R}_n^{-\frac{1}{2}},\quad \boldsymbol{B}=\boldsymbol{R}_n^{\frac{1}{2}}\boldsymbol{C}^{\mathrm{T}},\quad \boldsymbol{C}=(\boldsymbol{H}^{\mathrm{T}}\boldsymbol{W}\boldsymbol{H})^{-1}\boldsymbol{H}^{\mathrm{T}}\boldsymbol{W}$$

则由式(4.7.15)得

$$\boldsymbol{C}\boldsymbol{R}_n\boldsymbol{C}^{\mathrm{T}}\geqslant(\boldsymbol{H}^{\mathrm{T}}\boldsymbol{C}^{\mathrm{T}})^{\mathrm{T}}(\boldsymbol{H}^{\mathrm{T}}\boldsymbol{R}_n^{-1}\boldsymbol{H})^{-1}(\boldsymbol{H}^{\mathrm{T}}\boldsymbol{C}^{\mathrm{T}})=(\boldsymbol{C}\boldsymbol{H})(\boldsymbol{H}^{\mathrm{T}}\boldsymbol{R}_n^{-1}\boldsymbol{H})^{-1}(\boldsymbol{C}\boldsymbol{H})^{\mathrm{T}}=(\boldsymbol{H}^{\mathrm{T}}\boldsymbol{R}_n^{-1}\boldsymbol{H})^{-1}\tag{4.7.16}$$

而式(4.7.16)的左端恰为式(4.7.14);式(4.7.16)的右端恰为$\boldsymbol{W}_{\mathrm{OPT}}=\boldsymbol{R}_n^{-1}$时估计误差的方差阵。即

$$E\{[\boldsymbol{\theta}-\hat{\boldsymbol{\theta}}_{\mathrm{LSW}}(\boldsymbol{z})][\boldsymbol{\theta}-\hat{\boldsymbol{\theta}}_{\mathrm{LSW}}(\boldsymbol{z})]^{\mathrm{T}}\}=(\boldsymbol{H}^{\mathrm{T}}\boldsymbol{W}\boldsymbol{H})^{-1}\boldsymbol{H}^{\mathrm{T}}\boldsymbol{W}\boldsymbol{R}_n\boldsymbol{W}\boldsymbol{H}(\boldsymbol{H}^{\mathrm{T}}\boldsymbol{W}\boldsymbol{H})^{-1}\geqslant(\boldsymbol{H}^{\mathrm{T}}\boldsymbol{R}_n^{-1}\boldsymbol{H})^{-1}\tag{4.7.17}$$

因此,当$\boldsymbol{W}_{\mathrm{OPT}}=\boldsymbol{R}_n^{-1}$时估计误差的方差阵最小。这时可获得最佳加权最小二乘估计量

$$\hat{\boldsymbol{\theta}}_{\mathrm{LSOW}}(\boldsymbol{z})=(\boldsymbol{H}^{\mathrm{T}}\boldsymbol{R}_n^{-1}\boldsymbol{H})^{-1}\boldsymbol{H}^{\mathrm{T}}\boldsymbol{R}_n^{-1}\boldsymbol{z}\tag{4.7.18}$$

而估计误差的方差阵为

$$E\{[\boldsymbol{\theta}-\hat{\boldsymbol{\theta}}_{\mathrm{LSOW}}(\boldsymbol{z})][\boldsymbol{\theta}-\hat{\boldsymbol{\theta}}_{\mathrm{LSOW}}(\boldsymbol{z})]^{\mathrm{T}}\}=(\boldsymbol{H}^{\mathrm{T}}\boldsymbol{R}_n^{-1}\boldsymbol{H})^{-1}\tag{4.7.19}$$

当被估计量θ是单参量时,观测方程一般为

$$z_k=h_k\theta+n_k,\quad k=1,2,\cdots,N\tag{4.7.20}$$

令

$$\boldsymbol{z}=\begin{bmatrix}z_1\\z_2\\\vdots\\z_N\end{bmatrix},\quad \boldsymbol{H}=\begin{bmatrix}h_1\\h_2\\\vdots\\h_N\end{bmatrix},\quad \boldsymbol{n}=\begin{bmatrix}n_1\\n_2\\\vdots\\n_N\end{bmatrix},\quad \boldsymbol{R}_n=E(\boldsymbol{n}\boldsymbol{n}^{\mathrm{T}})$$

这里假定$E(n_k)=0$,则θ的最小二乘估计量及其估计误差的方差等仍由前面讨论过的式(4.7.18)、式(4.7.19)计算。

通过前面的分析可以看到:基于平均值的最小二乘估计(见式(4.7.7))仅是加权最小二乘估计(见式(4.7.18))的特例。

例 4.6 用电表对电压进行了两次测量,测量结果一次为216V,另一次为220V,观测方程为

$$216=\theta+n_1$$
$$220=\theta+n_2$$

其中观测噪声的均值和方差阵分别为

$$E(n_1)=E(n_2)=0$$

$$E\left\{\begin{bmatrix}n_1\\n_2\end{bmatrix}\begin{bmatrix}n_1 & n_2\end{bmatrix}\right\}=R_n=\begin{bmatrix}4^2 & 0\\0 & 2^2\end{bmatrix}$$

求电压θ的最小二乘估计量和最佳加权最小二乘估计量,并对结果进行比较和讨论。

解 由题意知

$$\boldsymbol{z}=\begin{bmatrix}216\\220\end{bmatrix},\quad \boldsymbol{H}=\begin{bmatrix}1\\1\end{bmatrix},\quad \boldsymbol{n}=\begin{bmatrix}n_1\\n_2\end{bmatrix}$$

在非加权情况下，电压 θ 的最小二乘估计量 $\hat{\theta}_{\mathrm{LS}}(\boldsymbol{z})$ 和估计误差的方差 $E\{[\theta-\hat{\theta}_{\mathrm{LS}}(\boldsymbol{z})]^2\}$ 分别为

$$\hat{\theta}_{\mathrm{LS}}(\boldsymbol{z})=(\boldsymbol{H}^{\mathrm{T}}\boldsymbol{H})^{-1}\boldsymbol{H}^{\mathrm{T}}\boldsymbol{z}=\left(\begin{bmatrix}1&1\end{bmatrix}\begin{bmatrix}1\\1\end{bmatrix}\right)^{-1}\begin{bmatrix}1&1\end{bmatrix}\begin{bmatrix}216\\220\end{bmatrix}=218\mathrm{V}$$

$$E\{[\theta-\hat{\theta}_{\mathrm{LS}}(\boldsymbol{z})]^2\}=(\boldsymbol{H}^{\mathrm{T}}\boldsymbol{H})^{-1}\boldsymbol{H}^{\mathrm{T}}\boldsymbol{R}_n\boldsymbol{H}(\boldsymbol{H}\boldsymbol{H}^{\mathrm{T}})^{-1}=$$

$$\left(\begin{bmatrix}1&1\end{bmatrix}\begin{bmatrix}1\\1\end{bmatrix}\right)^{-1}\begin{bmatrix}1&1\end{bmatrix}\begin{bmatrix}4^2&0\\0&2^2\end{bmatrix}\begin{bmatrix}1\\1\end{bmatrix}\left(\begin{bmatrix}1&1\end{bmatrix}\begin{bmatrix}1\\1\end{bmatrix}\right)^{-1}=5\mathrm{V}^2$$

如果采用最佳加权，加权矩阵为

$$\boldsymbol{W}_{\mathrm{OPT}}=\boldsymbol{R}_n^{-1}=\begin{bmatrix}4^{-2}&0\\0&2^{-2}\end{bmatrix}$$

则

$$\hat{\theta}_{\mathrm{LSOW}}(\boldsymbol{z})=(\boldsymbol{H}^{\mathrm{T}}\boldsymbol{R}_n^{-1}\boldsymbol{H})^{-1}\boldsymbol{H}^{\mathrm{T}}\boldsymbol{R}_n^{-1}\boldsymbol{z}=\left(\begin{bmatrix}1&1\end{bmatrix}\begin{bmatrix}4^{-2}&0\\0&2^{-2}\end{bmatrix}\begin{bmatrix}1\\1\end{bmatrix}\right)^{-1}\begin{bmatrix}1&1\end{bmatrix}\begin{bmatrix}4^{-2}&0\\0&2^{-2}\end{bmatrix}\begin{bmatrix}216\\220\end{bmatrix}=219.2\mathrm{V}$$

$$E\{[\theta-\hat{\theta}_{\mathrm{LSOW}}(\boldsymbol{z})]^2\}=(\boldsymbol{H}^{\mathrm{T}}\boldsymbol{R}_n^{-1}\boldsymbol{H})^{-1}=\left(\begin{bmatrix}1&1\end{bmatrix}\begin{bmatrix}4^{-2}&0\\0&2^{-2}\end{bmatrix}\begin{bmatrix}1\\1\end{bmatrix}\right)^{-1}=3.2\mathrm{V}^2$$

显然，最佳加权最小二乘估计量的估计误差的方差比非加权的小。可以验证，当加权矩阵取之有偏差时，其估计误差的方差将比最佳加权时大。

4.8　利用蒙特卡洛方法对随机变量数字特征的估计

现在介绍用于产生随机变量实现的计算机方法。已知

$$\hat{A}=-\frac{1}{2}+\sqrt{\frac{1}{N}\sum_{n=0}^{N-1}x^2(n)+\frac{1}{4}}\tag{4.8.1}$$

其中，$x(n)=A+\omega(n)$，$\omega(n)$ 为 $\omega(n)\sim N(0,A)$ 的白噪声。求 $\hat{A}$ 的均值、方差、概率分布函数。

数据产生过程：

① 产生 N 个独立的 $u(0,1)$ 随机变量；

② 通过 Box-Mueller 变换方法将这些变量变换成高斯随机变量，得到 $\omega(n)$；

③$\omega(n)$ 加 A 得到 $x(n)$，然后计算 $\hat{A}$；

④ 上述过程重复 M 次，产生 M 个 $\hat{A}$ 的实现。

统计特征：

① 利用

$$\hat{E}(\hat{A})=\frac{1}{M}\sum_{i=1}^{M}\hat{A}_i \tag{4.8.2}$$

确定均值。

② 利用

$$\mathrm{var}(\hat{A})=\frac{1}{M}\sum_{i=1}^{M}\left[\hat{A}_i-\hat{E}(\hat{A})\right]^2 \tag{4.8.3}$$

确定方差。

(3) 利用直方图确定概率分布函数。

在产生数据时，首先利用一个可以产生独立 $u(0,1)$ 随机变量的标准伪随机噪声产生器。在 MONTECARLO 中，子程序 RANDOM 调用了 N 次（N 为偶数）RAN 函数。其次利用 Box-Mueller 转换方法把这些独立同分布的随机变量转化成均值为 0、方差为 1 的独立高斯随机变量：

$$w_1=\sqrt{-2\ln u_1}\cos 2\pi u_2$$

$$w_2=\sqrt{-2\ln u_1}\sin 2\pi u_2$$

式中，u_1,u_2 是独立的 $u(0,1)$ 随机变量；w_1,w_2 是独立的 $N(0,1)$ 随机变量。因为每次转换运算都要操作两个随机变量，所以 N 必须为偶数（如果 N 为奇数，则只是增加 1，放弃了额外的随机变量）。仅需要简单地乘以 σ 就可以转化为 $N(0,\sigma^2)$ 随机变量。整个过程由子程序 WGN 实现。接着，A 与 $w(n)$ 相加产生一个时间序列实现 $x[n]$，其中 $n=0,1,\cdots,N-1$。根据这个 $x[n]$ 实现，计算 $\hat{A}$。重复此过程 M 次，得到 M 个 $\hat{A}$ 的实现。

分别根据式(4.8.2) 和式(4.8.3) 求其均值和方差。可使用了方差估计的另外一种形式

$$\hat{\mathrm{var}}(\hat{A})=\frac{1}{M}\sum_{i=1}^{M}\hat{A}_i^2-\left[\hat{E}(\hat{A})\right]^2$$

要求实现的数目 M 必须保证均值和方差的精确估计，它可通过求估计量的方差来确定，因为式(4.8.2) 和式(4.8.3) 只不过是估计量本身。一个简单的方法是不断地增加 M 直到式(4.8.2) 和式(4.8.3) 收敛为止，此时的 M 为所要确定的数目。

最后利用一种估计的 PDF 即直方图来求 $\hat{A}$ 的 PDF。直方图通过求 $\hat{A}$ 落在某指定区间的次数来估计 PDF。然后除以总的实现数目得到概率，再除以区间长度得到 PDF 估计。图 4.6 画出了一个典型直方图，该 PDF 是在区间 $(x_{\min},x_{\max})$ 上估计得到的。每一个子区间 $(x_i-\Delta x/2,x_i+\Delta x/2)$ 称为一个单元。第 i 个单元的值可由下式求出：

$$\hat{p}(x_i)=\frac{L_i/M}{\Delta x}$$

其中 L_i 是落在第 i 个单元内的 x_i 的实现个数。因此 L_i/M 估计出 x_i 落在第 i 个单元的概率，除以 Δx 就得到估计的 PDF。如果把 $\hat{p}(x_i)$ 与 PDF 在单元的中心联系起来，接着在这些点进

行内插，如图 4.6 所示，就可以得到一个连续 PDF 的估计。从这些讨论可以清楚地看出，为了得到好的 PDF 估计，希望单元宽度很小。这是因为估计的不是 PDF $p(x)$，而是

$$\frac{1}{\Delta x}\int_{x_i-\frac{\Delta x}{2}}^{x_i+\frac{\Delta x}{2}} p(x)\,\mathrm{d}x$$

即在整个单元上的平均 PDF。遗憾的是，当单元宽度变小时（单元增多），落进单元的某个实现的概率也相应变小。这会产生变化剧烈的 PDF 估计。同前面一样，一个好的策略是一直加大 M 直到估计的 PDF 出现收敛为止。

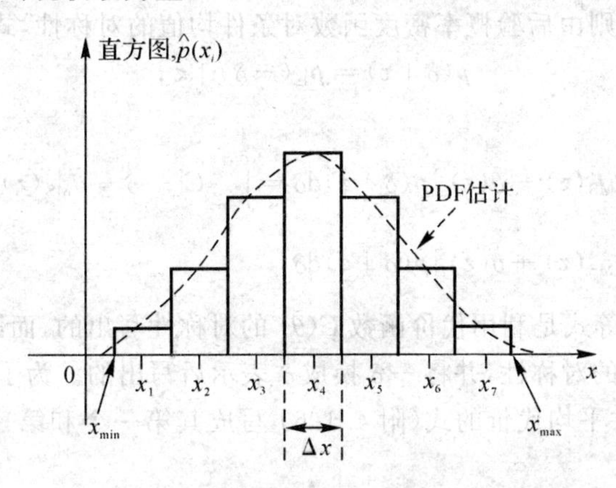

图 4.6　计算机产生数据的直方图

附 4.1　最佳估计量的不变性

在一定条件下，均方估计对一类代价函数是不变的，可分两种情况来进行分析。

情况 1　如果代价函数 $C(\tilde{\theta})$ 是 $\tilde{\theta}$ 的对称、下凸函数，即

$$C(\tilde{\theta}) = C(-\tilde{\theta}) \tag{附 4.1.1}$$

$$C[b\tilde{\theta}_1 + (1-b)\tilde{\theta}_2] \leqslant bC(\tilde{\theta}_1) - (1-b)C(\tilde{\theta}_2),\quad 0 \leqslant b \leqslant 1 \tag{附 4.1.2}$$

且后验概率密度函数 $p(\theta \mid \boldsymbol{z})$ 对称于条件均值，即

$$p\{[\theta - \hat{\theta}_{\mathrm{MS}}(\boldsymbol{z})] \mid \boldsymbol{z}\} = p\{[\hat{\theta}_{\mathrm{MS}}(\boldsymbol{z}) - \theta] \mid \boldsymbol{z}\} \tag{附 4.1.3}$$

则使平均代价最小的估计量 $\hat{\theta}(\boldsymbol{z})$ 等于 $\hat{\theta}_{\mathrm{MS}}(\boldsymbol{z})$。如图 4.7 所示是满足上述约束条件的代价函数和后验概率密度函数的图例。

证明　由代价函数 $C(\tilde{\theta}) = C[\theta - \hat{\theta}(\boldsymbol{z})]$ 的对称性，得条件平均代价

$$\overline{C}(\hat{\theta} \mid \boldsymbol{z}) = E\{C[\theta - \hat{\theta}(\boldsymbol{z})]\} = E\{C[\hat{\theta}(\boldsymbol{z}) - \theta]\} \tag{附 4.1.4}$$

求其对 $\hat{\theta}(\boldsymbol{z})$ 的极小值，就能求得估计量。

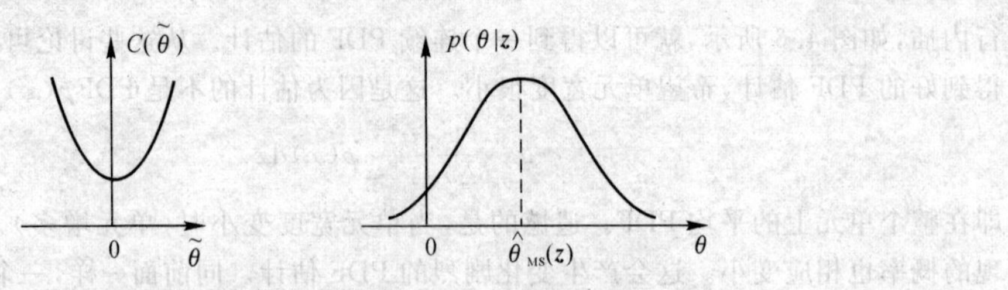

图 4.7　代价函数和后验概率密度函数图例

令 $\delta=\theta-\hat{\theta}_{MS}(z)$，则由后验概率密度函数对条件均值的对称性，式(附 4.1.3) 可以写成

$$p(\delta \mid z)=p[(-\delta) \mid z] \tag{附 4.1.5}$$

而条件平均代价为

$$\bar{C}(\hat{\theta} \mid z)=\int_{-\infty}^{\infty} C[\delta+\hat{\theta}_{MS}(z)-\hat{\theta}(z)]p(\delta \mid z)\mathrm{d}\delta=\int_{-\infty}^{\infty} C[-\delta-\hat{\theta}_{MS}(z)+\hat{\theta}(z)]p(\delta \mid z)\mathrm{d}\delta=$$
$$\int_{-\infty}^{\infty} C[\delta-\hat{\theta}_{MS}(z)+\hat{\theta}(z)]p(\delta \mid z)\mathrm{d}\delta \tag{附 4.1.6}$$

式(附 4.1.6) 的第二个等式是利用代价函数 $C(\tilde{\theta})$ 的对称性写出的，而第三个等式是利用后验概率密度函数 $p(\delta \mid z)$ 的对称性，并将 $-\delta$ 换成 δ 表示后写出的。为了利用代价函数 $C(\tilde{\theta})$ 是下凸函数的特性，把条件平均代价的式(附 4.1.6) 写成其第一个和第三个积分之和的一半的形式，即

$$\bar{C}(\hat{\theta} \mid z)=\frac{1}{2}\int_{-\infty}^{\infty}\{C[\delta+\hat{\theta}_{MS}(z)-\hat{\theta}(z)]+C[\delta-\hat{\theta}_{MS}(z)+\hat{\theta}(z)]\}p(\delta \mid z)\mathrm{d}\delta=$$
$$\int_{-\infty}^{\infty}\left\{\frac{1}{2}C\{\delta+[\hat{\theta}_{MS}(z)-\hat{\theta}(z)]\}+\frac{1}{2}C\{\delta-[\hat{\theta}_{MS}(z)-\hat{\theta}(z)]\}\right\}p(\delta \mid z)\mathrm{d}\delta \geqslant$$
$$\int_{-\infty}^{\infty}C\left\{\frac{1}{2}\{\delta+[\hat{\theta}_{MS}(z)-\hat{\theta}(z)]\}+\frac{1}{2}\{\delta-[\hat{\theta}_{MS}(z)-\hat{\theta}(z)]\}\right\}p(\delta \mid z)\mathrm{d}\delta \tag{附 4.1.7}$$

由式(附 4.1.7) 可见，只有当 $\hat{\theta}(z)=\hat{\theta}_{MS}(z)$ 时，等式成立，这时条件平均代价最小，且为

$$\bar{C}(\hat{\theta} \mid z)=\int_{-\infty}^{\infty}C(\delta)p(\delta \mid z)\mathrm{d}\delta \tag{附 4.1.8}$$

这就证明了最小均方误差估计 $\hat{\theta}_{MS}(z)$ 对于所有满足式(附 4.1.1) 和式(附 4.1.2) 的代价函数及式(附 4.1.3) 的后验概率密度函数都是最佳的估计。

在这种情况下，代价函数的下凸条件把均匀代价函数等一类代价函数排除在外。为了包括非下凸的代价函数，需要进一步的条件。为此，讨论第二种情况。

情况 2　如果代价函数 $C(\tilde{\theta})$ 是 $\tilde{\theta}$ 的对称非减函数，即

$$C(\tilde{\theta})=C(-\tilde{\theta}) \tag{附 4.1.9}$$

$$C(\tilde{\theta}_1)\geqslant C(\tilde{\theta}_2),\quad |\tilde{\theta}_1|\geqslant|\tilde{\theta}_2| \tag{附 4.1.10}$$

而后验概率密度函数 $p(\theta \mid z)$ 是对称于条件均值的单峰函数，即

$$p\{[\theta-\hat{\theta}_{\mathrm{MS}}(z)]\mid z\}=p\{[\hat{\theta}_{\mathrm{MS}}(z)-\theta]\mid z\}\quad(\text{对称})\tag{附 4.1.11}$$

$$p[(\theta-\delta)\mid z]\geqslant[p(\theta+\delta)\mid z],\quad \theta>\hat{\theta}_{\mathrm{MS}}(z),\delta>0\quad(\text{单峰})\tag{附 4.1.12}$$

且当 $\theta\to\infty$ 时，后验概率密度函数很快衰减，即

$$\lim_{\theta\to\infty}C(\theta)p(\theta\mid z)=0\tag{附 4.1.13}$$

则对于这类代价函数平均代价最小的估计 $\hat{\theta}(z)$ 等于最小均方误差估计 $\hat{\theta}_{\mathrm{MS}}(z)$。

证明　令 $\delta=\theta-\hat{\theta}_{\mathrm{MS}}(z)$，则由后验概率密度函数 $p(\theta\mid z)$ 的对称性，得

$$p(\delta\mid z)=p(-\delta\mid z)\tag{附 4.1.14}$$

条件平均代价为

$$\overline{C}(\hat{\theta}\mid z)=\int_{-\infty}^{\infty}C[\theta-\hat{\theta}(z)]p(\theta\mid z)\mathrm{d}\theta=\int_{-\infty}^{\infty}C[\delta+\hat{\theta}_{\mathrm{MS}}(z)-\hat{\theta}(z)]p(\delta\mid z)\mathrm{d}\delta\tag{附 4.1.15}$$

再令 $u=\delta+\hat{\theta}_{\mathrm{MS}}(z)-\hat{\theta}(z)$，则条件平均代价为

$$\overline{C}(\hat{\theta}\mid z)=\int_{-\infty}^{\infty}C(u)p\{[u+\hat{\theta}(z)-\hat{\theta}_{\mathrm{MS}}(z)]\mid z\}\mathrm{d}u\tag{附 4.1.16}$$

而

$$\overline{C}(\hat{\theta}\mid z)-\overline{C}(\hat{\theta}_{\mathrm{MS}}\mid z)=\int_{-\infty}^{\infty}C(u)p\{[u+\hat{\theta}(z)-\hat{\theta}_{\mathrm{MS}}(z)]\mid z\}\mathrm{d}u-\int_{-\infty}^{\infty}C(u)p(u\mid z)\mathrm{d}u\tag{附 4.1.17}$$

利用代价函数和后验概率密度函数的对称性，有

$$\begin{aligned}\int_{-\infty}^{\infty}C(u)p\{[u+\hat{\theta}(z)-\hat{\theta}_{\mathrm{MS}}(z)]\mid z\}\mathrm{d}u=&\int_{0}^{\infty}C(u)p\{[u+\hat{\theta}(z)-\hat{\theta}_{\mathrm{MS}}(z)]\mid z\}\mathrm{d}u+\\&\int_{-\infty}^{0}C(u)p\{[u+\hat{\theta}(z)-\hat{\theta}_{\mathrm{MS}}(z)]\mid z\}\mathrm{d}u=\\&\int_{0}^{\infty}C(u)p\{[u+\hat{\theta}(z)-\hat{\theta}_{\mathrm{MS}}(z)]\mid z\}\mathrm{d}u+\\&\int_{0}^{\infty}C(u)p\{[u-\hat{\theta}(z)+\hat{\theta}_{\mathrm{MS}}(z)]\mid z\}\mathrm{d}u\end{aligned}\tag{附 4.1.18}$$

和

$$\int_{-\infty}^{\infty}C(u)p(u\mid z)\mathrm{d}u=2\int_{0}^{\infty}C(u)p(u\mid z)\mathrm{d}u\tag{附 4.1.19}$$

这样

$$\begin{aligned}\overline{C}(\hat{\theta}\mid z)-\overline{C}(\hat{\theta}_{\mathrm{MS}}\mid z)=&\int_{0}^{\infty}C(u)p\{[u+\hat{\theta}(z)-\hat{\theta}_{\mathrm{MS}}(z)]\mid z\}\mathrm{d}u+\\&\int_{0}^{\infty}C(u)p\{[u-\hat{\theta}(z)+\hat{\theta}_{\mathrm{MS}}(z)]\mid z\}\mathrm{d}u-2\int_{0}^{\infty}C(u)p(u\mid z)\mathrm{d}u\end{aligned}\tag{附 4.1.20}$$

应用分部积分方法，式(附 4.1.20) 可写成

$$\overline{C}(\hat{\theta} \mid z)-\overline{C}(\hat{\theta}_{\mathrm{MS}} \mid z)=C(u)\int_{0}^{u}\{p\{[v+\hat{\theta}(z)-\hat{\theta}_{\mathrm{MS}}(z)] \mid z\}+ p\{[v-\hat{\theta}(z)+\hat{\theta}_{\mathrm{MS}}(z)] \mid z\}-2p(v \mid z)\}\,\mathrm{d}u\Big|_{u=0}^{u=\infty}- \int_{0}^{\infty}\frac{\mathrm{d}}{\mathrm{d}u}C(u)\int_{0}^{u}\{p\{[v+\hat{\theta}(z)-\hat{\theta}_{\mathrm{MS}}(z)] \mid z\}+ p\{[v-\hat{\theta}(z)+\hat{\theta}_{\mathrm{MS}}(z)] \mid z\}-2p(v \mid z)\}\,\mathrm{d}v\mathrm{d}u \tag{附 4.1.21}$$

利用后验概率密度函数的对称性，并进行变量代换，式(附 4.1.21) 中概率积分可分别表示为

$$\int_{0}^{u}p\{[v+\hat{\theta}(z)-\hat{\theta}_{\mathrm{MS}}(z)] \mid z\}\mathrm{d}v=\int_{\tilde{\theta}}^{u+\tilde{\theta}}p(v \mid z)\mathrm{d}v \tag{附 4.1.22}$$

$$\int_{0}^{u}p\{[v-\hat{\theta}(z)+\hat{\theta}_{\mathrm{MS}}(z)] \mid z\}\mathrm{d}v=\int_{-\tilde{\theta}}^{u-\tilde{\theta}}p(v \mid z)\mathrm{d}v \tag{附 4.1.23}$$

$$2\int_{0}^{u}p(v \mid z)\mathrm{d}v=\int_{-u}^{u}p(v \mid z)\mathrm{d}v \tag{附 4.1.24}$$

其中

$$\tilde{\theta}=\hat{\theta}(z)-\hat{\theta}_{\mathrm{MS}}(z) \tag{附 4.1.25}$$

显然，$p(v \mid z)$ 是对称于坐标原点的单峰概率密度函数。

这样

$$\overline{C}(\hat{\theta} \mid z)-\overline{C}(\hat{\theta}_{\mathrm{MS}} \mid z)=C(u)\left\{\int_{\tilde{\theta}}^{u+\tilde{\theta}}p(v \mid z)\mathrm{d}v+\int_{-\tilde{\theta}}^{u-\tilde{\theta}}p(v \mid z)\mathrm{d}v-\int_{-u}^{u}p(v \mid z)\mathrm{d}v\right\}\Bigg|_{u=0}^{u=\infty}- \int_{0}^{\infty}\frac{\mathrm{d}}{\mathrm{d}u}C(u)\left\{\int_{\tilde{\theta}}^{u+\tilde{\theta}}p(v \mid z)\mathrm{d}v+\int_{-\tilde{\theta}}^{u-\tilde{\theta}}p(v \mid z)\mathrm{d}v-\int_{-u}^{u}p(v \mid z)\mathrm{d}v\right\}\mathrm{d}u \tag{附 4.1.26}$$

根据式(附 4.1.13)，或者根据 $p(v \mid z)$ 对称于坐标原点，且具有单峰特性，用作图容易证明：式(附 4.1.26) 中的第一项为零。现在考查第二项，分 $\tilde{\theta}=\hat{\theta}(z)-\hat{\theta}_{\mathrm{MS}}(z)$ 大于零和小于零两种情况。

当 $\tilde{\theta}=\hat{\theta}(z)-\hat{\theta}_{\mathrm{MS}}(z)>0$ 时，根据 $p(v \mid z)$ 是对称于坐标原点的单峰函数的特性，用作图法能够证明，其中的内积分项始终满足

$$\int_{\tilde{\theta}}^{u+\tilde{\theta}}p(v \mid z)\mathrm{d}v+\int_{-\tilde{\theta}}^{u-\tilde{\theta}}p(v \mid z)\mathrm{d}v-\int_{-u}^{u}p(v \mid z)\mathrm{d}v<0 \tag{附 4.1.27}$$

而根据代价函数 $C(\tilde{\theta})$ 的对称非减函数特性，在 $\tilde{\theta}>0$ 时，有

$$\frac{\mathrm{d}}{\mathrm{d}\theta}[C(\tilde{\theta})]\geqslant 0,\quad \tilde{\theta}>0 \tag{附 4.1.28}$$

这样，在 $\tilde{\theta}=\hat{\theta}(z)-\hat{\theta}_{\mathrm{MS}}(z)>0$ 时，始终有

$$\bar{C}(\hat{\theta} \mid z) - \bar{C}(\hat{\theta}_{\mathrm{MS}} \mid z) > 0 \tag{附 4.1.29}$$

类似地，当 $\tilde{\theta} = \hat{\theta}(z) - \hat{\theta}_{\mathrm{MS}}(z) < 0$ 时，可得

$$\int_{\tilde{\theta}}^{u+\tilde{\theta}} p(v \mid z)\mathrm{d}v + \int_{-\tilde{\theta}}^{u-\tilde{\theta}} p(v \mid z)\mathrm{d}v - \int_{-u}^{u} p(v \mid z)\mathrm{d}v > 0 \tag{附 4.1.30}$$

和

$$\frac{\mathrm{d}}{\mathrm{d}\theta}[C(\tilde{\theta})] \leqslant 0, \quad \tilde{\theta} < 0 \tag{附 4.1.31}$$

因而始终有

$$\bar{C}(\hat{\theta} \mid z) - \bar{C}(\hat{\theta}_{\mathrm{MS}} \mid z) > 0 \tag{附 4.1.32}$$

可见只有当 $\hat{\theta}(z) = \hat{\theta}_{\mathrm{MS}}(z)$ 时才能使 $C(\tilde{\theta})$ 极小化，从而完成了这种情况的证明。

对上述两种情况的分析表明，在较宽的条件下，保证平均代价最小的最佳估计不随代价函数的不同选择而改变。也就是说，在相当宽的一类代价函数下，最小均方误差估计都是使平均代价最小的贝叶斯估计。

本 章 习 题

4.1　一随机参数 θ 通过对另一随机变量 z 来观测，已知

$$p(z \mid \theta) = \begin{cases} \theta \mathrm{e}^{-\theta z}, & z \geqslant 0, \theta > 0 \\ 0, & \theta < 0 \end{cases}$$

假定 θ 的先验密度为

$$p(\theta) = \begin{cases} \dfrac{l^n}{\Gamma(n)} \mathrm{e}^{-\theta l} \theta^{n-1}, & \theta \geqslant 0 \\ 0, & \theta < 0 \end{cases}$$

试求 $\hat{\theta}_{\mathrm{MAP}}$ 与 $\hat{\theta}_{\mathrm{MS}}$，并求 $E\{[\theta - \hat{\theta}_{\mathrm{MS}}]^2\}$。

4.2　通过一次观测 z 来估计信号的参量 θ。已知

$$p(\theta) = 2\exp(-2\theta), \quad \theta \geqslant 0$$
$$p(z \mid \theta) = \theta \exp(-z\theta), \quad \theta \geqslant 0, z \geqslant 0$$

(1) 求估计量 $\hat{\theta}_{\mathrm{MS}}(z)$ 和 $\hat{\theta}_{\mathrm{MAP}}(z)$。

(2) 若 $z = 2$，求相应的估计值；若 $z = 4$，求相应的估计值。

4.3　给定独立观测序列 $z_1, z_2, \cdots, z_N$，具有均值 m，方差 σ^2。

(1) 问取样平均

$$\mu = \frac{1}{N} \sum_{i=1}^{N} z_i$$

是否为 m 的无偏估计？μ 的方差是什么？

(2) 可以找出方差的估计为

$$V=\frac{1}{N}\sum_{i=1}^{N}[z_i-\mu]^2$$

问这是否为 σ^2 的无偏估计？试求它的方差。

4.4　若观测方程为

$$z_k=h_k\theta+n_k,\quad k=1,2,\cdots,N$$

其中 θ 是方差为 σ_θ^2 的零均值高斯随机变量；n_k 是方差为 σ_n^2 的零均值高斯白噪声。

(1) 求 θ 的最小均方误差估计 $\hat{\theta}_{\mathrm{MS}}(\boldsymbol{z})$ 和最大后验概率估计 $\hat{\theta}_{\mathrm{MAP}}(\boldsymbol{z})$，并考查其主要性能。

(2) 如果 θ 具有瑞利分布，即

$$p(\theta)=\begin{cases}\dfrac{\theta}{\sigma_\theta^2}\exp\left(-\dfrac{\theta^2}{2\sigma_\theta^2}\right), & \theta\geqslant 0\\ 0, & \theta<0\end{cases}$$

求 θ 的最大后验概率估计 $\hat{\theta}_{\mathrm{MAP}}(\boldsymbol{z})$。

4.5　设有高斯变量，均值为 m，方差为 σ^2。今有 N 个独立的观测值 z_i，$i=1\cdots N$，若方差未知，求 σ_{ML}^2。问是否为无偏估计？是否为有效估计？此估计的方差是什么？

4.6　设观测为

$$z=\theta_1+\theta_2$$

其中 θ_1 与 θ_2 独立，且按瑞利分布，参数为 σ_1^2 与 σ_2^2。求 θ_1 的最大后验估计与最小均方估计。

4.7　若随机参量 λ 是通过另一个随机参量 r 来观测的。现已知

$$p(r\mid\lambda)=\begin{cases}\lambda\mathrm{e}^{-\lambda r}, & r\geqslant 0,\lambda\geqslant 0\\ 0, & \lambda<0\end{cases}$$

假定 λ 的先验概率密度函数为

$$p(\lambda)=\begin{cases}\dfrac{l^n}{\Gamma(n)}\lambda^{n-1}\mathrm{e}^{-l\lambda}, & \lambda\geqslant 0\\ 0, & \lambda<0\end{cases}$$

式中，l 为常数。

(1) 分别求 λ 的估计量 $\hat{\lambda}_{\mathrm{MS}}(r)$ 和 $\hat{\lambda}_{\mathrm{MAP}}(r)$。

(2) 分别求估计量 $\hat{\lambda}_{\mathrm{MS}}(r)$ 和 $\hat{\lambda}_{\mathrm{MAP}}(r)$ 的均方误差。

4.8　设通过两个独立的观测通道来观测随机参数 θ：

$$z_1=\theta+n_1$$
$$z_2=\theta+n_2$$

θ 为零均值、方差为 σ_θ^2 的高斯分布，又

$$p(n_i)=\frac{1}{\sqrt{2\pi}\,\sigma_i}\exp\left(-\frac{n_i^2}{2\sigma_i^2}\right)$$

试求作为 z_1 与 z_2 的函数的 $\hat{\theta}_{MS}$ 与 $\hat{\theta}_{MAP}$，并求均方误差。

4.9　若观测方程为

$$z_k = \frac{\theta}{2} + n_k, \quad k = 1, 2, \cdots, N$$

式中，n_k 是方差为 1 的零均值高斯白噪声。

(1) 求 θ 的最大似然估计量 $\hat{\theta}_{ML}(z)$。

(2) 若已知 θ 的先验概率密度函数为

$$p(\theta) = \begin{cases} \dfrac{1}{4}\exp\left(-\dfrac{\theta}{4}\right), & \theta \geqslant 0 \\ 0, & \theta < 0 \end{cases}$$

求 θ 的最大后验概率估计量 $\hat{\theta}_{MAP}(z)$。

(3) 作出 $\hat{\theta}_{ML}(z)$ 和 $\hat{\theta}_{MAP}(z)$ 与观测量的关系曲线，并加以比较。

4.10　设目标的加速度 a 是通过测量位移来估计的。若观测方程为

$$z_k = ak^2 + n_k, \quad k = 1, 2, \cdots$$

已经知道，n_k 是方差为 σ_n^2 的零均值高斯噪声，且 $E(n_j n_k) = 0, j \neq k, E(an_k) = 0$。

(1) 根据两个观测样本：

$$z_1 = a + n_1$$
$$z_2 = 4a + n_2$$

证明加速度 a 的最大似然估计量为

$$\hat{a}_{ML}(z) = \frac{1}{17}z_1 + \frac{4}{17}z_2$$

并求估计的均方误差。

(2) 如果 a 假定为方差为 σ_a^2 的零均值高斯随机变量，且 $\sigma_a^2 = \sigma_n^2$。利用同样的两个观测样本，证明加速度 a 的最大后验概率估计量为

$$\hat{a}_{MAP}(z) = \frac{1}{18}z_1 + \frac{4}{18}z_2$$

并求估计的均方误差。比较两种估计的结果。

4.11　若观测方程为

$$z = \theta_1 + \theta_2$$

式中，θ_1 和 θ_2 是独立的，分别具有参量 σ_1^2 和 σ_2^2 的瑞利分布。求 θ_1 的最大后验概率估计量 $\hat{\theta}_{1MAP}(z)$ 和最大似然估计量 $\hat{\theta}_{1ML}(z)$。

4.12　对数-正态分布常用来表征无规则形状的大金属目标雷达截面积的概率密度函数和海杂波的概率密度函数，其表示式为

$$p(z \mid m, \sigma) = \frac{1}{\sqrt{2\pi}\,\sigma z}\exp\left[-\frac{1}{2\sigma^2}\ln^2\left(\frac{z}{m}\right)\right], \quad z > 0, m > 0$$

式中，m 是 z 的中位数（中值），σ 是 $\ln z$ 的标准差。一个重要参量是 z 的均值与中值之比：

$$\rho=\frac{E(z)}{m}=\exp\left(\frac{\sigma^2}{2}\right)$$

假定有变量 z 的 N 个独立样本 z_k。证明参量 m 和 ρ 的最大似然估计量分别为

$$\hat{m}_{\mathrm{ML}}(\boldsymbol{z})=\left(\prod_{k=1}^{N}z_k\right)^{1/N}$$

$$\hat{\rho}_{\mathrm{ML}}(\boldsymbol{z})=\left[\prod_{k=1}^{N}\left(\frac{z_k}{\hat{m}_{\mathrm{ML}}(\boldsymbol{z})}\right)^{\ln\frac{z_k}{\hat{m}_{\mathrm{ML}}(z)}}\right]^{1/2N}$$

4.13　众所周知，高斯（正态）分布是一种重要的分布。现根据高斯分布的 N 个独立样本 z_k，请估计其均值 μ 和方差 σ^2，并考查其主要性能。

（1）方差 σ^2 已知，估计均值 μ。

（2）均值 μ 已知，估计方差 σ^2。

（3）均值 μ 和方差 σ^2 均未知，同时估计 μ 和 σ^2。

4.14　在多参量同时最大似然估计中，若 $\hat{\theta}_i(z)$ 是参量 θ_i 的任意无偏估计，证明

$$E\left\{[\theta_i-\hat{\theta}_i(z)]\frac{\partial\ln p(z\mid\theta)}{\partial\theta_j}\right\}=-\delta_{ij}$$

4.15　电压 v（单位为 V）具有概率密度函数

$$p(v)=\left(\frac{1}{8\pi}\right)^{1/2}\exp\left(-\frac{v^2}{8}\right)$$

（1）由精密仪表测得两次观测值为 z_1 和 z_2，它们是电压真值与方差为 $\sigma_n^2=2v^2$ 的零均值噪声之和。噪声采样是不相关的，也与电压不相关。求电压 v 的线性最小均方误差估计量 $\hat{v}_{\mathrm{LMS}}(\boldsymbol{z})$。

（2）由普通仪表测得四次观测值为 z_1,z_2,z_3 和 z_4，但噪声具有较大的方差 $\sigma_n^2=4v^2$。求电压 v 的线性最小均方误差估计量 $\hat{v}_{\mathrm{LMS}}(\boldsymbol{z})$。

（3）将两种估计结果进行比较。

4.16　设参量 θ 以等概率取$(-2,-1,0,1,2)$诸值；噪声 n 以等概率取$(-1,0,1)$诸值，且参量与噪声不相关，噪声采样也不相关。若观测方程为

$$z_k=\theta+n_k,\quad k=1,2$$

试根据两次观测数据求参量 θ 的线性最小均方误差估计量 $\hat{\theta}_{\mathrm{LMS}}(z)$ 和估计的均方误差。

4.17　若噪声采样 n_k 是相关的，且

$$n_k=\rho n_{k-1}+w_k,\quad |\rho|\leqslant 1$$

其中 w_k 为白噪声序列，其二阶矩为

$$E(w_k)=0,\quad E(w_jw_k)=\sigma_w^2\delta_{jk}$$

（1）证明噪声 n_k 的前二阶矩为

$$E(n_k)=0,\quad E(n_jn_k)=\rho^{|k-j|}\sigma_n^2$$

(2) 证明

$$\sigma_n^2=\frac{\sigma_w^2}{1-\rho^2}$$

4.18　单参量 θ 的最小二乘估计中,若观测方程为

$$z_k=h_k\theta+n_k,\quad k=1,2,\dots N$$

(1) 证明 θ 的最小二乘估计量为

$$\hat{\theta}_{\mathrm{LS}}(\boldsymbol{z})=\frac{1}{\sum\limits_{k=1}^{N}h_k^2}\sum_{k=1}^{N}h_kz_k$$

(2) 若各次观测噪声 n_k 的统计特性为

$$E(n_k)=0,\quad E(n_jn_k)=\sigma_n^2\delta_{jk},\quad E(\theta n_k)=0$$

证明估计量的均方误差为

$$E\{[\theta-\hat{\theta}_{\mathrm{LS}}(\boldsymbol{z})]^2\}=\frac{1}{\sum\limits_{k=1}^{N}h_k^2}\sigma_n^2$$

(3) 如果观测噪声 n_k 的统计特性为

$$E(n_k)=0,\quad E(n_jn_k)=\sigma_{jk}^2,\quad E(\theta n_k)=0$$

应如何求估计量的均方误差?

4.19　若对未知参量 θ 进行了六次测量,测量结果如下:

$$\begin{bmatrix}3\\5\\4\\15\\11\\13\end{bmatrix}=\begin{bmatrix}2\\2\\2\\4\\4\\4\end{bmatrix}\theta+n$$

设初始值分别为

$$\hat{\theta}_{\mathrm{LS}(0)}(z)=0,\quad P_0=\infty$$

试用递推估计求 θ 的最小二乘估计量 $\hat{\theta}_{\mathrm{LS}(k)}$ 和 $P_k,k=1,2,\cdots,6$;并将结果与非递推算法求得的结果进行比较。

4.20　设观测信号为

$$z(t)=s(t)+n(t)$$

其中 $n(t)$ 是功率谱密度为 $G_n(\omega)=\dfrac{N_0}{2}$ 的高斯白噪声。若信号 $s(t)$ 如题图 4.20 所示,求信号 $s(t)$ 到达时间最大似然无偏估计的最小均方误差。

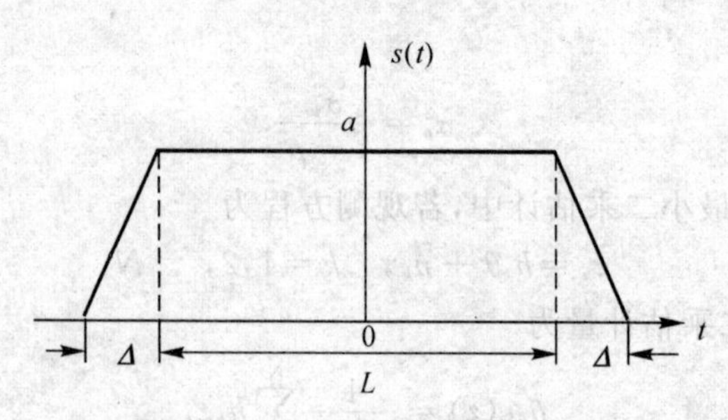

题图 4.20 梯形信号 $s(t)$ 的图形

4.21 考虑如下的观测信号

$$z(t)=B\cos(\omega_2 t+\theta)+n(t),\quad 0\leqslant t\leqslant T$$

其中 $n(t)$ 是高斯白噪声。B 为已知常数；θ 在$(-\pi,\pi)$上均匀分布；ω_2 未知。如果对相位 θ 平均之后利用最大似然估计原理估计频率 ω_2，那么估计频率的接收机的结构如何？

4.22 考虑观测信号

$$z(t)=A\cos\omega_1 t+B\cos(\omega_2 t+\theta)+n(t),\quad 0\leqslant t\leqslant T$$

其中 $n(t)$ 是高斯白噪声。假设信号参量 A,B 和 ω_1 已知；θ 在$(-\pi,\pi)$上均匀分布。为了获得频率 ω_2 的最大似然估计量，问估计频率 ω_2 的接收机的结构形式。

4.23 考虑观测信号

$$z(t)=A\cos(\omega_1 t+\theta_1)+B\cos(\omega_2 t+\theta_2)+n(t),\quad 0\leqslant t\leqslant T$$

其中 $n(t)$ 是高斯白噪声。信号参量 A 和 B 已知；相位 θ_1 和 θ_2 是统计独立并在$(-\pi,\pi)$上均匀分布。设

$$\int_0^T\cos(\omega_1 t+\theta_1)\cos(\omega_2 t+\theta_2)\mathrm{d}t=0$$

为了同时获得频率 ω_1 和 ω_2 的最大似然估计量，估计频率的接收机应怎样构成？

第5章 信号波形估计

5.1 引 言

第4章讨论了信号参数的统计估计问题。对于随机参数和非随机未知参数，根据先验知识掌握的程度，讨论了相应的最佳估计准则和估计方法，并研究了估计量的性质及误差界。在前面的讨论中，都假定待估计参数在观测时间$(0,T)$内是不变的，因而属于静态估计。然而在实际问题中，例如模拟通信、图像处理、雷达目标跟踪等，往往需要对随时间变化的参数进行估计，这就是信号波形的估计问题，在离散情况下也称为信号状态的估计。信号波形(状态)估计理论又称为状态滤波，本章将重点讨论维纳滤波和卡尔曼滤波。

在信号波形估计的讨论中，主要采用线性最小均方误差准则，因此正交原理将得到充分的应用。同时，随机噪声认为是加性噪声干扰，且只用观测噪声和状态噪声的前二阶矩。

下面介绍这种算法的原理。同前，设观测方程可以表示为

$$z(t)=s(t)+n(t),\quad 0\leqslant t\leqslant T$$

式中，$n(t)$是观测噪声。将观测信号$z(t)$输入到波形估计滤波器，其输出就是$s(t)$或与$s(t)$有关的波形的估计。按照对估计的不同要求，可把波形估计按获得估计值结果的时间分为如下三种情况：

① 如果由$z(t)$得到$s(t)$的估计$\hat{s}(t)$，则称这种估计为滤波；

② 如果由$z(t)$得到$s(t+\alpha),\alpha>0$的估计$\hat{s}(t+\alpha)$，则称这种估计为预测(外推)；

③ 对任意的$t\in(0,T)$，由$z(t)$得到$s(t+\alpha),\alpha<0$的估计$\hat{s}(t+\alpha),\alpha<0$，则称这种估计为平滑(内插)。

实际上，除了上述三种基本波形估计外，还可以有其他形式的波形估计，如待估计的波形是$s(t)$的导数$\dot{s}(t)$等。

下面通过几个例子讨论对平稳随机波形的估计问题，以说明信号波形估计的基本概念。

例5.1 设信号$s(t)$是均值为零的平稳随机过程。根据现在值$s(t)$进行预测，求$s(t+\alpha),\alpha>0$的估计$\hat{s}(t+\alpha),\alpha>0$。

解 按题意对$s(t+\alpha),\alpha>0$作线性最小均方误差估计。

设

$$\hat{s}(t+\alpha)=as(t)$$

选择适当的系数a，使得

$$E\{[s(t+\alpha)-\hat{s}(t+\alpha)]^2\}$$

最小。

根据正交原理，使上式满足的条件是估计误差与观测信号正交，即

$$E\{[s(t+\alpha)-as(t)]s(t)\}=0$$

于是得到

$$a=\frac{R_s(\alpha)}{R_s(0)}$$

式中，$R_s(\alpha)$ 是信号波形 $s(t)$ 的自相关函数。这样其估计值可表示为

$$\hat{s}(t+\alpha)=\frac{R_s(\alpha)}{R_s(0)}s(t)$$

估计误差的方差为

$$\operatorname{var}\{\tilde{s}(t+\alpha)\}=E\left\{\left[s(t+\alpha)-\frac{R_s(\alpha)}{R_s(0)}s(t)\right]^2\right\}=E\left\{\left[s(t+\alpha)-\frac{R_s(\alpha)}{R_s(0)}s(t)\right]s(t+\alpha)\right\}=R_s(0)-\frac{R_s^2(\alpha)}{R_s(0)}$$

例 5.2　设 $s(t)$ 是均值为零的平稳随机过程，请用 $s(t)$ 及其导数 $\dot{s}(t)$ 对 $s(t+\alpha)$，$\alpha>0$ 进行预测。

解　现有两个观测信号(数据) $s(t)$ 及 $\dot{s}(t)$，因此 $\hat{s}(t+\alpha)$ 可构造为

$$\hat{s}(t+\alpha)=as(t)+b\dot{s}(t)$$

利用线性最小均方误差估计的正交性原理，有

$$\begin{cases}E\{[s(t+\alpha)-as(t)-b\dot{s}(t)]s(t)\}=0\\E\{[s(t+\alpha)-as(t)-b\dot{s}(t)]\dot{s}(t)\}=0\end{cases}$$

由于 $R_{\dot{s}s}(\alpha)=-R_{s\dot{s}}(\alpha)$（见第 1 章：互相关矩性质），因此有

$$\begin{cases}R_s(\alpha)-aR_s(0)+bR_{\dot{s}s}(0)=0\\-R_{s\dot{s}}(\alpha)+aR_{\dot{s}s}(0)+bR_{\dot{s}}(0)=0\end{cases}$$

考虑到

$$R_{\dot{s}s}(\alpha)\big|_{\alpha=0}=0$$

所以可解得

$$a=\frac{R_s(\alpha)}{R_s(0)},\quad b=\frac{R_{\dot{s}s}(\alpha)}{R_{\dot{s}}(0)}$$

于是有

$$\hat{s}(t+\alpha)=\frac{R_s(\alpha)}{R_s(0)}s(t)+\frac{R_{\dot{s}s}(\alpha)}{R_{\dot{s}}(0)}\dot{s}(t)$$

估计误差的方差为

$$\operatorname{var}\{\tilde{s}(t+\alpha)\}=E\left\{\left[s(t+\alpha)-\frac{R_s(\alpha)}{R_s(0)}s(t)-\frac{R_{\dot{s}s}(\alpha)}{R_{\dot{s}}(0)}\dot{s}(t)\right]s(t+\alpha)\right\}=R_s(0)-\frac{R_s^2(\alpha)}{R_s(0)}+\frac{R_{\dot{s}s}^2(\alpha)}{R_{\dot{s}}(0)}$$

例 5.3　考虑平滑问题，已知观测波形在两个端点的数据 $s(0)$ 和 $s(T)$，估计 $(0,T)$ 区间内

任意时刻 t 的信号 $s(t)$。

解　现已知 $s(0)$ 和 $s(T)$，因此 $s(t)$ 的估计 $\hat{s}(t)$ 应为

$$\hat{s}(t)=as(0)+bs(T),\quad t\in(0,T)$$

根据线性最小均方误差估计的正交性原理，有

$$\begin{cases}E\{[s(t)-as(0)-bs(T)]s(0)\}=0\\E\{[s(t)-as(0)-bs(T)]s(T)\}=0\end{cases}$$

即

$$\begin{cases}R_s(t)-aR_s(0)-bR_s(T)=0\\R_s(T-t)-aR_s(T)-bR_s(0)=0\end{cases}$$

解联立方程，得

$$a=\frac{R_s(0)R_s(t)-R_s(T)R_s(T-t)}{R_s^2(0)-R_s^2(T)}$$

$$b=\frac{R_s(0)R_s(T-t)-R_s(t)R_s(T)}{R_s^2(0)-R_s^2(T)}$$

将 a,b 代入 $\hat{s}(t)=as(0)+bs(T)$，就得到平滑估计 $\hat{s}(t)$ 的结果，估计误差的方差为

$$\mathrm{var}\{\tilde{s}(t)\}=E\{[s(t)-as(0)-bs(T)]s(t)\}=R_s(0)-aR_s(t)-bR_s(T-t)$$

式中系数 a,b 如前。

5.2　平稳过程的估计——维纳滤波

为了便于分析，可以用 $g(t)$ 表示待估计的信号波形，即 $g(t)$ 可以是 $s(t)$，$s(t+\alpha)$（$\alpha>0$ 或 $\alpha<0$），也可以是 $s(t)$ 的其他函数，如 $\dot{s}(t)$ 等。

设观测信号波形为

$$z(t)=s(t)+n(t),\quad 0\leqslant t\leqslant T \tag{5.2.1}$$

现在的工作就是根据 $z(t)$，采用线性最小均方误差准则，对 $g(t)$ 估计，以获得波形估计结果 $\hat{g}(t)$。

假定过程 $g(t)$ 和 $z(t)$ 的均值为零，这对于平稳随机过程而言，不失问题的一般性。这样，$g(t)$ 的最佳线性估计可以表示成

$$\hat{g}(t)=\lim_{\substack{\Delta u\to 0\\ N\Delta u=T}}\sum_{k=1}^{N}h(t,u_k)z(u_k)\Delta u \tag{5.2.2}$$

或写成积分形式

$$\hat{g}(t)=\int_0^T h(t,u)z(u)\mathrm{d}u \tag{5.2.3}$$

式中，$z(u_k)$ 是 $t=k$ 时 $z(t)$ 的采样；$h(t,u_k)\Delta u$ 是加权系数，它是 t 与 u_k 的待定函数。式

(5.2.3) 说明，某时刻 t 的估计 $\hat{g}(t)$ 是由 $z(u_k)$ 的线性加权组合构成的，加权系数就是 $h(t,u_k)\Delta u$。如果将加权系数看成是滤波器的脉冲响应，则最佳波形估计器就是时变滤波器，其输入为 $z(t)$，输出为 $g(t)$。

为了使估计的均方误差最小，需要寻求最佳的加权系数 $h(t,u_k)\Delta u$ 或者最佳线性时变滤波器的脉冲响应 $h(t,u)$。为此，利用估计误差与观测数据的正交原理，有

$$E\left\{\left[g(t)-\lim_{\substack{\Delta u\to 0\\ N\Delta u=T}}\sum_{k=1}^{N}h(t,u_k)z(u_k)\Delta u\right]z(\tau)\right\}=0,\quad 0\leqslant\tau\leqslant T \tag{5.2.4}$$

或

$$E\left\{\left[g(t)-\int_0^T h(t,u)z(u)\mathrm{d}u\right]z(\tau)\right\}=0,\quad 0\leqslant\tau\leqslant T \tag{5.2.5}$$

用相关函数表示式(5.2.5)，得

$$R_{gz}(t,\tau)=\int_0^T h(t,u)R_z(u,\tau)\mathrm{d}u,\quad 0\leqslant\tau\leqslant T \tag{5.2.6}$$

此式就是使线性均方估计误差达到最小的滤波器的脉冲响应 $h(t,u)$ 应满足的积分方程。

估计的均方误差就是估计误差的方差，为

$$\mathrm{var}[\tilde{g}(t)]=E\left\{\left[g(t)-\int_0^T h(t,u)z(u)\mathrm{d}u\right]g(t)\right\}=R_g(t,t)-\int_0^T h(t,u)R_{gz}(t,u)\mathrm{d}u \tag{5.2.7}$$

5.2.1 积分方程的建立

从前面的分析看到，求滤波器的脉冲响应 $h(t,u)$ 需要解式(5.2.6) 所示的积分方程，这是很困难的。为了得到简明实用的结果，需要对随机过程 $z(t)$ 和 $g(t)$ 的统计特性作某些假设。假设 $z(t)$ 和 $g(t)$ 都是平稳随机过程，而且两者是联合平稳的。这就等于规定了观测时间从 $t=-\infty$ 就开始了，而系统(滤波器) 也必然与时间无关，是时不变的。如果再只考虑因果系统，即滤波器在构造估计量的过程中只能利用时间 t 及 t 以前的数据。这样，在上述条件下，式(5.2.3) 滤波器输出的估计 $\hat{g}(t)$ 可以表示为

$$\hat{g}(t)=\int_{-\infty}^{t}h(t-u)z(u)\mathrm{d}u \tag{5.2.8}$$

同样，式(5.2.6) 变为

$$R_{gz}(t-\tau)=\int_{-\infty}^{t}h(t-u)R_z(u-\tau)\mathrm{d}u,\quad -\infty<\tau<t \tag{5.2.9}$$

令 $t-\tau=\eta, t-u=\lambda$，代入式(5.2.9) 得

$$R_{gz}(\eta)=\int_0^{\infty}h(\lambda)R_z(\eta-\lambda)\mathrm{d}\lambda,\quad 0<\eta<\infty \tag{5.2.10}$$

这就是通常所称的维纳-霍夫(Wiener - Hopf) 积分方程，是波形线性最小均方误差估计

的维纳滤波器脉冲响应 $h(t)$ 所必须满足的方程式。

与此同时，在上述条件下，由式(5.2.7) 估计误差的方差可以表示为

$$\operatorname{var}[\tilde{g}(t)] = R_g(0) - \int_0^{\infty} h(\lambda) R_{gz}(\lambda) \mathrm{d}\lambda \tag{5.2.11}$$

下面将讨论维纳-霍夫积分方程的求解问题。

5.2.2　非因果关系积分方程求解

为了求出维纳滤波器的脉冲响应 $h(t)$，必须解式(5.2.10)。求解的主要困难是参变量 η 被限制在正半轴上，即 $0<\eta<\infty$。如果取消对 η 的限制，即若 $-\infty<\eta<\infty$，则维纳-霍夫积分方程变为

$$R_{gz}(\eta) = \int_0^{\infty} h(\lambda) R_z(\eta - \lambda) \mathrm{d}\lambda, \quad -\infty < \eta < \infty \tag{5.2.12}$$

这个滤波方程式相当于观测时间和脉冲响应时间包括整个时间轴，即 $-\infty<t<\infty$，解出来的是非因果滤波器的 $h(t)$，也就是说滤波器是物理不可实现的。但这时的均方误差达到最小，为性能的比较提供了度量标准，因此其解还是有意义的。另外，如果用计算机进行处理，只要存储足够多的数据，给出非实时的估计，还是可以实现的，因为此时不一定要求 $h(t)$ 要有因果关系。

式(5.2.12) 是一个卷积积分式子，因此很容易在频域求解。对等式两边进行傅里叶变换，得

$$G_{gz}(\omega) = H(\omega) G_z(\omega) \tag{5.2.13}$$

故最佳滤波器的传输函数为

$$H(\omega) = \frac{G_{gz}(\omega)}{G_z(\omega)} \tag{5.2.14}$$

估计的均方误差为

$$\operatorname{var}[\tilde{g}(t)] = R_g(0) - \int_{-\infty}^{\infty} h(\lambda) R_{gz}(\lambda) \mathrm{d}\lambda \tag{5.2.15}$$

为了获得用功率谱形式表示的均方误差，令

$$y(\tau) = R_g(\tau) - \int_{-\infty}^{\infty} h(\lambda) R_{yg}(\tau - \lambda) \mathrm{d}\lambda \tag{5.2.16}$$

对式(5.2.16) 两边进行傅里叶变换，得

$$Y(\omega) = G_g(\omega) - H(\omega) G_{yg}(\omega) \tag{5.2.17}$$

其中 $Y(\omega)$ 是 $y(\tau)$ 的傅里叶变换，即

$$y(\tau) = \frac{1}{2\pi} \int_{-\infty}^{\infty} Y(\omega) \mathrm{e}^{\mathrm{j}\omega\tau} \mathrm{d}\omega \tag{5.2.18}$$

将式(5.2.16) 与式(5.2.15) 比较，看到

$$\mathrm{var}[\tilde{g}(t)] = y(0) = \frac{1}{2\pi}\int_{-\infty}^{\infty} Y(\omega)\mathrm{d}\omega \tag{5.2.19}$$

将式(5.2.17)代入式(5.2.19),再利用式(5.2.14),得

$$\mathrm{var}[\tilde{g}(t)] = \frac{1}{2\pi}\int_{-\infty}^{\infty} \frac{G_g(\omega)G_z(\omega) - G_{gz}(\omega)G_{zg}(\omega)}{G_z(\omega)}\mathrm{d}\omega \tag{5.2.20}$$

如果待估计的波形是信号本身,即 $g(t)=s(t)$,且 $s(t)$ 与相加噪声 $n(t)$ 是统计独立的,即 $G_{sn}(\omega)=0$,这时 $G_{zs}(\omega)=G_s(\omega)$,$G_z(\omega)=G_s(\omega)+G_n(\omega)$。代入式(5.2.14)和式(5.2.20),得

$$H(\omega) = \frac{G_s(\omega)}{G_s(\omega)+G_n(\omega)} \tag{5.2.21}$$

$$\mathrm{var}[\tilde{g}(t)] = \frac{1}{2\pi}\int_{-\infty}^{\infty} \frac{G_s(\omega)G_n(\omega)}{G_s(\omega)+G_n(\omega)}\mathrm{d}\omega \tag{5.2.22}$$

由上述结果可以看出:

① 若信号 $s(t)$ 的功率谱 $G_s(\omega)$ 与噪声 $n(t)$ 的功率谱 $G_n(\omega)$ 互不重叠,如图 5.1(a) 所示,则在 $G_s(\omega)$ 非零区间,$H(\omega)=1$;在其他 ω 区域,$H(\omega)=0$;且 $\mathrm{var}[\tilde{g}(t)]=0$。

② 若 $G_s(\omega)$ 与 $G_n(\omega)$ 有部分重叠,如图 5.1(b) 所示,则当 $\omega_1<\omega<\omega_2$ 时,$H(\omega)=1$;当 $\omega_2<\omega<\omega_3$ 时,$H(\omega)$ 逐渐地变为零;其他 ω 处,$H(\omega)=0$。

③ 式(5.2.22) 是维纳滤波器均方误差的下界,没有任何一个物理可实现的滤波器能给出比式(5.2.22) 更低的均方误差。

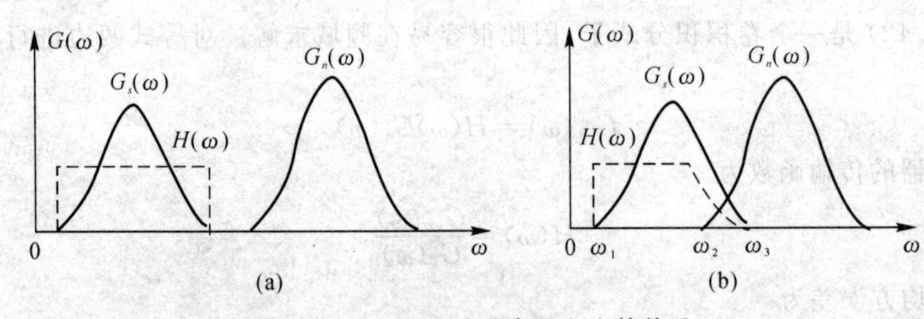

图 5.1 $G_s(\omega)$,$G_n(\omega)$ 与 $H(\omega)$ 的关系

(a) $G_s(\omega)$ 与 $G_n(\omega)$ 互不重叠; (b) $G_s(\omega)$ 与 $G_n(\omega)$ 部分重叠

5.2.3 因果关系积分方程求解

下面讨论式(5.2.10) 所示的维纳-霍夫方程的解。将方程重写如下:

$$R_{gz}(\eta) = \int_0^{\infty} h(\lambda)R_z(\eta-\lambda)\mathrm{d}\lambda, \quad 0<\eta<\infty$$

如前所述,该方程求解困难的原因是参变量 η 被限制在 $0<\eta<\infty$ 范围内。然而发现,当积分方程式(5.2.10) 中的 $R_z(\eta-\lambda)$ 是狄拉克 δ 函数时,求解就变得非常容易。换句话说,如

果滤波器的输入是一个白色过程，积分方程就可以直接求解。这就是说，当观测信号 $z(t)$ 是非白色过程时，首先用白化滤波器 $H_w(s)$（为分析方便，转为复频域分析）对观测信号 $z(t)$ 白化处理，其输出是白化了的过程 $w(t)$；然后针对白化过程 $w(t)$ 设计滤波器的 $H_2(s)$，使它的输出是 $g(t)$ 的线性最小均方误差估计 $\hat{g}(t)$。这样，维纳滤波器的传输函数为

$$H(s)=H_w(s)H_2(s) \tag{5.2.23}$$

式中，$H_w(s)$ 为白化滤波器的传输函数，它将有色过程进行白化处理。维纳滤波器的结构如图 5.2 所示。

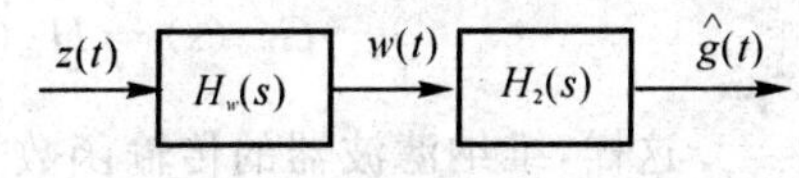

图 5.2　维纳滤波器

若观测信号 $z(t)$ 是具有有理功率谱 $G_z(s)$ 的平稳随机过程，则用复频域表示为

$$G_z(s)=G_z^+(s)G_z^-(s) \tag{5.2.24}$$

式中

$$G_z^+(s)=A_1\frac{(s+\alpha_1)(s+\alpha_2)\cdots(s+\alpha_k)}{(s+\beta_1)(s+\beta_2)\cdots(s+\beta_l)} \tag{5.2.25}$$

$$G_z^-(s)=A_2\frac{(-s+\alpha_1)(-s+\alpha_2)\cdots(-s+\alpha_k)}{(-s+\beta_1)(-s+\beta_2)\cdots(-s+\beta_l)} \tag{5.2.26}$$

即 $G_z^+(s)$ 的所有零极点均在 s 平面的左半平面；而 $G_z^-(s)$ 的所有零极点均在 s 平面的右半平面。现要求白化滤波器能够将非白过程 $z(t)$ 白化，即要求

$$|H_w(s)|^2G_z(s)=1 \tag{5.2.27}$$

因为

$$|H_w(s)|^2=H_w(s)H_w^*(s)$$

而

$$G_z(s)=G_z^+(s)G_z^-(s)=G_z^+(s)\left[G_z^+(s)\right]^*$$

所以

$$H_w(s)H_w^*(s)=\frac{1}{G_z^+(s)\left[G_z^+(s)\right]^*}$$

从而得白化滤波器的传输函数为

$$H_w(s)=\frac{1}{G_z^+(s)} \tag{5.2.28}$$

$H_2(s)$ 由积分方程

$$R_{gz}(\eta)=\int_0^\infty h_2(\lambda)R_w(\eta-\lambda)\mathrm{d}\lambda,\quad 0<\eta<\infty \tag{5.2.29}$$

求得。其中 $R_w(\eta-\lambda)=\delta(\eta-\lambda)$，所以

$$h_2(\eta)=R_{gw}(\eta),\quad 0<\eta<\infty \tag{5.2.30}$$

用传输函数表示为

$$H_2(s)=\left[G_{gw}(s)\right]^+ \tag{5.2.31}$$

其中$[\cdot]^+$表示取$G_{gw}(s)$中零极点在s平面左半平面的部分。

由于$G_{gw}(s)$是$R_{gw}(\tau)$的拉普拉斯变换，因而先求$R_{gw}(\tau)$，再取拉普拉斯变换得$G_{gw}(s)$。

$$R_{gw}(\tau)=E\{g(t+\tau)w(t)\}=E\{g(t+\tau)\int_{-\infty}^{\infty}h_w(\lambda)z(t-\lambda)\mathrm{d}\lambda\}=\int_{-\infty}^{\infty}h_w(\lambda)R_{gz}(\tau+\lambda)\mathrm{d}\lambda$$

两边取双边拉普拉斯变换，得

$$G_{gw}(s)=H_w(-s)G_{gz}(s)=\frac{1}{G_z^+(-s)}G_{gz}(s)=\frac{G_{gz}(s)}{G_z^-(s)} \tag{5.2.32}$$

这样，维纳滤波器的传输函数$H(s)$为

$$H(s)=H_w(s)H_2(s)=\frac{1}{G_z^+(s)}\left[\frac{G_{gz}(s)}{G_z^-(s)}\right]^+ \tag{5.2.33}$$

维纳滤波器的均方误差由式(5.2.15)或式(5.2.20)给出。为了得到更一般形式的表示式，讨论估计$s(t+\alpha)$时的均方误差。由式(5.2.15)得

$$\mathrm{var}[\tilde{s}(t+\alpha)]=R_s(0)-\int_0^{\infty}h(\lambda)R_{sz}(\lambda+\alpha)\mathrm{d}\lambda \tag{5.2.34}$$

其中$R_s(0)$由给定信号的自相关函数确定；积分项是α的函数，为方便记为$F(\alpha)$，即

$$F(\alpha)=\int_0^{\infty}h(\lambda)R_{sz}(\lambda+\alpha)\mathrm{d}\lambda$$

因$\lambda<0$时，$h(\lambda)=0$，故上式可写为

$$F(\alpha)=\int_{-\infty}^{\infty}h(\lambda)R_{sz}(\lambda+\alpha)\mathrm{d}\lambda \tag{5.2.35}$$

可见，只要求得维纳滤波器的脉冲响应$h(t)$，$F(\alpha)$就确定了。

因为

$$R_{gz}(\tau)=E\{g(t+\tau)z(t)\}=E\{s(t+\tau+\alpha)z(t)\}=R_{sz}(\tau+\alpha)$$

所以

$$G_{gz}(s)=G_{sz}(s)\mathrm{e}^{\alpha s} \tag{5.2.36}$$

把式(5.2.36)代入式(5.2.33)，得最佳滤波器的传输函数

$$H(s)=\frac{1}{G_z^+(s)}\left[\frac{G_{sz}(s)\mathrm{e}^{\alpha s}}{G_z^-(s)}\right]^+ \tag{5.2.37}$$

令

$$\Phi(s)=\frac{G_{sz}(s)}{G_z^-(s)}$$

则

$$\phi(t)=L^{-1}\{\Phi(s)\}=L^{-1}\left[\frac{G_{sz}(s)}{G_z^-(s)}\right]$$

其中$L^{-1}[\cdot]$表示拉普拉斯逆变换。而

$$L^{-1}\left\{\left[\frac{G_{sz}(s)\mathrm{e}^{\alpha s}}{G_z^-(s)}\right]^+\right\}=\begin{cases}\phi(t+\alpha), & t\geqslant 0\\ 0, & t<0\end{cases}$$

故有

$$H(s)=\frac{1}{G_z^+(s)}\int_0^{\infty}\phi(t+\alpha)\mathrm{e}^{-st}\mathrm{d}t \tag{5.2.38}$$

对式(5.2.38)取拉普拉斯逆变换,得

$$h(\lambda)=\frac{1}{2\pi \mathrm{j}}\int_{\sigma-\mathrm{j}\infty}^{\sigma+\mathrm{j}\infty}\left[\frac{1}{G_z^+(s)}\int_0^{T}\phi(t+\alpha)\mathrm{e}^{-st}\mathrm{d}t\right]\mathrm{e}^{s\lambda}\mathrm{d}s \tag{5.2.39}$$

将式(5.2.39)代入式(5.2.35),得

$$F(\alpha)=\int_0^{\infty}\phi(t+\alpha)\,\frac{1}{2\pi \mathrm{j}}\int_{\sigma-\mathrm{j}\infty}^{\sigma+\mathrm{j}\infty}\frac{\mathrm{e}^{-s(t+\alpha)}}{G_z^+(s)}\int_{-\infty}^{\infty}R_{sz}(\lambda+\alpha)\mathrm{e}^{s(\lambda+\alpha)}\mathrm{d}\lambda\,\mathrm{d}s\mathrm{d}t=$$

$$\int_0^{\infty}\phi(t+\alpha)\,\frac{1}{2\pi \mathrm{j}}\int_{\sigma-\mathrm{j}\infty}^{\sigma+\mathrm{j}\infty}\frac{G_{sz}(-s)}{G_z^+(s)}\mathrm{e}^{-s(t+\alpha)}\mathrm{d}s\mathrm{d}t=$$

$$\int_0^{\infty}\phi(t+\alpha)\,\frac{1}{2\pi \mathrm{j}}\int_{\sigma-\mathrm{j}\infty}^{\sigma+\mathrm{j}\infty}\Phi(-s)\mathrm{e}^{-s(t+\alpha)}\mathrm{d}s\mathrm{d}t=\int_0^{\infty}\phi^2(t+\alpha)\mathrm{d}t=\int_{\alpha}^{\infty}\phi^2(t)\mathrm{d}t \tag{5.2.40}$$

这样,在进行 $s(t+\alpha)$ 估计时的均方误差为

$$\mathrm{var}[\tilde{s}(t+\alpha)]=R_s(0)-\int_{\alpha}^{\infty}\phi^2(t)\mathrm{d}t \tag{5.2.41}$$

其中

$$\phi(t)=L^{-1}\left[\frac{G_{sz}(s)}{G_z^-(s)}\right]$$

如取 $\alpha=0$,则式(5.2.41)可用来计算估计 $s(t)$ 时的均方误差。

例 5.4　设滤波器输入的观测信号为 $z(t)$,其功率谱为

$$G_z(s)=\frac{2k}{k^2-s^2}$$

设计一个物理可实现的白化滤波器 $H_w(s)$,它的输出功率谱为 1。

解　根据题意要求有

$$|H_w(s)|^2G_z(s)=1$$

而

$$G_z(s)=\frac{2k}{k^2-s^2}=\frac{\sqrt{2k}}{s+k}\,\frac{\sqrt{2k}}{-s+k}=G_z^+(s)G_z^-(s)$$

因此

$$H_w(s)=\frac{1}{G_r^+(s)}=\frac{s+k}{\sqrt{2k}}$$

可见,白化滤波器由微分器和常增益器并联构成。

例 5.5　考虑维纳滤波预测与平滑问题。设输入信号 $s(t)$ 和噪声 $n(t)$ 都是均值为零的平稳随机过程,两者互不相关,自相关函数分别为

$$R_s(\tau)=\frac{7}{12}\mathrm{e}^{-|\tau|/2}$$

$$R_n(\tau)=\frac{5}{6}\mathrm{e}^{-|\tau|}$$

试求估计 $\hat{s}(t+\alpha)$ 及估计的均方误差。

解 由 $s(t)$ 和 $n(t)$ 的自相关函数 $R_s(\tau)$ 和 $R_n(\tau)$，取双边拉普拉斯变换，得 $s(t)$ 和 $n(t)$ 功率谱分别为

$$G_s(s)=\int_{-\infty}^{\infty}R_s(\tau)\mathrm{e}^{-s\tau}\mathrm{d}\tau=\frac{7}{12}\left(\int_{-\infty}^{0}\mathrm{e}^{\tau/2}\mathrm{e}^{-s\tau}\mathrm{d}\tau+\int_{0}^{\infty}\mathrm{e}^{-\tau/2}\mathrm{e}^{-s\tau}\mathrm{d}\tau\right)=$$

$$\frac{7}{12}\left[\frac{1}{\frac{1}{2}-s}+\frac{1}{\frac{1}{2}+s}\right]=\frac{7/3}{-4s^2+1}$$

$$G_n(s)=\int_{-\infty}^{\infty}R_n(\tau)\mathrm{e}^{-s\tau}\mathrm{d}\tau=\frac{5}{6}\left(\int_{-\infty}^{0}\mathrm{e}^{\tau}\mathrm{e}^{-s\tau}\mathrm{d}\tau+\int_{0}^{\infty}\mathrm{e}^{-\tau}\mathrm{e}^{-s\tau}\mathrm{d}\tau\right)=\frac{5}{6}\left(\frac{1}{1-s}+\frac{1}{1+s}\right)=\frac{5/3}{-s^2+1}$$

从而有

$$G_z(s)=G_s(s)+G_n(s)=\frac{7/3}{-4s^2+1}+\frac{5/3}{-s^2+1}=\frac{-9s^2+1}{(-4s^2+1)(-s^2+1)}=$$

$$\frac{(3s+2)}{(2s+1)(s+1)}\frac{(-3s+2)}{(-2s+1)(-s+1)}$$

又有

$$R_{gz}(\tau)=E[g(t+\tau)z(t)]=E[s(t+\tau+\alpha)z(t)]=R_s(\tau+\alpha)$$

经拉普拉斯变换，得

$$G_{gz}(s)=G_{sz}(s)\mathrm{e}^{\alpha s}=G_s(s)\mathrm{e}^{\alpha s}$$

利用上面 $G_s(s)$，$G_z(s)$，$G_{gz}(s)$ 的结果及式(5.2.33)，可得最佳线性滤波器的传输函数 $H(s)$ 为

$$H(s)=\frac{1}{G_z^+(s)}\left[\frac{G_{gz}(s)}{G_z^-(s)}\right]^+=\frac{(2s+1)(s+1)}{3s+2}\left[\frac{(-2s+1)(-s+1)}{(-3s+2)}\frac{7/3}{-4s^2+1}\mathrm{e}^{\alpha s}\right]^+=$$

$$\frac{(2s+1)(s+1)}{3s+2}\left[\left(\frac{1}{2s+1}+\frac{1/3}{-3s+2}\right)\mathrm{e}^{\alpha s}\right]^+$$

现在需要进一步求出

$$\left[\left(\frac{1}{2s+1}+\frac{1/3}{-3s+2}\right)\mathrm{e}^{\alpha s}\right]^+$$

令

$$\Phi(s)=\frac{1}{2s+1}+\frac{1/3}{-3s+2}$$

相应地有

$$\phi(t)=\begin{cases}\frac{1}{2}\mathrm{e}^{-t/2}, & t\geqslant 0\\ \frac{1}{9}\mathrm{e}^{2t/3}, & t<0\end{cases}$$

则$[\Phi(s)\mathrm{e}^{\alpha s}]^{+}$便是$\phi(t+\alpha)$的因果可实现部分，如图 5.3 所示，这些因果部分为

$$\phi(t+\alpha)=\frac{1}{2}\mathrm{e}^{-(t+\alpha)/2},\quad \text{当}\ \alpha>0\ \text{时}$$

$$\phi(t+\alpha)=\begin{cases}\dfrac{1}{9}\mathrm{e}^{2(t+\alpha)/3}, & 0\leqslant t<|\alpha|，\text{当}\ \alpha<0\ \text{时}\\ \dfrac{1}{2}\mathrm{e}^{-(t+\alpha)/2}, & t\geqslant|\alpha|，\text{当}\ \alpha<0\ \text{时}\end{cases}$$

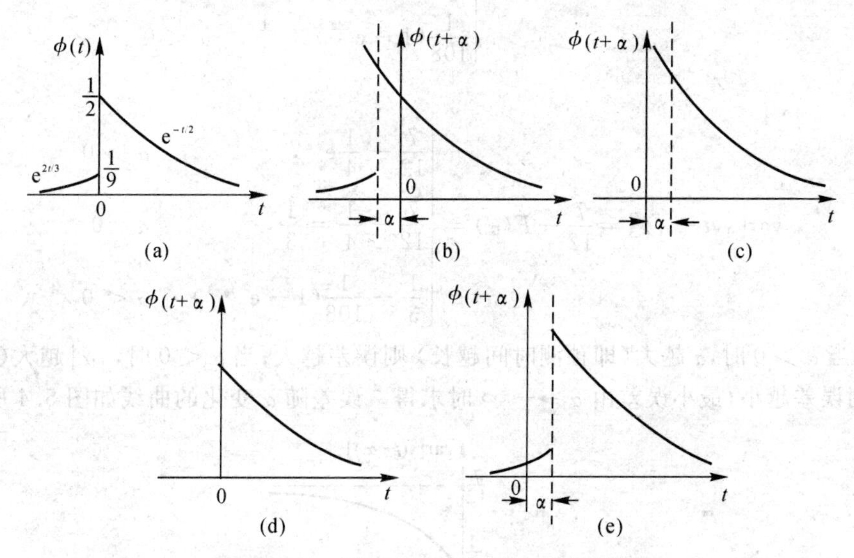

图 5.3　$\phi(t+\alpha)$ 图形及其因果部分

(a)$\phi(t)$，$\alpha=0$；(b)$\phi(t+\alpha)$，$\alpha>0$；(c)$\phi(t+\alpha)$，$\alpha<0$；(d)(b) 的因果部分；(e)(c) 的因果部分

对$\phi(t+\alpha)$取拉普拉斯变换，得

$$[\Phi(s)\mathrm{e}^{\alpha s}]^{+}=\begin{cases}\dfrac{\mathrm{e}^{-\alpha/2}}{2s+1}, & \alpha>0\\ \dfrac{1}{2s+1}, & \alpha=0\\ \dfrac{1}{3}\,\dfrac{\mathrm{e}^{2\alpha/3}-\mathrm{e}^{s\alpha}}{(3s-2)}+\dfrac{1}{2}\,\dfrac{\mathrm{e}^{s\alpha}}{(s+1/2)}, & \alpha<0\end{cases}$$

及

$$H(s)=\frac{(2s+1)(s+1)}{3s+2}[\Phi(s)\mathrm{e}^{\alpha s}]^{+}$$

下面计算$s(t+\alpha)$波形估计的均方误差。利用式(5.2.41)

$$\mathrm{var}[\tilde{s}(t+\alpha)]=R_s(0)-\int_{\alpha}^{\infty}\phi^2(t)\mathrm{d}t=R_s(0)-F(\alpha)$$

其中

$$R_s(0)=\frac{7}{12}$$

$$F(\alpha)=\int_{\alpha}^{\infty}\phi^2(t)\mathrm{d}t=\begin{cases}\frac{1}{4}\mathrm{e}^{-\alpha}, & \alpha>0\\ \frac{1}{4}, & \alpha=0\\ \frac{1}{108}(1-\mathrm{e}^{\frac{-4\alpha}{3}})+\frac{1}{4}, & \alpha<0\end{cases}$$

故得

$$\mathrm{var}[\tilde{s}(t+\alpha)]=\frac{7}{12}-F(\alpha)=\begin{cases}\frac{7}{12}-\frac{1}{4}\mathrm{e}^{-\alpha}, & \alpha>0\\ \frac{7}{12}-\frac{1}{4}=\frac{1}{3}, & \alpha=0\\ \frac{1}{3}-\frac{1}{108}(1-\mathrm{e}^{-4\alpha/3}), & \alpha<0\end{cases}$$

可见,当 $\alpha>0$ 时,α 越大(即预测时间越长)则误差越大;当 $\alpha<0$ 时,$|\alpha|$ 越大(即平滑时间越长)则误差越小,最小误差由 $\alpha\to-\infty$ 时求得。误差随 α 变化的曲线如图 5.4 所示。

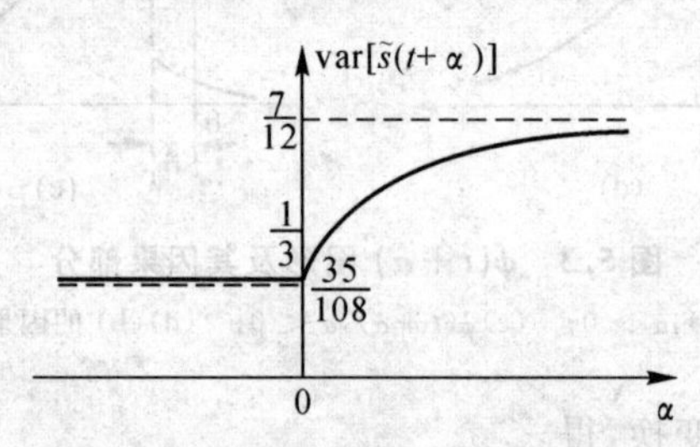

图 5.4 $\mathrm{var}[\tilde{s}(t+\alpha)]$ 与 α 关系曲线

5.3 离散时间系统的维纳滤波

5.3.1 最佳线性滤波

类似于 5.2 节讨论的连续过程的维纳滤波,设计离散维纳滤波器的方法就是将前面的结果应用于离散时间系统,寻求在线性最小均方误差下滤波器的传输函数 $H(z)$ 或单位取样响应 $h(n)$。

5.3.2　维纳-霍夫积分方程

仿照前面的分析方法，在离散过程中，观测区间由一组离散的时间 t_k 组成，$k\in[0,N]$。现在要根据一组观测值 $z(k)$，对信号 $g(k)$ 作出线性最小均方误差估计 $\hat{g}(k)$。

对于线性估计，估计量 $\hat{g}(k)$ 可以表示成

$$\hat{g}(k)=\sum_{j=0}^{N}h(k,j)z(j) \tag{5.3.1}$$

为了使估计的均方误差最小，加权系数 $h(k,j)$ 应选择得使估计误差与观测量正交，即

$$E\left\{\left[g(k)-\sum_{j=0}^{N}h(k,j)z(j)\right]z(i)\right\}=0,\quad i\in[0,N] \tag{5.3.2}$$

用相关函数表示为

$$R_{gz}(k,i)=\sum_{j=0}^{N}h(k,j)R_{z}(j,i),\quad i\in[0,N] \tag{5.3.3}$$

式(5.3.3)恰好是式(5.2.6)的离散表示。与连续时间系统一样，该方程求解也很困难。为便于求解，假定过程是平稳的，观测区间也是半无限的，而所讨论的系统是因果的和时不变系统。这样，式(5.3.3)退化为

$$R_{gz}(k-i)=\sum_{j=-\infty}^{k}h(k-j)R_{z}(j-i),\quad i\in[0,N] \tag{5.3.4}$$

作变量代换，令 $k-i=m,k-j=l$，则得

$$R_{gz}(m)=\sum_{l=0}^{\infty}h(l)R_{z}(m-l),\quad m\in[0,\infty] \tag{5.3.5}$$

该式就是离散形式的维纳-霍夫方程。由该式解出 $h(l)$，就是在线性最小均方误差下的维纳滤波器的单位取样响应。因为有 $m\in[0,\infty]$ 的约束条件，所以求解的是物理可实现的滤波器的单位取样响应。

5.3.3　解非因果关系的维纳-霍夫积分方程

如果不考虑 $m\in[0,\infty]$ 的约束条件，则非因果关系的维纳-霍夫方程为

$$R_{gz}(m)=\sum_{l=-\infty}^{\infty}h(l)R_{z}(m-l) \tag{5.3.6}$$

等式两边取 Z 变换，得

$$G_{gz}(z)=H(z)G_{z}(z) \tag{5.3.7}$$

于是，滤波器的传输函数为

$$H(z)=\frac{G_{gz}(z)}{G_z(z)} \tag{5.3.8}$$

或滤波器的单位取样响应为

$$h(n)=Z^{-1}[H(z)]=Z^{-1}\left[\frac{G_{gz}(z)}{G_z(z)}\right] \tag{5.3.9}$$

如果观测信号为

$$z(n)=s(n)+v(n) \tag{5.3.10}$$

且其中的信号 $s(n)$ 与噪声 $v(n)$（为避免符号上的混淆，在这里噪声用 $v(n)$ 表示）不相关，则 $g(n)=s(n)$ 时

$$H(z)=\frac{G_s(z)}{G_s(z)+G_v(z)} \tag{5.3.11}$$

式中，$G_s(z)$ 和 $G_v(z)$ 分别是信号 $s(n)$ 自相关函数 $R_s(m)$ 和噪声 $v(n)$ 自相关函数 $R_v(m)$ 的 Z 变换。

5.3.4 解因果关系的维纳-霍夫方程

在考虑因果关系时，如果 $z(n)$ 是白色序列，即

$$R_z(m-l)=\delta_{ml}$$

则容易求得式(5.3.5)的解为

$$h(m)=R_{gz}(m),\quad m\in[0,\infty] \tag{5.3.12}$$

相应的滤波器的传输函数为

$$H(z)=[G_{gz}(z)]^{+} \tag{5.3.13}$$

式中，$[\cdot]^{+}$ 表示自相关序列 $R_{gz}(m)$ 的因果部分的 Z 变换；如果观测信号的谱是有理谱，则 $[\cdot]^{+}$ 表示 $G_{gz}(z)$ 在单位圆内的全部零、极点部分。

如果 $z(n)$ 不是白色序列，则需先把 $z(n)$ 通过一个白化滤波器，使之变换成白色序列。白化滤波器的传输函数为

$$H_w(z)=\frac{1}{G_z^{+}(z)} \tag{5.3.14}$$

白化滤波器的输出 $w(n)$ 输入滤波器 $H_2(z)$，而把 $H_2(z)$ 设计成 $w(n)$ 的维纳滤波器，给出线性最小均方误差估计 $\hat{g}(n)$。故 $H_2(z)$ 由式(5.3.13)决定（但现在的输入序列是 $w(n)$ 而不是 $z(n)$），即

$$H_2(z)=[G_{gw}(z)]^{+} \tag{5.3.15}$$

参考式(5.2.32)，有

$$G_{gw}(z)=H_w(z^{-1})G_{gz}(z)=\frac{G_{gz}(z)}{G_z^{-}(z)} \tag{5.3.16}$$

把 $H_w(z)$ 和 $H_2(z)$ 级联，得到离散系统维纳滤波器的传输函数为

$$H(z)=\frac{1}{G_z^+(z)}\left[\frac{G_{gz}(z)}{G_z^-(z)}\right]^+ \tag{5.3.17}$$

例 5.6　设观测信号

$$z(n)=s(n)+v(n)$$

已知

$$G_s(z)=\frac{0.36}{(1-0.8z^{-1})(1-0.8z)}$$

$$G_v(z)=1 \quad (白噪声)$$

$$G_{sv}=0 \quad (s(n) 与 v(n) 不相关)$$

式中，$s(n)$ 代表所希望得到的信号；$v(n)$ 代表加性白噪声。请设计维纳滤波器。

解　根据题意，待估计的信号是 $s(n)$。对于物理不可实现的情况，由式(5.3.11) 可得滤波器的传输函数为

$$H(z)=\frac{G_{sz}(z)}{G_z(z)}=\frac{G_s(z)}{G_s(z)+G_v(z)}=\frac{\dfrac{0.36}{(1-0.8z^{-1})(1-0.8z)}}{\dfrac{0.36}{(1-0.8z^{-1})(1-0.8z)}+1}=\frac{0.225}{(1-0.5z^{-1})(1-0.5z)}$$

对于物理可实现的情况，滤波器的传输函数为

$$H(z)=\frac{1}{G_z^+(z)}\left[\frac{G_{gz}(z)}{G_z^-(z)}\right]^+=\frac{1}{G_z^+(z)}\left[\frac{G_s(z)}{G_z^-(z)}\right]^+$$

其中

$$G_z(z)=G_s(z)+G_v(z)=\frac{0.36}{(1-0.8z^{-1})(1-0.8z)}+1=1.6\,\frac{1-0.5z^{-1}}{1-0.8z^{-1}}\,\frac{1-0.5z}{1-0.8z}$$

因此

$$G_z^+(z)=1.6\,\frac{1-0.5z^{-1}}{1-0.8z^{-1}}$$

$$G_z^-(z)=\frac{1-0.5z}{1-0.8z}$$

而

$$\left[\frac{G_s(z)}{G_z^-(z)}\right]^+=\left[\frac{0.36}{(1-0.8z^{-1})(1-0.8z)}\,\frac{1-0.8z}{1-0.5z}\right]^+=\left[\frac{3/5}{1-0.8z^{-1}}-\frac{3/5}{1-2z^{-1}}\right]^+=\frac{3/5}{1-0.8z^{-1}}$$

于是

$$H(z)=\frac{1-0.8z^{-1}}{1.6(1-0.5z^{-1})}\,\frac{3/5}{1-0.8z^{-1}}=\frac{3/8}{1-0.5z^{-1}}$$

例 5.7　设维纳滤波器的输入序列为

$$z(n)=\begin{cases}\dfrac{1}{2}, & n=0\\ -\dfrac{1}{2}, & n=1\end{cases}$$

希望滤波器的输出为

$$s(n)=\begin{cases}1, & n=0\\ 0, & n=1,2,\cdots\end{cases}$$

求维纳滤波器的脉冲响应

$$h(n)=\begin{cases}a, & n=0\\ b, & n=1\end{cases}$$

及相应的输出 $\hat{s}(n)$ 和均方误差 $E\{[s(n)-\hat{s}(n)]^2\}$。

解 这是用长度为 2 的(即二阶)FIR 滤波器来逼近维纳滤波器。由所给条件算出

$$R_z(0)=\frac{1}{2}\sum_{n=0}^{1}z(n)z(n)=\frac{1}{4}$$

$$R_z(1)=\frac{1}{2}\sum_{n=0}^{1}z(n)z(n+1)=-\frac{1}{8}$$

$$R_{sz}(0)=\frac{1}{2}\sum_{n=0}^{1}s(n)z(n)=\frac{1}{4}$$

$$R_{sz}(1)=\frac{1}{2}\sum_{n=0}^{1}s(n)z(n+1)=0$$

故联立方程为

$$\begin{cases}\dfrac{1}{4}h(0)-\dfrac{1}{8}h(1)=\dfrac{1}{4}\\ -\dfrac{1}{8}h(0)+\dfrac{1}{4}h(1)=0\end{cases}$$

解得

$$\begin{cases}h(0)=a=\dfrac{4}{3}\\ h(1)=b=\dfrac{2}{3}\end{cases}$$

维纳滤波器的输出为

$$\hat{s}(n)=h(n)*z(n)=\begin{cases}\dfrac{2}{3}, & n=0\\ -\dfrac{1}{3}, & n=1\\ -\dfrac{1}{3}, & n=2\end{cases}$$

估计的均方误差为

$$E\{[s(n)-\hat{s}(n)]^2\}=\frac{1}{3}\sum_{n=0}^{2}[s(n)-\hat{s}(n)]^2=\frac{1}{3}\left[\left(1-\frac{2}{3}\right)^2+\left(0+\frac{1}{3}\right)^2+\left(0+\frac{1}{3}\right)^2\right]=\frac{1}{9}$$

维纳滤波在理论上解决了平稳过程的最佳线性滤波问题，在通信、雷达、自动控制等技术领域中获得了广泛的应用，但是它在理论和应用上也有相当的局限性。虽然从原理上可以把它推广到非平稳随机过程中，但很难得到有效可行的结果；又如，对于矢量信号波形的滤波（即同时对多个信号波形估计），由于谱因式分解将变得十分困难，也难以实际应用。20世纪60年代初，卡尔曼·布西等人推广了维纳的工作，提出了一类线性最小均方递推状态估计算法，解决了非平稳过程的估计问题。

5.4　离散线性系统的数学模型

前两节讨论了平稳随机过程的维纳滤波，本节将讨论可用于非平稳随机过程的卡尔曼滤波。虽然维纳滤波与卡尔曼滤波都是解决以最小均方误差为准则的最佳线性滤波问题，但是，它们解决的方法有很大区别。

1. 估计方法不同

维纳滤波是根据全部过去的观测数据 $z(k)$，$z(k-1)$，… 来估计信号的波形，它的解是以均方误差最小条件下所得到的系统（滤波器）的传输函数 $H(s)$（或 $H(z)$）或脉冲响应 $h(t)$（或单位取样响应 $h(n)$）的形式给出的；卡尔曼滤波则可以利用递推的方法进行计算，即只是根据前一个估计值和最近一个观测数据来估计信号的当前值，并用状态方程和递推方法进行估计的，其解是以估计值（通常是状态变量的估计值）形式给出的。

2. 信号模型不同

维纳滤波的信号模型是信号和噪声的相关函数，而卡尔曼滤波的信号模型是状态方程和观测方程。

下面讨论可用于非平稳随机过程的卡尔曼滤波器。

5.4.1　状态方程和观测方程的建立

离散信号的状态方程和观测方程可以通过对连续信号的状态方程和观测方程在离散时刻 t_k 上采样而得到，也可以根据状态规律直接建立。

离散状态方程为

$$\boldsymbol{x}_k=\boldsymbol{\Phi}_{k/k-1}\boldsymbol{x}_{k-1}+\boldsymbol{\Gamma}_{k-1}\boldsymbol{w}_{k-1} \tag{5.4.1}$$

离散观测方程为

$$\boldsymbol{z}_k = \boldsymbol{H}_k \boldsymbol{x}_k + \boldsymbol{n}_k \tag{5.4.2}$$

式中,$\boldsymbol{x}_k$ 是在 t_k 时刻信号的 M 维状态矢量;$\boldsymbol{\Phi}_{k/k-1}$ 是信号从 t_{k-1} 时刻到 t_k 时刻的 $M\times M$ 状态(一步)转移矩阵;$\boldsymbol{\Gamma}_{k-1}$ 是 t_{k-1} 时刻的 $M\times l$ 扰动矩阵;$\boldsymbol{w}_{k-1}$ 是 t_{k-1} 时刻的 l 维扰动噪声矢量;$\boldsymbol{z}_k$ 是 t_k 时刻的 N 维观测信号矢量;$\boldsymbol{H}_k$ 是 t_k 时刻的 $N\times M$ 观测矩阵;$\boldsymbol{n}_k$ 是 t_k 时刻的 N 维观测噪声。

下面通过具体例子说明式(5.4.1)、式(5.4.2)的含义。

例 5.8 设目标以匀速 v 从原点开始作直线运动,速率 v 受到时变扰动,现以等间隔 T 对目标距离 r 测量。求目标信号的状态方程和观测方程。

解 这是一个离散信号模型。根据目标的运动规律,并考虑速度 v 受到时变扰动 w_k,有

$$r_k = r_{k-1} + Tv_{k-1}$$

$$v_k = v_{k-1} + w_{k-1}$$

写成矩阵形式为

$$\boldsymbol{x}_k = \boldsymbol{\Phi}_{k/k-1}\boldsymbol{x}_{k-1} + \boldsymbol{\Gamma}_{k-1}\boldsymbol{w}_{k-1}$$

其中

$$\boldsymbol{x}_k = \begin{bmatrix} r_k \\ v_k \end{bmatrix},\quad \boldsymbol{\Phi}_{k/k-1} = \begin{bmatrix} 1 & T \\ 0 & 1 \end{bmatrix},\quad \boldsymbol{\Gamma}_{k-1} = \begin{bmatrix} 0 \\ 1 \end{bmatrix}$$

这就是目标信号的状态方程。观测方程为

$$\boldsymbol{z}_k = [1\quad 0]\begin{bmatrix} r_k \\ v_k \end{bmatrix} + \boldsymbol{n}_k$$

其矩阵形式为

$$\boldsymbol{z}_k = \boldsymbol{H}_k \boldsymbol{x}_k + \boldsymbol{n}_k$$

其中

$$\boldsymbol{H}_k = [0\quad 1],\quad \boldsymbol{x}_k = \begin{bmatrix} r_k \\ v_k \end{bmatrix}$$

5.4.2 信号模型的假设

目前,卡尔曼滤波几乎都采用离散形式,因此下面只讨论离散卡尔曼滤波。根据离散信号模型的状态方程和观测方程,见式(5.4.1)和式(5.4.2),离散卡尔曼滤波的信号模型如图 5.5 所示。

为了能够得到有用的结果,假定:

$\boldsymbol{w}_k$,$\boldsymbol{n}_k$ 均是零均值高斯白噪声序列,即

$$\left.\begin{aligned}&E(\boldsymbol{w}_k)=0\\&E(\boldsymbol{w}_k\boldsymbol{w}_j^{\mathrm{T}})=\boldsymbol{R}_{wk}\delta_{kj}\end{aligned}\right\}\tag{5.4.3}$$

$$\left.\begin{aligned}&E(\boldsymbol{n}_k)=0\\&E(\boldsymbol{n}_k\boldsymbol{n}_j^{\mathrm{T}})=\boldsymbol{R}_{nk}\delta_{kj}\end{aligned}\right\}\tag{5.4.4}$$

且$\boldsymbol{w}_j$ 与$\boldsymbol{n}_j$ 不相关，即

$$\operatorname{cov}(\boldsymbol{w}_k,\boldsymbol{n}_j)=0\tag{5.4.5}$$

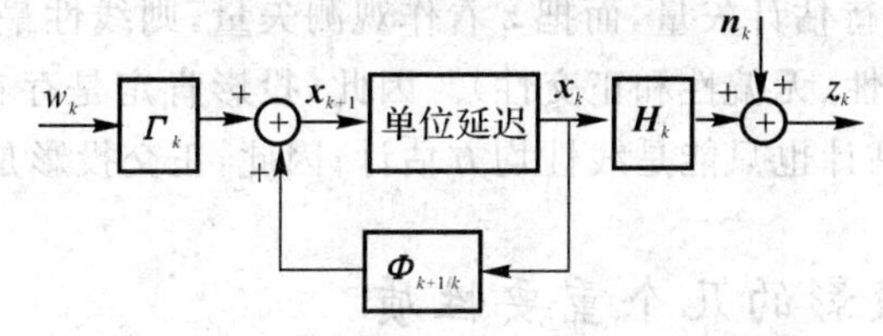

图 5.5　离散卡尔曼滤波的信号模型与观测模型

信号的初始状态为$\boldsymbol{x}_0$，其均值和方差阵分别为

$$\left.\begin{aligned}&E(\boldsymbol{x}_0)=\bar{\boldsymbol{x}}_0\\&\operatorname{var}(\boldsymbol{x}_0)=E\{[\boldsymbol{x}_0-\bar{\boldsymbol{x}}_0][\boldsymbol{x}_0-\bar{\boldsymbol{x}}_0]^{\mathrm{T}}\}=\boldsymbol{P}_{x_0}\end{aligned}\right\}\tag{5.4.6}$$

并且已知$\boldsymbol{x}_0$ 与$\boldsymbol{w}_k$，$\boldsymbol{x}_0$ 与$\boldsymbol{n}_k$ 互不相关，即

$$\left.\begin{aligned}&\operatorname{cov}(\boldsymbol{x}_0,\boldsymbol{w}_k)=0\\&\operatorname{cov}(\boldsymbol{x}_0,\boldsymbol{n}_k)=0\end{aligned}\right\}\tag{5.4.7}$$

因为信号模型中变换矩阵$\boldsymbol{\Phi}_{k/k-1}$，$\boldsymbol{\Gamma}_{k/k-1}$ 和$\boldsymbol{H}_k$，扰动噪声$\boldsymbol{w}_k$ 和观测噪声$\boldsymbol{n}_k$ 的方差阵$\boldsymbol{R}_{wk}$ 和$\boldsymbol{R}_{nk}$ 都是时间 k 的函数，因此，离散信号模型既适应于平稳随机过程（当上述矩阵不随 k 变化时），亦适应于非平稳随机过程。

5.5　正 交 投 影

由于线性均方误差估计是被估计量在观测量上的正交投影，而卡尔曼滤波采用线性最小均方误差准则，因而具有正交性。用正交投影的概念和引理来推导卡尔曼滤波的递推公式是一种常用的较为方便的方法。

5.5.1　正交投影的定义

设 $\boldsymbol{x}$ 和 $\boldsymbol{z}$ 分别是具有前二阶矩的 M 维和 N 维随机矢量。如果存在一个与 $\boldsymbol{x}$ 同维的随机矢量$\boldsymbol{x}^*$，并且具有如下几个特点：

① $\boldsymbol{x}^*$ 可以用 $\boldsymbol{z}$ 线性表示，即存在非随机的 M 维矢量 $\boldsymbol{a}$ 和 $M\times N$ 矩阵 $\boldsymbol{B}$，满足

$$\boldsymbol{x}^* = \boldsymbol{a} + \boldsymbol{B}\boldsymbol{z} \tag{5.5.1}$$

② 满足无偏性要求，即

$$E(\boldsymbol{x}^*) = E(\boldsymbol{x}) \tag{5.5.2}$$

③$\boldsymbol{x}-\boldsymbol{x}^*$ 与 $\boldsymbol{z}$ 正交，即

$$E[(\boldsymbol{x}-\boldsymbol{x}^*)\boldsymbol{z}^{\mathrm{T}}] = 0 \tag{5.5.3}$$

则称$\boldsymbol{x}^*$ 是 $\boldsymbol{x}$ 在 $\boldsymbol{z}$ 上的正交投影，简称投影，并记为$\boldsymbol{x}^* = \hat{E}(\boldsymbol{x}/\boldsymbol{z})$。

显然，如果把 $\boldsymbol{x}$ 看作待估计矢量，而把 $\boldsymbol{z}$ 看作观测矢量，则线性最小均方估计量恰好具有投影定义的三个要求(线性、无偏性和正交性)。因此，投影肯定是存在的。反之，满足正交投影定义三个要求的最佳估计也只能是线性均方估计；因此，正交投影是唯一的。

5.5.2 正交投影的几个重要性质

性质1 若 $\boldsymbol{x}$ 和 $\boldsymbol{z}$ 是分别具有前二阶矩的随机矢量，则 $\boldsymbol{x}$ 在 $\boldsymbol{z}$ 上的投影唯一等于基于 $\boldsymbol{z}$ 的 $\boldsymbol{x}$ 的线性最小均方误差估计量，即

$$\boldsymbol{x}^* = \hat{E}(\boldsymbol{x}/\boldsymbol{z}) = E(\boldsymbol{x}) + \mathrm{cov}(\boldsymbol{x},\boldsymbol{z})[\mathrm{var}(\boldsymbol{z})]^{-1}[\boldsymbol{z}-E(\boldsymbol{z})] = \hat{\boldsymbol{x}}_{\mathrm{LMS}}(\boldsymbol{z}) \tag{5.5.4}$$

证明 式(5.5.4)中第二个等号的右边的表示式恰好是 $\boldsymbol{x}$ 的线性最小均方误差估计量，所以第三个等号成立。因此，只要能证明具有投影三个性质的$\boldsymbol{x}^*$ 有同样的表示式就行了。

由式(5.5.1)得

$$\boldsymbol{x}^* = \boldsymbol{a} + \boldsymbol{B}\boldsymbol{z} \tag{5.5.5}$$

由式(5.5.2)得

$$E(\boldsymbol{x}^*) = \boldsymbol{a} + \boldsymbol{B}E(\boldsymbol{z}) = E(\boldsymbol{x})$$

于是

$$\boldsymbol{a} = E(\boldsymbol{x}) - \boldsymbol{B}E(\boldsymbol{z})$$

这样

$$\boldsymbol{x}^* = E(\boldsymbol{x}) + \boldsymbol{B}[\boldsymbol{z}-E(\boldsymbol{z})] \tag{5.5.6}$$

由式(5.5.3)得

$$\begin{aligned} E[(\boldsymbol{x}-\boldsymbol{x}^*)\boldsymbol{z}^{\mathrm{T}}] &= E\{\{\boldsymbol{x}-E(\boldsymbol{x})-\boldsymbol{B}[\boldsymbol{z}-E(\boldsymbol{z})]\}\boldsymbol{z}^{\mathrm{T}}\} = \\ &E\{(\boldsymbol{x}-E(\boldsymbol{x})-\boldsymbol{B}[\boldsymbol{z}-E(\boldsymbol{z})])[\boldsymbol{z}-E(\boldsymbol{z})]^{\mathrm{T}}\} = \\ &\mathrm{cov}(\boldsymbol{x},\boldsymbol{z}) - \boldsymbol{B}\mathrm{var}(\boldsymbol{z}) = 0 \end{aligned}$$

于是

$$\boldsymbol{B} = \mathrm{cov}(\boldsymbol{x},\boldsymbol{z})[\mathrm{var}(\boldsymbol{z})]^{-1}$$

这样

$$\boldsymbol{x}^* = E(\boldsymbol{x}) + \mathrm{cov}(\boldsymbol{x},\boldsymbol{z})[\mathrm{var}(\boldsymbol{z})]^{-1}[\boldsymbol{z}-E(\boldsymbol{z})] \tag{5.5.7}$$

因此

$$\boldsymbol{x}^{*}=\hat{E}(\boldsymbol{x}/\boldsymbol{z})=\hat{\boldsymbol{x}}_{\mathrm{LMS}}(\boldsymbol{z})$$

这就证明了正交引理的唯一性。

性质 2　设 $\boldsymbol{x}$ 和 $\boldsymbol{z}$ 是分别具有前二阶矩的随机矢量，$\boldsymbol{A}$ 为非随机矩阵，其列数等于 $\boldsymbol{x}$ 的维数，则

$$\hat{E}(\boldsymbol{A}\boldsymbol{x}/\boldsymbol{z})=\boldsymbol{A}\hat{E}(\boldsymbol{x}/\boldsymbol{z}) \tag{5.5.8}$$

证明　由性质 1 有

$$\hat{E}(\boldsymbol{A}\boldsymbol{x}/\boldsymbol{z})=E(\boldsymbol{A}\boldsymbol{x})+\mathrm{cov}(\boldsymbol{A}\boldsymbol{x},\boldsymbol{z})\,[\mathrm{var}(\boldsymbol{z})]^{-1}[\boldsymbol{z}-E(\boldsymbol{z})]=$$
$$\boldsymbol{A}E(\boldsymbol{x})+\boldsymbol{A}\mathrm{cov}(\boldsymbol{x},\boldsymbol{z})\,[\mathrm{var}(\boldsymbol{z})]^{-1}[\boldsymbol{z}-E(\boldsymbol{z})]=\boldsymbol{A}\hat{E}(\boldsymbol{x}/\boldsymbol{z})$$

性质 2 得证。

性质 3　设 $\boldsymbol{x}$，$\boldsymbol{z}(k-1)$ 和 $\boldsymbol{z}_k$ 是三个分别具有前二阶矩的随机矢量（维数不必相同），又令

$$\boldsymbol{z}(k)=\begin{bmatrix}\boldsymbol{z}(k-1)\\ \boldsymbol{z}_k\end{bmatrix} \tag{5.5.9}$$

则

$$\hat{E}[\boldsymbol{x}/\boldsymbol{z}(k)]=\hat{E}[\boldsymbol{x}/\boldsymbol{z}(k-1)]+\hat{E}[\tilde{\boldsymbol{x}}/\tilde{\boldsymbol{z}}_k]=\hat{E}[\boldsymbol{x}/\boldsymbol{z}(k-1)]+E(\tilde{\boldsymbol{x}}\tilde{\boldsymbol{z}}_k^{\mathrm{T}})\,[E(\tilde{\boldsymbol{z}}_k\tilde{\boldsymbol{z}}_k^{\mathrm{T}})]^{-1}\tilde{\boldsymbol{z}}_k \tag{5.5.10}$$

其中

$$\tilde{\boldsymbol{x}}=\boldsymbol{x}-\hat{E}[\boldsymbol{x}/\boldsymbol{z}(k-1)]$$
$$\tilde{\boldsymbol{z}}_k=\boldsymbol{z}_k-\hat{E}[\boldsymbol{z}_k/\boldsymbol{z}(k-1)]$$

证明　先证明式(5.5.10)中第二个等式成立，再证明等式的左端与等式右端的后一式相等。要证明第二个等式成立只需证明

$$\hat{E}(\tilde{\boldsymbol{x}}/\tilde{\boldsymbol{z}}_k)=E(\tilde{\boldsymbol{x}}\tilde{\boldsymbol{z}}_k^{\mathrm{T}})\,[E(\tilde{\boldsymbol{z}}_k\tilde{\boldsymbol{z}}_k^{\mathrm{T}})]^{-1}\tilde{\boldsymbol{z}}_k$$

由性质 1 有

$$\hat{E}(\tilde{\boldsymbol{x}}/\tilde{\boldsymbol{z}}_k)=E(\tilde{\boldsymbol{x}})+\mathrm{cov}(\tilde{\boldsymbol{x}},\tilde{\boldsymbol{z}}_k)\,[\mathrm{var}(\tilde{\boldsymbol{z}}_k)]^{-1}[\tilde{\boldsymbol{z}}_k-E(\tilde{\boldsymbol{z}}_k)]$$

根据正交投影的无偏性，有

$$E(\tilde{\boldsymbol{x}})=E\{\boldsymbol{x}-\hat{E}[\boldsymbol{x}/\boldsymbol{z}(k-1)]\}=0 \tag{5.5.11}$$

$$E(\tilde{\boldsymbol{z}}_k)=E\{\boldsymbol{z}_k-\hat{E}[\boldsymbol{z}_k/\boldsymbol{z}(k-1)]\}=0 \tag{5.5.12}$$

进而有

$$\mathrm{cov}(\tilde{\boldsymbol{x}},\tilde{\boldsymbol{z}}_k)=E\{[\tilde{\boldsymbol{x}}-E(\tilde{\boldsymbol{x}})]\,[\tilde{\boldsymbol{z}}_k-E(\tilde{\boldsymbol{z}}_k)]^{\mathrm{T}}\}=E(\tilde{\boldsymbol{x}}\tilde{\boldsymbol{z}}_k^{\mathrm{T}}) \tag{5.5.13}$$

$$\mathrm{var}(\tilde{\boldsymbol{z}}_k)=E\{[\tilde{\boldsymbol{z}}_k-E(\tilde{\boldsymbol{z}}_k)]\,[\tilde{\boldsymbol{z}}_k-E(\tilde{\boldsymbol{z}}_k)]^{\mathrm{T}}\}=E(\tilde{\boldsymbol{z}}_k\tilde{\boldsymbol{z}}_k^{\mathrm{T}}) \tag{5.5.14}$$

这样

$$\hat{E}(\tilde{\boldsymbol{x}}/\tilde{\boldsymbol{z}}_k)=E(\tilde{\boldsymbol{x}}\tilde{\boldsymbol{z}}_k^{\mathrm{T}})\,[E(\tilde{\boldsymbol{z}}_k\tilde{\boldsymbol{z}}_k^{\mathrm{T}})]^{-1}\tilde{\boldsymbol{z}}_k$$

从而使式(5.5.10)中右端两式相等得证。

现在利用正交投影的唯一性，来证明式(5.5.10)的左端等于右端后一式。于是只要验证

$$\boldsymbol{x}^{*}\triangleq\hat{E}[\boldsymbol{x}/\boldsymbol{z}(k-1)]+E(\tilde{\boldsymbol{x}}\tilde{\boldsymbol{z}}_k^{\mathrm{T}})\,[E(\tilde{\boldsymbol{z}}_k\tilde{\boldsymbol{z}}_k^{\mathrm{T}})]^{-1}\tilde{\boldsymbol{z}}_k \tag{5.5.15}$$

是 $\boldsymbol{x}$ 在 $\boldsymbol{z}(k)$ 上的投影即可，即验证 $\boldsymbol{x}^*$ 具有投影定义的三个要求。下面分三步进行验证。

① 验证 $\boldsymbol{x}^*$ 可由 $\boldsymbol{z}(k)$ 线性表示。

因为 $\hat{E}[\boldsymbol{x}/\boldsymbol{z}(k-1)]$ 和 $\hat{E}[\boldsymbol{z}_k/\boldsymbol{z}(k-1)]$ 都可由 $\boldsymbol{z}(k-1)$ 线性表示，所以

$$\tilde{\boldsymbol{z}}_k = \boldsymbol{z}_k - \hat{E}[\boldsymbol{z}_k/\boldsymbol{z}(k-1)]$$

可由 $\boldsymbol{z}(k)$ 线性表示。这样，由式(5.5.9)和式(5.5.15)知，$\boldsymbol{x}^*$ 可由 $\boldsymbol{z}(k)$ 线性表示。

② 验证 $\boldsymbol{x}^*$ 的无偏性。

由式(5.5.15)得

$$E(\boldsymbol{x}^*) = E\{\hat{E}[\boldsymbol{x}/\boldsymbol{z}(k-1)]\} + E(\tilde{\boldsymbol{x}}\tilde{\boldsymbol{z}}_k^{\mathrm{T}})[E(\tilde{\boldsymbol{z}}_k\tilde{\boldsymbol{z}}_k^{\mathrm{T}})]^{-1}E(\tilde{\boldsymbol{z}}_k)$$

而由投影的无偏性知

$$E\{\hat{E}[\boldsymbol{x}/\boldsymbol{z}(k-1)]\} = E(\boldsymbol{x})$$

$$E(\tilde{\boldsymbol{z}}_k) = 0$$

所以

$$E(\boldsymbol{x}^*) = E(\boldsymbol{x})$$

因而 $\boldsymbol{x}^*$ 是无偏的。

③ 验证 $(\boldsymbol{x}-\boldsymbol{x}^*)$ 与 $\boldsymbol{z}(k)$ 的正交性。

由于 $\hat{E}[\boldsymbol{z}_k/\boldsymbol{z}(k-1)]$ 可由 $\boldsymbol{z}(k-1)$ 线性表示，而 $\tilde{\boldsymbol{x}} = \boldsymbol{x} - \hat{E}[\boldsymbol{x}/\boldsymbol{z}(k-1)]$ 和 $\tilde{\boldsymbol{z}}_k = \boldsymbol{z}_k - \hat{E}[\boldsymbol{z}_k/\boldsymbol{z}(k-1)]$ 均与 $\boldsymbol{z}(k-1)$ 正交，所以 $\tilde{\boldsymbol{x}}$ 和 $\tilde{\boldsymbol{z}}_k$ 均与 $\hat{E}[\boldsymbol{z}_k/\boldsymbol{z}(k-1)]$ 正交，即

$$E\{\tilde{\boldsymbol{x}}(\hat{E}[\boldsymbol{z}_k/\boldsymbol{z}(k-1)])^{\mathrm{T}}\} = 0 \tag{5.5.16}$$

$$E\{\tilde{\boldsymbol{z}}_k(\hat{E}[\boldsymbol{z}_k/\boldsymbol{z}(k-1)])^{\mathrm{T}}\} = 0 \tag{5.5.17}$$

因为

$$\tilde{\boldsymbol{z}}_k = \boldsymbol{z}_k - \hat{E}[\boldsymbol{z}_k/\boldsymbol{z}(k-1)]$$

所以

$$\boldsymbol{z}_k = \tilde{\boldsymbol{z}}_k + \hat{E}[\boldsymbol{z}_k/\boldsymbol{z}(k-1)]$$

这样

$$\boldsymbol{z}_k^{\mathrm{T}} = \tilde{\boldsymbol{z}}_k^{\mathrm{T}} + (\hat{E}[\boldsymbol{z}_k/\boldsymbol{z}(k-1)])^{\mathrm{T}} \tag{5.5.18}$$

由式(5.5.16)、式(5.5.17)和式(5.5.18)得

$$E(\tilde{\boldsymbol{x}}\boldsymbol{z}_k^{\mathrm{T}}) = E(\tilde{\boldsymbol{x}}\tilde{\boldsymbol{z}}_k^{\mathrm{T}}) + E\{\tilde{\boldsymbol{x}}(\hat{E}[\boldsymbol{z}_k/\boldsymbol{z}(k-1)])^{\mathrm{T}}\} = E(\tilde{\boldsymbol{x}}\tilde{\boldsymbol{z}}_k^{\mathrm{T}}) \tag{5.5.19}$$

$$E(\tilde{\boldsymbol{z}}_k\boldsymbol{z}_k^{\mathrm{T}}) = E(\tilde{\boldsymbol{z}}_k\tilde{\boldsymbol{z}}_k^{\mathrm{T}}) + E\{\tilde{\boldsymbol{z}}_k(\hat{E}[\boldsymbol{z}_k/\boldsymbol{z}(k-1)])^{\mathrm{T}}\} = E(\tilde{\boldsymbol{z}}_k\tilde{\boldsymbol{z}}_k^{\mathrm{T}}) \tag{5.5.20}$$

将 $\boldsymbol{x}^*$ 的式(5.5.15)代入 $E[(\boldsymbol{x}-\boldsymbol{x}^*)\boldsymbol{z}^{\mathrm{T}}(k)]$，得

$$\begin{aligned} E[(\boldsymbol{x}-\boldsymbol{x}^*)\boldsymbol{z}^{\mathrm{T}}(k)] &= E\{[\boldsymbol{x}-\hat{E}[\boldsymbol{x}/\boldsymbol{z}(k-1)] - E(\tilde{\boldsymbol{x}}\tilde{\boldsymbol{z}}_k^{\mathrm{T}})[E(\tilde{\boldsymbol{z}}_k\tilde{\boldsymbol{z}}_k^{\mathrm{T}})]^{-1}\tilde{\boldsymbol{z}}_k]\boldsymbol{z}^{\mathrm{T}}(k)\} = \\ &\quad E[\tilde{\boldsymbol{x}}\boldsymbol{z}^{\mathrm{T}}(k)] - E(\tilde{\boldsymbol{x}}\tilde{\boldsymbol{z}}_k^{\mathrm{T}})[E(\tilde{\boldsymbol{z}}_k\tilde{\boldsymbol{z}}_k^{\mathrm{T}})]^{-1}E[\tilde{\boldsymbol{z}}_k\boldsymbol{z}^{\mathrm{T}}(k)] \end{aligned} \tag{5.5.21}$$

因为

$$\boldsymbol{z}^{\mathrm{T}}(k) = [\boldsymbol{z}^{\mathrm{T}}(k-1)\ \boldsymbol{z}_k^{\mathrm{T}}]$$

注意到式(5.5.19)和式(5.5.20)，则式(5.5.21)成为

$$E[(\boldsymbol{x}-\boldsymbol{x}^*)\boldsymbol{z}^T(k)]=E[\tilde{\boldsymbol{x}}\boldsymbol{z}^T(k-1)\tilde{\boldsymbol{x}}\boldsymbol{z}_k^T]-E(\tilde{\boldsymbol{x}}\tilde{\boldsymbol{z}}_k^T)[E(\tilde{\boldsymbol{z}}_k\tilde{\boldsymbol{z}}_k^T)]^{-1}E[\tilde{\boldsymbol{z}}_k\boldsymbol{z}^T(k-1)\tilde{\boldsymbol{z}}_k\boldsymbol{z}_k^T]=$$
$$[0\quad E(\tilde{\boldsymbol{x}}\boldsymbol{z}_k^T)]-[0\quad E(\tilde{\boldsymbol{x}}\tilde{\boldsymbol{z}}_k^T)[E(\tilde{\boldsymbol{z}}_k\tilde{\boldsymbol{z}}_k^T)]^{-1}E(\tilde{\boldsymbol{z}}_k\boldsymbol{z}_k^T)]=$$
$$[0\quad E(\tilde{\boldsymbol{x}}\tilde{\boldsymbol{z}}_k^T)]-[0\quad E(\tilde{\boldsymbol{x}}\tilde{\boldsymbol{z}}_k^T)]=0 \tag{5.5.22}$$

这就证明了$(\boldsymbol{x}-\boldsymbol{x}^*)$与$\boldsymbol{z}(k)$是正交的。

综合上述验证结果，$\boldsymbol{x}^*$ 满足正交投影的三个性质，因此它是 $\boldsymbol{x}$ 在 $\boldsymbol{z}(k)$ 上的投影，故

$$\boldsymbol{x}^*=\hat{E}[\boldsymbol{x}/\boldsymbol{z}(k)]=\hat{E}[\boldsymbol{x}/\boldsymbol{z}(k-1)]+E(\tilde{\boldsymbol{x}}\tilde{\boldsymbol{z}}_k^T)[E(\tilde{\boldsymbol{z}}_k\tilde{\boldsymbol{z}}_k^T)]^{-1}\tilde{\boldsymbol{z}}_k$$

这就证明了式(5.5.10)成立，性质 3 得证。正交投影性质 3 的几何意义如图 5.6 所示。

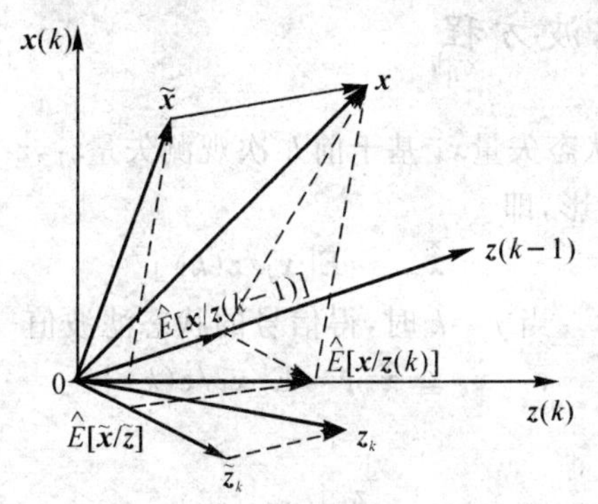

图 5.6 投影性质 3 的几何意义

5.6 卡尔曼滤波方程

在航天、航空、气象及其他工业领域里，欲从被噪声污染的信号中恢复信号的波形或估计其状态，均可采用卡尔曼滤波。例如航天飞行器轨道的估计、空中目标的跟踪、生产过程自动化、天气预报等，由于系统的非平稳性，都需要用卡尔曼滤波理论来对上述问题的波形或状态进行估计和处理。

已经知道，离散信号的状态方程和观测方程分别为(参见 5.4 节)

$$\boldsymbol{x}_k=\boldsymbol{\Phi}_{k/k-1}\boldsymbol{x}_{k-1}+\boldsymbol{\Gamma}_{k-1}\boldsymbol{w}_{k-1} \tag{5.6.1}$$

$$\boldsymbol{z}(k)=\boldsymbol{H}_k\boldsymbol{x}_k+\boldsymbol{n}_k \tag{5.6.2}$$

如果进行了 k 次观测，令

$$\boldsymbol{z}(k)=\begin{bmatrix}\boldsymbol{z}_1\\ \boldsymbol{z}_2\\ \vdots\\ \boldsymbol{z}_k\end{bmatrix} \tag{5.6.3}$$

根据前面，可以给状态估计一个定义。所谓状态估计，就是根据观测矢量 $\boldsymbol{z}(k)$，求得在第 j 时刻信号矢量$\boldsymbol{x}_j$ 的一个估计问题，所得状态估计量记为$\hat{\boldsymbol{x}}_{j/k}$。估计的误差矢量记为$\tilde{\boldsymbol{x}}_{j/k}=\boldsymbol{x}_j-$

$\hat{\boldsymbol{x}}_{j/k}$；估计的均方误差阵记为$\boldsymbol{P}_{j/k}=E[\tilde{\boldsymbol{x}}_{j/k}\tilde{\boldsymbol{x}}_{j/k}^{\mathrm{T}}]$。按照 j 和 k 的关系，把状态估计分为三种情况：

①$j=k$，估计量为$\hat{\boldsymbol{x}}_{k/k}$，称为状态滤波；

②$j>k$，估计量为$\hat{\boldsymbol{x}}_{j/k}$，称为状态预测（外推），特别地，如果 $j=k+1$，估计量为$\hat{\boldsymbol{x}}_{k+1/k}$，称为状态一步预测；

③ $j<k$，估计量为$\hat{\boldsymbol{x}}_{j/k}$，称为状态平滑（内插）。

下面重点讨论线性最小均方误差意义下的状态滤波和状态一步预测问题。

5.6.1 卡尔曼滤波方程

由投影性质 1 知，信号状态矢量$\boldsymbol{x}_j$ 基于前 k 次观测矢量$\boldsymbol{z}_1,\boldsymbol{z}_2,\cdots,\boldsymbol{z}_k$ 之线性最小均方误差估计量，是$\boldsymbol{x}_j$ 在 $\boldsymbol{z}(k)$ 上的投影，即

$$\hat{\boldsymbol{x}}_{j/k}=\hat{E}[\boldsymbol{x}_j/\boldsymbol{z}(k)] \tag{5.6.4}$$

其中 $\boldsymbol{z}(k)$ 如式(5.6.3) 所示。当 $j=k$ 时，得信号的状态滤波值

$$\hat{\boldsymbol{x}}_k\triangleq\hat{\boldsymbol{x}}_{k/k}=\hat{E}[\boldsymbol{x}_k/\boldsymbol{z}(k)] \tag{5.6.5}$$

因为 $\boldsymbol{z}(k)$ 可以表示为

$$\boldsymbol{z}(k)=\begin{bmatrix}\boldsymbol{z}_1\\ \boldsymbol{z}_2\\ \vdots\\ \boldsymbol{z}_k\end{bmatrix}=\begin{bmatrix}\boldsymbol{z}(k-1)\\ \boldsymbol{z}_k\end{bmatrix} \tag{5.6.6}$$

于是由投影性质 3 得

$$\hat{\boldsymbol{x}}_k=\hat{E}[\boldsymbol{x}_k/\boldsymbol{z}(k-1)]+E(\tilde{\boldsymbol{x}}_{k/k-1}\tilde{\boldsymbol{z}}_{k/k-1}^{\mathrm{T}})[E(\tilde{\boldsymbol{z}}_{k/k-1}\tilde{\boldsymbol{z}}_{k/k-1}^{\mathrm{T}})]^{-1}\tilde{\boldsymbol{z}}_{k/k-1} \tag{5.6.7}$$

式中

$$\tilde{\boldsymbol{x}}_{k/k-1}=\boldsymbol{x}_k-\hat{E}[\boldsymbol{x}_k/\boldsymbol{z}(k-1)]$$
$$\tilde{\boldsymbol{z}}_{k/k-1}=\boldsymbol{z}_k-\hat{E}[\boldsymbol{z}_k/\boldsymbol{z}(k-1)]$$

现在讨论式(5.6.7) 中各项的计算。

1. $\hat{E}[\boldsymbol{x}_k/\boldsymbol{z}(k-1)]$ 项的计算

由于 $\hat{E}[\boldsymbol{x}_k/\boldsymbol{z}(k-1)]$ 是$\boldsymbol{x}_k$ 在 $\boldsymbol{z}(k-1)$ 上的投影，因而它等于$\hat{\boldsymbol{x}}_{k/k-1}$，即状态一步预测值。由状态方程式(5.6.1) 和投影性质 2 得

$$\hat{\boldsymbol{x}}_{k/k-1}=\hat{E}[\boldsymbol{x}_k/\boldsymbol{z}(k-1)]=\hat{E}[(\boldsymbol{\Phi}_{k/k-1}\boldsymbol{x}_{k-1}+\boldsymbol{\Gamma}_{k-1}\boldsymbol{w}_{k-1})/\boldsymbol{z}(k-1)]=$$
$$\boldsymbol{\Phi}_{k/k-1}\hat{\boldsymbol{x}}_{k-1}+\boldsymbol{\Gamma}_{k-1}\hat{E}[\boldsymbol{w}_{k-1}/\boldsymbol{z}(k-1)] \tag{5.6.8}$$

由投影性质 1，式(5.6.8) 第二项中的投影为

$$\hat{E}[\boldsymbol{w}_{k-1}/\boldsymbol{z}(k-1)]=E(\boldsymbol{w}_{k-1})+\mathrm{cov}[\boldsymbol{w}_{k-1},\boldsymbol{z}(k-1)]\{\mathrm{var}[\boldsymbol{z}(k-1)]\}^{-1}\{\boldsymbol{z}(k-1)-E[\boldsymbol{z}(k-1)]\} \tag{5.6.9}$$

因为

$$z_{k-1} = \boldsymbol{H}_{k-1}\ \boldsymbol{x}_{k-1} + \boldsymbol{n}_{k-1}$$

$$\boldsymbol{x}_{k-1} = \boldsymbol{\Phi}_{k-1/k-2}\ \boldsymbol{x}_{k-2} + \boldsymbol{\Gamma}_{k-2}\ \boldsymbol{w}_{k-2}$$

即 z_{k-1} 中含有 $\boldsymbol{n}_{k-1}, \boldsymbol{w}_{k-2}, \boldsymbol{w}_{k-3}, \cdots$；类似地，$z_{k-2}$ 中含有 $\boldsymbol{n}_{k-2}, \boldsymbol{w}_{k-3}, \boldsymbol{w}_{k-4}, \cdots$ 所以 $z(k-1)$ 中含有 $\boldsymbol{n}_{k-1}, \boldsymbol{n}_{k-2}, \cdots, \boldsymbol{n}_1; \boldsymbol{w}_{k-2}, \boldsymbol{w}_{k-3}, \cdots, \boldsymbol{w}_0$。由于

$$E(\boldsymbol{w}_{k-1}) = 0$$

$$\text{cov}(\boldsymbol{x}_k, \boldsymbol{n}_j) = 0$$

$$\text{cov}(\boldsymbol{w}_k, \boldsymbol{w}_j) = E(\boldsymbol{w}_k \boldsymbol{w}_j) = 0, \quad k \neq j$$

因此

$$\hat{E}[\boldsymbol{w}_{k-1}/z(k-1)] = 0 \tag{5.6.10}$$

这样

$$\hat{\boldsymbol{x}}_{k/k-1} = \boldsymbol{\Phi}_{k/k-1}\ \hat{\boldsymbol{x}}_{k-1} \tag{5.6.11}$$

它是信号状态的一步预测值。

2. $\tilde{\boldsymbol{x}}_{k/k-1}$ 和 $\tilde{z}_{k/k-1}$ 的计算

由状态方程式(5.6.1)得

$$\tilde{\boldsymbol{x}}_{k/k-1} = \boldsymbol{x}_k - \hat{E}[\boldsymbol{x}_k/z(k-1)] = \boldsymbol{x}_k - \hat{E}[(\boldsymbol{\Phi}_{k/k-1}\ \boldsymbol{x}_{k-1} + \boldsymbol{\Gamma}_{k-1}\ \boldsymbol{w}_{k-1})/z(k-1)] = \boldsymbol{x}_k - \boldsymbol{\Phi}_{k/k-1}\ \hat{\boldsymbol{x}}_{k-1} \tag{5.6.12}$$

推导中利用了 $\hat{E}[\boldsymbol{w}_{k-1}/z(k-1)] = 0$。$\tilde{\boldsymbol{x}}_{k/k-1}$ 是状态一步预测误差矢量。

由观测方程式(5.6.2)得

$$\tilde{z}_{k/k-1} = z_k - \hat{E}[z_k/z(k-1)] = z_k - \hat{E}[(\boldsymbol{H}_k \boldsymbol{x}_k + \boldsymbol{n}_k)/z(k-1)] = z_k - \boldsymbol{H}_k\ \hat{\boldsymbol{x}}_{k/k-1} - \hat{E}[\boldsymbol{n}_k/z(k-1)] \tag{5.6.13}$$

由投影性质 1，式(5.6.13)中的投影为

$$\hat{E}[\boldsymbol{n}_k/z(k-1)] = E(\boldsymbol{n}_k) + \text{cov}[\boldsymbol{n}_k, z(k-1)]\{\text{var}[z(k-1)]\}^{-1}\{z(k-1) - E[z(k-1)]\} \tag{5.6.14}$$

因为

$$z_{k-1} = \boldsymbol{H}_{k-1}\ \boldsymbol{x}_{k-1} + \boldsymbol{n}_{k-1}$$

$$\text{cov}(\boldsymbol{n}_k, \boldsymbol{n}_j) = 0, \quad k \neq j$$

而 $z(k-1)$ 中含有 $\boldsymbol{n}_{k-1}, \boldsymbol{n}_{k-2}, \cdots, \boldsymbol{n}_1$，所以

$$\text{cov}[\boldsymbol{n}_k, z(k-1)] = 0$$

又因为

$$E(\boldsymbol{n}_k) = 0$$

所以

$$\hat{E}[\boldsymbol{n}_k/z(k-1)] = 0 \tag{5.6.15}$$

这样

$$\tilde{\boldsymbol{z}}_{k/k-1}=\boldsymbol{z}_k-\boldsymbol{H}_k\hat{\boldsymbol{x}}_{k/k-1}=\boldsymbol{z}_k-\boldsymbol{H}_k\boldsymbol{\Phi}_{k/k-1}\hat{\boldsymbol{x}}_{k-1} \tag{5.6.16}$$

3. $E(\tilde{\boldsymbol{x}}_{k/k-1}\tilde{\boldsymbol{z}}_{k/k-1}^{\mathrm{T}})$ 项的计算

首先将观测方程式(5.6.2)代入式(5.6.16)得

$$\tilde{\boldsymbol{z}}_{k/k-1}=\boldsymbol{H}_k\boldsymbol{x}_k+\boldsymbol{n}_k-\boldsymbol{H}_k\hat{\boldsymbol{x}}_{k/k-1}=\boldsymbol{H}_k\tilde{\boldsymbol{x}}_{k/k-1}+\boldsymbol{n}_k \tag{5.6.17}$$

于是

$$E(\tilde{\boldsymbol{x}}_{k/k-1}\tilde{\boldsymbol{z}}_{k/k-1}^{\mathrm{T}})=E[\tilde{\boldsymbol{x}}_{k/k-1}(\boldsymbol{H}_k\tilde{\boldsymbol{x}}_{k/k-1}+\boldsymbol{n}_k)^{\mathrm{T}}]=\boldsymbol{P}_{k/k-1}\boldsymbol{H}_k^{\mathrm{T}} \tag{5.6.18}$$

其中

$$\boldsymbol{P}_{k/k-1}=E(\tilde{\boldsymbol{x}}_{k/k-1}\tilde{\boldsymbol{x}}_{k/k-1}^{\mathrm{T}}) \tag{5.6.19}$$

称为状态一步预测的均方误差阵,它反映了一步预测的精度。

4. $E(\tilde{\boldsymbol{z}}_{k/k-1}\tilde{\boldsymbol{z}}_{k/k-1}^{\mathrm{T}})$ 项的计算

利用式(5.6.17)有

$$E(\tilde{\boldsymbol{z}}_{k/k-1}\tilde{\boldsymbol{z}}_{k/k-1}^{\mathrm{T}})=E[(\boldsymbol{H}_k\tilde{\boldsymbol{x}}_{k/k-1}+\boldsymbol{n}_k)(\boldsymbol{H}_k\tilde{\boldsymbol{x}}_{k/k-1}+\boldsymbol{n}_k)^{\mathrm{T}}]=\boldsymbol{H}_k\boldsymbol{P}_{k/k-1}\boldsymbol{H}_k^{\mathrm{T}}+\boldsymbol{R}_{nk} \tag{5.6.20}$$

将式(5.6.11)、式(5.6.16)、式(5.6.18)和式(5.6.20)代入式(5.6.7),得状态滤波值

$$\begin{aligned}\hat{\boldsymbol{x}}_k=&\boldsymbol{\Phi}_{k/k-1}\hat{\boldsymbol{x}}_{k-1}+\boldsymbol{P}_{k/k-1}\boldsymbol{H}_k^{\mathrm{T}}(\boldsymbol{H}_k\boldsymbol{P}_{k/k-1}\boldsymbol{H}_k^{\mathrm{T}}+\boldsymbol{R}_{nk})^{-1}(\boldsymbol{z}_k-\boldsymbol{H}_k\boldsymbol{\Phi}_{k/k-1}\hat{\boldsymbol{x}}_{k-1})=\\&\boldsymbol{\Phi}_{k/k-1}\hat{\boldsymbol{x}}_{k-1}+\boldsymbol{K}_k(\boldsymbol{z}_k-\boldsymbol{H}_k\boldsymbol{\Phi}_{k/k-1}\hat{\boldsymbol{x}}_{k-1})\end{aligned} \tag{5.6.21}$$

其中

$$\boldsymbol{K}_k=\boldsymbol{P}_{k/k-1}\boldsymbol{H}_k^{\mathrm{T}}(\boldsymbol{H}_k\boldsymbol{P}_{k/k-1}\boldsymbol{H}_k^{\mathrm{T}}+\boldsymbol{R}_{nk})^{-1} \tag{5.6.22}$$

称为状态滤波的增益矩阵。

5. 状态一步预测均方误差阵$\boldsymbol{P}_{k/k-1}$ 的计算

状态一步预测均方误差阵$\boldsymbol{P}_{k/k-1}$ 如式(5.6.19)所定义,利用状态方程式(5.6.1)有

$$\begin{aligned}\boldsymbol{P}_{k/k-1}=&E(\tilde{\boldsymbol{x}}_{k/k-1}\tilde{\boldsymbol{x}}_{k/k-1}^{\mathrm{T}})=E[(\boldsymbol{x}_k-\hat{\boldsymbol{x}}_{k/k-1})(\boldsymbol{x}_k-\hat{\boldsymbol{x}}_{k/k-1})^{\mathrm{T}}]=\\&E[(\boldsymbol{\Phi}_{k/k-1}\boldsymbol{x}_{k-1}+\boldsymbol{\Gamma}_{k-1}\boldsymbol{w}_{k-1}-\boldsymbol{\Phi}_{k/k-1}\hat{\boldsymbol{x}}_{k-1})(\boldsymbol{\Phi}_{k/k-1}\boldsymbol{x}_{k-1}+\boldsymbol{\Gamma}_{k-1}\boldsymbol{w}_{k-1}-\boldsymbol{\Phi}_{k/k-1}\hat{\boldsymbol{x}}_{k-1})^{\mathrm{T}}]=\\&\boldsymbol{\Phi}_{k/k-1}\boldsymbol{P}_{k-1}\boldsymbol{\Phi}_{k/k-1}^{\mathrm{T}}+\boldsymbol{\Gamma}_{k-1}\boldsymbol{R}_{wk-1}\boldsymbol{\Gamma}_{k-1}^{\mathrm{T}}\end{aligned} \tag{5.6.23}$$

其中

$$\boldsymbol{P}_{k-1}=E(\tilde{\boldsymbol{x}}_{k-1}\tilde{\boldsymbol{x}}_{k-1}^{\mathrm{T}}) \tag{5.6.24}$$

称为状态滤波的均方误差阵,它反映了状态滤波的精度。

6. 状态滤波均方误差阵$\boldsymbol{P}_k$ 的计算

利用式(5.6.11),状态滤波值式(5.6.21)可写为

$$\hat{\boldsymbol{x}}_k = \hat{\boldsymbol{x}}_{k/k-1} + \boldsymbol{K}_k(\boldsymbol{z}_k - \boldsymbol{H}_k \hat{\boldsymbol{x}}_{k/k-1})$$

这样

$$\begin{aligned}\tilde{\boldsymbol{x}}_k &= \boldsymbol{x}_k - \hat{\boldsymbol{x}}_k = \boldsymbol{x}_k - \hat{\boldsymbol{x}}_{k/k-1} - \boldsymbol{K}_k(\boldsymbol{z}_k - \boldsymbol{H}_k \hat{\boldsymbol{x}}_{k/k-1}) = \\ &\tilde{\boldsymbol{x}}_{k/k-1} - \boldsymbol{K}_k(\boldsymbol{H}_k \boldsymbol{x}_k + \boldsymbol{n}_k - \boldsymbol{H}_k \hat{\boldsymbol{x}}_{k/k-1}) = (\boldsymbol{I} - \boldsymbol{K}_k \boldsymbol{H}_k)\tilde{\boldsymbol{x}}_{k/k-1} - \boldsymbol{K}_k \boldsymbol{n}_k \end{aligned} \tag{5.6.25}$$

于是可得

$$\begin{aligned}\boldsymbol{P}_k &= E(\tilde{\boldsymbol{x}}_k \tilde{\boldsymbol{x}}_k^{\mathrm{T}}) = E\{[(\boldsymbol{I} - \boldsymbol{K}_k \boldsymbol{H}_k)\tilde{\boldsymbol{x}}_{k/k-1} - \boldsymbol{K}_k \boldsymbol{n}_k][(\boldsymbol{I} - \boldsymbol{K}_k \boldsymbol{H}_k)\tilde{\boldsymbol{x}}_{k/k-1} - \boldsymbol{K}_k \boldsymbol{n}_k]^{\mathrm{T}}\} = \\ &(\boldsymbol{I} - \boldsymbol{K}_k \boldsymbol{H}_k)\boldsymbol{P}_{k/k-1}(\boldsymbol{I} - \boldsymbol{K}_k \boldsymbol{H}_k)^{\mathrm{T}} + \boldsymbol{K}_k \boldsymbol{R}_{nk} \boldsymbol{K}_k^{\mathrm{T}} = \\ &\boldsymbol{P}_{k/k-1} - \boldsymbol{K}_k \boldsymbol{H}_k \boldsymbol{P}_{k/k-1} - \boldsymbol{P}_{k/k-1} \boldsymbol{H}_k^{\mathrm{T}} \boldsymbol{K}_k^{\mathrm{T}} + \boldsymbol{K}_k(\boldsymbol{H}_k \boldsymbol{P}_{k/k-1} \boldsymbol{H}_k^{\mathrm{T}} + \boldsymbol{R}_{nk})\boldsymbol{K}_k^{\mathrm{T}} \end{aligned} \tag{5.6.26}$$

将$\boldsymbol{K}_k$ 的式(5.6.22)代入式(5.6.26)的最后一项，得

$$\begin{aligned}\boldsymbol{P}_k = \boldsymbol{P}_{k/k-1} - \boldsymbol{K}_k \boldsymbol{H}_k \boldsymbol{P}_{k/k-1} - \boldsymbol{P}_{k/k-1} \boldsymbol{H}_k^{\mathrm{T}} \boldsymbol{K}_k^{\mathrm{T}} + \boldsymbol{P}_{k/k-1} \boldsymbol{H}_k^{\mathrm{T}}(\boldsymbol{H}_k \boldsymbol{P}_{k/k-1} \boldsymbol{H}_k^{\mathrm{T}} + \boldsymbol{R}_{nk})^{-1}(\boldsymbol{H}_k \boldsymbol{P}_{k/k-1} \boldsymbol{H}_k^{\mathrm{T}} + \boldsymbol{R}_{nk})\boldsymbol{K}_k^{\mathrm{T}} = \\ (\boldsymbol{I} - \boldsymbol{K}_k \boldsymbol{H}_k)\boldsymbol{P}_{k/k-1} \end{aligned} \tag{5.6.27}$$

因为投影是无偏的，所以状态滤波的均方误差阵$\boldsymbol{P}_k$ 和状态一步预测的均方误差阵$\boldsymbol{P}_{k/k-1}$ 就是滤波的误差方差阵和一步预测的误差方差阵。

式(5.6.21)、式(5.6.22)、式(5.6.23)、式(5.6.27)和式(5.6.11)构成了一组卡尔曼滤波和预测公式。

5.6.2　卡尔曼滤波的递推计算

为了实现卡尔曼滤波的递推计算，需要确定初始滤波值$\hat{\boldsymbol{x}}_0$ 和初始滤波均方误差阵$\boldsymbol{P}_0$。$\hat{\boldsymbol{x}}_0$ 的选择应使得状态滤波的均方误差

$$E[(\boldsymbol{x}_0 - \hat{\boldsymbol{x}}_0)^{\mathrm{T}}(\boldsymbol{x}_0 - \hat{\boldsymbol{x}}_0)] \tag{5.6.28}$$

最小。为此令

$$\frac{\partial}{\partial \boldsymbol{x}_0}\{E[(\boldsymbol{x}_0 - \hat{\boldsymbol{x}}_0)^{\mathrm{T}}(\boldsymbol{x}_0 - \hat{\boldsymbol{x}}_0)]\} = 0$$

交换求导和求均值的次序，得

$$-2E(\boldsymbol{x}_0 - \hat{\boldsymbol{x}}_0) = 0$$

即

$$E(\boldsymbol{x}_0 - \hat{\boldsymbol{x}}_0) = 0 \tag{5.6.29}$$

在未进行观测前，选择的$\hat{\boldsymbol{x}}_0$ 是某个常值矢量，于是有

$$\hat{\boldsymbol{x}}_0 = E(\boldsymbol{x}_0) = \bar{\boldsymbol{x}}_0 \tag{5.6.30}$$

即选择初始时刻状态矢量的均值作为初始状态滤波值$\hat{\boldsymbol{x}}_0$，这显然是合理的。

因为

$$\tilde{\boldsymbol{x}}_0 = \boldsymbol{x}_0 - \hat{\boldsymbol{x}}_0 = \boldsymbol{x}_0 - \bar{\boldsymbol{x}}_0 \tag{5.6.31}$$

所以

$$P_0=E(\tilde{x}_0\,\tilde{x}_0^{\mathrm{T}})=E[(x_0-\bar{x}_0)(x_0-\bar{x}_0)^{\mathrm{T}}]=\mathrm{var}(x_0)=P_{x_0} \tag{5.6.32}$$

即选择 $\mathrm{var}(x_0)$ 作为递推公式中的P_0，并表示为P_{x_0}。现在将卡尔曼滤波（状态滤波和状态一步预测）的递推公式进行归纳，列于表 5.1 中。

表 5.1　卡尔曼滤波递推公式表

状态方程	$x_k=\Phi_{k/k-1}x_{k-1}+\Gamma_{k-1}w_{k-1}$
观测方程	$z_k=H_kx_k+n_k$
一步预测均方误差阵	$P_{k/k-1}=\Phi_{k/k-1}P_{k-1}\Phi_{k/k-1}^{\mathrm{T}}+\Gamma_{k-1}R_{wk-1}\Gamma_{k-1}^{\mathrm{T}}$　（Ⅰ）
滤波增益矩阵	$K_k=P_{k/k-1}H_k^{\mathrm{T}}[H_kP_{k/k-1}H_k^{\mathrm{T}}+R_{nk}]^{-1}$　（Ⅱ）
滤波均方误差阵	$P_k=(I-K_kH_k)P_{k/k-1}$　（Ⅲ）
状态滤波值	$\hat{x}_k=\Phi_{k/k-1}\hat{x}_{k-1}+K_k[z_k-H_k\Phi_{k/k-1}\hat{x}_{k-1}]$　（Ⅳ）
状态一步预测值	$\hat{x}_{k+1/k}=\Phi_{k+1,k}\hat{x}_k$　（Ⅴ）
滤波初始条件	$\hat{x}_0=\bar{x}_0$ $P_0=P_{x0}$

表 5.1 中卡尔曼滤波递推公式组可以分成两部分。第一部分是公式（Ⅰ）（Ⅱ）（Ⅲ），是状态滤波增益矩阵递推公式；第二部分是公式（Ⅳ）（Ⅴ），是状态滤波和状态一步预测公式。状态滤波公式（Ⅳ）的意义是明显的，第 k 时刻的状态滤波值$\hat{x}_k$ 由两项之和组成。第一项是上次的滤波值$\hat{x}_{k-1}$ 前乘状态一步转移矩阵$\Phi_{k/k-1}$，得 k 时刻的一步预测值$\hat{x}_{k/k-1}$；第二项是滤波增益矩阵K_k 乘以第 k 时刻的观测值z_k 减去一步预测值$\hat{x}_{k/k-1}$ 前乘H_k 而得到的$\hat{z}_{k/k-1}$，其结果与一步预测值$\hat{x}_{k/k-1}$ 相加而对它进行修正，从而得到第 k 时刻的状态滤波值$\hat{x}_k$。在第二项中，$z_k-H_k\Phi_{k/k-1}\hat{x}_{k/k-1}=z_k-\hat{z}_{k/k-1}=\tilde{z}_{k/k-1}$ 是第 k 时刻观测后得到的"新息"。到第 $k+1$ 时刻，其状态滤波值$\hat{x}_{k+1}$ 等于一步预测值$\hat{x}_{k+1/k}=\Phi_{k+1/k}\hat{x}_k$ 加上修正值$K_{k+1}\tilde{z}_{k+1/k}$。因此，信号状态的滤波是以不断的预测-修正的递推方式进行的。

卡尔曼滤波的递推过程如图 5.7 所示。而递推运算流图如图 5.8 所示。

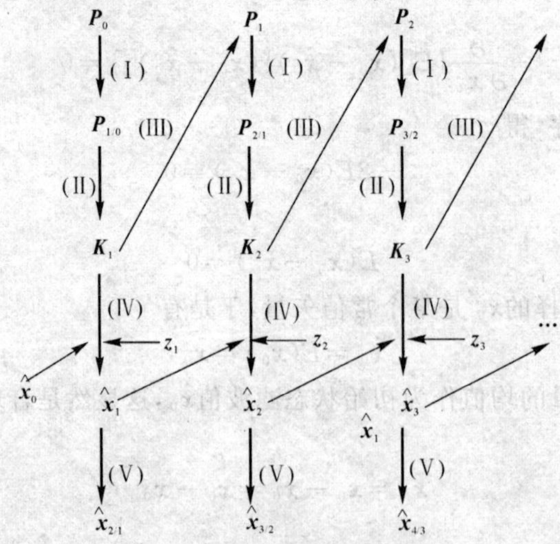

图 5.7　卡尔曼滤波递推过程图（同时滤波和一步预测）

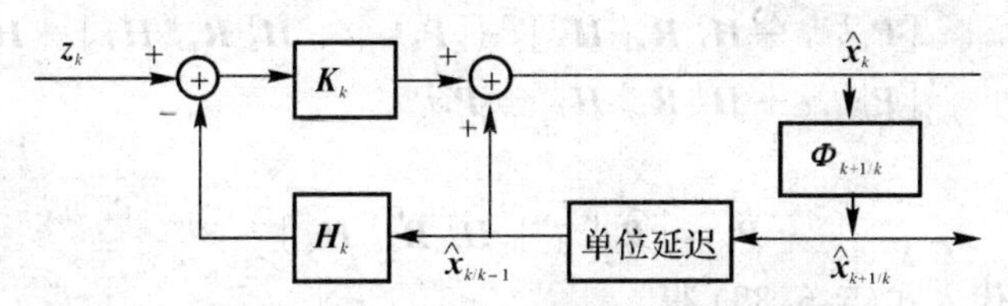

图 5.8　离散卡尔曼滤波递推运算流图

5.6.3　卡尔曼滤波的特点和性质

通过前面的讨论可以看出，卡尔曼滤波具有如下主要特点：

① 滤波的信号模型是由矩阵形式的状态方程和观测方程描述的；状态转移矩阵$\boldsymbol{\Phi}_{k/k-1}$，观测矩阵$\boldsymbol{H}_k$ 可以是时变的；扰动噪声$\boldsymbol{w}_{k-1}$，观测噪声$\boldsymbol{n}_k$ 的方差阵也可以是时变的。因此，卡尔曼滤波不仅适用于平稳随机过程的状态估计，也适用于非平稳随机过程的状态估计；不仅适应于单参量的情况，亦适应于矢量情况。

② 由于滤波采用递推算法，因而数据存储量少，运算量小，非常适合于实时处理系统的应用。

③ 由于滤波的增益矩阵$\boldsymbol{K}_k$ 与观测无关，可以预先离线算出；而且求解$\boldsymbol{K}_k$ 时，要求一个矩阵的逆，由于其维数仅和观测矢量维数一致，通常比较小，从而减少实时在线计算量。

④ 卡尔曼滤波不仅能够同时得到状态滤波值$\hat{\boldsymbol{x}}_k$ 和状态一步预测$\hat{\boldsymbol{x}}_{k+1/k}$，而且同时得到状态滤波的均方误差阵$\boldsymbol{P}_k$ 和状态一步预测的均方误差阵$\boldsymbol{P}_{k+1/k}$，它们是实时判断滤波和预测精度的重要指标。

卡尔曼滤波还具有如下主要性质：

① 状态滤波值$\hat{\boldsymbol{x}}_k$ 是$\boldsymbol{x}_k$ 的线性最小均方误差估计量，因为它是无偏估计量，所以滤波的均方误差阵$\boldsymbol{P}_k$ 就是所有线性估计中的最小方差阵。

② 滤波的增益矩阵$\boldsymbol{K}_k$ 与初始均方误差阵$\boldsymbol{P}_0$，扰动噪声的方差阵$\boldsymbol{R}_{w_{k-1}}$ 和观测噪声的方差阵$\boldsymbol{R}_{nk}$ 的关系。

由离散状态卡尔曼滤波公式知

$$\boldsymbol{P}_k = (\boldsymbol{I} - \boldsymbol{K}_k \boldsymbol{H}_k)\,\boldsymbol{P}_{k/k-1} \tag{5.6.33}$$

$$\boldsymbol{K}_k = \boldsymbol{P}_{k/k-1}\,\boldsymbol{H}_k^{\mathrm{T}}\,[\boldsymbol{H}_k \boldsymbol{P}_{k/k-1}\,\boldsymbol{H}_k^{\mathrm{T}} + \boldsymbol{R}_{nk}]^{-1} \tag{5.6.34}$$

利用矩阵求逆公式，$\boldsymbol{K}_k$ 可以表示为

$$\boldsymbol{K}_k = [\boldsymbol{P}_{k/k-1}^{-1} + \boldsymbol{H}_k^{\mathrm{T}}\,\boldsymbol{R}_{nk}^{-1}\,\boldsymbol{H}_k]^{-1}\,\boldsymbol{H}_k^{\mathrm{T}}\,\boldsymbol{R}_{nk}^{-1} \tag{5.6.35}$$

这样，$\boldsymbol{P}_k$ 中的$\boldsymbol{I} - \boldsymbol{K}_k \boldsymbol{H}_k$ 可以表示为

$$\boldsymbol{I} - \boldsymbol{K}_k \boldsymbol{H}_k = \boldsymbol{I} - [\boldsymbol{P}_{k/k-1}^{-1} + \boldsymbol{H}_k^{\mathrm{T}}\,\boldsymbol{R}_{nk}^{-1}\,\boldsymbol{H}_k]^{-1}\,\boldsymbol{H}_k^{\mathrm{T}}\,\boldsymbol{R}_{nk}^{-1}\,\boldsymbol{H}_k =$$

$$[\boldsymbol{P}_{k/k-1}^{-1}+\boldsymbol{H}_k^{\mathrm{T}}\boldsymbol{R}_{nk}^{-1}\boldsymbol{H}_k]^{-1}\{[\boldsymbol{P}_{k/k-1}^{-1}+\boldsymbol{H}_k^{\mathrm{T}}\boldsymbol{R}_{nk}^{-1}\boldsymbol{H}_k]-\boldsymbol{H}_k^{\mathrm{T}}\boldsymbol{R}_{nk}^{-1}\boldsymbol{H}_k\}=$$
$$[\boldsymbol{P}_{k/k-1}^{-1}+\boldsymbol{H}_k^{\mathrm{T}}\boldsymbol{R}_{nk}^{-1}\boldsymbol{H}_k]^{-1}\boldsymbol{P}_{k/k-1}^{-1} \tag{5.6.36}$$

因此

$$\boldsymbol{P}_k=[\boldsymbol{P}_{k/k-1}^{-1}+\boldsymbol{H}_k^{\mathrm{T}}\boldsymbol{R}_{nk}^{-1}\boldsymbol{H}_k]^{-1} \tag{5.6.37}$$

将式(5.6.37)代入式(5.6.35)得

$$\boldsymbol{K}_k=\boldsymbol{P}_k\boldsymbol{H}_k^{\mathrm{T}}\boldsymbol{R}_{nk}^{-1} \tag{5.6.38}$$

由式(5.6.38)知,观测噪声的方差阵$\boldsymbol{R}_{nk}$增大时,滤波的增益矩阵$\boldsymbol{K}_k$减小,即$\boldsymbol{K}_k$与$\boldsymbol{R}_{nk}$成反比。这是因为,如果观测噪声增大,那么新息中的误差较大,于是滤波的增益矩阵应取小一些,以减小观测噪声的影响。

如果初始均方误差阵$\boldsymbol{P}_0$变小,则$\boldsymbol{P}_{k/k-1}$变小,因而$\boldsymbol{P}_k$也变小,这时$\boldsymbol{K}_k$变小。这表示初始状态估计得好,增益就小,以便给预测值较小的修正。

如果扰动噪声方差阵$\boldsymbol{R}_{w_{k-1}}$变小,表示信号状态受到的扰动小,这时$\boldsymbol{K}_k$也应小些,因为此时预测值较准确。

③ $\boldsymbol{P}_k$的上限值为$\boldsymbol{P}_{k/k-1}$,这由式(5.6.37)可以看出。$\boldsymbol{P}_k$达到上限值$\boldsymbol{P}_{k/k-1}$的条件是$\boldsymbol{R}_{nk}$无限大,此时$\boldsymbol{K}_k=0$,这是因为噪声无限大时,新息是不可信的,所以此时的滤波值$\hat{\boldsymbol{x}}_k$就等于一步预测值$\boldsymbol{\Phi}_{k/k-1}\hat{\boldsymbol{x}}_{k-1}$。

例5.9 离散卡尔曼滤波的增益矩阵$\boldsymbol{K}_k$可以离线算出。设信号模型的状态方程和观测方程分别为

$$\boldsymbol{x}_k=\boldsymbol{\Phi}\boldsymbol{x}_{k-1}+\boldsymbol{w}_{k-1}$$
$$\boldsymbol{z}_k=\boldsymbol{H}\boldsymbol{x}_k+\boldsymbol{n}_k$$

式中

$$\boldsymbol{\Phi}=\begin{bmatrix}1&1\\0&1\end{bmatrix},\quad \boldsymbol{H}=[1\quad 0]$$

$\{\boldsymbol{w}_{k-1}\}$和$\{\boldsymbol{n}_k\}$是均值为零的白噪声序列,与$\boldsymbol{x}_0$无关,且有

$$\mathrm{var}(\boldsymbol{w}_k)=\boldsymbol{R}_w=\begin{bmatrix}0&0\\0&1\end{bmatrix}$$

$$\mathrm{var}(\boldsymbol{n}_k)=\boldsymbol{R}_{mk}=2+(-1)^k$$

而初始状态的方差阵为

$$\mathrm{var}(\boldsymbol{x}_0)=\boldsymbol{P}_{x_0}=\begin{bmatrix}10&0\\0&10\end{bmatrix}$$

求状态滤波的增益矩阵$\boldsymbol{K}_k$。

解 状态滤波增益矩阵$\boldsymbol{K}_k$,可由卡尔曼滤波递推公式(Ⅰ)(Ⅱ)(Ⅲ)求得。

取

$$\boldsymbol{P}_0=\boldsymbol{P}_{x_0}=\begin{bmatrix}10&0\\0&10\end{bmatrix}$$

当 $k=1$ 时

$$\boldsymbol{P}_{1/0}=\begin{bmatrix}1 & 1\\0 & 1\end{bmatrix}\begin{bmatrix}10 & 0\\0 & 10\end{bmatrix}\begin{bmatrix}1 & 0\\1 & 1\end{bmatrix}+\begin{bmatrix}0 & 0\\0 & 1\end{bmatrix}=\begin{bmatrix}20 & 10\\10 & 11\end{bmatrix}$$

$$\boldsymbol{K}_1=\begin{bmatrix}20 & 10\\10 & 11\end{bmatrix}\begin{bmatrix}1\\0\end{bmatrix}\left\{\begin{bmatrix}1 & 0\end{bmatrix}\begin{bmatrix}20 & 10\\10 & 11\end{bmatrix}\begin{bmatrix}1\\0\end{bmatrix}+1\right\}^{-1}=\begin{bmatrix}0.9524\\0.4762\end{bmatrix}$$

$$\boldsymbol{P}_1=\left\{I-\begin{bmatrix}0.9524\\0.4762\end{bmatrix}\begin{bmatrix}1 & 0\end{bmatrix}\right\}\begin{bmatrix}20 & 10\\10 & 11\end{bmatrix}=\begin{bmatrix}0.9520 & 0.4760\\0.4800 & 6.2380\end{bmatrix}$$

当 $k=2$ 时

$$\boldsymbol{P}_{2/1}=\begin{bmatrix}1 & 1\\0 & 1\end{bmatrix}\begin{bmatrix}0.9520 & 0.4760\\0.4800 & 6.2380\end{bmatrix}\begin{bmatrix}1 & 0\\1 & 1\end{bmatrix}+\begin{bmatrix}0 & 0\\0 & 1\end{bmatrix}=\begin{bmatrix}8.1460 & 6.7140\\6.7180 & 7.2380\end{bmatrix}$$

$$\boldsymbol{K}_2=\begin{bmatrix}8.1460 & 6.7140\\6.7180 & 7.2380\end{bmatrix}\begin{bmatrix}1\\0\end{bmatrix}\left\{\begin{bmatrix}1 & 0\end{bmatrix}\begin{bmatrix}8.1460 & 6.7140\\6.7180 & 7.2380\end{bmatrix}\begin{bmatrix}1\\0\end{bmatrix}+3\right\}^{-1}=\begin{bmatrix}0.73\\0.61\end{bmatrix}$$

用同样方法可以算出 $k=3, k=4, \cdots$ 的结果。将 $\boldsymbol{K}_k$ 的两个分量 $\boldsymbol{K}_{k1}$ 和 $\boldsymbol{K}_{k2}$ 的计算结果分别作于图 5.9 中。

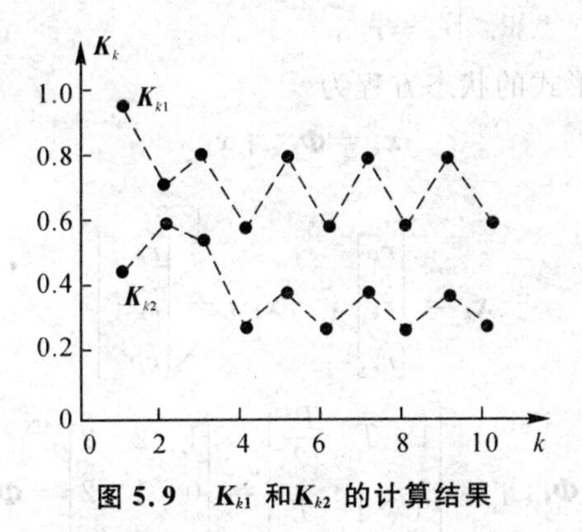

图 5.9　$\boldsymbol{K}_{k1}$ 和 $\boldsymbol{K}_{k2}$ 的计算结果

由图可见，对于奇数 k，具有较大的滤波增益，这是因为奇次观测的 $\boldsymbol{R}_{nk}$ 较小，观测值具有较高的可靠性，所以修正时可采用较大的增益。由图还可以看出，只要经过几次观测，滤波增益就近似地达到周期性的稳定状态。

例 5.10　若飞机相对于雷达作径向匀速直线运动，现通过飞机的距离测量来估计飞机的距离、速度和加速度。如果

① 从 $t=2\text{s}$ 开始测量，测量时间间隔 2s；

② 飞机到雷达的距离为 $r(t)$，径向速度为 $\dot{r}(t)$，径向加速度为 $\ddot{r}(t)$；

③ 已知

$$E(r_0)=0,\quad \text{var}(r_0)=8\text{km}^2$$

$$E(\dot{r}_0)=0,\quad \text{var}(\dot{r}_0)=10\ (\text{km/s})^2$$

$$E(\ddot{r}_0)=0.2(\mathrm{km/s^2}),\quad \mathrm{var}(\ddot{r}_0)=5\,(\mathrm{km/s^2})^2$$

④ 忽略外界噪声$\boldsymbol{w}_k$ 对飞机的扰动；

⑤ 观测噪声 n_k 是零均值的白噪声序列，且

$$\mathrm{cov}(n_k,n_j)=0.15\delta_{kj}\ (\mathrm{km})^2$$

⑥n_k 与 $r_0,\dot{r}_0,\ddot{r}_0$ 均不相关。

在获得距离观测值 z_k（单位：km），$k=1,2,\cdots,10$ 为

0.36， 1.56， 3.64， 6.44， 10.5，

14.8， 20.0， 25.2， 32.2， 40.4

的情况下，求 $r_0,\dot{r}_0,\ddot{r}_0$ 的估计值和估计的均方误差，并求出状态一步预测值。

解 首先建立信号的状态方程和观测方程。为此，写出距离方程、速度方程和加速度方程如下：

$$\begin{cases} r_k=r_{k-1}+T\dot{r}_{k-1}+\dfrac{T^2}{2}\ddot{r} \\ \dot{r}_k=\dot{r}_{k-1}+T\ddot{r} \\ \ddot{r}_k=\ddot{r}_{k-1} \end{cases}$$

注意到$\boldsymbol{w}_k=0$，则矩阵形式的状态方程为

$$\boldsymbol{x}_k=\boldsymbol{\Phi}_{k,k-1}\ \boldsymbol{x}_{k-1}$$

其中

$$\boldsymbol{x}_k=\begin{bmatrix} r_k \\ \dot{r}_k \\ \ddot{r}_k \end{bmatrix},\quad \boldsymbol{x}_{k-1}=\begin{bmatrix} r_{k-1} \\ \dot{r}_{k-1} \\ \ddot{r}_{k-1} \end{bmatrix}$$

$$\boldsymbol{\Phi}_{k,k-1}=\begin{bmatrix} 1 & T & \dfrac{T^2}{2} \\ 0 & 1 & T \\ 0 & 0 & 1 \end{bmatrix}=\begin{bmatrix} 1 & 2 & 2 \\ 0 & 1 & 2 \\ 0 & 0 & 1 \end{bmatrix}=\boldsymbol{\Phi}$$

因为是直接测距，考虑到测量噪声 n_k，所以观测方程为

$$\boldsymbol{z}_k=\boldsymbol{H}_k\ \boldsymbol{x}_k+n_k$$

式中

$$\boldsymbol{H}_k=[1\quad 0\quad 0]=\boldsymbol{H}$$

根据题意，现在求初始滤波条件。因为

$$E(\boldsymbol{x}_0)=\begin{bmatrix} 0 \\ 0 \\ 0.2 \end{bmatrix},\quad \mathrm{var}(\boldsymbol{x}_0)=\begin{bmatrix} 8 & 0 & 0 \\ 0 & 10 & 0 \\ 0 & 0 & 5 \end{bmatrix}$$

所以状态滤波的初始条件为

$$\hat{\boldsymbol{x}}_0 = E(\boldsymbol{x}_0) = \begin{bmatrix} 0 \\ 0 \\ 0.2 \end{bmatrix}, \quad \boldsymbol{P}_0 = \mathrm{var}(\boldsymbol{x}_0) = \begin{bmatrix} 8 & 0 & 0 \\ 0 & 10 & 0 \\ 0 & 0 & 5 \end{bmatrix}$$

另外 $R_{wk}=0, R_{nk}=0.15\ (\mathrm{km})^2=R_n$。

这样，利用如下一组离散卡尔曼滤波递推公式，可得状态滤波值 $\hat{\boldsymbol{x}}_k$，一步预测值 $\hat{\boldsymbol{x}}_{k+1/k}$ 和状态滤波的均方误差阵 $\boldsymbol{P}_k$。递推公式为

$$\boldsymbol{P}_{k/k-1} = \boldsymbol{\Phi} \boldsymbol{P}_{k-1} \boldsymbol{\Phi}^{\mathrm{T}}$$

$$\boldsymbol{K}_k = \boldsymbol{P}_{k/k-1} \boldsymbol{H}^{\mathrm{T}} [\boldsymbol{H} \boldsymbol{P}_{k/k-1} \boldsymbol{H}^{\mathrm{T}} + \boldsymbol{R}_n]^{-1}$$

$$\boldsymbol{P}_k = [\boldsymbol{I} - \boldsymbol{K}_k \boldsymbol{H}] \boldsymbol{P}_{k/k-1}$$

$$\hat{\boldsymbol{x}}_k = \boldsymbol{\Phi} \hat{\boldsymbol{x}}_{k-1} + \boldsymbol{K}_k [z_k - \boldsymbol{H\Phi} \hat{\boldsymbol{x}}_{k-1}]$$

$$\hat{\boldsymbol{x}}_{k+1/k} = \boldsymbol{\Phi} \hat{\boldsymbol{x}}_k$$

得到的部分结果如下：

$$\hat{\boldsymbol{x}}_{1/0} = \begin{bmatrix} 0.4 \\ 0.4 \\ 0.2 \end{bmatrix}, \quad \hat{\boldsymbol{x}}_1 = \begin{bmatrix} 0.360\ 0 \\ 0.376\ 5 \\ 0.194\ 1 \end{bmatrix}, \quad \boldsymbol{P}_1 = \begin{bmatrix} 0.149\ 7 & 0.008\ 0 & 0.022\ 1 \\ 0.088\ 0 & 6.522\ 3 & 4.130\ 6 \\ 0.022\ 0 & 4.130\ 6 & 3.537\ 0 \end{bmatrix}$$

$$\hat{\boldsymbol{x}}_{2/1} = \begin{bmatrix} 1.501\ 4 \\ 0.714\ 7 \\ 0.194\ 1 \end{bmatrix}, \quad \hat{\boldsymbol{x}}_2 = \begin{bmatrix} 1.559\ 0 \\ 0.808\ 6 \\ 0.206\ 3 \end{bmatrix}, \quad \boldsymbol{P}_2 = \begin{bmatrix} 0.149\ 6 & 0.105\ 6 & 0.031\ 1 \\ 0.105\ 6 & 0.509\ 2 & 0.392\ 2 \\ 0.031\ 1 & 0.392\ 2 & 0.349\ 3 \end{bmatrix}$$

$$\vdots$$

$$\hat{\boldsymbol{x}}_{9/8} = \begin{bmatrix} 31.986\ 9 \\ 3.430\ 5 \\ 0.180\ 4 \end{bmatrix}, \quad \hat{\boldsymbol{x}}_9 = \begin{bmatrix} 32.127\ 2 \\ 3.463\ 2 \\ 0.183\ 6 \end{bmatrix}, \quad \boldsymbol{P}_9 = \begin{bmatrix} 0.098\ 6 & 0.023\ 0 & 0.002\ 2 \\ 0.023\ 0 & 0.008\ 3 & 0.001\ 0 \\ 0.0022 & 0.0010 & 0.0001 \end{bmatrix}$$

$$\hat{\boldsymbol{x}}_{10/9} = \begin{bmatrix} 39.420\ 0 \\ 3.830\ 4 \\ 0.183\ 6 \end{bmatrix}, \quad \hat{\boldsymbol{x}}_{10} = \begin{bmatrix} 40.024\ 4 \\ 3.956\ 3 \\ 0.194\ 6 \end{bmatrix}, \quad \boldsymbol{P}_{10} = \begin{bmatrix} 0.092\ 5 & 0.019\ 3 & 0.001\ 7 \\ 0.019\ 3 & 0.006\ 1 & 0.000\ 6 \\ 0.001\ 7 & 0.000\ 6 & 0.000\ 07 \end{bmatrix}$$

5.7　卡尔曼滤波的推广

前面针对基本的信号模型，讨论了卡尔曼滤波 —— 状态滤波 —— 和状态一步预测的理论和方法。下面介绍两种针对不同噪声模型的卡尔曼滤波器。

5.7.1　白噪声情况下的卡尔曼滤波方程

如果在信号模型中，涉及外加控制量和观测系统的系统误差时，则信号的状态方程和观测

方程可以写成如下的一般形式：

$$\boldsymbol{x}_k=\boldsymbol{\Phi}_{k,k-1}\,\boldsymbol{x}_{k-1}+\boldsymbol{B}_{k-1}\,\boldsymbol{u}_{k-1}+\boldsymbol{\Gamma}_{k-1}\,\boldsymbol{w}_{k-1} \tag{5.7.1}$$

$$\boldsymbol{z}_k=\boldsymbol{H}_k\,\boldsymbol{x}_k+\boldsymbol{y}_k+\boldsymbol{n}_k \tag{5.7.2}$$

其中$\{\boldsymbol{u}_{k-1}\}$和$\{\boldsymbol{y}_k\}$都是已知的非随机序列；$\boldsymbol{B}_{k-1}$是系数矩阵。$\boldsymbol{u}_{k-1}$可看作是在t_{k-1}时刻信号模型外加的控制量；$\boldsymbol{y}_k$可看作t_k时刻观测系统的误差。扰动噪声$\boldsymbol{w}_{k-1}$和观测噪声$\boldsymbol{n}_k$是零均值的白噪声序列，且两者互不相关。

现在推导白噪声情况下一般信号模型的离散卡尔曼滤波递推公式。

根据正交投影性质 3，有

$$\hat{\boldsymbol{x}}_k=\hat{E}[\boldsymbol{x}_k/\boldsymbol{z}(k)]=\hat{E}[\boldsymbol{x}_k/\boldsymbol{z}(k-1)]+E(\tilde{\boldsymbol{x}}_{k/k-1}\,\tilde{\boldsymbol{z}}_{k/k-1}^{\mathrm{T}})\,[E(\tilde{\boldsymbol{z}}_{k/k-1}\,\tilde{\boldsymbol{z}}_{k/k-1}^{\mathrm{T}})]^{-1}\,\tilde{\boldsymbol{z}}_{k/k-1} \tag{5.7.3}$$

其中

$$\tilde{\boldsymbol{x}}_{k/k-1}=\boldsymbol{x}_k-\hat{\boldsymbol{x}}_{k/k-1}$$

$$\tilde{\boldsymbol{z}}_{k/k-1}=\boldsymbol{z}_k-\hat{\boldsymbol{z}}_{k/k-1}$$

现分别计算式(5.7.3)中的各项。

由状态方程式(5.7.1)和观测方程式(5.7.2)，得

$$\hat{E}[\boldsymbol{x}_k/\boldsymbol{z}(k-1)]=\boldsymbol{\Phi}_{k,k-1}\,\hat{\boldsymbol{x}}_{k-1}+\boldsymbol{B}_{k-1}\,\boldsymbol{u}_{k-1}=\hat{\boldsymbol{x}}_{k/k-1} \tag{5.7.4}$$

为状态一步预测值。而

$$\tilde{\boldsymbol{x}}_{k/k-1}=\boldsymbol{x}_k-\hat{\boldsymbol{x}}_{k/k-1}=\boldsymbol{\Phi}_{k,k-1}\,\tilde{\boldsymbol{x}}_{k-1}+\boldsymbol{\Gamma}_{k-1}\,\boldsymbol{w}_{k-1} \tag{5.7.5}$$

$$\tilde{\boldsymbol{z}}_{k/k-1}=\boldsymbol{z}_k-\hat{\boldsymbol{z}}_{k/k-1}=\boldsymbol{z}_k-\hat{E}[\boldsymbol{z}_k/\boldsymbol{z}(k-1)]=\boldsymbol{z}_k-\boldsymbol{y}_k-\boldsymbol{H}_k\,\hat{\boldsymbol{x}}_{k/k-1}=\boldsymbol{H}_k\,\tilde{\boldsymbol{x}}_{k/k-1}+\boldsymbol{n}_k \tag{5.7.6}$$

因此

$$E(\tilde{\boldsymbol{x}}_{k/k-1}\,\tilde{\boldsymbol{z}}_{k/k-1}^{\mathrm{T}})=\boldsymbol{P}_{k/k-1}\,\boldsymbol{H}_k^{\mathrm{T}} \tag{5.7.7}$$

$$E(\tilde{\boldsymbol{z}}_{k/k-1}\,\tilde{\boldsymbol{z}}_{k/k-1}^{\mathrm{T}})=\boldsymbol{H}_k\,\boldsymbol{P}_{k/k-1}\,\boldsymbol{H}_k^{\mathrm{T}}+\boldsymbol{R}_{nk} \tag{5.7.8}$$

其中，状态一步预测均方误差阵定义为

$$\boldsymbol{P}_{k/k-1}=E(\tilde{\boldsymbol{x}}_{k/k-1}\,\tilde{\boldsymbol{x}}_{k/k-1}^{\mathrm{T}})$$

这样，状态滤波值为

$$\hat{\boldsymbol{x}}_k=\hat{\boldsymbol{x}}_{k/k-1}+\boldsymbol{K}_k[\boldsymbol{z}_k-\boldsymbol{y}_k-\boldsymbol{H}_k\,\hat{\boldsymbol{x}}_{k/k-1}] \tag{5.7.9}$$

其中，状态滤波增益矩阵为

$$\boldsymbol{K}_k=\boldsymbol{P}_{k/k-1}\,\boldsymbol{H}_k^{\mathrm{T}}\,[\boldsymbol{H}_k\,\boldsymbol{P}_{k/k-1}\,\boldsymbol{H}_k^{\mathrm{T}}+\boldsymbol{R}_{nk}]^{-1} \tag{5.7.10}$$

为了得到递推算法，下面求状态一步预测均方误差阵$\boldsymbol{P}_{k/k-1}$和状态滤波均方误差阵$\boldsymbol{P}_k$的计算公式。

根据$\boldsymbol{P}_{k/k-1}$的定义和式(5.7.5)，得

$$\boldsymbol{P}_{k/k-1}=E(\tilde{\boldsymbol{x}}_{k/k-1}\,\tilde{\boldsymbol{x}}_{k/k-1}^{\mathrm{T}})=\boldsymbol{\Phi}_{k,k-1}\,\boldsymbol{P}_{k-1}\boldsymbol{\Phi}_{k,k-1}^{\mathrm{T}}+\boldsymbol{\Gamma}_{k-1}\,\boldsymbol{R}_{wk-1}\,\boldsymbol{\Gamma}_{k-1}^{\mathrm{T}} \tag{5.7.11}$$

其中

$$\boldsymbol{P}_k = E(\tilde{\boldsymbol{x}}_k \tilde{\boldsymbol{x}}_k^{\mathrm{T}})$$

因为

$$\tilde{\boldsymbol{x}}_k = \boldsymbol{x}_k - \hat{\boldsymbol{x}}_k = \tilde{\boldsymbol{x}}_{k/k-1} - \boldsymbol{K}_k \tilde{\boldsymbol{z}}_{k/k-1}$$

所以

$$\begin{aligned}\boldsymbol{P}_k = & E[(\tilde{\boldsymbol{x}}_{k/k-1} - \boldsymbol{K}_k \tilde{\boldsymbol{z}}_{k/k-1})(\tilde{\boldsymbol{x}}_{k/k-1} - \boldsymbol{K}_k \tilde{\boldsymbol{z}}_{k/k-1})^{\mathrm{T}}] = \\ & \boldsymbol{P}_{k/k-1} + \boldsymbol{K}_k[\boldsymbol{H}_k \boldsymbol{P}_{k/k-1} \boldsymbol{H}_k^{\mathrm{T}} + \boldsymbol{R}_{nk}]\boldsymbol{K}_k^{\mathrm{T}} - \boldsymbol{P}_{k/k-1} \boldsymbol{H}_k^{\mathrm{T}} \boldsymbol{K}_k^{\mathrm{T}} - \boldsymbol{K}_k \boldsymbol{H}_k \boldsymbol{P}_{k/k-1} = \\ & [\boldsymbol{I} - \boldsymbol{K}_k \boldsymbol{H}_k]\boldsymbol{P}_{k/k-1}\end{aligned} \tag{5.7.12}$$

推导中将第二个等号中第二项开头的$\boldsymbol{K}_k$ 用式(5.7.10)代替,即得上述结果。

这样,由式(5.7.4)、式(5.7.9)、式(5.7.10)、式(5.7.11)和式(5.7.12)就构成了一组白噪声下一般信号模型的离散卡尔曼状态滤波和状态一步预测递推公式。

递推的初始状态选择仍然为

$$\hat{\boldsymbol{x}}_0 = E(\boldsymbol{x}_0) = \bar{\boldsymbol{x}}_0 \tag{5.7.13}$$

$$\boldsymbol{P}_0 = \boldsymbol{P}_{x_0} \tag{5.7.14}$$

5.7.2 有色噪声情况下的卡尔曼滤波方程

1. 扰动噪声w_{k-1}是有色噪声情况下的滤波

现在讨论有色噪声下的离散卡尔曼滤波问题。如果信号模型的扰动噪声$\boldsymbol{w}_k$ 是有色噪声,一般来说,这种相关性的有色噪声是由白噪声序列$\boldsymbol{\eta}_{k-1}$ 激励的一阶线性系统的输出。设$\boldsymbol{w}_{k-1}$为有色噪声时的信号模型为

$$\boldsymbol{x}'_k = \boldsymbol{\Phi}_{k,k-1} \boldsymbol{x}'_{k-1} + \boldsymbol{\Gamma}_{k-1} \boldsymbol{w}_{k-1} \tag{5.7.15}$$

其中$\boldsymbol{w}_k$ 是由白噪声序列$\boldsymbol{\eta}_{k-1}$ 激励的线性系统的输出,即

$$\boldsymbol{w}_k = \boldsymbol{C}_{k,k-1} \boldsymbol{w}_{k-1} + \boldsymbol{\eta}_{k-1} \tag{5.7.16}$$

由于式(5.7.15)、式(5.7.16)均表现为线性特点,可以用扩大状态变量维数的方法将两者进行合并。扩大维数后的信号为

$$\boldsymbol{x}_k = \begin{bmatrix} \boldsymbol{x}'_k \\ \boldsymbol{w}_k \end{bmatrix} \tag{5.7.17}$$

信号模型成为

$$\boldsymbol{x}_k = \boldsymbol{F}_{k,k-1} \boldsymbol{x}_{k-1} + \boldsymbol{\Lambda}_{k-1} \boldsymbol{\eta}_{k-1} \tag{5.7.18}$$

其中

$$\boldsymbol{F}_{k,k-1} = \begin{bmatrix} \boldsymbol{\Phi}_{k,k-1} & \boldsymbol{\Gamma}_{k-1} \\ \boldsymbol{0} & \boldsymbol{C}_{k,k-1} \end{bmatrix} \tag{5.7.19}$$

$$\boldsymbol{\Lambda}_{k-1}=\begin{bmatrix}\boldsymbol{0}\\ \boldsymbol{I}\end{bmatrix} \tag{5.7.20}$$

可见，经过上述扩大状态维数的办法，有色扰动噪声问题变换为白噪声情况下的最佳线性滤波，从而利用前面讨论的结论和整套递推滤波算法，使问题得到解决。

2. 观测噪声$\boldsymbol{n}_k$是有色噪声情况下的滤波

如果观测噪声$\boldsymbol{n}_k$是由白噪声序列$\boldsymbol{\xi}_{k-1}$激励的一阶线性系统输出的有色噪声，信号模型为

$$\boldsymbol{x}_k=\boldsymbol{\Phi}_{k,k-1}\boldsymbol{x}_{k-1}+\boldsymbol{\Gamma}_{k-1}\boldsymbol{w}_{k-1} \tag{5.7.21}$$

其中$\boldsymbol{w}_{k-1}$为白噪声序列。观测方程为

$$\boldsymbol{z}_k=\boldsymbol{H}_k\boldsymbol{x}_k+\boldsymbol{n}_k \tag{5.7.22}$$

其中$\boldsymbol{n}_k$是有色噪声序列，且假设为

$$\boldsymbol{n}_k=\boldsymbol{D}_{k,k-1}\boldsymbol{n}_{k-1}+\boldsymbol{\xi}_{k-1} \tag{5.7.23}$$

对于这种情况，也可以采用扩大状态变量维数的方法，即把$\boldsymbol{n}_k$补到$\boldsymbol{x}_k$上去，从而将式(5.7.21)和式(5.7.23)视为状态方程，而把式(5.7.22)看作是没有噪声的观测方程，实现离散卡尔曼滤波。不过这种方法有缺点，把$\boldsymbol{n}_k$视为扩大维数后信号状态的一部分，引入了多余的估计，增加了计算量，并且还可能出现不可逆的状态估计误差方差阵。

现在介绍另一种处理方法，即设法把相邻两次测量噪声的相关部分减去的方法。具体做法是用当前的观测值减去用$\boldsymbol{D}_{k,k-1}$加权的前一个观测值，并以差值作为观测数值进行滤波处理。

由式(5.7.22)和式(5.7.23)，观测方程为

$$\boldsymbol{z}_k=\boldsymbol{H}_k\boldsymbol{x}_k+\boldsymbol{D}_{k,k-1}\boldsymbol{n}_{k-1}+\boldsymbol{\xi}_{k-1} \tag{5.7.24}$$

$$\begin{aligned}\boldsymbol{z}_k-\boldsymbol{D}_{k,k-1}\boldsymbol{z}_{k-1}&=\boldsymbol{H}_k\boldsymbol{x}_k-\boldsymbol{D}_{k,k-1}\boldsymbol{H}_{k-1}\boldsymbol{x}_{k-1}+\boldsymbol{D}_{k,k-1}\boldsymbol{n}_{k-1}+\boldsymbol{\xi}_{k-1}-\boldsymbol{D}_{k,k-1}[\boldsymbol{D}_{k-1,k-2}\boldsymbol{n}_{k-2}+\boldsymbol{\xi}_{k-2}]=\\&\boldsymbol{H}_k\boldsymbol{x}_k-\boldsymbol{D}_{k,k-1}\boldsymbol{H}_{k-1}\boldsymbol{x}_{k-1}+\boldsymbol{\xi}_{k-1}=[\boldsymbol{H}_k\boldsymbol{\Phi}_{k,k-1}-\boldsymbol{D}_{k,k-1}\boldsymbol{H}_{k-1}]\boldsymbol{x}_{k-1}+\boldsymbol{H}_k\boldsymbol{\Gamma}_{k-1}\boldsymbol{w}_{k-1}+\boldsymbol{\xi}_{k-1}=\\&\boldsymbol{M}_{k-1}\boldsymbol{x}_{k-1}+\boldsymbol{H}_k\boldsymbol{\Gamma}_{k-1}\boldsymbol{w}_{k-1}+\boldsymbol{\xi}_{k-1}\end{aligned} \tag{5.7.25}$$

其中$\boldsymbol{M}_{k-1}=\boldsymbol{H}_k\boldsymbol{\Phi}_{k,k-1}-\boldsymbol{D}_{k,k-1}\boldsymbol{H}_{k-1}$。由式看出，若以差值方程作为观测方程，则观测噪声$\boldsymbol{H}_k\boldsymbol{\Gamma}_{k-1}\boldsymbol{w}_{k-1}+\boldsymbol{\xi}_{k-1}$是白噪声序列，从而解决了观测噪声不是白噪声的问题。容易获得这种情况下离散卡尔曼滤波方程为

$$\hat{\boldsymbol{x}}_k=\boldsymbol{\Phi}_{k,k-1}\hat{\boldsymbol{x}}_{k-1}+\boldsymbol{K}_k[\boldsymbol{z}_k-\boldsymbol{D}_{k,k-1}\boldsymbol{z}_{k-1}-\boldsymbol{M}_{k-1}\hat{\boldsymbol{x}}_{k-1}] \tag{5.7.26}$$

此方程的特点是每次递推计算时需同时用两个相邻的观测数据$\boldsymbol{z}_k$和$\boldsymbol{z}_{k-1}$。作为一个特殊情况，如果取$\boldsymbol{D}_{k,k-1}=0$，则式(5.7.24)和式(5.7.26)便和基本方程一致。

5.8 卡尔曼滤波的发散现象分析

从理论上讲，随着观测次数的增加，卡尔曼滤波的均方误差阵$\boldsymbol{P}_k$应该逐渐减小而最终趋

于某个稳定值。但在实际应用中，有时会发生这样的现象：按公式计算的方差阵可能逐渐地趋于零，而实际滤波的均方误差会随着观测次数的增加而增大，这种现象称为卡尔曼滤波的发散现象。

产生发散的原因很多，其中信号模型不准确是重要原因之一。下面通过一个气球高度的估计问题的例子说明这个问题。

设气球以速度 v 垂直从高度 x_0 升高，则高度变化的状态方程为

$$x_k = x_{k-1} + Tv \tag{5.8.1}$$

观测方程为

$$z_k = x_k + n_k \tag{5.8.2}$$

其中 n_k 是白噪声序列，有

$$E(n_k) = 0$$
$$E(n_k n_j) = \delta_{kj}$$

设计离散卡尔曼滤波时，如果不了解气球在垂直升高，也忽略了随机噪声的影响，选择了如下的状态方程：

$$x_k = x_{k-1} \tag{5.8.3}$$

如果初始状态取 $\hat{x}_0 = 0$，而 $P_0 = \infty$。应用卡尔曼滤波，根据

$$\Phi_{k,k-1} = 1$$
$$H_k = 1$$
$$R_{nk} = 1$$
$$R_{wk} = 0$$

可求得

$$P_k = \frac{1}{k}$$

$$K_k = \frac{1}{k}$$

因此，状态滤波公式为

$$\hat{x}_k = \Phi_{k,k-1}\hat{x}_{k-1} + K_k[z_k - H_k\Phi_{k,k-1}\hat{x}_{k-1}] = \frac{k-1}{k}\hat{x}_{k-1} + \frac{1}{k}z_k =$$
$$\frac{k-2}{k}\hat{x}_{k-2} + \frac{1}{k}z_{k-1} + \frac{1}{k}z_k = \cdots = \frac{1}{k}\sum_{j=1}^{k} z_j \tag{5.8.4}$$

由于观测方程为

$$z_k = x_k + n_k$$

它是对实际气球高度的观测，若取 $T=1$，则可以写出观测方程为

$$z_k = x_0 + kv + n_k$$

所以状态滤波值为

$$\hat{x}_k = x_0 + \frac{k+1}{2}v + \frac{1}{k}\sum_{j=1}^{k} n_j \tag{5.8.5}$$

在时刻 k,实际气球的高度为

$$x_k = x_0 + kv \tag{5.8.6}$$

这样,气球的实际高度与状态滤波值之差为

$$\tilde{x}_k = x_k - \hat{x}_k = x_0 + kv - x_0 - \frac{k+1}{2}v - \frac{1}{k}\sum_{j=1}^{k} n_j = \frac{k-1}{2}v - \frac{1}{k}\sum_{j=1}^{k} n_j \tag{5.8.7}$$

可见,随着观测次数 k 的增加,误差 $\tilde{x}_k$ 随着增大。这时状态滤波的均方误差为

$$P_k = E(\tilde{x}_k^2) = \frac{(k-1)^2}{4}v^2 + \frac{1}{k} \tag{5.8.8}$$

显然,状态滤波的均方误差当 $k \to \infty$ 时,$E(\tilde{x}_k^2) \to \infty$。

而按所选的数学模型,即式(5.8.3),认为 $v=0$ 时,算出的 $P_k = \frac{1}{k}$,当 $k \to \infty$ 时,$P_k \to 0$。但实际的 P_k 当 $k \to \infty$ 时趋于 ∞,这就是卡尔曼滤波发散现象的典型例子。

卡尔曼滤波的发散现象产生的原因,除了信号模型不准的原因外,扰动噪声和观测噪声的统计特性取得不准,计算字长有限产生的量化误差等也是发散产生的原因。

克服卡尔曼滤波发散的方法归纳起来主要有如下几种,现予简介。

(1) 建立准确的数学模型

数学模型包括状态模型和观察模型,前者指目标飞行状态的数学描述,包括运动规律、加速特点、扰动噪声的性质、状态关联程度等;后者则须对观测系统数学描述,包括测试设备的传输函数、系统的精度与误差、观测噪声模型等。一般地,状态噪声、观测噪声的模型比较复杂,而在一般教材中,为了便于分析,并不是其结论的一般性,大都假定了正态模型。

(2) 自适应滤波法

如果在滤波过程中,利用新的观测数据,通过求解新息,对信号模型、状态噪声模型、观测模型的统计特性等实时进行修正或更新,以保持状态估计的最优或次最优滤波。用这种自适应滤波方法可以有效抑制发散现象。

(3) 限定滤波增益法

在卡尔曼滤波算法中,随着 k 的增大滤波增益将逐渐减小,即"新息"的修正作用越来越小。这样,由于模型等不准产生的误差得不到有效的抑制,容易产生滤波发散现象。这个方法就是强使滤波增益 K_k 随着时间下降至某个数值后,不再随 k 的增加而减小,这是克服发散的方法之一。不过这样做的结果可能使滤波达不到最佳结果,例如导致滤波精度下降等。

(4) 渐消记忆法

卡尔曼滤波由于其递推特点,它获得的滤波值 $\hat{x}_k$ 使用了 k 时刻以前的全部观测数据,从而使其具有无限增长的记忆性。但对动态模型来说,在进行滤波时,须加大新数据的作用,减小老数据的影响,使得滤波结果更贴近实际,从而抑制发散现象的出现。这种方法就是渐消记忆

法滤波的基本思想，可以根据实际情况灵活使用。

(5) 限定记忆法

这种方法与渐消记忆法的不同之处在于不是逐渐消弱老数据的影响，而是在作 k 时刻滤波时，只利用离 k 时刻最近的 N 个数据，把更前的数据丢掉，N 的数目的选择与信号模型的类型有关。

(6) 加大扰动噪声法

除上述克服滤波发散的方法外，还可以在状态方程模型中加大扰动白噪声 $\boldsymbol{w}_k$，增加扰动方差，以避免均方误差阵减小太多，这也是防止发散现象的一种方法。关于这种方法的使用，可以灵活使用，这里不再作具体分析和讨论。

(7) 自适应滤波法

所谓自适应滤波，就是在利用观测数据进行滤波时，不断地对不确定的系统模型参数和噪声的统计特性进行估计并修正，以减小模型误差。因此，这种方法也是克服卡尔曼滤波发散的主要途径之一。

本章习题

5.1　求 $s(t+\lambda)$ 的线性均方估计，以 $s(t)$ 及其前两阶导数表示，即

$$\hat{s}(t+\lambda)=as(t)+b\dot{s}(t)+c\ddot{s}(t)$$

5.2　设 $s(t)$ 是限带过程：

$$G_s(\omega)=0,\quad |\omega|>\omega_c,\quad \omega_c=\frac{\pi}{T}$$

希望得到 $s(t)$ 的均方估计，以它在 nT 时刻的取值表示：

$$\hat{s}(nT)=\sum_{n=-\infty}^{\infty}a_n(t)s(nT)$$

试证明如果 $a_n(t)=\dfrac{\sin\omega_c(t-nT)}{\omega_c(t-nT)}$，则均方误差为最小(这就是随机过程的取样定理)。

5.3　设 $z(t)=s(t)+n(t)$，$-\infty<t\leqslant T$，信号和噪声谱为

$$G_s(s)=\frac{-s^2}{-s^2+2a^2},\quad G_n(s)=\frac{a^2}{-s^2+a^2}$$

且 $s(\cdot)$ 和 $n(\cdot)$ 不相关。求估计 $s(t+\alpha)$ 的最优滤波器，作出最小均方误差对于 α 的函数图，并求不可减误差。

5.4　设 $z(t)=s(t)+n(t)$，$-\infty<t\leqslant T$，信号和噪声不相关，且谱密度为

$$G_s(s)=\frac{-s^2}{(1-s^2)^2},\quad G_n(s)=\frac{1}{2}$$

时，求估计 $s(t)$ 的最优滤波器。

5.5 设 $z(t)=s(t)+n(t)$，$-\infty<t\leqslant T$，且 $G_n(s)=1$。当信号谱为

(1) $G_s(s)=\dfrac{2a}{-s^2+a^2}$

(2) $G_s(s)=\dfrac{-s^2+1}{s^4+2}$

求估计 $s(t+\alpha)$ 的最优预测器。

5.6 设观测信号为

$$z(t)=s(t)+n(t), \quad -\infty<t\leqslant T$$

(1) 当信号和噪声谱为

$$G_s(s)=\frac{1}{1-s^2}, \quad G_n(s)=\frac{1}{2}$$

且设信号和噪声不相关时，求估计 $\dfrac{\mathrm{d}}{\mathrm{d}t}s(t)$ 的最优滤波器。

(2) 问 $\dfrac{\mathrm{d}}{\mathrm{d}t}s(t)=\dfrac{\mathrm{d}}{\mathrm{d}t}\hat{s}(t)$ 是否成立？

5.7 在推导卡尔曼滤波方程时，曾经假定输入 $W(t)$ 和观测噪声 $v(t)$ 不相关。如果

$$E\{W(t)V^{\mathrm{T}}(\tau)\}=V_{WV}(t)\delta(t-\tau)$$

试推导相应的连续时间卡尔曼滤波方程。

5.8 考虑二维信号模型

$$\boldsymbol{x}_k=\begin{bmatrix}0.9 & 0.1\\ -0.1 & 0.8\end{bmatrix}\boldsymbol{x}_{k-1}+\begin{bmatrix}1\\0\end{bmatrix}\boldsymbol{w}_{k-1}$$

$$\boldsymbol{z}_k=\begin{bmatrix}0 & 1\end{bmatrix}\boldsymbol{x}_k+\boldsymbol{n}_k$$

其中扰动噪声序列 $\{w_k\}$ 和观测噪声序列 $\{n_k\}$ 的统计特性分别为

$$E(\boldsymbol{w}_k)=0, \quad \mathrm{cov}(\boldsymbol{w}_k,\boldsymbol{w}_j)=\boldsymbol{R}_{wk}\boldsymbol{\delta}_{kj}$$

$$E(\boldsymbol{n}_k)=0, \quad \mathrm{cov}(\boldsymbol{n}_k,\boldsymbol{n}_j)=\boldsymbol{R}_{nk}\boldsymbol{\delta}_{kj}$$

$$\mathrm{cov}(\boldsymbol{w}_k,\boldsymbol{n}_j)=0$$

初始状态 x_0 的统计特性为

$$E(\boldsymbol{x}_0)=\bar{\boldsymbol{x}}_0, \quad \mathrm{var}(\boldsymbol{x}_0)=\boldsymbol{P}_{x_0}$$

且

$$\mathrm{cov}(\boldsymbol{x}_0,\boldsymbol{w}_k)=0, \quad \mathrm{cov}(\boldsymbol{x}_0,\boldsymbol{n}_k)=0$$

如果已知

$$\bar{\boldsymbol{x}}_0=\begin{bmatrix}3\\-3\end{bmatrix}, \quad \boldsymbol{P}_{x_0}=\begin{bmatrix}4 & 0\\0 & 1\end{bmatrix}$$

$$\boldsymbol{R}_{wk}=1, \quad \boldsymbol{R}_{nk}=1$$

求状态滤波值 $\hat{\boldsymbol{x}}_1$ 和滤波的均方误差阵 $\boldsymbol{P}_1$。

5.9　设信号模型为

$$x_k = x_{k-1}, \quad z_k = x_k + n_k$$

若初始状态 x_0 的统计特性为

$$E(x_0) = \bar{x}_0, \quad \mathrm{var}(x_0) = P_{x_0}$$

观测噪声序列 $\{n_k\}$ 的统计特性为

$$E(n_k) = 0, \quad \mathrm{cov}(n_k, n_j) = R_{nk}\delta_{kj}$$

且

$$\mathrm{cov}(x_0, n_k) = 0$$

若取状态滤波三初始值为

$$\hat{x}_0 = \bar{x}, \quad P_0 = CI, \quad C \to \infty$$

求状态滤波值 $\hat{x}_1$ 和滤波的均方误差阵 $\boldsymbol{P}_1$。

5.10　设观测信号为

$$z(t) = s(t) + n(t), \quad -\infty < t \leqslant T$$

(1) 当信号和噪声谱为

$$G_s(s) = \frac{1}{1-s^2}, \quad G_n(s) = \frac{1}{2}$$

且设信号和噪声不相关时，求估计$\frac{\mathrm{d}}{\mathrm{d}t}s(t)$ 的最优滤波器。

(2) 问$\frac{\mathrm{d}}{\mathrm{d}t}s(t) = \frac{\mathrm{d}}{\mathrm{d}t}\hat{s}(t)$ 是否成立？

5.11　考虑标量信号模型

$$x_k = -x_{k-1}, \quad k = 1, 2, \cdots$$

其中，x_0 是均值为零、方差为 P_{x_0} 的高斯随机序列。设观测方程为

$$z_k = x_k + n_k, \quad k = 1, 2, \cdots$$

(1) 求滤波的均方误差 P_1，P_2 和 P_3 及状态滤波值 $\hat{x}_1$，$\hat{x}_2$ 和 $\hat{x}_3$。

(2) 求 P_k 的稳态值 $P_{k\to\infty}$。

5.12　若标量信号的状态方程和观测方程分别为

$$x_k = -2x_k + w_{k-1}$$

$$z_k = x_k + n_k$$

已知

$$P_{x_0} = 10, \quad E(w_k) = 0, \quad E(w_k w_j) = R_{wk}\delta_{kj} = 4\delta_{kj}$$

$$E(n_k) = 0, \quad E(n_k n_j) = R_{wk}\delta_{kj} = 8\delta_{kj}$$

$$E(x_0 w_k) = 0, \quad E(x_0 n_k) = 0, \quad E(w_k n_j) = 0$$

(1) 求 P_k 的稳态值 $P_{k\to\infty}$。

(2) 求近似的稳态滤波公式。

5.13　利用离散卡尔曼状态滤波方程对一个静止气球的高度进行估计。设气球的状态方程和观测方程分别为

$$x_k = x_{k-1}, \quad z_k = x_k + n_k$$

其中 x_k 为气球的高度；z_k 为观测结果。观测噪声 n_k 的统计特性为

$$E(n_k) = 0, \quad E(n_k n_j) = R_n \delta_{kj}$$

设气球初始状态 x_0 的统计特性为

$$E(x_0) = \bar{x}_0, \quad \mathrm{var}(x_0) = P_{x_0}, \quad E(x_0 n_k) = 0$$

(1) 证明：

$$\hat{x}_k = \frac{R_n}{R_n + kP_{x_0}} \hat{x}_0 + \frac{P_{x_0}}{R_n + kP_{x_0}} \sum_{j=1}^{k} z_j$$

$$P_k = \frac{R_n P}{R_n + kP_{x_0}}$$

(2) 如果对气球的初始状态一点先验知识都没有，求 $\hat{x}_k$。

第6章　功率谱估计

6.1　引　言

所谓谱估计，就是用已观测到的一定数量的样本数据估计一个平稳随机信号的功率谱，它在随机信号的分析中起着类似于频谱在确定性信号分析中所起的作用。功率谱是随机信号的一种重要的表征形式，在雷达信号处理中，由回波信号功率谱密度、谱峰的密度、高度和位置，可以确定运动目标的位置、幅射强度和运动速度等。在被动式声呐信号处理中，谱峰的位置可提供鱼雷的方向(方位角)。在生物医学工程中，有关生理电信号的功率谱密度的谱峰可以指示癫痫病的发作周期。在电子战中，谱分析可用来对目标进行分类、识别等。功率谱估计在各种随机信号处理中得到了十分广泛的应用。例如，根据信号、干扰与噪声的功率谱，可以设计适当的滤波器，以尽量不失真地重现信号，而最大限度地抑制干扰与噪声。因此，研究谱估计问题具有重要意义。

6.2　功率谱估计的一般方法

6.2.1　方法简介

功率谱估计分为两大类，一类是非参数化方法，另一类是参数化方法。非参数化方法又叫作经典谱估计法，它实质上仍依赖于传统的傅里叶变换法。经典的谱估计法通常又分为两种，一种是所谓间接法，它是由布莱克曼(R. B. Blackman)和图基(J. W. Tukey)于1958年提出的，称为BT法。它先依信号序列估计其自相关函数值，然后以适当的方式对自相关函数的估计进行加权，最后对加权了的自相关函数作傅里叶变换以获得功率谱估计，直到1965年快速傅里叶变换算法(FFT)问世以前，BT法都是最流行的谱估汁方法，又称为相关图法。另一种是直接法，通过对观测到的数据样本直接进行傅里叶变换，然后将所得结果的幅值平方后得到功率谱估计，这种方法又称为周期图法。

经典方法原理简单，便于实现，并有可采用FFT等技术而使计算量大为减小等优点，因此得到了广泛的应用。但它的估计方差大，谱分辨率差(分辨率大约为数据长度的倒数)，这就使得这种方法难以应用于短数据记录等情况。上述缺点基本源于隐含地采用了一个看来似乎很自然的假设，即除了能得到 N 个数据外，序列的其他值均被认为是零(或者等效地，序列的自相关函数值除了能估计出的有限个值之外，其他的值被当作零)，但序列或其自相关函数的那些未能观测到或未估计出来的值，实际上并不全是零。

功率谱估计的分辨能力用参量法可以改进，如自回归模型法、最大熵法和最大似然估计等。在这些方法中，不再认为在观测到的 N 个数据以外的数据全为零，因此克服了经典法的这个缺点，提高了谱估计的分辨率。然而这些方法在信噪比(SNR)较低时性能并不好，为此，1982 年以来，人们陆续提出了多种基于矩阵奇异值分解或特征值分解的改进的谱估计方法，也叫作超分辨方法。

1. 相关图法

功率谱估计的是 1958 年由布莱克曼和图基提出的，亦称 BT 法。这种方法首先计算随机信号 $X(n)$ 的自相关函数 $R_X(m)=E[X(n)X(n+m)]$，若 $\sum_{m=-\infty}^{\infty}|R_X(m)|<\infty$，可由 $R_X(m)$ 的傅里叶变换得到它的功率谱，即 $G_X(\omega)=\sum_{m=-\infty}^{\infty}R_X(m)\mathrm{e}^{-\mathrm{j}m\omega}$。由于 $G_X(\omega)$ 是通过 $X(n)$ 的自相关函数间接得到的，因此，也称为间接法。间接法谱估计的步骤如下：

① 先估计随机信号 $X(n)$ 的自相关函数。设 $\{x(n),n=0,1,\cdots,N-1\}$ 为 $X(n)$ 的一批样本，即一次实现，共有 N 个值。假设 $X(n)$ 是具有各态历经性的平稳过程，它的自相关函数由下式估计：

$$\hat{R}_X(m)=\frac{1}{N-|m|}\sum_{n=0}^{N-|m|-1}X(n)X(n+m),\quad |m|<N-1 \tag{6.2.1}$$

式中，$\hat{R}_X(m)$ 的长度为 $2N-1$。

② 求 $\hat{R}_X(m)$ 的离散傅里叶变换，得到 $X(n)$ 的功率谱的估值

$$\hat{G}_X(\omega)=\sum_{m=-M}^{M}R_X(m)\mathrm{e}^{-\mathrm{j}m\omega},\quad M\leqslant N-1 \tag{6.2.2}$$

由于 $\hat{G}_X(m)$ 是通过 $X(n)$ 的自相关函数间接得到的，因而又称为间接法。

由于式(6.2.1)仅利用了 $X(n)$ 的 N 个有限值得到自相关函数的估计 $\hat{R}_X(m)$，因此它与信号本身的自相关函数 $R_X(m)$ 会有一定程度的差别，该估计性能对相关图法的估计性能也有很大影响。下面讨论 $\hat{R}_X(m)$ 接近 $R_X(m)$ 的程度，主要由 $\hat{R}_X(m)$ 的估计偏差和估计方差来衡量。

对于不同的样本，得出的估计是不同的，因此估计值也是一个随机变量。下面确定它们的均值、方差等参数，以便衡量估计方法的好坏。

首先求 $\hat{R}_X(m)$ 的均值，有

$$E[\hat{R}_X(m)]=\frac{1}{N-|m|}\sum_{n=0}^{N-|m|-1}E[X(n)X(n+m)]=\frac{1}{N-|m|}\sum_{n=0}^{N-|m|-1}R_X(m)=R_X(m) \tag{6.2.3}$$

即自相关函数的估计值 $\hat{R}_X(m)$ 的数学期望等于序列 $\{x(n)\}$ 的自相关函数的真实值。因此 $\hat{R}_X(m)$ 是自相关函数 $R_X(m)$ 的无偏估计。其次求 $\hat{R}_X(m)$ 的方差,根据方差定义

$$\mathrm{var}[\hat{R}_X(m)] = E[\hat{R}_X^2(m)] - E^2[\hat{R}_X(m)] \tag{6.2.4}$$

根据式(6.2.1),式(6.2.4)等号右边第一项可表示为

$$E[\hat{R}_X^2(m)] = \frac{1}{(N-|m|)^2}\sum_{n=0}^{N-|m|-1}\sum_{k=0}^{N-|m|-1} E[X(n)X(n+m)X(k)X(k+m)] \tag{6.2.5}$$

当 $X(n)$ 是零均值实正态序列时,它的各高阶矩都可以用其一阶和二阶矩来表示。由参考文献[1]可知

$$E[X_1X_2X_3X_4] = E[X_1X_2]E[X_3X_4] + E[X_1X_3]E[X_2X_4] + E[X_1X_4]E[X_2X_3] \tag{6.2.6}$$

因此

$$\begin{aligned} E[X(n)X(n+m)X(k)X(k+m)] &= E[X(n)X(n+m)]E[X(k)X(k+m)] + \\ &\quad E[X(n)X(k)]E[X(n+m)X(k+m)] + \\ &\quad E[X(n)X(k+m)]E[X(n+m)X(k)] = \\ &\quad R_X^2(m) + R_X^2(k-n) + R_X(k+m-n)R_X(k-n-m) \end{aligned} \tag{6.2.7}$$

将式(6.2.7)代入式(6.2.5)得

$$\begin{aligned} E[\hat{R}_X^2(m)] = R_X^2(m) + \frac{1}{(N-|m|)^2}\sum_{n=0}^{N-|m|-1}\sum_{k=0}^{N-|m|-1} E[R_X^2(k-n) + \\ R_X(k+m-n)R_X(k-m-n)] \end{aligned} \tag{6.2.8}$$

将式(6.2.8)代入式(6.2.4),并注意到 $E^2[\hat{R}_X(m)] = R_X^2(m)$,得

$$\mathrm{var}[\hat{R}_X] = \frac{1}{(N-|m|)^2}\sum_{n=0}^{N-|m|-1}\sum_{k=0}^{N-|m|-1} E[R_X^2(k-n) + R_X(k+m-n)R_X(k-m-n)] \tag{6.2.9}$$

令 $l=k-n$,显然 l 的最小值为 $-(N-|m|-1)$,最大值为 $N-|m|-1$,且 $l=0$(即 $k=n$)的情况将出现 $N-|m|$ 次,$l=1$ 的情况将出现 $N-|m|-1$ 次。依此类推,对不同的 l 的情况,出现的次数将为 $N-|m|-l$,于是式(6.2.9)可写成

$$\begin{aligned} \mathrm{var}[\hat{R}_X] &= \frac{1}{(N-|m|)^2}\sum_{l=-(N-|m|-1)}^{N-|m|-1}(N-|m|-|l|)[R_X^2(l) + R_X(l+m)R_X(l-m)] = \\ &\quad \frac{1}{(N-|m|)^2}\sum_{l=-(N-|m|-1)}^{N-|m|-1}\left(1-\frac{|m|+|l|}{N}\right)[R_X^2(l) + R_X(l+m)R_X(l-m)] \leqslant \\ &\quad \frac{N}{(N-|m|)^2}\sum_{l=-(N-|m|-1)}^{N-|m|-1}[R_X^2(l) + R_X(l+m)R_X(l-m)] \end{aligned} \tag{6.2.10}$$

当 $N \gg m$ 时,式(6.2.10)以 $1/N$ 趋于零。即

$$\lim_{N\to\infty}\{\mathrm{var}[\hat{R}_X(m)]\}\to 0$$

故 $\hat{R}_X(m)$ 满足一致估计的条件。如果 $\{X_n\}$ 不是高斯序列，可以证明 $\hat{R}_X(m)$ 亦然可以视为无偏一致估计。

式(6.2.1)估计自相关函数的方法，虽然当 N 较大且 $N\gg m$ 时能得到一致估计，但当 m 接近 N 时，$\hat{R}_X(m)$ 的估计方差变大，因而不能得到有用的估计。因此可以按下式估计 $R_X(m)$：

$$\hat{R}'_X(m)=\frac{1}{N}\sum_{n=0}^{N-|m|-1}X(n)X(n+m)=\frac{N-|m|}{N}\hat{R}_X(m),\quad |m|<N-1 \tag{6.2.11}$$

其均值

$$E[\hat{R}'_X(m)]=\frac{N-|m|}{N}R_X(m) \tag{6.2.12}$$

这相当于真值 $R_X(m)$ 用三角窗函数加权。式(6.2.12)表明，当 $m\neq 0$ 时，由于 $E[\hat{R}'_X(m)]\neq R_X(m)$，$\hat{R}'_X(m)$ 是 $R_X(m)$ 的有偏估计。若 $|m|$ 取有限值，则当 $N\to\infty$ 时，$\hat{R}'_X(m)$ 的偏差为零，即 $\lim\limits_{N\to\infty}E[\hat{R}'_X(m)]-R_X(m)=0$。因此，$\hat{R}'_X(m)$ 是 $R_X(m)$ 的渐近无偏估计。其估计方差

$$\mathrm{var}[\hat{R}'_X(m)]=\left(\frac{N-|m|}{N}\right)^2\mathrm{var}[\hat{R}(m)]<\mathrm{var}[\hat{R}(m)] \tag{6.2.13}$$

由于 $\hat{R}'_X(m)$ 是 $R_X(m)$ 的渐近无偏一致估计，且其估计方差小于 $\hat{R}_X(m)$ 的估计方差，因而一般用 $\hat{R}'_X(m)$ 作为自相关函数的估计，而较少使用 $\hat{R}_X(m)$。为了以后表示方便，仍用 $\hat{R}_X(m)$ 表示，即

$$\hat{R}_X(m)=\frac{1}{N}\sum_{n=0}^{N-|m|-1}X(n)X(n+m) \tag{6.2.14}$$

上面论述的自相关函数的两种估计方法，所得估值是渐近无偏或无偏的。当采样数目 N 增大时，其方差均减少，因此，这两种自相关估计可通过增大 N 而得到改进。

2. 周期图法

(1) 周期图法定义

根据式(6.2.11)，有

$$\hat{R}_X(m)=\frac{1}{N}\sum_{n=0}^{N-|m|-1}X(n)X(n+m) \tag{6.2.15}$$

定义矩形窗函数：

$$d(n)=\begin{cases}1, & 0\leqslant n\leqslant N-1\\ 0, & \text{其他}\end{cases}$$

则式(6.2.15)可写成

$$\hat{R}_X(m)=\frac{1}{N}\sum_{n=-\infty}^{\infty}d(n)X(n)d(n+m)X(n+m)$$

令 $d(n)X(n)=Y(n)$，上式可简写为

$$\hat{R}_X(m)=\frac{1}{N}\sum_{n=-\infty}^{\infty}Y(n)Y(n+m)=Y(m)*Y(-m) \tag{6.2.16}$$

即 $\hat{R}_X(m)$ 可看成是 $Y(m)$ 与 $Y(-m)$ 的卷积。而 $Y(m)$ 的傅里叶变换

$$\sum_{m=-\infty}^{\infty}Y(m)\mathrm{e}^{-\mathrm{j}\omega m}=\sum_{m=-\infty}^{\infty}d(m)X(m)\mathrm{e}^{-\mathrm{j}\omega m}=\sum_{m=0}^{N-1}X(m)\mathrm{e}^{-\mathrm{j}\omega m}=X_N(\mathrm{e}^{\mathrm{j}\omega}) \tag{6.2.17}$$

即 $X_N(\mathrm{e}^{\mathrm{j}\omega})$ 是有限长序列 $X(n)$ 的傅里叶变换。显然 $X_N(\mathrm{e}^{\mathrm{j}\omega})$ 是周期性的。当 $X(n)$ 为实序列时，$Y(n)$ 也为实序列，根据傅里叶变换性质，$Y(-m)$ 的傅里叶变换则为 $X_N^*(\mathrm{e}^{\mathrm{j}\omega})$。

根据相关图法，功率谱估计为自相关函数估计的傅里叶变换，即

$$\hat{G}_X(\omega)=\frac{1}{N}X_N(\mathrm{e}^{\mathrm{j}\omega})X_N^*(\mathrm{e}^{\mathrm{j}\omega})=\frac{1}{N}\left|X_N(\mathrm{e}^{\mathrm{j}\omega})\right|^2 \tag{6.2.18}$$

直接将 $X_N(\mathrm{e}^{\mathrm{j}\omega})$ 模的平方除以 N 求得的功率谱估计的方法称为周期图法，其结果用 $I_N(\omega)$ 表示。即

$$\hat{G}_X(\omega)=I_N(\omega)=\frac{1}{N}\left|X_N(\mathrm{e}^{\mathrm{j}\omega})\right|^2 \tag{6.2.19}$$

周期图法是利用数据的傅里叶变换直接求得的，而不再计算自相关函数，因此又称直接法。由于序列的傅里叶变换可利用 FFT 计算而提高运算效率，这是周期图法的主要优点。

(2) 周期图法的谱估计性能

为了了解周期图法的谱估计效果，下面来讨论它的估计均值和方差。

$$\begin{aligned}E[I_N(\omega)]&=E\left[\frac{1}{N}\left|X_N(\mathrm{e}^{\mathrm{j}\omega})\right|^2\right]=\frac{1}{N}E[X_N^*(\mathrm{e}^{\mathrm{j}\omega})X_N(\mathrm{e}^{\mathrm{j}\omega})]=\frac{1}{N}E\left[\sum_{n=0}^{N-1}X(n)\mathrm{e}^{\mathrm{j}\omega n}\sum_{k=0}^{N-1}X(k)\mathrm{e}^{-\mathrm{j}\omega k}\right]=\\&\frac{1}{N}E\left[\sum_{n=-\infty}^{\infty}d(n)X(n)\mathrm{e}^{\mathrm{j}\omega n}\sum_{k=-\infty}^{\infty}d(n)X(k)\mathrm{e}^{-\mathrm{j}\omega k}\right]=\\&\frac{1}{N}E\left[\sum_{n=-\infty}^{\infty}\sum_{k=-\infty}^{\infty}d(n)d(k)X(n)X(k)\mathrm{e}^{-\mathrm{j}\omega(k-n)}\right]\end{aligned} \tag{6.2.20}$$

令 $m=k-n$，代入式(6.2.20)得

$$\begin{aligned}E[I_N(\omega)]&=\sum_{m=-\infty}^{\infty}\frac{1}{N}\left\{\sum_{n=-\infty}^{\infty}d(n)d(n+m)E[X(n)X(n+m)]\mathrm{e}^{-\mathrm{j}\omega k}\right\}=\\&\sum_{m=-\infty}^{\infty}b_N(m)R_X(m)\mathrm{e}^{-\mathrm{j}\omega m}\end{aligned} \tag{6.2.21}$$

其中

$$b_N(m)=\frac{1}{N}\sum_{n=-\infty}^{\infty}d(n)d(n+m)=\begin{cases}1-\dfrac{|m|}{N}, & \text{对于 } |m|\leqslant N-1\\0, & \text{其他}\end{cases} \tag{6.2.22}$$

由于$b_N(m)$ 为两个矩形函数的卷积，因此它是一个三角窗函数，常称为(Bartlett) 窗函数，

其傅里叶变换为

$$B_N(\omega)=\frac{1}{N}\left[\sum_{n=-\infty}^{\infty}d(n)\mathrm{e}^{-\mathrm{j}\omega n}\right]^2=\frac{1}{N}\left(\frac{\sin\dfrac{\omega N}{2}}{\sin\dfrac{\omega}{2}}\right)^2 \tag{6.2.23}$$

式(6.2.21)为两个函数相乘的傅里叶变换,等于它们各自傅里叶变换的卷积,即

$$E[I_N(\omega)]=B_N(\omega)*G_X(\omega)=\frac{1}{2\pi}\int_{-\infty}^{\infty}B_N(\theta)G_X(\omega-\theta)\mathrm{d}\theta \tag{6.2.24}$$

由式(6.2.24)可知,除非 $B_N(\omega)$ 为 δ 函数,否则 $E[I_N(\omega)]$ 将不等于 $G_X(\omega)$,故周期图作为功率谱的估计是有偏差的。

当 $N\to\infty$ 时

$$\lim_{N\to\infty}b_N(m)=\lim_{N\to\infty}\left(1-\frac{|m|}{N}\right)=1 \tag{6.2.25}$$

故

$$\lim_{N\to\infty}B_N(\omega)=\delta(\omega) \tag{6.2.26}$$

此时

$$\lim_{N\to\infty}E[I_N(\omega)]=G_X(\omega) \tag{6.2.27}$$

因此,周期图作为功率谱估计,当 $N\to\infty$ 时是无偏的,即渐近无偏。

下面讨论谱估计的方差。为了便于用较容易理解的近似式表示,假定序列$\{x(n),n=0,1,\cdots,N-1\}$是零均值、方差为 σ_x^2 的实高斯白噪声序列,按方差的定义应有

$$\mathrm{var}[I_N(\omega)]=E[I_N^2(\omega)]-E^2[I_N(\omega)] \tag{6.2.28}$$

根据式(6.2.21),有

$$E[I_N(\omega)]=\sum_{m=-\infty}^{\infty}b_N(m)R_X(m)\mathrm{e}^{-\mathrm{j}\omega m} \tag{6.2.29}$$

由于假设 $X(n)$ 是白色的,因而把 $R_X(m)=\sigma_X^2\delta(m)$ 代入式(6.2.29),得

$$E[I_N(\omega)]=\sum_{m=-\infty}^{\infty}b_N(m)\sigma_X^2\delta(m)\mathrm{e}^{-\mathrm{j}\omega m}]=\sigma_X^2 \tag{6.2.30}$$

为了求 $E[I_N^2(\omega)]$,先求 $I_N(\omega)$ 在两个频率 ω_1 和 ω_2 处的协方差,即

$$E[I_N(\omega_1)I_N(\omega_2)]=\frac{1}{N^2}\sum_{k=0}^{N-1}\sum_{l=0}^{N-1}\sum_{m=0}^{N-1}\sum_{n=0}^{N-1}E[X(k)X(l)X(m)X(n)]\mathrm{e}^{-\mathrm{j}[\omega_1(k-l)+\omega_2(m-n)]} \tag{6.2.31}$$

类似于式(6.2.6),有

$$E[I_N(\omega_1)I_N(\omega_2)]=\frac{1}{N^2}\sum_{k=0}^{N-1}\sum_{l=0}^{N-1}\sum_{m=0}^{N-1}\sum_{n=0}^{N-1}[R_X(k-l)R(m-n)+R_X(k-m)R_X(l-n)+$$
$$R_X(k-n)R_X(l-m)]\mathrm{e}^{-\mathrm{j}[\omega_1(k-l)+\omega_2(m-n)]} \tag{6.2.32}$$

由于 $X(n)$ 是白色的，因而

$$R_X(m)=E[X(n)X(n+m)]=\sigma_X^2\delta(m) \tag{6.2.33}$$

所以

$$E[X(k)X(l)X(m)X(n)]=\begin{cases}\sigma_X^4, k=l, & m=n\\ \sigma_X^4, k=m, & l=n\\ \sigma_X^4, k=n, & l=m\\ 0, & 其他\end{cases} \tag{6.2.34}$$

将式(6.2.34)代入式(6.2.31)，可得

$$E[I_N(\omega_1)I_N(\omega_2)]=\frac{\sigma_X^4}{N^2}\left[N^2+\sum_{m=0}^{N-1}\sum_{n=0}^{N-1}\mathrm{e}^{-\mathrm{j}[(\omega_1+\omega_2)(m-n)]}+\sum_{m=0}^{N-1}\sum_{n=0}^{N-1}\mathrm{e}^{-\mathrm{j}[(\omega_1-\omega_2)(m-n)]}\right]=$$

$$\sigma_X^4\left\{1+\left[\frac{\sin\dfrac{N(\omega_1+\omega_2)}{2}}{N\sin\dfrac{(\omega_1+\omega_2)}{2}}\right]^2+\left[\frac{\sin\dfrac{N(\omega_1-\omega_2)}{2}}{N\sin\dfrac{(\omega_1-\omega_2)}{2}}\right]^2\right\} \tag{6.2.35}$$

当 $\omega_1=\omega_2=\omega$ 时，式(6.2.35)变为

$$E[I_N^2(\omega)]=\sigma_X^4\left[1+\left(\frac{\sin N\omega}{N\sin\omega}\right)^2+1\right] \tag{6.2.36}$$

于是，周期图 $I_N(\omega)$ 的方差为

$$\mathrm{var}[I_N(\omega)]=E[I_N^2(\omega)]-E^2[I_N(\omega)]=\sigma_X^4\left[2+\left(\frac{\sin N\omega}{N\sin\omega}\right)^2\right]-\sigma_X^4=$$

$$\sigma_X^4\left[1+\left(\frac{\sin N\omega}{N\sin\omega}\right)^2\right] \tag{6.2.37}$$

由式(6.2.37)可见，当 $N\to\infty$ 时，$\mathrm{var}[I_N(\omega)]\to\sigma_X^4\neq 0$。而且，无论 N 取何值，$\mathrm{var}[I_N(\omega)]$ 总与 σ_X^4 在同一数量级。显然，周期图不是功率谱的一致估计，因此这种估计不是功率谱最好的估计。

3. 自适应滤波技术

前面介绍的经典谱估计的一个主要缺点是频率分辨率低。这是由于相关图法仅利用 N 个有限的观测数据作自相关函数估计，也就隐含着建立了在已知数据之外的自相关函数均为零的假设，或者周期图法在计算中把观测到的有限长的 N 个数据以外的数据认为是零。这显然与事实不符。把观察不到或估计不到的值认为是零，相当于在时域乘了一个矩形窗口函数，这在频域里相当于引入了一个与之卷积的 sinc 函数。由于 sinc 函数主瓣不是无限窄，主瓣宽度反比于数据记录长度 N，而在实际中一般又不可能获得很长的数据记录。如果原来真实的功率谱是窄的，那么与主瓣卷积后会使功率向附近频域扩散，使得信号模糊，降低了分辨率。为了克服以上缺点，人们提出了平均、加窗平滑等方法，在一定程度上改善了经典谱估计的性

能。但是,经典方法始终无法解决频率分辨率和谱估计稳定性之间的矛盾,特别是在数据记录很短的情况下,这一矛盾显得尤为突出。

众所周知,任何具有有理功率谱密度的随机信号都可以看成由一白噪声 $w(n)$ 激励一物理网络所形成的。如果能根据已观察到的数据估计出这一物理网络的模型参数,就不必认为 N 个以外的数据全为零,这就有可能克服经典谱估计的缺点,如由这个模型来求功率谱估计,可望得到比较好的结果。

实际应用中所遇到的随机过程常可以看成由白噪声 $w(n)$ 经一线性系统所形成的,如图 6.1 所示。

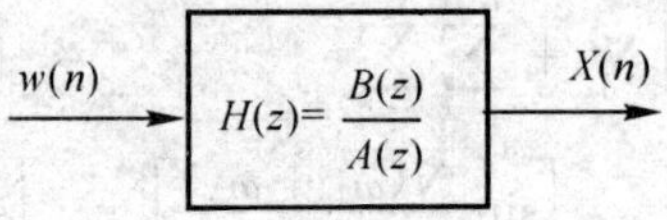

$$w(n) \longrightarrow \boxed{H(z)=\frac{B(z)}{A(z)}} \longrightarrow X(n)$$

图 6.1 随机信号表示为白噪声经过线性网络的输出

其传递函数为

$$H(z)=\frac{B(z)}{A(z)}=\frac{\sum\limits_{k=0}^{q} b_k z^{-k}}{\sum\limits_{k=0}^{p} a_k z^{-k}} \tag{6.2.38}$$

当输入白噪声的功率谱密度 $G_w(\omega)=\sigma_w^2$ 时,输出的功率谱密度为

$$G_X(\omega)=\sigma_w^2\left|H(\mathrm{e}^{\mathrm{j}\omega})\right|^2=\sigma_w^2\left|\frac{B(\mathrm{e}^{\mathrm{j}\omega})}{A(\mathrm{e}^{\mathrm{j}\omega})}\right|^2 \tag{6.2.39}$$

如果能确定 σ_w^2 与 $a_k(0\leqslant k\leqslant p)$,$b_k(0\leqslant k\leqslant q)$ 之值,通过式(6.2.39) 就可得到所需信号的功率谱密度。

由于$|H(\mathrm{e}^{\mathrm{j}\omega})|$的增益系数可并入 σ_w^2 进行考虑,因此,为不失一般性,可假设 $a_0=1,b_0=1$,将这个线性系统分为以下三种情况。

① 除 $b_0=1$ 外所有的 $b_k(1\leqslant k\leqslant q)$ 均为零,此时系统函数为

$$H(z)=\frac{B(z)}{A(z)}=\frac{1}{1+\sum\limits_{k=1}^{p} a_k z^{-k}} \tag{6.2.40}$$

其差分方程为

$$X(n)=-\sum_{k=1}^{p} a_k X(n-k)+w(n) \tag{6.2.41}$$

信号流图如图 6.2 所示。

这种模型称为 p 阶自回归模型或简称 AR(Autoregressive) 模型。其系统函数只有极点,没有零点,因此也称为全极点模型。模型输出功率谱为

$$G_X(\omega)=\frac{\sigma_w^2}{|A(\mathrm{e}^{\mathrm{j}\omega})|^2}=\frac{\sigma_w^2}{\left|1+\sum_{k=1}^{p}a_k\mathrm{e}^{-\mathrm{j}\omega k}\right|^2} \tag{6.2.42}$$

只要能求得 σ_w^2 及所有 a_k 值，就可以得到随机信号 $X(n)$ 的功率谱。

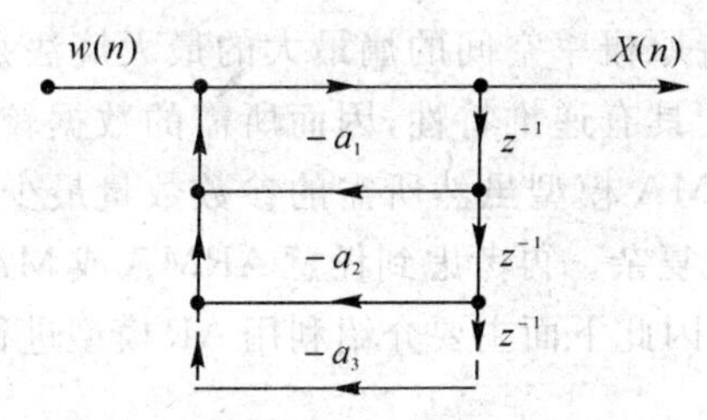

图 6.2　*p* 阶自回归模型信号流图

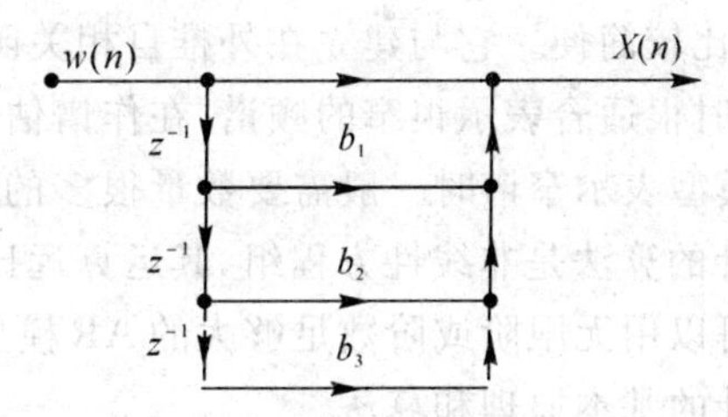

图 6.3　*q* 阶滑动平均模型信号流图

② 除了 $a_0=1$ 所有 $a_k(1\leqslant k\leqslant p)$ 均为零，这时的系统函数为

$$H(z)=B(z)=1+\sum_{k=1}^{q}b_kz^{-k} \tag{6.2.43}$$

系统的差分方程为

$$X(n)=\sum_{k=1}^{q}b_kw(n-k) \tag{6.2.44}$$

其信号流图如图 6.3 所示。

这种模型称为 q 阶滑动平均模型，简称为 MA(Moving Average) 模型。其系统函数只有零点没有极点，因此也称为全零点模型。此模型的输出功率谱为

$$G_X(\omega)=\sigma_w^2\;|B(\mathrm{e}^{\mathrm{j}\omega})|^2=\sigma_w^2\;\left|(1+\sum_{k=1}^{p}b_k\mathrm{e}^{-\mathrm{j}\omega k})\right|^2 \tag{6.2.45}$$

这时，只要能求得 σ_w^2 与所有的 b_k 参数值，就可求得随机信号的功率谱。

③ 设 $a_0=1$ 和 $b_0=1$，其余所有的 a_k 和 b_k 不全为零。此时模型的传递函数和输出功率谱分别由式(6.2.38)和式(6.2.39)表示。这是一个“极点、零点”模型，称为 ARMA(p,q) 模型，或直接简称 ARMA 模型。

因此，基于模型的功率谱估计方法大体上可按下列几个步骤进行：

① 选择一个合适模型；

② 用已观测到的数据估计模型参数；

③ 将模型参数代入功率谱的计算公式就可得到功率谱估值。

由以上讨论可知，用模型法作功率谱估计，实际上要解决的是模型的参数估计问题，因此这类谱估计方法又统称为参数化方法。

基于模型的功率谱估计方法首先要选择一个模型，但在一般情况下没有随机信号模型的先验知识，若模型选择不当是否会对谱估计性能产生较大影响？Word 分解定理说明，如果功

率谱是连续的，则任何 ARMA 过程或 AR 过程也可以用一个无限阶的 MA 过程表示。Kolmogorov也提出，任何ARMA或MA过程也可以用一个无限阶的AR过程表示，因此如果选择了一个不合适的模型，但只要模型的阶数足够高，它仍然能够比较好地逼近被建模的随机过程。在这三种参数模型中，AR 模型得到了普遍应用，其原因是 AR 模型的参数计算是线性方程，比较简便。它与建立在外推自相关函数时保持原概率空间的熵最大的最大熵法是等价的，同时很适合表示很窄的频谱，在作谱估计时，由于具有递推特性，因而所需的数据较短；而 MA 模型表示窄谱时一般需要数量很多的参数；ARMA 模型虽然所需的参数数量最少，但参数估计的算法是非线性方程组，其运算远比 AR 模型复杂。再考虑到任意 ARMA 或 MA 信号模型可以用无限阶或阶数足够大的 AR 模型来表示，因此下面主要介绍利用 AR 模型进行功率谱估计的基本原理和算法。

6.2.2 自回归模型方法

1. AR 模型的 Yule-Walker 方法

由前面讨论可知，p 阶 AR 模型的差分方程和系统函数分别为

$$X(n)=-\sum_{k=1}^{p}a_kX(n-k)+w(n) \tag{6.2.46}$$

及

$$H(z)=\frac{1}{A(z)}=\frac{1}{1+\sum\limits_{k=1}^{p}a_kz^{-k}} \tag{6.2.47}$$

模型输出的功率谱则为

$$G_X(\omega)=\frac{\sigma_w^2}{|A(e^{jw})|^2}=\frac{\sigma_w^2}{\left|1+\sum\limits_{k=1}^{p}a_ke^{-j\omega k}\right|^2} \tag{6.2.48}$$

若已知参数 $a_1,a_2,\cdots,a_p$ 及 σ_w^2，就可以得到信号的功率谱估计。现在研究这些参数与自相关函数的关系。将 AR 模型的差分方程代入 $X(n)$ 的自相关函数表达式，得

$$\begin{aligned}R_X(m)&=E[X(n)X(n+m)]=E\left\{X(n)\left[-\sum_{k=1}^{p}a_kX(n+m-k)+w(n+m)\right]\right\}=\\&-\sum_{k=1}^{p}a_kR_X(m-k)+E[X(n)w(n+m)]\end{aligned} \tag{6.2.49}$$

按式(6.2.46)，$X(n)$ 只与 $w(n)$ 相关而与 $w(n+m)$ 无关($m\geqslant1$)，故式(6.2.49) 中的第二项

$$E[X(n)w(n+m)]=E[w(n)w(n+m)]=\begin{cases}\sigma_w^2, & m=0\\ 0, & m>0\end{cases} \tag{6.2.50}$$

将式(6.2.50)代入式(6.2.49)得

$$R_X(m)=\begin{cases}-\sum\limits_{k=1}^{p}a_kR_X(m-k), & m>0\\ -\sum\limits_{k=1}^{p}a_kR_X(m-k)+\sigma_w^2, & m=0\end{cases} \tag{6.2.51}$$

将 $m=1,2,\cdots,p$ 代入式(6.2.51)，并将两式合并后写成矩阵形式，得

$$\begin{bmatrix}R_X(0) & R_X(-1) & R_X(-2) & \cdots & R_X(-p)\\ R_X(1) & R_X(0) & R_X(-1) & \cdots & R_X[-(p-1)]\\ R_X(2) & R_X(1) & R_X(0) & \cdots & R_X[-(p-1)]\\ \vdots & \vdots & \vdots & & \vdots\\ R_X(p) & R_X(p-1) & R_X(p-2) & \cdots & R_X(0)\end{bmatrix}\begin{bmatrix}1\\ a_1\\ a_2\\ \vdots\\ a_p\end{bmatrix}=\begin{bmatrix}\sigma_w^2\\ 0\\ 0\\ \vdots\\ 0\end{bmatrix} \tag{6.2.52}$$

式(6.2.52)就是AR模型的Yule-Walker方程。对于实序列，由于 $R_X(m)=R_X(-m)$，因此只要已知或估计出 $p+1$ 个自相关函数值，可由该方程解出 $p+1$ 个模型参数 $\{a_1,a_2,\cdots,a_p,\sigma_w^2\}$，根据这些参数即可得到随机信号的功率谱估计。

2. AR 模型的递推方法

递推算法原理：从以上讨论可知，AR模型法可归结为利用Yule-walker方程求解AR系数 $\{a_1,a_2,\cdots,a_p\}$ 和 σ_w^2。但直接以Yule-Walker方程求解这些参数还较麻烦，因为需作高阶矩阵求逆运算，当 p 较大时，运算量很大。而且当模型阶数增加一阶、矩阵增大一维时，还得全部重新计算，因此有必要寻找更简便的计算方法。

Levinson-Durhlk 对 Yule-Walker方程提出了高效的递推算法，其运算量的数量级为 p^2。该算法首先以AR(0)和AR(1)模型参数作为初始条件，计算AR(2)模型参数；然后根据这些参数计算AR(3)模型参数；一直到计算出AR(p)模型参数为止。递推算法的关键是要推导出由AR(k)模型的参数计算AR($k+1$)模型的参数的递推公式。下面根据AR(1)，AR(2)，AR(3)各阶模型的Yule-Walker方程的求解结果归纳出一般的迭代计算公式。

一阶AR模型的Yule-Walker矩阵方程为

$$\begin{bmatrix}R_X(0) & R_X(1)\\ R_X(1) & R_X(0)\end{bmatrix}\begin{bmatrix}1\\ a_{11}\end{bmatrix}=\begin{bmatrix}\sigma_1^2\\ 0\end{bmatrix} \tag{6.2.53}$$

解方程中的未知参数 a_{11} 和 σ_1^2 为

$$a_{11}=-\frac{R_X(1)}{R_X(0)} \tag{6.2.54}$$

$$\sigma_1^2 = (1 - |a_{11}|^2) R_X(0) \tag{6.2.55}$$

然后从二阶 AR 模型的矩阵方程

$$\begin{bmatrix} R_X(0) & R_X(1) & R_X(2) \\ R_X(1) & R_X(0) & R_X(1) \\ R_X(2) & R_X(1) & R_X(0) \end{bmatrix} \begin{bmatrix} 1 \\ a_{11} \\ a_{22} \end{bmatrix} = \begin{bmatrix} \sigma_2^2 \\ 0 \\ 0 \end{bmatrix} \tag{6.2.56}$$

得到 AR(2) 参数为

$$a_{22} = -\frac{R_X(0)R_X(2) - R_X^2(1)}{R_X^2(0) - R_X^2(1)} = -\frac{R_X(2) + a_{11}R_X(1)}{\sigma_1^2} \tag{6.2.57}$$

$$a_{21} = -\frac{R_x(0)R_X(1) - R_X(1)R_X(2)}{R_X^2(0) - R_X^2(1)} = a_{11} + a_{22}a_{11} \tag{6.2.58}$$

$$\sigma_2^2 = (1 - |a_{22}|^2)\sigma_1^2 \tag{6.2.59}$$

以此类推得递推公式

$$a_{kk} = -\frac{R_X(k) + \sum_{l=1}^{k-1} a_{k-1,l} R_X(k-l)}{\sigma_{k-1}^2} \tag{6.2.60}$$

$$a_{ki} = a_{k-1,i} + a_{kk}a_{k-1,k-i}, \quad i = 1, 2, \cdots, k-1 \tag{6.2.61}$$

$$\sigma_k^2 = (1 - |a_{kk}|^2)\sigma_{k-1}^2, \quad \sigma_0^2 = R_X(0) \tag{6.2.62}$$

因此,递推算法的运算步骤是先估计出自相关函数,然后根据式(6.2.54)、式(6.2.55)得到初始的 a_{11} 和 σ_1^2 值,继而按式(6.2.60)至式(6.2.62)进行递推得到 AR(k)($k=2,\cdots,p$)的各参数值 a_{kk},a_{ki} 和 σ_k^2,直至所需的阶数为止。

3. AR 模型阶数选择原则

用 AR 模型来拟合一个随机信号,模型的阶数需要适当选择。一般来说,AR 模型的阶数预先是不知道的。前面已经提到 AR 谱估计方法与线性预测误差滤波器等效,由于 σ_k^2 为误差功率,$\sigma_k^2 > 0$。由上述讨论也可知,$|a_{kk}| < 1$ 和 $\sigma_{k+1}^2 < \sigma_k^2$。在递推计算过程中,如果 $\sigma_{k+1}^2 < \sigma_k^2$ 和 $|a_{kk}| < 1(k=1,2,\cdots,p)$,则 AR($p$)模型一定是稳定的,这等效于线性预测误差滤波器的传递函数的所有极点都在单位圆内。如果信号的正确模型是 p 阶 AR 模型,则当 $k=p$ 时,均方误差值已满足实际要求,这时已无需继续迭代下去。

若阶选得太低,低于要拟合信号的实际阶数时,形成的功率谱受到的平滑太厉害,图 6.4 所示表示平滑后的谱已经分辨不出真实谱的两个峰了;若阶选得过高,这时虽然可以提高谱估计的分辨率,但却会产生假的谱峰,如图 6.5 所示。

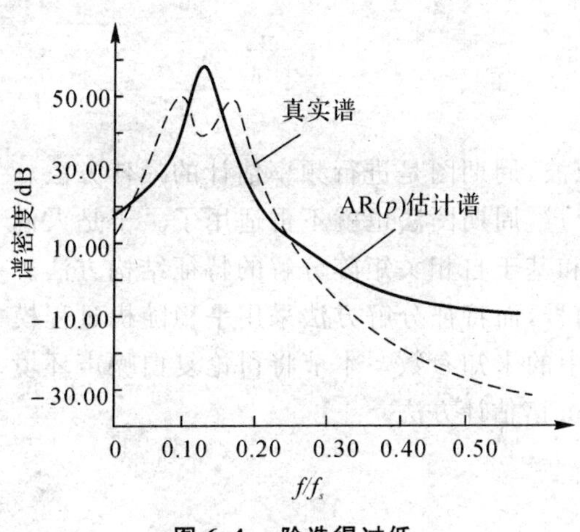

图 6.4　阶选得过低

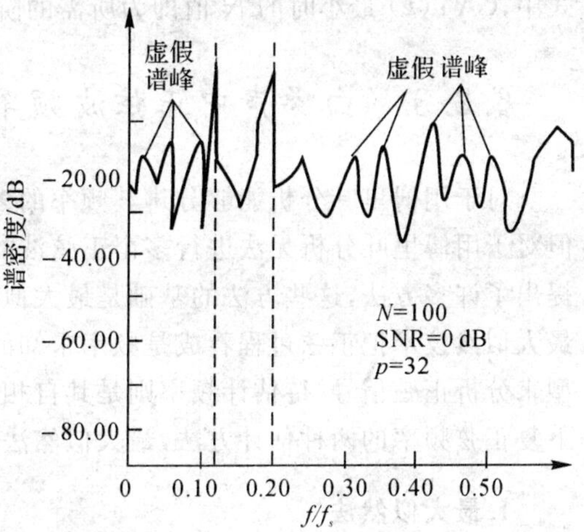

图 6.5　阶选得过高

一种简单而直观的确定 AR 模型的阶的方法是在不断增加模型阶数的同时观察预测误差功率，当该功率下降到足够小时，对应的阶便可界定为模型的阶。但是较难确定 σ_k^2 降到什么程度才算合适。另外，还应注意到随着模型阶数的增加，模型参数的数目亦增多了，谱估计的方差会变大(表现在虚假谱峰的出现)。因此，人们还提出了几种不同的误差准则作为确定模型阶数的依据。下面简单介绍三种准则：

① 最终预测误差(Final Prediction Error，FPE) 准则。FPE 准则的基本思想是选择一个阶，使得一步预测的平均误差最小。经过推导，AR(k) 过程的最终预测误差为

$$\mathrm{FPE}(k)=\sigma_k^2\left(\frac{N+k+1}{N-k+1}\right) \tag{6.2.63}$$

式中，N 是数据样本数目，括号内的数值随着 k 的增大(趋近于 N) 而增加，由于 σ_k^2随阶的增加而减小，因而 FPE 将有一个最小值，它所对应的阶便是最后欲求的阶。

②Akaike 信息量(Akaike Information Criterion，AIC)准则。AIC 准则是从最大似然法推导出来的，经过推导，AIC 定义为

$$\mathrm{AIC}(k)=N\lg\sigma_k^2+2k \tag{6.2.64}$$

AIC 最小值对应的阶就是要选择的阶。可以证明，当 $N\rightarrow\infty$ 时，FPE 与 A1C 等效。

③判别自回归传输函数(Criterion Autoregressive Transfer Function，CAT)准则。这一准则是把实际预测误差滤波器(可能是无限长的)和相应的估计滤波器的均方误差之间的差值最小所对应的阶作为最佳阶。Parzen 证明，若不知道真正的误差滤波器时也可以计算这种差，它定义为

$$\mathrm{CAT}(k)=\frac{1}{N}\sum_{i=1}^{k}\frac{1}{\hat{\sigma}_i^2}-\frac{1}{\hat{\sigma}_k^2} \tag{6.2.65}$$

式中，CAT(k) 最小时的 N 值即为所需的阶。

6.2.3 白噪声中正弦波频率

对于用傅里叶分析能够分辨其频率的多个正弦波，周期图是进行频率估计的最佳方法。但对于用傅里叶分析无法进行多个正弦波的频率分辨，周期图法也就不再适用了。于是人们提出了许多方法，这些方法的基础是最大似然技术和基于自相关矩阵分解的特征结构方法。最大似然技术把正弦过程看成是频率未知的确定信号，而特征分解方法采用平稳随机过程模型来分析正弦信号，待估计频率则是其自相关矩阵中的未知参数。本节将讨论复白噪声环境下复正弦频率的两种估计方法：最大似然法和 Capon 谱估计方法。

1. 最大似然法

下面讨论复高斯白噪声中复正弦信号的参数估计问题。假设数据由复高斯白噪声中的 p 个复正弦信号所组成，即

$$X(n)=\sum_{i=1}^{p}A_i\exp(\mathrm{j}\omega_i n+\varphi_i)+w(n) \tag{6.2.66}$$

其中 $n=0,1,\cdots,N-1$，$w(n)$ 是均值为零和方差为 σ_w^2 的复高斯白噪声。正弦信号的参数 $[A_1,A_2,\cdots,A_p;\varphi_1,\varphi_2,\cdots,\varphi_p;\omega_1,\omega_2,\cdots,\omega_p]$ 依次为振幅、相位和频率。目的就是估计这些参量。

首先讨论复白噪声中存在单个复正弦信号的情况。设复白高斯噪声 $w(n)$ 中有一个复正弦信号

$$s(n)=A_1\exp(\mathrm{j}\omega_1 n+\varphi_1) \tag{6.2.67}$$

式中，A_1，ω_1 和 φ_1 分别是正弦波的振幅、频率和相位，假设它们是待估计的未知常数。设平稳随机过程 $X(n)=s(n)+w(n)$ 的一次实现的 N 个采样值为

$$X(n)=A_1\exp[\mathrm{j}(\omega_1 n+\varphi_1)]+w(n),\quad n=0,1,\cdots,N-1 \tag{6.2.68}$$

$s(n)$ 和 $X(n)$ 用矢量分别表示为

$$\boldsymbol{s}=[s(0),s(1),\cdots,s(N-1)]^{\mathrm{T}}=A_1\exp(\mathrm{j}\varphi_1)[1,\exp(\mathrm{j}\omega_1),\cdots,\exp(\mathrm{j}(N-1)\omega_1)]^{\mathrm{T}} \tag{6.2.69}$$

和

$$\boldsymbol{X}=[X(0),X(1),\cdots,X(N-1)]^{\mathrm{T}} \tag{6.2.70}$$

$w(n)$ 用矢量表示为

$$\boldsymbol{w}=[w(0),w(1),\cdots,w(N-1)]^{\mathrm{T}} \tag{6.2.71}$$

由于假设 $w(n)$ 为白噪声，则其自相关矩阵为

$$\boldsymbol{R}_w=\sigma_w^2\boldsymbol{I} \tag{6.2.72}$$

式中,σ_w^2 是 $w(n)$ 的方差;$\boldsymbol{I}$ 是 N 阶单位矩阵。

令 A_{c1} 表示正弦波的复数振幅

$$A_{c1}=A_1\exp(\mathrm{j}\varphi_1) \tag{6.2.73}$$

又令信号矢量

$$\boldsymbol{e}_1=[1,\exp(\mathrm{j}\omega_1),\cdots,\exp(\mathrm{j}(N-1)\omega_1)]^{\mathrm{T}} \tag{6.2.74}$$

于是,式(6.2.69)的矢量可表示为

$$\boldsymbol{s}=A_{c1}\ \boldsymbol{e}_1 \tag{6.2.75}$$

由于已假设 $s(n)$ 是确定信号,$w(n)$ 是复高斯白噪声,因而数据矢量 $\boldsymbol{X}$ 的概率密度函数为

$$p(\boldsymbol{X}-\boldsymbol{s})=\frac{1}{\pi^N\det(\sigma_w^2\boldsymbol{I})}\exp\left[-\frac{1}{\sigma_w^2}(\boldsymbol{X}-\boldsymbol{s})^{\mathrm{H}}(\boldsymbol{X}-\boldsymbol{s})\right] \tag{6.2.76}$$

式中,H 表示共轭转置。

为求 A_1,ω_1 和 φ_1 的最大似然估计(MLE),需求解 $p(\boldsymbol{X}-\boldsymbol{s})$ 对该三参数的最大化问题或求解

$$L=(\boldsymbol{X}-\boldsymbol{s})^{\mathrm{H}}(\boldsymbol{X}-\boldsymbol{s}) \tag{6.2.77}$$

的最小化问题。将式(6.2.75)代入式(6.2.77)得到

$$L(A_{c1},w_1)=(\boldsymbol{X}-A_{c1}\ \boldsymbol{e}_1)^{\mathrm{H}}(\boldsymbol{X}-A_{c1}\ \boldsymbol{e}_1) \tag{6.2.78}$$

这里特别标明了 L 是 A_{c1} 和 ω_1 的函数。如果已知 ω_1,则不难求出使上式最小化的解

$$\hat{A}_{c1}=\frac{\boldsymbol{e}_1^{\mathrm{H}}\ \boldsymbol{R}_w^{-1}\boldsymbol{X}}{\boldsymbol{e}_1^{\mathrm{H}}\ \boldsymbol{R}_w^{-1}\ \boldsymbol{e}_1}=\frac{\boldsymbol{e}_1^{\mathrm{H}}\boldsymbol{X}}{\boldsymbol{e}_1^{\mathrm{H}}\ \boldsymbol{e}_1}=\frac{1}{N}\sum_{n=0}^{N-1}X(n)\exp(-\mathrm{j}\omega_1 n) \tag{6.2.79}$$

再将 $\hat{A}_{c1}$ 代入式(6.2.78),并对 ω_1 求最小化解,得

$$L(\hat{A}_{c1},\omega_1)=(\boldsymbol{X}-\hat{A}_{c1}\ \boldsymbol{e}_1)^{\mathrm{H}}(\boldsymbol{X}-\hat{A}_{c1}\ \boldsymbol{e}_1)=\boldsymbol{X}^{\mathrm{H}}(\boldsymbol{X}-\hat{A}_{c1}\ \boldsymbol{e}_1)-A_{c1}^*\ \boldsymbol{e}_1^{\mathrm{H}}(\boldsymbol{X}-\hat{A}_{c1}\ \boldsymbol{e}_1) \tag{6.2.80}$$

利用式(6.2.79),易证

$$L(\hat{A}_{c1},\omega_1)=\begin{cases}\boldsymbol{X}^{\mathrm{H}}\boldsymbol{X}-\hat{A}_{c1}\ \boldsymbol{X}^{\mathrm{H}}\ \boldsymbol{e}_1\\ \boldsymbol{X}^{\mathrm{H}}\boldsymbol{X}-\dfrac{1}{N}\left|\boldsymbol{e}_1^{\mathrm{H}}\boldsymbol{X}\right|^2\end{cases}$$

求上式最小化解,等效于求式(6.2.80)右端第二项最大化解,即下式的最大化解:

$$\frac{1}{N}\left|\boldsymbol{e}_1^{\mathrm{H}}\boldsymbol{X}\right|^2=\frac{1}{N}\left|\sum_{n=0}^{N-1}X(n)\exp(-\mathrm{j}\omega_1 n)\right|^2 \tag{6.2.81}$$

可以看出,此即 $X(n)$ 的周期图。由此得出一个重要结论:对于复高斯白噪声中的单个复正弦信号,其频率的最大似然解就是周期图的最大值所对应的频率。在复白噪声中含有的单个复正弦信号,其频率的最大似然估计可根据数据的周期图的最大值所在的频率位置求出来。

ω_1 估计出来后,将其代回到式(6.2.79),还可得到正弦波其余两个参数的最大似然估计,

分别为

$$\hat{A}_1=\frac{1}{N}\left|\sum_{n=0}^{N-1}X(n)\exp(-\mathrm{j}\hat{\omega}_1 n)\right| \tag{6.2.82}$$

$$\hat{\varphi}_1=\arctan\left|\frac{\mathrm{Im}\left[\sum_{n=0}^{N-1}X(n)\exp(-\mathrm{j}\hat{\omega}_1 n)\right]}{\mathrm{Re}\left[\sum_{n=0}^{N-1}X(n)\exp(-\mathrm{j}\hat{\omega}_1 n)\right]}\right| \tag{6.2.83}$$

下面讨论复白噪声中存在的多个复正弦信号的频率估计问题。与单个复正弦波情况相似，为求正弦波参数的最大似然估计，须使以下函数最小化：

$$L=\left(\boldsymbol{X}-\sum_{i=1}^{p}A_{ci}\,\boldsymbol{e}_i\right)^{\mathrm{H}}\left(\boldsymbol{X}-\sum_{i=1}^{p}A_{ci}\,\boldsymbol{e}_i\right) \tag{6.2.84}$$

其中

$$A_{ci}=A_i\exp(\mathrm{j}\varphi_i)$$

$$\boldsymbol{e}_i=[1,\exp(\mathrm{j}\omega_i),\cdots,\exp[\mathrm{j}(N-1)\omega_i]]^{\mathrm{T}}$$

令

$$\boldsymbol{E}=[\boldsymbol{e}_1,\boldsymbol{e}_2,\cdots,\boldsymbol{e}_p]^{\mathrm{T}}$$

$$\boldsymbol{A}_c=[A_{c1},A_{c2},\cdots,A_{cp}]^{\mathrm{T}}$$

$$\boldsymbol{\Omega}=[\omega_1,\omega_2,\cdots,\omega_p]^{\mathrm{T}}$$

则式(6.2.84)可写成以下形式：

$$L(\boldsymbol{A}_c,\boldsymbol{\Omega})=(\boldsymbol{X}-\boldsymbol{E}^{\mathrm{T}}\boldsymbol{A}_c)^{\mathrm{H}}(\boldsymbol{X}-\boldsymbol{E}^{\mathrm{T}}\boldsymbol{A}_c) \tag{6.2.85}$$

假设 $\boldsymbol{E}$ 是已知矩阵，则式(6.2.85)的最小化问题实际上是一个典型的线性最小二乘问题。解此可得

$$\hat{\boldsymbol{A}}_c=(\boldsymbol{E}^*\,\boldsymbol{E}^{\mathrm{T}})^{-1}\,\boldsymbol{E}^*\,\boldsymbol{X} \tag{6.2.86}$$

若 $\boldsymbol{E}$ 用其最大似然估计取代，或未知频率用其最大似然估计取代，则式(6.2.86)的 $\hat{\boldsymbol{A}}_c$ 是正弦波复振幅的最大似然估计。将式(6.2.86)代入式(6.2.85)，得

$$L(\hat{\boldsymbol{A}}_c,\boldsymbol{\Omega})=\boldsymbol{X}^{\mathrm{H}}(\boldsymbol{X}-\boldsymbol{E}^{\mathrm{T}}\hat{\boldsymbol{A}}_c)=\boldsymbol{X}^{\mathrm{H}}\boldsymbol{X}-\boldsymbol{X}^{\mathrm{H}}\,\boldsymbol{E}^{\mathrm{T}}\,(\boldsymbol{E}^*\,\boldsymbol{E}^{\mathrm{T}})^{-1}\,\boldsymbol{E}^*\,\boldsymbol{X}$$

为求频率的最大似然估计，必须求解上式右端第二项的最大化问题，即

$$H(\boldsymbol{\Omega})=\boldsymbol{X}^{\mathrm{H}}\,\boldsymbol{E}^{\mathrm{T}}\,(\boldsymbol{E}^*\,\boldsymbol{E}^{\mathrm{T}})^{-1}\,\boldsymbol{E}^*\,\boldsymbol{X}=\max \tag{6.2.87}$$

这是关于 $\boldsymbol{\Omega}$ 的一个高度非线性的方程，其最大化问题比较麻烦，因为这要求进行 p 阶空间搜索，运算量较大。为此，人们提出了交替投影等方法来降低运算量。

求得频率的最大似然估计以后，就不难求得正弦波其余参数的最大似然估计。

如果各正弦波的频率用周期图能进行分辨，那么式(6.2.87)的最大化解将对应于周期图中最大值所在的频率。

前面介绍的估计正弦波频率的最大似然估计方法，并不是根据谱估计原理设计的，但它与

谱估计有密切的关系。因此，当各正弦波频率能够用周期图加以分辨时，根据周期图谱峰的位置来估计正弦波频率是一种最简便的办法，它可避免最大似然估计遇到的困难。但是，在各正弦波频率很相近的情况下，由于周期图无法分辨它们，因此必须选用频率分辨率更高的谱估计方法，例如 AR 谱估计等方法。

利用AR谱估计来估计频率可以有几种做法。最直接的方法是把AR(p)谱估计的p个谱峰的频率位置作为频率估计结果；另一种方法是求预测误差滤波器多项式的根，将其作为估计结果。

需要指出的是，信噪比对 AR 谱估计的结果有很大影响。当信噪比很高时，采用 AR 谱估计和多项式求根的方法得到的频率估计是无偏估计，且其方差接近于极限。但对于低信噪比，估计性能会较差。因为噪声会使谱峰展宽，从而导致分辨率下降，而且会使谱峰偏离正确位置。人们观察到，对于白噪声中含有两个幅度相等的正弦信号所构成的过程，AR 谱估计的分辨率随信噪比的下降而下降。在信噪比低的情况下，AR 谱估计已经不再优于周期图。分辨率下降的原因是 AR 谱估计中所假设的全极点模型，在观察噪声较大时已经不再合适。不难证明，此时 AR(p) 模型已经变成了一个既有极点、也有零点的 ARMA(p,q) 模型。因此在有噪声存在的情况下，根据已知自相关函数所估计的预测误差滤波器零点的位置，并不真的在正确的频率位置上。为了减轻信噪比对估计性能的影响，应当增加 AR 模型的阶。这样，就能得到较准确的 AR 模型参数，从而减小谱估计的偏差。但是，这却会使方差有所加大，严重时会导致产生虚假谱峰，出现错误的频率估计。另外，也可以采用ARMA谱估计方法，或对数据进行滤波以减少噪声的方法，以便提高估计的性能。

2. Capon 谱估计方法

Capon 谱估计方法就是设计一种有限冲激响应(FIR) 的数字滤波器，它能保证滤波器输入过程的某个频率成分完全通过的同时，使滤波器输出功率最小。然后将这时的滤波器输出功率作为对输入过程在这个频率上的功率谱估计。由于这种滤波器可以使频率特性旁瓣最小，因此用它作功率谱估计可以取得较好的效果。

假设 $w^*(i)(i=1,2,\cdots,N-1)$ 为 N 阶 FIR 滤波器的冲激响应函数，$X(n)$ 为一个零均值的平稳随机过程，经过有限冲激响应，滤波器的输出 $Y(n)$ 为

$$Y(n)=\sum_{i=0}^{N-1}w^*(i)X(n+1)=\boldsymbol{W}^{\mathrm{H}}\boldsymbol{X} \tag{6.2.88}$$

式中，$\boldsymbol{W}=[w(0),w(1),\cdots,w(N-1)]^{\mathrm{T}}$ 为滤波器系数矢量；$\boldsymbol{X}=[X(n),X(n+1),\cdots,X(n+N-1)]^{\mathrm{T}}$ 为输入信号矢量；H 表示共轭转置。

$Y(n)$ 的平均功率(即方差)为

$$E[|Y(n)|^2]=E[\boldsymbol{W}^{\mathrm{H}}\boldsymbol{X}\boldsymbol{X}^{\mathrm{H}}\boldsymbol{W}]=\boldsymbol{W}^{\mathrm{H}}\boldsymbol{R}_X\boldsymbol{W} \tag{6.2.89}$$

式中，$\boldsymbol{R}_X=E[\boldsymbol{X}\boldsymbol{X}^{\mathrm{H}}]$ 为输入信号的自相关矩阵。

为了估计$\{X(n)\}$的功率谱，分别估计其在各个频率点上的平均功率，因为对$X(n)$进行傅里叶分解变成了许多正弦分量的线性组合。估计某个频率ω_i上的功率谱值，就相当于一个频率为ω_i的复正弦输入到上述有限冲激响应滤波器的情况。复正弦可表示为

$$X(n)=A\exp(\mathrm{j}\omega_i n) \tag{6.2.90}$$

因此输入信号矢量为

$$\boldsymbol{X}=A\exp(\mathrm{j}\omega_i n)\left[1,\exp(\mathrm{j}\omega_i),\cdots,\exp[\mathrm{j}(N-1)\omega_i]\right]^{\mathrm{T}}=X(n)\boldsymbol{e} \tag{6.2.91}$$

其中

$$\boldsymbol{e}=\left[1,\exp(j\omega_i),\cdots\exp[j(N-1)\omega_i]\right]^{\mathrm{T}}$$

因此

$$Y(n)=\boldsymbol{W}^{\mathrm{H}}\boldsymbol{X}=X(n)\boldsymbol{W}^{\mathrm{H}}\boldsymbol{e} \tag{6.2.92}$$

为了使复正弦ω_i完全通过，必须有

$$\left|\boldsymbol{W}^{\mathrm{H}}\boldsymbol{e}\right|=1 \tag{6.2.93}$$

或

$$\boldsymbol{W}^{\mathrm{H}}\boldsymbol{e}\boldsymbol{e}^{\mathrm{H}}\boldsymbol{W}=\boldsymbol{I} \tag{6.2.94}$$

由于实际信号总包含有噪声，在满足式(6.2.93)或式(6.2.94)的条件下，求滤波器系数矢量，使滤波器输出平均功率谱$E[|Y(n)|^2]$最小，这是一个条件极值问题，可以引入Lagrange乘子构成代价函数$\boldsymbol{J}$，即

$$\boldsymbol{J}=\boldsymbol{W}^{\mathrm{H}}\boldsymbol{R}_X\boldsymbol{W}-\lambda(\boldsymbol{W}^{\mathrm{H}}\boldsymbol{e}\boldsymbol{e}^{\mathrm{H}}\boldsymbol{W}-1) \tag{6.2.95}$$

令$\dfrac{\partial \boldsymbol{J}}{\partial \boldsymbol{W}}=0$，可得

$$\boldsymbol{W}^{\mathrm{H}}\boldsymbol{R}_X=\lambda\boldsymbol{W}^{\mathrm{H}}\boldsymbol{e}\boldsymbol{e}^{\mathrm{H}} \tag{6.2.96}$$

两边同时取复共轭转置，而且注意到$\boldsymbol{R}_X=\boldsymbol{R}_X^{\mathrm{H}}$，得

$$\boldsymbol{R}_X\boldsymbol{W}=\lambda\boldsymbol{e}\boldsymbol{e}^{\mathrm{H}}\boldsymbol{W} \tag{6.2.97}$$

根据式(6.2.94)可知$\boldsymbol{e}^{\mathrm{H}}\boldsymbol{W}$是一个模为1的复数，可以表示为

$$\boldsymbol{e}^{\mathrm{H}}\boldsymbol{W}=\exp(\mathrm{j}\varphi) \tag{6.2.98}$$

所以

$$\boldsymbol{R}_X\boldsymbol{W}=\lambda\exp(\mathrm{j}\varphi)\boldsymbol{e}$$

$$\boldsymbol{W}=\lambda\exp(\mathrm{j}\varphi)\boldsymbol{R}_X^{-1}\boldsymbol{e} \tag{6.2.99}$$

如果式(6.2.96)两边各右乘$\boldsymbol{W}$，得

$$\boldsymbol{W}^{\mathrm{H}}\boldsymbol{R}_X\boldsymbol{W}=\lambda\boldsymbol{W}^{\mathrm{H}}\boldsymbol{e}\boldsymbol{e}^{\mathrm{H}}\boldsymbol{W}=\lambda \tag{6.2.100}$$

将式(6.2.98)代入式(6.2.99)得

$$\lambda=\frac{1}{\boldsymbol{e}^{\mathrm{H}}\boldsymbol{R}_X^{-1}\boldsymbol{e}} \tag{6.2.101}$$

将式(6.2.101)代入式(6.2.99)得

$$\boldsymbol{W}=\frac{\exp(\mathrm{j}\varphi)\boldsymbol{R}_X^{-1}\boldsymbol{e}}{\boldsymbol{e}^{\mathrm{H}}\boldsymbol{R}_X^{-1}\boldsymbol{e}} \tag{6.2.102}$$

因为 exp(jφ) 只使滤波器输出增加了一个相移，并不影响功率谱的估计，所以可以略去，这样可简化为

$$\boldsymbol{W}=\frac{\boldsymbol{R}_X^{-1}\boldsymbol{e}}{\boldsymbol{e}^{\mathrm{H}}\boldsymbol{R}_X^{-1}\boldsymbol{e}} \tag{6.2.103}$$

用式(6.2.103) 计算的滤波器系数矢量构成的滤波器可以使频率 ω_i 的信号分量完全通过，而此时达到输出功率最小，输出平均功率为

$$E\{|Y(n)|^2\}_{\min}=\boldsymbol{W}^{\mathrm{H}}\boldsymbol{R}_X\boldsymbol{W}=\frac{1}{\boldsymbol{e}^{\mathrm{H}}\boldsymbol{R}_X^{-1}\boldsymbol{e}} \tag{6.2.104}$$

可以将这个值作为输入过程 $\{X(n)\}$ 在 ω_i 频率上的功率谱估计，当矢量 $\boldsymbol{e}$ 中的 ω_i 遍及输入过程$\{X(n)\}$的定义域时，就可以根据式(6.2.104) 得到$\{X(n)\}$ 功率谱估计，因此，Capon 谱估计方法的功率谱估计表达式为

$$\hat{G}_{\text{capon}}(\omega_i)=\frac{1}{\boldsymbol{e}^{\mathrm{H}}\hat{\boldsymbol{R}}_X^{-1}\boldsymbol{e}} \tag{6.2.105}$$

式中，$\hat{\boldsymbol{R}}_X^{-1}$ 为自相关矩阵$\boldsymbol{R}_X$ 的估计。

讨论：

① 因为式(6.2.105) 的傅里叶反变换不等于$\{X(n)\}$ 的自相关函数，所以 Capon 谱估计不收敛于谱的真实值。

②Capon 谱估计与 AR 谱估计的关系：假设用 m 阶（$m=1,2,\cdots,p$）AR 谱估计得到的参数估计为

$$\begin{array}{ll} m=1:\{a_{1,1}\}, & \sigma_1^2 \\ m=2:\{a_{2,1}a_{2,2}\}, & \sigma_2^2 \\ \cdots\cdots & \\ m=p:\{a_{p,1}a_{p,2}\cdots a_{p,p}\}, & \sigma_p^2 \end{array}$$

可将上述 AR 系数组成一个 p 阶的下三角矩阵

$$\boldsymbol{A}=\begin{bmatrix} 1 & 0 & 0 & 0 & 0 \\ a_{1,1} & 1 & 0 & 0 & 0 \\ a_{2,2} & a_{2,1} & 1 & 0 & 0 \\ \vdots & \vdots & \vdots & \vdots & 0 \\ a_{p,p} & a_{p,p-1} & a_{p,p-2} & a_{p,1} & 1 \end{bmatrix} \tag{6.2.106}$$

根据 Yule-Walker 方程可得

$$\boldsymbol{A}\boldsymbol{R}_X\boldsymbol{A}^{\mathrm{H}}=\begin{bmatrix} \sigma_0^2 & 0 & 0 & 0 \\ 0 & \sigma_1^2 & 0 & 0 \\ 0 & 0 & \ddots & 0 \\ 0 & 0 & 0 & \sigma_p^2 \end{bmatrix}=\operatorname{diag}[\sigma_0^2,\sigma_1^2,\cdots,\sigma_p^2] \tag{6.2.107}$$

式(6.2.107)两边分别求逆后加以整理可得

$$\boldsymbol{R}_X^{-1}=\boldsymbol{A}\mathrm{diag}[(\sigma_0^2)^{-1},(\sigma_1^2)^{-1},\cdots,(\sigma_p^2)^{-1}]\boldsymbol{A} \tag{6.2.108}$$

式(6.2.108)两边分别左乘$\boldsymbol{e}^{\mathrm{H}}$,右乘 $\boldsymbol{e}$ 得

$$\boldsymbol{e}^{\mathrm{H}}\boldsymbol{R}_X^{-1}\boldsymbol{e}=\boldsymbol{e}^{\mathrm{H}}\boldsymbol{A}^{\mathrm{H}}\mathrm{diag}[(\sigma_0^2)^{-1},(\sigma_1^2)^{-1},\cdots,(\sigma_p^2)^{-1}]\boldsymbol{A}\boldsymbol{e}=(\boldsymbol{A}\boldsymbol{e})^{\mathrm{H}}\mathrm{diag}[(\sigma_0^2)^{-1},(\sigma_1^2)^{-1},\cdots,(\sigma_p^2)^{-1}]\boldsymbol{A}\boldsymbol{e}=$$

$$\sum_{m=0}^{p}(\sigma_m^2)^{-1}\left|\sum_{m=0}^{p}a_{p,k}\mathrm{e}^{-\mathrm{j}\omega(m-k)}\right|^2=\sum_{m=0}^{p}(\sigma_m^2)^{-1}\left|\sum_{m=0}^{p}a_{p,k}\mathrm{e}^{-\mathrm{j}\omega k}\right|^2=$$

$$\sum_{m=0}^{p}\frac{\left|\sum_{k=0}^{m}a_{p,k}\mathrm{e}^{-\mathrm{j}\omega k}\right|^2}{\sigma_m^2}=\sum_{m=0}^{p}\frac{1}{\hat{G}_{\mathrm{AR}}^{(m)}(\omega)}$$

即

$$\frac{1}{\hat{G}_{\mathrm{capon}}(\omega)}=\sum_{m=0}^{p}\frac{1}{\hat{G}_{\mathrm{AR}}^{(m)}(\omega)} \tag{6.2.109}$$

因为Capon谱估计为$0\sim p$阶AR谱估计的调和均值,所以其谱分辨率要低于AR谱估计的分辨率,但由于平均的结果,估计的方差反而要小一些。

图6.6作出了三种方法分别对两个实正弦加白噪声的过程进行谱估计的结果,这个过程的自相关函数为

$$R_X(m)=5.23\cos(0.3\pi m)+10.66\cos(0.4\pi m)+\delta(m) \tag{6.2.110}$$

从图可见,Capon谱估计的分辨率低于AR谱估计,但高于BT谱估计。

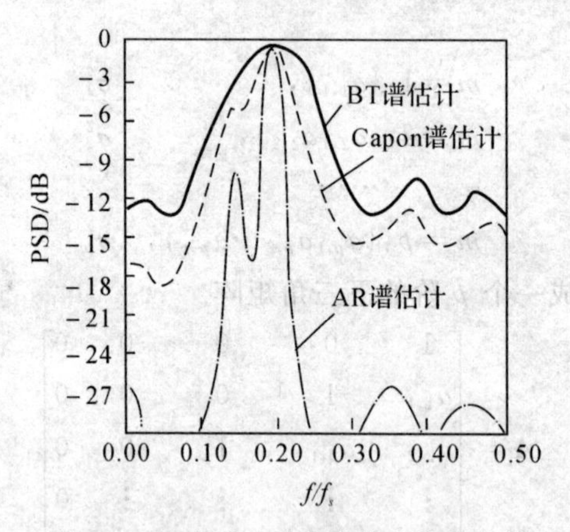

图6.6 三种谱估计方法的分辨率比较

③Capon谱估计方法常被人们称为最大似然估计或最小方差估计,因为对单个正弦信号加白噪声过程进行谱估计时,估计结果与最大似然估计相一致,而且也是同类方法中估计方差最小的。但是,如果输入过程是一般的平稳随机过程,则这种估计既不具有最大似然性质,也不具有最小方差性质,因此称为最大似然估计或最小方差估计都不恰当,还是称为Capon谱估

计比较合适。

Capon 谱估计方法的优点是，它无需模型阶的先验知识，就能直接给出信号功率的估计值。更重要的是它的鲁棒性较好，在人为干扰环境下能较好地工作。

6.3　随机信号的双谱估计

6.3.1　引言

平稳时间序列的三阶累积量及其对应的双谱密度可由下式分别表示（见参考文献[1]中1.5节"随机信号的高阶谱"）：

$$R_X(m,n)=E[X(k)X(k+m)X(k+n)] \tag{6.3.1}$$

以及

$$B_X(\omega_1,\omega_2)=\sum_m\sum_n R_X(m,n)\exp[-\mathrm{j}(\omega_1 m+\omega_2 n)] \tag{6.3.2}$$

实际上，在应用双谱分析解决问题时，会面临这样一个问题，即一般可供处理的观测信号或数据都是具有有限长度的，使得无法精确应用式(6.3.1)和式(6.3.2)求解随机过程的三阶累积量或双谱。换句话说，只能在某种最佳意义下对双谱进行估计。类似于功率谱估计，对于双谱估计，现在普遍使用的也有两种方法，一种称为经典的非参数双谱估计法，也称为傅氏型双谱估计，另一种称为参数化双谱估计，主要是建立在 AR，MA 和 ARMA 模型基础上进行双谱估计。

对于经典双谱估计方法，大体上可分为两大类：间接法双谱估计和直接法双谱估计。一般而言，如果观测数据量足够大，其估计器性能会较好。但是，通常这类方法存在明显的局限，表现为估计器的统计方差过大、计算时间过长、占用计算机内存过大等不足。如果不使用 FFT 算法进行估计，其计算量将会很大。

6.3.2　非参数双谱估计

1. 间接估计法

设观测数据$\{x(p),p=1,2,\cdots,N\}$或$\{x(p)\}$为一实随机序列，直接由三阶累积量的定义出发估计它的三阶自相关函数$R_X(m,n)$，然后对其进行二维 DFT 即可得到随机序列的双谱估计。具体步骤归纳如下：

① 将有限长观测数据$\{x(p),p=1,2,\cdots,N\}$分成K段，每段数据为M个记

录，即 $N = KM$。

② 对每段数据进行处理之前，先去除每段数据的均值。

③ 设 K 段数据中的第 i 段数据为 $\{x^{(i)}(k), k=1,2,\cdots,M\}, i=1,2,\cdots,K$，利用下式依次估计每段数据的三阶累积量：

$$\hat{R}_X^{(i)}(m,n) = \frac{1}{M}\sum_{k=d_1}^{d_2} X^{(i)}(k)X^{(i)}(k+m)X^{(i)}(k+n) \tag{6.3.3}$$

式中，$d_1 = \max\{0, -m, -n\}$，$d_2 = \min\{M, M-m, M-n\}$，$i = 1,2,\cdots,K$。

④ 根据所得 K 组二维数据 $\hat{R}_X^{(i)}(m,n)$，$i=1,2,\cdots,K$ 对其进行统计平均，可得

$$\hat{R}_X(m,n) = \frac{1}{K}\sum_{i=1}^{K}\hat{R}_X^{(i)}(m,n) \tag{6.3.4}$$

⑤ 对三阶自相关的估值 $\hat{R}_X(m,n)$ 求二维傅里叶变换，可求得观测数据 $\{X(p)\}$ 的双谱估计为

$$\hat{B}_X(\omega_1,\omega_2) = \sum_{m=-L}^{L}\sum_{n=-L}^{L}\hat{R}_X(m,n)\exp[-\mathrm{j}(\omega_1 m + \omega_2 n)] \tag{6.3.5}$$

为了使得双谱估计的方差及计算量减少，一般常采用以下步骤：

① 在对观测数据 $\{x(p), p=1,2,\cdots,N\}$ 进行分段时，不是按数据顺序将数据分成 K 段长度为 M 的数据，而是使每相邻段数据有一半的重叠，即有 $N = 2KM$。

② 按以上步骤求出三阶累积量的估值 $\hat{R}_X(m,n)$ 后，利用式(6.3.5) 求观测数据 $\{X(p)\}$ 的双谱估计时，加上一合适的窗函数 $W(m,n)$，于是式(6.3.5) 成为

$$\hat{B}_X(\omega_1,\omega_2) = \sum_{m=-L}^{L}\sum_{n=-L}^{L}\hat{R}_X(m,n)W(m,n)\exp[-\mathrm{j}(\omega_1 m + \omega_2 n)] \tag{6.3.6}$$

式(6.3.6) 的双谱估计效果将会更好。

③ 利用双谱及三阶累积量的对称性质，只要估计双谱的某些主域的结果，利用它们的对称性，可求得整个双谱结果。

2. 直接估计法

设实平稳随机过程 $X(t)$ 的傅里叶变换存在，根据式(6.3.1)，有

$$R_X(\tau_1,\tau_2) = E[X(t)X(t+\tau_1)X(t+\tau_2)] \tag{6.3.7}$$

由于

$$X(t) = \int_{-\pi}^{\pi} X(\omega)\exp(\mathrm{j}\omega t)\mathrm{d}\omega$$

$$X(t+\tau_1) = \int_{-\pi}^{\pi} X(\omega_1)\exp[\mathrm{j}\omega_1(t+\tau_1)]\mathrm{d}\omega_1 \tag{6.3.8}$$

$$X(t+\tau_2) = \int_{-\pi}^{\pi} X(\omega_2)\exp[\mathrm{j}\omega_2(t+\tau_2)]\mathrm{d}\omega_2 \tag{6.3.9}$$

将式(6.3.7)至式(6.3.9)代入式(6.3.1),可得

$$R_X(\tau_1,\tau_2)=E\left\{\int_{-\pi}^{\pi}X(\omega)\exp(\mathrm{j}\omega t)\mathrm{d}\omega\cdot\int_{-\pi}^{\pi}X(\omega_1)\exp[\mathrm{j}\omega_1(t+\tau_1)]\mathrm{d}\omega_1\int_{-\pi}^{\pi}X(\omega_2)\exp[\mathrm{j}\omega_2(t+\tau_2)]\mathrm{d}\omega_2\right\}=\int_{-\pi}^{\pi}\int_{-\pi}^{\pi}\int_{-\pi}^{\pi}E[X(\omega)X(\omega_1)X(\omega_2)]\exp[\mathrm{j}(\omega+\omega_1+\omega_2)t]\exp[\mathrm{j}(\omega_1\tau_1+\omega_2\tau_2)]\mathrm{d}\omega\mathrm{d}\omega_1\mathrm{d}\omega_2 \tag{6.3.10}$$

另外,考虑到以下关系:

$$R_X(\tau_1,\tau_2)=\int_{-\pi}^{\pi}\int_{-\pi}^{\pi}B_X(\omega_1,\omega_2)\exp[\mathrm{j}(\omega_1\tau_1+\omega_2\tau_2)]\mathrm{d}\omega_1\mathrm{d}\omega_2 \tag{6.3.11}$$

于是可得

$$R_X(\tau_1,\tau_2)=\int_{-\pi}^{\pi}\int_{-\pi}^{\pi}E[X(\omega)X(\omega_1)X(\omega_2)]\exp[\mathrm{j}(\omega_1\tau_1+\omega_2\tau_2)]\mathrm{d}\omega_1\mathrm{d}\omega_2 \tag{6.3.12}$$

式中,$\omega=-\omega_1-\omega_2$。比较式(6.3.11)和式(6.3.12),可得

$$B_X(\omega_1,\omega_2)=E[X(\omega_1)X(\omega_2)X(-\omega_1-\omega_2)]=E[X(\omega_1)X(\omega_2)X^*(\omega_1+\omega_2)] \tag{6.3.13}$$

式中,$X(\omega)$可利用FFT算法实现。对于式(6.3.13),同样也可利用双谱的对称性质减少计算量。

下面给出具体实现步骤:

① 将长度为N的观测数据$\{x(p),p=1,2,\cdots,N\}$分成K段,每段为M个数据,具体分段时,相邻段与段以一半数据重叠分段。

② 对每段数据去除均值,必要的话,对每段数据补零,以便进行FFT计算。

③ 对段数据依次进行FFT计算。对于第i段数据$\{x^{(i)}(k),k=1,2,\cdots,M\}$有

$$\hat{X}^{(i)}(\omega)=\frac{1}{M}\sum_{k=1}^{M}X^{(i)}(k)\exp\left(-\frac{\mathrm{j}2\pi k\omega}{M}\right) \tag{6.3.14}$$

④ 根据各段数据FFT的结果,分别求它们的双谱估计:

$$\hat{B}_X^{(i)}(\omega_1,\omega_2)=M^2\hat{X}^{(i)}(\omega_1)\hat{X}^{(i)}(\omega_2)\hat{X}^{(i)*}(\omega_1+\omega_2) \tag{6.3.15}$$

⑤ 根据已求得各段数据的傅里叶变换$\hat{X}^{(i)}(\omega_1)(i=1,2,\cdots,K)$,进行统计平均,得

$$\hat{B}_X(\omega_1,\omega_2)=\frac{1}{K}\sum_{i=1}^{K}\hat{B}_X^{(i)}(\omega_1,\omega_2) \tag{6.3.16}$$

3. 非参数双谱估计的统计特性

由式(6.3.6)和式(6.3.16)分别定义的双谱估计,通常它们的估计结果是不同的。但是,假如在应用式(6.3.6)时不使用窗函数,且仅对$L=M-1$长的数据进行计算;另外,假如采用式(6.3.15)代替式(6.3.16)估计双谱,那么由式(6.3.6)和式(6.3.16)得到的估计双谱是完

全一样的。有关资料已经证明经典双谱估计方法是渐近无偏及一致估计。在 M 和 N 足够大的情况下，无论是间接双谱估计 $\hat{B}_{\mathrm{IN}}$ 还是直接双谱估计 $\hat{B}_{\mathrm{D}}$ 都具有以下近似的无偏估计关系：

$$E[\hat{B}_{\mathrm{IN}}(\omega_1,\omega_2)] \cong E[\hat{B}_{\mathrm{D}}(\omega_1,\omega_2)] \cong \hat{B}(\omega_1,\omega_2) \tag{6.3.17}$$

此外，两种经典估计方法所得到的双谱还具有以下渐近方差关系：

$$\mathrm{var}\{\mathrm{Re}[\hat{B}_{\mathrm{IN}}(\omega_1,\omega_2)]\} = \mathrm{var}\{\mathrm{Im}\,[\hat{B}_{\mathrm{IN}}(\omega_1,\omega_2)]\} \cong \frac{V}{(2L+1)^2K}G_X(\omega_1)G_X(\omega_2)G_X(\omega_1+\omega_2) \tag{6.3.18}$$

以及

$$\mathrm{var}\{\mathrm{Re}[\hat{R}_{\mathrm{D}}(\omega_1,\omega_2)]\} = \mathrm{var}\{\mathrm{Im}[\hat{R}_{\mathrm{D}}(\omega_1,\omega_2)]\} \cong \frac{1}{KM_1}G_X(\omega_1)G_X(\omega_2)G_X(\omega_1+\omega_2) \tag{6.3.19}$$

式中，V 表示窗能量，有

$$V = \sum_{m=-L}^{L}\sum_{n=-L}^{L}|W(m,n)|^2 \tag{6.3.20}$$

$G_X(\omega)$ 为观测数据的功率谱密度函数；M_1 为不同于 M 的另一参数，一般为一奇数。

经典双谱估计法的主要优点包括以下两点：

① 实现方法较简单，且容易用 FFT 算法进行计算；

② 在长数据的情况下可以获得较好的估计结果。

6.3.3 参数化双谱估计

在观测数据有限的情况下，采用非参数双谱估计方法存在较大的估计方差。虽然可通过增大数据长度来减小估计方差，但是，数据长度的增大不仅会增加计算量，而且还可能引发非平稳性。在观测数据相对较短的情况下，采用前面介绍的对数据进行重叠分段的方法可能会使估计结果得到改善，但分辨率仍得不到较大的提高。

本节将讨论采用参数模型法进行双谱估计，可以克服非参数双谱估计的缺点，由模型参数估计非高斯序列的双谱。在观测数据较短的情况下，参数化双谱估计除了能够提供高分辨率的双谱估计和有效提取信号的相位信息之外，还可在模型激励信号为非高斯分布且统计知识未知的情况下进行双谱估计。此外，当被研究的非高斯过程是一参数过程或比较接近某一参数过程时，可以明显提高双谱估计的精度。

具有非高斯过程激励的线性参数模型通常包括 MA，AR 和 ARMA 三种模型，其共同点是模型的激励信号均为独立同分布的非高斯白噪声。

1. 非高斯 MA 模型

设随机序列 $X(k)$ 为一 q 阶 MA 过程：

$$X(k)=\sum_{i=0}^{q} b(i)w(k-i) \tag{6.3.21}$$

式中，$w(k)$ 为一非高斯白噪声序列，均值为零，其方差 $E[w^2(k)]=Q$，并满足 $E[w^3(k)]=\beta\neq 0$，而且 $X(k)$ 与 $w(k)$ 统计独立。对于以上非高斯 MA(q) 模型，需要根据有限长观测数据确定各模型参数。不失一般性，设 $b(0)=1$，考虑系统叠加的背景高斯噪声序列为 $n(k)$，于是有

$$Y(k)=X(k)+n(k) \tag{6.3.22}$$

$Y(k)$ 的三阶累积量为

$$C_{3,Y}(m,n)=E[Y(k)Y(k+m)Y(k+n)]=\beta\sum_{k=0}^{q} b(k)b(k+m)b(k+n) \tag{6.3.23}$$

当 $k=0, m=q, n=i$ 时，有

$$C_{3,Y}(q,i)=\beta b(i)b(q)$$

当 $i=0$ 时，可得：

$$C_{3,Y}(q,0)=\beta b(q)$$

根据以上分析，可得 MA 模型的参数为

$$b(i)=\frac{C_{3,Y}(q,i)}{C_{3,Y}(q,0)},\quad i=0,1,\cdots,q \tag{6.3.24}$$

式(6.3.24) 称为非高斯 MA 模型参数估计的闭式解，一旦确定了 q 个参数 $b(k)$，MA(q) 模型的双谱估计为

$$H(\omega)=\sum_{k=1}^{q} b(k)\mathrm{e}^{-\mathrm{j}\omega k}$$

$$B(\omega_1,\omega_2)=\beta H(\omega_1)H(\omega_2)H^*(\omega_1+\omega_2) \tag{6.3.25}$$

MA 模型参数估计闭式解法，其不足之处是必须事先知道模型的阶次。另外，在估计每一个模型参数时，仅用到观测数据的两个三阶累积量，在三阶累积量中对叠加噪声的影响不能起到平滑作用。

为了克服以上不足，下面介绍一种迭代方法。对式(6.3.22) 两边求自相关，得

$$R_Y(m)=Q\sum_{k=0}^{q} b(k)b(k+m)+\sigma_n^2\delta(m)$$

当 $m=n=\pm q$ 时，根据上式及式(6.3.23)，可得以下关系：

$$\left.\begin{aligned} b(q)&=\frac{C_{3,Y}(q,q)}{C_{3,Y}(-q,-q)}\\ Q&=\frac{R_Y(q)C_{3,Y}(-q,-q)}{C_{3,Y}(q,q)}\\ \beta&=\frac{[C_{3,Y}(-q,-q)]^2}{C_{3,Y}(q,q)} \end{aligned}\right\} \tag{6.3.26}$$

求得以上各值，利用以下迭代关系确定 MA 模型的各个参数：

$$\left.\begin{aligned} b(q-m) &= \frac{f_1(m)}{2} + \frac{b(q)f_2(m)-f_3(m)}{2[b(q)-f_1(m)]}, \quad m=1,2,\cdots,\frac{q}{2} \\ &\cdots\cdots \\ b(m) &= \frac{f_1(m)-b(q-m)}{b(q)}, \quad\quad\quad m=1,2,\cdots,\frac{q}{2} \end{aligned}\right\} \tag{6.3.27}$$

式中

$$f_1(m)=\frac{1}{Q}R_Y(q-m)-\sum_{k=1}^{m-1}b(k)b(k+q-m)=b(q-m)+b(m)b(q)$$

$$f_2(m)=\frac{1}{\beta}C_{3,Y}(m-q,m-q)-\sum_{k=1}^{m-1}b^2(k)b(k+q-m)=b(q-m)+b^2(m)b(q)$$

$$f_3(m)=\frac{1}{\beta}C_{3,Y}(q-m,q-m)-\sum_{k=1}^{m-1}b(k)b^2(k+q-m)=b^2(q-m)+b^2(q)b(m)$$

应用以上关系估计各模型参数，应先确定 MA 模型的阶次 q，并假定 $b(q-k)\neq b(q)[1-b(k)]$ 成立。

2. AR 模型

AR 模型双谱估计方法用于估计非高斯白噪声通过 p 阶 AR 模型而产生的输出序列的双谱。考察一 p 阶 AR 过程 $X(k)$，满足以下关系：

$$X(k)+\sum_{i=1}^{p}a_iX(k-i)=w(k) \tag{6.3.28}$$

式中，$w(k)$ 为一非高斯白噪声序列，均值为零，其方差 $E[w^2(k)]=Q$，并满足 $E[w^3(k)]=\beta\neq 0$，而且 $X(k)$ 与 $w(k)$ 统计独立。

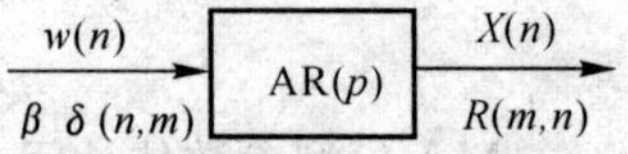

非高斯 AR 模型如图 6.7 所示。

图 6.7 非高斯 AR 模型

如果 AR 模型为一稳定系统，并设非高斯白噪声 $w(k)$ 三阶平稳，那么 $X(k)$ 也是三阶平稳序列。可求得三阶自相关函数

$$R(-n,-m)+\sum_{i=1}^{p}a_iR(i-n,i-m)=\beta\delta(n,m), \quad n,m\geqslant 0 \tag{6.3.29}$$

式中，$\delta(n,m)$ 类似于单位冲激函数，称为二维单位冲激函数，即

$$\delta(n,m)=\begin{cases}1, & n=m\\ 0, & n\neq m\end{cases} \tag{6.3.30}$$

通常称式(6.3.29)为三阶递推方程。

考察式(6.3.29)，如果取 $m=n$，可得 $X(k)$ 的 $2p+1$ 个三阶自相关 $R(n,m)$ 的对角切片值。令 $n,m=0,1,2,\cdots,p$，可得以下矩阵方程：

$$\boldsymbol{R}\cdot\boldsymbol{a}=\boldsymbol{b} \tag{6.3.31}$$

其中

$$\boldsymbol{R}=\begin{bmatrix} R(0,0) & R(1,1) & \cdots & R(p,p) \\ R(-1,-1) & R(0,0) & \cdots & R(p-1,p-1) \\ \vdots & \vdots & & \vdots \\ R(-p,-p) & R(-p+1,-p+1) & \cdots & R(0,0) \end{bmatrix}$$

$$\boldsymbol{a}=[1,a_1,a_2,\cdots,a_p]^{\mathrm{T}}$$

$$\boldsymbol{b}=[\beta,0,0,\cdots,0]^{\mathrm{T}}$$

式(6.3.31)存在的一个基本条件是AR滤波器的转移函数满足稳定条件，即

$$H(z)=\frac{1}{A(z)}=\frac{1}{1+\sum_{i=1}^{p}a_i z^{-i}} \tag{6.3.32}$$

于是在满足条件的情况下，p阶稳定的AR模型参数$a_i(i=1,2,\cdots,p)$可由$2p+1$个$R(n,m)$的对角切片值求得。

由此可见，一旦给定了$2p+1$个对角切片值$R(-p,-p),\cdots,R(0,0),\cdots,R(p,p)$，式(6.3.31)可用来拟合一个$p$阶AR模型。这一模型是在AR模型的输出三阶矩序列与其相应给定点的采样值之间的一种良好匹配关系的意义上被拟合的。如果$2p+1$个$R(n,m)$的对角切片值由一真正的p阶过程的三阶矩求得，那么模型各参数$a_1,a_2,\cdots,a_p$隐含了序列$X(k)$的三阶矩信息。

根据式(6.3.29)，如果设定$R(n,m)$沿着(n,m)平面第一象限中对角线下面的三角域中变动，可得确定模型参数$a_i(i=1,2,\cdots,p)$的另一种表达式：

$$R(-n,-m)+\sum_{i=1}^{p}a_iR(i-n,i-m)=\beta\delta(n,m)$$
$$m=0,1,\cdots,n,\quad n<L_1$$
$$m=0,1,\cdots,L_2,\quad n=L_1$$
$$n=0,1,\cdots,L_1 \tag{6.3.33}$$

其中L_1和L_2应选择满足$L_2\leqslant L_1$并且满足

$$p=1+L_2+\frac{(L_1-1)(L_1+2)}{2} \tag{6.3.34}$$

显然，以上方法是由一个有限三角区域的采样值提供信息，不像式(6.3.31)那样仅由一条对角切片的直线采样值提供信息，因此，式(6.3.33)更具普遍性。

下面讨论利用式(6.3.31)估计模型AR(p)参数的一般方法。设$X(k)$为一N长的实离散随机过程，现用一非高斯白噪声激励一AR(p)模型来拟合$X(k)$的观测数据$\{x(k)\}$。根据式(6.3.31)，不难知道，确定$2p+1$个$R(n,m)$的对角切片值是非常关键的。实际上，只能利用非参数双谱估汁法估计$2p+1$个对角切片值，具体步骤如下：

① 对N长观测数据$\{x(k)\}$进行分段，设$N=KM$，将N长观测数据分成K段M长数据。建议采用段与段之间一半数据重叠的方法对N长观测数据进行分段。

② 估计各段观测数据 $x^{(i)}(k)(i=1,2,\cdots,k)$ 的三阶矩：

$$\hat{R}^{(i)}(m,n)=\frac{1}{M}\sum_{k=s_1}^{s_2}x^{(i)}(k)x^{(i)}(k+m)x^{(i)}(k+n),\quad i=1,2,\cdots,k \tag{6.3.35}$$

式中，$S_1=\max(1,1-m,1-n)$，$S_2=\min(M,M-m,M-n)$。

然后，对 K 段数据的三阶矩估值进行总体平均，确定 N 长观测数据的三阶累积量估计值

$$\hat{R}(m,n)=\frac{1}{K}\sum_{i=1}^{K}\hat{R}^{(i)}(m,n) \tag{6.3.36}$$

③ 估计非高斯白噪声序列 $w(k)$ 的三阶矩 $\hat{\beta}$，利用式(6.3.36)的结果，由式(6.3.31)可得

$$\hat{\boldsymbol{R}}\cdot\hat{\boldsymbol{a}}=\hat{\boldsymbol{b}} \tag{6.3.37}$$

式中

$$\hat{\boldsymbol{R}}=\begin{bmatrix}\hat{R}(0,0) & \hat{R}(1,1) & \cdots & \hat{R}(p,p)\\ \hat{R}(-1,-1) & \hat{R}(0,0) & \cdots & \hat{R}(p-1,p-1)\\ \vdots & \vdots & & \vdots\\ \hat{R}(-p,-p) & \hat{R}(-p+1,-p+1) & \cdots & \hat{R}(0,0)\end{bmatrix} \tag{6.3.38}$$

$$\hat{\boldsymbol{b}}=[\hat{\beta},0,0,\cdots,0]^{\mathrm{T}}$$

$\hat{\boldsymbol{a}}$ 为 p 个待估计的 AR 模型参数。

④ 根据 p 个参数进行双谱估计：

$$\hat{B}(\omega_1,\omega_2)=\hat{\beta}\hat{H}(\omega_1)\hat{H}(\omega_2)\hat{H}^*(\omega_1+\omega_2) \tag{6.3.39}$$

式中

$$\hat{H}(\omega)=\left[1+\sum_{n=1}^{p}a_n\exp(-\mathrm{j}\omega n)\right]^{-1},\quad |\omega|\leqslant\pi \tag{6.3.40}$$

双谱的幅度特性及相位特性可由以下关系确定：

$$|\hat{B}(\omega_1,\omega_2)|=|\hat{H}(\omega_1)||\hat{H}(\omega_2)||\hat{H}(\omega_1+\omega_2)| \tag{6.3.41}$$

$$\hat{\phi}(\omega_1,\omega_2)=\hat{\phi}(\omega_1)+\hat{\phi}(\omega_2)-\hat{\phi}(\omega_1+\omega_2) \tag{6.3.42}$$

必须指出，采用 AR 模型进行双谱估计时要注意以下几个问题：

① 观测数据必须满足三阶平稳及各态历经性。如果观测数据 $\{x(k)\}$ 确实是一个如式(6.3.28)的 AR(p)过程，那么由式(6.3.39)所确定的双谱估计满足一致估计。

② 在一般情况下，式(6.3.37)矩阵 $\boldsymbol{R}$ 既不是一个对称矩阵，也不是一个正定矩阵。因此，式(6.3.37)为三阶递推方程。

③ 在进行双谱估计时，并不一定要将观测数据按一定方法分段处理，如可令 $K=1$，$M=N$。但是，如果要检测一对正弦信号是否发生平方相位耦合，则应进行分段处理。

④ 这里介绍的双谱估计方法仅仅是一种 AR 双谱估计方法，本身并不涉及任何有关“熵”的考虑，因此，它不是一种“最大熵”双谱估计。

⑤ 采用二阶矩方法求得的 AR 模型参数(如尤里-沃克方程)只能用于估计模型输出随机

序列的功率谱密度，因此，决不能利用二阶矩方法求得的 AR 模型参数进行双谱估计。

⑥ 在采用 AR 模型参数进行双谱估计时，同样会面临选择模型阶次的问题。在采用 AR 模型参数进行功率谱估计时，常用 AIC，FPE 或 CAT 等准则选择 AR 模型的阶次；但这些准则对于双谱估计中选择 AR 模型的阶次是不适用的。

最后，讨论一个实例，并分别给出实际双谱图、AR 参数模型双谱估计和经典的谱估计结果。考虑 AR④ 过程 $X(k)$ 为

$$X(k)=w(k)-\sum_{i=1}^{4}a_iX(k-i) \tag{6.3.43}$$

式中，$a_1=0.1$，$a_2=0.2238$，$a_3=0.0844$，$a_4=0.0294$；$w(k)$ 为一非高斯白噪声。如图 6.8、图 6.9(a)、(b) 所示分别给出三种计算机模拟的幅度双谱结果，可以明显看出，参数法估计的结果性能较好。

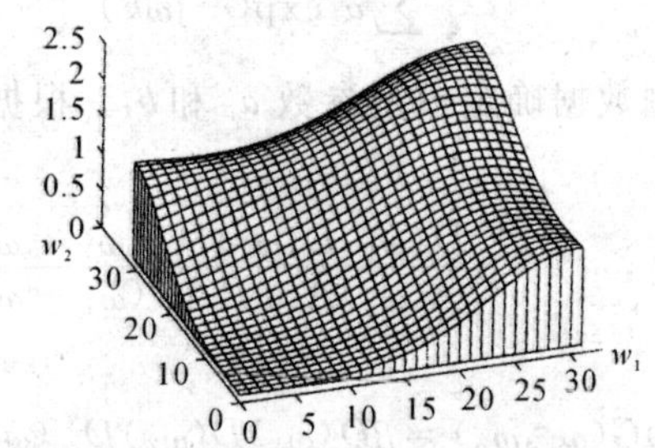

图 6.8　实际 AR④ 的幅度双谱图

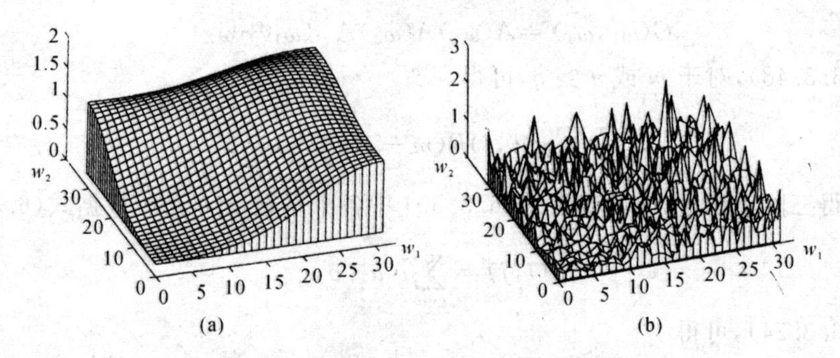

图 6.9　参数法和经典双谱的幅度双谱图

(a) 参数法估计结果；(b) 经典双谱估计结果

根据以上分析，可见 AR 参数模型双谱估计法的结果非常接近实际双谱结果，而经典双谱估计法显示出比较大的估计方差。尤其在分辨率要求较高的场合，如果其他条件允许，应尽量使用参数模型双谱估计方法。

3. 非高斯 ARMA 模型

前面分别对 MA 和 AR 参数模型双谱估计进行了分析，下面讨论 ARMA 参数模型双谱估

计法。设平稳随机序列 $X(k)$ 由以下差分方程确定：

$$\sum_{i=0}^{p} a_i X(k-i) = \sum_{i=0}^{q} b_i w(k-i) \tag{6.3.44}$$

不失一般性，设式中 $a_0 = 1$，$w(k)$ 为零均值平稳非高斯随机序列，并设式(6.3.44)的ARMA模型满足因果性、平稳性和非最小相位。因此，该模型 $H(z)$ 的部分零点可能位于单位圆外。由于存在以下关系：

$$B(\omega_1,\omega_2) = \beta H(\omega_1) H(\omega_2) H^*(\omega_1+\omega_2) \tag{6.3.45}$$

式中

$$H(\omega) = \frac{\sum_{k=0}^{q} b_k \exp(-\mathrm{j}\omega k)}{\sum_{k=0}^{p} a_k \exp(-\mathrm{j}\omega k)} \tag{6.3.46}$$

显然，关键是如何根据观测数据确定模型参数 a_i 和 b_i。根据式(6.3.45)和式(6.3.46)，可得

$$B(\omega_1,\omega_2) = \beta \frac{D(\omega_1) D(\omega_2) D^*(\omega_1+\omega_2)}{A(\omega_1) A(\omega_2) A^*(\omega_1+\omega_2)} \tag{6.3.47}$$

于是有

$$B(\omega_1,\omega_2) G(\omega_1,\omega_2) = \beta D(\omega_1) D(\omega_2) D^*(\omega_1+\omega_2) \tag{6.3.48}$$

式中

$$G(\omega_1,\omega_2) = A(\omega_1) A(\omega_2) A^*(\omega_1+\omega_2) \tag{6.3.49}$$

根据式(6.3.48)，对于 m 或 $n > q$，可得

$$\sum_{i=0}^{p} \sum_{j=0}^{p} g(i,j) R(m-i, n-j) = 0 \tag{6.3.50}$$

因此，一旦求得三阶累积量，便可确定式(6.3.50)中各个系数 $g(i,j)$。根据式(6.3.49)，有

$$g(i,j) = \sum_{k=0}^{p} a_k a_{k+i} a_{k+j} \tag{6.3.51}$$

于是应用式(6.3.24)，可得

$$a_j = \frac{g(p,j)}{g(p,0)} \tag{6.3.52}$$

这样，利用 a_k 可求出 $G(\omega_1,\omega_2)$，根据式(6.3.48)，可得

$$\sum_{i=0}^{p} \sum_{j=0}^{p} \sum_{k=0}^{p} a_i a_j a_k R(m+k-j, n+k-i) = b(m,n) \tag{6.3.53}$$

式中

$$b(m,n) = \beta \sum_{i=0}^{q} b_i b_{i+m} b_{i+n} \tag{6.3.54}$$

类似于式(6.3.52)的求法，有

$$b_i=\frac{b(q,i)}{b(q,0)} \tag{6.3.55}$$

最后，利用式(6.3.45)便可估计 ARMA 参数模型的双谱。

4. 应用实例

功率谱是重要的信号处理工具之一。但是，由功率谱的定义可知，谱估计分析方法的实质是对信号的二阶统计量进行分析。所获得的信息仅为信号的幅频特性、自相关序列等，无法提供信号二阶统计量以上的高阶统计信息。为了深入研究隐含于信号内部的高阶统计量信息，人们已经应用最新发展起来的信息处理技术 —— 双谱或多谱 —— 分析各种随机信号与系统，高阶统计量在信号处理与系统分析中扮演着一个极为重要的角色，在信号及系统分析等方面均显示了明显的优势。过去几年，随机信号的高阶统计技术已在通信、声呐、雷达、图像处理、语音处理、生物医学工程、地震信号处理、参数估计、系统辨识、自适应滤波以及阵列处理等领域得到广泛的应用。

(1) 利用双谱提取相位信息

双谱技术的一个重要特点是保留信号的相位信息。如果非高斯信号由非高斯 ARMA 模型产生，则可以通过估计系统的相频特性来确定信号的相位特性。根据式(6.3.45)，有

$$B_Y(\omega_1,\omega_2)=\beta B_H(\omega_1,\omega_2)=\beta H(\omega_1)H(\omega_2)H(-\omega_1-\omega_2)$$

式中

$$H(\omega)=|H(\omega)|\exp[\mathrm{j}\phi_H(\omega)]$$

$$B_Y(\omega_1,\omega_2)=|B_Y(\omega_1,\omega_2)|\exp[\mathrm{j}\phi_Y(\omega_1,\omega_2)]$$

因此，可以推得

$$\phi_Y(\omega_1,\omega_2)=\phi_H(\omega_1)+\phi_H(\omega_2)-\phi_H(\omega_1+\omega_2)$$

采用迭代方法可由 $\phi_Y(\omega_1,\omega_2)$ 估计 $\phi_H(\omega)$。用离散序号表示以上相位关系：

$$\phi_Y(i,j)=\phi_H(i)+\phi_H(j)-\phi_H(i+j)$$

设置 $\phi_H(0)=0$ 作为初始条件，可以证明以下迭代方程成立：

$$\phi_Y(1,1)=2\phi_H(1)-\phi_H(2)$$

$$\phi_Y(1,2)=\phi_H(1)+\phi_H(2)-\phi_H(3)$$

$$\phi_Y(1,N-1)=\phi_H(1)+\phi_H(N-1)-\phi_H(N)$$

$$\phi_Y(2,2)=2\phi_H(2)-\phi_H(4)$$

$$\phi_Y(2,3)=\phi_H(2)+\phi_H(3)-\phi_H(5)$$

$$\phi_Y\left(\frac{N}{2},\frac{N}{2}\right)=2\phi_H\left(\frac{N}{2}\right)-\phi_H(N)$$

用矩阵方程表示，得

$$\boldsymbol{\Phi}=\boldsymbol{A}\boldsymbol{f} \tag{6.3.56}$$

式中

$$\boldsymbol{\Phi}=\left[\phi_Y(1,1),\phi_Y(1,2),\cdots\phi_Y(2,2),\phi_Y(2,3),\cdots,\phi_Y\left(\frac{N}{2},\frac{N}{2}\right)\right]^{\mathrm{T}}$$

$$\boldsymbol{f}=[\phi_H(1),\phi_H(2),\cdots\phi_H(N)]^{\mathrm{T}}$$

$$\boldsymbol{A}=\begin{bmatrix}2 & 1 & 0 & 0 & 0 & \cdots & 0 & 0\\ 1 & 1 & -1 & 0 & 0 & \cdots & 0 & 0\\ 1 & 0 & 1 & -1 & 0 & \cdots & 0 & 0\\ \vdots & \vdots & \vdots & \vdots & \vdots & & \vdots & \vdots\\ 1 & 0 & 0 & 0 & 0 & \cdots & 1 & -1\\ 0 & 2 & 0 & -1 & 0 & \cdots & 0 & 0\\ 0 & 1 & 1 & 0 & -1 & \cdots & 0 & 0\\ 0 & 0 & 0 & 0 & 0 & \cdots & 0 & -1\end{bmatrix}$$

可以证明，矩阵 $\boldsymbol{A}$ 的秩为 $N-1$，因此，可以利用以上关系化简求得 $N-1$ 个 $\phi_H(\omega)$ 估计值。

(2) 生物医学信号处理

在数字信号处理应用中，生物医学信号处理是近十几年来发展迅猛的一个分支。众所周知，生物系统非常复杂，如何根据检测得到的生理信号提取有用信息，对于提高人类平均寿命、研究生命科学等都具有重大意义。一般而言，生物信号是一种结构相当复杂的随机信号，而且极易引入背景噪声。因此，需要采用统计方法分析各种生物信号。传统的方法是直接进行时域或频域分析，主要是采用功率谱分析方法对研究对象进行二阶矩处理。有关这方面的报道很多，但功率谱方法本质上只能反映信号的幅频特性等二阶统计量信息，而许多生物信号是通过幅度、频率、相位等信息来表征生物系统的某些特点或内部规律的。

为了进一步深入研究和揭示生物信号的内部机理并加以利用，利用高阶谱分析和处理生物医学信号已引起人们的极大关注。

心血管疾病是当今世界危害性最大的一种疾病，而心音信号则是人体心脏运动的一种直接反映，现在听诊器仍是每位医生必备的实践工具。由于人耳的固有缺点和人的主观偏见，直接根据听诊结果作出某种病理判断是比较困难的，而利用现代数字信号处理技术分析和处理心音信号，具有广阔的前景。采用现代谱估计方法分析心音信号，已取得一些有益的结果。为了更加深入研究隐含于信号内部的其他信息，了解心脏运动和心音产生的内部机理，分析和区分正常心音与异常心音，应用高阶谱分析方法对心音信号进行分析，取得了有益的结果。具体采用心音信号检测系统对心音信号进行检测及数据采集，由于不同听诊区对心音信号的某些特征有影响，采用心尖部听诊结果作为观测数据。设定采样频率为 2 000Hz，采用非高斯 AR 模型拟合心音序列：

$$R(-n,-m)+\sum_{i=1}^{p}a_iR(i-n,i-m)=\beta\delta(n,m)$$

实验表明，正常心音的模型阶次定为13，并与经典双谱估计进行比较，如图6.10至图6.12所示分别示出了正常与异常心音的双谱估计。

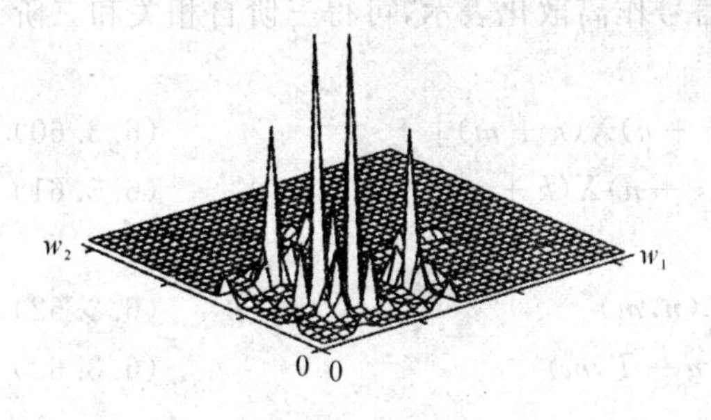

图 6.10　正常心音的参数化双谱估计

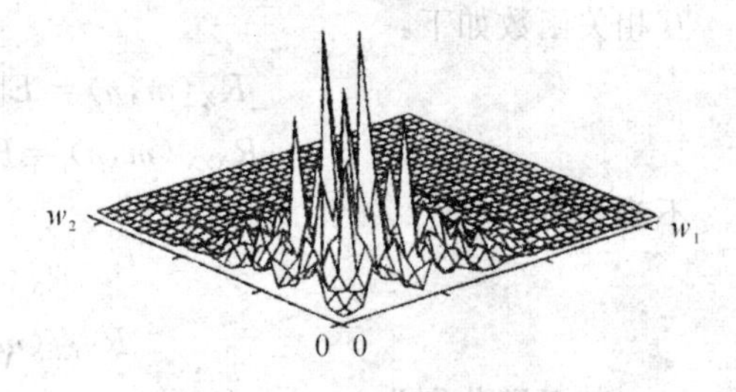

图 6.11　正常心音的直接法双谱估计

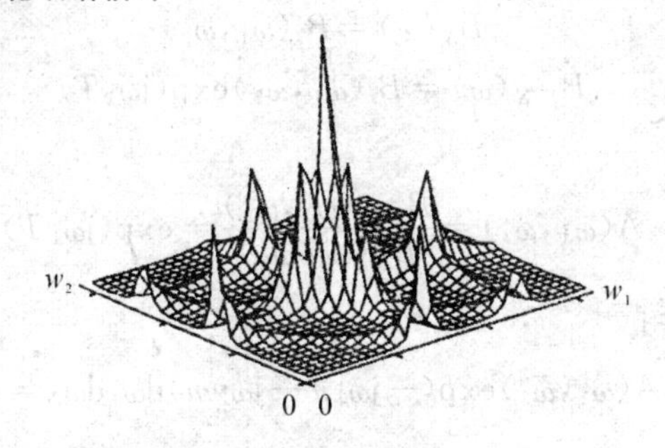

图 6.12　某异常心音的参数化双谱估计

比较可知，利用参数化双谱估计更能表现心音频率分量的高阶相关特性，对于正常心音，双频域中存在四个主峰频率。另外，正常心音与异常心音的双谱结果存在较大的差异，不仅体现在双谱谱峰出现在双频位置上的不同，而且体现在谱峰大小的差别上。总的看来，异常心音由于高频杂音和其他病理因素的影响，使得整个双谱谱峰向高频端移动。最后，双谱分析结果表明：不论是正常心音还是病理性心音，都应视为一个非高斯随机信号加以分析。

(3) 利用双谱进行时延估计

在雷达、声呐等应用中，时延估计是一个重要课题。例如，在对被动系统的目标进行定位时，可以通过估计两个不同接收信号的时延大小估计目标的位置。设两个不同接收点位置分别为 R_1 和 R_2，记录分别为

$$X(t)=s(t)+n_1(t) \tag{6.3.57}$$

$$Y(t)=s(t-T)+n_2(t) \tag{6.3.58}$$

式中，$n_1(t)$ 和 $n_2(t)$ 均为高斯噪声，信号与噪声统计独立；$s(t)$ 为目标信号；T 为两个不同接收

点之间产生的时延。可以采用互相关法对时延参数 T 进行估计，可得

$$R_{XY}(\tau)=E[X(t)Y(t+\tau)]=R_s(\tau-T)+R_n(\tau) \tag{6.3.59}$$

显然，当 $\tau=T$ 时，$R_X(\tau)$ 取得最大值，因此，通过确定 $R_X(\tau)$ 的峰值位置则可估计时延参数 T。但是，如果信噪比较小时，估计质量将变得很差。

为此，采用三阶统计量分析同样问题，对接收信号作离散化表示，可得三阶自相关和三阶互相关函数如下：

$$R_X(m,n)=E[X(k)X(k+n)X(k+m)] \tag{6.3.60}$$

$$R_{XYX}(m,n)=E[X(k)Y(k+n)X(k+m)] \tag{6.3.61}$$

不难推得

$$R_X(m,n)=R_s(n,m) \tag{6.3.62}$$

$$R_{XYX}(m,n)=R_s(n-T,m) \tag{6.3.63}$$

其双谱分别为

$$B_X(\omega)=B_s(\omega_1,\omega_2) \tag{6.3.64}$$

$$B_{XYX}(\omega)=B_s(\omega_1,\omega_2)\exp(\mathrm{j}\omega_1 T) \tag{6.3.65}$$

于是有

$$A(\omega_1,\omega_2)=\frac{B_{XYX}(\omega_1,\omega_2)}{B_X(\omega_1,\omega_2)}=\exp(\mathrm{j}\omega_1 T) \tag{6.3.66}$$

参数 T 可由下式确定：

$$a(n)=\frac{1}{(2\pi)^2}\int_{-\infty}^{\infty}\int_{-\infty}^{\infty}A(\omega_1,\omega_2)\exp(-\mathrm{j}\omega_1 n-\mathrm{j}\omega_2 m)\mathrm{d}\omega_1\mathrm{d}\omega_2=A_0\delta(n-T) \tag{6.3.67}$$

因此，通过估计序列 $a(n)$ 出现冲激的时间便可估计时延参数。采用双谱技术进行时延估计的明显优点是对背景噪声不敏感。

(4) 噪声中信号检测

在随机信号处理的许多应用场合，噪声中信号检测是另一个重要课题。传统的信号检测理论和方法主要采用似然比检验，已得到广泛应用，但存在两个明显的缺点：其一是要求观测对象必须满足高斯条件的假设，这样才能根据某种“最佳”准则划分观测空间，作出判决；其二是当观测信号的信噪比下降时，系统的检测性能急剧下降，很难得到较高的检测概率。为了解决高斯噪声中信号的检测问题，人们采用双谱技术检测强噪声背景下的信号，获得较好效果。

例如，考虑如下二元随机信号检测问题：

$$H_0: X(k)=s(k)+n(k),\quad k=1,2,\cdots,N$$

$$H_1: X(k)=n(k),\quad k=1,2,\cdots,N$$

式中，$s(k)$ 为实信号；$n(k)$ 为高斯噪声，两者互不相关。对上述问题采用传统的谱估计方法，则有

$$H_0: S_X(\omega)=S_n(\omega)$$

$$H_1: S_X(\omega) = S_s(\omega) + S_n(\omega)$$

显然,当信噪比下降时,检测概率将急剧下降。若采用双谱方法,则有

$$H_0: B_X(\omega_1, \omega_2) = 0$$

$$H_1: B_X(\omega_1, \omega_2) = B_s(\omega_1, \omega_2)$$

因此,只要信号的双谱信息足够大,即使在信噪比很小的情况下,还是可望获得较高的检测概率。

为适应多种情况,采用能量检测与双谱检测共同构成的双通道检测系统,其检测概率为

$$P_d = (1 - P_B)(1 - P_E)$$

式中,P_B 和 P_E 分别表示双谱检测概率和能量检测概率。模拟结果表明,当发射信号的双谱与功率谱之比从 3dB 增大到 8dB 时,要获得 $P_d = 0.9$ 这一结果,信噪比可以由 5dB 下降到 −5dB,可得到约 10dB 的信噪比改善。另外,采用双通道检测系统,当信号的双谱很小时,这种检测系统退化为似然比检测系统,也是“最优”的。在实际应用中,可以通过设计发射信号尽可能偏离高斯分布,从而使系统在相同条件下与传统方法相比,得到更大的检测概率。

6.4 自适应滤波

前面已经讨论过维纳滤波器的输入、输出关系,设输入的随机信号为 $x(n)$,而且

$$x(n) = s(n) + v(n)$$

式中,$s(n)$ 表示信号的真值;$v(n)$ 表示噪声。滤波器的输出 $y(n)$ 是它对 $s(n)$ 的估值,如图 6.13 所示。

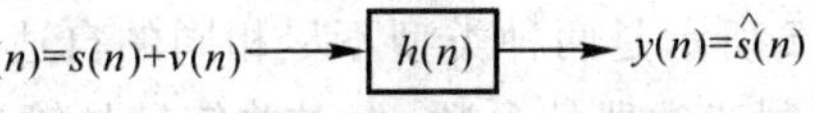

$x(n)=s(n)+v(n)$ → [$h(n)$] → $y(n)=\hat{s}(n)$

图 6.13　维纳滤波器的输入-输出关系

维纳滤波器是一种“最佳”滤波器,它能使信号 s 与其估计值 $\hat{s}$ 间的均方误差 $E[e^2(n)]$ 最小,即

$$E[e^2(n)] = E[(s - \hat{s})^2] = \min$$

并以此达到从噪声中充分提取信号的目的。而自适滤波器则更能自动调节它的 $h(n)$ 值,以满足上述最小的均方误差的准则。

具体设计时,人们常以横向滤波器构成这种自适应滤波器系统,如果此时的 $h(n)$ 的长度为 N,则从图 6.13 可得

$$y(n) = \sum_{m=0}^{N-1} h(m)x(n-m) = \sum_{i=1}^{N} h_i x_i = y_i \tag{6.4.1}$$

式中,$i = m + 1$;$h_i = h(i-1)$;$x_i = x(n-i+1)$。

从式(6.4.1)可以看出,输出 $y(n)$ 是 N 个过去输入样本的线性加权和,其加权系数就是 $\{h_i\}$。在自适应滤波器中该加权系数常用 w_i 表示。为了方便,这里的时间 n 用下标 j 表示,于

是式(6.4.1)可写成

$$y_j=\sum_{i=1}^{N}w_i x_{ij} \tag{6.4.2}$$

从式(6.4.2)可以看出，自适应滤波器可视为自适应线性组合器，$x_{1j},x_{2j},x_{3j},\cdots,x_{Nj}$ 可以是任意一组输入信号，x_{ij} 也可以由同一信号的不同延迟组成的延时线抽头形式的横向 FIR 结构提供，如图 6.14 所示。自适应滤波器的要害在于能通过某种算法，实现自动地调整各 w_i 值，以达到满足某种准则的最佳过滤的目的。图中 d_j 表示所期望的输出。

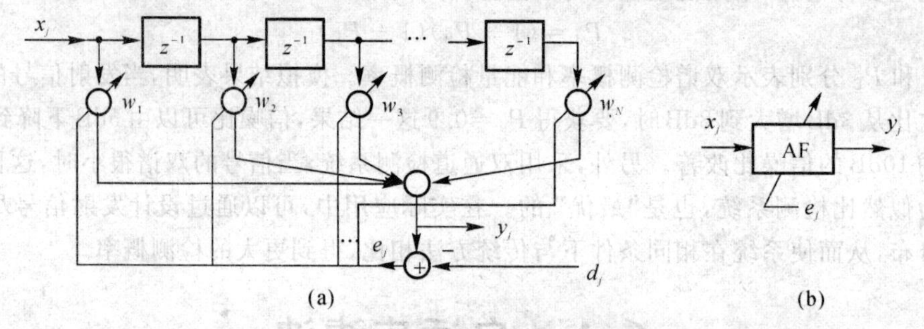

图 6.14 自适应横向滤波器的结构

还有另一种自适应滤波器算法，称为最小二乘自适应滤波器算法，它的一种横向滤波形式如图 6.15 所示。

自适应滤波器的输入信号与噪声的统计特性在一定情况下可以是时变的，系数的参数可以随新数据的到来而作相应的更新。自适应过程一般应当是实时进行的。

实际上图 6.14 和图 6.15 所示是两种类型不尽相同的自适应滤波器。在图 6.14 中，误差信号 e_j 介入自适应算法以控制滤波器的参数，而误差信号是输出信号与所希望信号之差。其自适应是通过输出信号的反馈实现的，因此这种自适应滤波器具有“闭环”的结构。在图 6.15 中，自适应只是通过对输入数据进行一定的算法实现的，因此这种滤波是开环的。最小均方误差(LMS) 自适应滤波器属于闭环结构，而最小二乘(RLS) 自适应滤波器往往属于开环型结构。

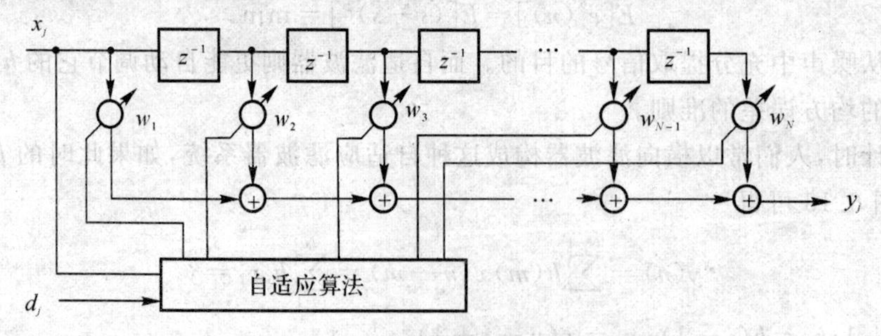

图 6.15 一种开环的横向自适应滤波器

本 章 习 题

6.1　设有零均值实平稳过程 $X(t)$ 的 N 个观测值 $\{X(0),X(1),\cdots,X(N-1)\}$，试证明周期图函数

$$I_N(\omega)=\frac{1}{N}\mid X(e^{j\omega})\mid^2$$

其中 $X(e^{j\omega})=\sum_{n=0}^{N}X(n)e^{-j\omega n}$。

6.2　为什么不用信号的傅里叶变换而用功率谱描述随机信号的频率特性？用周期图作谱估计时

$$\hat{P}_{XX}(\omega)=\frac{1}{N}\mid\sum_{n=0}^{N}x(n)e^{-j\omega n}\mid^2$$

说明为什么可用 FFT 进行计算。周期图法的谱分辨率低，且估计的方差也较大，说明造成这两种缺点的原因，并说明无论选取什么样的窗函数，都难以从根本上解决问题的原因。

6.3　证明白噪声过程周期图是一个无偏估计器。

6.4　采用下式给出的有偏自相关函数的定义，并加窗 $w[k]$，得到 BT 谱估计器：

$$\hat{R}_{XX}[k]=\begin{cases}\frac{1}{N}\sum X^*[n]X[n+k], & k=0,1,\cdots,N-1\\ \hat{R}_{XX}[-k], & k=-(N-1),-(N-2),\cdots,-1\end{cases}$$

$$w[k]=\begin{cases}1, & \mid k\mid\leqslant N-1\\ 0, & 其他\end{cases}$$

$$\hat{P}_{BT}(\omega)=\sum_{k=-(N-1)}^{N-1}w[k]\hat{R}_{XX}[k]\exp(-j\omega k)$$

证明 BT 谱估计和周期图相同。

6.5　设自相关函数 $R_{XX}(k)=\rho^k(k=0,1,2,3)$，试用 Yule-Walker 方程直接求解 AR③ 模型参量。

6.6　信号是正弦波加正态零均值白噪声，信噪比为 10dB，信号频率为 2kHz，取样频率为 100kHz，数据长度 $N=256$。

(1) 用周期图法进行谱估计；

(2) 采用海明窗，分段长度 $L=32$，用修正的周期图求平均法进行谱估计；并分析数据长度 N，分段长度 M' 对谱估计结果的影响。

附　录

附录 1　符号对照表

$s(t)$	确知信号(函数)
X	随机变量
$X(t),X(n)$	随机过程、随机序列
$\boldsymbol{X}=(X_1,X_2\cdots,X_n)^{\mathrm{T}}$	随机矢量
$x_i(t),x_i(n)$	$X(t),X(n)$ 的样本
$X(t_i)=X_i$	$X(t)$ 在 t_i 时刻的抽样
$p(x)$	$X(t)$ 的概率密度
$p_2(x_1,x_2)$	$X_1(t)$ 和 $X_2(t)$ 的联合概率密度
$m_X(t)$	$X(t)$ 的数学期望(均值)
$E(X)=m_X=\overline{X}$	求 X 的均值
$E[X(t)]=m_X(t)=\overline{X(t)}$	求 $X(t)$ 的均值
$\langle x_i(t)\rangle=\lim\limits_{T\to\infty}\dfrac{1}{2T}\int_{-T}^{T}x_i(t)\mathrm{d}t$	求 $x_i(t)$ 的时间平均
$\mathring{X}(t)$	中心化随机过程
$m_r(X_1^{r_1}\cdots X_k^{r_k}),r=r_1+\cdots+r_k$	r 阶联合矩(原点)
σ_X^2	$X(t)$ 的方差
$D(X),\mathrm{var}(X)$	求 X 的方差
$D[X(t)],\mathrm{var}[X(t)]$	求 $X(t)$ 的方差
$R_X(t_1,t_2)X(t)$	在 t_1,t_2 时刻的自相关函数
$R_X(\tau)$	平稳随机过程 $X(t)$ 的自相关函数
$R_X(m)$	$X(n)$ 的自相关函数
$R_{XY}(\tau)$	平稳随机过程 $X(t)$ 和 $Y(t)$ 的互相关函数
$C_X(t_1,t_2),C_X(\tau),C_X(n)$	自协方差函数
$C_{XY}(\tau),C_{XY}(n)$	互协方差函数
$\mathrm{cov}_{XY}(\tau)$	求平稳随机过程 $X(t)$ 和 $Y(t)$ 的互协方差
$C_{k,X}(\tau_1\cdots\tau_{k-1})$	平稳随机过程 $X(t)$ 的 k 阶累积量
$cum(X_1^{r_1},\cdots,X_k^{r_k}),r=r_1+\cdots+r_k$	$X_1,\cdots,X_k$ 的 r 阶联合累积量,简写为 $C_r(\boldsymbol{X})$

$\Phi_X(\lambda,t)$	$X(t)$ 的特征函数
$\Phi_X(\lambda_1,\lambda_2,\cdots\lambda_n;\tau_1,\tau_2,\cdots\tau_{n-1})$	$X(t)$ 的 n 维特征函数
$\langle x_i(t)x_i(t+\tau)\rangle$	$X(t)$ 之样本 $x_i(t)$ 的时间相关函数
$r_X(\tau)$	平稳随机过程的相关系数
$r_{XY}(\tau)=\dfrac{C_{XY}}{\sigma_X\sigma_Y}$	归一化协方差
$G_X(\omega)$	$X(t)$ 的数学(双边)功率谱密度
$G_{k,X}(\omega_1\cdots\omega_{k-1})$	$X(t)$ 的高阶(k 阶)谱
$B_X(\omega_1,\omega_2)$	$X(t)$ 的双谱,一般 $B_X(\omega_1,\omega_2)=G_{2,X}(\omega_1,\omega_2)$
$F_X(\omega)$	$X(t)$ 的物理(单边)功率谱密度
$G_{XY}(\omega)$	$X(t),Y(t)$ 的互谱密度
$m_k=E(X^k)$	$X(t)$ 的 k 阶原点矩
$C_k=E[(X-m_k)^k]$	$X(t)$ 的 k 阶中心矩
$m_{ij}=E(X^iX^j)$	$(i+j)$ 阶混合原点矩
$C_{ij}=E[(X-m_i)^i(X-m_j)^j]$	$(i+j)$ 阶混合中心矩
$e(t)$	误差函数
$\hat{e}$	估计误差
E,E_s	信号能量
$h(t),h(n)$	冲激响应
$H(f),H(\omega),H(Z)$	传递函数
$\Lambda(x)$	似然函数
$l(x)$	检验统计量
P_e	误差概率
P_D,P_d	检测概率
P_F,P_f	虚警概率
P_M,P_m	漏报概率
$\hat{\theta}_{LS},\hat{X}_{LS}$	最小二乘估计
$\hat{\theta}_{LMS},\hat{X}_{LMS}$	线性最小均方误差估计
$\hat{\theta}_{MS},\hat{X}_{MS}$	最小均方误差(或条件均值)估计
$\hat{\theta}_{MAP},\hat{X}_{MAP}$	最大后验概率估计
$\hat{\theta}_{ML},\hat{X}_{ML}$	最大似然估计
$\hat{\theta}_B,\hat{X}_B$	贝叶斯估计
$\hat{\theta}_{ABS},\hat{X}_{ABS}$	条件中位数估计
$\hat{\theta}_{MED},\hat{X}_{MED}$	条件中值估计

CFSK	相干频移键控
CFAR	恒虚警处理
FM	调频
FFT	快速傅里叶变换
IFFT	快速傅里叶反变换
LSE	最小二乘估计
MSE	最小均方估计
MLE	最大似然估计
MAP	最大后验概率估计
$\delta(t)$	δ 函数
$\mathrm{rect}(t)$	方波函数
$\mathrm{sgn}(t)$	符号函数
$\mathrm{sinc}(\alpha)$	$\sin(\pi\alpha)/\pi\alpha$ 的正弦函数
$\mathrm{tri}(t)$	三角形函数
$\Phi[x]$	正态概率积分 $\Phi[x]=\int_{-\infty}^{x}\left(\frac{1}{2\pi}\right)^{\frac{1}{1}}\exp\left(-\frac{v^2}{2}\right)\mathrm{d}v$
min	求极小或极小化
max	求极大或极大化
sup	上确界
inf	下确界
$\forall$	对于任意的
s. t	"subject to"的缩写,满足于
$\subset$	包含于
$\in$	属于
$\cap$	通集(交集)
$\cup$	和集(并集)
Z	整数集
C	复数集
R	实数集
$\varnothing$	空集
R^n	n 维实数空间
C^n	n 维复数空间
E^n	n 维欧氏空间
$a\leftrightarrow b$	a 与 b 为一变换对

$a \Rightarrow b$	若为 a，则与之相对应的为 b
$a^*, \tilde{a}$	a 的共轭数
$a \overset{\text{def}}{=\!=} b$	a 以 b 为定义
$\prod_{i=1}^{n} a_i$	$a_1, \cdots, a_n$ 连乘
$\det(\boldsymbol{A})$	方阵 $\boldsymbol{A}$ 的行列式
$\mathrm{tr}(\boldsymbol{A})$	矩阵 $\boldsymbol{A}$ 的迹
$\Vert \cdot \Vert$	范矢量或矩阵的 Euclid 数
$Sa(\cdot)$	取样(采样)函数
$x(t) \otimes y(t)$	连续信号 $x(t)$ 与 $y(t)$ 的卷积
$x(n) * y(n)$	离散信号 $x(n)$ 与 $y(n)$ 的卷积
$\boldsymbol{J}$	雅可比变换矩阵
$erf(x)$	误差函数 $erf(x) = \frac{2}{\sqrt{\pi}} \int_0^x \mathrm{e}^{-u^2} \mathrm{d}u$
$\mathrm{erfc}(x)$	补余误差函数 $erfc(x) = 1 - erf(x)$
$J_n(x)$	贝赛尔函数

$$J_n(x) = \frac{x^n}{2^n \Gamma(n+1)} \left[1 - \frac{x^2}{2(2n+2)} + \frac{x^4}{2 \times 4(2n+2)(2n+4)} - \cdots\right]$$

$I_n(x)$	修正的贝赛尔函数

$$I_n(x) = \frac{x^n}{2^n \Gamma(n+1)} \left[1 + \frac{x^2}{2(2n+2)} + \frac{x^4}{2 \times 4(2n+2)(2n+4)} + \cdots\right]$$

附录 2　常用解题公式

Ⅰ. 定积分公式

Ⅰ-1　$\int_0^\infty \mathrm{e}^{-a^2 x^2} \mathrm{d}x = \frac{\sqrt{\pi}}{2a} \quad (a > 0)$

Ⅰ-2　$\int_0^\infty x^n \mathrm{e}^{-ax} \mathrm{d}x = \frac{n!}{a^{n+1}} \quad (a > 0)$

Ⅰ-3　$\int_0^\infty x^{n-1} \mathrm{e}^{-x} \mathrm{d}x = \Gamma(n)$

Ⅰ-4　$\int_0^\infty x^{2n} \mathrm{e}^{-ax^2} \mathrm{d}x = \frac{(2n-1)!!}{2^{n+1} a^n} \sqrt{\frac{\pi}{a}} \quad (a > 0)$

Ⅰ-5 $\int_0^\infty x^{2n+1}\mathrm{e}^{-ax^2}\mathrm{d}x=\frac{n!}{2a^{n+1}}$， $a>0$

Ⅰ-6 $\int_{-\infty}^\infty \mathrm{e}^{-ax^2\pm bx}\mathrm{d}x=\mathrm{e}^{\frac{b^2}{4a}}\sqrt{\frac{\pi}{a}}$， $a>0$

Ⅰ-7 $\int_0^\infty \mathrm{e}^{-ax}\cos(bx)\mathrm{d}x=\frac{a}{a^2+b^2}$， $a>0$

Ⅰ-8 $\int_0^\infty \mathrm{e}^{-ax}\sin(bx)\mathrm{d}x=\frac{b}{a^2+b^2}$， $a>0$

Ⅰ-9 $\int_0^\infty \mathrm{e}^{-ax^2}\cos(bx)\mathrm{d}x=\frac{1}{2}\sqrt{\frac{\pi}{a}}\mathrm{e}^{-\frac{b^2}{4a}}$， $a>0$

Ⅰ-10 $\int_0^\infty \mathrm{e}^{-ax^2}\sin(bx)\mathrm{d}x\,\frac{b}{2a}\sum_{k=1}^\infty\frac{1}{(2k-1)!!}\left(-\frac{b^2}{2a}\right)^{k-1}$， $a>0$

Ⅰ-11 $\int_0^\infty \frac{\cos(bx)\mathrm{d}x}{a^2+x^2}=\frac{\pi}{2a}\mathrm{e}^{-ab}$， $a,b>0$

Ⅰ-12 $\int_0^\infty \frac{\cos(bx)\mathrm{d}x}{a^2-x^2}=\frac{\pi}{2a}\sin(ab)$， $a,b>0$

Ⅰ-13 $\int_0^\infty \frac{x\sin(bx)\mathrm{d}x}{a^2-x^2}=-\frac{\pi}{2}\cos(ab)$， $b>0$

Ⅰ-14 $\int_0^\infty \frac{\cos(bx)\mathrm{d}x}{(a^2+x^2)(c^2+x^2)}=\frac{\pi(a\mathrm{e}^{-bc}-c\mathrm{e}^{-ba})}{2ac(a^2-c^2)}$， $a,b,c>0$

Ⅰ-15 $\int_0^\infty \frac{\sin(bx)\,\mathrm{d}x}{x}=\begin{cases}\frac{\pi}{2}, & b>0\\ 0, & b=0\\ -\frac{\pi}{2}, & b<0\end{cases}$

Ⅰ-16 $\int_0^\infty \mathrm{e}^{-ax}\ln x\mathrm{d}x=-\frac{1}{a}(C+\ln a)$， $a>0, C=0.577\ 2$

Ⅰ-17 $\int_0^\infty x^{n-1}\mathrm{e}^{-x}\ln x\mathrm{d}x=\Gamma'(n)$， $n>0$

Ⅰ-18 $\int_0^\infty \mathrm{e}^{-ax}(\ln x)^2\mathrm{d}x=\frac{1}{a}\left[\frac{\pi^2}{6}+(C+\ln a)^2\right]$， $a>0, C=0.577\ 2$

Ⅰ-19 $\int_0^\infty f(x)\delta(x-x_0)\mathrm{d}x=f(x_0)$

Ⅰ-20 $\int_{-\infty}^\infty \cos(\omega x)\mathrm{d}x=2\pi\delta(\omega)$

Ⅰ-21 $\int_0^u \mathrm{e}^{-x^2}\mathrm{d}x=\sum_{k=0}^\infty\frac{(-1)^k u^{2k+1}}{k!\,(2k+1)}$

Ⅱ. 级数公式

Ⅱ-1　$e^x=\sum_{k=0}^{\infty}\frac{x^k}{k!}$

Ⅱ-2　$e^{-x^2}=\sum_{k=0}^{\infty}(-1)^k\frac{x^{2k}}{k!}$

Ⅱ-3　$\sin x=\sum_{k=0}^{\infty}(-1)^k\frac{x^{2k+1}}{(2k+1)!}$

Ⅱ-4　$\cos x=\sum_{k=0}^{\infty}(-1)^k\frac{x^{2k}}{(2k)!}$

Ⅱ-5　$\sin^{-1}x=\frac{\pi}{2}-\cos^{-1}x=x+\frac{1}{2\times 3}x^3+\frac{1\times 3}{2\times 4\times 5}x^5+\frac{1\times 3\times 5}{2\times 4\times 6\times 7}x^7+\cdots,\quad x^2<1$

Ⅱ-6　$(1\pm x^2)^{\frac{1}{2}}=1\pm\frac{1}{2}x^2-\frac{1}{2\times 4}x^4\pm\frac{1\times 3}{2\times 4\times 6}x^6-\frac{1\times 3\times 5}{2\times 4\times 6\times 8}x^8\pm\cdots,\quad x^2<1$

Ⅱ-7　$\cos^{2n}x=\frac{1}{2^{2n}}\left\{\sum_{k=0}^{n-1}2\begin{bmatrix}2n\\k\end{bmatrix}\cos[2(n-k)x]+\begin{bmatrix}2n\\k\end{bmatrix}\right\}$

Ⅱ-8　$\cos^{2n-1}x=\frac{1}{2^{2n-2}}\sum_{k=0}^{n-1}\begin{bmatrix}2n-1\\k\end{bmatrix}\cos(2n-2k-1)x$

Ⅲ. 其他公式

Ⅲ-1　$\Gamma(n+1)=n\Gamma(n)=n!$

$\Gamma(1)=\Gamma(2)=1,\quad \Gamma\left(\frac{1}{2}\right)=\sqrt{\pi}$

Ⅲ-2　$(2n)!!=2\times 4\times 6\times\cdots\times(2n)$

$(2n-1)=1\times 3\times 5\times\cdots\times(2n-1)$

Ⅲ-3　$C_n^k=\begin{bmatrix}n\\k\end{bmatrix}=\frac{n!}{k!\,(n-k)!}$

Ⅲ-4　$J_n(z)=\sum_{k=0}^{\infty}\frac{(-1)^k}{k!\,\Gamma(n+k+1)}\left(\frac{z}{2}\right)^{n+2k},\quad |\arg z|<\pi$

Ⅲ-5　$I_0(z)=\sum_{k=0}^{\infty}\frac{\left(\frac{z}{2}\right)^{2k}}{(k!)^2}$

Ⅲ-6　$I_1(z)=I_0'(z)=\sum_{k=0}^{\infty}\frac{\left(\frac{z}{2}\right)^{2k+1}}{k!\,(k+1)!}$

Ⅲ-7 $J_{-n}(z)=(-1)^n J_n(z)$

Ⅲ-8 $I_n(z)=\mathrm{j}^{-n}J_n(\mathrm{j}z)$

Ⅲ-9 $H_n(x)=(-1)^n \mathrm{e}^{x^2}\dfrac{\mathrm{d}^n}{\mathrm{d}x^n}\mathrm{e}^{-x^2}$

$$H_{2n}(0)=(-1)^n 2^n(2n-1)!!,\quad H_{2n+1}(0)=0$$

Ⅲ-10 $H_{n+1}(x)=2xH_n(x)-2nH_{n-1}(x)$

Ⅲ-11 $\displaystyle\int_0^{\infty}\mathrm{e}^{-x^2}H_n(x)H_m(x)\mathrm{d}x=\begin{cases}0, & m\neq n\\ 2^n n!\sqrt{\pi}, & m=n\end{cases}$

参考文献

[1] 景占荣.信号检测与估计.北京:化学工业出版社,2004.

[2] 段凤增.信号检测理论.2版.哈尔滨:哈尔滨工业大学出版社,2002.

[3] 李晓峰.随机信号分析.3版.北京:电子工业出版社,2007.

[4] 彭启琮.信号分析.北京:电子工业出版社,2006.

[5] Harry L Van Trees. 检测、估计和调制理论.毛士艺,周荫清,张其善,译.北京:电子工业出版社,2007.

[6] Steven M Kay.统计信号处理基础——估计与检测理论.罗鹏飞,译.北京:电子工业出版社,2003.

[7] 陈炳和.随机信号处理.北京:国防工业出版社,1996.

[8] 刘福生.统计信号处理.长沙:国防科技大学出版社,2004.

[9] 赵树杰.信号检测与估计理论.北京:清华大学出版社,2005.

[10] 陆光华.随机信号处理.西安:西安电子科技大学出版社,2002.

[11] 陆启韶.现代数学基础.北京:北京航空航天大学出版社,2005.

[12] 杨万海.雷达系统建模与仿真.西安:西安电子科技大学出版社,2006.